LEHRBUCH DER HÖHEREN MATHEMATIK TEIL I

W. I. Smirnow, Lehrbuch der höheren Mathematik

Teil I
unveränderter Nachdruck der 16. Auflage 1990, 449 Seiten, 190 Abb., brosch.,
ISBN 978-3-8085-5574-3, Europa-Nr. 55743
Funktionale Abhängigkeit und Theorie der Grenzwerte – Der Begriff der Ableitung und seine Anwendungen – Der Begriff des Integrals und seine Anwendungen – Reihen und ihre Anwendung auf die näherungsweise Berechnung von Funktionen – Funktionen mehrerer Veränderlicher – Komplexe Zahlen. Anfangsgründe der höheren Algebra und Integration von Funktionen

Teil II
unveränderter Nachdruck der 17. Auflage 1990, 618 Seiten, 136 Abb., brosch.,
ISBN 978-3-8085-5576-7, Europa-Nr. 55767
Gewöhnliche Differentialgleichungen – Lineare Differentialgleichungen und ergänzende Ausführungen zur Theorie der Differentialgleichungen – Mehrfache Integrale und Kurvenintegrale – Vektoranalysis und Feldtheorie – Anfangsgründe der Differentialgeometrie – Fourierreihen – Partielle Differentialgleichungen der mathematischen Physik

Teil III/1
12. Aufl. 1991, 283 Seiten, 3 Abb., geb., ISBN 978-3-8085-5578-1, Europa-Nr. 55781
Determinanten und die Auflösung von Gleichungssystemen – Lineare Transformationen und quadratische Formen – Elemente der Gruppentheorie und lineare Darstellung von Gruppen

Teil III/2
unveränderter Nachdruck der 13. Auflage 1987, 599 Seiten, 85 Abb., geb.,
ISBN 978-3-8085-5580-4, Europa-Nr. 55804
Anfangsgründe der Funktionentheorie – Konforme Abbildung und ebene Felder – Anwendungen der Residuentheorie – Ganze und gebrochene Funktionen – Funktionen mehrerer Veränderlicher und von Matrizen – Lineare Differentialgleichungen – Spezielle Funktionen der mathematischen Physik – Reduktion von Matrizen auf kanonische Form

Teil IV/1
unveränderter Nachdruck der 6. Auflage 1988, 300 Seiten, 4 Abb., geb.,
ISBN 978-3-8085-5582-8, Europa-Nr. 55828
Integralgleichungen – Variationsrechnung – Ergänzungen zur Theorie der Funktionenräume. Verallgemeinerte Ableitungen. Ein Minimalproblem für quadratische Funktionale

Teil IV/2
unveränderter Nachdruck der 12. Auflage 1989, 469 Seiten, 16 Abb., geb.,
ISBN 978-3-8085-5584-2, Europa-Nr. 55842
Allgemeine Theorie der partiellen Differentialgleichungen – Randwertprobleme

Teil V
unveränderter Nachdruck der 11. Auflage 1991, 545 Seiten, 3 Abb., brosch.,
ISBN 978-3-8085-5586-6, Europa-Nr. 55866
Das Stieltjessche Integral – Mengenfunktionen und das Lebesguesche Integral – Mengenfunktionen. Absolute Stetigkeit. Verallgemeinerung des Integralbegriffs – Metrische und normierte Räume – Der Hilbertsche Raum

Das **Gesamtwerk** ist auch zum günstigen Satzpreis erhältlich:
W. I. Smirnow, Lehrbuch der höheren Mathematik
ISBN 978-3-8085-5572-9, Europa-Nr. 55729

LEHRBUCH DER HÖHEREN MATHEMATIK

TEIL I

VON

W. I. SMIRNOW

16. Auflage 1990

VERLAG EUROPA-LEHRMITTEL · Nourney, Vollmer GmbH & Co. KG
Düsselberger Straße 23 · 42781 Haan-Gruiten

Europa-Nr.: 55743

Titel der Originalausgabe

В. И. Смирнов
Курс высшей математики
Том первый
Москва – Ленинград

Die Ausgabe in deutscher Sprache besorgten:
Klaus Krienes (Übersetzung nach der 13. Auflage)
Klaus Krienes und Helmut Pachale (Wissenschaftliche Redaktion)
Kurt Schraage (Überarbeitung der zweiten Auflage der Übersetzung)
Wilfried Thor (Überarbeitung nach der im Jahre 1965 erschienenen 21., berichtigten russischen Auflage)

Unveränderter Nachdruck der 16. Auflage 1990
Druck 5

ISBN 978-3-8085-5574-3

Umschlag: braunwerbeagentur, 42477 Radevormwald
Druck: Totem, 88-100 Inowroclaw, Poland

Vorwort

Mit der ersten Auflage des vorliegenden Buches war im Jahre 1953 die Reihe „Hochschulbücher für Mathematik“ begonnen worden. Die Tatsache, daß in den vergangenen achtzehn Jahren neun Auflagen dieses Bandes erschienen und eine gute Resonanz fanden und daß auch die übrigen Teile des mehrbändigen „Lehrgangs der höheren Mathematik“ bisher immer wieder nachgedruckt werden konnten, zeigt, daß dieses Werk ein echtes Bedürfnis befriedigt.

Wie im Vorwort zur ersten Auflage der deutschen Ausgabe betont, bietet das im Jahre 1947 mit dem Staatspreis der Sowjetunion ausgezeichnete Gesamtwerk den Stoff, der z.B. an der Universität Leningrad — hinsichtlich der ersten beiden Teile vollständig, bei den übrigen in ihren Kernstücken — der mathematischen Ausbildung nicht nur in der theoretischen Physik, sondern gerade der Experimentalphysik zugrunde liegt. Ferner heißt es dort: „Eine solche Betonung der mathematischen Hilfsmittel und die Dauer der zu ihrer Aneignung vorgesehenen Zeit muß ... Physiker und Mathematiker nachdenklich stimmen: den Physiker durch die Fülle des dargebotenen Stoffes, den Mathematiker durch seine Auswahl und die Methode der Darstellung, die auf äußerste Allgemeinheit und Subtilität der Resultate ... verzichtet, um dafür um so plastischer das Typische der Sätze, vor allem aber die Lebendigkeit der Mathematik hervortreten zu lassen. So entsteht schon für den Studenten der ersten Semester ein so farbiges Bild der Analysis, wie es ähnlich kaum ein Werk der mathematischen Weltliteratur vermittelt.“

Inzwischen braucht die Notwendigkeit einer auf die Dauer breiten mathematischen Grundausbildung der Studenten der Physik und Chemie nicht mehr besonders betont zu werden.

Gleichwohl sind in der Mathematik selbst wie in den sie als Ausdrucks- und Hilfsmittel verwendenden Wissenschaften innere Entwicklungen und äußere Organisationsformen sichtbar geworden, die den Rahmen des sechsbändigen sowjetischen „Lehrgangs der höheren Mathematik“ sprengen und die vor einem Vierteljahrhundert fast ausschließlich zwischen Mathematik und Physik gestiftete Verbindung nicht mehr ganz zeitgemäß erscheinen lassen könnten. Der Zwang, die normale Ausbildungszeit der Studenten herabzusetzen, verbietet in jeder Wissenschaft die durchgängige Benutzung breit angelegter Werke; an ihre Stelle tritt das für eine erste Orientierung besser geeignete „Taschenbuch“. Die im Normalfall verkürzte Studienzeit zwingt in allen Wissenschaften, wenn das potentielle Niveau gewahrt bleiben soll, zu einem erhöhten Abstraktionsgrad von den Grundvorlesungen an. Hinzu kommt ferner, daß neben dem „klassischen“ historischen Partner der Mathematik, eben der Physik, auch wenn gerade sie heute noch wie eh und je die eindrucksvollsten Vorstellungen von der Macht der möglichen Anwendungen der Mathematik vermittelt, anspruchsvolle Konkurrenten aufgetaucht sind. Sie geben einmal der mathematischen Entwicklung unmittelbar frische Impulse, die auch dem Gesicht der „reinen“ Mathematik neue Züge einprägen, rühren aber andererseits in der innermathematisch schon bereitliegenden Vorstellungswelt Bezirke an und beanspruchen sie, die dem auch die modernen Möglichkeiten aufgeschlossen nutzenden Physiker fast immer abseitig erscheinen. Man denke nur an die Zusammenhänge zwischen der Grundlagenforschung und der allgemeinen Algebra mit der Automatentheorie und der Kybernetik, an die mühsame mathematische Modellierung verwickelter, zunächst oft nur grob statistisch faßbarer Erscheinungen aus der Produktion und der Ökonomie, der Biologie und der Medizin, die wahrscheinlichkeitstheoretische Aussagen ermöglichen oder die Anwendung der selbst noch in der Entwicklung befindlichen mathematischen Operationsforschung ermöglichen soll. Daß ein diese teilweise erst nur zu ahnende Macht mathematischen Denkens widerspiegelnder Kanon, ein „Lehrgang der höheren Mathematik" des letzten Drittels des zwanzigsten Jahrhunderts heute und wahrscheinlich noch für lange Zeit nicht verfaßt werden kann, leuchtet ein. Um so mehr aber wird der Blick zurückgelenkt auf jene beispielhafte Verbindung, in der die mathematische Durchdringung einer echten Naturwissenschaft, der Physik, seit mehr als drei Jahrhunderten im ganzen gut und sogar beispielhaft geglückt ist, wie skeptisch oder gar bitter auch gelegentlich hüben und drüben Stimmen erklungen sein mögen; als Vorbild der jüngsten Vergangenheit sei der vor fünfzehn Jahren verstorbene Hermann Weyl genannt. Immer werden sich an diesen Methoden und ihren Erfolgen auch die neuen, sich erst anbahnenden Entwicklungen orientieren, und auch der entschiedenste „Nur"-Mathematiker wird kein Vollmathematiker sein, wenn er nicht wenigstens einen Hauch dieses Geistes einer echten Verwandtschaft verspürt hat.

Dazu aber bleibt ihm der nun schon bald ein Vierteljahrhundert alte sechsbändige „Smirnow" ein zugänglicher sicherer Helfer. Ein Helfer ist er all denen, die nach konkreter Vertiefung des zunächst notwendig in Abstraktionsschnelle erlangten Wissens streben, all denen, die früher oder später die Mathematik in ihrer Querschnittseigenschaft und in ihrer besonderen Stellung innerhalb der Menschheitskultur zu begreifen bemüht sind. Geradezu unentbehrlich aber ist er vor allem dem sich ständig vergrößernden Kreis derjenigen, die nach abgeschlossener Ausbildung eines Tages aus dem Zwang der beruflichen oder geistigen Weiterentwicklung allein und ohne Kontrolle sich einem Selbststudium unterziehen.

Smirnows Werk war im deutschen Sprachgebiet eines der erfolgreichsten aus dem Russischen ins Deutsche übersetzten. In der mit ihm eröffneten, heute schon nahezu 70 Bände umfassenden Hochschulbuchreihe sind ihm neben original deutschsprachigen Werken zahlreiche andere Übersetzungen aus der russischen oder einer anderen Fremdsprache gefolgt. Sie alle haben mitgeholfen, die langsam sichtbar werdenden Eigenleistungen der jüngeren Generation der Mathematiker unseres Staates vorzubereiten. Die vor zwanzig Jahren noch aktuelle Problematik der Übersetzungen ist heute bewältigt und längst vergessen.

Nicht vergessen werden kann hingegen die bei so vielen inneren und äußeren Schwierigkeiten beachtliche Leistung des VEB Deutscher Verlag der Wissenschaften. Er hat sich nicht nur durch die Veröffentlichung der Hochschulbuchreihe, sondern auch durch andere diesbezügliche Reihen und einige originelle Einzelwerke um die Entwicklung der Mathematik in der Deutschen Demokratischen Republik, im weiteren deutschen Sprachgebiet und auch darüber hinaus verdient gemacht. Einer dadurch erweckten Empfindung des Dankes mit den besten Wünschen für den Verlag, insbesondere sein Lektorat Mathematik und den mathematisch-verlegerisch rührigen Cheflektor, Herrn Dr. h. c. Ludwig Boll, nach fast zwei Jahrzehnten ungetrübter Zusammenarbeit Ausdruck zu geben ist mir anläßlich des Erscheinens der zehnten Auflage des „Smirnow I" ein Herzensbedürfnis.

Berlin, den 5. 4. 1971 H. Grell

Vorwort zur einundzwanzigsten russischen Auflage

In der vorliegenden Auflage blieben der grundlegende Text und die gesamte Anlage des Buches unverändert. Es wurden jedoch an mehreren Stellen Veränderungen in der Darlegung des Stoffes durchgeführt. Das betraf insbesondere die Theorie der Grenzwerte und zusätzliche Ausführungen über das bestimmte Integral.

W. Smirnow

Inhalt

I. Funktionale Abhängigkeit und Theorie der Grenzwerte

§ 1. Veränderliche Größen

1. Die Größe und ihre Maßbestimmung. Die mathematische Untersuchung hat eine fundamentale Bedeutung in den Naturwissenschaften und in der Technik. Zum Unterschied von den übrigen Wissenschaften, deren jede sich nur mit einem begrenzten Gebiet unserer Umwelt befaßt, hat die Mathematik mit den allgemeinsten Eigenschaften zu tun, die für alle der wissenschaftlichen Untersuchung zugänglichen Erscheinungen charakteristisch sind.

Einer der Grundbegriffe ist der Begriff der *Größe und ihrer Maßbestimmung.* Eine charakteristische Eigenschaft der Größe besteht darin, daß sie gemessen, d. h. in der einen oder anderen Weise mit einer bestimmten Größe derselben Art, die als *Maßeinheit* genommen wird, verglichen werden kann. Das Vergleichsverfahren selbst hängt von der Natur der zu untersuchenden Größe ab und wird *Messung* genannt. Als Resultat dieser Messung ergibt sich eine *reine Zahl,* die das Verhältnis der betrachteten Größe zu der als Maßeinheit gewählten Größe ausdrückt.

Jedes Naturgesetz liefert uns eine Wechselbeziehung zwischen Größen oder — richtiger gesagt — zwischen den Zahlen, die diese Größen darstellen. Gegenstand der mathematischen Untersuchungen sind nun gerade die Zahlen und die verschiedenen Beziehungen zwischen ihnen, unabhängig von dem konkreten Charakter jener Größe und der Gesetze, die uns zu diesen Zahlen und Beziehungen geführt haben.

Somit *kann jeder Größe eine sie messende reine Zahl gegenübergestellt werden.* Doch hängt diese Zahl wesentlich von der bei der Messung gewählten Einheit oder dem *Maßstab* ab. Bei Vergrößerung dieser Einheit wird sich die Zahl, die die gegebene Größe mißt, verkleinern; dagegen vergrößert sich diese Zahl bei Verkleinerung der Einheit.

Die Auswahl des Maßstabs wird bedingt durch den Charakter der zu untersuchenden Größe und durch die Umstände, unter denen die Messung durchgeführt wird. Die Größe des Maßstabes kann sich bei der Messung ein und derselben Größe in den weitesten Grenzen ändern — z.B. nahm man früher zur Messung der *Länge* bei genauen optischen Untersuchungen als Längeneinheit ein *Ångström* (ein zehnmillionstel Millimeter, 10^{-10} m); in der Astronomie jedoch ist eine Längeneinheit gebräuchlich, die *Lichtjahr* genannt wird; darunter versteht man die vom Licht in einem Jahre durchlaufene Entfernung (wobei das Licht in einer Sekunde etwa 300000 km durchläuft).

2. Die Zahl. Die Zahl, die man als Resultat einer Messung erhält, kann *ganz* sein (wenn die Einheit eine ganze Anzahl von Malen in der betrachteten Größe enthalten ist), *gebrochen* (wenn eine andere Einheit existiert, die eine ganze Anzahl von Malen sowohl in der zu messenden Größe als auch in der zuvor gewählten

Einheit enthalten ist — kürzer gesagt, wenn die zu messende Größe und die Maßeinheit *kommensurabel* sind), und schließlich kann sie *irrational* sein (wenn ein solches gemeinsames Maß nicht existiert, d. h. die gegebene Größe und die Maßeinheit sich als *inkommensurabel* erweisen).

So wird z.B. in der Elementargeometrie bewiesen, daß die Diagonale eines Quadrats und seine Seite inkommensurabel sind, d. h., die sich beim Ausmessen der Diagonale des Quadrats durch die als Längeneinheit genommene Seite ergebende Zahl $\sqrt{2}$ ist irrational. Als irrational erweist sich auch die Zahl π, die die Länge des Umfangs eines Kreises mißt, wenn dessen Durchmesser als Einheit genommen wird.

Zur Erläuterung des Begriffs der irrationalen Zahl geht man zweckmäßigerweise auf die Dezimalbrüche zurück. Jede rationale Zahl kann, wie aus der Arithmetik bekannt ist, entweder als endlicher oder als unendlicher Dezimalbruch dargestellt werden, wobei im letzten Fall der unendliche Bruch periodisch ist (rein periodisch oder gemischt periodisch). So erhalten wir beispielsweise, wenn wir den Zähler durch den Nenner dividieren,

$$\tfrac{5}{33} = 0{,}151515\ldots = 0{,}\overline{15}\ldots,$$

$$\tfrac{5}{18} = 0{,}2777\ldots = 0{,}2\overline{7}\ldots.$$

Umgekehrt stellt jeder periodische Dezimalbruch, wie aus der Arithmetik bekannt ist, eine rationale Zahl dar.

Bei der Messung einer in bezug auf die angenommene Einheit inkommensurablen Größe können wir zuerst abzählen, wie oft die ganze Einheit in der zu messenden Größe enthalten ist, dann, wie oft der zehnte Teil der Einheit in dem erhaltenen Rest der Größe enthalten ist, dann, wie oft der hundertste Teil der Einheit in dem neuen Rest enthalten ist, usw. Auf diese Weise entsteht bei der Bestimmung einer in bezug auf die Einheit inkommensurablen Größe ein gewisser unendlicher nichtperiodischer Dezimalbruch. Jeder irrationalen Zahl entspricht ein solcher unendlicher Bruch und umgekehrt jedem unendlichen nichtperiodischen Dezimalbruch eine gewisse irrationale Zahl. Läßt man in diesem unendlichen Dezimalbruch nur einige der ersten Dezimalstellen stehen, so erhält man einen etwas zu kleinen Näherungswert für die durch diesen Bruch dargestellte irrationale Zahl. So erhalten wir z.B., wenn wir die Quadratwurzel nach der üblichen Regel auf drei Dezimalstellen genau bestimmen,

$$\sqrt{2} = 1{,}414\ldots.$$

Die Zahlen 1,414 und 1,415 sind Näherungswerte von $\sqrt{2}$, die sich höchstens um ein Tausendstel von dem wahren Wert unterscheiden. Unter Benutzung von Dezimalbrüchen lassen sich die irrationalen Zahlen der Größe nach miteinander und mit den rationalen Zahlen vergleichen.

Bei vielen Problemen hat man Größen mit verschiedenen Vorzeichen zu betrachten, d. h. positive und negative Größen (Temperatur über und unter 0 °C, positive und negative Geschwindigkeit einer geradlinigen Bewegung u. ä.). Solche Größen werden durch positive bzw. negative Zahlen dargestellt. Sind a und b positive Zahlen und ist $a > b$, so wird $-a < -b$, und jede positive Zahl sowie die Null ist größer als jede negative Zahl. Auf diese Weise lassen sich alle rationalen und irrationalen Zahlen ihrer Größe nach in einer bestimmten Reihenfolge anordnen. Die Gesamtheit dieser Zahlen bildet die Menge der *reellen Zahlen*.

Wir erwähnen noch einen mit der Darstellung der reellen Zahlen durch Dezimalbrüche zusammenhängenden Umstand. An Stelle eines beliebigen endlichen Dezimalbruchs können wir einen unendlichen Dezimalbruch mit der Neun als Periode schreiben. So ist z.B. 3,16 = 3,1599... . Schließt man endliche Dezimalbrüche aus, so ergibt sich eine eineindeutige Zuordnung zwischen den reellen Zahlen und den unendlichen Dezimalbrüchen, d. h., jeder von 0 verschiedenen reellen Zahl entspricht ein bestimmter unendlicher Dezimalbruch, und jedem unendlichen Dezimalbruch entspricht eine bestimmte reelle Zahl. Den negativen Zahlen entsprechen unendliche Dezimalbrüche mit vorgesetztem Minuszeichen.

Im Bereich der reellen Zahlen sind die ersten vier Rechenarten ausführbar mit Ausnahme der Division durch 0. Die Wurzel mit ungeradem Wurzelexponenten aus einer beliebigen rellen Zahl hat immer einen bestimmten Wert. Die Wurzel mit geradem Exponenten aus einer positiven Zahl hat zwei Werte, die sich nur durch das Vorzeichen unterscheiden. Die Wurzel mit geradem Exponenten aus einer negativen reellen Zahl hat im Bereich der reellen Zahlen keine Lösung. Die strenge Theorie der reellen Zahlen und der Rechenoperationen mit ihnen bringen wir später (in Kleindruck [**40**, **41**]).

Die nichtnegative der beiden Zahlen a und $-a$ heißt *Absolutwert* oder *Absolutbetrag* einer gegebenen Größe a. Der Absolutwert der durch die Zahl a dargestellten Größe oder, anders ausgedrückt, der absolute Betrag der Zahl a wird mit dem Symbol $|a|$ bezeichnet. Wir haben somit

$$|a| = a, \quad \text{wenn } a \text{ eine nichtnegative Zahl ist,}$$

$$|a| = -a, \quad \text{wenn } a \text{ eine negative Zahl ist.}$$

So ist beispielsweise $|5| = 5$ und $|-5| = 5$ und allgemein $|a| = |-a|$.

Es ist leicht zu beweisen, daß der Absolutwert einer Summe, $|a + b|$, nur dann gleich der Summe der Absolutbeträge der Summanden, also gleich $|a| + |b|$ ist, wenn diese Summanden gleiches Vorzeichen haben; andernfalls wird er kleiner, so daß allgemein

$$|a + b| \leqq |a| + |b|$$

gilt.

So ist z.B. der Absolutwert der Summe der Zahlen $+3$ und -7 gleich 4, aber die Summe der Absolutbeträge der Summanden gleich 10.

Ebenso leicht läßt sich zeigen, daß

$$|a + b| \geqq |a| - |b|$$

ist.

Der Absolutbetrag des Produkts beliebig vieler Faktoren ist gleich dem Produkt der Absolutbeträge dieser Faktoren, und der Absolutbetrag eines Quotienten ist gleich dem Quotienten der Absolutbeträge von Dividend und Divisor, d. h.

$$|abc| = |a|\,|b|\,|c| \quad \text{und} \quad \left|\frac{a}{b}\right| = \frac{|a|}{|b|}.$$

3. Konstante und veränderliche Größen. Die in der Mathematik untersuchten Größen lassen sich in zwei Klassen einteilen: *Konstanten und Veränderliche.*

Unter einer Konstante verstehen wir eine Größe, die bei einer Untersuchung ein und denselben Wert unverändert beibehält; Veränderliche oder Variable heißt eine Größe, die aus dem einen oder anderen Grunde bei der Untersuchung verschiedene Werte annimmt.

Aus diesen Definitionen wird klar ersichtlich, daß sowohl der Begriff der konstanten als auch der der veränderlichen Größe in beträchtlichem Maße relativ ist und von den Umständen abhängt, unter denen der gegebene Vorgang untersucht wird. Ein und dieselbe Größe, die unter gewissen Bedingungen als Konstante angesehen werden kann, kann unter anderen Bedingungen veränderlich sein, und umgekehrt.

So ist es z.B. bei der Bestimmung eines Körper*gewichts* wichtig zu wissen, ob die Wägung an ein und demselben oder an verschiedenen Orten der Erdoberfläche vorgenommen wird; wird die Messung am gleichen Ort durchgeführt, so bleibt die Schwerebeschleunigung, von der das Gewicht abhängt, konstant, und der Gewichtsunterschied zwischen verschiedenen Körpern ist nur durch ihre Massen bedingt. Erfolgt die Messung aber an verschiedenen Orten der Erdoberfläche, so kann die Schwerebeschleunigung nicht als konstant angesehen werden, da sie von der Zentrifugalkraft der Erddrehung abhängt. Deshalb wiegt ein und derselbe Körper am Äquator weniger als am Pol, was sich auch nachweisen läßt, wenn man die Wägung nicht mit einer Hebel-, sondern mit einer Federwaage ausführt.

Ebenso kann man bei technischen Überschlagsrechnungen die Länge der in einer Konstruktion verwendeten Stäbe als unveränderlich annehmen. Bei genaueren Rechnungen jedoch, wenn die Wirkung von Temperaturänderungen berücksichtigt werden muß, erweist sich die Stablänge als veränderlich, was natürlich alle Berechnungen erheblich kompliziert.

4. Das Intervall. Die Änderungsmöglichkeiten einer veränderlichen Größe können verschiedenartig sein. Eine veränderliche Größe kann entweder alle möglichen reellen Werte ohne jede Einschränkung annehmen (z. B. kann die Zeit t, gerechnet von einem bestimmten Anfangspunkt an, alle möglichen Werte annehmen, sowohl positive als auch negative), oder ihre Werte sind durch gewisse *Ungleichungen* eingeschränkt (z.B. die Temperatur $t°$, die > -273 °C sein muß); schließlich kann die veränderliche Größe nur gewisse und nicht alle möglichen Werte annehmen (nur ganzzahlige — wie beispielsweise die Einwohnerzahl einer Stadt, die Anzahl der Moleküle in einem gegebenen Gasvolumen — oder aber nur in bezug auf die gegebene Einheit kommensurable Werte u. ä.).

Wir geben einige Änderungsmöglichkeiten (Variabilitätsbereiche) veränderlicher Größen an, die in theoretischen Untersuchungen und in der Praxis am häufigsten auftreten.

Wenn die Veränderliche x alle reellen Werte annehmen kann, die der Bedingung $a \leqq x \leqq b$ genügen, wobei a und b vorgegebene reelle Zahlen sind, sagt man, x variiere *im Intervall* (a, b). Ein solches Intervall mit Einschluß der Endpunkte wird ein *abgeschlossenes Intervall* (auch *Segment*) genannt. Kann x dagegen alle Werte aus dem Intervall (a, b) mit Ausnahme seiner Endpunkte annehmen, d. h. $a < x < b$, so sagt man, x variiere *im Inneren des Intervalls* (a, b). Ein solches Intervall mit Ausschluß der Randpunkte heißt *offenes Intervall*. Außerdem kann der Variabilitätsbereich von x auch ein Intervall sein, das nach einer Seite abgeschlossen und nach der anderen offen ist: $a \leqq x < b$ oder $a < x \leqq b$ (*halboffenes Intervall, Halbsegment*).

Wenn der Variabilitätsbereich von x durch die Ungleichung $a \leqq x$ bestimmt wird, sagt man, x variiere im Intervall (a, ∞), das nach links abgeschlossen und nach rechts offen ist. Entsprechend haben wir bei der Ungleichung $x \leqq b$ das Intervall $(-\infty, b)$, das nach links offen und nach rechts abgeschlossen ist. Wenn x beliebige reelle Werte annehmen kann, sagt man, x variiere in dem beiderseits offenen Intervall $(-\infty, \infty)$.

5. Der Funktionsbegriff. Meistens hat man es bei den Anwendungen nicht mit einer einzigen Veränderlichen zu tun, sondern mit mehreren zugleich.

Wir nehmen z.B. eine gewisse Menge Luft, etwa 1 kg. Die veränderlichen Größen, die ihren Zustand bestimmen, sind: der Druck p [Pa], unter dem sie sich befindet; das Volumen v [m³], das sie einnimmt; ihre Temperatur t [°C]. Nehmen wir einstweilen an, daß die Temperatur der Luft auf 0 °C gehalten wird; die Zahl t ist in diesem Fall eine Konstante, nämlich gleich 0. Es bleiben nur die Veränderlichen p und v. Ändert man den Druck p, so wird sich auch das Volumen v ändern, z.B. wird sich das Volumen verkleinern, wenn wir die Luft komprimieren. Den Druck p können wir dabei beliebig ändern (wenigstens in den für die Technik erreichbaren Grenzen), und daher können wir p eine *unabhängige Veränderliche* nennen. Bei jedem Wert des Druckes muß das Gas offenbar ein ganz bestimmtes Volumen einnehmen; also muß ein Gesetz bestehen, das erlaubt, zu jedem Wert p den ihm entsprechenden Wert v zu finden. Dieses Gesetz ist wohlbekannt — es ist das Boyle-Mariottesche Gesetz, welches aussagt, daß das von einem Gas bei konstanter Temperatur eingenommene Volumen umgekehrt proportional dem Druck ist.

Wendet man dieses Gesetz auf unser Kilogramm Luft an, so findet man die Abhängigkeit zwischen v und p in Form der *Gleichung*

$$v = \frac{273 \cdot 29{,}27}{p}.$$

Die Veränderliche v heißt im gegebenen Fall *Funktion* der unabhängigen Veränderlichen p.

Abstrahieren wir von dem speziellen Beispiel, so können wir sagen, daß *für die unabhängige Veränderliche die Menge ihrer zulässigen Werte charakteristisch ist, und wir können für sie willkürlich einen beliebigen Wert aus der Menge ihrer zulässigen Werte auswählen.* So kann z.B. als Wertmenge der unabhängigen Veränderlichen x irgendein Intervall (a, b) dienen oder das Innere dieses Intervalls, d. h., die unabhängige Veränderliche x kann z.B. alle Werte annehmen, die der Ungleichung $a \leqq x \leqq b$ oder der Ungleichung $a < x < b$ genügen. Es kann auch vorkommen, daß x beliebige ganzzahlige Werte annehmen darf, usw. Im oben angeführten Beispiel spielte p die Rolle der unabhängigen Veränderlichen, und das Volumen v war die Funktion von p. Wir definieren nun den Begriff der Funktion.

Definition. Die Größe y heißt *Funktion* der unabhängigen Veränderlichen x, wenn jedem beliebigen Wert der Größe x (aus der Menge ihrer zulässigen Werte) ein bestimmter Wert von y zugeordnet werden kann.

Ist etwa y eine im Intervall (a, b) definierte Funktion von x, so bedeutet dies, daß jedem Wert x aus diesem Intervall ein bestimmter Wert y entspricht.

Die Frage, welche der beiden Größen x oder y man als unabhängige Veränderliche ansehen will, ist häufig nur eine Frage der Zweckmäßigkeit. In unserem Beispiel könnten wir, indem wir das Volumen v willkürlich ändern und jedesmal den Druck p bestimmen, v als unabhängige Veränderliche ansehen und den Druck p als Funktion von v. Durch Auflösung der oben aufgeschriebenen Gleichung nach p erhalten wir die Formel, welche die Funktion p durch die unabhängige Veränderliche ausdrückt:

$$p = \frac{273 \cdot 29{,}27}{v}.$$

Das über zwei Veränderliche Gesagte läßt sich ohne Schwierigkeit auch auf den Fall einer beliebigen Anzahl von Veränderlichen erweitern; auch hier können wir *zwischen unabhängigen Veränderlichen und abhängigen oder Funktionen unterscheiden.*

Wir kehren zu unserem Beispiel zurück und nehmen an, die Temperatur sei nicht dauernd 0 °C, sondern könne sich ändern. Das Boyle-Mariottesche Gesetz muß dann durch die kompliziertere Boyle-Mariotte-Gay-Lussacsche Beziehung[1])

$$pv = 29{,}27(273 + t)$$

ersetzt werden, aus der hervorgeht, daß sich bei der Untersuchung des Gaszustands nur zwei der Größen p, v und t willkürlich ändern lassen; die dritte ist vollständig bestimmt, wenn die Werte dieser beiden gegeben sind. Wir können etwa p und t als unabhängige Veränderliche nehmen; dann wird v eine Funktion von ihnen:

$$v = \frac{29{,}27(273 + t)}{p}.$$

Oder aber wir können v und t als unabhängige Veränderliche ansehen, und p wird eine Funktion von ihnen.

Wir führen ein anderes Beispiel an. Der Flächeninhalt F eines Dreiecks läßt sich durch die Längen der Seiten a, b, c gemäß der Formel

$$F = \sqrt{s(s - a)\,(s - b)\,(s - c)}$$

ausdrücken, wobei s der halbe Umfang des Dreiecks ist:

$$s = \frac{a + b + c}{2}.$$

Die Seiten a, b, c können willkürlich verändert werden, solange jede Seite größer ist als die Differenz und kleiner als die Summe der beiden anderen. Auf diese Weise sind die Veränderlichen a, b, c *unabhängige Veränderliche, die durch Ungleichungen eingeschränkt* sind, und F ist eine Funktion von ihnen.

Wir können auch willkürlich zwei Seiten, etwa a, b, und den Flächeninhalt F des Dreiecks vorgeben; benutzen wir die Formel

$$F = \tfrac{1}{2}\,ab \sin \gamma\,,$$

wobei γ der Winkel zwischen den Seiten a und b ist, so läßt sich γ berechnen. Hierbei sind nun die Größen a, b, F die unabhängigen Veränderlichen, und γ wird eine Funktion. Dabei müssen die Veränderlichen a, b, F durch die Ungleichung

$$\sin \gamma = \frac{2F}{ab} \leqq 1$$

eingeschränkt werden.

Es sei bemerkt, daß wir bei diesem Beispiel für γ zwei Werte erhalten, je nachdem, ob wir für γ den spitzen oder den stumpfen der beiden Winkel nehmen, deren Sinus denselben Wert

$$\sin \gamma = \frac{2F}{ab}$$

haben.

Wir stoßen damit auf den Begriff der *mehrdeutigen Funktion*, über den wir später eingehender sprechen werden.

---

[1]) Im russischen Original Clapeyronsche Beziehung genannt (Anm. d. Übers.).

6. Die analytische Darstellung einer funktionalen Abhängigkeit. Jedes Naturgesetz, das einen Zusammenhang gewisser Erscheinungen mit anderen widerspiegelt, legt eine *funktionale Abhängigkeit* zwischen Größen fest.

Es existieren viele Darstellungsarten für funktionale Abhängigkeiten; die größte Bedeutung haben jedoch drei Methoden: 1. die *analytische Methode*, 2. die *Tabellenmethode* und 3. die *graphische* oder *geometrische Methode*.

Wir sagen, eine funktionale Abhängigkeit zwischen Größen (oder, einfacher, die Funktion) *sei analytisch* dargestellt, wenn diese Größen *durch Gleichungen* einander zugeordnet sind, in denen sie verschiedenen mathematischen Rechenoperationen unterworfen werden: der Addition, Subtraktion, Division, dem Logarithmieren usw. Zur analytischen Darstellung von Funktionen kommen wir immer, wenn wir ein Problem theoretisch untersuchen. Nach Klärung der grundlegenden Voraussetzungen stellen wir eine mathematische Untersuchung an und erhalten als Resultat eine gewisse mathematische Formel. Als Beispiel nennen wir die Himmelsmechanik, in der alle möglichen Bewegungen, Stellungen und Wechselwirkungen der Himmelskörper aus einem Grundgesetz — der Gravitationskraft im Weltall — abgeleitet werden.

Liegt eine unmittelbare Darstellung einer Funktion (d. h. der abhängigen Veränderlichen) mittels mathematischer Operationen mit anderen, unabhängigen Veränderlichen vor, so sagen wir, die Funktion sei analytisch explizit gegeben. Als Beispiel einer explizit gegebenen Funktion kann die Darstellung des Gasvolumens v bei konstanter Temperatur durch den Druck p dienen,

$$v = \frac{273 \cdot 29{,}27}{p}$$

(explizite Funktion einer unabhängigen Veränderlichen), oder die Darstellung des Dreiecksinhalts F durch die Seiten,

$$F = \sqrt{s(s-a)(s-b)(s-c)}$$

(explizite Funktion von drei unabhängigen Veränderlichen). Wir schreiben noch ein Beispiel einer explizit gegebenen Funktion der unabhängigen Veränderlichen x auf:

$$y = 2x^2 - 3x + 7\,. \tag{1}$$

Häufig ist es unbequem oder unmöglich, eine Beziehung anzugeben, die die Funktion durch die unabhängige Veränderliche ausdrückt. In diesem Fall schreibt man kurz

$$y = f(x)\,.$$

Diese Schreibweise bedeutet, daß y eine Funktion der unabhängigen Veränderlichen x ist. Das Symbol f soll die Abhängigkeit des y von x ausdrücken. An Stelle von f können natürlich auch andere Buchstaben verwendet werden. Für verschiedene Funktionen von x müssen wir auch verschiedene Buchstaben für die symbolische Bezeichnung der Abhängigkeit von x gebrauchen:

$$f(x),\ F(x),\ \varphi(x),\ \ldots\,.$$

Eine solche symbolische Bezeichnung wird nicht nur in dem Fall benutzt, daß die Funktion analytisch gegeben ist, sondern auch im allgemeinsten Fall der funktionalen Abhängigkeit, den wir in [5] definiert haben.

Eine analoge kurze Schreibweise benutzt man auch für Funktionen mehrerer unabhängiger Veränderlicher:

$$v = F(x, y, z) .$$

Hier ist v eine Funktion der Veränderlichen x, y, z.

Einen speziellen Wert der Funktion erhalten wir, indem wir der unabhängigen Veränderlichen spezielle Werte geben und die Operationen ausführen, die mit den Symbolen $f, F, \ldots$ bezeichnet sind. So wird z.B. der spezielle Wert der Funktion (1) für $x = \frac{1}{2}$ berechnet:

$$y = 2 \cdot (\tfrac{1}{2})^2 - 3 \cdot \tfrac{1}{2} + 7 = 6 .$$

Allgemein bezeichnet man den speziellen Wert einer Funktion $f(x)$ für $x = x_0$ mit $f(x_0)$. Dies gilt analog für Funktionen mehrerer Veränderlicher.

Man darf den allgemeinen Funktionsbegriff, der von uns in [5] gebracht wurde, nicht mit dem analytischen Ausdruck für die Abhängigkeit des y von x verwechseln. In der allgemeinen Definition der Funktion wird nur von einem gewissen Gesetz gesprochen, nach welchem jedem Wert der Veränderlichen x aus der Menge ihrer zulässigen Werte ein bestimmter Wert y zugeordnet wird. Dabei wird keine analytische Darstellung (Formel) von y durch x vorausgesetzt. Wir erwähnen noch, daß eine Funktion in den einzelnen Teilen eines Variabilitätsbereichs der unabhängigen Veränderlichen x durch verschiedene Ausdrücke definiert sein kann. So können wir z.B. eine Funktion y in dem Intervall (0, 3) in folgender Weise definieren: $y = x + 5$ für $0 \leqq x \leqq 2$ und $y = 11 - 2x$ für $2 < x \leqq 3$. Bei einer derartigen Festsetzung wird jedem Wert x aus dem Intervall (0, 3) ein bestimmter Wert y zugeordnet, wie es der Definition einer Funktion entspricht.

7. Implizite Funktionen. Eine Funktion heißt *implizit,* wenn wir für sie keine unmittelbare analytische Darstellung der abhängigen durch die unabhängige Veränderliche haben, sondern eine *Gleichung,* die ihre Werte mit den Werten der unabhängigen Veränderlichen in Beziehung setzt. Wenn z.B. die veränderliche Größe y mit der veränderlichen Größe x durch die Gleichung

$$y^3 - x^2 = 0$$

verknüpft ist, stellt y eine *implizite* Funktion der unabhängigen Veränderlichen x dar; andererseits kann man auch x als implizite Funktion der unabhängigen Veränderlichen y ansehen.

Eine implizite Funktion v von mehreren Veränderlichen $x, y, z, \ldots$ ist festgelegt durch eine *Gleichung*

$$F(x, y, z, \ldots, v) = 0 .$$

Die Werte dieser Funktion können wir nur dann ausrechnen, wenn wir die Gleichung nach v auflösen und damit v als explizite Funktion von $x, y, z, \ldots$ darstellen können:

$$v = \varphi(x, y, z, \ldots) .$$

In dem oben angeführten Beispiel läßt sich y durch x in der Form

$$y = \sqrt[3]{x^2}$$

ausdrücken.

Doch besteht durchaus nicht immer die Notwendigkeit, zur Ermittlung der verschiedenen Eigenschaften der Funktion v die Gleichung aufzulösen; häufig gelingt es, die implizite Funktion hinreichend genau mittels der definierenden Gleichung zu untersuchen, ohne diese aufzulösen.

Das Gasvolumen v ist z.B. eine implizite Funktion des Druckes p und der Temperatur t, die durch die Gleichung

$$pv = R(273 + t)$$

definiert ist.

Der Winkel γ zwischen den Seiten a und b eines Dreiecks mit dem Flächeninhalt F ist eine implizite Funktion von a, b und F, die durch die Gleichung

$$ab \sin \gamma = 2F$$

definiert ist.

8. Die Tabellenmethode. Die Methode der analytischen Darstellung einer Funktion wird hauptsächlich bei theoretischen Untersuchungen angewendet, wenn man allgemeine Gesetze formulieren möchte. In der Praxis aber hat man meistens viele spezielle Werte der auftretenden Funktionen tatsächlich zu berechnen; dann erweist sich die analytische Darstellungsmethode oft als unbequem, da sie für jeden besonderen Fall die Ausführung aller oft recht komplizierten Einzelrechnungen erfordert.

Um dem zu entgehen, werden bei den gebräuchlichsten Funktionen die Funktionswerte für eine große Zahl spezieller Werte der unabhängigen Veränderlichen berechnet und *Tafeln* (*Tabellen*) aufgestellt (die Funktionen *tabelliert*).

Von dieser Art sind z.B. die Tafeln der Funktionen

$$y = x^2, \quad \frac{1}{x}, \quad \sqrt{x}, \quad \pi x, \quad \frac{1}{4}\pi x^2, \quad {}^{10}\log x, \quad {}^{10}\log \sin x, \quad {}^{10}\log \cos x \quad \text{usw.},$$

mit denen man ständig in der Praxis zu tun hat. Es gibt auch andere Tafeln komplizierterer Funktionen, die ebenfalls sehr von Nutzen sind: Tafeln der Besselschen Funktionen, der elliptischen Funktionen usw. Es existieren ferner Tafeln für Funktionen mehrerer Veränderlicher. Ihr einfachstes Beispiel ist die *Multiplikationstafel*, d. h. eine Tafel der Werte der Funktion $z = xy$ für die verschiedenen ganzzahligen Werte von x und y.

Braucht man dabei Funktionswerte für solche speziellen Werte der unabhängigen Veränderlichen, die in den Tafeln nicht vorhanden sind, während die Funktionswerte für benachbarte Werte angegeben sind, so kann man sich verschiedener *Interpolations*regeln bedienen, so daß die Tafeln auch in diesem Fall von Nutzen sind. Eine dieser Regeln wird schon im Unterricht der Oberschule bei der Benutzung der Logarithmentafeln gebracht (partes proportionales).

Eine wesentliche Bedeutung haben die Tafeln dann, wenn mit ihrer Hilfe Funktionen dargestellt werden, deren analytischer Ausdruck uns jedenfalls zunächst noch *nicht bekannt* ist; dieser Fall liegt vor, wenn ein *Experiment* durchgeführt wird. Jede experimentelle Untersuchung hat zum Ziel, eine uns verborgene funktionale Abhängigkeit aufzudecken; das Resultat eines jeden solchen Versuchs wird in Form einer *Tabelle* dargestellt, die die verschiedenen Werte der bei diesem Experiment untersuchten Größen einander zuordnet.

9. Die graphische Darstellung der Zahlen. Wir kommen nun zur Methode der graphischen Darstellung der funktionalen Abhängigkeit und beginnen mit der graphischen Darstellung einer einzigen Veränderlichen.

Jede Zahl x kann durch eine Strecke dargestellt werden. Dazu genügt es, nach Vereinbarung einer Längeneinheit die Strecke zu konstruieren, deren Maßzahl gerade gleich dem gegebenen Wert x ist. Auf diese Weise kann jede Größe nicht nur durch eine *Zahl*, sondern auch geometrisch durch eine *Strecke* dargestellt werden.

Um hierbei auch zu einer Darstellung der negativen Zahlen zu gelangen, vereinbaren wir, die Abschnitte auf einer festen Geraden abzutragen, der wir einen bestimmten Richtungssinn zugeschrieben haben (Abb. 1). Wir wollen eine gerichtete Strecke mit dem Anfangspunkt A und dem Endpunkt B mit $\overline{AB}$ bezeichnen.

Stimmt die Richtung von A nach B mit der Richtung der Geraden überein, so soll die Strecke eine positive Zahl, im anderen Fall jedoch eine negative Zahl darstellen ($\overline{A_1B_1}$ in Abb. 1). Der *Absolutwert* der betrachteten Zahl wird durch die Länge der sie darstellenden Strecke unabhängig von der Richtung ausgedrückt.

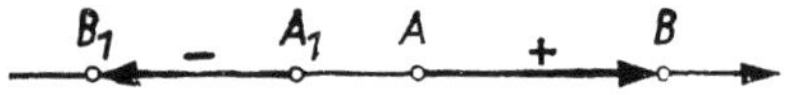

Abb. 1

Die Länge der Strecke $\overline{AB}$ bezeichnen wir mit $|\overline{AB}|$; stellt die Strecke $\overline{AB}$ die Zahl x dar, so schreiben wir einfach

$$x = \overline{AB}, \qquad |x| = |\overline{AB}|\,.$$

Zur genaueren Festlegung kann man noch ein für allemal vereinbaren, den Anfangspunkt aller Strecken in einen vorher gewählten Punkt O der Geraden zu legen. Dann wird jede Strecke $\overline{OA}$ und daher auch die durch sie dargestellte Zahl x vollständig durch den *Punkt* A, den Endpunkt der Strecke, bestimmt (Abb. 2). Umgekehrt können wir, wenn die Zahl x vorgegeben ist, nach Größe und Richtung die Strecke $\overline{OA}$ und daher auch ihren Endpunkt A bestimmen.

Abb. 2

Wenn wir also eine Gerade $X'X$ (x-Achse) ziehen und auf ihr den festen Punkt O (Anfangspunkt) markieren, entspricht jeder Zahl x ein bestimmter Punkt A dieser Geraden derart, daß die Strecke $\overline{OA}$ durch die Zahl x gemessen wird. Umgekehrt entspricht jedem Punkt A der Achse eine ganz bestimmte reelle Zahl x, die die Strecke $\overline{OA}$ mißt. Diese Zahl x heißt die *Abszisse* des Punktes A; soll darauf hingewiesen werden, daß der Punkt A die Abszisse x hat, so schreibt man $A(x)$.

Ändert sich die Zahl x, so wandert der sie darstellende Punkt A auf der Achse. Der früher festgelegte Begriff des Intervalls wird bei dieser *graphischen Darstellung der Zahl x* ganz anschaulich: Variiert x in dem Intervall $a \leqq x \leqq b$, so befindet sich der entsprechende Punkt auf der Achse $X'X$ in dem Abschnitt, dessen Endpunkte die Abszissen a und b haben.

Hätten wir uns allein auf die rationalen Zahlen beschränkt, so würde einem Punkt A keine Abszisse entsprechen, wenn die Strecke $\overline{OA}$ und die angenommene Einheit inkommensurabel sind. Anders ausgedrückt: Die rationalen Zahlen allein schöpfen nicht alle Punkte der Geraden aus. Erst durch die Einführung der irrationalen Zahlen wird sie voll ausgefüllt. Ein Grundsatz bei der graphischen Darstellung einer veränderlichen Größe ist der oben angegebene Satz: Jedem Punkt der Achse $X'X$ entspricht eine bestimmte reelle Zahl, und umgekehrt, jeder rellen Zahl entspricht ein bestimmter Punkt der Achse $X'X$.

Nehmen wir auf der Achse $X'X$ zwei Punkte: den Punkt A_1 mit der Abszisse x_1 und den Punkt A_2 mit der Abszisse x_2. Hierbei entspricht der Strecke $\overline{OA_1}$ die Zahl x_1 und der Strecke $\overline{OA_2}$ die Zahl x_2. Man kann leicht zeigen, daß der Strecke $\overline{A_1A_2}$, bei allen möglichen Lagen der Punkte A_1, A_2, die Zahl $x_2 - x_1$ entspricht; demnach wird die Länge dieser Strecke gleich dem Absolutbetrag dieser Differenz, d. h.

$$|\overline{A_1A_2}| = |x_2 - x_1| \,.$$

Ist etwa $x_1 = -3$ und $x_2 = 7$, so liegt der Punkt A_1 links von O im Abstand 3, und der Punkt A_2 liegt rechts von O im Abstand 7. Die Strecke $\overline{A_1A_2}$ hat dann die Länge 10 und ist ebenso gerichtet wie die Achse $X'X$, d. h., ihr entspricht die Zahl $10 = 7 - (-3) = x_2 - x_1$. Die Untersuchung der anderen Lagemöglichkeiten der Punkte A_1 und A_2 überlassen wir dem Leser.

10. Koordinaten. Wir haben bereits gesehen, daß die Lage eines Punktes auf einer Geraden $X'X$ durch Angabe einer reellen Zahl x bestimmt werden kann. Wir zeigen jetzt das analoge Verfahren für die Bestimmung der Lage eines Punktes in der Ebene.

Wir zeichnen in der Ebene zwei zueinander senkrechte Achsen $X'X$ und $Y'Y$ und nehmen als Anfangspunkt auf jeder von ihnen deren Schnittpunkt O (Abb. 3). Der positive Richtungssinn auf den Achsen ist durch Pfeile angedeutet. Den Punkten der Achse $X'X$ entsprechen reelle Zahlen, die wir mit dem Buchstaben x bezeichnen. Ebenso entsprechen den Punkten der Achse $Y'Y$ reelle Zahlen, die wir mit y bezeichnen. Für bestimmte Werte x und y haben wir bestimmte Punkte A und B auf den Achsen $X'X$ bzw. $Y'Y$; zu den Punkten A und B können wir den Schnittpunkt M der Geraden konstruieren, die jeweils parallel zur anderen Achse durch die Punkte A und B gezogen sind.

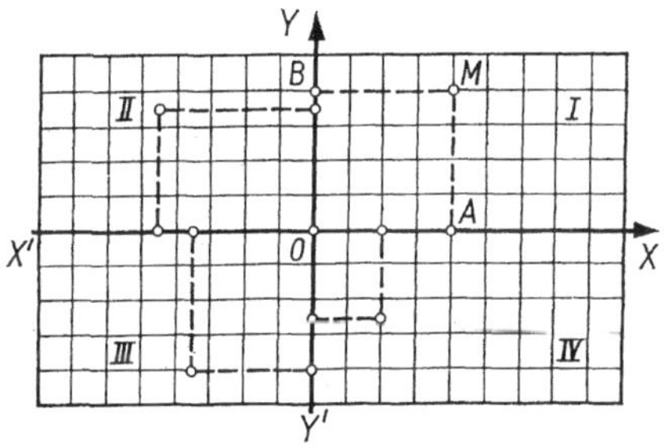

Abb. 3

Jedem Wertepaar der Größen x, y entspricht so ein ganz bestimmter Punkt M der Zeichenebene.

Umgekehrt entspricht jedem Punkt M der Ebene ein ganz bestimmtes Wertepaar der Größen x, y: Sie entsprechen den Schnittpunkten A, B der durch den Punkt M parallel zu den Achsen gezogenen Geraden mit den Achsen $X'X$ bzw. $Y'Y$.

Bei den in Abb. 3 angegebenen Richtungen der Achsen $X'X$, $Y'Y$ ist x positiv zu rechnen, wenn der Punkt A rechts, und negativ, wenn er links vom Punkt O liegt; y wird positiv, wenn der Punkt B oberhalb, und negativ, wenn er unterhalb von O liegt.

Die Größen x, y, die die Lage des Punktes M in der Ebene bestimmen und ihrerseits durch die Lage des Punktes M bestimmt sind, heißen die *Koordinaten des Punktes M*. Die Achsen $X'X$, $Y'Y$ heißen *Koordinatenachsen*, die Zeichenebene ist die *Koordinatenebene XOY*, der Punkt O ist der *Koordinatenursprung*.

Die Größe x heißt *Abszisse* und y die *Ordinate* des Punktes M. Wird der Punkt M durch seine Koordinaten gegeben, so schreibt man $M(x, y)$.

Das System, in dem dargestellt wird, heißt *rechtwinkliges kartesisches Koordinatensystem*.

Die Vorzeichen der Koordinaten eines Punktes M bei seinen verschiedenen Lagen in den einzelnen von den Koordinatenachsen gebildeten Quadranten (I–IV) (Abb. 3) sind in der folgenden Tabelle zusammengestellt:

M	I	II	III	IV
x	+	−	−	+
y	+	+	−	−

Man erkennt, daß die Koordinaten x, y eines Punktes M gleich den mit den entsprechenden Vorzeichen versehenen *Abständen* des Punktes M von den Koordinatenachsen sind. Wir bemerken, daß die Punkte der Achse $X'X$ die Koordinaten $(x, 0)$ und die Punkte der Achse $Y'Y$ die Koordinaten $(0, y)$ haben. Der Koordinatenursprung O hat die Koordinaten $(0, 0)$.

11. Bild und Gleichung einer Kurve. Wir kehren zu den Größen x und y zurück, die der Punkt M darstellt. Sie seien durch eine funktionale Abhängigkeit verknüpft. Das bedeutet: Wenn wir x (oder y) nach Belieben ändern, erhalten wir jedesmal einen entsprechenden Wert von y (oder x). Jedem solchen Wertepaar x, y entspricht eine bestimmte Lage des Punktes M in der Ebene XOY. Bei einer Änderung der Werte x, y wird sich der Punkt M in der Ebene bewegen und bei seiner Bewegung unter Umständen eine gewisse Kurve beschreiben (Abb. 4), die dann die *graphische Darstellung* (oder, einfacher, *Bildkurve* oder *Diagramm*) der betrachteten funktionalen Abhängigkeit genannt wird.

War die Abhängigkeit *analytisch* als *Gleichung* in der expliziten Form

$$y = f(x)$$

oder in der impliziten Form

$$F(x, y) = 0$$

gegeben, so heißt die Gleichung die *Kurvengleichung* und die Kurve die *Bildkurve* (der *Graph*) *der Gleichung*. Die Bildkurve und ihre Gleichung sind nur verschiedene Ausdrucksweisen für ein und dieselbe funktionale Abhängigkeit, d. h., *alle Punkte, deren Koordinaten der Kurvengleichung genügen, liegen auf der Kurve, und umgekehrt genügen die Koordinaten aller auf der Kurve liegenden Punkte deren Gleichung.*

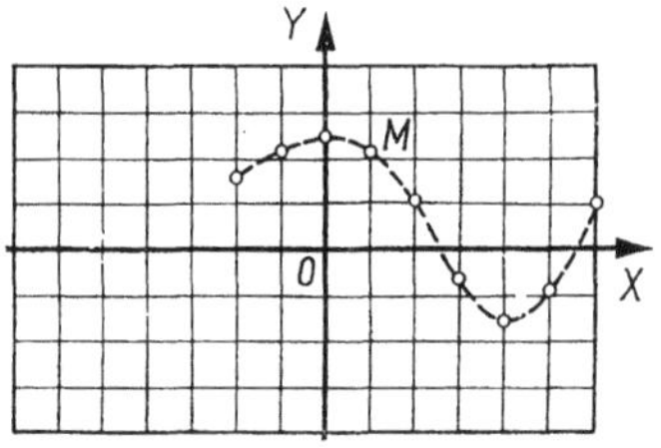

Abb. 4

Ist die Kurvengleichung gegeben, so läßt sich bei Benutzung von Papier mit rechteckigem oder quadratischem Koordinatennetz die Kurve selbst mehr oder weniger genau konstruieren (richtiger gesagt läßt sich eine *beliebige Anzahl von Punkten* konstruieren, die auf dieser Kurve liegen); je mehr solcher Punkte wir konstruieren, desto deutlicher wird die Kurvenform für uns. Ein derartiges Verfahren nennt man *Punktkonstruktion einer Kurve.*

Die Wahl des *Maßstabs* ist wesentlich bei der Kurvenkonstruktion. Man kann nämlich zur Konstruktion *verschiedene* Maßstäbe von x bzw. y wählen. Bei gleichen Maßstäben für x und y ist die Ebene durch einen *quadratisch* liniierten Bogen Papier, bei verschiedenen Maßstäben durch einen *rechteckig* liniierten dargestellt. Im folgenden wird angenommen, daß die Maßstäbe für x und y gleich sind.

Dem Leser sei hier empfohlen, einige Bildkurven der einfachsten Funktionen bei verschiedenen Maßstäben punktweise zu konstruieren.

Die oben eingeführten Begriffe der Koordinaten eines Punktes M, der Kurvengleichung und der Bildkurve einer Gleichung stellen einen engen Zusammenhang zwischen Algebra und Geometrie her. Auf der einen Seite erhalten wir die Möglichkeit, auf anschaulich geometrischem Wege analytische Abhängigkeiten darzustellen und zu untersuchen; auf der anderen Seite wird es möglich, die Lösung geometrischer Probleme auf rein algebraische Operationen zurückzuführen. Darin besteht die Grundaufgabe der *analytischen Geometrie,* die zuerst von DESCARTES ausgearbeitet wurde. (Nach ihm nennt man das oben eingeführte Koordinatensystem „kartesisch".)

Angesichts ihrer außerodentlichen Bedeutung formulieren wir nochmals die Tatsachen, die der analytischen Geometrie zugrunde liegen. *Nach Auszeichnung zweier Koordinatenachsen in der Ebene entspricht jedem Punkt der Ebene ein Paar reeller Zahlen, nämlich Abszisse und Ordinate des Punktes; umgekehrt entspricht jedem Zahlenpaar ein bestimmter Punkt der Ebene, der die erste Zahl zu seiner Abszisse und die zweite zu seiner Ordinate hat. Einer Kurve in der Ebene entspricht eine funktionale Abhängigkeit zwischen x und y oder, was dasselbe ist, eine Gleichung, die die Veränderlichen x und y enthält und die dann und nur dann erfüllt ist, wenn für x und y die Koordinaten irgendeines der Kurvenpunkte eingesetzt werden. Umgekehrt entspricht einer Gleichung, die die zwei Veränderlichen x und y enthält, eine Kurve, die genau aus denjenigen Punkten der Ebene besteht, deren Koordinaten x und y die Gleichung befriedigen.*

Im weiteren werden wir die grundlegenden Beispiele von Bildkurven von Funktionen betrachten, doch zunächst führen wir noch einige allgemeine Überlegungen durch. Es sei uns eine Gleichung in expliziter Form gegeben, $y = f(x)$, wobei $f(x)$ eine im Intervall (a, b) definierte *eindeutige Funktion* ist, d. h. eine solche Funktion, bei der einem beliebigen x aus (a, b) genau ein bestimmter Wert $f(x)$ entspricht. Die Bildkurve der betrachteten funktionalen Abhängigkeit besteht aus den Punkten (x, y), die aus dem eben angegebenen Verfahren erhalten wurden. Die in einem beliebigen Punkt des Intervalls (a, b) errichtete Senkrechte zur x-Achse schneidet die Bildkurve in genau einem Punkt (wegen der Eindeutigkeit von $f(x)$). Im Fall einer Gleichung in impliziter Form, $F(x, y) = 0$, liegen die Dinge komplizierter. Es kann eintreten, daß der Gleichung kein einziger Punkt entspricht. Das ist z.B. für die Gleichung $x^2 + y^2 + 3 = 0$ der Fall, weil bei beliebigen reellen Zahlen x und y die linke Seite immer positiv ist. Der Gleichung $(x - 3)^2 + (y - 5)^2 = 0$ entspricht offensichtlich nur der eine Punkt $(3, 5)$.

In selbstregistrierenden Meßgeräten wird die Konstruktion der Bildkurve automatisch vollzogen. Als Veränderliche x tritt im allgemeinen die Zeit auf; y ist die Größe, deren Änderung im Verlauf der Zeit uns interessiert, beispielsweise der Luftdruck (*Barograph*), die Temperatur (*Thermograph*). Große Bedeutung hat auch der Indikator, der die Abhängigkeit zwischen Volumen und Druck eines Gases aufschreibt, das sich im Zylinder eines Dampf- oder Gasmotors befindet.

12. Die lineare Funktion. Die einfachste und zugleich für die Anwendungen wichtigste Funktion ist der *zweigliedrige Ausdruck ersten Grades*

$$y = ax + b\,, \tag{2}$$

in dem a und b vorgegebene konstante Zahlen sind. Wir werden sehen, daß das Bild dieser Funktion eine Gerade ist. Sie wird auch *lineare Funktion* genannt. Betrachten wir zuerst den Fall, daß die Zahl b gleich 0 ist. Dann hat die Funktion die Form

$$y = ax\,. \tag{3}$$

Sie besagt, daß die Veränderliche y der Veränderlichen x direkt proportional ist. Dabei ist der konstante Koeffizient a der *Proportionalitätsfaktor*. Die Werte $x = 0$, $y = 0$ genügen der Gleichung (3), d. h., die dieser Gleichung entsprechende Bildkurve geht durch den Koordinatenursprung O.

Wenden wir uns der Abb. 5 zu, so sehen wir, daß die Gleichung (3) die folgende geometrische Eigenschaft der untersuchten Bildkurve ausdrückt: Welchen Punkt M wir auch immer auf ihr wählen, das Verhältnis der Ordinate $y = \overline{NM}$ dieses Punktes zu seiner Abszisse $x = \overline{ON}$ ist die konstante Größe a. Da dieses Verhältnis andererseits gleich dem Tangens des Winkels α ist, der von der Strecke $\overline{OM}$ mit der x-Achse gebildet wird, ist der geometrische Ort des Punktes M eine *durch den Koordinatenursprung O* unter dem Winkel α (oder $\pi + \alpha$) zur x-Achse *verlaufende Gerade*. Dabei rechnen wir α von der x-Achse bis zur Geraden entgegen dem Uhrzeigersinn.

Gleichzeitig damit wird auch die wichtige geometrische Bedeutung des Koeffizienten a in der Gleichung (3) offenbar: *a ist der Tangens des Winkels α, den die dieser Gleichung entsprechende Gerade mit der x-Achse bildet*, weswegen er *Richtungskoeffizient der Geraden* genannt wird. Wir bemerken noch, daß für negatives a der Winkel α stumpf wird und die Gerade so liegt, wie Abb. 6 zeigt.

Wir wenden uns nun dem allgemeinen Fall der linearen Funktion zu, nämlich der Gleichung (2). Die Ordinaten des Bildes dieser Gleichung unterscheiden sich von den entsprechenden Ordinaten der Gleichung (3) durch die additive Konstante b. Somit erhalten wir unmittelbar das Bild von (2), wenn wir die in Abb. 5 (für

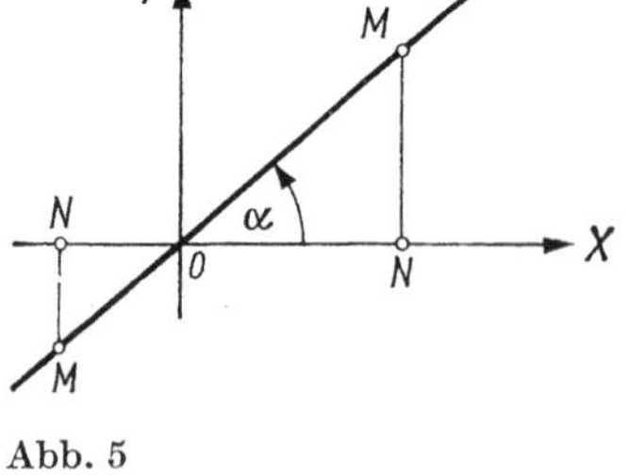

Abb. 5

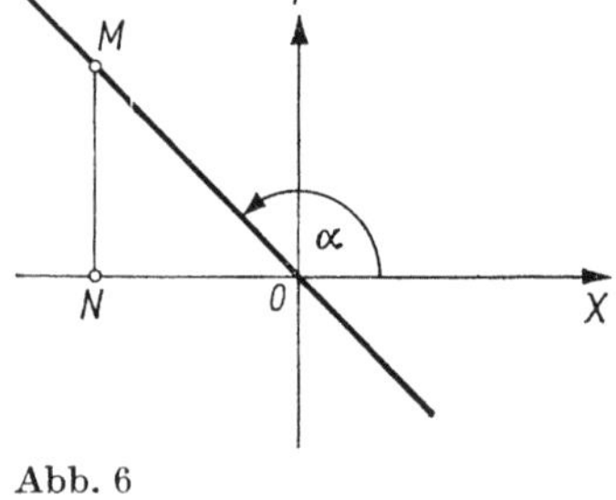

Abb. 6

$a > 0$) dargestellte Bildkurve von (3) parallel zur y-Achse um die Strecke b nach oben verschieben, falls b positiv, bzw. nach unten, falls b negativ ist. Wir erhalten demnach eine Gerade parallel zur Ausgangsgeraden, die auf der y-Achse die Strecke $\overline{OM_0} = b$ abschneidet (Abb. 7).

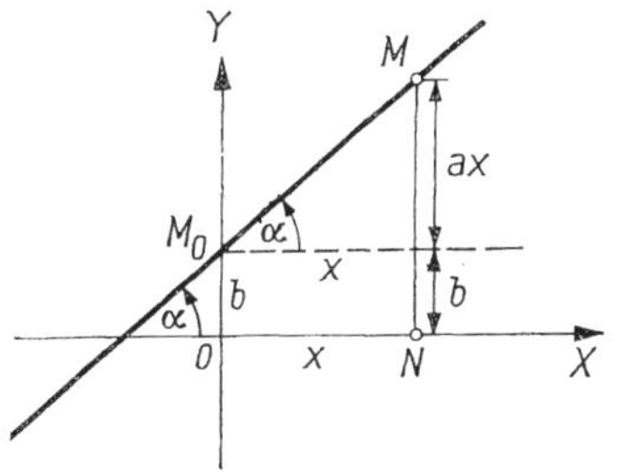

Abb. 7

Die Bildkurve der Funktion (2) *ist also eine Gerade; dabei ist der Koeffizient a gleich dem Tangens des Winkels, den diese Gerade mit der x-Achse bildet, und das von x freie Glied b gleich der vom Ursprung O aus gerechneten Strecke, die diese Gerade auf der y-Achse abschneidet.*

Den Koeffizienten a nennt man bisweilen einfach die *Steigung* der Geraden und b die *Anfangsordinate* dieser Geraden. Ist uns umgekehrt eine Gerade l gegeben, die nicht zur y-Achse parallel ist, so läßt sich die dieser Geraden entsprechende Gleichung (2) leicht hinschreiben. Gemäß dem Vorstehenden braucht man nur den Koeffizienten a gleich dem Tangens des Neigungswinkels dieser Geraden in bezug auf die x-Achse zu nehmen und b gleich der von dieser Geraden auf der y-Achse abgeschnittenen Strecke.

Wir erwähnen einen Spezialfall, der eine gewisse Besonderheit darstellt. Es sei nämlich $a = 0$. Die Gleichung (2) liefert uns für jedes x

$$y = b\,, \tag{2_1}$$

d. h., es ergibt sich eine solche „Funktion" von x, die für alle x-Werte ein und denselben Wert b behält. Es ist leicht einzusehen, daß die Bildkurve von (2_1) eine Gerade ist, die parallel zur x-Achse im Abstand $|b|$ von dieser Achse verläuft (oberhalb, wenn $b > 0$, und unterhalb, wenn $b < 0$ ist). Um nicht besondere Einschränkungen machen zu müssen, werden wir bisweilen sagen, daß (2_1) ebenfalls eine Funktion von x definiert.

13. Der Zuwachs. Die Fundamentaleigenschaft der linearen Funktion. Wir führen einen neuen wichtigen Begriff ein, mit dem man häufig bei der Untersuchung einer funktionalen Abhängigkeit zu tun hat.

Unter dem *Zuwachs* oder der *Änderung der unabhängigen veränderlichen Größe x* beim Übergang von einem Anfangswert x_1 zu einem Endwert x_2 verstehen wir die Differenz zwischen End- und Anfangswert: $x_2 - x_1$. Die Differenz zwischen den entsprechenden End- und Anfangswerten der Funktion $y = f(x)$ wird *Zuwachs der Funktion* genannt:

$$y_2 - y_1 = f(x_2) - f(x_1)\,.$$

Diese Änderungen bezeichnet man häufig mit

$$\Delta x = x_2 - x_1\,, \qquad \Delta y = y_2 - y_1\,.$$

Wir bemerken dazu, daß der Zuwachs sowohl positiv als auch negativ sein kann, so daß sich ein Wert bei Hinzufügen des „Zuwachses" nicht unbedingt vergrößern muß, und weisen darauf hin, daß das Zeichen Δx für den Zuwachs von x als ein einheitliches Ganzes anzusehen ist.

Wir wenden uns dem Fall der linearen Funktion zu:

$$y_2 = ax_2 + b \quad \text{und} \quad y_1 = ax_1 + b \, .$$

Subtrahieren wir gliedweise, so erhalten wir

$$y_2 - y_1 = a(x_2 - x_1) \tag{4}$$

oder

$$\Delta y = a \, \Delta x \, .$$

Diese Gleichung zeigt, daß *die lineare Funktion* $y = ax + b$ *die Eigenschaft hat, daß der Zuwachs* $y_2 - y_1$ *der Funktion proportional dem Zuwachs* $x_2 - x_1$ *der unabhängigen Veränderlichen ist*; dabei ist der Proportionalitätsfaktor gleich a, d. h. gleich dem Richtungskoeffizienten oder der Steigung der Bildkurve der Funktion.

Wir wenden uns nun der Bildkurve (Abb. 8) zu. Hier entspricht dem Zuwachs der unabhängigen Veränderlichen die Strecke $\overline{M_1P} = \Delta x = x_2 - x_1$, dem Zuwachs der Funktion die Strecke $\overline{PM_2} = \Delta y = y_2 - y_1$, und die Beziehung (4) folgt unmittelbar aus der Betrachtung des Dreiecks M_1PM_2.

Wir nehmen jetzt an, eine gewisse Funktion besitze die durch (4) ausgedrückte Eigenschaft der Proportionalität zwischen den Änderungen der unabhängigen und der abhängigen Veränderlichen. Aus (4) folgt

$$y_2 = a(x_2 - x_1) + y_1 \quad \text{oder} \quad y_2 = ax_2 + (y_1 - ax_1) \, .$$

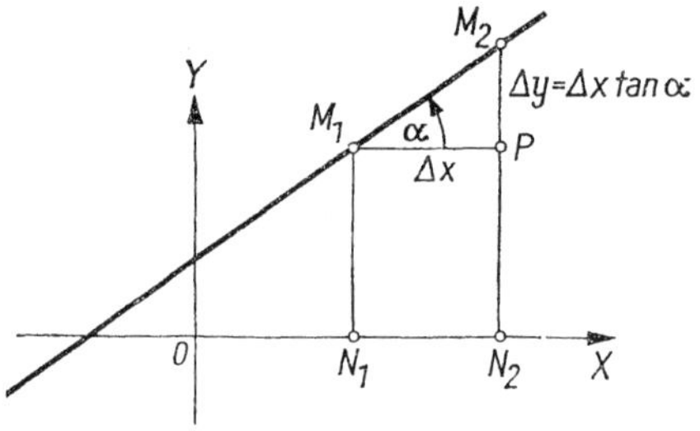

Abb. 8

Wir sehen die Ausgangswerte x_1 und y_1 der Veränderlichen als ganz bestimmte Werte an und bezeichnen die Differenz $y_1 - ax_1$ mit b:

$$y_2 = ax_2 + b \, .$$

Da wir die Endwerte der Veränderlichen x_2 und y_2 beliebig wählen können, dürfen wir an Stelle der Buchstaben x_2 und y_2 einfach die Buchstaben x und y schreiben, und die vorstehende Gleichung nimmt folgende Form an:

$$y = ax + b \, ,$$

d. h., *jede Funktion, die die oben angegebene Proportionalitätseigenschaft bezüglich der Änderungen besitzt, ist eine lineare Funktion* $y = ax + b$, *wobei* a *der Proportionalitätsfaktor ist.*

Die lineare Funktion und ihre Bildkurve, die Gerade, können also zur Darstellung jedes Naturgesetzes dienen, in dem die Änderungen der untersuchten Größen einander proportional sind. Das ist sehr häufig der Fall.

14. Die Bildkurve der gleichförmigen Bewegung. Die wichtigste Anwendung, die eine *mechanische* Deutung der Geradengleichung und ihrer Koeffizienten liefert, ist die *Bildkurve der gleichförmigen Bewegung.* Wenn sich der Punkt P auf einem gewissen Weg (der Bahnkurve) bewegt, wird seine Lage vollständig bestimmt durch den Abstand, der längs der Bahnkurve in der einen oder anderen Richtung von einem auf ihr gegebenen Punkt A bis zum Punkt P gerechnet wird. Dieser Abstand, d. h. der Bogen AP, heißt der durchlaufene Weg und wird mit dem Buchstaben s bezeichnet, wobei s sowohl positiv als auch negativ sein kann, da die Werte s nach der einen Seite vom Anfangspunkt A aus positiv und nach der anderen negativ gerechnet werden.

Der durchlaufene Weg s ist eine gewisse Funktion der Zeit t; nimmt man diese als unabhängige Veränderliche, so können wir das *Diagramm der Bewegung* aufzeichnen, d. h. die Bildkurve der funktionalen Abhängigkeit (Abb. 9):

$$s = f(t);$$

sie darf nicht mit der *Bahnkurve* der Bewegung selbst verwechselt werden.

Die Bewegung heißt *gleichförmig*, wenn der von dem Punkt in einem beliebigen Zeitintervall durchlaufene Weg diesem Intervall proportional ist — mit anderen Worten, wenn das Verhältnis

$$\frac{s_2 - s_1}{t_2 - t_1} = \frac{\Delta s}{\Delta t}$$

des im Zeitintervall von t_1 bis t_2 durchlaufenen Weges zur Länge dieses Intervalls eine konstante Größe ist, die die *Geschwindigkeit* der Bewegung genannt und mit v bezeichnet wird.

Auf Grund des oben Gesagten hat die *Gleichung des Diagramms einer gleichförmigen Bewegung die Form*

$$s = vt + s_0 .$$

Die Bildkurve ist eine Gerade, deren Richtungskoeffizient gleich der „Bewegungsgeschwindigkeit" ist; die Anfangsordinate s_0 ist der „Anfangswert" des durchlaufenen Wegs s, d. h. der Wert von s für $t = 0$.

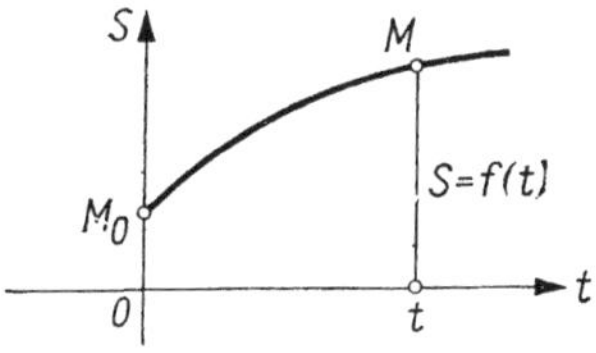

Abb. 9

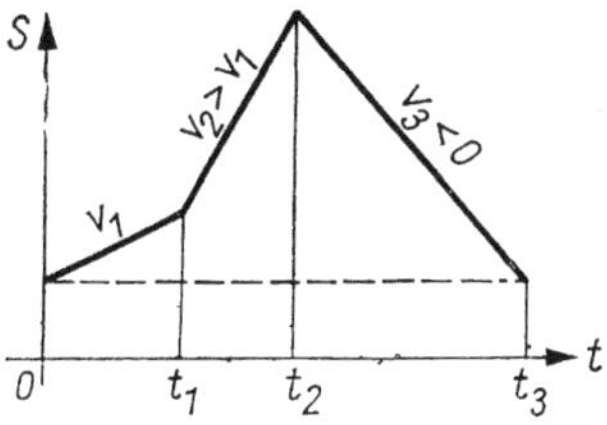

Abb. 10

In Abb. 10 ist das Diagramm der Bewegung eines Punktes P dargestellt, der sich mit der konstanten Geschwindigkeit v_1 in positiver Richtung vom Zeitpunkt 0 bis zum Zeitpunkt t_1 bewegt hat (der Winkel mit der t-Achse ist spitz), darauf mit der ebenfalls konstanten, jedoch größeren Geschwindigkeit v_2 in derselben Richtung (der Winkel ist spitz, aber größer) bis zum Zeitpunkt t_2, dann mit der konstanten, aber negativen Geschwindigkeit v_3 (in entgegengesetzter Richtung, der Winkel ist stumpf) bis zu seiner Anfangslage. Hat man es mit mehreren Punkten zu tun, die sich auf ein und derselben Bahn bewegen (z. B. bei der Aufstellung eines Fahrplans von Zügen oder Straßenbahnen), so erweist sich allein die *graphische Methode* als ein für die Praxis bequemes Mittel zur Bestimmung des Zusammentreffens der sich bewegenden Punkte und allgemein zum Überblick über den gesamten Bewegungsvorgang (Abb. 11).[1]

15. Empirische Formeln. Die Einfachheit der Konstruktion einer Geraden sowie des durch sie ausgedrückten Proportionalitätsgesetzes für die Änderungen der abhängigen und der unabhängigen Veränderlichen macht das Geradendiagramm zu einem überaus bequemen Mittel zum Aufsuchen *empirischer Formeln*, d. h. solcher Formeln, die unmittelbar aus Versuchsdaten ohne besondere theoretische Untersuchungen abgeleitet werden.

Stellen wir die aus einem Versuch erhaltene Tabelle graphisch auf einem Bogen Millimeterpapier dar, so erhalten wir eine Punktreihe. Wenn wir mit einer angenäherten empirischen Formel für die untersuchte funktionale Abhängigkeit in der Form einer *linearen* Funktion zufrieden sind, brauchen wir nur *eine Gerade* zu ziehen, die, wenn sie auch nicht zugleich durch

[1]) Hier wird die Zeit als Abszisse und der Weg als Ordinate gewählt (Anm. d. Übers.).

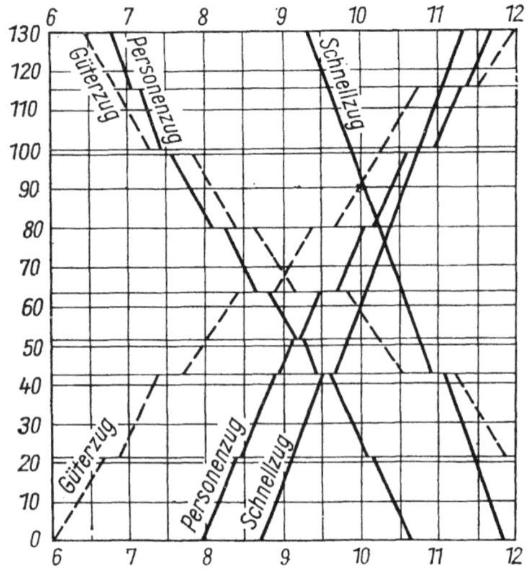

Abb. 11

alle konstruierten Punkte geht (was natürlich fast immer unmöglich ist), so doch wenigstens zwischen diesen Punkten verläuft und dabei so, daß nach Möglichkeit auf beiden Seiten der Geraden gleich viele Punkte und alle hinreichend nahe bei ihr liegen. In der Theorie der Beobachtungsfehler und der Ausgleichsrechnung werden die Methoden sowohl zur Konstruktion der angegebenen Geraden als auch zur Abschätzung des bei einer solchen angenäherten Darstellung begangenen Fehlers genauer untersucht. Bei weniger genauen Untersuchungen, mit denen man z. B. in der Technik zu tun hat, führt man die Konstruktion der empirischen Geraden am einfachsten nach der Methode der „straff gespannten Schnur" durch, deren Wesen schon aus der Bezeichnung ersichtlich ist. Nach Konstruktion der Geraden bestimmen wir mittels direkter Ausmessung von Steigung und Achsenabschnitt ihre Gleichung

$$y = ax + b\,,$$

die dann die gesuchte empirische Formel liefert. Bei ihrer Aufstellung ist darauf zu achten, daß die Maßstäbe für die Größen x und y durchaus verschieden sein können, d. h. *ein und dieselbe auf der x- bzw. y-Achse abgetragene Länge verschiedene Zahlen darstellt.* In diesem Fall ist der Richtungskoeffizient a nicht gleich dem Tangens des von der Geraden mit der x-Achse gebildeten Winkels, sondern unterscheidet sich von ihm durch einen Faktor, der gleich dem Zahlenverhältnis der bei der Darstellung der Größen x und y gewählten Längeneinheiten ist.

Beispiel (Abb. 12).

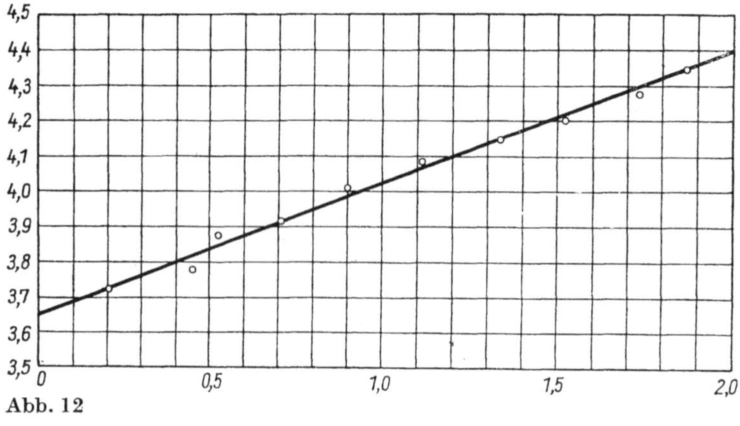

Abb. 12

x	0,212	0,451	0,530	0,708	0,901	1,120	1,341	1,520	1,738	1,871
y	3,721	3,779	3,870	3,910	4,009	4,089	4,150	4,201	4,269	4,350

Lösung.

$$y \approx 0{,}375x + 3{,}65$$

(mit dem Symbol $\approx$ bezeichnen wir hier und im folgenden eine *angenäherte Gleichheit*).

16. Die Parabel zweiten Grades. Die lineare Funktion

$$y = ax + b$$

ist ein Spezialfall der *ganzen rationalen Funktion n-ten Grades* oder des *Polynoms n-ten Grades*

$$y = a_0x^n + a_1x^{n-1} + \cdots + a_{n-1}x + a_n ,$$

dessen einfachster Fall nach der linearen Funktion der *dreigliedrige Ausdruck zweiten Grades* ($n = 2$)

$$y = ax^2 + bx + c$$

ist; die Bildkurve dieser Funktion heißt *Parabel zweiten Grades* oder einfach *Parabel.*

Zunächst werden wir nur den einfachsten Fall der Parabel untersuchen:

$$y = ax^2 . \tag{5}$$

Diese Kurve kann ohne Schwierigkeit punktweise konstruiert werden. In Abb. 13 sind die Kurven $y = x^2$ $(a = 1)$ und $y = -x^2$ $(a = -1)$ dargestellt. Die der Gleichung (5) entsprechende Kurve liegt für $a > 0$ oberhalb der x-Achse und für $a < 0$ unterhalb der x-Achse. Die Ordinate dieser Kurve wächst dem Absolutbetrag nach an, wenn x absolut genommen zunimmt, und zwar um so schneller, je größer der Absolutwert von a ist. In Abb. 14 sind einige Bildkurven der Funktion (5) für verschiedene Werte von a dargestellt. Diese Werte sind in der Abbildung an die entsprechenden Parabeln gesetzt.

Die Gleichung (5) enthält nur x^2 und ändert sich daher nicht, wenn x durch $-x$ ersetzt wird, d. h., wenn ein gewisser Punkt (x, y) auf der Parabel (5) liegt, liegt auch der Punkt $(-x, y)$ auf der Parabel. Die beiden Punkte (x, y) und $(-x, y)$ liegen offenbar symmetrisch zur y-Achse, d. h., der eine ist das Spiegelbild des anderen in bezug auf diese Achse. Wenn man daher die rechte Seite der Ebene um 180° um die y-Achse klappt und sie mit der linken Seite zur Deckung bringt, fällt der rechts von der y-Achse liegende Teil der Parabel mit dem links von dieser Achse liegenden zusammen. Mit anderen Worten, *die y-Achse ist Symmetrieachse der Parabel* (5).

Der Koordinatenursprung ist der tiefste Kurvenpunkt bei $a > 0$ und der höchste bei $a < 0$ und wird *Scheitel der Parabel* genannt.

Der Koeffizient a ist völlig bestimmt, wenn man einen vom Scheitel verschiedenen Punkt $M_0(x_0, y_0)$ der Parabel vorgibt, da wir dann

$$y_0 = ax_0^2 , \qquad a = \frac{y_0}{x_0^2}$$

haben, wonach die Gleichung der Parabel (5) folgende Form annimmt:

$$y = y_0 \left(\frac{x}{x_0}\right)^2 . \tag{6}$$

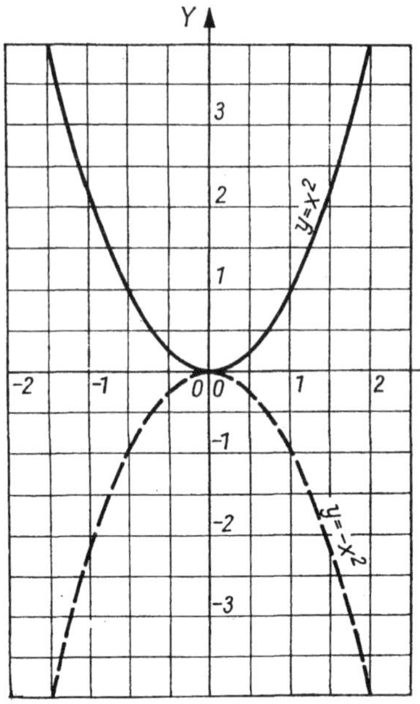

Abb. 13

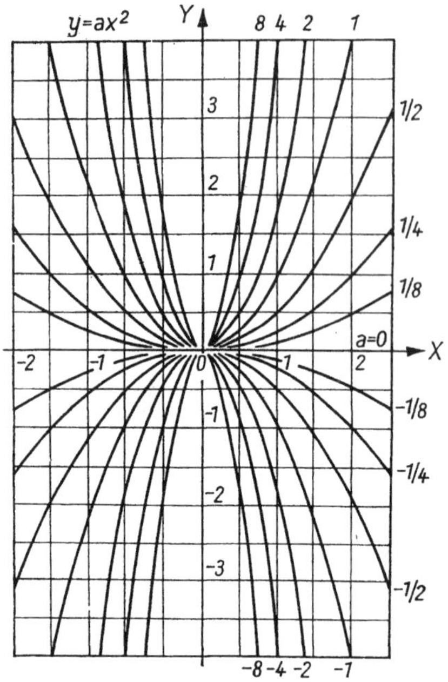

Abb. 14

Es gibt ein sehr einfaches graphisches Verfahren zur Konstruktion einer beliebigen Anzahl von Parabelpunkten, wenn Symmetrieachse, Scheitel und außerdem ein beliebiger weiterer Parabelpunkt M_0 gegeben sind.

Abszisse und Ordinate des gegebenen Punktes $M_0(x_0, y_0)$ teilen wir in n gleiche Teile (Abb. 15), und durch den Koordinatenursprung ziehen wir die Strahlen zu den Teilungspunkten der Ordinate. Der Schnitt eines dieser Strahlen fester Nummer mit der gleichnumerierten unter den durch die Teilungspunkte der Abszisse parallel zur y-Achse gezogenen Geraden ergibt wieder Punkte der Parabel. In der Tat, gemäß der Konstruktion haben wir (Abb. 15):

$$x_1 = x_0 \cdot \frac{n-1}{n}, \quad y' = y_0 \cdot \frac{n-1}{n}, \quad y_1 = y' \cdot \frac{n-1}{n} = y_0 \left(\frac{n-1}{n}\right)^2 = y_0 \left(\frac{x_1}{x_0}\right)^2,$$

d. h., auf Grund von (6) liegt der Punkt $M_1(x_1, y_1)$ ebenfalls auf der Parabel. Analog verläuft der Beweis für die anderen Punkte.

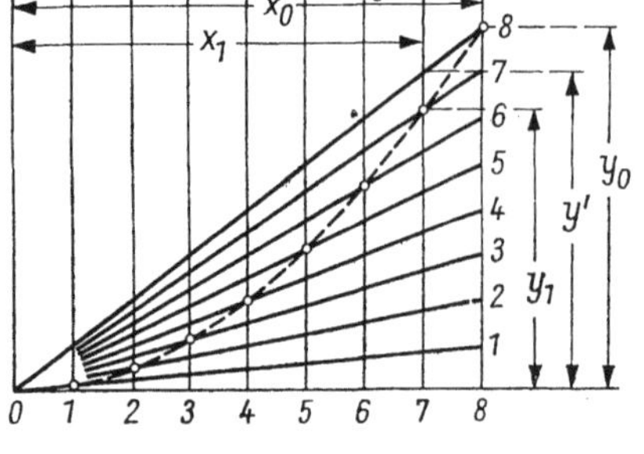

Abb. 15

Hat man zwei Funktionen

$$y = f_1(x) \quad \text{und} \quad y = f_2(x)$$

und die ihnen entsprechenden Bildkurven, so genügen die Koordinaten der Schnittpunkte dieser Kurven den beiden aufgeschriebenen Gleichungen, d. h., die Abszissen dieser Schnittpunkte sind Lösungen der Gleichung

$$f_1(x) = f_2(x)\,.$$

Der erwähnte Umstand ist leicht zur angenäherten Auflösung einer quadratischen Gleichung auszunutzen. Konstruieren wir auf einem Bogen Millimeterpapier möglichst genau die Bildkurve der Parabel

$$y = x^2\,, \tag{6_1}$$

so können wir die Wurzeln der quadratischen Gleichung

$$x^2 = px + q \tag{7}$$

als Abszissen der Schnittpunkte der Parabel (6_1) und der Geraden $y = px + q$ auffassen, so daß die Lösung von (7) auf die Ermittlung der erwähnten Schnittpunkte in der Figur hinausläuft. In Abb. 16 sind die drei möglichen Fälle

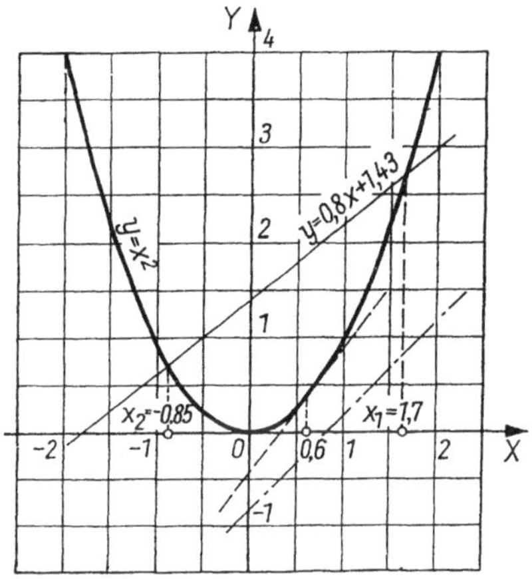

Abb. 16

dargestellt: Es gibt zwei solcher Punkte, einen einzigen (Berührung der Geraden mit der Parabel) oder gar keinen.

17. Die Parabel dritten Grades. Das Polynom dritten Grades

$$y = ax^3 + bx^2 + cx + d$$

hat als Bild eine Kurve, die *Parabel dritten Grades* genannt wird. Wir betrachten zunächst die Kurve nur in dem einfachsten Fall

$$y = ax^3\,. \tag{8}$$

Bei positivem a sind die Vorzeichen von x und y gleich und bei negativem a verschieden. Im ersten Fall liegt die Kurve im ersten und dritten Quadranten und im zweiten Fall im zweiten und vierten Quadranten. In Abb. 17 ist die Form dieser Kurve für verschiedene Werte von a dargestellt.

Wenn man x und y gleichzeitig durch $-x$ und $-y$ ersetzt, ändern beide Seiten der Gleichung (8) das Vorzeichen, die Gleichung bleibt also ungeändert, d. h., wenn der Punkt (x, y) auf der Kurve (8) liegt, dann liegt auch der Punkt $(-x, -y)$

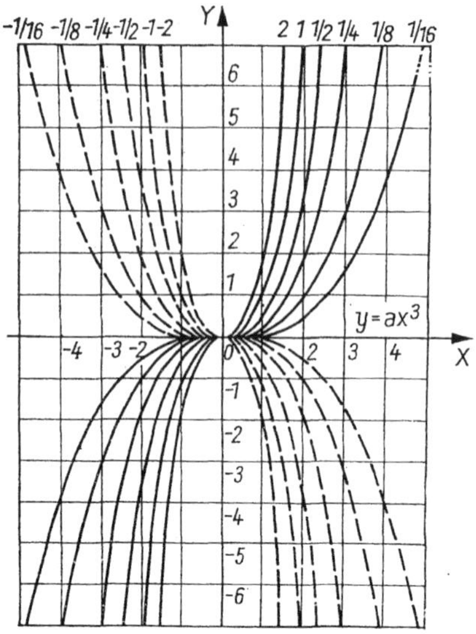

Abb. 17

auf dieser Kurve. Die Punkte (x, y) und $(-x, -y)$ liegen offenbar symmetrisch in bezug auf den Ursprung O, d. h., ihre Verbindungsstrecke wird durch den Ursprung O halbiert. Aus dem Vorstehenden folgt, daß jede Sehne der Kurve (8), die durch den Koordinatenursprung O verläuft, durch diesen Punkt halbiert wird. Man drückt dies anders folgendermaßen aus: *Der Koordinatenursprung O ist Mittelpunkt der Kurve* (8).

Wir erwähnen noch einen weiteren Spezialfall der Parabel dritten Grades:

$$y = ax^3 + cx\,. \tag{9}$$

Die rechte Seite dieser Gleichung ist die Summe zweier Glieder, und folglich genügt es zur Konstruktion dieser Kurve, die Gerade

$$y = cx \tag{10}$$

zu zeichnen und die Summe entsprechender Ordinaten der Linienzüge (8) und (10) direkt der Zeichnung zu entnehmen. Verschiedene Formen, die die Kurve (9) (für $a = 1$ und verschiedene c) dabei annehmen kann, sind in Abb. 18 dargestellt.

Haben wir die Kurve

$$y = x^3$$

konstruiert, so erhalten wir (für weniger genaue Rechnungen) ein bequemes *graphisches Verfahren zur Auflösung der Gleichung dritten Grades*

$$x^3 = px + q\,,$$

da die Wurzeln dieser Gleichung nichts anderes sind als die Abszissen der Schnittpunkte der Kurve $y = x^3$ mit der Geraden

$$y = px + q\,.$$

Abb. 19 zeigt uns, daß es mindestens einen und höchstens drei solcher Schnittpunkte gibt, d. h., *die Gleichung dritten Grades hat mindestens eine reelle Wurzel.* Strengt bewiesen wird dies später.

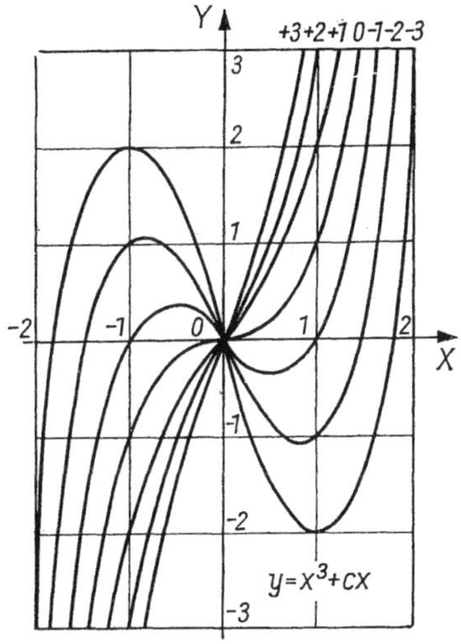

Abb. 18

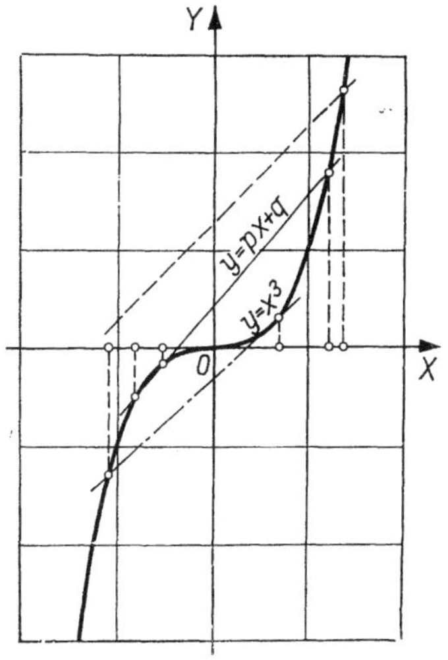

Abb. 19

18. Das Gesetz der umgekehrten Proportionalität. Die funktionale Abhängigkeit

$$y = \frac{m}{x} \tag{11}$$

bringt zum Ausdruck, daß die Veränderlichen x und y zueinander umgekehrt proportional sind. Bei einer Vergrößerung von x verkleinert sich y im entsprechenden Verhältnis. Bei positivem m haben die Veränderlichen x und y ein und dasselbe Vorzeichen, d. h., die Bildkurve liegt im ersten und dritten Quadranten; für $m < 0$ liegt sie im zweiten und vierten Für kleine x-Werte ist der Bruch $\frac{m}{x}$ dem Absolutbetrag nach groß. Dagegen wird der Bruch $\frac{m}{x}$ für absolut genommen große Werte von x dem Absolutbetrag nach klein.

Die Punktkonstruktion dieser Kurve führt uns zur Abb. 20, in der die Kurven (11) für verschiedene Werte von m dargestellt sind, wobei durch ausgezogene Linien die

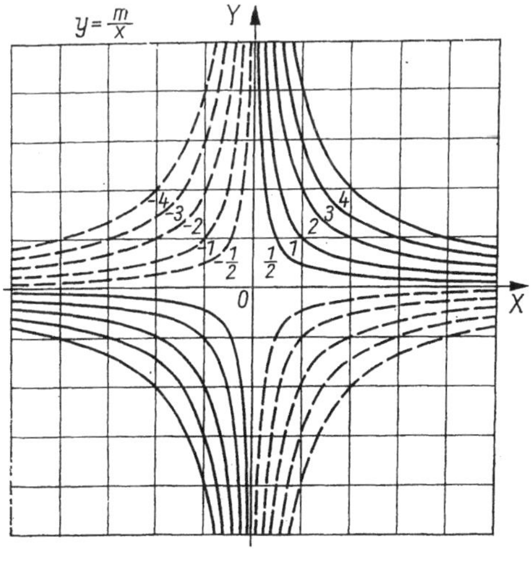

Abb. 20

dem Fall $m > 0$ und durch gestrichelte Linien die dem Fall $m < 0$ entsprechenden Kurven bezeichnet sind und an jede Kurve der zugehörige Wert m gesetzt ist. Wir sehen, daß jede der konstruierten Kurven, welche *gleichseitige Hyperbeln* genannt werden, *ins Unendliche verlaufende Äste* hat, die sich bei unbegrenzter Zunahme der Abszisse x bzw. der Ordinate y eines Punktes auf dem betrachteten Ast den Koordinatenachsen OX und OY nähern. Diese Geraden heißen *Asymptoten* der Hyperbel.

Der Koeffizient m in (11) ist vollständig bestimmt, wenn ein beliebiger Punkt $M_0(x_0, y_0)$ der untersuchten Kurve vorgegeben ist, da dann $x_0 y_0 = m$ gilt; die Gleichung (11) läßt sich nämlich in folgender Form schreiben:

$$xy = x_0 y_0 \quad \text{oder} \quad \frac{y}{x_0} = \frac{y_0}{x}. \tag{12}$$

Hieraus ergibt sich ein *graphisches Verfahren* zur Konstruktion von beliebig vielen Punkten der gleichseitigen Hyperbel, wenn ihre Asymptoten und einer ihrer Punkte $M_0(x_0, y_0)$ gegeben sind. Wir wählen die Asymptoten als Koordinatenachsen, ziehen vom Koordinatenursprung willkürlich die Strahlen OP_1, OP_2, ... und markieren die Schnittpunkte dieser Strahlen mit den Geraden

$$y = y_0 \quad \text{und} \quad x = x_0 .$$

Ziehen wir durch je zwei solcher Punkte, die auf einem Strahl liegen, zu den Koordinatenachsen parallele Geraden, so erhalten wir im Schnitt dieser Geraden einen Hyperbelpunkt (Abb. 21). Dies ergibt sich aus der Ähnlichkeit der Dreiecke ORQ_1 und OSP_1:

$$\frac{\overline{SP_1}}{\overline{OS}} = \frac{\overline{OR}}{\overline{RQ_1}} \quad \text{oder} \quad \frac{y_1}{x_0} = \frac{y_0}{x_1},$$

d. h., der Punkt $M_1(x_1, y_1)$ liegt auf der Kurve (12).

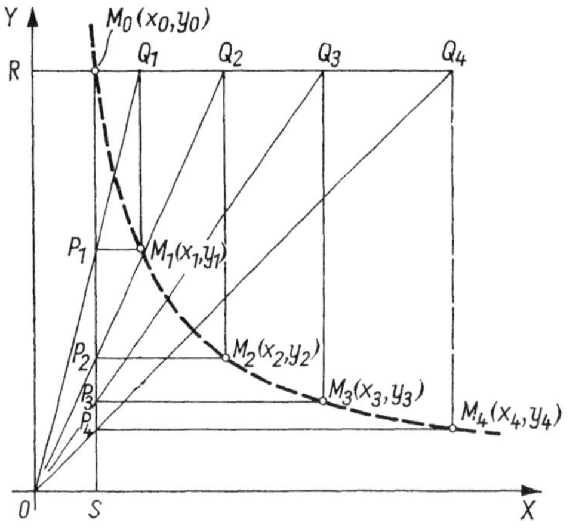

Abb. 21

19. Die Potenz. Die Funktionen $y = ax$, $y = ax^2$, $y = ax^3$ und $y = \frac{m}{x}$, die wir oben untersucht haben, sind Spezialfälle der Funktion

$$y = ax^n, \tag{13}$$

in der a und n beliebige Konstanten sind. Die Funktion (13) heißt *Potenz*funktion. Bei der Konstruktion der Kurve beschränken wir uns auf positive x-Werte und den Fall $a = 1$. In Abb. 22 und 23 sind Bildkurven dargestellt, die verschiedenen Werten von n entsprechen. Die Gleichung $y = x^n$ liefert bei beliebigem n für $x = 1$

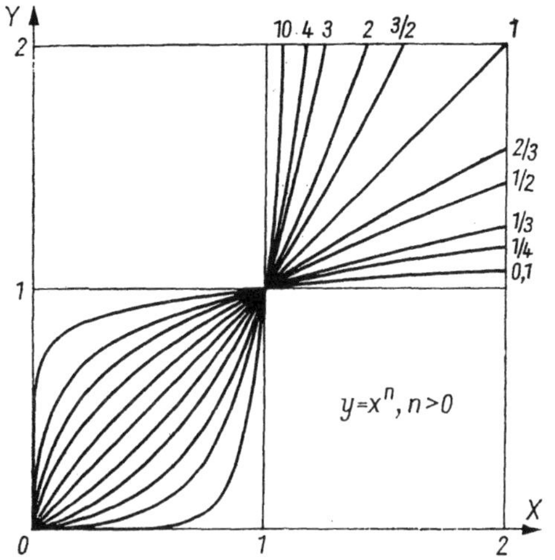

Abb. 22

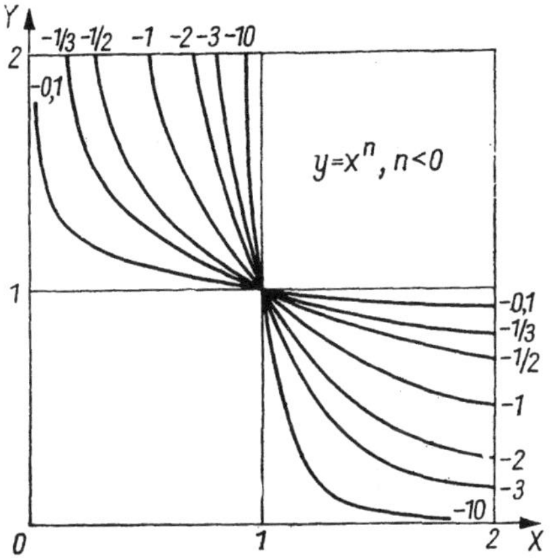

Abb. 23

den Wert $y = 1$, d. h., alle Kurven verlaufen durch den Punkt (1, 1). Bei positiven Werten von n steigen die Kurven für $x > 1$ um so steiler an, je größer n ist (Abb. 22). Bei negativem n (Abb. 23) läßt sich die Funktion als Bruch darstellen. Zum Beispiel kann man an Stelle von $y = x^{-2}$ auch $y = \frac{1}{x^2}$ schreiben. In diesen Fällen nehmen umgekehrt die Ordinaten y bei wachsendem x ab. Die der Gleichung (13) entsprechenden Kurven nennt man mitunter auch *Polytropen*. Sie treten in der Thermodynamik häufig auf.

Wir bemerken dazu, daß wir bei gebrochenem n den Wert der Wurzel positiv rechnen, z.B. sehen wir $x^{1/2} = \sqrt{x}$ als positiv an.

Die beiden in (13) auftretenden Konstanten a und n sind festgelegt, wenn man zwei Kurvenpunkte $M_1(x_1, y_1)$ und $M_2(x_2, y_{12})$ vorgibt, denn dann ist

$$y_1 = a x_1^n, \qquad y_2 = a x_2^n. \tag{14}$$

Durch Division der einen Gleichung durch die andere eliminieren wir a:

$$\frac{y_1}{y_2} = \left(\frac{x_1}{x_2}\right)^n;$$

danach bestimmen wir n durch Logarithmieren gemäß der Formel

$$n = \frac{\log y_1 - \log y_2}{\log x_1 - \log x_2};$$

haben wir n gefunden, so erhalten wir a aus einer beliebigen der Gleichungen (14).

Eine *graphische Methode* zur Konstruktion jeder gewünschten Anzahl von Punkten der Kurve (13), wenn zwei ihrer Punkte $M_1(x_1, y_1)$ und $M_2(x_2, y_2)$ vorgegeben sind, ist in Abb. 24 dargestellt. Wir ziehen durch den Punkt O zwei willkürliche Strahlen unter den Winkeln α und β zur x- bzw. y-Achse; von den gegebenen Punkten M_1 und M_2 aus fällen wir die Lote auf die Koordinatenachsen bis zu ihrem Schnitt mit den Strahlen in den Punkten S_1, S_2 bzw. T_1, T_2 sowie mit den Achsen in den Punkten Q_1, Q_2 bzw. R_1, R_2. Durch den Punkt R_2 ziehen wir R_2T_3 parallel zu R_1T_2, und durch den Punkt S_2 ziehen wir S_2Q_3 parallel zu S_1Q_2. Legen wir schließlich durch T_3 und Q_3 Parallelen zur x- bzw. y-Achse, so erhalten wir im Schnitt

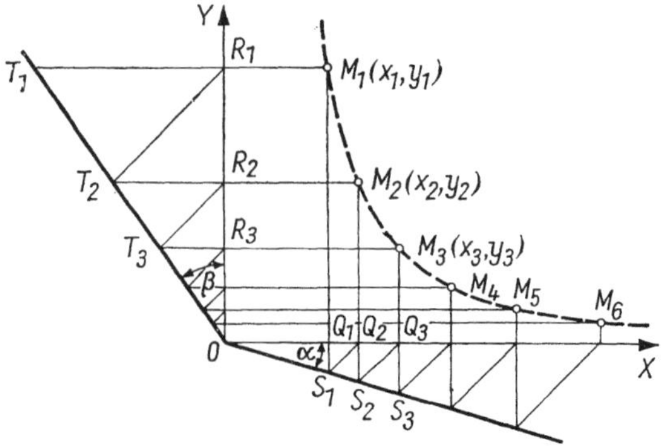

Abb. 24

der beiden den Kurvenpunkt $M_3(x_3, y_3)$. Tatsächlich folgt aus der Ähnlichkeit der Dreiecke

$$\frac{\overline{OQ_3}}{\overline{OQ_2}} = \frac{\overline{OS_2}}{\overline{OS_1}}, \quad \frac{\overline{OS_2}}{\overline{OS_1}} = \frac{\overline{OQ_2}}{\overline{OQ_1}}, \quad \text{d. h.} \quad \frac{\overline{OQ_3}}{\overline{OQ_2}} = \frac{\overline{OQ_2}}{\overline{OQ_1}} \quad \text{oder} \quad \frac{x_3}{x_2} = \frac{x_2}{x_1},$$

wonach $x_3 = \frac{x_2^2}{x_1}$ wird, und genauso läßt sich zeigen, daß $y_3 = \frac{y_2^2}{y_1}$ ist. Unter Beachtung von (14) finden wir

$$y_3 = \frac{(ax_2^n)^2}{ax_1^n} = a\left(\frac{x_2^2}{x_1}\right)^n = ax_3^n,$$

d. h., der Punkt (x_3, y_3) liegt wirklich auf der Kurve (13), was zu beweisen war.

20. Inverse Funktionen. Für die Untersuchung weiterer elementarer Funktionen führen wir den Begriff der *inversen Funktion* ein. Wie wir schon früher erwähnt hatten [**5**], steht uns bei der Untersuchung einer funktionalen Abhängigkeit zwischen den Veränderlichen x und y die Wahl der unabhängigen Veränderlichen frei, sie ist lediglich eine Frage der Zweckmäßigkeit.

Es sei eine gewisse Funktion $y = f(x)$ gegeben, wobei x die Rolle der unabhängigen Veränderlichen spielt. Die Funktion

$$x = \varphi(y),$$

die sich aus der funktionalen Abhängigkeit $y = f(x)$ definieren läßt, wenn man darin y als unabhängige und x als abhängige Veränderliche ansieht, heißt *inverse Funktion von $f(x)$*; letztere wird mitunter *ursprüngliche Funktion* genannt.

Die Bezeichnung der Veränderlichen spielt keine wesentliche Rolle, und wenn wir in beiden Fällen die unabhängige Veränderliche mit dem Buchstaben x bezeichnen, können wir sagen, daß $\varphi(x)$ die inverse Funktion der Funktion $f(x)$ ist. Sind z.B. $y = ax + b$, $y = x^n$ die ursprünglichen Funktionen, so sind

$$y = \frac{x-b}{a}, \qquad y = \sqrt[n]{x}$$

die inversen. Das Aufsuchen der inversen Funktion mittels der Gleichung der ursprünglichen Funktion heißt deren *Umkehrung*.

Es möge das Kurvenbild der ursprünglichen Funktion $y = f(x)$ vorliegen. Es ist leicht einzusehen, daß dieselbe Bildkurve auch als Bild der inversen Funktion $x = \varphi(y)$ dienen kann. Tatsächlich liefern beide Gleichungen $y = f(x)$ und $x = \varphi(y)$ ein und dieselbe funktionale Abhängigkeit zwischen x und y. In der ursprünglichen Funktion wird x willkürlich vorgegeben. Tragen wir auf der x-Achse vom Anfangspunkt O aus die der Zahl x entsprechende Strecke ab und errichten im Endpunkt dieser Strecke die Senkrechte zur x-Achse bis zum Schnitt mit der Bildkurve, so erhalten wir, wenn wir die Länge dieser Senkrechten mit dem entsprechenden Vorzeichen versehen, den Wert y, der dem gewählten x entspricht. Für die inverse Funktion $x = \varphi(y)$ müssen wir nur den vorgegebenen Wert y auf der y-Achse vom Anfangspunkt O aus abtragen und im Endpunkt dieser Strecke die Senkrechte zu der y-Achse errichten. Die Länge dieser Senkrechten bis zum Schnitt mit der Bildkurve liefert uns mit dem entsprechenden Vorzeichen den Wert x, der dem gewählten Wert y entspricht.

Hierbei tritt die Unbequemlichkeit in Erscheinung, daß im ersten Fall die unabhängige Veränderliche x auf der einen Achse, nämlich der x-Achse, abgetragen wird und im zweiten Fall die unabhängige Veränderliche y auf der anderen, nämlich der y-Achse. Anders ausgedrückt, beim Übergang von der ursprünglichen Funktion $y = f(x)$ zur inversen $x = \varphi(y)$ können wir dieselbe Bildkurve beibehalten, müssen aber berücksichtigen, daß die Achse für die Darstellung der Werte der unabhängigen Veränderlichen zur Achse der Funktionswerte wird und umgekehrt.

Wenn wir diese Unbequemlichkeit vermeiden wollen, müssen wir dabei die Ebene als Ganzes in der Weise umklappen, daß x- und y-Achse vertauscht werden. Hierzu genügt es offenbar, die Zeichenebene zusammen mit der Bildkurve um 180° um die Winkelhalbierende des ersten Quadranten zu klappen. Bei dieser Drehung vertauschen die Achsen ihre Lagen, und die inverse Funktion $x = \varphi(y)$ muß nun in der üblichen Form $y = \varphi(x)$ geschrieben werden. *Wenn also die ursprüngliche Funktion $y = f(x)$ graphisch gegeben ist, braucht man zur Ermittlung der Bildkurve der inversen Funktion $y = \varphi(x)$ nur die Zeichenebene um die Winkelhalbierende des ersten Quadranten (die Gerade $y = x$) zu klappen.*

In Abb. 25 ist die Bildkurve der ursprünglichen Funktion durch eine ausgezogene und die Bildkurve der inversen Funktion durch eine gestrichelte Linie dargestellt. Ebenfalls gestrichelt dargestellt ist die Winkelhalbierende des ersten Quadranten, um die man die ganze Zeichenebene zu klappen hat, wenn man die gestrichelte Kurve aus der ausgezogenen erhalten will.

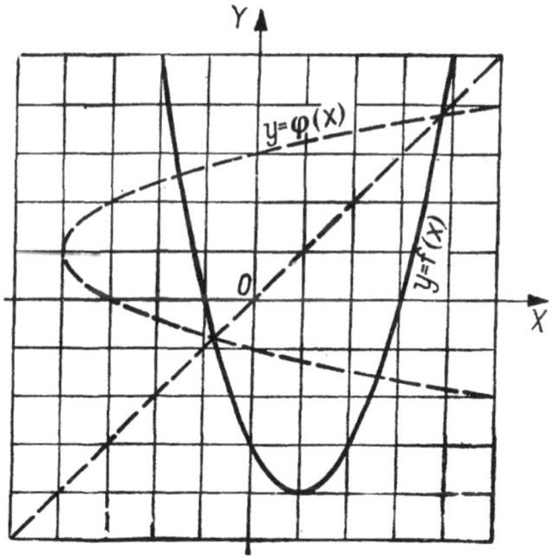

Abb. 25

21. Mehrdeutigkeit einer Funktion. Für die Bildkurven der elementaren Funktionen, die wir früher betrachtet hatten, war die Tatsache charakteristisch, daß die zur x-Achse senkrechten Geraden die Bildkurve in höchstens einem Punkt und in den meisten Fällen tatsächlich in einem Punkt schnitten. Das bedeutet, daß bei einer durch eine solche Bildkurve definierten Funktion einem gegebenen x-Wert ein einziger bestimmter y-Wert entspricht. Man sagt von einer solchen Funktion auch, sie sei *eindeutig*.

Wenn aber zur x-Achse senkrechte Geraden die Bildkurve in mehreren Punkten schneiden, bedeutet dies, daß einem gegebenen Wert von x mehrere Ordinaten der Bildkurve entsprechen, d. h. mehrere Werte von y. Solche Funktionen heißen *mehrdeutig*. Wir erwähnten die Mehrdeutigkeit von Funktionen bereits früher [5].

Auch wenn die ursprüngliche Funktion $y = f(x)$ eindeutig ist, kann die inverse Funktion mehrdeutig sein. Dies ist z.B. aus Abb. 25 ersichtlich.

Wir werden einen elementaren Fall genauer untersuchen. In Abb. 13 ist durch die ausgezogene Linie die Bildkurve der Funktion $y = x^2$ dargestellt. Wenn man die Figur um die Winkelhalbierende des ersten Quadranten um 180° klappt, erhält man die Bildkurve der inversen Funktion $y = \sqrt{x}$ (Abb. 26).

Wir betrachten sie eingehender. Für negative x-Werte (links von der y-Achse) schneiden die zur x-Achse senkrechten Geraden die Bildkurve überhaupt nicht, d. h., die Funktion $y = \sqrt{x}$ ist für $x < 0$ nicht definiert. Dies entspricht der Tatsache, daß die Quadratwurzel aus einer negativen Zahl keine reellen Werte hat. Bei beliebigem positivem x dagegen schneidet eine Senkrechte zur x-Achse die Bildkurve in zwei Punkten, d. h., bei gegebenem positivem x hat die Bildkurve die beiden Ordinaten $\overline{MN}$ und $\overline{MN_1}$. Die erste Ordinate liefert für y einen gewissen positiven Wert, und die zweite liefert einen dem Absolutbetrag nach ebenso großen negativen Wert. Dies entspricht der Tatsache, daß die Quadratwurzel aus einer positiven Zahl zwei dem Absolutbetrag nach gleiche und dem Vorzeichen nach entgegengesetzte Werte hat. Aus Abb. 26 ist auch ersichtlich, daß wir für $x = 0$ nur den einen Wert $y = 0$ haben. Also gilt: Die Funktion $y = \sqrt{x}$ ist definiert für $x \geqq 0$, hat zwei Werte für $x > 0$ und einen für $x = 0$.

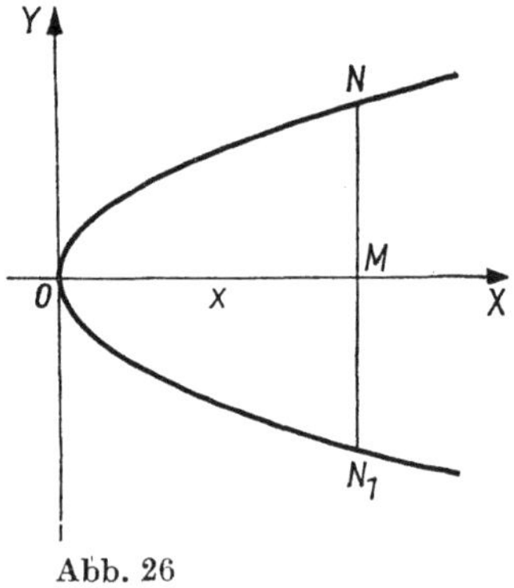

Abb. 26

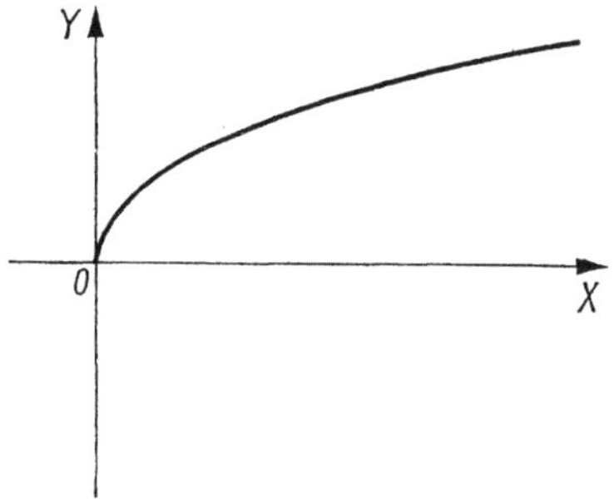

Abb. 27

Wir bemerken noch, daß wir die Funktion $y = \sqrt{x}$ eindeutig machen können, indem wir nur einen Teil der Bildkurve in Abb. 26 nehmen. Wir wählen z.B. jenes Kurvenstück, das im ersten Quadranten liegt (Abb. 27). Das bedeutet, daß wir nur die positiven Werte der Quadratwurzel betrachten. Ferner sieht man, daß der in Abb. 27 dargestellte Teil der Bildkurve der Funktion $y = \sqrt{x}$ aus dem Teil der Bildkurve der ursprünglichen Funktion $y = x^2$ (Abb. 13) erhalten wird, der rechts von der y-Achse liegt. Dieser im ersten Quadranten liegende Teil der Bildkurve der Funktion $y = \sqrt{x}$ oder $y = x^{1/2}$ war von uns schon in Abb. 22 dargestellt worden.

Wir werden uns jetzt mit dem Fall beschäftigen, daß die Umkehrung einer eindeutigen ursprünglichen Funktion zu einer ebenfalls eindeutigen inversen Funktion führt. Hierzu müssen wir einen neuen Begriff einführen.

Die Funktion $y = f(x)$ heißt *zunehmend* oder *wachsend*, wenn bei einer Vergrößerung der Werte der unabhängigen Veränderlichen x die entsprechenden Werte von y zunehmen, d. h., wenn aus $x_2 > x_1$ die Beziehung $f(x_2) > f(x_1)$ folgt.

Bei der Lage der x- und y-Achse, wie wir sie benutzen, entspricht einer Zunahme des x-Wertes eine Verschiebung auf der x-Achse nach rechts und einer Zunahme des y-Wertes eine Bewegung auf der y-Achse nach oben. Als charakteristische Besonderheit der Bildkurve einer zunehmenden Funktion erweist sich die Tatsache, daß wir uns bei einer Bewegung auf der Kurve nach der Seite zunehmender x (nach rechts) auch nach der Seite zunehmender y (nach oben) bewegen.

Wir betrachten nun die Bildkurve einer eindeutigen zunehmenden Funktion, die im Intervall $a \leqq x \leqq b$ definiert ist (Abb. 28). Es sei $f(a) = c$ und $f(b) = d$, wobei wegen des Zunehmens der Funktion offenbar $c < d$ ist. Wenn wir einen Wert y aus dem Intervall $c \leqq y \leqq d$ nehmen und im entsprechenden Punkt die Senkrechte zur y-Achse errichten, trifft diese Senkrechte unsere Bildkurve nur in einem Punkt, d. h., jedem y aus dem Intervall $c \leqq y \leqq d$ entspricht ein bestimmter Wert x. Mit anderen Worten, *die zu einer zunehmenden Funktion inverse Funktion ist eindeutig.*

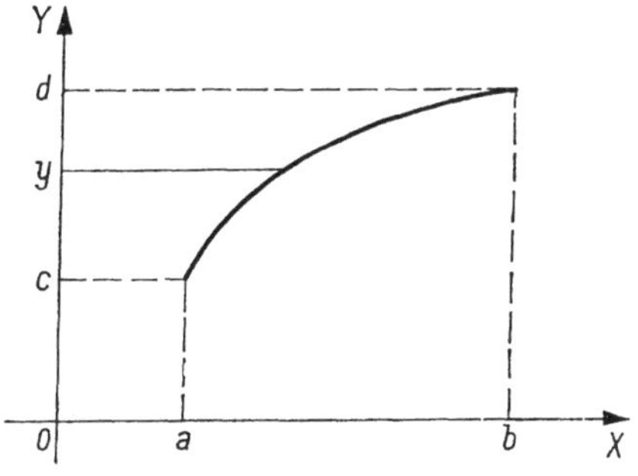

Abb. 28

Aus Abb. 28 ist leicht zu ersehen, daß auch die inverse Funktion zunehmend ist.

Analog heißt die Funktion $y = f(x)$ *abnehmend* oder *fallend*, wenn bei einer Vergrößerung der unabhängigen Veränderlichen x die entsprechenden Werte von y abnehmen, d. h., wenn aus $x_2 > x_1$ die Beziehung $f(x_1) > f(x_2)$ folgt. So wie oben läßt sich nachweisen, daß die zu einer abnehmenden Funktion inverse Funktion eine eindeutige abnehmende Funktion ist.

Wir erwähnen noch einen wichtigen Umstand. In allen Überlegungen nahmen wir bisher an, *die Bildkurve einer Funktion stelle eine durchgehende Kurve ohne Unterbrechung dar.* Diese Tatsache ist gleichbedeutend mit einer besonderen analytischen Eigenschaft einer Funktion $f(x)$, nämlich der *Stetigkeit dieser Funktion.* Die strenge mathematische Definition der Stetigkeit einer Funktion und die Untersuchung der stetigen Funktionen werden wir im Kapitel II bringen. Das Ziel des vorliegenden Kapitels ist nur eine vorläufige Einführung in diejenigen Grundbegriffe, die in den folgenden Kapiteln systematisch untersucht werden.

Bezüglich der Terminologie bemerken wir, daß wir stets eine eindeutige Funktion meinen, wenn wir ihre Mehrdeutigkeit nicht ausdrücklich betonen.

22. Die Exponentialfunktion und der Logarithmus. Wir wenden uns jetzt wieder der Untersuchung elementarer Funktionen zu. Die Exponentialfunktion wird durch die Gleichung

$$y = a^x \tag{15}$$

definiert, wobei wir die Basis a als vorgegebene positive (von 1 verschiedene) Zahl ansehen. Bei ganzzahligen positiven x-Werten ist die Bedeutung von a^x offenkundig. Bei gebrochenem positivem $x = \frac{p}{q}$ ist der Ausdruck a^x gleichbedeutend mit dem Wurzelausdruck $a^{p/q} = \sqrt[q]{a^p}$, wobei wir im Fall eines geraden q vereinbaren, den positiven Wert der Wurzel zu nehmen. Ohne sogleich auf eine genaue Betrachtung der Werte von a^x bei irrationalem x einzugehen, bemerken wir nur, daß wir Näherungswerte von a^x für irrationale x-Werte mit immer größerem Genauigkeitsgrad erhalten, wenn wir das irrationale x durch seine Näherungswerte ersetzen, wie dies früher **[2]** gezeigt wurde. Näherungswerte von $a^{\sqrt{2}}$, wobei bekanntlich $\sqrt{2} = 1{,}414213\ldots$ ist, sind z.B.

$$a^1 = a, \qquad a^{1,4} = \sqrt[10]{a^{14}}, \qquad a^{1,41} = \sqrt[100]{a^{141}}, \ldots .$$

Die Berechnung von a^x bei negativem x läßt sich auf die Berechnung von a^x bei positivem x zurückführen auf Grund der Formel $a^{-x} = \frac{1}{a^x}$, die die Definition der Potenz für negative Exponenten darstellt. Aus der oben getroffenen Vereinbarung, die Wurzeln im Ausdruck $a^{p/q} = \sqrt[q]{a^p}$ immer positiv zu rechnen, ergibt sich, daß die Funktion a^x für beliebige reelle x immer positiv ist. Außerdem läßt sich zeigen, worauf wir hier nicht weiter eingehen, daß für $a > 1$ die Funktion a^x eine zunehmende und für $0 < a < 1$ eine abnehmende Funktion ist. Eine eingehendere Untersuchung dieser Funktion bringen wir später **[44]**.

In Abb. 29 sind die Bildkurven der Funktion (15) für verschiedene Werte von a dargestellt. Wir erwähnen hier noch einige Besonderheiten dieser Kurven. Zunächst haben wir $a^0 = 1$ für jedes a, und folglich verläuft die Bildkurve der Funktion (15) für beliebiges a durch den Punkt $y = 1$ auf der y-Achse, d. h. durch den Punkt mit den Koordinaten $x = 0$, $y = 1$. Wenn $a > 1$ ist, verläuft die Kurve von links nach rechts (nach der Seite wachsender x) unbegrenzt ansteigend,

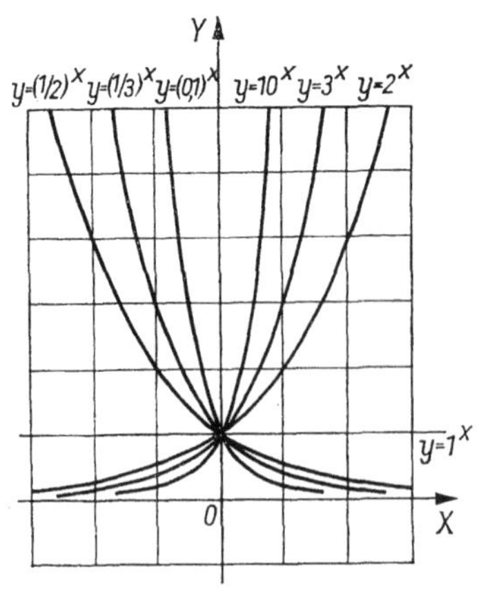

Abb. 29

und bei einer Bewegung nach links nähert sie sich unbegrenzt der x-Achse, ohne sie je zu erreichen. Bei $a < 1$ wird die Lage der Kurve bezüglich der Achsen eine andere. Bei einer Bewegung nach rechts nähert sich die Kurve unbegrenzt der x-Achse, und bei einer Bewegung nach links steigt sie unbegrenzt nach oben. Da a^x immer positiv ist, muß natürlich die Bildkurve stets oberhalb der x-Achse liegen.

Wir erwähnen noch, daß man die Bildkurve der Funktion $y = \left(\frac{1}{a}\right)^x$ aus der Bildkurve der Funktion $y = a^x$ erhalten kann, indem man die Figur um 180° um die y-Achse klappt. Das ergibt sich unmittelbar daraus, daß bei der erwähnten Umklappung x in $-x$ übergeht und $a^{-x} = \left(\frac{1}{a}\right)^x$ ist.

Ist $a = 1$, so nimmt die Funktion $y = a^x$ für alle Werte von x den Wert 1 an [**12**].

Die *logarithmische Funktion* wird durch die Gleichung

$$y = {}^a\log x \tag{16}$$

definiert. Gemäß der Definition des Logarithmus ist (16) die zu (15) inverse Funktion. Wir können somit eine Bildkurve des Logarithmus (Abb. 30) aus der Bildkurve der Exponentialfunktion erhalten, indem wir die Kurven der Abb. 29 um 180° um die Winkelhalbierende des ersten Quadranten klappen. Wegen des Zunehmens der Funktion (15) für $a > 1$ ist die inverse Funktion (16) ebenfalls eine eindeutige zunehmende Funktion von x, wobei (16), wie aus Abb. 30 ersichtlich ist, nur für $x > 0$ definiert ist (negative Zahlen haben keine Logarithmen). Alle Bildkurven der Abb. 30 schneiden die x-Achse im Punkt $x = 1$. Dies entspricht der Tatsache, daß der Logarithmus von 1 bei beliebiger Basis gleich 0 ist. In Abb. 31 ist der Deutlichkeit halber eine einzelne Bildkurve der Funktion (16) für $a > 1$ dargestellt.

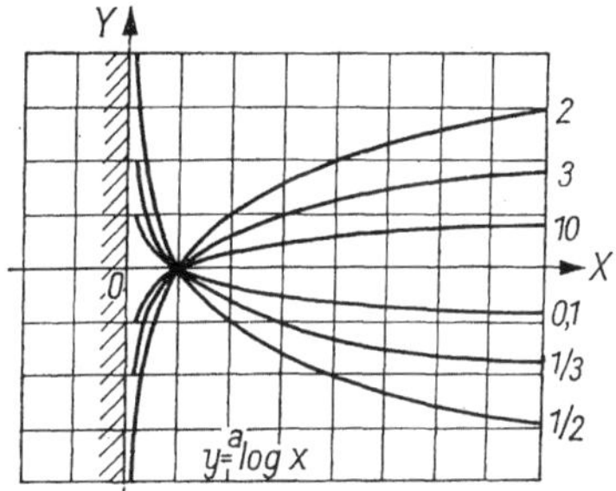

Abb. 30

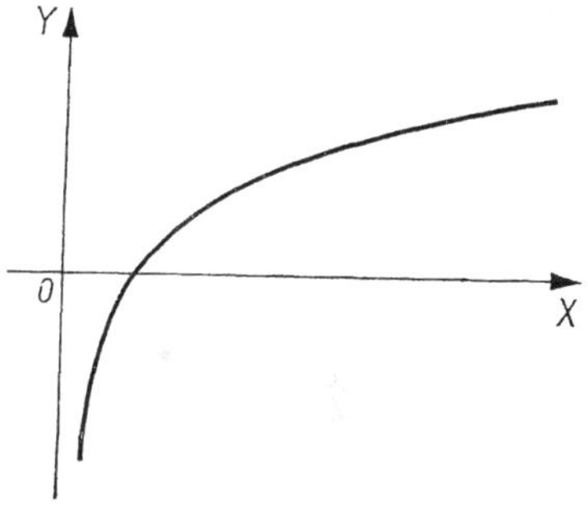

Abb. 31

Mit dem Begriff des Logarithmus hängen der Begriff der *logarithmischen Skala* und die Theorie des *Rechenstabes* eng zusammen.

Logarithmische Skala heißt eine auf einer Geraden aufgetragene Skala, bei der die Zahlen an den Teilungspunkten nicht die Abstände vom Nullpunkt angeben, sondern deren Logarithmen, im allgemeinen zur Basis 10 (Abb. 32). Wenn somit bei irgendeinem Teilstrich der Skala die Zahl x steht, ist die Länge des Abschnitts $\overline{1x}$ nicht gleich x, sondern ${}^{10}\log x$. Die Länge der Strecke zwischen zwei Skalenpunkten, die mit x und y bezeichnet sind, wird gleich

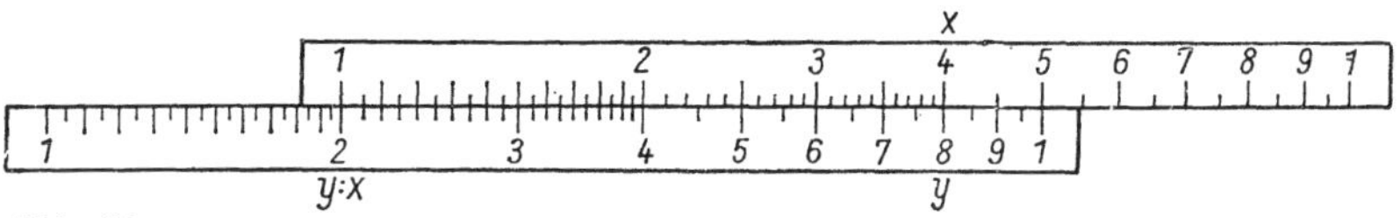

Abb. 32

(Abb. 32)

$$\overline{1y} - \overline{1x} = {}^{10}\log y - {}^{10}\log x = {}^{10}\log \frac{y}{x};$$

zur Ermittlung des Logarithmus von xy braucht man nur dem Abschnitt $\overline{1x}$ den Abschnitt $\overline{1y}$ hinzuzufügen, da die auf diesem Wege erhaltene Strecke gleich

$${}^{10}\log x + {}^{10}\log y = {}^{10}\log (xy)$$

wird.

Wenn man eine logarithmische Skala hat, kann man auf diese Weise die Multiplikation und Division von Zahlen einfach auf die Addition und Subtraktion von Strecken auf der Skala zurückführen, was in der Praxis am einfachsten mit Hilfe zweier identischer Skalen realisiert wird, von denen die eine an der anderen entlanggleiten kann (Abb. 32, 33). Hierin besteht gerade die Grundidee des logarithmischen Rechenstabes.

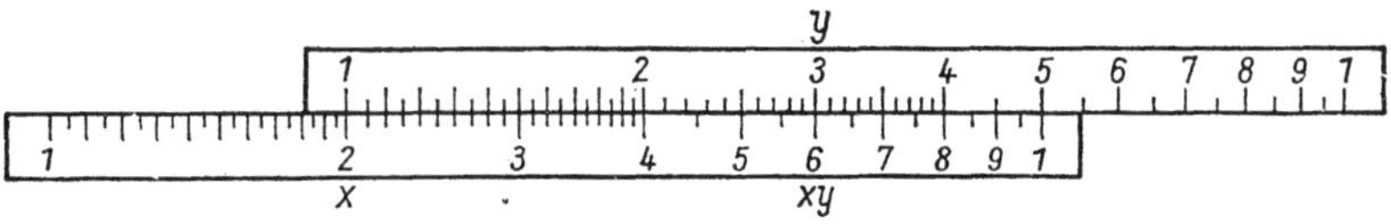

Abb. 33

Bei Berechnungen wird häufig *Lorgarithmenpapier* benutzt; das ist ein liniierter Bogen, bei dem die Teilpunkte auf der x- und y-Achse nicht der gewöhnlichen Skala, sondern der logarithmischen entsprechen.

23. Die trigonometrischen Funktionen. Wir werden uns nur mit den vier trigonometrischen Grundfunktionen

$$y = \sin x, \qquad y = \cos x, \qquad y = \tan x, \qquad y = \cot x$$

befassen, wobei wir die unabhängige Veränderliche x im Bogenmaß ausdrücken, d. h., wir nehmen als Winkeleinheit den Zentriwinkel, dem ein Kreisbogen von der Länge des Radius entspricht.

Die Bildkurve der Funktion $y = \sin x$ ist in Abb. 34 dargestellt. Benutzen wir die Formel

$$\cos x = \sin\left(x + \frac{\pi}{2}\right),$$

so ist leicht zu sehen, daß die Bildkurve von $y = \cos x$ (Abb. 35) aus der Bildkurve von $y = \sin x$ durch eine einfache Verschiebung der Kurve längs der x-Achse um die Strecke $\frac{\pi}{2}$ nach links zu erhalten ist.

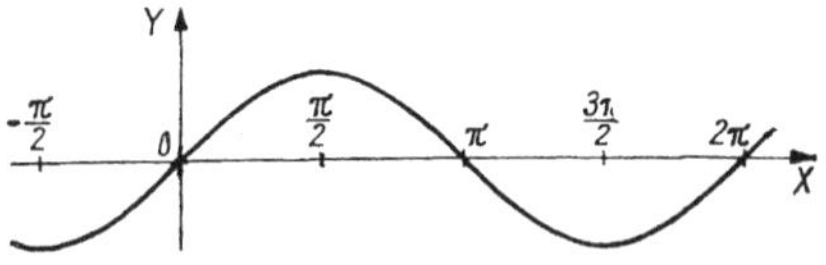

Abb. 34

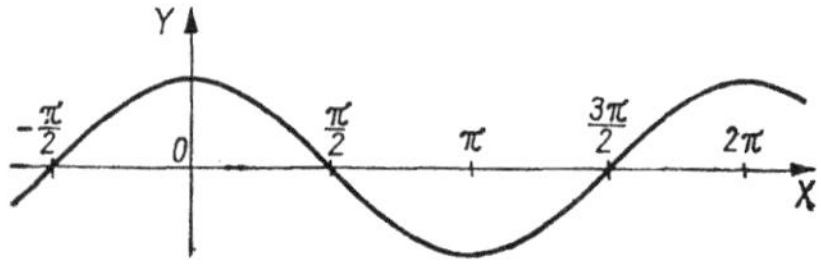

Abb. 35

In Abb. 36 ist die Bildkurve von $y = \tan x$ dargestellt. Die Kurve besteht aus einer Reihe von gleichen, ins Unendliche verlaufenden Ästen. Jeder Ast befindet sich in einem vertikalen Streifen der Breite π und stellt eine zunehmende Funktion von x dar. Schließlich ist in Abb. 37 die Bildkurve von $y = \cot x$ dargestellt, die gleichfalls aus einzelnen ins Unendliche verlaufenden Ästen besteht.

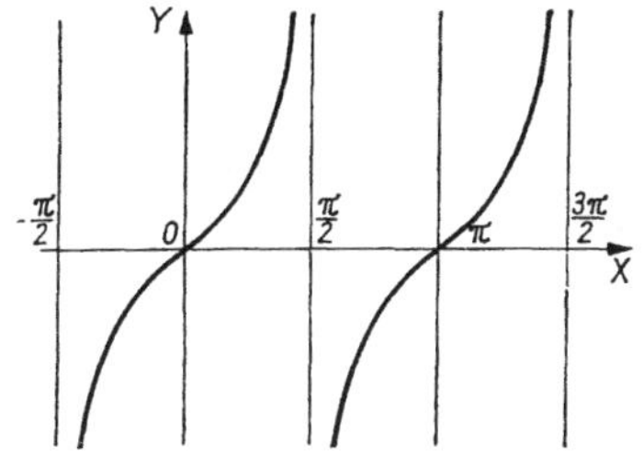

Abb. 36

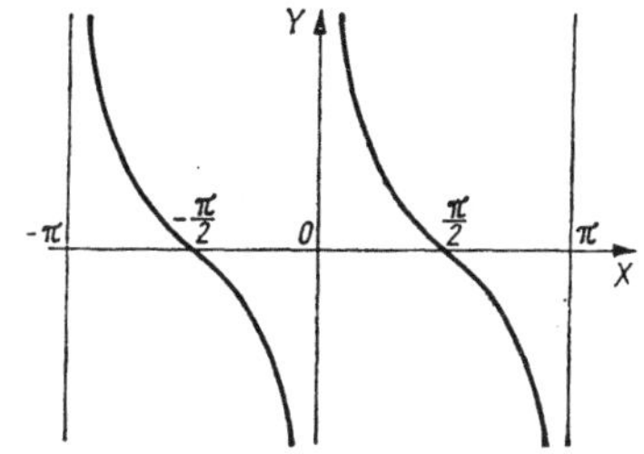

Abb. 37

Bei einer Verschiebung der Bildkurven von $y = \sin x$ und $y = \cos x$ längs der x-Achse nach rechts oder links um die Strecke 2π stimmen diese Bildkurven mit sich selbst überein, was der Tatsache entspricht, daß die Funktionen $\sin x$ und $\cos x$ die Periode 2π haben, d. h., es ist

$$\sin (x \pm 2\pi) = \sin x \quad \text{und} \quad \cos (x \pm 2\pi) = \cos x$$

für jedes x. Ebenso stimmen die Bildkurven der Funktionen $y = \tan x$ bzw. $y = \cot x$ bei Verschiebung um die Strecke π längs der x-Achse mit sich selbst überein.

Die Bildkurven der Funktionen

$$y = A \sin ax, \qquad y = A \cos ax \qquad (A > 0, a > 0) \tag{17}$$

sind den Bildkurven von $y = \sin x$ und $y = \cos x$ ganz ähnlich. Um z.B. die Bildkurve der ersten Funktion aus (17) aus der Bildkurve von $y = \sin x$ zu erhalten, muß man die Länge aller Ordinaten dieser letzteren Kurve mit A multiplizieren und den Maßstab auf der x-Achse so ändern, daß der Punkt mit der Abszisse x in den Punkt mit der Abszisse $\frac{x}{a}$ fällt. Die Funktionen (17) sind ebenfalls periodisch, haben aber die Periode $\frac{2\pi}{a}$.

Die Bildkurven der allgemeineren Funktionen

$$y = A \sin (ax + b), \qquad y = A \cos (ax + b)\,, \tag{18}$$

die wir *einfache harmonische Kurven* nennen, ergeben sich aus den Bildkurven der Funktionen (17) durch Verschiebung längs der x-Achse um die Strecke $\frac{b}{a}$ nach links (wir nehmen $b > 0$ an). Die Funktionen (18) haben ebenfalls die Periode $\frac{2\pi}{a}$.

Die Bildkurven der komplizierteren Funktionen

$$y = A_1 \sin a_1x + B_1 \cos a_1x + A_2 \sin a_2x + B_2 \cos a_2x\,,$$

welche Summen mehrerer Glieder der Form (17) sind, kann man konstruieren, indem man z.B. die Ordinaten der Bildkurven der einzelnen Summanden addiert. Die auf diese Weise erhaltenen Kurven heißen *zusammengesetzte Sinuskurven.* In Abb. 38 ist die Konstruktion der Bildkurve der Funktion

$$y = 2 \sin x + \cos 2x$$

gezeigt.

Wir bemerken dazu, daß die Funktion

$$y = A_1 \sin a_1x + B_1 \cos a_1x \tag{19}$$

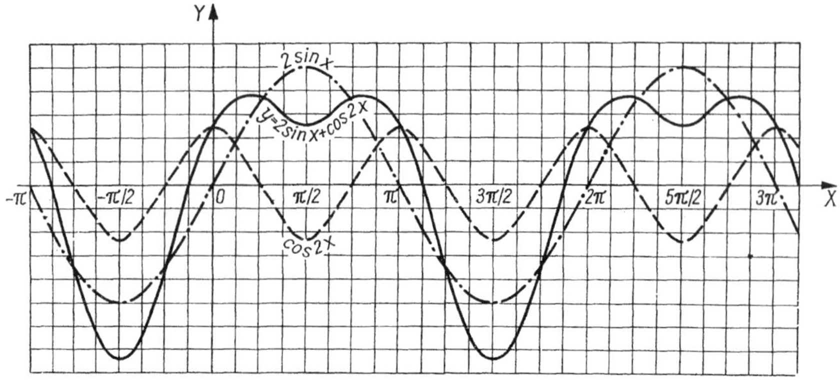

Abb. 38

in der Form (18) geschrieben werden kann und eine einfache harmonische Schwingung darstellt. Setzen wir nämlich

$$m = \frac{A_1}{\sqrt{A_1^2 + B_1^2}}, \qquad n = \frac{B_1}{\sqrt{A_1^2 + B_1^2}}, \qquad A = \sqrt{A_1^2 + B_1^2},$$

so ist offenbar

$$A_1 = mA, \qquad B_1 = nA \tag{20}$$

und außerdem $m^2 + n^2 = 1$, $|m| \leqq 1$, $|n| \leqq 1$, und daher läßt sich, wie aus der Trigonometrie bekannt ist, immer ein Winkel b_1 finden derart, daß

$$\cos b_1 = m, \qquad \sin b_1 = n \tag{21}$$

wird. Setzen wir in (19) an Stelle von A_1 und B_1 deren Ausdrücke (20) ein und benutzen (21), so erhalten wir

$$y = A(\cos b_1 \cdot \sin a_1 x + \sin b_1 \cdot \cos a_1 x),$$

d. h.

$$y = A \sin (a_1 x + b_1).$$

24. Die inversen der trigonometrischen oder die zyklometrischen Funktionen. Diese Funktionen ergeben sich bei der Umkehrung der trigonometrischen Funktionen

$$y = \sin x, \qquad \cos x, \quad \tan x, \quad \cot x$$

und werden mit den Symbolen

$$y = \arcsin x, \quad \arccos x, \quad \arctan x, \quad \operatorname{arccot} x$$

bezeichnet, die nichts anderes darstellen als Abkürzungen für: Winkel bzw. Bogen (lat. arcus) y, dessen Sinus, Kosinus, Tangens bzw. Kotangens gleich x ist.

Wir wollen uns jetzt mit der Funktion

$$y = \arcsin x \tag{22}$$

befassen. Die Bildkurve dieser Funktion (Abb. 39) erhält man aus der Bildkurve von $y = \sin x$ nach der in [**20**] angegebenen Regel. Diese Bildkurve liegt ganz in dem Vertikalstreifen der Breite 2 mit dem Intervall $-1 \leqq x \leqq +1$ der x-Achse als Basis, d. h., die Funktion (22) ist nur in dem Intervall $-1 \leqq x \leqq 1$ definiert. Ferner ist (22) mit $\sin y = x$ gleichbedeutend, und wir erhalten, wie aus der Trigonometrie bekannt ist, bei gegebenem x eine unendliche Menge von Werten für den Winkel y. Aus der Bildkurve ersehen wir, daß die in den Punkten des

Intervalls $-1 \leqq x \leqq 1$ zur x-Achse senkrechten Geraden tatsächlich mit der Bildkurve eine unendliche Menge von Punkten gemein haben, d. h., (22) ist eine mehrdeutige Funktion.

Aus Abb. 39 ersehen wir unmittelbar, daß die Funktion (22) eindeutig wird, wenn wir an Stelle der ganzen Kurve nur das stärker ausgezogene Stück berücksichtigen. Das entspricht der Bedingung, nur die Werte des Winkels y in Betracht zu ziehen, für die $\sin y = x$ ist und die in dem abgeschlossenen Intervall $\left(-\frac{\pi}{2}, \frac{\pi}{2}\right)$ liegen.

In Abb. 40 und 41 sind die Bildkurven der Funktionen $y = \operatorname{arccos} x$ und $y = \arctan x$ gezeichnet. Bei Beschränkung auf die stark gezeichneten Kurvenstücke sind die Funktionen eindeutig (die Figur für $\operatorname{arccot} x$ zu zeichnen sei dem Leser überlassen). Wir bemerken dazu, daß die Funktionen $y = \arctan x$ und $y = \operatorname{arccot} x$ für alle reellen Werte von x definiert sind.

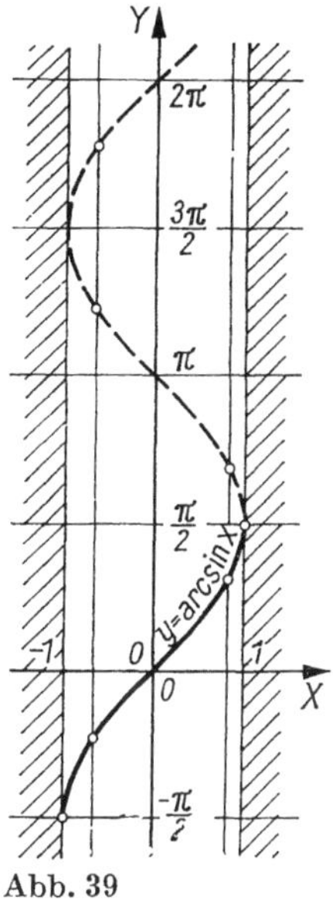

Abb. 39

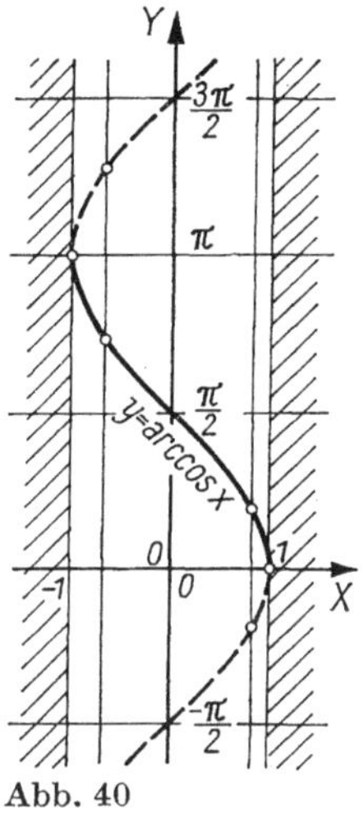

Abb. 40

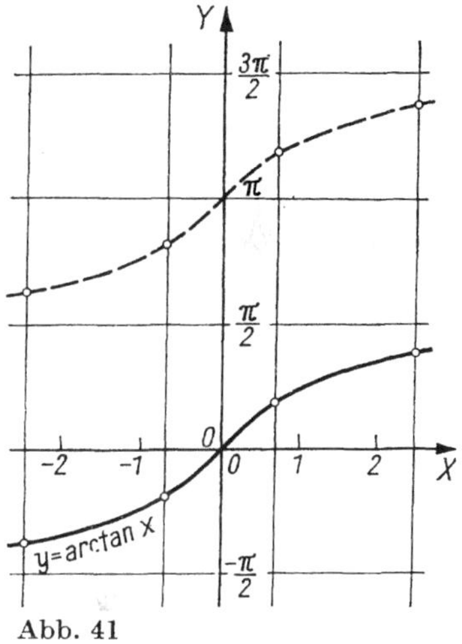

Abb. 41

Entnehmen wir der Figur den Variabilitätsbereich von y auf dem stark gezeichneten Kurvenstück, so erhalten wir eine Tabelle der Schranken, innerhalb deren die Funktionen eindeutig werden:

y	$\arcsin x$	$\arccos x$	$\arctan x$	$\operatorname{arccot} x$
Ungleichungen für y	$-\frac{\pi}{2} \leqq y \leqq \frac{\pi}{2}$	$0 \leqq y \leqq \pi$	$-\frac{\pi}{2} < y < \frac{\pi}{2}$	$0 < y < \pi$

Es ist leicht zu zeigen, daß für die in dieser Weise definierten Funktionen, die man die *Hauptwerte* der zyklometrischen Funktionen nennt, die Beziehungen

$$\arcsin x + \arccos x = \frac{\pi}{2}, \qquad \arctan x + \operatorname{arccot} x = \frac{\pi}{2} \tag{23}$$

gelten.

§ 2. Theorie der Grenzwerte. Stetige Funktionen

25. Die geordnete Veränderliche. Als wir von der unabhängigen Veränderlichen x sprachen, war für uns nur die Menge aller Werte, die x annehmen kann, von Bedeutung. Zum Beispiel konnte das die Menge der x-Werte sein, die der Ungleichung $0 \leqq x \leqq 1$ genügen. Jetzt werden wir eine veränderliche Größe x betrachten, die *nacheinander* eine unendliche Menge von Werten annimmt, d. h., es ist für uns jetzt nicht nur die *Menge* der Werte x, sondern auch die *Reihenfolge*, in der sie diese Werte annimmt, wichtig. Genauer gesagt, wir setzen folgendes voraus:

1. Wenn x' und x'' zwei Werte der veränderlichen Größe x sind, besteht die Möglichkeit, unter ihnen den vorangehenden und den nachfolgenden Wert zu unterscheiden, wobei aus „x' geht x'' voran" und „x'' geht x''' voran" folgt, daß „x' dem Wert x''' vorangeht".

2. Es gibt keinen letzten Wert von x, d. h., welchen Wert der veränderlichen Größe x wir auch immer nähmen, es würde immer eine unendliche Menge von Werten existieren, die ihm folgen.

Eine solche veränderliche Größe heißt *geordnete veränderliche Größe.* Im weiteren werden wir der Kürze halber einfach von einer *veränderlichen Größe* sprechen. Indem wir wie immer vom konkreten Charakter der Größe (Länge, Gewicht usw.) abstrahieren, verstehen wir unter dem Ausdruck „geordnete veränderliche Größe" oder einfach „veränderliche Größe" die gesamte unendliche Folge ihrer Werte, d. h. unendlich viele aufeinanderfolgende Zahlen.

Als wichtiger Spezialfall einer geordneten veränderlichen Größe erweist sich der Fall, daß sich die aufeinanderfolgenden Werte durchnumerieren lassen:

$$x_1, x_2, x_3, \ldots, x_n, \ldots,$$

wobei von zwei Werten x_p und x_q derjenige der nachfolgende ist, der den größeren Index hat. Eine solche Anordnung aufeinanderfolgender Werte nennt man gewöhnlich „Folge". Als Beispiel nehmen wir eine Folge, deren allgemeines Glied x_n durch $x_n = \frac{1}{2^n}$ $(n = 1, 2, 3, \ldots)$ definiert ist. Dann hat die Folge die Gestalt

$$\frac{1}{2}, \frac{1}{4}, \frac{1}{8}, \ldots, \frac{1}{2^n}, \ldots. \tag{1}$$

Es sei jetzt $x_n = 0,\overbrace{11\ldots1}^{n}$, d. h., x_n sei der Dezimalbruch, dessen ganzer Teil gleich 0 ist und hinter dessen Komma n-mal die Eins steht; dann erhalten wir die Folge

$$0{,}1;\ 0{,}11;\ 0{,}111;\ \ldots;\ 0{,}\overbrace{11\ldots1}^{n};\ \ldots. \tag{2}$$

Setzen wir zwischen zwei Zahlen der Folge (1) die Zahl 0, so erhalten wir die neue Folge

$$\tfrac{1}{2}, 0, \tfrac{1}{4}, 0, \tfrac{1}{8}, 0, \tfrac{1}{16}, \ldots, \tag{3}$$

für die also $x_1 = \frac{1}{2}$, $x_2 = 0$, $x_3 = \frac{1}{4}$, $x_4 = 0$, $x_5 = \frac{1}{8}$ usw. ist. Unter den Werten dieser veränderlichen Größe treten auch gleiche auf, nämlich $x_p = 0$ für alle geraden p. Wir bemerken, daß die Veränderliche (1) eine fallende Veränderliche ist, d. h., jeder ihrer Werte ist kleiner als alle vorangehenden Werte. Die Veränderliche (2) dagegen ist wachsend, d. h., jeder ihrer Werte ist größer als alle vorangehenden. Die Veränderliche (3) ist weder fallend noch wachsend.

Wir geben jetzt Beispiele einer geordneten Veränderlichen an, deren Werte sich nicht durchnumerieren lassen. Wir setzen voraus, daß die veränderliche Größe x alle verschiedenen Werte annimmt, die der Ungleichung $a - k \leqq x < a$ genügen, wobei a und k beliebige (reelle) Zahlen sind mit $k > 0$. Dabei betrachtet man von zwei Werten x und x' den größeren als den nachfolgenden. Anders ausgedrückt, die veränderliche Größe x wächst, indem sie nacheinander alle Werte aus dem links abgeschlossenen und rechts offenen Intervall $a - k \leqq x < a$ annimmt. Sie nimmt alle beliebigen Werte aus diesem Intervall an, die kleiner als a sind, nimmt aber den Wert a selbst nicht an. Der erste Wert der Veränderlichen ist der Wert $x = a - k$, aber eine weitere Numerierung der Werte der Veränderlichen ist unmöglich. Wenn wir voraussetzen, daß die wachsende Veränderliche nicht der Ungleichung $a - k \leqq x < a$, sondern der Ungleichung $a - k < x < a$ genügt, gibt es auch keinen ersten Wert der Veränderlichen x. Völlig analog kann man auch die fallende Veränderliche x im Intervall $a < x \leqq a + k$ oder im Intervall $a < x < a + k$ betrachten.

Wir geben jetzt ein Beispiel an, das analog dem vorhergehenden ist, aber in dem die Veränderliche weder wachsend noch fallend ist. Die veränderliche Größe x soll alle verschiedenen Werte annehmen, die der Ungleichung $a - k \leqq x \leqq a + k$ genügen, außer dem Wert $x = a$. Wenn x' und x'' zwei verschiedene Werte von x sind, bei denen die Absolutbeträge $|x' - a|$ und $|x'' - a|$ verschieden sind, dann soll derjenige der nachfolgende sein, für den $|x - a|$ kleiner ist (d. h. derjenige, der auf der x-Achse dem Punkt a näher liegt). Wenn aber $x' - a$ und $x'' - a$ sich nur um das Vorzeichen unterscheiden (x' und x'' liegen gleich weit von a entfernt, aber befinden sich auf der x-Achse auf verschiedenen Seiten von a), dann soll derjenige der nachfolgende sein, für den $x - a$ negativ ist (der also links von a liegt). In diesem Beispiel nähert sich die Veränderliche x im Intervall $a - k \leqq x \leqq a + k$ dem Wert a von beiden Seiten und nimmt alle Werte dieses Intervalls außer $x = a$ an. Der erste Wert der Veränderlichen ist $x = a + k$, der zweite $x = a - k$, aber eine weitere Numerierung ist unmöglich. Wenn man an Stelle von $a - k \leqq x \leqq a + k$ das Intervall $a - k < x < a + k$ nimmt, dann läßt sich auch der erste Wert von x nicht angeben.

Im weiteren werden wir es oft mit veränderlichen Größen zu tun haben, die durch eine funktionale Abhängigkeit verknüpft sind. Es sei die Veränderliche x eine Funktion der Veränderlichen t. Dafür führen wir die Bezeichnung $x(t)$ ein. Ferner sei t irgendeine geordnete Veränderliche. Dadurch wird auch eine Anordnung der Werte $x(t)$ geschaffen, und zwar folgendermaßen: Wenn t' und t'' zwei verschiedene Werte von t sind und t' dem Wert t'' vorangeht, dann wird festgelegt, daß innerhalb der Werte $x(t)$ der Wert $x(t')$ dem Wert $x(t'')$ vorangeht. Im weiteren werden wir es im allgemeinen mit solchen Fällen zu tun haben, bei denen es unter den Werten der geordneten Veränderlichen t keine gleichen gibt. Aber $x(t)$ kann auch gleiche Werte bei verschiedenen t annehmen. Man sagt gewöhnlich, daß die geordnete Veränderliche t die Veränderliche $x(t)$ *ordnet* oder eine ordnende Veränderliche für $x(t)$ darstellt. Wir bemerken, daß für die Durchnumerierung $x_1, x_2, x_3, \ldots$ der Veränderlichen x die Indizes 1, 2, 3, ... die Rolle von t spielen, d. h., in diesem Fall nimmt t die aufeinanderfolgenden Werte 1, 2, 3, ... an und numeriert dadurch die Werte von x.

Es ergibt sich nun die Frage nach den Operationen mit geordneten Veränderlichen. Wenn etwa x und y geordnete Veränderliche sind, dann ist ohne einleitende Vereinbarungen unklar, was man unter der Summe $x + y$ oder dem Produkt xy zu verstehen hat, weil sowohl x als auch y eine unendliche Menge von Werten annimmt und es unklar bleibt, welche Werte von x und y man addieren bzw. multiplizieren muß, um die neuen Veränderlichen $x + y$ bzw. xy zu erhalten. Wenn x und y durchnumerierte Veränderliche und $x_1, x_2, \ldots$ und $y_1, y_2, \ldots$ die aufeinanderfolgenden Werte von x und y sind, dann wird die Summe $x + y$ als die durchnumerierte Veränderliche definiert, die als aufeinanderfolgende Werte $x_1 + y_1$, $x_2 + y_2$, $x_3 + y_3, \ldots$ hat. Im allgemeinen Fall ist zur Festlegung der Operationen mit geordneten Veränderlichen notwendig, daß sie ein und dieselbe ordnende Veränderliche besitzen. Sind die Funktionen x und y Funktionen $x(t)$ und $y(t)$ ein und derselben Veränderlichen t, die $x(t)$ und $y(t)$ ordnet, so wird die Summe von x und y als die geordnete Veränderliche $x(t) + y(t)$ definiert, die durch die Veränderliche t wiederum geordnet wird.

Für zeitlich veränderliche Vorgänge ist die Aufeinanderfolge der Werte der veränderlichen Größe durch ihre zeitliche Aufeinanderfolge bestimmt, und wir werden im folgenden mitunter dieses Zeitschema benutzen und die Ausdrücke „vor“ und „nach“ an Stelle von „vorangehend“ und „nachfolgend“ gebrauchen.

Dieser Paragraph ist in der Hauptsache der Theorie der Grenzwerte gewidmet, die der gesamten modernen Analysis zugrunde liegt. In dieser Theorie werden gewisse einfachste und gleichzeitig wichtigste Fälle der Veränderlichkeit von Größen betrachtet.

26. Die unendlich kleinen Größen. Jedem Wert der veränderlichen Größe x entspricht der Punkt K mit der Abszisse x auf der x-Achse, und eine Änderung von x spiegelt sich durch eine Lageänderung des Punktes K wider. Wir nehmen an, daß der Punkt K ständig im Innern einer gewissen Strecke der x-Achse bleibt. Das ist gleichbedeutend mit der Bedingung, daß die Länge der Strecke $\overline{OK}$, wobei O der Koordinatenursprung ist, kleiner als eine bestimmte positive Zahl M bleibt. In diesem Fall heißt die Größe x *beschränkt*. Beachten wir, daß die Länge der Strecke $\overline{OK}$ gleich $|x|$ ist, so können wir die folgende Definition aussprechen.

Definition. Die veränderliche Größe x heißt *beschränkt*, wenn eine solche positive Zahl M existiert, daß für alle Werte von x die Ungleichung $|x| < M$ gilt.

Als Beispiel einer beschränkten Größe kann $x = \sin \alpha$ dienen, wobei der Winkel α in beliebiger Weise veränderlich ist. Im vorliegenden Fall können wir für M eine beliebige Zahl größer als 1 nehmen.

Wir betrachten jetzt den Fall, daß sich der Punkt K dem Koordinatenursprung unbeschränkt nähert. Genauer gesagt, wir nehmen an, daß der Punkt K bei nacheinander erfolgenden Änderungen seiner Lage ins Innere jeder beliebig vorgegebenen kleinen Strecke $\overline{S'S}$ der x-Achse mit dem Mittelpunkt O gelangt und bei der weiteren Bewegung im Innern dieser Strecke bleibt. In diesem Fall sagt man, *die Größe x strebe gegen* 0 oder *x sei eine unendlich kleine Größe.*

Wir bezeichnen die Länge der Strecke $\overline{S'S}$ mit 2ε. Mit dem Buchstaben ε haben wir also eine beliebig vorgegebene positive Zahl bezeichnet. Wenn sich der Punkt K im Innern von $\overline{S'S}$ befindet, ist die Länge von $\overline{OK}$ kleiner als ε, und umgekehrt, wenn die Länge von $\overline{OK}$ kleiner als ε ist, befindet sich K im Innern von $\overline{S'S}$. Wir können somit die folgende Definition aussprechen:

Definition. Man sagt, die veränderliche Größe *x strebe gegen* 0 oder *werde unendlich klein,* wenn zu jedem beliebig vorgegebenen positiven ε ein solcher Wert der Größe x existiert, daß für alle folgenden Werte die Ungleichung $|x| < \varepsilon$ erfüllt ist.

Im Hinblick auf die Wichtigkeit des Begriffes der unendlich kleinen Größen geben wir eine weitere Formulierung derselben Definition.

Definition. Die Größe x heißt *gegen 0 strebend* oder *unendlich klein*, wenn $|x|$ bei der nacheinander erfolgenden Änderung von x kleiner als jede beliebig vorgegebene kleine positive Zahl ε wird und bei der weiteren Änderung auch kleiner als ε bleibt.

Mit dem Ausdruck „unendlich kleine Größe" bezeichnen wir den oben beschriebenen Charakter der Änderung einer veränderlichen Größe; in keinem Fall darf der Begriff der unendlich kleinen Größe mit dem in der Praxis häufig gebrauchten Begriff einer *sehr kleinen Größe* verwechselt werden.

Wir nehmen an, daß wir bei der Vermessung einer gewissen Strecke als Länge 1000 m und irgendein restliches Stück erhalten haben, das wir im Vergleich mit der ganzen Länge als sehr klein ansehen und deshalb vernachlässigen. Die Länge dieses Reststücks wird durch eine bestimmte positive Zahl ausgedrückt, und der Ausdruck „unendlich klein" ist im vorliegenden Fall offensichtlich nicht anwendbar. Wenn wir bei einer anderen, genaueren Messung auf dieselbe Länge gestoßen wären, hätten wir sie nicht mehr als sehr klein angesehen und sie berücksichtigt. Wir sehen also, daß der Begriff der kleinen Größe ein relativer, von der praktischen Art und Weise der Messung abhängiger Begriff ist.

Wir nehmen an, daß die veränderliche Größe x nacheinander die Werte

$$x_1, x_2, x_3, \ldots, x_n, \ldots$$

annimmt und daß ε eine beliebig vorgegebene positive Zahl ist. Um uns davon zu überzeugen, daß x eine unendlich kleine Größe ist oder — wie man auch sagt — eine *Nullfolge* darstellt, müssen wir zeigen, daß $|x_n|$ von einem gewissen Wert des Index n an kleiner ist als ε, d. h. mit anderen Worten, wir müssen die Existenz einer ganzen Zahl N nachweisen, die so beschaffen ist, daß

unter der Bedingung $n > N$ die Beziehung $|x_n| < \varepsilon$ gilt.

Diese Zahl N hängt von der Wahl der Zahl ε ab.

Wir betrachten als Beispiel einer unendlich kleinen Größe die Folge

$$q, q^2, q^3, \ldots, q^n, \ldots \qquad (0 < q < 1)\,. \tag{4}$$

Nach der vorhergehenden Definition muß dann die Ungleichung

$$q^n < \varepsilon \quad \text{oder} \quad n\,{}^{10}\!\log q < {}^{10}\!\log \varepsilon$$

erfüllt sein.

Mit Rücksicht darauf, daß ${}^{10}\!\log q$ negativ ist und sich bei der Division durch eine negative Zahl eine Ungleichung umkehrt, können wir die vorstehende Ungleichung in

$$n > \frac{{}^{10}\!\log \varepsilon}{{}^{10}\!\log q}$$

umschreiben und folglich für N die größte ganze Zahl nehmen, die den Quotienten ${}^{10}\!\log \varepsilon : {}^{10}\!\log q$ nicht übertrifft. Somit strebt die betrachtete Größe, d. h. die Folge (4) gegen 0.

Wenn wir in der Folge (4) q durch $-q$ ersetzen, besteht der Unterschied nur darin, daß bei den ungeraden Potenzen ein Minuszeichen auftritt; die Absolutbeträge der Glieder dieser Folge bleiben jedoch die früheren, so daß wir auch in diesem Fall eine unendlich kleine Größe vor uns haben.

Wenn die Größe x unendlich klein wird, schreibt man gewöhnlich

$$\lim x = 0 \quad \text{oder} \quad x \to 0$$

oder für eine durchnumerierte Veränderliche

$$\lim x_n = 0\,,$$

wobei lim die Anfangsbuchstaben des lateinischen Wortes limes (Grenze) sind. In den folgenden Beweisen werden wir außer beim ersten Satz den Beweis für durchnumerierte Veränderliche durchführen. Beim ersten Satz führen wir den Beweis sowohl für durchnumerierte Veränderliche als auch im allgemeinen Fall durch.

Wir geben zwei Eigenschaften der unendlich kleinen Größen an.

1. *Die Summe mehrerer (endlich vieler) unendlich kleiner Größen ist wieder eine unendlich kleine Größe.*

Als Beispiel betrachten wir die Summe $w = x + y + z$ dreier unendlich kleiner Größen und sehen die veränderlichen Größen als numeriert, d. h. als Folgen, an. Es seien

$$x_1, x_2, \ldots; \qquad y_1, y_2, \ldots; \qquad z_1, z_2, \ldots$$

die aufeinanderfolgenden Werte von x, y bzw. z. Für w erhalten wir dann die Folge

$$w_1 = x_1 + y_1 + z_1, \qquad w_2 = x_2 + y_2 + z_2, \ldots .$$

Es sei nun ε eine beliebig vorgegebene positive Zahl. Da x, y und z unendlich klein werden, existieren eine Zahl N_1 derart, daß $|x_n| < \frac{\varepsilon}{3}$ für $n > N_1$, ein N_2 derart, daß $|y_n| < \frac{\varepsilon}{3}$ für $n > N_2$, und ein N_3 derart, daß $|z_n| < \frac{\varepsilon}{3}$ für $n > N_3$ ist. Bezeichnen wir mit N die größte der drei Zahlen N_1, N_2 und N_3, so gilt

$$|x_n| < \frac{\varepsilon}{3}, \qquad |y_n| < \frac{\varepsilon}{3}, \qquad |z_n| < \frac{\varepsilon}{3} \quad \text{für} \quad n > N$$

und folglich

$$|w_n| \leqq |x_n| + |y_n| + |z_n| < \frac{\varepsilon}{3} + \frac{\varepsilon}{3} + \frac{\varepsilon}{3} \quad \text{für} \quad n > N\,,$$

d. h. $|w_n| < \varepsilon$ für $n > N$, woraus folgt, daß auch $w = x + y + z$ eine unendlich kleine Größe ist.

Wir betrachten jetzt den allgemeinen Fall nichtnumerierter Veränderlicher, wobei x, y, z Funktionen $x(t)$, $y(t)$, $z(t)$ ein und derselben geordneten Veränderlichen t sind und $w(t) = x(t) + y(t) + z(t)$ ist. Da x, y, z unendlich klein werden, existiert ein solcher Wert $t = t'$, daß $|x(t)| < \frac{\varepsilon}{3}$ für alle auf t' folgenden Werte t gilt. Es existiert ebenso ein Wert $t = t''$, daß $|y(t)| < \frac{\varepsilon}{3}$ für alle auf t'' folgenden Werte t gilt, und ein Wert $t = t'''$, daß $|z(t)| < \frac{\varepsilon}{3}$ für alle auf t''' folgenden Werte t gilt. Wir bezeichnen mit t_0 denjenigen der drei Werte t', t'', t''' der Veränderlichen t, dem die beiden anderen vorangehen oder mit dem sie übereinstimmen. Dann gilt

$$|x(t)| < \frac{\varepsilon}{3}, \qquad |y(t)| < \frac{\varepsilon}{3}, \qquad |z(t)| < \frac{\varepsilon}{3}$$

für alle auf t_0 folgenden t, und daher ist

$$|w(t)| \leqq |x(t)| + |y(t)| + |z(t)| < \frac{\varepsilon}{3} + \frac{\varepsilon}{3} + \frac{\varepsilon}{3} = \varepsilon$$

($|w(t)| < \varepsilon$) für alle auf t_0 folgenden t, d. h., w ist eine unendlich kleine Größe.

2. *Das Produkt einer beschränkten Größe mit einer unendlich kleinen Größe ist eine unendlich kleine Größe.*

Wir betrachten das Produkt xy von numerierten Veränderlichen, wobei x die beschränkte und y die unendlich kleine Größe ist. Voraussetzungsgemäß bleibt $|x_n|$ für beliebiges n kleiner als eine gewisse positive Zahl M. Wenn ε eine beliebig vorgegebene positive Zahl ist, dann existiert ein N derart, daß $|y_n| < \frac{\varepsilon}{M}$ ist für $n > N$. Damit wird

$$|x_n y_n| = |x_n| \cdot |y_n| < M \cdot \frac{\varepsilon}{M} \quad \text{für} \quad n > N,$$

d. h. $|x_n y_n| < \varepsilon$ für $n < N$, woraus $xy \to 0$ folgt. Analog ist auch der Beweis für nichtnumerierte Veränderliche.

Wir bemerken noch, daß die letzte Eigenschaft erst recht richtig bleibt, wenn x konstant ist. Dabei genügt es, für M eine beliebige positive Zahl größer als $|x|$ zu nehmen, d. h., *das Produkt einer konstanten mit einer unendlich kleinen Größe ist eine unendlich kleine Größe.* Insbesondere ist also auch $-x$ eine unendlich kleine Größe, wenn x eine unendlich kleine Größe ist.

In Anbetracht der fundamentalen Bedeutung des Begriffs der unendlich kleinen Größe für das Folgende befassen wir uns mit diesem Begriff noch ausführlicher und bringen einige ergänzende Bemerkungen zu dem oben Gesagten.

Es sei $0 < q < 1$. Wir setzen jeweils zwischen zwei Glieder der Folge (4) die Zahl 0 und erhalten so die Folge

$$q, 0, q^2, 0, q^3, 0, \ldots .$$

Es ist leicht einzusehen, daß auch diese Veränderliche gegen 0 strebt, doch nimmt sie dabei den Wert 0 selbst unendlich oft an. Dies widerspricht nicht der Definition einer gegen 0 strebenden Größe.

Schließlich setzen wir voraus, daß alle aufeinanderfolgenden Werte der veränderlichen Größe gleich 0 sind. Für eine durchnumerierte Veränderliche bedeutet das $x_n = 0$ für alle n, und im Fall, daß t eine geordnete Veränderliche ist, bedeutet es $x(t) = 0$ für alle Werte t. Eine solche „Veränderliche" ist eigentlich eine konstante Größe, aber sie fällt formal unter die Definition einer unendlich kleinen Größe (einer gegen 0 strebenden Größe). Zum Beispiel ist für eine durchnumerierte Veränderliche ($x_n = 0$ für beliebiges n) $|x_n| < \varepsilon$ für alle n bei beliebig vorgegebenem positivem ε. Ist $x_n = C$ für alle n und C eine von 0 verschiedene Zahl, dann ist eine solche Folge offensichtlich keine unendlich kleine Größe.

Wir betrachten diejenigen drei Beispiele einer geordneten Veränderlichen aus [**25**], bei denen man die Veränderliche nicht durchnumerieren konnte. Wir setzen in diesen Beispielen $a = 0$. Das erste von ihnen ist eine wachsende Veränderliche die alle Werte aus dem Intervall $-k \leqq x < 0$ annimmt. Bei vorgegebenem $\varepsilon > 0$ erhalten wir für alle Werte dieser Veränderlichen, die dem Wert $x_0 = -\varepsilon$ folgen, $|x| < \varepsilon$, wenn $\varepsilon \leqq k$ ist. Wenn $\varepsilon > k$ ist, dann ist $|x| < \varepsilon$ für alle Werte von x. Auf diese Weise strebt x gegen 0. Völlig analog strebt x auch in den übrigen zwei

Fällen gegen 0, nämlich wenn x eine fallende Veränderliche ist, die alle Werte aus dem Intervall $0 < x \leqq k$ annimmt und wenn x alle Werte aus dem Intervall $-k \leqq x \leqq k$ annimmt außer $x = 0$. Dabei ist die Aufeinanderfolge so, wie in **[25]** festgelegt. Für die Veränderlichen x, die nach den oben angeführten Verfahren gegen 0 streben, führen wir spezielle Bezeichnungen ein: Im ersten Fall schreiben wir $x \to -0$ (x strebt von links gegen 0); im zweiten Fall $x \to +0$ (x strebt von rechts gegen 0) und im dritten Fall $x \to \pm 0$ (x strebt von beiden Seiten gegen 0).

Es gibt natürlich unendlich viele Arten, auf die eine numerierte oder nichtnumerierte Veränderliche gegen 0 streben kann. In allen diesen Fällen werden wir $x \to 0$ schreiben. In den drei oben genannten Fällen versehen wir die Null mit einem Vorzeichen. Die charakteristische Besonderheit des ersten der drei Fälle besteht darin, daß x wachsend ist und alle die hinreichend nahe bei 0 gelegenen Werte annimmt, die kleiner als 0 sind. Im zweiten Fall nimmt das fallende x alle nahe bei 0 gelegenen Werte an, die größer als 0 sind. Im dritten Fall nimmt x von den hinreichend nahe bei 0 gelegenen Werten sowohl diejenigen an, die größer als 0 sind, als auch diejenigen, die kleiner als 0 sind, außer dem Wert 0 selbst. Von zwei Werten x' und x'', die nicht gleich weit von 0 entfernt sind (d. h. $|x'| \neq |x''|$), soll dabei derjenige der nachfolgende sein, der näher bei 0 liegt, und von zwei Werten, die gleich weit von 0 entfernt sind ($x'' = -x'$), soll der negative Wert der nachfolgende sein.

Wir bemerken noch folgendes: Aus der Definition der unendlich kleinen Größe „Für beliebig vorgegebenes positives ε existiert ein Wert der Veränderlichen x derart, daß für alle folgenden Werte die Ungleichung $|x| < \varepsilon$ erfüllt ist" folgt unmittelbar, daß wir uns beim Beweis dafür, daß eine veränderliche Größe x gegen 0 strebt, allein auf die Betrachtung der Werte beschränken können, die auf einen bestimmten Wert $x = x_0$ folgen, wobei dieser bestimmte Wert beliebig gewählt werden kann.

Im Zusammenhang damit ist es zweckmäßig, in der Theorie der Grenzwerte die Definition einer beschränkten Größe zu erweitern. Man braucht nämlich nicht zu fordern, daß für alle Werte der Größe y die Ungleichung $|y| < M$ erfüllt ist, sondern es genügt, die allgemeinere Definition zu geben: Die Größe y heißt *beschränkt*, wenn eine solche positive Zahl M und ein solcher Wert y_0 existieren, daß für alle auf y_0 folgenden Werte die Ungleichung $|y| < M$ erfüllt ist.

Bei dieser Definition einer beschränkten Größe bleibt der Beweis der zweiten Eigenschaft der unendlich kleinen Größen unverändert. Für eine Folge, d. h. eine numerierte Veränderliche, folgt aus der zweiten Definition der beschränkten Größe die erste, so daß die zweite Definition nicht allgemeiner ist. Ist nämlich $|x_n| < M$ für $n > N$ und bezeichnen wir mit M' die größte der Zahlen

$$|x_1|, |x_2|, \ldots, |x_N|, M,$$

so können wir behaupten, daß für jedes n die Ungleichung $|x_n| < M' + 1$ gilt.

27. Grenzwert einer veränderlichen Größe. Eine veränderliche Größe hatten wir unendlich klein genannt, wenn der ihr entsprechende, auf der x-Achse sich bewegende Punkt K die Eigenschaft besitzt, daß die Länge der Strecke $\overline{OK}$ bei der nacheinander erfolgenden Bewegung von K kleiner als jede beliebig vorgegebene positive Zahl ε wird und bei der weiteren Änderung auch kleiner als ε bleibt. Wir nehmen jetzt an, daß diese Eigenschaft nicht für die Strecke $\overline{OK}$, sondern für die Strecke $\overline{AK}$ erfüllt sei, wobei A ein bestimmter Punkt der x-Achse mit der Abszisse a ist (Abb. 42). In diesem Fall hat das Intervall $\overline{S'S}$ der Länge 2ε seinen

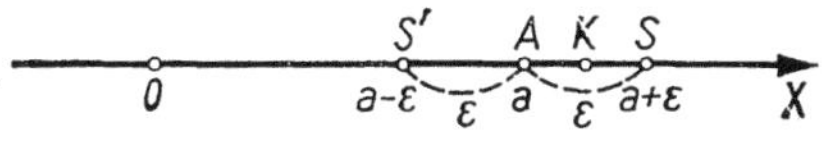

Abb. 42

Mittelpunkt nicht im Koordinatenursprung sondern im Punkt A mit der Abszisse $x = a$, und der Punkt K muß bei der nacheinander erfolgenden Änderung seiner Lage ins Innere dieses Intervalls fallen und bei der weiteren Änderung auch dort bleiben. In diesem Fall sagt man, daß die konstante Zahl a der *Grenzwert der veränderlichen Größe* x ist oder daß die veränderliche Größe x *gegen* a *strebt.*

Berücksichtigen wir, daß die Länge der Strecke $\overline{AK}$ gleich $|a - x|$ ist [**9**], so können wir die folgende Definition formulieren:

Definition. *Grenzwert* der veränderlichen Größe x heißt eine solche Zahl a, für die die Differenz $a - x$ (oder $x - a$) eine unendlich kleine Größe wird.

Unter Berücksichtigung der Definition der unendlich kleinen Größe können wir die Definition des Grenzwertes folgendermaßen formulieren:

Definition. *Grenzwert* einer veränderlichen Größe heißt eine konstante Zahl a mit der folgenden Eigenschaft: Bei beliebig vorgegebenem positivem ε existiert ein Wert x_0 der Veränderlichen x derart, daß für alle auf x_0 folgenden Werte die Ungleichung $|x - a| < \varepsilon$ erfüllt ist (oder, was dasselbe ist, $|a - x| < \varepsilon$).

Im Fall einer durchnumerierten Menge $x_1, x_2, x_3, \ldots$ muß man für eine beliebig vorgegebene positive Zahl ε die Existenz einer solchen ganzen positiven Zahl N nachweisen, daß $|x_n - a| < \varepsilon$ (oder $|a - x_n| < \varepsilon$) für alle $n > N$ gilt.

Wenn a der Grenzwert von x ist (x gegen a strebt), dann schreibt man

$$\lim x = a \quad \text{oder} \quad x \to a .$$

Im Fall einer durchnumerierten Veränderlichen $x_1, x_2, x_3, \ldots$ sagt man auch, daß a der Grenzwert der betrachteten Folge ist (die Folge gegen a strebt), und schreibt

$$\lim x_n = a \quad \text{oder} \quad x_n \to a .$$

Wir machen auf einige unmittelbar einleuchtende Folgerungen aus der Definition des Grenzwertes aufmerksam, mit deren ausführlichem Beweis wir uns nicht aufhalten.

1. *Eine veränderliche Größe kann nicht gegen zwei verschiedene Grenzwerte streben, d. h., sie hat entweder überhaupt keinen Grenzwert oder genau einen.*

2. *Eine veränderliche Größe, die einen Grenzwert hat, der gleich* 0 *ist, ist eine unendlich kleine Größe, und umgekehrt, jede unendlich kleine Größe hat einen Grenzwert, der gleich* 0 *ist.*

3. *Wenn zwei Veränderliche* x_n *und* y_n ($n = 1, 2, 3, \ldots$) *oder* $x(t)$ *und* $y(t)$ *Grenzwerte* a *bzw.* b *haben und den Ungleichungen* $x_n \leqq y_n$ ($n = 1, 2, 3, \ldots$) *oder* $x(t) \leqq y(t)$ *(bei gleichen Werten von* t*) genügen, dann gilt auch* $a < b$.

Wir bemerken, daß dann, wenn die Veränderlichen der Ungleichung $x_n < y_n$ genügen, für ihre Grenzwerte auch das Gleichheitszeichen gelten kann, d. h., daß nur $a \leqq b$ gilt.

4. *Wenn drei Veränderliche* x_n, y_n, z_n *der Ungleichung* $x_n \leqq y_n \leqq z_n$ genügen *und* x_n *und* z_n *gegen denselben Grenzwert* a *streben, dann strebt auch die Veränderliche* y_n *gegen den Grenzwert* a.

Die Existenz eines Grenzwertes a für die Veränderliche x ist äquivalent damit, daß die Differenz $x - a = \alpha$ unendlich klein ist, wobei die Anordnung der α durch die Anordnung der x festgelegt wird.

Hieraus folgt:

5. *Die Existenz eines Grenzwertes a für die Veränderliche x ist äquivalent damit, daß x als Summe einer Zahl a und einer unendlich kleinen Größe dargestellt werden kann, d. h., es ist $x = a - \alpha$ oder $x_n = a - \alpha_n$, wobei α bzw. α_n unendlich klein sind.*

6. *Bei der Definition des Grenzwertes a einer Veränderlichen x genügt es, sich nur auf die Betrachtung derjenigen Werte von x zu beschränken, die irgendeinem bestimmten Wert $x = x_0$ folgen, wobei dieser Wert beliebig gewählt werden kann, d. h., man braucht die Werte nicht zu beachten, die x_0 vorangehen.*

7. *Strebt die Folge $x_1, x_2, x_3, \ldots$ gegen a, dann strebt auch jede aus ihr ausgewählte Teilfolge $x_{n_1}, x_{n_2}, x_{n_3}, \ldots$ gegen a.* (In dieser Teilfolge bilden die Indizes $n_1, n_2, n_3, \ldots$ eine wachsende Folge ganzer positiver Zahlen.)

Für eine nichtnumerierte Veränderliche x, die gegen a strebt, gilt unter einer bestimmten Modifizierung eine analoge Eigenschaft. Wir setzen voraus, daß wir aus den aufeinanderfolgenden Werten von x gewisse Werte ausgeschlossen haben (es kann eine unendliche Menge von Werten sein) derart, daß für einen beliebigen festen Wert $x = x_0$ unter den nach dem Ausschluß übrigbleibenden Werten immer ein Wert enthalten ist, für den $x = x_0$ ein vorangehender Wert ist. Dabei stellen die übrigbleibenden Werte eine geordnete Veränderliche dar, die gegen a strebt.

Als Beispiel betrachten wir die veränderliche Größe x, die nacheinander die Werte

$$x_1 = 0{,}1; \qquad x_2 = 0{,}11; \qquad x_3 = 0{,}111; \qquad \ldots; \qquad x_n = 0{,}\overbrace{11\ldots11}^{n}; \ldots$$

annimmt, und zeigen, daß ihr Grenzwert gleich $\frac{1}{9}$ ist. Hierzu bilden wir die Differenzen $\frac{1}{9} - x_n$:

$$\frac{1}{9} - x_1 = \frac{1}{90}, \qquad \frac{1}{9} - x_2 = \frac{1}{900}, \qquad \frac{1}{9} - x_3 = \frac{1}{9000}, \ldots,$$

$$\frac{1}{9} - x_n = \frac{1}{9 \cdot 10^n}.$$

Die Ungleichung

$$\frac{1}{9 \cdot 10^n} < \varepsilon$$

ist offenbar gleichbedeutend mit der Ungleichung

$$9 \cdot 10^n > \frac{1}{\varepsilon} \quad \text{oder} \quad n > {}^{10}\log \frac{1}{\varepsilon} - {}^{10}\log 9\,,$$

und wir können für N diejenige größte ganze Zahl nehmen, welche die Differenz ${}^{10}\log \frac{1}{\varepsilon} - {}^{10}\log 9$ nicht übertrifft. In unserem Beispiel ist die Differenz $\frac{1}{9} - x_n$ für jedes n eine positive Zahl, d. h., x strebt gegen den Grenzwert $\frac{1}{9}$, indem es ständig kleiner als dieser bleibt.

Wir betrachten jetzt die Summe der ersten n Glieder einer unbegrenzt abnehmenden geometrischen Progression:

$$s_n = b + bq + bq^2 + \cdots + bq^{n-1} \qquad (0 < |q| < 1)\,.$$

Bekanntlich ist

$$s_n = \frac{b - bq^n}{1 - q}\,.$$

Geben wir n die Werte 1, 2, 3, ..., so erhalten wir die Folge $s_1, s_2, s_3, \ldots, s_k, \ldots$. Aus dem Ausdruck für s_n folgt

$$\frac{b}{1-q} - s_n = \frac{bq^n}{1-q}\,.$$

Die rechte Seite dieser Gleichung besteht aus dem konstanten Faktor $\frac{b}{1-q}$ und dem unendlich kleinen Faktor q^n [**26**]. Folglich ist die Differenz $\frac{b}{1-q} - s_n$ auf Grund der zweiten Eigenschaft der unendlich kleinen Größen [**26**] eine unendlich kleine Größe, und wir können behaupten, daß die konstante Zahl $\frac{b}{1-q}$ der Grenzwert der Folge $s_1, s_2, \ldots, s_k, \ldots$ ist.

Nehmen wir an, es sei $b > 0$ und $q < 0$, so wird die Differenz $\frac{b}{1-q} - s_n$ für gerades n positiv, für ungerades n negativ, und folglich strebt die Veränderliche s_n gegen ihren Grenzwert, indem sie abwechselnd größer und kleiner wird als dieser.

Wir wenden uns jetzt der nichtdurchnumerierten veränderlichen Größe x aus [**25**] zu, die durch die Ungleichungen $a - k \leqq x < a$ oder $a < x \leqq a + k$ oder $a - k \leqq x \leqq a + k$ außer $x = a$ bestimmt wurde (die Anordnung der Werte sei die in [**25**] festgelegte). Diese Veränderliche x hat offensichtlich in allen drei Fällen den Grenzwert a, und wir bezeichnen diese drei Fälle auf folgende Weise: $x \to a - 0$, $x \to a + 0$, $x \to a \pm 0$ (siehe [**26**]). Wir bemerken, daß diese Bezeichnung nicht von der Größe der positiven Zahl k abhängt, weil man — wie oben gezeigt — bei der Definition des Grenzwertes auf Werte, die einem beliebigen Wert $x = x_0$ vorangehen, nicht zu achten braucht.

Wir machen noch einige Bemerkungen und führen Beispiele an.

Eine geordnete „veränderliche" Größe, deren sämtliche Werte gleich a sind, fällt unter die Definition einer gegen a strebenden Größe. Diese Auffassung der konstanten Größe als Spezialfall einer veränderlichen Größe wird uns später nützlich sein.

Wir bemerken noch: Strebt die Veränderliche x gegen einen Grenzwert a, dann ist für beliebig vorgegebenes $\varepsilon > 0$ von einer gewissen Stelle an $|x - a| < \varepsilon$ und folglich $|x| < |a| + \varepsilon$, d. h., x ist eine beschränkte Größe (vgl. die Bemerkung in [**26**]).

Wie schon erwähnt, braucht eine geordnete Veränderliche keinen Grenzwert zu haben. Nehmen wir z.B. die numerierte Veränderliche $x_1 = 0{,}1$, $x_2 = 0{,}11$, $x_3 = 0{,}111, \ldots$, die den Grenzwert $\frac{1}{9}$ hat, und die Veränderliche $y_1 = \frac{1}{2}$, $y_2 = \frac{1}{2^2}$,

$y_3 = \frac{1}{2^3}, \ldots$, die den Grenzwert 0 hat, so hat die numerierte Veränderliche $z_1 = 0{,}1$, $z_2 = \frac{1}{2}$, $z_3 = 0{,}11$, $z_4 = \frac{1}{2^2}$, $z_5 = 0{,}111$, $z_6 = \frac{1}{2^3}, \ldots$ überhaupt keinen Grenzwert. Die Folge ihrer Werte $z_1, z_3, z_5, \ldots$ hat den Grenzwert $\frac{1}{9}$, während die Folge $z_2, z_4, z_6, \ldots$ gegen 0 strebt.

Wir betrachten die oben angeführte Folge $y_1 = \frac{1}{2}$, $y_2 = \frac{1}{2^2}$, $y_3 = \frac{1}{2^3}, \ldots$, die den Grenzwert 0 hat, und setzen jeweils zwischen zwei aufeinanderfolgende Glieder die Zahlen $1, \frac{1}{2}, \frac{1}{2^2}, \ldots$ (also immer das Doppelte der vorausgegangenen Zahl). Die so entstandene Folge

$$\frac{1}{2}, 1, \frac{1}{2^2}, \frac{1}{2}, \frac{1}{2^3}, \frac{1}{2^2}, \ldots$$

strebt ebenfalls gegen 0. Die Glieder dieser Folge nehmen nicht immer ab (obwohl die Folge von positiven Werten her gegen 0 strebt): Das zweite ist größer als das erste, das vierte ist größer als das dritte usw.

Wir betrachten eine nichtnumerierte Veränderliche, die durch ständiges Kleinerwerden im Intervall $1 < x \leqq 5$ gegen 1 strebt, d. h. $x \to 1 + 0$. Schließen wir die Werte aus, die der Bedingung $3 < x \leqq 4$ genügen, dann strebt auch die Menge der übrigbleibenden Werte von x bezüglich der festgelegten Anordnung (Fallen) gegen 1. Schließen wir die Werte aus, die der Bedingung $1 < x \leqq 2$ genügen, so ist die übrigbleibende Menge ebenfalls geordnet, strebt aber nicht gegen 1, sondern gegen 2. Schließen wir die Werte aus, die der Bedingung $1 < x < 2$ genügen, dann bildet die übrigbleibende Menge der Werte von x bezüglich der gewählten Anordnung (Fallen) keine geordnete Veränderliche, weil es einen letzten Wert $x = 2$ gibt. Dieses Beispiel steht im Zusammenhang mit der Bemerkung, die wir oben über den Ausschluß von Werten bei einer nichtnumerierten geordneten Veränderlichen gemacht haben.

28. Fundamentalsätze. Die folgenden Sätze werden wir für durchnumerierte Veränderliche (Folgen) beweisen. Der Beweis im allgemeinen Fall ist völlig analog [**26**].

1. *Besitzen die Summanden einer algebraischen Summe endlich vieler Veränderlicher Grenzwerte, dann hat auch ihre Summe einen Grenzwert, und dieser Grenzwert ist gleich der Summe der Grenzwerte der Summanden.*

Wir betrachten z.B. die algebraische Summe $x - y + z$ dreier gleichzeitig veränderlicher Größen. Wir wollen annehmen, daß die Folgen x_n, y_n und z_n ($n = 1, 2, 3, \ldots$) gegen die Grenzwerte a, b bzw. c streben, und beweisen, daß ihre Summe gegen den Grenzwert $a - b + c$ strebt.

Voraussetzungsgemäß haben wir [**26**]

$$x_n = a + \alpha_n, \qquad y_n = b + \beta_n, \qquad z_n = c + \gamma_n ,$$

wobei α_n, β_n und γ_n unendlich kleine Größen sind. Für die aufeinanderfolgenden Werte der Summe $x - y + z$ erhalten wir den Ausdruck

$$\begin{aligned} x - y + z &= (a + \alpha_n) - (b + \beta_n) + (c + \gamma_n) \\ &= (a - b + c) + (\alpha_n - \beta_n + \gamma_n) . \end{aligned}$$

Die erste Klammer auf der rechten Seite dieser Gleichung ergibt eine konstante Größe, und die zweite ist eine unendlich kleine Größe [**26**]. Folglich gilt [**27**] $x_n - y_n + z_n \to a - b + c$, d. h.

$$\lim (x - y + z) = a - b + c = \lim x - \lim y + \lim z .$$

2. *Besitzen die Faktoren eines Produktes endlich vieler Veränderlicher Grenzwerte, so besitzt auch ihr Produkt einen Grenzwert, und dieser ist gleich dem Produkt der Grenzwerte der Faktoren.*

Wir beschränken uns auf die Betrachtung des Produktes xy zweier Veränderlicher. Nehmen wir an, daß die Folgen x_n, y_n $(n = 1, 2, 3, \ldots)$ den Grenzwerten a bzw. b zustreben, so können wir beweisen, daß xy gegen den Grenzwert ab strebt. Nach Voraussetzung ist nämlich

$$x_n = a + \alpha_n, \qquad y_n = b + \beta_n ,$$

wobei α_n und β_n unendlich kleine Größen sind; folglich wird

$$x_n y_n = (a + \alpha_n)(b + \beta_n) = ab + (a\beta_n + b\alpha_n + \alpha_n\beta_n) .$$

Beachten wir die Eigenschaften der unendlich kleinen Größen aus [**26**], so sehen wir, daß die auf der rechten Seite dieser Gleichung in Klammern stehende Summe eine unendlich kleine Größe ist, und können daher behaupten, daß $x_n y_n \to ab$ gilt, d. h.

$$\lim (xy) = ab = \lim x \cdot \lim y .$$

3. *Besitzen Zähler und Nenner eines Quotienten zweier Veränderlicher Grenzwerte und ist der Grenzwert des Nenners von 0 verschieden, so besitzt auch der Quotient einen Grenzwert, und dieser ist gleich dem Quotienten der Grenzwerte von Zähler und Nenner.*

Wir betrachten den Quotienten $\frac{x}{y}$ und nehmen an, daß die Folgen x_n, y_n $(n = 1, 2, 3, \ldots)$ den Grenzwerten a bzw. b zustreben, wobei $b \neq 0$ ist. Wir werden beweisen, daß $\frac{x_n}{y_n}$ gegen $\frac{a}{b}$ strebt.

Zum Beweis des Satzes genügt es zu zeigen, daß die Differenz $\frac{a}{b} - \frac{x_n}{y_n}$ eine unendlich kleine Größe ist. Voraussetzungsgemäß ist

$$x_n = a + \alpha_n, \qquad y_n = b + \beta_n \qquad (b \neq 0) ,$$

wobei α_n und β_n unendlich kleine Größen sind. Hieraus folgt

$$\frac{a}{b} - \frac{x_n}{y_n} = \frac{1}{b(b + \beta_n)} \cdot (\alpha\beta_n - b\alpha_n) .$$

Der Nenner des auf der rechten Seite dieser Gleichung stehenden Bruches besteht aus zwei Faktoren und strebt auf Grund der beiden vorangegangenen Sätze gegen b^2. Folglich bleibt er von einem gewissen n an größer als $\frac{b^2}{2}$, und der Bruch $\frac{1}{b(b + \beta_n)}$ liegt, absolut genommen, zwischen 0 und $\frac{2}{b^2}$, d. h., er ist eine beschränkte Größe. Der Ausdruck $a\beta_n - b\alpha_n$ jedoch ergibt eine unendlich kleine Größe. Wegen [**26**] ist die Differenz $\frac{a}{b} - \frac{x_n}{y_n}$ eine unendlich kleine Größe und somit $\frac{x_n}{y_n} \to \frac{a}{b}$, d. h.

$$\lim \frac{x}{y} = \frac{a}{b} = \frac{\lim x}{\lim y} \qquad (\lim y \neq 0)\,.$$

Wir erwähnen noch einige Folgerungen aus den bewiesenen Sätzen. Wenn x gegen den Grenzwert a strebt, strebt die Veränderliche bx^k, wobei b eine Konstante und k eine ganze positive Zahl ist, gemäß Satz 2 gegen den Grenzwert ba^k.

Betrachten wir das Polynom

$$f(x) = a_0 x^m + a_1 x^{m-1} + \cdots + a_k x^{m-k} + \cdots + a_{m-1} x + a_m\,,$$

in dem die Koeffizienten a_k Konstanten sind, und wenden wir Satz 1 und die soeben gemachte Bemerkung an, so läßt sich nachweisen, daß dieses Polynom für $x \to a$ gegen den folgenden Grenzwert strebt:

$$\lim f(x) = f(a) = a_0 a^m + a_1 a^{m-1} + \cdots + a_k a^{m-k} + \cdots + a_{m-1} a + a_m\,.$$

Entsprechend können wir behaupten, daß bei der angegebenen Änderung von x der rationale Bruch

$$\varphi(x) = \frac{a_0 x^m + a_1 x^{m-1} + \cdots + a_{m-1} x + a_m}{b_0 x^p + b_1 x^{p-1} + \cdots + b_{p-1} x + b_p}$$

gegen den Grenzwert

$$\lim \varphi(x) = \varphi(a) = \frac{a_0 a^m + a_1 a^{m-1} + \cdots + a_{m-1} a + a_m}{b_0 a^p + b_1 a^{p-1} + \cdots + b_{p-1} a + b_p}$$

strebt, wenn $b_0 a^p + b_1 a^{p-1} + \cdots + b_{p-1} a + b_p \neq 0$ ist.

Alle diese Behauptungen gelten für jede Art und Weise, in der x gegen a strebt.

An Stelle von Polynomen, die nach Potenzen einer Veränderlichen geordnet sind, könnten wir natürlich auch Polynome betrachten, die nach Potenzen mehrerer gegen Grenzwerte strebender Veränderlicher geordnet sind.

So ist z. B., wenn $\lim x = a$ und $\lim y = b$ ist,

$$\lim (x^2 + xy + y^2) = a^2 + ab + b^2\,.$$

29. Die unendlich großen Größen. Wenn die veränderliche Größe x gegen einen Grenzwert strebt, ist sie — wie wir schon erwähnt hatten — auch beschränkt. Wir betrachten jetzt einige Fälle der Veränderlichkeit von unbeschränkten Größen.

So wie auch früher werden wir gemeinsam mit der Größe x den ihr entsprechenden Punkt K betrachten, der sich auf der x-Achse bewegt. Dieser Punkt K möge sich so bewegen, daß, wie groß auch immer wir die Strecke $\overline{T'T}$ mit dem Mittelpunkt im Koordinatenursprung wählen, der Punkt K bei seiner fortschreitenden Bewegung außerhalb dieser Strecke liegt und auch bei der weiteren Bewegung außerhalb bleibt. In diesem Fall sagt man: Die Größe x ist eine unendlich große Größe oder strebt gegen unendlich. Es sei $2M$ die Länge der Strecke $\overline{T'T}$. Beachten wir, daß die Länge der Strecke $\overline{OK} = |x|$ ist, so können wir folgende Definition aussprechen:

Die Größe x heißt *unendlich groß* oder *gegen unendlich strebend,* wenn $|x|$ bei nacheinander erfolgender Änderung größer wird als eine beliebig vorgegebene positive Zahl M und bei weiterer Änderung auch größer als M bleibt.

Mit anderen Worten, die Größe x heißt unendlich groß, wenn sie folgende Eigenschaft hat: Zu beliebig vorgegebenem positivem M existiert ein Wert x_0 der Veränderlichen x derart, daß für alle auf x_0 folgenden Werte die Ungleichung $|x| > M$ gilt.

Bleibt die unendlich große Größe x bei ihrer nacheinander erfolgenden Änderung von einem gewissen ihrer Werte an ständig positiv (Punkt K rechts vom Punkt O), so sagt man: x strebt gegen plus unendlich ($+\infty$). Bleibt die Größe x jedoch negativ (Punkt K links vom Punkt O), so sagt man: x strebt gegen minus unendlich ($-\infty$). Zur Bezeichnung einer unendlich großen Größe benutzt man die Symbole

$$\lim x = \infty, \qquad \lim x = +\infty, \qquad \lim x = -\infty$$

oder

$$x \to \infty, \qquad x \to +\infty, \qquad x \to -\infty .$$

Der Ausdruck „unendlich groß“ dient nur zur kurzen Bezeichnung der oben angegebenen Art und Weise der Änderung einer veränderlichen Größe x, und man muß hier wie auch beim Begriff der unendlich kleinen Größe den Begriff der unendlich großen Größe vom Begriff einer *sehr großen Größe* unterscheiden.

Nimmt z.B. die Größe x nacheinander die Werte 1, 2, 3, ... an, so gilt offenbar $x \to \infty$. Sind $-1, -2, -3, \ldots$ ihre aufeinanderfolgenden Werte, so gilt $x \to -\infty$, und schließlich können wir $|x| \to \infty$ schreiben, wenn diese Werte $-1, 2, -3, 4, \ldots$ sind. Wir betrachten noch als Beispiel die Folge

$$q, q^2, \ldots, q^n, \ldots \qquad (q > 1) , \tag{5}$$

und es sei M eine beliebig vorgegebene positive Zahl. Die Ungleichung

$$q^n > M$$

ist gleichbedeutend mit der Ungleichung

$$n > \frac{{}^{10}\log M}{{}^{10}\log q} .$$

Folglich gilt, wenn N die größte ganze Zahl ist, die den Quotienten ${}^{10}\log M : {}^{10}\log q$ nicht übertrifft,

$$q^n > M \quad \text{unter der Bedingung} \quad n > N ,$$

d. h., die betrachtete Veränderliche strebt gegen ∞.

Wenn wir in der Folge (5) q durch $-q$ ersetzen, ändern sich nur die Vorzeichen der ungeraden Potenzen von q, die Absolutbeträge der Glieder der Folge bleiben jedoch die früheren, und folglich strebt die Folge (5) für negative Werte von q, die dem Absolutbetrag nach größer sind als 1, ebenfalls gegen ∞.

Sagen wir im folgenden, eine veränderliche Größe strebe gegen einen Grenzwert, so setzen wir diesen Grenzwert als endlich voraus. Mitunter sagt man allerdings auch, „die veränderliche Größe strebt gegen einen unendlichen Grenzwert“, statt von einer unendlich großen Größe zu sprechen.

Aus den vorstehenden Definitionen ergibt sich unmittelbar die Folgerung: Strebt die Veränderliche x gegen 0, so strebt die Veränderliche $\frac{m}{x}$, wobei m eine vorgegebene, von 0 verschiedene Konstante ist, gegen ∞; und strebt x gegen ∞, so strebt $\frac{m}{x}$ gegen 0.

30. Die monotonen Veränderlichen. Bei der Untersuchung einer veränderlichen Größe sind wir häufig *nicht* in der Lage, ihren Grenzwert zu finden; es ist aber für uns wichtig zu wissen, daß dieser Grenzwert existiert, d. h., daß die Veränderliche gegen einen Grenzwert strebt. Deshalb wollen wir ein wichtiges Kriterium für die Existenz eines Grenzwertes angeben.

Wir nehmen an, die veränderliche Größe x nehme ständig zu (genauer: sie nehme nirgends ab) oder ständig ab (genauer: sie nehme nirgends zu). Im ersten Fall ist jeder Wert der Größe nicht kleiner als alle vorhergehenden und nicht größer als alle folgenden; im zweiten Fall ist er nicht größer als alle vorhergehenden und nicht kleiner als alle folgenden. In beiden Fällen sagt man: *Die Größe ändert sich monoton.*

Der ihr entsprechende Punkt K der x-Achse bewegt sich dann in *einer* Richtung — in der positiven, wenn die Veränderliche zunimmt, und in der negativen, wenn sie abnimmt. Es ist anschaulich einleuchtend, daß es nur zwei Möglichkeiten geben kann: Entweder bewegt sich K unbegrenzt längs der Geraden ($x \to \infty$ oder $-\infty$), oder er nähert sich unbegrenzt irgendeinem bestimmten Punkt A (Abb. 43), d. h., die Veränderliche x strebt gegen einen Grenzwert. Ist außer der

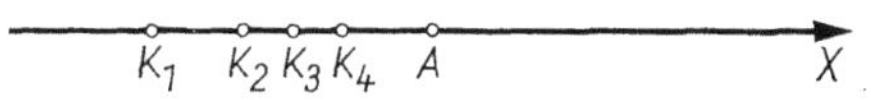

Abb. 43

Monotonie der Änderung noch bekannt, daß die Größe x beschränkt ist, so entfällt die erste Möglichkeit, und man kann behaupten, daß die Größe gegen einen Grenzwert strebt.

Diese auf die Anschauung gegründete Überlegung hat offenbar keine Beweiskraft. Den strengen Beweis bringen wir später. Das angegebene Kriterium für die Existenz des Grenzwertes formuliert man gewöhnlich so: *Wenn eine veränderliche Größe beschränkt ist und sich monoton ändert, strebt sie gegen einen Grenzwert.*

Wir betrachten als Beispiel die Folge

$$u_1 = \frac{x}{1}, \quad u_2 = \frac{x^2}{2!}, \quad u_3 = \frac{x^3}{3!}, \; \ldots, \; u_n = \frac{x^n}{n!}, \; \ldots,^{1)} \tag{6}$$

wobei x eine gegebene positive Zahl ist. Es ist

$$u_n = u_{n-1}\frac{x}{n}. \tag{7}$$

Für die Werte $n > x$ wird der Bruch $\dfrac{x}{n}$ kleiner als 1 und $u_n < u_{n-1}$, d. h. die Veränderliche u_n nimmt von einem gewissen ihrer Werte an mit größer werdendem n ständig ab, bleibt aber größer als 0. Gemäß dem Konvergenzkriterium strebt daher die Veränderliche gegen einen gewissen Grenzwert u. Vergrößern wir in (7) die ganze Zahl n unbegrenzt, so erhalten wir $u = u \cdot 0$ oder $u = 0$, d. h.

$$\lim_{n\to\infty} \frac{x^n}{n!} = 0\,. \tag{8}$$

---

[1]) Das Symbol $n!$ ist eine abkürzende Bezeichnung für das Produkt $1 \cdot 2 \cdot 3 \cdots n$ und wird „n-Fakultät" genannt.

Ersetzen wir in der Folge (6) x durch $-x$, so ändert sich nur das Vorzeichen der Glieder mit ungeradem n, und diese Folge strebt nach wie vor gegen 0, d. h., die Gleichung (8) gilt bei beliebig gegebenem positivem oder negativem Wert von x.

In diesem Beispiel haben wir den Grenzwert u berechnet, nachdem wir uns vorher überzeugt hatten, daß er existiert. Wenn wir letzteres nicht getan hätten, so hätte die von uns angewandte Methode auch zu einem falschen Resultat führen können. Betrachten wir z.B. die Folge

$$u_1 = q, \quad u_2 = q^2, \quad \ldots, \quad u_n = q^n, \quad \ldots \qquad (q > 1).$$

Hier ist offenbar $u_n = u_{n-1}q$. Bezeichnen wir den Grenzwert von u_n, ohne uns im Gegensatz zu unserer im vorhergehenden Beispiel durchgeführten Untersuchung um seine Existenz zu kümmern, mit u, so würden wir in der angegebenen Gleichung beim Übergang zum Grenzwert die Beziehung $u = uq$, d. h. $u(1 - q) = 0$, erhalten und folglich $u = 0$. Aber dies ist falsch, da für $q > 1$ bekanntlich $\lim\limits_{n\to\infty} q^n = \infty$ ist [**29**].

31. Das Cauchysche Konvergenzkriterium. Das in [**30**] angegebene Kriterium für die Existenz des Grenzwertes ist nur eine hinreichende, aber keine notwendige Bedingung für seine Existenz, da, wie wir wissen [**27**], eine veränderliche Größe, auch wenn sie sich nicht monoton ändert, gegen einen Grenzwert streben kann.

Der französische Mathematiker CAUCHY gab für die Existenz des Grenzwertes eine notwendige und hinreichende Bedingung an, die wir sogleich formulieren werden. Wenn der Grenzwert bekannt ist, dann ist für ihn die Tatsache charakteristisch, daß von einem gewissen Wert der Veränderlichen an der Absolutbetrag der Differenz zwischen dem Grenzwert und der Veränderlichen kleiner als ein beliebig vorgegebenes positives ε ist. Gemäß dem Cauchyschen Kriterium ist für die Existenz des Grenzwertes notwendig und hinreichend, daß von einem gewissen Wert der Veränderlichen an die Differenz zwischen zwei beliebigen darauf folgenden Werten der Veränderlichen kleiner ist als ein beliebig vorgegebenes positives ε. Wir geben eine genaue Formulierung des Kriteriums:

Das Cauchysche Kriterium. *Notwendig und hinreichend für die Existenz eines Grenzwertes der Veränderlichen x ist folgende Bedingung: Zu jeder vorgegebenen positiven Zahl ε existiert ein Wert x derart, daß für zwei beliebige auf x folgende Werte x' und x'' stets die Ungleichung $|x' - x''| < \varepsilon$ erfüllt ist.*

Wir nehmen an, es sei die numerierte Veränderliche

$$x_1, x_2, \ldots, x_n, \ldots$$

gegeben. Gemäß dem Cauchyschen Konvergenzkriterium besteht dann die notwendige und hinreichende Bedingung für die Existenz des Grenzwertes dieser Folge darin: Zu einem beliebig vorgegebenen positiven ε existiert ein (von ε abhängiges) N derart, daß

$$|x_m - x_n| < \varepsilon \quad \text{für} \quad m > N \quad \text{und} \quad n > N \tag{9}$$

ist. Die Notwendigkeit dieser Bedingung läßt sich sehr leicht beweisen: Hat nämlich unsere Folge den Grenzwert a, so schreiben wir $x_m - x_n = (x_m - a) + (a - x_n)$, und hieraus folgt

$$|x_m - x_n| \leqq |x_m - a| + |a - x_n|.$$

Auf Grund der Definition des Grenzwertes existiert aber ein N so, daß $|x_m - a| < \frac{\varepsilon}{2}$ und $|a - x_n| < \frac{\varepsilon}{2}$ ist, wenn $m > N$ und $n > N$ ist, und damit ist $|x_m - x_n| < \varepsilon$ für $m > N$ und $n > N$. Kürzer ausgedrückt: Wenn sich die x-Werte dem Wert a beliebig nähern, so kommen sie auch einander beliebig nahe.

Wir bringen zunächst noch nicht den strengen Beweis dafür, daß die Cauchysche Bedingung hinreichend ist, sondern geben eine anschauliche Erklärung (Abb. 44).

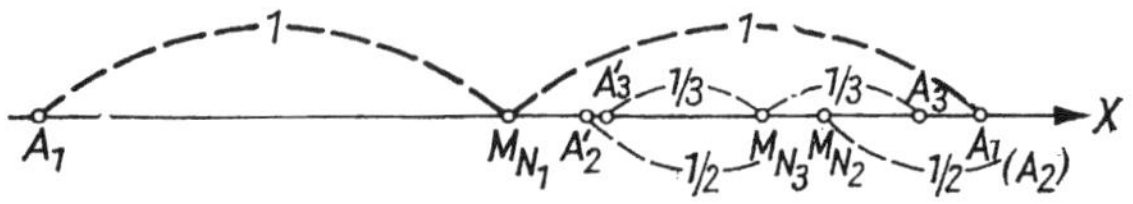

Abb. 44

Es sei M_s der Punkt der Koordinatenachse, der der Zahl x_s entspricht, und wir nehmen an, daß die Bedingung (9) erfüllt ist. Gemäß dieser Bedingung existiert ein solcher Wert $N = N_1$, daß

$$|x_s - x_{N_1}| < 1$$

ist für $s > N_1$, d. h., alle Punkte M_s liegen für $s > N_1$ im Innern des Intervalls $A_1'A_1$, dessen Länge gleich 2 ist und dessen Mittelpunkt sich im Punkt M_{N_1} befindet. Ebenso existiert ein Wert $N = N_2 \geqq N_1$ derart, daß

$$|x_s - x_{N_2}| < \tfrac{1}{2}$$

gilt für $s > N_2$.

Wir konstruieren nun eine Strecke der Länge 1 mit dem Mittelpunkt im Punkt M_{N_2}, und es sei $\overline{A_2'A_2}$ der Teil dieser Strecke, der auch in der Strecke $\overline{A_1'A_1}$ enthalten ist. Wegen der beiden oben angegebenen Bedingungen müssen die Punkte M_s für $s > N_2$ im Intervall $\overline{A_2'A_2}$ liegen.

Ebenso existiert ein $N = N_3 \geqq N_2$ derart, daß $|x_s - x_{N_3}| < \frac{1}{3}$ ist für $s > N_3$. Analog dem Vorhergehenden konstruieren wir den Abschnitt $\overline{A_3'A_3}$, dessen Länge $\leqq \frac{2}{3}$ ist und der dem Abschnitt $\overline{A_2'A_2}$ angehört, wobei alle Punkte M_s für $s > N_3$ in seinem Innern liegen. Indem wir $\varepsilon = \frac{1}{4}, \frac{1}{5}, \ldots, \frac{1}{n}, \ldots$ setzen, erhalten wir auf diese Weise eine Folge von Strecken $\overline{A_n'A_n}$, von denen jede folgende in der vorhergehenden enthalten ist und deren Längen gegen 0 streben. Die Endpunkte dieser Strecken streben offensichtlich gegen ein und denselben Punkt A, und die diesem Punkt entsprechende Zahl a ist der Grenzwert der veränderlichen Größe x, da aus der oben beschriebenen Konstruktion folgt, daß für hinreichend große Werte s alle Punkte M_s dem Punkt A beliebig nahe kommen.

Als Anwendung der Cauchyschen Bedingung betrachten wir die Keplersche Gleichung, die zur Bestimmung der Lage eines Planeten auf seiner Bahn dient. Diese Gleichung lautet

$$x = q \sin x + a \,,$$

wobei a und q gegebene Zahlen sind, von denen die zweite zwischen 0 und 1 liegt; x ist die Unbekannte. Wir wählen eine beliebige Zahl x_0 und bilden die Zahlenfolge

$$x_1 = q \sin x_0 + a \,, \qquad x_2 = q \sin x_1 + a, \ldots,$$

$$x_n = q \sin x_{n-1} + a \,, \qquad x_{n+1} = q \sin x_n + a, \ldots .$$

Wenn wir von der zweiten dieser Gleichungen die erste subtrahieren, erhalten wir

$$x_2 - x_1 = q(\sin x_1 - \sin x_0) = 2q \sin \frac{x_1 - x_0}{2} \cos \frac{x_1 + x_0}{2}.$$

Beachten wir, daß $|\sin a| \leqq |a|$ und $|\cos a| \leqq 1$ ist, so haben wir

$$|x_2 - x_1| \leqq 2q \frac{|x_1 - x_0|}{2} = q|x_1 - x_0| . \tag{10}$$

Ebenso können wir die folgende Ungleichung herleiten:

$$|x_3 - x_2| \leqq q\, |x_2 - x_1| .$$

Wenn wir nun (10) benutzen, können wir

$$|x_3 - x_2| \leqq q^2 |x_1 - x_0|$$

schreiben, und führen wir die entsprechenden Rechnungen weiter aus, so erhalten wir für jedes n die Ungleichung

$$|x_{n+1} - x_n| \leqq q^n\, |x_1 - x_0| . \tag{11}$$

Wir betrachten jetzt die Differenz $x_m - x_n$, wobei wir ohne Beschränkung der Allgemeinheit $m > n$ annehmen:

$$x_m - x_n = x_m - x_{m-1} + x_{m-1} - x_{m-2} + x_{m-2} - x_{m-3} + \cdots + x_{n+1} - x_n .$$

Bei Benutzung der Ungleichung (11) sowie der Summenformel für die geometrische Reihe erhalten wir

$$|x_m - x_n| \leqq |x_m - x_{m-1}| + |x_{m-1} - x_{m-2}| + |x_{m-2} - x_{m-3}| + \cdots + |x_{n+1} - x_n|$$
$$\leqq (q^{m-1} + q^{m-2} + q^{m-3} + \cdots + q^n)\, |x_1 - x_0| = q^n \frac{1 - q^{m-n}}{1 - q} |x_1 - x_0| .$$

Wenn n unbegrenzt zunimmt, strebt der Faktor q^n gegen 0 [**26**]; der Faktor $|x_1 - x_0|$ ist konstant; der Bruch $\frac{1 - q^{m-n}}{1 - q}$ liegt immer zwischen 0 und $\frac{1}{1 - q}$, ist also beschränkt, da für $m > n$ die Zahl q^{m-n} zwischen 0 und 1 liegt. Somit strebt bei unbegrenzter Zunahme von n und beliebigem $m > n$ die Differenz $x_m - x_n$ gegen 0, und die Bedingung (9) ist erfüllt. Wir können gemäß dem Cauchyschen Konvergenzprinzip behaupten, daß der Grenzwert

$$\lim_{n \to \infty} x_n = \xi$$

existiert.

In der Gleichung

$$x_{n+1} = q \sin x_n + a$$

vergrößern wir n unbegrenzt. Nun gilt aber, wie wir später zeigen werden, $\sin x_n \to \sin \xi$, falls $x_n \to \xi$; daher erhalten wir im Grenzfall

$$\xi = q \sin \xi + a , \tag{12}$$

d. h., der Grenzwert ξ der Veränderlichen x_n ist eine Wurzel der Keplerschen Gleichung.

Bei Bildung der Folge x_n gehen wir von einer willkürlichen Zahl x_0 aus. Wir werden jedoch zeigen, daß die Keplersche Gleichung nicht zwei verschiedene Wurzeln haben kann, d. h., daß $\lim x_n = \xi$ nicht von der Wahl des x_0 abhängt und gleich der einzigen Wurzel der Keplerschen Gleichung ist.

Nehmen wir an, sie besitze außer der gefundenen Wurzel ξ die Wurzel ξ_1, d. h., es sei

$$\xi_1 = q \sin \xi_1 + a .$$

Ziehen wir hiervon die Gleichung (12) ab, so erhalten wir

$$\xi_1 - \xi = q\,(\sin \xi_1 - \sin \xi) = 2q \sin \frac{\xi_1 - \xi}{2} \cos \frac{\xi_1 + \xi}{2} ,$$

und daraus folgt

$$|\xi_1 - \xi| \leqq 2q \left| \sin \frac{\xi_1 - \xi}{2} \right|.$$

Wegen $|\sin \alpha| \leqq |\alpha|$ für beliebiges α erhalten wir die Ungleichung

$$|\xi_1 - \xi| \leqq q\,|\xi_1 - \xi|\,.$$

Aber q liegt zwischen 0 und 1, und die hingeschriebene Beziehung ist nur richtig für $\xi_1 - \xi = 0$, d. h. $\xi_1 = \xi$; daher hat die Keplersche Gleichung nur die eine Wurzel ξ.

32. Gleichzeitige Änderung zweier veränderlicher Größen, die durch eine funktionale Abhängigkeit verknüpft sind. Es sei die Funktion $y = f(x)$ gegeben, die für gewisse Werte von x definiert sei, z. B. auf einem Intervall. Mit diesen Werten können wir verschiedene Ordnungen der Veränderlichen x konstruieren und erhalten dadurch eine entsprechende Ordnung der Werte der Veränderlichen $f(x)$ [**25**]. Die geordnete Veränderliche x ordnet also $f(x)$. Wir betrachten in diesem Abschnitt einen wichtigen Fall eines solchen Prozesses.

Die Funktion $f(x)$ sei auf einem bestimmten Intervall definiert, das in seinem Innern den Punkt $x = c$ enthält. Wenn wir ein hinreichend kleines k wählen, können wir annehmen, daß $f(x)$ auf dem Intervall $c - k \leqq x \leqq c + k$ definiert ist. Wir betrachten die drei Fälle der Anordnung der Werte von x: $x \to c - 0$, $x \to c + 0$, $x \to c \pm 0$ [**25**] und die diesen Fällen entsprechende geordnete Veränderliche $f(x)$. Im ersten Fall habe die Veränderliche einen Grenzwert. Wir bezeichnen ihn mit A_1. In diesem Fall schreibt man

$$\lim_{x \to c-0} f(x) = A_1\,. \tag{13}$$

Völlig analog schreibt man im zweiten Fall beim Vorhandensein eines Grenzwertes (wir bezeichnen ihn mit A_2):

$$\lim_{x \to c+0} f(x) = A_2\,. \tag{14}$$

Man bezeichnet den Grenzwert (13) häufig mit $f(c - 0)$ und den Grenzwert (14) mit $f(c + 0)$:

$$\lim_{x \to c-0} f(x) = f(c - 0), \qquad \lim_{x \to c+0} f(x) = f(c + 0)\,.$$

Wir bemerken, daß dies die Grenzwerte von $f(x)$ sind, die dadurch entstehen, daß x von links (d. h. von kleineren Werten her) bzw. von rechts (d. h. von größeren Werten her) gegen c strebt. Im dritten Fall strebt x von beiden Seiten gegen c, und die Existenz des Grenzwertes

$$\lim_{x \to c\pm 0} f(x) = B \tag{15}$$

ist offensichtlich folgendem äquivalent: Die Grenzwerte (13) und (14) existieren und sind einander gleich ($A_1 = A_2$). Dann ist also $B = A_1 = A_2$.

Man darf die Symbole $f(c - 0)$ und $f(c + 0)$ nicht mit $f(c)$ verwechseln, d. h. mit dem Wert von $f(x)$ für $x = c$. Oben haben wir diesen Wert überhaupt nicht gebraucht, und bei den vorausgegangenen Überlegungen brauchte $f(x)$ für $x = c$ überhaupt nicht definiert zu sein. Wenn die Funktion $f(x)$ für $x = c$ definiert ist und wenn $f(c - 0) = f(c + 0) = f(c)$ gilt, d. h.

$$\lim_{x \to c\pm 0} f(x) = f(c)\,,$$

dann sagt man: *Die Funktion $f(x)$ ist für $x = c$ (im Punkt $x = c$) stetig.*

Unter Verwendung der Definition des Grenzwertes kann man leicht Bedingungen angeben, die der Existenz der Grenzwerte (13), (14), (15) äquivalent sind. Die Existenz des Grenzwertes (13) ist offenbar gleichbedeutend damit, daß $f(x)$ der Zahl A_1 beliebig nahe kommt, wenn sich x (kleiner bleibend als c) der Zahl c hinreichend nähert, d. h., (13) ist äquivalent mit folgendem: *Zu jeder beliebig vorgegebenen positiven Zahl ε existiert eine positive Zahl η derart, daß*

$$|A_1 - f(x)| < \varepsilon, \quad \textit{falls} \quad c - x < \eta \quad \textit{und} \quad x < c\,. \tag{13_1}$$

Die Zahl η hängt natürlich von ε ab.

Ganz analog ist (14) äquivalent mit folgendem: *Zu jeder beliebig vorgegebenen positiven Zahl ε existiert eine solche positive Zahl η, daß*

$$|A_2 - f(x)| < \varepsilon, \quad \textit{falls} \quad x - c < \eta \quad \textit{und} \quad x > c\,, \tag{14_1}$$

und (15) ist gleichbedeutend mit folgendem: *Zu jeder beliebig vorgegebenen positiven Zahl ε existiert eine positive Zahl η derart, daß*

$$|B - f(x)| < \varepsilon, \quad \textit{falls} \quad |c - x| < \eta \quad \textit{und} \quad x \neq c\,. \tag{15_1}$$

Wir bemerken noch folgende offensichtliche Tatsache: Wenn der Grenzwert (15) existiert, besitzt $f(x)$ immer diesen Grenzwert, unabhängig davon, wie die geordnete Veränderliche x gegen c strebt. Eine analoge Bemerkung gilt auch für die Grenzwerte (13) und (14), wo x von links bzw. von rechts gegen c strebt.

Im folgenden werden wir den Begriff der Stetigkeit und die Eigenschaften der stetigen Funktionen ausführlich betrachten. Jetzt wenden wir uns den Fällen zu, daß x oder $f(x)$ gegen ∞ strebt [**29**]. Die vorangegangenen Definitionen lassen sich leicht auf diese Fälle verallgemeinern. Zum Beispiel ist leicht einzusehen, daß

$$\lim_{x \to c-0} \frac{1}{x - c} = -\infty, \qquad \lim_{x \to c+0} \frac{1}{x - c} = \infty,$$

$$\lim_{x \to \frac{\pi}{2} - 0} \tan x = \infty, \qquad \lim_{x \to \frac{\pi}{2} + 0} \tan x = -\infty$$

gilt.

Wir setzen voraus, daß $f(x)$ für alle hinreichend großen x definiert ist und daß die geordnete Veränderliche x auf eine beliebige Weise gegen ∞ strebt [**29**]. Dabei ist $f(x)$ ebenfalls eine geordnete Veränderliche, und es kann der endliche Grenzwert

$$\lim_{x \to \infty} f(x) = A \tag{16}$$

existieren. Das ist gleichbedeutend mit folgendem: Zu jeder beliebig vorgegebenen positiven Zahl ε gibt es eine positive Zahl M derart, daß

$$|A - f(x)| < \varepsilon \quad \text{für} \quad x > M\,. \tag{16_1}$$

Speziell kann die Anordnung der x darin bestehen, daß x unbegrenzt wächst, indem es alle hinreichend großen reellen Werte annimmt. Völlig analog kann man den Fall $x \to -\infty$ betrachten.

Ist $f(x)$ für alle dem Absolutbetrag nach hinreichend großen x definiert und strebt die geordnete Veränderliche x gegen ∞ [**29**], dann kann analog dem Vorangegangenen der endliche Grenzwert

$$\lim_{x \to \infty} f(x) = A$$

existieren. Das ist gleichbedeutend mit folgendem: Zu jeder beliebig vorgegebenen positiven Zahl ε gibt es eine positive Zahl M derart, daß

$$|A - f(x)| < \varepsilon \quad \text{für} \quad |x| > M\,.$$

Speziell kann x gegen ∞ streben, indem es alle verschiedenen, dem Absolutbetrag nach hinreichend großen Werte annimmt. Diese kann man so ordnen, wie wir das in [**25**] für die nicht durchnumerierte Veränderliche x getan haben, die der Bedingung $a - k \leqq x < a + k$ (außer $x = a$) genügte. Wir bemerken, daß man für eine durchnumerierte Veränderliche $x_1, x_2, x_3, \ldots$, die den Grenzwert a besitzt, an Stelle von $\lim x_n = a$ oft $\lim\limits_{n\to\infty} x_n = a$ schreibt. In diesem Fall bedeutet $n \to \infty$, daß n wächst und alle ganzen positiven Werte annimmt.

Man kann auch von unendlichen Grenzwerten von $f(x)$ sprechen. Zum Beispiel soll

$$\lim_{x\to\infty} f(x) = -\infty$$

bedeuten, daß zu einer beliebig vorgegebenen negativen Zahl M_1 eine solche Zahl M existiert, daß $f(x) < M_1$ ist für $x > M$. Analog kann man auch die anderen Fälle unendlicher Grenzwerte festlegen.

Man bestätigt leicht die Richtigkeit der nachstehenden Gleichungen:

$$\lim_{x\to\infty} x^3 = \infty, \qquad \lim_{x\to-\infty} x^3 = -\infty, \qquad \lim_{x\to\infty} \frac{1}{x} = 0, \qquad \lim_{x\to\infty} x^2 = \infty\,,$$

$$\lim_{x\to\infty} \frac{2x^2 - 1}{3x^2 + x + 1} = \lim_{x\to\infty} \frac{2 - \dfrac{1}{x^2}}{3 + \dfrac{1}{x} + \dfrac{1}{x^2}} = \frac{2}{3},$$

$$\lim_{x\to\infty} \frac{3x + 5}{x^2 + 1} = \lim_{x\to\infty} \frac{\dfrac{3}{x} + \dfrac{5}{x^2}}{1 + \dfrac{1}{x^2}} = 0\,.$$

Wir betrachten ein physikalisches Beispiel. Nehmen wir an, daß wir einen festen Körper erwärmen, und es sei t_0 seine Anfangstemperatur. Bei der Erwärmung erhöht sich seine Temperatur, bis der Schmelzpunkt erreicht ist. Bei weiterer Erwärmung bleibt die Temperatur unverändert bis zu dem Zeitpunkt, in dem der Körper vollkommen in den flüssigen Zustand übergeht; darauf beginnt wiederum eine Temperaturerhöhung der entstandenen Flüssigkeit. Ein analoges Bild entsteht beim Übergang der Flüssigkeit in den gasförmigen Zustand. Wir wollen die dem Körper zugeführte Wärmemenge Q als Funktion der Temperatur betrachten. In Abb. 45 ist das Bild dieser Funktion dargestellt, wobei die Temperatur auf der horizontalen Achse und die aufgenommene Wärmemenge auf der vertikalen aufgetragen ist; t_1 sei die Temperatur, bei der der Körper anfängt, in den flüssigen Zustand, und t_2 die Temperatur, bei der die Flüssigkeit beginnt, in den gasförmigen Zustand überzugehen. Offenbar ist

$$\lim_{t\to t_1-0} Q = \overline{AB} \quad \text{und} \quad \lim_{t\to t_1+0} Q = \overline{AC}\,.$$

Die Länge der Strecke $\overline{BC}$ gibt die latente Schmelzwärme, die Länge der Strecke $\overline{EF}$ die latente Verdampfungswärme an.

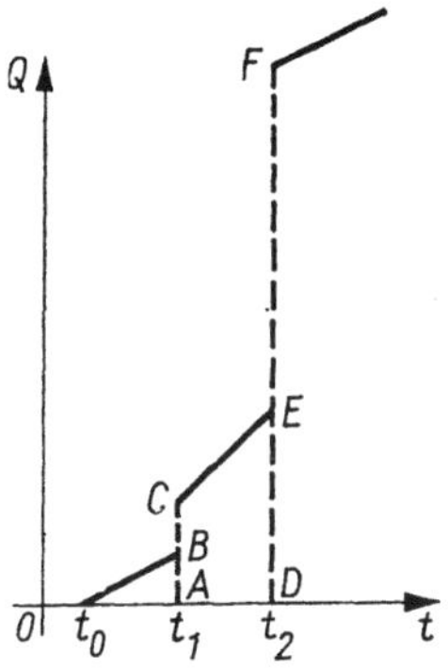

Abb. 45

Wenn die Grenzwerte $f(c-0)$ und $f(c+0)$ existieren und verschieden sind, dann heißt die Differenz $f(c+0)-f(c-0)$ der *Sprung der Funktion* $f(x)$ für $x=c$ (im Punkt $x=c$).

Die Funktion $y = \arctan \dfrac{1}{x-c}$ hat bei $x=c$ den Sprung π. Die soeben betrachtete Funktion $Q(t)$ hat im Schmelzpunkt $t=t_1$ einen Sprung, der gleich der latenten Schmelzwärme ist.

Bei der Definition der Grenzwerte von $f(x)$ beim Grenzübergang $x \to c$ haben wir angenommen, daß x gegen c strebt, ohne irgendwann mit c zusammenzufallen. Dieser Vorbehalt ist wesentlich, weil der Wert von $f(x)$ für $x=c$ bisweilen nicht existiert oder von den Funktionswerten für benachbarte x-Werte erheblich abweicht. So ist z.B. die Funktion $Q(t)$ für $t=t_1$ nicht definiert.

Wir betrachten noch ein Beispiel zur Erläuterung des Gesagten. Wir nehmen an, daß in dem Intervall $(-1, 1)$ eine Funktion folgendermaßen definiert ist:

$$y = x+1 \quad \text{für} \quad -1 \leqq x < 0\,;$$

$$y = x-1 \quad \text{für} \quad 0 < x \leqq 1\,;$$

$$y = 0 \quad \text{für} \quad x = 0\,.$$

In Abb. 46 ist die Bildkurve dieser Funktion wiedergegeben; sie besteht aus zwei Geradenstücken, von denen je ein Endpunkt ($x=0$) ausgenommen ist, und aus einem einzelnen Punkt, dem Koordinatenursprung. In diesem Fall ist

$$\lim_{x\to -0} f(x) = 1, \qquad \lim_{x\to +0} f(x) = -1, \qquad f(0) = 0\,.$$

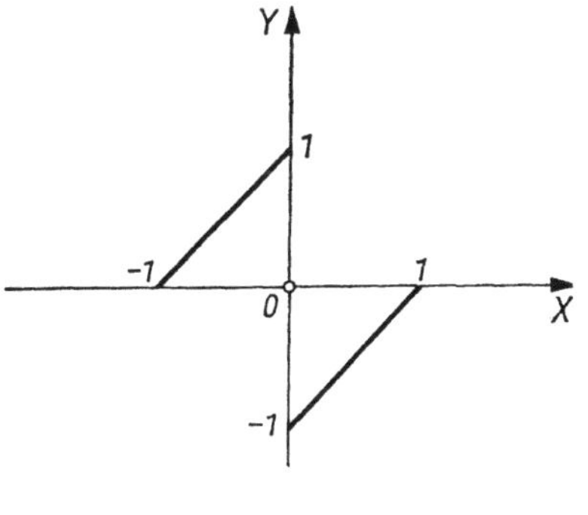

Abb. 46

33. Beispiele.

1. Es ist bekannt, daß für beliebiges x die Ungleichung $|\sin x| \leqq |x|$ und das Gleichheitszeichen nur für $x = 0$ gilt. Wir erinnern daran, daß die Größe x dabei im Bogenmaß ausgedrückt wird. Aus dem Gesagten folgt, daß für eine beliebig vorgegebene positive Zahl ε die Ungleichung $|\sin x| < \varepsilon$ für $|x| < \varepsilon$ gilt, d. h.

$$\lim_{x \to \pm 0} \sin x = 0 .$$

2. Es gilt ferner

$$1 - \cos x = 2 \sin^2 \frac{x}{2} \leqq 2 \left(\frac{x}{2}\right)^2 = \frac{x^2}{2}, \quad \text{d. h.} \quad 0 \leqq 1 - \cos x \leqq \frac{x^2}{2},$$

und daraus folgt [**27**]

$$\lim_{x \to \pm 0} \cos x = 1 .$$

3. Wir betrachten ein für das Spätere wichtiges Beispiel. Es sei

$$y = \frac{\sin x}{x}.$$

Diese Funktion ist für alle x mit Ausnahme von $x = 0$ definiert, da hierbei sowohl der Zähler als auch der Nenner 0 werden und der Bruch seinen Sinn verliert. Wir untersuchen nun die Änderung von y beim Grenzübergang von x gegen 0. Bei einer Änderung des Vorzeichens von x ändert sich der Wert des Bruches nicht, so daß es genügt, den Grenzwert des Bruches zu ermitteln, wenn x von positiven Werten her, d. h. vom ersten Quadranten her, gegen 0 strebt. Dieser Grenzwert existiert, wie wir zeigen werden. Derselbe Grenzwert ergibt sich nach dem oben Gesagten auch, wenn x von negativen Werten her gegen 0 strebt. Der Satz vom Grenzwert eines Quotienten [**28**] darf hier nicht angewendet werden, da sowohl Zähler als auch Nenner für $x \to 0$ gegen 0 streben.

Betrachten wir x als Zentriwinkel im Kreis vom Radius 1 und messen wir die Winkel im Bogenmaß, so ist (Abb. 47)

$$\sin x = \overline{AC}, \qquad x = \tfrac{1}{2} \widehat{AB}, \qquad \tan x = \overline{AD},$$

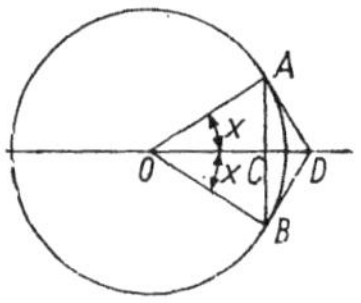

Abb. 47

wobei AD die Tangente an den Kreis im Endpunkt des Bogens x ist.

Weil ein umhüllender Linienzug größer ist als die konvexe eingehüllte Linie, können wir

$$2 \sin x < 2x < 2 \tan x$$

schreiben, woraus wir, indem wir durch $2 \sin x$ dividieren, $1 < \dfrac{x}{\sin x} < \dfrac{1}{\cos x}$ oder

$$1 > \frac{\sin x}{x} > \cos x \tag{17}$$

erhalten.

Beim Grenzübergang von x gegen 0 strebt jedoch $\cos x$, der durch die Strecke $\overline{OC}$ dargestellt wird, offenbar gegen 1, d. h., die Veränderliche $\frac{\sin x}{x}$ ist ständig eingeschlossen zwischen 1 und einer Größe, die gegen 1 strebt, und daher ist [**27**]

$$\lim_{x \to 0} y = \lim_{x \to 0} \frac{\sin x}{x} = 1 .$$

Wir bestimmen für den gegebenen Fall die Zahl η, die in der Bedingung (16) vorkommt. Aus der Ungleichung (17) erhalten wir, indem wir ihre drei Glieder von 1 subtrahieren,

$$0 < 1 - \frac{\sin x}{x} < 1 - \cos x ,$$

und diese Ungleichung zeigt, daß

$$\left| 1 - \frac{\sin x}{x} \right| < \varepsilon \quad \text{für} \quad |1 - \cos x| < \varepsilon$$

ist. Beachten wir, daß der Sinus eines Bogens im ersten Quadranten kleiner als der Bogen selbst ist, so erhalten wir

$$1 - \cos x = 2 \sin^2 \frac{x}{2} < 2 \left(\frac{x}{2}\right)^2 = \frac{x^2}{2},$$

und es genügt,

$$\frac{x^2}{2} < \varepsilon, \quad \text{d. h.} \quad |x| < \sqrt{2\varepsilon} ,$$

zu wählen. Also kann im vorliegenden Fall $\sqrt{2\varepsilon}$ die Rolle der Zahl η spielen.

34. Stetigkeit einer Funktion. Wir hatten die Definition der Stetigkeit einer Funktion im Punkt $x = c$, wenn die Funktion $f(x)$ in diesem Punkt und in seiner rechten und linken Nachbarschaft definiert ist, bereits gebracht. Wir führen sie noch einmal an.

Definition. Die Funktion $f(x)$ heißt *in $x = c$ (im Punkt $x = c$) stetig*, wenn der Grenzwert von $f(x)$ für $x \to c$ existiert und wenn dieser Grenzwert gleich $f(c)$ ist:

$$\lim_{x \to c} f(x) = f(c) = f(\lim x) . \tag{18}$$

Wir erinnern uns, daß dies damit gleichbedeutend ist, daß die linksseitigen und die rechtsseitigen Grenzwerte $f(c - 0)$ und $f(c + 0)$ existieren und daß diese Grenzwerte einander gleich und gleich $f(c)$ sind, d. h. $f(c - 0) = f(c + 0) = f(c)$. Außerdem ist die oben gegebene Definition, wie wir sahen [**32**], gleichbedeutend mit der folgenden: Zu jeder beliebig vorgegebenen positiven Zahl ε existiert eine positive Zahl η derart, daß

$$|f(c) - f(x)| < \varepsilon \quad \text{für} \quad |c - x| < \eta \tag{19}$$

ist. Es ist nicht notwendig, $x \neq c$ vorauszusetzen, weil $f(x) - f(c) = 0$ für $x = c$ gilt. Anders kann man das auch so formulieren:

$$f(x) - f(c) \to 0 \quad \text{für} \quad x - c \to \pm 0 .$$

Da die Differenz $x - c$ der Zuwachs der unabhängigen Veränderlichen und die Differenz $f(x) - f(c)$ der entsprechende Zuwachs der Funktion ist, ist die angegebene Definition der Stetigkeit einer Funktion gleichbedeutend mit der folgenden: Eine Funktion heißt *stetig im Punkt* $x = c$, wenn einem unendlich kleinen Zuwachs der unabhängigen Veränderlichen (vom Anfangswert $x = c$ aus) ein unendlich kleiner Zuwachs der Funktion entspricht.

Die durch die Gleichung (18) ausgedrückte Stetigkeitseigenschaft gestattet, den Grenzwert der Funktion zu finden, indem man einfach an Stelle der unabhängigen Veränderlichen deren Grenzwert einsetzt.

Aus den Formeln für $\lim f(x)$ und $\lim \varphi(x)$ am Schluß von [**28**] ersehen wir, daß ein Polynom von x und der Quotient solcher Polynome, d. h. eine rationale Funktion von x, Funktionen sind, die für beliebige Werte von x stetig sind, ausgenommen die Werte, für die der Nenner der rationalen Funktion gleich 0 wird.

Stetig ist offenbar auch die Funktion $y = b$, die für alle x ein und denselben Wert annimmt [**12**].

Alle von uns im Kapitel I betrachteten Funktionen (Potenz, Exponentialfunktion, Logarithmus, trigonometrische und zyklometrische Funktionen) sind stetig für alle Werte x, für die sie existieren, mit Ausnahme der Werte, für die sie unendlich werden. So ist z.B. ${}^{10}\log x$ eine stetige Funktion von x für alle positiven x-Werte; $\tan x$ ist eine stetige Funktion von x für alle Werte x, ausgenommen die Werte

$$x = (2k + 1)\,\frac{\pi}{2},$$

wobei k eine beliebige ganze Zahl ist.

Wir erwähnen noch die Funktion u^v, wobei u und v stetige Funktionen von x sind und vorausgesetzt ist, daß u keine negativen Werte annimmt. Die Funktion ist ebenfalls stetig, wenn die Werte von x ausgeschlossen werden, für die u und v gleichzeitig 0 werden oder $u = 0$ und $v < 0$ ist.

Die von uns ausgesprochene Behauptung von der Stetigkeit der elementaren Funktionen erfordert natürlich einen Beweis, der sich auch streng durchführen läßt; wir nehmen aber zunächst die Behauptung ohne Beweis als richtig an. Später werden wir diese Frage eingehender untersuchen. Wir zeigen nur die Stetigkeit der Funktion $\sin x$ für beliebiges $x = c$ unter Verwendung der Definition (19). Es gilt (siehe [**31**])

$$\sin x - \sin c = 2 \sin \frac{x - c}{2} \cos \frac{x + c}{2},$$

und daraus folgt

$$|\sin x - \sin c| = 2 \left| \sin \frac{x - c}{2} \right| \left| \cos \frac{x + c}{2} \right| \leqq 2 \left| \sin \frac{x + c}{2} \right|.$$

Es ist aber $|\sin \alpha| \leqq |\alpha|$ für beliebiges α und folglich

$$|\sin x - \sin c| \leqq |x - c|\,.$$

Um $|\sin x - \sin c| < \varepsilon$ zu erhalten, wobei ε eine vorgegebene positive Zahl ist, genügt es, $|x - c| < \varepsilon$ anzunehmen, d. h., die Rolle von η in der Definition (19) kann die Zahl ε spielen.

Es ist leicht zu zeigen, daß *die Summe sowie das Produkt einer beliebigen endlichen Anzahl von stetigen Funktionen ebenfalls eine stetige Funktion ist; das gilt auch für den Quotienten zweier stetiger Funktionen, mit Ausnahme derjenigen Werte der unabhängigen Veränderlichen, für die der Nenner gleich* 0 *wird.*

Wir betrachten nur den Fall des Quotienten. Wir nehmen an, daß die Funktionen $\varphi(x)$ und $\psi(x)$ für $x = c$ stetig sind und daß $\psi(c) \neq 0$ ist. Bilden wir die Funktion

$$f(x) = \frac{\varphi(x)}{\psi(x)},$$

so erhalten wir bei Benutzung des Satzes vom Grenzwert eines Quotienten

$$\lim_{x \to c} f(x) = \frac{\lim\limits_{x \to c} \varphi(x)}{\lim\limits_{x \to c} \psi(x)} = \frac{\varphi(c)}{\psi(c)} = f(c),$$

wodurch die Stetigkeit des Quotienten $f(x)$ für $x = c$ bewiesen ist.

Wir führen ein einfaches Beispiel an. Da $y = \sin x$ eine stetige Funktion von x ist, wird auch $y = b \sin x$, wo b eine Konstante ist, eine stetige Funktion, weil sie das Produkt der stetigen Funktionen $y = b$ (siehe oben) und $y = \sin x$ ist.

Wir wenden uns jetzt nochmals der Funktion $y = \frac{\sin x}{x}$ zu. Für $x = 0$ ist diese Funktion unbestimmt; aber wir wissen, daß $\lim\limits_{x \to 0} y = 1$ ist. Wenn wir daher für $x = 0$ noch $y = 1$ setzen, wird y im Punkt $x = 0$ stetig.

Diese Ermittlung des Grenzwertes einer Funktion beim Grenzübergang von x gegen einen Punkt, in dem die Funktion eine unbestimmte Form annimmt, heißt *Auswerten der unbestimmten Form.* Man nennt den Grenzwert selbst, wenn er existiert, bisweilen den *wahren Wert* der Funktion in dem erwähnten Punkt. Später werden wir viele Beispiele für die Auswertung unbestimmter Formen bringen.

35. Eigenschaften der stetigen Funktionen. Bisher haben wir die Stetigkeit einer Funktion in einem vorgegebenen Wert x definiert. Wir nehmen jetzt an, die Funktion $f(x)$ sei auf dem endlichen Intervall $a \leqq x \leqq b$ definiert. Ist sie in jedem Wert x aus diesem Intervall stetig, so sagt man, sie sei in dem Intervall (a, b) stetig. Wir bemerken dazu, daß die Stetigkeit der Funktion in den Randpunkten des Intervalls $x = a$ und $x = b$ in folgendem besteht:

$$\lim_{x \to a+0} f(x) = f(a), \qquad \lim_{x \to b-0} f(x) = f(b).$$

Alle stetigen Funktionen besitzen die folgenden Eigenschaften:

1. *Ist die Funktion $f(x)$ auf dem Intervall (a, b) stetig, so existiert in diesem Intervall mindestens ein x-Wert, für den $f(x)$ seinen größten Wert, und mindestens ein solcher, für den die Funktion ihren kleinsten Wert annimmt.*

2. *Ist die Funktion $f(x)$ auf dem Intervall (a, b) stetig, wobei $f(a) = m$ und $f(b) = n$ ist, und ist k eine beliebige Zahl zwischen m und n, so existiert im Intervall (a, b) mindestens ein Wert x, für den der Wert von $f(x)$ gleich k ist; insbesondere gibt es, wenn $f(a)$ und $f(b)$ verschiedene Vorzeichen haben, im Innern des Intervalls (a, b) mindestens einen Wert x, für den $f(x)$ gleich* 0 *wird.*

Diese beiden Eigenschaften leuchten unmittelbar ein, wenn man beachtet, daß im Fall einer stetigen Funktion die ihr entsprechende Bildkurve eine kontinuierliche (d. h. ununterbrochene) Kurve darstellt. Diese Bemerkung kann natürlich nicht als Beweis dienen. Der Begriff der stetigen Kurve erscheint in anschaulicher Darstellung auf den ersten Blick einfach, erweist sich jedoch bei näherer analytischer Betrachtung als überaus kompliziert. Der strenge Beweis der angegebenen beiden Eigenschaften beruht ebenso wie der der nachstehenden dritten auf der Theorie der irrationalen Zahlen. Wir nehmen diese Eigenschaften zunächst ohne Beweis an.

In den letzten Abschnitten dieses Paragraphen werden wir die Grundlagen der Theorie der irrationalen Zahlen erläutern und bei dieser Gelegenheit ihren Zusammenhang mit der Theorie der Grenzwerte und den Eigenschaften der stetigen Funktionen klären. Wir bemerken, daß sich die zweite Eigenschaft der stetigen Funktionen noch folgendermaßen formulieren läßt: *Durchläuft x in stetiger Folge das Intervall von a bis b, so durchläuft die stetige Funktion $f(x)$ mindestens einmal die Werte, die zwischen $f(a)$ und $f(b)$ liegen.*

In Abb. 48 und 49 ist die Bildkurve einer im Intervall (a, b) stetigen Funktion dargestellt, bei der $f(a) < 0$ und $f(b) > 0$ ist; im Fall der Abb. 48 schneidet die Bildkurve die x-Achse einmal, und für den entsprechenden Wert von x wird die Funktion $f(x)$ gleich 0. Im Fall der Abb. 49 gibt es drei solcher Werte.

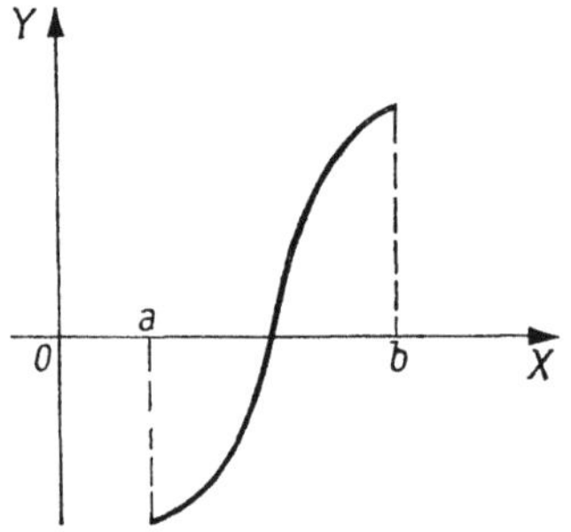

Abb. 48

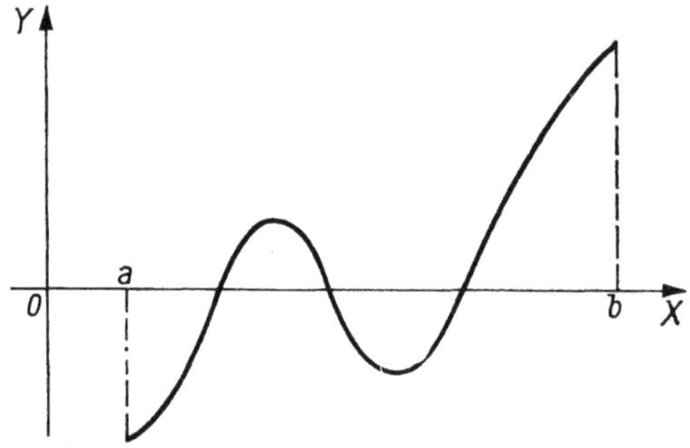

Abb. 49

Wir gehen jetzt zur dritten Eigenschaft der stetigen Funktionen über, die sich als weniger anschaulich als die beiden vorhergehenden erweist.

3. Ist die Funktion $f(x)$ im Intervall (a, b) stetig und ist in diesem Intervall $x = x_0$ ein gewisser Wert von x, so gibt es auf Grund der Bedingung (19) aus **[34]** (wenn man dort c durch x_0 ersetzt) zu beliebig vorgegebenem positivem ε einen solchen Wert η, der offenbar von ε abhängt, daß

$$|f(x) - f(x_0)| < \varepsilon \quad \text{für} \quad |x - x_0| < \eta$$

ist, wobei wir natürlich auch x als zum Intervall (a, b) gehörig annehmen. (Ist etwa $x_0 = a$, so ist x notwendigerweise größer als a, und wenn $x_0 = b$ ist, ist $x < b$.) Aber die Zahl η braucht nicht nur von ε abzuhängen, sondern kann auch davon abhängen, welchen Wert $x = x_0$ aus dem Intervall (a, b) wir gerade betrachten. Die dritte Eigenschaft der stetigen Funktionen besteht darin, daß *in dem abgeschlossenen Intervall (a, b) für jeden vorgegebenen Wert ε tatsächlich ein einziges η für alle Werte x_0 existiert.* Mit anderen Worten, *wenn die Funktion $f(x)$ im abgeschlossenen Intervall (a, b) stetig ist, gibt es zu einem beliebig vorgegebenen positiven ε*

ein positives η derart, daß

$$|f(x'') - f(x')| < \varepsilon \tag{20}$$

ist für je zwei beliebige Werte x' und x'' aus dem Intervall (a, b), die der Ungleichung

$$|x'' - x'| < \eta \tag{21}$$

genügen. Diese Eigenschaft formuliert man kurz so: *Ist die Funktion in dem abgeschlossenen Intervall (a, b) stetig, so ist sie in diesem Intervall auch gleichmäßig stetig.*

Es sei nochmals bemerkt, daß wir die Funktion $f(x)$ nicht nur für alle x im Innern des Intervalls (a, b), sondern auch für die Werte $x = a$ und $x = b$ als stetig vorausgesetzt haben.

Wir erläutern noch die Eigenschaft der gleichmäßigen Stetigkeit an einem einfachen Beispiel. Vorher schreiben wir die vorstehenden Ungleichungen in einer anderen Form, indem wir x' durch x und x'' durch $x + h$ ersetzen. Hierbei stellt $x'' - x' = h$ den Zuwachs der unabhängigen Veränderlichen und $f(x + h) - f(x)$ den entsprechenden Zuwachs der Funktion dar. Die Eigenschaft der gleichmäßigen Stetigkeit läßt sich dann folgendermaßen formulieren:

$$|f(x + h) - f(x)| < \varepsilon \quad \text{für} \quad |h| < \eta\,,$$

wobei x und $x + h$ zwei beliebige Punkte des Intervalls (a, b) sind.

Als Beispiel betrachten wir die Funktion

$$f(x) = x^2\,.$$

In diesem Fall ist

$$f(x + h) - f(x) = (x + h)^2 - x^2 = 2xh + h^2\,.$$

Bei beliebig vorgegebenem Wert ε strebt der Ausdruck $2xh + h^2$, der den Zuwachs der Funktion angibt, offenbar gegen 0, wenn der Zuwachs der unabhängigen Veränderlichen gegen 0 strebt. So wird nochmals bestätigt [**34**], daß die gewählte Funktion für jeden Wert x stetig ist. Damit ist sie z. B. auch in dem Intervall $-1 \leqq x \leqq 2$ stetig. Wir werden zeigen, daß sie in diesem Intervall sogar gleichmäßig stetig ist. Dazu muß die Ungleichung

$$|2xh + h^2| < \varepsilon \tag{22}$$

durch eine entsprechende Wahl der Zahl η in der Ungleichung $|h| < \eta$ erfüllt werden, wobei x und $x + h$ dem Intervall $(-1, 2)$ angehören müssen. Es gilt

$$|2xh + h^2| \leqq |2xh| + h^2 = 2\,|x|\,|h| + h^2\,.$$

Der größte Wert von $|x|$ im Intervall $(-1, 2)$ ist aber 2, und daher können wir diese Ungleichung durch eine andere ersetzen, aus der sie folgt:

$$|2xh + h^2| \leqq 4\,|h| + h^2.$$

Wir werden nun $|h| < 1$ annehmen. Dann ist $h^2 < |h|$, und wir können die vorstehende Ungleichung auf folgende Form bringen:

$$|2xh + h^2| < 4\,|h| + |h| \quad \text{oder} \quad |2xh + h^2| < 5\,|h|\,.$$

Die Ungleichung (22) wird sicher erfüllt, wenn wir $|h|$ der Bedingung $5\,|h| < \varepsilon$ unterwerfen. Denken wir daran, daß wir $|h| < 1$ angenommen haben, so sehen wir, daß h den beiden Ungleichungen

$$|h| < 1 \quad \text{und} \quad |h| < \frac{\varepsilon}{5}$$

genügen muß. Wir können somit für den Wert η die kleinere der beiden Zahlen 1 und $\varepsilon/5$ wählen. Für kleine ε ($\varepsilon < 5$) müssen wir $\eta = \varepsilon/5$ nehmen; in jedem Fall aber ist offensichtlich, daß der gefundene Wert η bei vorgegebenem ε für alle x des Intervalls $(-1, 2)$ das Gewünschte leistet.

Die angegebenen Eigenschaften brauchen jedoch im Fall unstetiger Funktionen oder bei Funktionen, die nur im Innern eines Intervalls stetig sind, nicht vorzuliegen. Wir betrachten z. B. die in Abb. 46 dargestellte Funktion. Sie ist definiert im Intervall $(-1, 1)$ und hat eine Unterbrechung der Stetigkeit bei $x = 0$. Unter ihren Werten gibt es beliebig nahe bei 1 liegende; aber die Funktion nimmt nicht den Wert 1 und auch keine Werte größer als 1 an. Somit gibt es unter den Werten dieser Funktion keinen größten. Genauso gibt es unter diesen Werten auch keinen kleinsten. Die elementare Funktion $y = x$ nimmt im Innern des Intervalls $(0, 1)$ weder einen größten noch einen kleinsten Wert an. Betrachtet man dieselbe Funktion im abgeschlossenen Intervall $(0, 1)$, so erreicht sie ihren kleinsten Wert für $x = 0$ und den größten für $x = 1$. Wir betrachten noch die im linksseitig offenen Intervall $0 < x \leqq 1$ stetige Funktion $f(x) = \sin \frac{1}{x}$. Bei der Annäherung von x gegen 0 wächst das Argument $\frac{1}{x}$ unbegrenzt; $\sin x$ schwankt dann zwischen -1 und 1 und hat für $x \to +0$ keinen Grenzwert. Wir werden zeigen, daß die angegebene Funktion in dem Intervall $0 < x \leqq 1$ nicht gleichmäßig stetig ist. Dazu betrachten wir die zwei Werte $x' = \frac{1}{n\pi}$ und $x'' = \frac{2}{(4n+1)\pi}$, wobei n eine ganze positive Zahl ist. Sie gehören beide bei beliebiger Wahl von n dem erwähnten Intervall an. Ferner ist

$$f(x') = \sin n\pi = 0\,, \qquad f(x'') = \sin\left(2n\pi + \frac{\pi}{2}\right) = 1\,.$$

Somit ist

$$f(x') - f(x') = 1 \quad \text{und} \quad x'' - x' = \frac{2}{(4n+1)\,\pi} - \frac{1}{n\pi}\,.$$

Bei unbeschränkter Zunahme der ganzen positiven Zahl n strebt die Differenz $x'' - x'$ gegen 0, aber die Differenz $f(x'') - f(x')$ bleibt gleich 1. Hieraus ist ersichtlich, daß es für das Intervall $0 < x \leqq 1$ kein positives η gibt, für das aus (21) $|f(x'') - f(x')| < 1$ folgt, was der Wahl $\varepsilon = 1$ in (20) entspricht.

Wir betrachten nun die Funktion $f(x) = x \sin \frac{1}{x}$. Für $x \to +0$ strebt der erste Faktor x gegen 0, während der zweite dem Absolutbetrag nach 1 nicht überschreitet, und daher [**26**] gilt $f(x) \to 0$ für $x \to +0$. Für $x = 0$ hat der zweite Faktor keinen Sinn, aber wenn wir die Definition unserer Funktion ergänzen, indem wir $f(0) = 0$ setzen, d. h., wenn wir $f(x) = x \sin \frac{1}{x}$ für $0 < x \leqq 1$ und $f(0) = 0$ setzen, erhalten wir eine im abgeschlossenen Intervall $(0, 1)$ stetige Funktion. Die Funktionen $\sin \frac{1}{x}$ und $x \sin \frac{1}{x}$ sind offensichtlich für jedes von 0 verschiedene x stetig.

36. Vergleich von unendlich kleinen und von unendlich großen Größen. Im weiteren werden wir mit α und β geordnete Veränderliche bezeichnen, die ein und dieselbe ordnende Veränderliche besitzen (den Index n oder die Veränderliche t), so daß wir also elementare Operationen mit diesen Veränderlichen durchführen können.

Wenn die Veränderlichen α und β gleichzeitig gegen 0 streben, dann läßt sich, um den Grenzwert von $\frac{\beta}{\alpha}$ zu ermitteln, der Satz vom Grenzwert eines Quotienten nicht anwenden. Ohne zusätzliche Ausführungen können wir nichts über die Existenz des Grenzwertes dieses Quotienten sagen.

Wir setzen voraus, daß die gegen 0 strebenden Veränderlichen α und β den Wert 0 nicht annehmen. Wenn der Quotient $\frac{\beta}{\alpha}$ gegen einen endlichen, von 0 verschiedenen Grenzwert strebt, dann strebt auch der Quotient $\frac{\alpha}{\beta}$ gegen einen endlichen und von 0 verschiedenen Grenzwert. In diesem Fall sagt man, β und α

werden *unendlich klein von ein und derselben Ordnung.* Wird aber der Grenzwert des Quotienten $\frac{\beta}{\alpha}$ gleich 0, so sagt man, β wird *unendlich klein von höherer Ordnung* im Vergleich zu α oder α *unendlich klein von niedrigerer Ordnung* im Vergleich zu β. Wenn der Quotient $\frac{\beta}{\alpha}$ gegen ∞ strebt, dann strebt $\frac{\alpha}{\beta}$ gegen 0, d. h., β ist unendlich klein von niedrigerer Ordnung als α und α von höherer Ordnung als β. Folgendes ist leicht zu zeigen: *Wenn α und β unendlich klein von derselben Ordnung und γ unendlich klein von höherer Ordnung als α werden, dann wird auch γ unendlich klein von höherer Ordnung bezüglich β.* Voraussetzungsgemäß gilt $\frac{\gamma}{\alpha} \to 0$, und der Quotient $\frac{\alpha}{\beta}$ hat einen endlichen und von 0 verschiedenen Grenzwert. Aus der offensichtlich gültigen Identität $\frac{\gamma}{\beta} = \frac{\gamma}{\alpha} \cdot \frac{\alpha}{\beta}$ folgt unmittelbar auf Grund des Satzes vom Grenzwert eines Produktes, daß $\frac{\gamma}{\beta}$ gegen 0 strebt, womit unsere Behauptung bewiesen ist.

Wir vermerken einen wichtigen Spezialfall von unendlich kleinen Größen gleicher Ordnung. Wenn $\frac{\beta}{\alpha} \to 1$ (und damit auch $\frac{\alpha}{\beta} \to 1$) gilt, heißen die unendlich kleinen Größen α und β *äquivalent.* Aus der Gleichung $\frac{\beta - \alpha}{\alpha} = \frac{\beta}{\alpha} - 1$ folgt unmittelbar, daß *die Äquivalenz von α und β damit gleichbedeutend ist, daß die Differenz $\beta - \alpha$ unendlich klein von höherer Ordnung als α wird.* Aus der Identität $\frac{\beta - \alpha}{\beta} = 1 - \frac{\alpha}{\beta}$ folgt ebenso, daß diese Äquivalenz gleichbedeutend damit ist, daß $\beta - \alpha$ unendlich klein von höherer Ordnung als β wird.

Wenn das Verhältnis $\frac{\beta}{\alpha^k}$, in dem k eine konstante positive Zahl ist, gegen einen endlichen und von 0 verschiedenen Grenzwert strebt, sagt man, daß β bezüglich α unendlich klein von der Ordnung k wird. Wenn $\frac{\beta}{\alpha^k} \to c$ gilt, wobei c eine von 0 verschiedene Zahl ist, gilt $\frac{\beta}{c\alpha^k} \to 1$, d. h., β und $c\alpha^k$ sind äquivalente unendlich kleine Größen, und folglich wird die Differenz $\gamma = \beta - c\alpha^k$ unendlich klein von höherer Ordnung im Vergleich zu β (oder im Vergleich zu $c\alpha^k$). Wenn man α als unendlich kleine Bezugsgröße annimmt, stellt die Gleichung $\beta = c\alpha^k + \gamma$, wobei γ unendlich klein von höherer Ordnung als $c\alpha^k$ wird, die Abspaltung des unendlich kleinen Summanden $c\alpha^k$ (mit der einfachsten Form bezüglich α) von der unendlich kleinen Größe β dar, und zwar so, daß der Rest γ nun unendlich klein von höherer Ordnung im Vergleich zu β (oder im Vergleich zu $c\alpha^k$) wird.

In analoger Weise geht der Vergleich der unendlich großen Größen u und v vor sich. Wenn $\frac{v}{u}$ gegen einen endlichen und von 0 verschiedenen Grenzwert strebt, sagt man, daß u und v unendlich groß von gleicher Ordnung werden. Gilt $\frac{v}{u} \to 0$, so strebt $\frac{u}{v}$ gegen ∞. In diesem Fall sagt man, daß v unendlich groß von niedrigerer Ordnung im Vergleich zu u wird oder daß u unendlich groß von höherer Ordnung als v wird. Strebt $\frac{v}{u}$ gegen 1, so heißen die unendlich großen Veränderlichen äquivalent. Strebt $\frac{v}{u^k}$, wobei k eine konstante positive Zahl ist, gegen einen endlichen und von 0 verschiedenen Grenzwert, so sagt man, daß v unendlich groß von k-ter Ordnung im Vergleich zu u wird. Alles oben über die unendlich kleinen Größen Gesagte hat auch für die unendlich großen Größen Gültigkeit.

Wir erwähnen noch, daß die entsprechenden unendlich kleinen oder unendlich großen Größen *unvergleichbar* heißen, wenn die Quotienten $\frac{\beta}{\alpha}$ oder $\frac{v}{u}$ überhaupt keinen Grenzwert haben.

37. Beispiele.

1. Weiter oben hatten wir gesehen, daß

$$\lim_{x \to 0} \frac{\sin x}{x} = 1$$

ist, d. h., $\sin x$ und x sind äquivalente unendlich kleine Größen, und folglich wird die Differenz $\sin x - x$ unendlich klein von höherer Ordnung als x. Später werden wir sehen, daß diese Differenz äquivalent $-\frac{1}{6} x^3$ ist, d. h. unendlich klein von dritter Ordnung im Vergleich zu x.

2. Wir zeigen, daß die Differenz $1 - \cos x$ unendlich klein von zweiter Ordnung bezüglich x ist. In der Tat, bei Anwendung einer bekannten trigonometrischen Formel sowie gewisser elementarer Umformungen erhalten wir

$$\frac{1 - \cos x}{x^2} = \frac{2 \sin^2 \frac{x}{2}}{x^2} = \frac{1}{2} \left(\frac{\sin \frac{x}{2}}{\frac{x}{2}} \right)^2 .$$

Im Fall $x \to 0$ strebt $\alpha = x/2$ ebenfalls gegen 0, und wie wir gezeigt hatten, wird

$$\lim_{x \to 0} \frac{\sin \frac{x}{2}}{\frac{x}{2}} = \lim_{\alpha \to 0} \frac{\sin \alpha}{\alpha} = 1 \quad \text{und folglich} \quad \lim_{x \to 0} \frac{1 - \cos x}{x^2} = \frac{1}{2},$$

d. h., $1 - \cos x$ wird tatsächlich unendlich klein von zweiter Ordnung bezüglich x.

3. Aus $\sqrt{1 + x} - 1 = \frac{x}{\sqrt{1 + x} + 1}$ folgt $\frac{\sqrt{1 + x} - 1}{x} = \frac{1}{\sqrt{1 + x} + 1}$ und daraus

$$\lim_{x \to 0} \frac{\sqrt{1 + x} - 1}{x} = \frac{1}{2},$$

d. h., $\sqrt{1 + x} - 1$ und x werden unendlich klein von gleicher Ordnung, wobei $\sqrt{1 + x} - 1$ äquivalent $\frac{1}{2} x$ ist.

4. Wir werden zeigen, daß ein Polynom m-ten Grades unendlich groß von der Ordnung m bezüglich x wird. Tatsächlich ist

$$\lim_{x \to \infty} \frac{a_0 x^m + a_1 x^{m-1} + \cdots + a_{m-1} x + a_m}{x^m}$$

$$= \lim_{x \to \infty} \left(a_0 + \frac{a_1}{x} + \cdots + \frac{a_{m-1}}{x^{m-1}} + \frac{a_m}{x^m} \right) = a_0 \qquad (a_0 \neq 0) .$$

Es ist leicht einzusehen, daß zwei Polynome ein und desselben Grades für $x \to \infty$ unendlich groß von gleicher Ordnung werden. Ihr Quotient hat als Grenzwert den Quotienten ihrer höchsten Koeffizienten. Zum Beispiel ist

$$\lim_{x \to \infty} \frac{5x^2 + x - 3}{7x^2 + 2x + 4} = \lim_{x \to \infty} \frac{5 + \frac{1}{x} - \frac{3}{x^2}}{7 + \frac{2}{x} + \frac{4}{x^2}} = \frac{5}{7}.$$

Wenn die Grade zweier Polynome verschieden sind, wird für $x \to \infty$ dasjenige der Polynome unendlich groß von höherer Ordnung im Vergleich zum anderen, dessen Grad höher ist.

38. Die Zahl e. Wir betrachten ein für das Folgende wichtiges Beispiel einer veränderlichen Größe, und zwar die Folge der Werte

$$\left(1 + \frac{1}{n}\right)^n,$$

wobei n wachsend ganzzahlige positive Werte annimmt und auf diese Weise gegen ∞ strebt. Bei Anwendung des binomischen Satzes erhalten wir

$$\begin{aligned}
\left(1 + \frac{1}{n}\right)^n &= 1 + \frac{n}{1} \cdot \frac{1}{n} + \frac{n(n-1)}{2!} \cdot \frac{1}{n^2} + \frac{n(n-1)(n-2)}{3!} \cdot \frac{1}{n^3} + \cdots \\
&\quad + \frac{n(n-1)(n-2)\cdots(n-k+1)}{k!} \cdot \frac{1}{n^k} + \cdots \\
&\quad + \frac{n(n-1)(n-2)\cdots 2 \cdot 1}{n!} \cdot \frac{1}{n} \\
&= 1 + 1 + \frac{1}{2!}\left(1 - \frac{1}{n}\right) + \frac{1}{3!}\left(1 - \frac{1}{n}\right)\left(1 - \frac{2}{n}\right) + \cdots \\
&\quad + \frac{1}{k!}\left(1 - \frac{1}{n}\right)\left(1 - \frac{2}{n}\right)\cdots\left(1 - \frac{k-1}{n}\right) + \cdots \\
&\quad + \frac{1}{n!}\left(1 - \frac{1}{n}\right)\left(1 - \frac{2}{n}\right)\cdots\left(1 - \frac{n-1}{n}\right).
\end{aligned}$$

Diese Summe enthält $n + 1$ positive Glieder. Bei Vergrößerung der ganzen Zahl n vergrößert sich erstens die Anzahl der Summanden, und zweitens vergrößert sich jeder einzelne der früheren Summanden, da im Ausdruck des allgemeinen Gliedes

$$\frac{1}{k!}\left(1 - \frac{1}{n}\right)\left(1 - \frac{2}{n}\right)\cdots\left(1 - \frac{k-1}{n}\right)^{1)}$$

die Zahl $k!$ ungeändert bleibt und die in den runden Klammern stehenden Differenzen bei Vergrößerung von n größer werden. Wir sehen somit, daß die betrachtete Veränderliche mit wachsendem n größer wird. Um uns von der Existenz des Grenzwertes zu überzeugen, brauchen wir nur zu beweisen, daß die Folge beschränkt ist.

---

[1]) Das Produkt $\left(1 - \frac{1}{n}\right)\left(1 - \frac{2}{n}\right)\cdots\left(1 - \frac{k-1}{n}\right)$ ergibt sich aus dem Bruch

$$\frac{n(n-1)(n-2)\cdots(n-k+1)}{n^k},$$

wenn man jeden der k im Zähler stehenden Faktoren durch n dividiert und dabei berücksichtigt, daß die Anzahl der Faktoren n im Nenner ebenfalls gleich k ist.

Wir ersetzen im allgemeinen Glied jede der erwähnten Differenzen durch 1, und alle in $k!$ auftretenden Faktoren ersetzen wir von 3 an durch 2. Durch diese Substitution wird das allgemeine Glied größer, und wir haben unter Benutzung der Summenformel für die Glieder einer geometrischen Reihe

$$\left(1+\frac{1}{n}\right)^n < 1+1+\frac{1}{2}+\frac{1}{2^2}+\cdots+\frac{1}{2^{k-1}}+\cdots+\frac{1}{2^{n-1}}$$

$$= 1+\frac{1-\frac{1}{2^n}}{1-\frac{1}{2}} = 3-\frac{1}{2^{n-1}} < 3\,,$$

d. h., die Veränderliche $\left(1+\frac{1}{n}\right)^n$ ist beschränkt. Wir bezeichnen den Grenzwert dieser Veränderlichen mit e:

$$\lim_{n\to\infty}\left(1+\frac{1}{n}\right)^n = \mathrm{e} \qquad (n \text{ ganzzahlig positiv})\,. \tag{23}$$

Dieser Grenzwert kann offenbar nicht größer als 3 sein.

Wir werden jetzt beweisen, daß der Ausdruck $\left(1+\frac{1}{x}\right)^x$ gegen denselben Grenzwert e strebt, wenn x gegen ∞ strebt und dabei beliebige Werte annimmt.

Es sei n die größte ganze Zahl, die x nicht übertrifft, d. h.

$$n \leqq x < n+1\,.$$

Die Zahl n strebt offensichtlich gemeinsam mit x gegen ∞. Beachten wir, daß bei der Vergrößerung einer positiven Basis, die größer als 1 ist, und Vergrößerung des Exponenten einer Potenz auch die Potenz selbst wächst, so können wir schreiben:

$$\left(1+\frac{1}{n+1}\right)^n < \left(1+\frac{1}{x}\right)^x < \left(1+\frac{1}{n}\right)^{n+1}. \tag{24}$$

Auf Grund der Gleichung (23) ist aber

$$\lim_{n\to\infty}\left(1+\frac{1}{n+1}\right)^n = \lim_{n\to\infty}\frac{\left(1+\frac{1}{n+1}\right)^{n+1}}{\left(1+\frac{1}{n+1}\right)} = \frac{\mathrm{e}}{1} = \mathrm{e}$$

und

$$\lim_{n\to\infty}\left(1+\frac{1}{n}\right)^{n+1} = \lim_{n\to\infty}\left[\left(1+\frac{1}{n}\right)^n\left(1+\frac{1}{n}\right)\right] = \mathrm{e}\cdot 1 = \mathrm{e}\,.$$

Somit streben die äußeren Glieder der Ungleichung (24) gegen den Grenzwert e, und daher muß auch das mittlere Glied gegen denselben Grenzwert streben, d. h.

$$\lim_{x\to\infty}\left(1+\frac{1}{x}\right)^x = \mathrm{e}\,. \tag{25}$$

Wir betrachten jetzt den Fall, daß x gegen $-\infty$ strebt.

Wir führen an Stelle von x die neue Veränderliche y ein, indem wir $x = -1 - y$ setzen, wonach $y = -1 - x$ wird.

Aus der letzten Gleichung erkennt man, daß y beim Grenzübergang $x \to -\infty$ gegen ∞ strebt.

Führen wir nun in dem Ausdruck $\left(1 + \frac{1}{x}\right)^x$ die Substitution der Veränderlichen aus und berücksichtigen die Gleichung (25), so erhalten wir

$$\lim_{x \to -\infty} \left(1 + \frac{1}{x}\right)^x = \lim_{y \to \infty} \left(\frac{-y}{-1-y}\right)^{-1-y} = \lim_{y \to \infty} \left(\frac{1+y}{y}\right)^{1+y}$$

$$= \lim_{y \to \infty} \left[\left(1 + \frac{1}{y}\right)^y \left(1 + \frac{1}{y}\right)\right] = \mathrm{e} \cdot 1 = \mathrm{e}\,.$$

Strebt x mit beliebigem Vorzeichen gegen ∞, d. h. $|x| \to \infty$, so folgt aus dem Vorhergehenden

$$\lim_{x \to \infty} \left(1 + \frac{1}{x}\right)^x = \mathrm{e}\,. \tag{26}$$

Später werden wir einen bequemen Weg zeigen, um die Zahl e mit einem beliebigen Genauigkeitsgrad zu berechnen. Diese Zahl ist, wie sich herausstellt, eine irrationale Zahl und lautet bis zur siebenten Dezimalstelle genau:

$$\mathrm{e} = 2{,}718\ 281\ 8\ldots\,.$$

Der Grenzwert des Ausdrucks $\left(1 + \frac{k}{x}\right)^x$, wobei k eine vorgegebene, von 0 verschiedene Zahl ist, läßt sich jetzt leicht ermitteln. Unter Benutzung der Stetigkeit der Potenz erhalten wir

$$\lim_{x \to \infty} \left(1 + \frac{k}{x}\right)^x = \lim_{x \to \infty} \left[\left(1 + \frac{1}{\frac{x}{k}}\right)^{\frac{x}{k}}\right]^k = \lim_{y \to \infty} \left[\left(1 + \frac{1}{y}\right)^y\right]^k = \mathrm{e}^k\,,$$

wobei mit y der Quotient $\frac{x}{k}$, der gleichzeitig mit x gegen ∞ strebt, bezeichnet ist.

Ausdrücke der Form $\left(1 + \frac{k}{n}\right)^n$ treten in der Zinseszinsrechnung auf.

Wir setzen voraus, daß der Kapitalzuwachs jährlich erfolgt. Wenn ein Kapital a mit $p\%$ jährlichen Zinsen angelegt wird, dann wird nach Ablauf eines Jahres das vergrößerte Kapital zu $a(1 + k)$, wobei $k = \frac{p}{100}$ ist; nach Ablauf des zweiten Jahres wird es zu $a(1 + k)^2$ und allgemein nach Ablauf von m Jahren zu $a(1 + k)^m$.

Nehmen wir jetzt an, daß der Kapitalzuwachs nach jedem n-ten Teil des Jahres erfolgt, dann ist k durch n zu dividieren, da ja der Prozentsatz für ein Jahr gilt; die Anzahl der Zeitintervalle aber wird dann n-mal so groß, und das angewachsene Kapital wird daher nach m Jahren zu

$$a\left(1 + \frac{k}{n}\right)^{mn}.$$

Schließlich möge n unbegrenzt zunehmen, d. h., das Kapital soll in immer kleineren Zeitintervallen und im Grenzfall stetig zunehmen. Nach Verlauf von m Jahren wird dann das angewachsene Kapital gleich

$$\lim_{n\to\infty} a\left(1+\frac{k}{n}\right)^{mn} = \lim_{n\to\infty} a\left[\left(1+\frac{k}{n}\right)^{n}\right]^{m} = a\,\mathrm{e}^{km}\,.$$

Wir nehmen die Zahl e als Basis der Logarithmen. Derartige Logarithmen werden *natürliche Logarithmen* genannt, und man bezeichnet sie gewöhnlich mit dem Symbol log ohne Angabe der Basis (oder auch mit ln). In dem Ausdruck $\frac{\log(1+x)}{x}$ streben beim Grenzübergang $x \to 0$ Zähler und Nenner gegen 0. Wir werten diese unbestimmte Form aus und führen dazu eine neue Veränderliche y ein, indem wir

$$x = \frac{1}{y}, \quad \text{d. h.} \quad y = \frac{1}{x},$$

setzen, woraus zu ersehen ist, daß y für $x \to 0$ gegen ∞ strebt. Führen wir diese neue Veränderliche ein und benutzen die Stetigkeit des Logarithmus sowie Formel (26), so erhalten wir

$$\lim_{x\to 0}\frac{\log(1+x)}{x} = \lim_{y\to\infty} y\log\left(1+\frac{1}{y}\right) = \lim_{y\to\infty}\log\left(1+\frac{1}{y}\right)^{y} = \log \mathrm{e} = 1\,.$$

Hieraus geht die Zweckmäßigkeit der getroffenen Wahl der Basis für die Logarithmen klar hervor. Wie bei der Winkelmessung im Bogenmaß der wahre Wert des Ausdrucks $\frac{\sin x}{x}$ für $x = 0$ gleich 1 wird, so wird auch *bei dem natürlichen Logarithmus der wahre Wert des Ausdrucks* $\frac{\log(1+x)}{x}$ *für* $x = 0$ *gleich* 1.

Aus der Definition der Logarithmen ergibt sich die folgende Beziehung:

$$N = a^{{}^a\log N}\,.$$

Logarithmieren wir sie bezüglich der Basis e, so erhalten wir

$$\log N = {}^a\log N \cdot \log a \quad \text{oder} \quad {}^a\log N = \log N \cdot \frac{1}{\log a}.$$

Diese Beziehung drückt den Logarithmus der Zahl N bei beliebiger Basis a durch den natürlichen Logarithmus aus. Der Faktor $M = \frac{1}{\log a}$ heißt der *Modul* des Logarithmensystems mit der Basis a; für $a = 10$ lautet er auf sieben Dezimalstellen genau

$$M = 0{,}434\,294\,5\ldots\,.$$

39. Die nicht bewiesenen Sätze. Bei der Darlegung der Theorie der Grenzwerte blieben mehrere Sätze unbewiesen: die Existenz eines Grenzwertes einer monotonen beschränkten Veränderlichen [**30**], die notwendige und hinreichende Bedingung für die Existenz eines Grenzwertes (Cauchysches Kriterium) [**31**] und die drei Eigenschaften der auf einem abgeschlossenen Intervall stetigen Funktionen [**35**]. Der Beweis dieser Sätze muß auf einer vollständigen Theorie der reellen Zahlen und der Rechenoperationen mit ihnen aufgebaut werden. Der Darstellung dieser Theorie und dem Beweis der oben erwähnten Sätze werden die folgenden Abschnitte gewidmet sein. Wir führen einen neuen Begriff ein und formulieren noch einen Satz, der ebenfalls später bewiesen wird.

In einer aus endlich vielen reellen Zahlen bestehenden Menge (z.B. tausend reellen Zahlen) wird unter ihnen sowohl eine größte als auch eine kleinste vorhanden sein. Wenn wir jedoch eine unendliche Menge reeller Zahlen haben, selbst von der Art, daß jede dieser Zahlen einem bestimmten Intervall angehört, gibt es unter ihnen durchaus nicht immer eine größte und eine kleinste. Betrachten wir z.B. die Menge aller zwischen 0 und 1 eingeschlossenen reellen Zahlen, rechnen aber die Zahlen 0 und 1 selbst zu dieser Menge nicht hinzu, so ist in dieser Menge weder eine größte noch eine kleinste Zahl vorhanden. Welche Zahl wir auch nahe bei 1, jedoch kleiner als 1 wählen mögen, es läßt sich immer eine andere Zahl finden, die zwischen der gewählten Zahl und 1 liegt. Im vorliegenden Fall besitzen die Zahlen 0 und 1, die nicht zu der gewählten Zahlenmenge gehören, in bezug auf diese die folgende Eigenschaft: Unter den Zahlen unserer Menge gibt es keine Zahlen größer als 1, wohl aber gibt es bei beliebig vorgegebenem positivem ε Zahlen, die größer als $1 - \varepsilon$ sind. Genauso gibt es unter den Zahlen unserer Menge keine Zahlen, die kleiner als 0, wohl aber bei beliebig vorgegebenem positivem ε solche Zahlen, die kleiner als $0 + \varepsilon$ sind. Diese Zahlen 0 und 1 heißen *untere* bzw. *obere Grenze* der angegebenen reellen Zahlenmenge. Wir gehen nun von diesem Beispiel zum allgemeinen Fall über.

Es liege eine gewisse Menge E von reellen Zahlen vor. Man sagt, sie sei *nach oben beschränkt*, wenn eine Zahl M existiert derart, daß alle zu E gehörigen Zahlen höchstens gleich M sind. Ebenso sagt man, die Menge sei *nach unten beschränkt*, wenn eine solche Zahl m existiert, daß alle Zahlen der Menge mindestens gleich m sind. Ist eine Menge nach oben und nach unten beschränkt, so nennen wir sie einfach *beschränkt*.

Definition. Existiert zu einer Menge E eine Zahl β derart, daß es unter den zu E gehörigen Zahlen keine gibt, die größer als β ist, aber bei beliebig vorgegebenem positivem ε Zahlen existieren, die größer als $\beta - \varepsilon$ sind, so heißt β *obere Grenze* von E. Gibt es zu einer Menge E eine solche Zahl α, daß unter den zu E gehörigen Zahlen keine kleiner als α ist, aber für ein beliebig vorgegebenes positives ε Zahlen vorhanden sind, die kleiner als $\alpha + \varepsilon$ sind, so nennt man α *untere Grenze* von E.

Wenn die Menge E nicht nach oben beschränkt ist, d. h., wenn es Zahlen aus E gibt, die größer als jede beliebig vorgegebene Zahl sind, kann die Menge keine obere Grenze haben. Entsprechend kann sie keine untere Grenze haben, wenn die Menge E nicht nach unten beschränkt ist. Wenn es unter den Zahlen der Menge eine größte gibt, ist sie offenbar auch die obere Grenze der Menge. Entsprechend: Wenn es unter den Zahlen der Menge eine kleinste gibt, ist diese auch die untere Grenze der Menge E. Es gibt jedoch, wie wir gesehen haben, nicht immer unter den Zahlen einer unendlichen Menge eine größte oder kleinste. Wie man zeigen kann, *existiert aber bei einer nach oben beschränkten Menge immer eine obere und bei einer nach unten beschränkten Menge immer eine untere Grenze.* Aus der Definition der oberen und der unteren Grenze folgt unmittelbar, daß es nur *eine* obere und *eine* untere Grenze geben kann.

Die im vorliegenden Abschnitt angeführten Sätze werden wir in Zukunft häufig benutzen. Die folgenden kleingedruckten Abschnitte können beim ersten Durchlesen übersprungen werden.

40. Die reellen Zahlen. Wir beginnen mit einer Darstellung der Theorie der reellen Zahlen. Dabei gehen wir aus von der Menge aller rationalen Zahlen, also der Menge der positiven und der negativen ganzen und gebrochenen Zahlen einschließlich der Null. Alle diese rationalen Zahlen kann man sich der Größe nach angeordnet denken. Dabei lassen sich, wenn a und b zwei beliebige verschiedene rationale Zahlen sind, zwischen diesen beliebig viele rationale Zahlen einschalten. Ist $a < b$ und führen wir die rationale Zahl $r = \frac{b-a}{n}$ ein, wobei n irgendeine ganze positive Zahl ist, so liegen die rationalen Zahlen $a + r, a + 2r, \ldots, a + (n-1)r$ zwischen a und b, und im Hinblick auf die willkürliche Wahl von n ist unsere Behauptung bewiesen.

Einen *Schnitt im Bereich der rationalen Zahlen* nennen wir jede Einteilung aller rationalen Zahlen in zwei Klassen derart, daß keine Klasse leer ist und jede Zahl der einen (ersten) Klasse kleiner ist als jede Zahl der anderen (zweiten) Klasse.[1]) Dabei ist offensichtlich mit einer Zahl auch jede kleinere Zahl in der ersten Klasse und mit einer Zahl auch jede größere Zahl in der zweiten Klasse.

Wir nehmen an, daß es unter den Zahlen der ersten Klasse eine größte gibt. Dann können wir auf Grund der erwähnten Eigenschaft der Menge der rationalen Zahlen behaupten, daß unter den Zahlen der zweiten Klasse keine kleinste existiert. Genauso gibt es unter den Zahlen der ersten Klasse keine größte, wenn es unter den Zahlen der zweiten Klasse eine kleinste gibt. Wir nennen den Schnitt einen *Schnitt erster Art*, wenn es unter den Zahlen der ersten Klasse eine größte oder unter den Zahlen der zweiten Klasse eine kleinste gibt. Solche Schnitte sind leicht zu konstruieren. Wir nehmen z. B. irgendeine rationale Zahl b und rechnen zur ersten Klasse alle rationalen Zahlen kleiner als b, zur zweiten Klasse alle rationalen Zahlen größer als b; die Zahl b selbst rechnen wir entweder zur ersten Klasse (sie ist dort die größte) oder zur zweiten Klasse (dort ist sie die kleinste). Nehmen wir für b alle möglichen rationalen Zahlen, so erhalten wir auf diese Weise alle möglichen Schnitte erster Art. Ein solcher Schnitt erster Art *definiert* jene rationale Zahl b, welche die größte in der ersten Klasse oder die kleinste in der zweiten Klasse ist.

Es existieren jedoch auch *Schnitte zweiter Art*, bei denen es in der ersten Klasse keine größte und in der zweiten Klasse keine kleinste Zahl gibt. Wir konstruieren ein Beispiel eines solchen Schnittes. Zur ersten Klasse rechnen wir alle negativen rationalen Zahlen, die Null und jene positiven rationalen Zahlen, deren Quadrat kleiner als 2 ist, und zur zweiten Klasse alle jene rationalen positiven Zahlen, deren Quadrat größer als 2 ist. Da keine rationale Zahl existiert, deren Quadrat gleich 2 ist, sind alle rationalen Zahlen eingeteilt, und diese Einteilung ist ein Schnitt. Wir werden zeigen, daß es in der ersten Klasse keine größte Zahl gibt. Hierfür genügt es zu zeigen, daß es, wenn die Zahl a zur ersten Klasse gehört, Zahlen größer als a gibt, die ebenfalls zur ersten Klasse gehören. Ist a negativ oder 0, so ist dies evident; nehmen wir $a < 0$ an, so ist gemäß der Bedingung für die Zusammensetzung der ersten Klasse $a^2 > 2$. Führen wir die positive rationale Zahl $r = 2 - a^2$ ein, so läßt sich zeigen, daß sich eine so kleine positive rationale Zahl x bestimmen läßt, daß auch $a + x$ der ersten Klasse angehört, d. h., daß die Ungleichung

$$2 - (a + x)^2 > 0 \quad \text{oder} \quad r - 2ax - x^2 > 0$$

gilt. Wir müssen also eine positive rationale Zahl x angeben, die der Ungleichung

$$x^2 + 2ax < r$$

genügt. Nehmen wir $x < 1$ an, so ist $x^2 < x$ und folglich $x^2 + 2ax < x + 2ax = (2a + 1)x$, d. h., wir brauchen nur die Ungleichung $(2a + 1)x < r$ zu erfüllen; somit bestimmt sich x aus den beiden Ungleichungen

$$x < 1 \quad \text{und} \quad x < \frac{r}{2a+1}.$$

[1]) *Dedekindscher Schnitt* (Anm. d. Übers.).

Offensichtlich kann man beliebig viele positive rationale Zahlen x finden, die diesen beiden Ungleichungen genügen. Entsprechend läßt sich zeigen, daß es in der zweiten Klasse des konstruierten Schnittes keine kleinste Zahl gibt. Wir haben also ein Beispiel für einen Schnitt zweiter Art konstruiert. Als wesentlicher Punkt der Theorie erweist sich die folgende Vereinbarung: *Wir setzen fest, daß jeder Schnitt zweiter Art ein neues Zahlgebilde — eine irrationale Zahl — definiert.* Verschiedene Schnitte zweiter Art definieren verschiedene irrationale Zahlen. Es ist leicht zu erraten, daß das oben konstruierte Beispiel eines Schnittes zweiter Art jene irrationale Zahl definiert, die wir gewöhnlich mit $\sqrt{2}$ bezeichnen.

Man kann jetzt alle auf diese Weise eingeführten irrationalen Zahlen gemeinsam mit den früheren rationalen Zahlen der Größe nach anordnen, wie wir uns dies anschaulich durch die Punkte der gerichteten x-Achse vorstellen. Wenn α eine gewisse irrationale Zahl ist, bezeichnen wir mit $\mathrm{I}(\alpha)$ und $\mathrm{II}(\alpha)$ die erste bzw. zweite Klasse desjenigen Schnittes, der die irrationale Zahl α definiert. Wir setzen fest, daß die Zahl α größer als jede Zahl aus $\mathrm{I}(\alpha)$ und kleiner als jede Zahl aus $\mathrm{II}(\alpha)$ ist. Auf diese Weise läßt sich jede irrationale Zahl mit jeder rationalen Zahl vergleichen. Es bleibt noch der Begriff größer und kleiner für zwei beliebige verschiedene irrationale Zahlen α und β zu definieren. Da α und β verschieden sind, stimmen die Klassen $\mathrm{I}(\alpha)$ und $\mathrm{I}(\beta)$ nicht überein, und eine der Klassen ist in der anderen enthalten. Wir nehmen etwa an, $\mathrm{I}(\alpha)$ sei in $\mathrm{I}(\beta)$ enthalten, d. h., jede Zahl aus $\mathrm{I}(\alpha)$ gehöre zu $\mathrm{I}(\beta)$, aber es gebe Zahlen aus $\mathrm{I}(\beta)$, die zu $\mathrm{II}(\alpha)$ gehören. In diesem Fall setzen wir definitionsgemäß $\alpha < \beta$. Auf diese Weise ist die Gesamtheit aller rationalen und irrationalen Zahlen, d. h. mit anderen Worten, *die Menge aller reellen Zahlen, geordnet.* Dabei ist unter Benutzung der oben gegebenen Definitionen leicht zu zeigen, daß für reelle Zahlen a, b, c aus $a < b$ und $b < c$ auch $a < c$ folgt.

Wir erwähnen vor allem eine elementare Folgerung aus den angegebenen Definitionen. Es sei α eine irrationale Zahl. Da in der Klasse $\mathrm{I}(\alpha)$ keine größte und in der Klasse $\mathrm{II}(\alpha)$ keine kleinste Zahl vorkommt, ist unmittelbar ersichtlich, daß man zwischen α und einer beliebigen rationalen Zahl a beliebig viele rationale Zahlen einschalten kann. Es seien jetzt α und β zwei verschiedene irrationale Zahlen ($\alpha < \beta$). Eine Teilmenge der rationalen Zahlen aus $\mathrm{I}(\beta)$ fällt in $\mathrm{II}(\alpha)$, und daraus folgt unmittelbar, daß man auch zwischen α und β beliebig viele rationale Zahlen einschalten kann, d. h. allgemein: *Zwischen zwei verschiedene reelle Zahlen lassen sich beliebig viele rationale Zahlen einschalten.*

Wir gehen jetzt zum Beweis des Fundamentalsatzes der Theorie der irrationalen Zahlen über. Dazu betrachten wir die Menge aller reellen Zahlen und führen in ihr irgendeinen Schnitt aus, d. h., wir teilen alle reellen Zahlen (nicht nur die rationalen) so in zwei Klassen I und II ein, daß jede Zahl aus I kleiner als jede Zahl aus II ist. Es soll bewiesen werden, daß dabei unbedingt entweder in der Klasse I eine größte oder in der Klasse II eine kleinste Zahl existiert (eins schließt das andere aus, so wie oben beim Schnitt im Bereich der rationalen Zahlen). Wir bezeichnen hierfür mit I′ die Menge aller rationalen Zahlen aus I und mit II′ die Menge aller rationalen Zahlen aus II. Die Klassen (I′, II′) definieren einen gewissen Schnitt im Bereich der rationalen Zahlen, und dieser Schnitt definiert eine gewisse reelle Zahl α (rational oder irrational). Nehmen wir den Fall an, daß diese Zahl α bei der oben angegebenen Einteilung aller reellen Zahlen in zwei Klassen zur Klasse I gehört, so können wir zeigen, daß α die größte Zahl aus der Klasse I sein muß. Wenn das nämlich nicht so wäre, so würde es in der Klasse I eine reelle Zahl β geben, die größer als α ist. Wählen wir eine gewisse zwischen α und β liegende rationale Zahl r, d. h. $\alpha < r < \beta$, so muß sie der Klasse I und folglich auch der Klasse I′ angehören.

Somit befindet sich in der ersten Klasse des Schnittes (I′, II′), der die Zahl α definiert, die Zahl r, die größer als α ist. Das kann nicht sein, und folglich ist unsere Annahme, daß α nicht die größte Zahl der Klasse I ist, falsch. Entsprechend läßt sich zeigen: Wenn α in die Klasse II fällt, muß α dort die kleinste Zahl sein.

Wir haben also den folgenden Hauptsatz bewiesen:

(Dedekindscher) Hauptsatz. *In jedem im Bereich der reellen Zahlen ausgeführten Schnitt enthält entweder die erste Klasse eine größte oder die zweite Klasse eine kleinste Zahl.*

Allen Überlegungen dieses Abschnitts läßt sich leicht eine einfache geometrische Deutung geben. Zuerst betrachten wir auf der x-Achse nur die Punkte mit rationalen Abszissen. Einem Schnitt im Bereich der rationalen Zahlen entspricht ein Zerschneiden der Geraden OX in zwei Halbgeraden. Wenn der Schnitt durch einen Punkt mit rationaler Abszisse verläuft, ergibt sich ein Schnitt erster Art, wobei die Abszisse des Punktes, durch den der Schnitt verläuft, selbst entweder zur ersten oder zur zweiten Klasse gerechnet wird. Wenn aber der Schnitt durch einen „leeren" Punkt hindurch ausgeführt wird, dem keine rationale Abszisse entspricht, ergibt sich ein Schnitt zweiter Art, der eine irrationale Zahl definiert. Sie wird als Abszisse des Punktes angenommen, durch den der Schnitt geführt ist. Nach dem Ausfüllen jener leeren Punkte durch irrationale Abszissen verläuft nun jeder Schnitt der Geraden durch einen Punkt mit einer gewissen reellen Abszisse. Dies ist alles nur eine geometrische Illustration und besitzt keine Beweiskraft. Unter Benutzung der angegebenen Definition einer irrationalen Zahl α ist der unendliche Dezimalbruch, der dieser Zahl entspricht, leicht zu bilden [**2**]. Jeder endliche Abschnitt dieses Bruches muß zu $\mathrm{I}(\alpha)$ gehören; wenn wir jedoch die letzte Ziffer dieses Abschnitts um eine Einheit vergrößern, dann muß die entsprechende rationale Zahl in $\mathrm{II}(\alpha)$ liegen.

41. Die Rechenoperationen mit reellen Zahlen. Die Theorie der irrationalen Zahlen enthält außer den oben gegebenen Definitionen und dem Fundamentalsatz noch die Definition der Rechenoperationen mit irrationalen Zahlen und die Untersuchung der Eigenschaften dieser Operationen. Bei der Definition der Operationen werden wir uns von den Schnitten im Bereich der rationalen Zahlen leiten lassen, und da diese Schnitte nicht nur irrationale, sondern auch rationale Zahlen definieren (Schnitte erster Art), werden die Definitionen der Operationen allgemein für alle reellen Zahlen geeignet sein und für die rationalen Zahlen mit den gewöhnlichen Definitionen übereinstimmen. Bei der Darstellung in diesem Abschnitt beschränken wir uns auf allgemeine Angaben.

Einleitend bemerken wir: Es sei α eine gewisse reelle Zahl. Wir wählen irgendeine (kleine) rationale positive Zahl r, dann ein rationales a aus $\mathrm{I}(\alpha)$ und bilden die arithmetische Progression

$$a,\ a + r,\ a + 2r,\ \ldots,\ a + nr,\ \ldots\,.$$

Für große n werden die Zahlen $a + nr$ in $\mathrm{II}(\alpha)$ fallen, und folglich existiert ein ganzzahliges positives k derart, daß $a + (k - 1)\,r$ zu $\mathrm{I}(\alpha)$ und $a + kr$ zu $\mathrm{II}(\alpha)$ gehört; das bedeutet:

Bemerkung. *Bei jedem Schnitt im Bereich der rationalen Zahlen gibt es in den verschiedenen Klassen Zahlen, die sich um eine beliebig vorgegebene positive Zahl r unterscheiden, wie klein diese auch sein mag.*

Wir gehen jetzt zur Definition der Addition über. Es seien α und β zwei reelle Zahlen. Ferner sei a eine beliebige Zahl aus $\mathrm{I}(\alpha)$, a' aus $\mathrm{II}(\alpha)$, b aus $\mathrm{I}(\beta)$ und b' aus $\mathrm{II}(\beta)$. Wir bilden nun alle möglichen Summen $a + b$ und $a' + b'$. In jedem Fall ist dann $a + b < a' + b'$. Bilden wir einen neuen Schnitt in der Menge der rationalen Zahlen, indem wir zur zweiten Klasse alle rationalen Zahlen, die größer als alle $a + b$ sind, und zur ersten Klasse alle übrigen rationalen Zahlen rechnen, so ist jede Zahl der ersten Klasse kleiner als jede Zahl der zweiten Klasse; alle Zahlen $a + b$ kommen in die erste und alle Zahlen $a' + b'$ in die zweite Klasse. Der neu gebildete Schnitt definiert eine reelle Zahl, die wir die Summe nennen und mit $\alpha + \beta$ bezeichnen. Diese Zahl ist nicht kleiner als alle $a + b$ und nicht größer als alle $a' + b'$. Berücksichtigen wir, daß sich die Zahlen a und a' und ebenso b und b' auf Grund der oben gemachten Bemerkung nur um eine beliebig kleine positive rationale Zahl zu unterscheiden brauchen, so ist leicht zu zeigen, daß nur eine einzige Zahl existieren kann, die den oben angegebenen Ungleichungen genügt. Man findet unmittelbar bestätigt, daß die Addition den üblichen für rationale Zahlen geltenden Gesetzen genügt:

$$\alpha + \beta = \beta + \alpha\,, \qquad (\alpha + \beta) + \gamma = \alpha + (\beta + \gamma)\,, \qquad \alpha + 0 = \alpha\,.$$

Um etwa $\beta + \alpha$ zu erhalten, müssen wir nur an Stelle der Summen $a + b$ und $a' + b'$ die Summen $b + a$ und $b' + a'$ bilden; aber diese Summen stimmen mit den früheren überein, da für rationale Zahlen das Kommutativgesetz der Addition gilt.

Es sei α eine gewisse reelle Zahl. Wir definieren die Zahl $-\alpha$ durch den folgenden Schnitt: In die erste Klasse bringen wir alle rationalen Zahlen von $\mathrm{II}(\alpha)$ mit entgegengesetztem Vorzeichen und in die zweite Klasse alle von $\mathrm{I}(\alpha)$ mit entgegengesetztem Vorzeichen. Auf diese Weise ergibt sich tatsächlich ein Schnitt in der Menge der rationalen Zahlen, und wir haben für die Zahl $-\alpha$, wie leicht zu zeigen ist,

$$-(-\alpha) = \alpha\,, \qquad \alpha + (-\alpha) = 0\,.$$

Man sieht ferner leicht, daß $-\alpha < 0$ gilt, wenn $\alpha > 0$ ist, und umgekehrt. Unter dem Absolutbetrag der von 0 verschiedenen Zahl α verstehen wir diejenige der beiden Zahlen α und $-\alpha$, die nicht negativ ist. So wie früher bezeichnen wir den Absolutbetrag der Zahl α mit $|\alpha|$.

Wir gehen jetzt zur Multiplikation über. Es seien α und β zwei positive reelle Zahlen, d. h. $\alpha > 0$ und $\beta > 0$. Ferner sei a eine beliebige *positive* Zahl aus $\mathrm{I}(\alpha)$, b eine beliebige *positive* Zahl aus $\mathrm{I}(\beta)$, a' und b' beliebige Zahlen aus $\mathrm{II}(\alpha)$ bzw. $\mathrm{II}(\beta)$ (diese sind sicher positiv). Wir bilden einen neuen Schnitt, indem wir zur zweiten Klasse alle rationalen Zahlen, die größer sind als alle Produkte ab, und zur ersten Klasse die übrigen rationalen Zahlen rechnen. Alle ab fallen in die erste Klasse, alle $a'b'$ in die zweite Klassse. Der neue Schnitt definiert eine gewisse reelle Zahl, die wir das Produkt nennen und mit $\alpha\beta$ bezeichnen. Diese Zahl ist nicht kleiner als alle ab und nicht größer als alle $a'b'$, und nur diese eine reelle Zahl genügt diesen Ungleichungen.

Wenn eine dieser beiden Zahlen α, β oder beide negativ sind, führen wir die Multiplikation auf den vorhergehenden Fall zurück, indem wir in die Definition der Multiplikation die gewöhnliche Vorzeichenregel einführen, d. h., wir setzen $\alpha\beta = \pm|\alpha|\cdot|\beta|$, wobei wir das Pluszeichen nehmen, wenn die Zahlen α und β beide kleiner als 0 sind, und das Minuszeichen, wenn eine der Zahlen größer als 0 und die andere kleiner als 0 ist.

Bei der Multiplikation mit 0 nehmen wir als Definition, daß $\alpha\cdot 0 = 0\cdot\alpha = 0$ ist. Es lassen sich unmittelbar die Grundgesetze der Multiplikation bestätigen:

$$\alpha\beta = \beta\alpha\,, \qquad (\alpha\beta)\,\gamma = \alpha(\beta\gamma)\,, \qquad \alpha(\beta + \gamma) = \alpha\beta + \alpha\gamma\,,$$

und das Produkt von mehreren Faktoren ist dann und nur dann gleich 0, wenn mindestens einer der Faktoren gleich 0 ist.

Die Subtraktion wird als Umkehrung der Addition definiert, d. h., $\alpha - \beta = x$ ist äquivalent zu $x + \beta = \alpha$. Fügen wir zu beiden Seiten dieser Gleichung $-\beta$ hinzu, so erhalten wir auf Grund der oben angegebenen Eigenschaften der Addition $x = \alpha + (-\beta)$, d. h., die Differenz muß gemäß dieser Formel bestimmt werden, und die Operation der Subtraktion wird auf eine Addition zurückgeführt. Es bleibt zu bestätigen, daß der für x erhaltene Ausdruck tatsächlich der Bedingung $x + \beta = \alpha$ genügt; dies folgt aber unmittelbar aus den Eigenschaften der Addition. Wir vermerken noch die Gültigkeit der allgemeinen Eigenschaft: Die Ungleichung $\alpha > \beta$ ist gleichbedeutend mit $\alpha - \beta > 0$. Bevor wir zur Division übergehen, definieren wir die Zahl, die zu einer gegebenen reziprok ist. Wenn a eine von 0 verschiedene rationale Zahl ist, nennen wir $\frac{1}{a}$ die dazu reziproke Zahl. Es sei α eine reelle von 0 verschiedene Zahl. Zunächst sei $\alpha > 0$ und a' eine beliebige Zahl aus $\mathrm{II}(\alpha)$ (sie ist rational und positiv). Wir definieren die zu α reziproke Zahl durch den folgenden Schnitt: Zur ersten Klasse rechnen wir alle negativen Zahlen, die Null und die Zahlen $\frac{1}{a'}$ und zur zweiten Klasse die übrigen Zahlen. Eine gewisse positive Zahl c gehöre zur ersten Klasse des neuen Schnittes. Das bedeutet $c_1 = \frac{1}{a_1'}$ wobei a_1' aus $\mathrm{II}(\alpha)$ ist. Nehmen wir eine beliebige positive rationale Zahl $c_2 < c_1$, so läßt sie sich in der Form $c_2 = \frac{1}{a_2'}$ darstellen, wobei a_2' rational und $a_2' > a_1'$ ist, d. h., a_2' gehört ebenfalls zu $\mathrm{II}(\alpha)$. Anders ausgedrückt: Wenn eine gewisse positive Zahl der ersten Klasse des neuen Schnittes angehört, gehört auch jede kleinere positive Zahl dieser ersten Klasse an. Dorthin gehören nach Voraussetzung auch alle negativen Zahlen und die Null. Hieraus ist ersichtlich, daß der Schnitt, der die zu α reziproke Zahl definiert, von uns eingeführt wurde unter Beachtung der Grundbedingung, daß jede Zahl der zweiten Klasse größer sein muß als jede Zahl der ersten Klasse. Diese zu α reziproke Zahl bezeichnen wir mit $\frac{1}{\alpha}$.

Wenn $\alpha < 0$ ist, definieren wir die reziproke Zahl durch

$$\frac{1}{\alpha} = -\frac{1}{|\alpha|}.$$

Benutzen wir die Definition der Multiplikation, so erhalten wir

$$\alpha \cdot \frac{1}{\alpha} = 1.$$

Wir gehen jetzt zur Division über. Diese ist die Umkehrung der Multiplikation, d. h., $\alpha:\beta = x$ ist gleichbedeutend mit $x\beta = \alpha$, und wie bei der Subtraktion ist leicht zu zeigen, daß sich, wenn $\beta \neq 0$ ist, ein einziger Quotient ergibt: $x = \alpha \cdot \frac{1}{\beta}$. Und somit ist die Division auf eine Multiplikation zurückgeführt. Die Division durch 0 ist unmöglich.

Das Potenzieren mit einem ganzzahligen positiven Exponenten kommt auf ein Multiplizieren heraus. Das Radizieren wird definiert als Umkehrung des Potenzierens. Es sei α eine reelle positive Zahl und n eine gewisse ganze Zahl größer als 1. Wir führen nun den folgenden Schnitt in der Menge der rationalen Zahlen aus: Zur ersten Klasse rechnen wir alle negativen Zahlen, die Null und alle positiven Zahlen, deren n-te Potenz kleiner als α ist, und zur zweiten Klasse die übrigen Zahlen. Benutzt man die Definition der Multiplikation, so ist leicht zu zeigen, daß die positive Zahl β, die durch diesen Schnitt definiert wird, der Bedingung $\beta^n = \alpha$ genügt, d. h., β ist der positive Wert der Wurzel $\sqrt[n]{\alpha}$. Wenn n gerade ist, wird $-\beta$ ein zweiter Wert. Analog wird die Wurzel mit ungeraden Exponenten durch eine reelle negative Zahl definiert (eine Lösung). Über die Potenz werden wir später eingehender sprechen. Wir vermerken noch das folgende wichtige Resultat: *Sind die Grundgesetze der Rechenoperationen gültig, so gelten damit auch alle Regeln und Identitäten der Algebra, wenn man unter den Buchstaben reelle Zahlen versteht.*

42. Obere und untere Grenze einer Zahlenmenge. Kriterien für die Existenz eines Grenzwertes. Wir werden jetzt den von uns in [**39**] formulierten Satz von der Existenz der oberen und der unteren Grenze einer Menge reeller Zahlen beweisen.

Satz. *Wenn die Menge E reeller Zahlen nach oben beschränkt ist, hat sie eine obere Grenze, und wenn E nach unten beschränkt ist, hat sie eine untere Grenze.*

Wir beschränken uns auf den Beweis des ersten Teiles. Voraussetzungsgemäß sind alle Zahlen von E kleiner als eine gewisse Zahl M. Wir führen nun einen Schnitt in der Menge der reellen Zahlen aus: Zur zweiten Klasse rechnen wir alle Zahlen, die größer sind als alle Zahlen aus E, und zur ersten die übrigen reellen Zahlen. In die zweite Klasse fallen z. B. alle Zahlen $M + p$ mit $p \geqq 0$, und in die erste Klasse fallen alle Zahlen aus E. Es sei β die reelle Zahl, die durch den ausgeführten Schnitt definiert wird. Nach dem Hauptsatz [**40**] ist sie die größte in der ersten oder die kleinste in der zweiten Klasse.

Wir werden zeigen, daß β genau die obere Grenze von E ist. Erstens gibt es in E keine Zahlen, die größer als β sind, weil alle Zahlen von E in die erste Klasse fallen. Ferner existieren sicher Zahlen aus E, die größer sind als $\beta - \varepsilon$ bei beliebigem $\varepsilon > 0$, da sonst, wenn es eine solche Zahl nicht gäbe, die Zahl $\beta - \frac{\varepsilon}{2}$ größer wäre als alle Zahlen von E und in die zweite Klasse fallen müßte; in Wirklichkeit aber ist sie kleiner als β und liegt in der ersten Klasse. Der Satz ist damit bewiesen. Offensichtlich ist die Zahl β, wenn sie zu E gehört, die größte Zahl von E.

Wir werden jetzt die Existenz des Grenzwertes einer monotonen beschränkten Veränderlichen beweisen [**30**]. Es möge also die Veränderliche x ständig zunehmen oder zumindest nicht abnehmen, d. h., jeder ihrer Werte sei nicht kleiner als jeder vorhergehende. Außerdem sei x beschränkt, d. h., es existiere eine Zahl M derart, daß alle Werte von x kleiner als M sind. Betrachten wir die Menge aller Werte von x, so existiert gemäß dem bewiesenen Satz für diese Menge die obere Grenze β. Wir werden zeigen, daß β dann auch der Grenzwert von x ist. Es sei ε eine beliebige positive Zahl. Gemäß der Definition der oberen Grenze läßt sich ein Wert x finden, der größer als $\beta - \varepsilon$ ist. Dann werden auf Grund der Monotonie alle folgenden Werte x größer als $\beta - \varepsilon$, aber andererseits können sie nicht größer sein als β, und auf Grund der willkürlichen Wahl von ε sehen wir, daß $\beta = \lim x$ ist. Entsprechend läßt sich auch der Fall der abnehmenden Veränderlichen behandeln.

Bevor wir zum Beweis des Cauchyschen Kriteriums [**31**] übergehen, beweisen wir einen Satz, den wir benutzen werden.

Satz. *Gegeben sei eine Folge endlicher Intervalle*

$$(a_1, b_1), (a_2, b_2), \ldots, (a_n, b_n), \ldots,$$

wobei jedes folgende Intervall im vorhergehenden enthalten ist, d. h. $a_{n+1} \geqq a_n$ und $b_{n+1} \leqq b_n$, und es möge die Länge dieser Intervalle gegen 0 streben, d. h. $b_n - a_n \to 0$. Dann streben die Endpunkte a_n und b_n der Intervalle bei wachsendem n gegen einen gemeinsamen Grenzwert.[1])

Gemäß der Voraussetzung dieses Satzes haben wir $a_1 \leqq a_2 \leqq \cdots$ und außerdem $a_n < b_1$ für beliebiges n. Somit ist die Folge $a_1, a_2, \ldots$ monoton und beschränkt und hat daher einen Grenzwert: $a_n \to a$. Aus der Bedingung $b_n - a_n \to 0$ ergibt sich $b_n = a_n + \varepsilon_n$, wobei $\varepsilon_n \to 0$ gilt, und folglich hat auch b_n einen Grenzwert, der ebenfalls gleich a ist.

Wir gehen jetzt zum Beweis des Cauchyschen Kriteriums über und beschränken uns auf den Fall einer Veränderlichen, deren Werte sich numerieren lassen:

$$x_1, x_2, \ldots, x_n, \ldots. \tag{27}$$

Es muß gezeigt werden, daß die notwendige und hinreichende Bedingung für die Existenz des Grenzwertes von (27) in folgendem besteht: Zu jedem beliebig vorgegebenen positiven ε gibt es einen Index N derart, daß

$$|x_m - x_n| < \varepsilon \quad \text{für} \quad m > N \quad \text{und} \quad n > N \tag{28}$$

ist. Wir zeigen, daß diese Bedingung hinreichend ist, d. h., daß dann, wenn diese Bedingung erfüllt ist, die Folge (27) einen Grenzwert besitzt. Aus unseren früheren Überlegungen [**31**] folgt, daß sich, wenn (28) erfüllt ist, eine Folge von Intervallen

$$(a_1, b_1), (a_2, b_2), \ldots, (a_k, b_k), \ldots$$

mit den nachstehenden Eigenschaften konstruieren läßt: Jedes nachfolgende Intervall ist in dem vorhergehenden enthalten, die Längen $b_k - a_k$ streben gegen 0, und jedem Intervall (a_k, b_k) entspricht eine ganze positive Zahl N_k derart, daß alle x_s für $s > N_k$ zu (a_k, b_k) gehören. Diese Intervalle (a_k, b_k) sind die Strecken $\overline{A_k'A_k}$ aus [**31**]. Nach dem oben bewiesenen Satz existiert der gemeinsame Grenzwert

$$\lim_{k\to\infty} a_k = \lim_{k\to\infty} b_k = a. \tag{29}$$

Wir werden zeigen, daß a genau der Grenzwert der Folge (27) ist. Es sei eine positive Zahl ε vorgegeben. Auf Grund von (29) existiert ein ganzzahliges positives l derart, daß das Intervall (a_l, b_l) und alle folgenden innerhalb des Intervalls $(a - \varepsilon, a + \varepsilon)$ liegen. Hieraus folgt, daß auch alle Zahlen x_s für $s > N_l$ diesem Intervall angehören, d. h., es ist $|a - x_s| < \varepsilon$ für $s > N_l$. In Anbetracht der willkürlichen Wahl von ε sehen wir, daß a der Grenzwert der Folge (27) ist, und damit ist bewiesen, daß die Bedingung (28) hinreichend ist.

Die Notwendigkeit dieser Bedingung wurde von uns schon früher [**31**] bewiesen. Der Beweis bleibt auch gültig für eine nichtnumerierte Veränderliche.

43. Die Eigenschaften der stetigen Funktionen. Zum Beweis der früher [**35**] formulierten Eigenschaften der stetigen Funktionen beginnen wir mit dem Beweis eines Hilfssatzes.

Satz I. *Ist die Funktion $f(x)$ auf dem abgeschlossenen Intervall (a, b) stetig und ist eine positive Zahl ε vorgegeben, so läßt sich dieses Intervall in der Weise in endlich viele neue Intervalle zerlegen, daß $|f(x_2) - f(x_1)| < \varepsilon$ ist, sobald x_1 und x_2 ein und demselben neuen Intervall angehören.*

---

[1]) Prinzip der *Intervallschachtelung* (Anm. d. Übers.).

Wir führen den Beweis indirekt. Wir nehmen an, daß der Satz nicht richtig sei, und werden dann zu einem Widerspruch gelangen. Es sei also unmöglich, (a, b) in der angegebenen Weise in Teilintervalle zu zerlegen. Wir teilen unser Intervall durch den Mittelpunkt in die zwei Intervalle $\left(a, \frac{a+b}{2}\right)$ und $\left(\frac{a+b}{2}, b\right)$. Wenn der Satz für jedes dieser beiden Intervalle richtig wäre, dann wäre er offenbar auch für das ganze Intervall (a, b) richtig. Wir müssen daher annehmen, daß sich mindestens eins der beiden erhaltenen Intervalle nicht in der in dem Satz angegebenen Weise zerlegen läßt. Wir wählen eine Hälfte des Intervalls, für die der Satz nicht erfüllt ist, und teilen diese wiederum in zwei gleiche Teile. So wie eben ist zumindest für eine der neuen Hälften der Satz nicht erfüllt. Wir nehmen diese Hälfte und halbieren sie wiederum usw. Auf diese Weise erhalten wir die Folge von Intervallen

$$(a, b), (a_1, b_1), (a_2, b_2), \ldots, (a_n, b_n), \ldots,$$

von denen jedes folgende die Hälfte des vorhergehenden ist, so daß die Länge $b_n - a_n = \frac{b-a}{2^n}$ mit zunehmendem n gegen 0 strebt. Außerdem ist für jedes Intervall (a_n, b_n) der Satz nicht erfüllt, d. h., man kann kein (a_n, b_n) in neue Intervalle so zerlegen, daß $|f(x_2) - f(x_1)| < \varepsilon$ wird, sobald x_1 und x_2 zu ein und demselben neuen Intervall gehören. Wir zeigen, daß dies ein Widerspruch ist.

Nach dem Satz aus **[42]** haben a_n und b_n den gemeinsamen Grenzwert

$$\lim a_n = \lim b_n = \alpha, \tag{30}$$

wobei wegen der Abgeschlossenheit von (a, b) dieser Grenzwert sowie alle Zahlen a_n und b_n diesem Intervall angehören. Wir nehmen zunächst an, daß α im Innern von (a, b) liegt. Nach Voraussetzung ist $f(x)$ in $x = \alpha$ stetig, und folglich **[34]** existiert zu dem im Satz vorgegebenen ε ein η derart, daß für alle x aus dem Intervall $(\alpha - \eta, \alpha + \eta)$ die Ungleichung

$$|f(\alpha) - f(x)| < \frac{\varepsilon}{2} \tag{31}$$

erfüllt ist. Wenn x_1 und x_2 zwei beliebige Werte aus dem Intervall $(\alpha - \eta, \alpha + \eta)$ sind, haben wir $f(x_2) - f(x_1) = f(x_2) - f(\alpha) + f(\alpha) - f(x_1)$, und daraus folgt

$$|f(x_2) - f(x_1)| \leqq |f(x_2) - f(\alpha)| + |f(\alpha) - f(x_1)|,$$

d. h., auf Grund von (31) ist $|f(x_2) - f(x_1)| < \frac{\varepsilon}{2} + \frac{\varepsilon}{2}$, also

$$|f(x_2) - f(x_1)| < \varepsilon \tag{32}$$

für beliebige x_1 und x_2 aus dem Intervall $(\alpha - \eta, \alpha + \eta)$. Aber wegen (30) existiert ein dem Intervall $(\alpha - \eta, \alpha + \eta)$ angehörendes Intervall (a_l, b_l). Daher ist die Ungleichung (32) erst recht für beliebige x_1 und x_2 aus (a_l, b_l) erfüllt, d. h., für (a_l, b_l) ist der Satz sogar ohne jegliche Intervallunterteilung gültig. Dem widerspricht, daß, wie wir oben gesehen hatten, für jedes Intervall (a_n, b_n) der Satz nicht erfüllt ist. Daher ist der Satz bewiesen, wenn α im Innern des Intervalls (a, b) liegt. Wenn α etwa mit dem linken Endpunkt des Intervalls zusammenfällt, d. h. $\alpha = a$ ist, bleibt der Beweis derselbe, jedoch muß man an Stelle des Intervalls $(\alpha - \eta, \alpha + \eta)$ das Intervall $(\alpha, \alpha + \eta)$ nehmen.

Wir gehen jetzt zum Beweis der dritten Eigenschaft aus **[35]** über.

Satz II. *Wenn die Funktion $f(x)$ im abgeschlossenen Intervall (a, b) stetig ist, dann ist sie in diesem Intervall gleichmäßig stetig, d. h., zu einem beliebig vorgegebenen positiven ε existiert ein positives η derart, daß $|f(x'') - f(x')| < \varepsilon$ ist für alle Werte x' und x'' aus (a, b), die der Ungleichung $|x'' - x'| < \eta$ genügen.*

Auf Grund des Satzes I können wir (a, b) in endlich viele neue Intervalle so unterteilen, daß $|f(x_2) - f(x_1)| < \frac{\varepsilon}{2}$ ist, sobald x_1 und x_2 ein und demselben neuen Intervall angehören. Es sei η die Länge des kürzesten der neuen Intervalle. Wir werden zeigen, daß genau für diese

Zahl η unser Satz erfüllt ist. Sind nämlich x' und x'' zwei Werte aus (a, b), die die Ungleichung $|x'' - x'| < \eta$ erfüllen, so gehören x' und x'' entweder ein und demselben neuen Intervall an, oder sie befinden sich in zwei aneinanderstoßenden Intervallen. Im ersten Fall haben wir gemäß der Konstruktion der neuen Intervalle $|f(x'') - f(x')| < \frac{\varepsilon}{2}$ und daher erst recht auch $|f(x'') - f(x')| < \varepsilon$. Im zweiten Fall bezeichnen wir mit γ den Punkt, in dem sich jene zwei nebeneinanderliegenden Intervalle, zu denen x' und x'' gehören, berühren. Dann können wir $f(x'') - f(x') = f(x'') - f(\gamma) + f(\gamma) - f(x')$ schreiben, also

$$|f(x'') - f(x')| \leqq |f(x'') - f(\gamma)| + |f(\gamma) - f(x')| \,. \tag{33}$$

Es ist aber

$$|f(x'') - f(\gamma)| < \frac{\varepsilon}{2} \quad \text{und} \quad |f(\gamma) - f(x')| < \frac{\varepsilon}{2}, \tag{34}$$

da die Punkte x'' und γ ebenso wie γ und x' in ein und demselben neuen Intervall liegen. Die Ungleichungen (33) und (34) liefern $|f(x'') - f(x')| < \varepsilon$, und damit ist der Satz bewiesen.

Folgerung. Der Satz I führt uns auch zu der nachstehenden Folgerung: *Eine im abgeschlossenen Intervall (a, b) stetige Funktion ist nach oben und unten beschränkt, d. h., sie ist in diesem Intervall beschränkt.* Mit anderen Worten, es existiert eine Zahl M derart, daß für alle Werte x aus (a, b) die Ungleichung $|f(x)| < M$ erfüllt ist. Wir wählen ein bestimmtes $\varepsilon_0 > 0$, und es sei n_0 die Zahl derjenigen neuen Intervalle, in die wir (a, b) zerlegen müssen, damit Satz I für den gewählten Wert $\varepsilon = \varepsilon_0$ erfüllt wird. Für zwei beliebige Punkte, die ein und demselben neuen Intervall angehören, haben wir $|f(x_2) - f(x_1)| < \varepsilon_0$. Hieraus folgt unmittelbar, daß für beliebige x aus dem Intervall (a, b) die Ungleichung $|f(x) - f(a)| < n_0\varepsilon_0$ gilt, d. h., alle Werte von $f(x)$ liegen zwischen $f(a) - n_0\varepsilon_0$ und $f(a) + n_0\varepsilon_0$.

Da die Menge aller Werte von $f(x)$ im Intervall (a, b) nach oben und nach unten beschränkt ist, hat sie eine obere und eine untere Grenze [**42**]. Wir bezeichnen die erste mit β, die zweite mit α. Es soll jetzt die erste Eigenschaft aus [**35**] bewiesen werden.

Satz III. *Eine im abgeschlossenen Intervall (a, b) stetige Funktion nimmt in diesem Intervall ihren größten und ihren kleinsten Wert an.*

Wir haben zu beweisen, daß im Intervall (a, b) ein Wert x existiert, für den $f(x) = \beta$, und ein solcher, für den $f(x) = \alpha$ ist. Wir beschränken uns auf den Beweis der ersten Behauptung und führen ihn indirekt. Es sei $f(x)$ für keinen Wert x aus (a, b) gleich β (und folglich immer kleiner als β). Wir bilden die neue Funktion

$$\varphi(x) = \frac{1}{\beta - f(x)} \,.$$

Da der Nenner nicht 0 wird ist die neue Funktion im Intervall (a, b) stetig [**34**]. Andererseits folgt aus der Definition der oberen Grenze, daß bei einem beliebigen $\varepsilon > 0$ für $a \leqq x \leqq b$ Werte von $f(x)$ existieren, die zwischen den Werten $\beta - \varepsilon$ und β liegen. Dabei ist $0 < \beta - f(x) < \varepsilon$ und $\varphi(x) > \frac{1}{\varepsilon}$. Da man ε beliebig klein wählen kann, ist die im Intervall (a, b) stetige Funktion $\varphi(x)$ nicht nach oben beschränkt, was der oben angegebenen Folgerung des Satzes I widerspricht.

Wir beweisen schließlich die zweite Eigenschaft aus [**35**]. Es sei $f(x)$ stetig in (a, b) und k eine gewisse zwischen $f(a)$ und $f(b)$ liegende Zahl. Wir nehmen den Fall an, daß $f(a) < k < f(b)$ ist, und bilden die neue Funktion

$$F(x) = f(x) - k \,,$$

die im Intervall (a, b) stetig ist. Ihre Werte in den Endpunkten des Intervalls sind

$$F(a) = f(a) - k < 0 \,, \qquad F(b) = f(b) - k > 0 \,,$$

d. h., die Werte von $F(x)$ haben in den Endpunkten des Intervalls verschiedene Vorzeichen. Wenn wir zeigen können, daß es im Innern von (a, b) einen solchen Wert x_0 gibt, für den $F(x_0) = 0$ ist, wird dabei $f(x_0) - k = 0$, d. h. $f(x_0) = k$, und die zweite Eigenschaft ist bewiesen. Es genügt also, den folgenden Satz zu beweisen:

Satz IV. *Ist die Funktion $f(x)$ im abgeschlossenen Intervall (a, b) stetig und haben $f(a)$ und $f(b)$ verschiedene Vorzeichen, so existiert im Innern des Intervalls mindestens ein solcher Wert x_0, für den $f(x_0) = 0$ ist.*

Wir beweisen ihn so wie Satz III indirekt: Die Funktion $f(x)$ möge in dem Intervall (a, b) nirgends 0 werden. Dann ist die neue Funktion

$$\varphi(x) = \frac{1}{f(x)} \tag{35}$$

im Intervall (a, b) stetig [**34**]. Es sei irgendein $\varepsilon > 0$ vorgegeben. Auf Grund des Satzes I können wir im Innern des Intervalls (a, b) endlich viele Punkte so verteilen, daß wir nach Hinzunahme der Endpunkte des Intervalls für die Differenz der Werte von $f(x)$ in zwei beliebigen benachbarten der verteilten Punkte einen Absolutbetrag kleiner als ε erhalten. Weil $f(a)$ und $f(b)$ verschiedene Vorzeichen haben, können wir behaupten, daß sich zwei solche benachbarte der oben erwähnten Punkte, etwa ξ_1 und ξ_2, finden lassen, in denen $f(x)$ verschiedene Vorzeichen hat. Also sind einerseits $f(\xi_1)$ und $f(\xi_2)$ von verschiedenen Vorzeichen, und andererseits ist $|f(\xi_2) - f(\xi_1)| < \varepsilon$. Wenn bei zwei reellen Zahlen mit verschiedenen Vorzeichen der Absolutbetrag der Differenz kleiner als ε ist, gilt dies auch für jede dieser Zahlen, d. h. etwa $|f(\xi_1)| < \varepsilon$. Dann ist wegen (35) $|\varphi(\xi_1)| > \frac{1}{\varepsilon}$, und da ε beliebig klein gewählt werden kann, ist die im Intervall (a, b) stetige Funktion $\varphi(x)$ dort unbeschränkt, was der Folgerung von Satz II widerspricht. Damit ist der Satz bewiesen.

44. Die Stetigkeit der elementaren Funktionen. Wir zeigten früher die Stetigkeit eines Polynoms und einer rationalen Funktion [**34**]. Wir werden jetzt die Exponentialfunktion

$$y = a^x \tag{36}$$

betrachten, wobei wir $a > 1$ annehmen. Diese Funktion ist für alle rationalen positiven x-Werte vollständig definiert. Für negative x wird sie durch

$$a^x = \frac{1}{a^{-x}} \tag{37}$$

definiert, und außerdem sei $a_0 = 1$. Auf diese Weise ist sie für alle rationalen x definiert. Aus der Algebra sind auch die für die Multiplikation bzw. Division geltenden Regeln der Addition und Subtraktion der Exponenten bekannt.

Wenn x eine positive rationale Zahl $\frac{p}{q}$ ist, gilt

$$a^x = \sqrt[q]{a^p}\,,$$

wobei die Wurzel absolut zu nehmen ist. Offenbar ist $a^p > 1$, und aus der Definition der Wurzel ergibt sich, daß für $x > 0$ auch $a^x > 1$ ist (es sind die Definitionen aus [**41**] anzuwenden). Aus (37) ergibt sich $0 < a^x < 1$ für $x < 0$. Wir werden jetzt zeigen, daß $a^{x_2} > a^{x_1}$ ist für $x_2 > x_1$, d. h., daß a^x eine zunehmende Funktion ist. In der Tat gilt

$$a^{x_2} - a^{x_1} = a^{x_1}(a^{x_2 - x_1} - 1)\,,$$

wobei $x_2 - x_1 > 0$ ist, und folglich sind beide Faktoren rechts positiv. Wir zeigen noch, daß $a^x \to 1$ gilt, wenn x gegen 0 strebt und dabei rationale Werte annimmt. Wir setzen zunächst voraus, daß x gegen 0 strebt, indem es kleiner werdend von rechts her alle rationalen Werte durchläuft. Dabei nimmt a^x ab, bleibt aber größer als 1, hat also einen Grenzwert, den wir mit l bezeichnen. Wir bemerken ferner, daß bei der oben erwähnten Änderung von x auch die

Veränderliche $2x$ von rechts über alle rationalen Werte gegen 0 strebt. Wir haben offenbar

$$a^{2x} = (a^x)^2 ,$$

und zum Grenzwert übergehend erhalten wir

$$l = l^2 \quad \text{oder} \quad l(l - 1) = 0 ,$$

d. h. $l = 1$ oder $l = 0$. Die zweite Möglichkeit entfällt wegen $a^x > 1$. Also gilt $a^x \to 1$, wenn $x \to 0$ (von rechts). Aus (37) folgt, daß sich auch derselbe Grenzwert für $x \to 0$ (von links) ergibt. Daher gilt allgemein $a^x \to 1$, wenn x über rationale Werte gegen 0 strebt. Hieraus ergibt sich unmittelbar $a^x \to a^b$, wenn x, rationale Werte annehmend, gegen den rationalen Grenzwert b strebt. In der Tat ist

$$a^x - a^b = a^b(a^{x-b} - 1) .$$

Die Differenz $x - b$ strebt gegen 0 und $a^{x-b} - 1$ nach dem Bewiesenen ebenfalls.

Wir definieren jetzt die Funktion (36) für irrationale x. Es sei α eine irrationale Zahl und $\mathrm{I}(\alpha)$ bzw. $\mathrm{II}(\alpha)$ die erste bzw. zweite Klasse in dem Schnitt in der Menge der rationalen Zahlen, der α definiert. Wir nehmen an, daß $x \to \alpha$, indem es zunehmend alle rationalen Zahlen aus $\mathrm{I}(\alpha)$ durchläuft. Die Veränderliche a^x nimmt zu, bleibt aber beschränkt, und zwar ist $a^x < a^{x''}$, wobei x'' eine beliebige Zahl aus $\mathrm{II}(\alpha)$ ist. Somit hat a^x bei der angegebenen Änderung der Veränderlichen x einen Grenzwert, den wir einstweilen mit L bezeichnen. Ebenso hat a^x auch einen Grenzwert, wenn x gegen α strebt und dabei alle rationalen Zahlen aus $\mathrm{II}(\alpha)$ durchlaufend annimmt. Wir werden zeigen, daß dieser Grenzwert ebenfalls gleich L ist. Es gehört x' zur Klasse $\mathrm{I}(\alpha)$ und x'' zur Klasse $\mathrm{II}(\alpha)$. Dann ist

$$a^{x''} - a^{x'} = a^{x'}(a^{x''-x'} - 1) < L(a^{x''-x'} - 1) ,$$

d. h.

$$0 < a^{x''} - a^{x'} < L(a^{x''-x'} - 1) .$$

Für x' und x'' in hinreichender Nähe von α kommt die Differenz $x'' - x'$ der 0 beliebig nahe, und wegen der hingeschriebenen Ungleichung läßt sich dasselbe auch von der Differenz $a^{x''} - a^{x'}$ sagen, woraus unsere Behauptung von der Übereinstimmung der Grenzwerte folgt. Wir setzen definitionsgemäß a^α gleich dem erwähnten Grenzwert L, d. h., *a^α ist der Grenzwert, dem a^x zustrebt, wenn (über rationale Werte) $x \to \alpha$.* Jetzt ist die Funktion (36) für alle reellen x definiert. Auf Grund des oben Gesagten ist leicht zu beweisen, daß a^x eine zunehmende Funktion ist, d. h. $a^{x_2} < a^{x_1}$, wenn x_1 und x_2 beliebige *reelle* Zahlen sind, die der Ungleichung $x_2 > x_1$ genügen. Beim Beweis muß man die Fälle gesondert betrachten, daß x_1 und x_2 beide irrational sind oder eins von ihnen rational ist. Es bleibt noch zu beweisen, daß die Funktion für jedes reelle x stetig ist. Zuerst muß man zeigen, daß $a^x \to 1$ für $x \to 0$, wobei alle reellen x-Werte als zulässig angesehen werden. Das ist für rationale x-Werte richtig und läßt sich leicht für reelle x-Werte zeigen, wenn man beachtet, daß a^x eine zunehmende Funktion ist. Weiter können wir wie oben bei Benutzung der Beziehung

$$a^x - a^\alpha = a^\alpha(a^{x-\alpha} - 1)$$

zeigen, daß $a^x \to a^\alpha$ für $x \to \alpha$ gilt, was die Stetigkeit von a^x für beliebiges reelles x beweist.

Man zeigt leicht, daß alle Fundamentaleigenschaften der Exponentialfunktion bei beliebigem reellem Exponenten gültig bleiben. Es seien etwa α und β zwei beliebige irrationale Zahlen, und es gelte $x \to \alpha$ und $y \to \beta$, wobei die Veränderlichen x und y sich gleichzeitig ändernd rationale Werte annehmen. Für rationale Exponenten gilt bekanntlich

$$a^x a^y = a^{x+y} .$$

Zum Grenzwert übergehend, erhalten wir unter Benutzung der bewiesenen Stetigkeit der Exponentialfunktion dieselbe Eigenschaft für irrationale Exponenten:

$$a^\alpha a^\beta = a^{\alpha+\beta} .$$

Wir beweisen jetzt noch die Regel für das Potenzieren einer Potenz:

$$(a^\alpha)^\beta = a^{\alpha\beta} .$$

Wenn $\beta = n$ eine ganze positive Zahl ist, ergibt sich diese Beziehung unmittelbar aus der Regel für die Addition der Exponenten bei Multiplikation der Potenzen. Ist $\beta = \frac{p}{q}$ eine rationale positive Zahl, so gilt

$$(a^\alpha)^{\frac{p}{q}} = \sqrt[q]{(a^\alpha)^p} = \sqrt[q]{a^{\alpha p}} = a^{\alpha \frac{p}{q}}.$$

Für rationale negative Zahlen folgt die angegebene Regel unmittelbar aus (37). Wir nehmen jetzt an, daß β irrational ist und die rationalen Zahlen r gegen β streben. Gemäß dem oben Beweisenen gilt

$$(a^\alpha)^r = a^{\alpha r}.$$

Zum Grenzwert übergehend und die Stetigkeit der Exponentialfunktion benutzend, wobei wir links a^α als Basis ansehen, erhalten wir $(a^\alpha)^\beta = a^{\alpha\beta}$.

Bevor wir den Logarithmus betrachten, machen wir einige Bemerkungen zu den inversen Funktionen, über die wir schon kurz in der Einleitung gesprochen hatten [**20**]. Wenn $y = f(x)$ im Intervall (a, b) eine zunehmende stetige Funktion ist und dabei $f(a) = A$ und $f(b) = B$ gilt, wird auf Grund der zweiten Eigenschaft der stetigen Funktionen, wenn x von a bis b alle reellen Werte durchlaufend zunimmt, $f(x)$ von A bis B zunehmen und dabei alle Zwischenwerte durchlaufen. Somit wird jedem Wert y aus dem Intervall (A, B) ein bestimmtes x aus (a, b) zugeordnet, und die inverse Funktion $x = \varphi(y)$ ist eindeutig und zunehmend. Wenn sich $x = x_0$ im Innern von (a, b) befindet, $y_0 = f(x_0)$ ist und x das Intervall $(x_0 - \varepsilon, x_0 + \varepsilon)$ durchläuft, das mit ε klein wird, durchläuft y ein kleines Intervall $(y_0 - \eta_1, y_0 + \eta_2)$. Bezeichnen wir mit δ die kleinere der beiden positiven Zahlen η_1 und η_2, so können wir behaupten: Gehört y dem Intervall $(y_0 - \delta, y_0 + \delta)$ an, das nur einen Teil von $(y_0 - \eta_1, y_0 + \eta_2)$ bildet, so gehören die entsprechenden x-Werte erst recht zu dem Intervall $(x_0 - \varepsilon, x_0 + \varepsilon)$, d. h., es wird $|\varphi(y) - \varphi(y_0)| < \varepsilon$, sobald $|y - y_0| < \delta$ ist. In Anbetracht der willkürlichen Wahl von ε liefert uns das die Stetigkeit der Funktion $x = \varphi(y)$ im Punkt $y = y_0$. Wenn x_0 etwa mit dem Endpunkt a zusammenfällt, muß in den vorstehenden Überlegungen an Stelle von $(x_0 - \varepsilon, x_0 + \varepsilon)$ das Intervall $(x_0, x_0 + \varepsilon)$ genommen werden. Analog läßt sich der Fall der abnehmenden stetigen Funktionen $f(x)$ behandeln.

Wir kehren jetzt zur Funktion (36) zurück. Wenn $a > 1$ ist, wird $a = 1 + b$ mit $b > 0$, und der binomische Satz ergibt bei ganzzahligem positivem $n > 1$

$$a^n = (1 + b)^n > 1 + nb,$$

woraus ersichtlich wird, daß a^x für unbeschränkt zunehmendes x unbeschränkt wächst. Ferner folgt aus (37), daß $a^x \to 0$ gilt für $x \to -\infty$. Beachten wir das oben für die inversen Funktionen Gesagte, so können wir behaupten, daß die zu (36) inverse Funktion

$$x = {}^a\!\log y \tag{38}$$

für $y > 0$ eine eindeutige zunehmende stetige Funktion ist. Dieselben Resultate ergeben sich auch für den Fall $0 < a < 1$, jedoch werden in diesem Fall die Funktionen (36) und (38) abnehmend.

Wir führen jetzt den Begriff der *mittelbaren* (auch *zusammengesetzten*) *Funktion* ein. Es sei $y = f(x)$ eine im Intervall $a \leqq x \leqq b$ stetige Funktion, deren Werte dem Intervall (c, d) angehören. Es sei ferner $z = F(y)$ eine im Intervall $c \leqq y \leqq d$ stetige Funktion. Indem wir unter y die oben angegebene Funktion von x verstehen, erhalten wir die mittelbare Funktion von x,

$$z = F(y) = F[f(x)].$$

Man sagt, daß diese Funktion mittels y von x abhängt. Sie ist im Intervall $a \leqq x \leqq b$ definiert. Es ist leicht einzusehen, daß sie in diesem Intervall auch stetig ist. Einem unendlich kleinen Zuwachs von x entspricht nämlich auf Grund der Stetigkeit von $f(x)$ ein unendlich kleiner Zuwachs von y, und einem unendlich kleinen Zuwachs von y entspricht auf Grund der Stetigkeit von $F(y)$ ein unendlich kleiner Zuwachs von z.

Wir betrachten jetzt die Potenz

$$z = x^b \tag{39}$$

mit beliebigem reellem Exponenten b, wobei wir die Veränderliche x als positiv ansehen. Aus den Überlegungen im Zusammenhang mit der Exponentialfunktion folgt unmittelbar, daß die Funktion (39) einen bestimmten Wert für jedes $x > 0$ hat. Benutzen wir die Definition des Logarithmus und verwenden natürliche Logarithmen, so können wir an Stelle von (39)

$$z = e^{b \log x}$$

schreiben. Indem wir $y = b \log x$ und $z = e^y$ setzen, können wir diese Funktion als mittelbare Funktion von x betrachten, und die Stetigkeit der Exponentialfunktion sowie des Logarithmus beweist uns die Stetigkeit der Funktion (39) für jedes $x > 0$.

Wir haben in [**34**] die Stetigkeit der Funktion $\sin x$ für alle x bewiesen. Entsprechend läßt sich die Stetigkeit der Funktion $\cos x$ für alle x beweisen. Aus

$$\tan x = \frac{\sin x}{\cos x}, \qquad \cot x = \frac{\cos x}{\sin x}$$

folgt nach [**34**] unmittelbar die Stetigkeit von $\tan x$ und $\cot x$ für alle x mit Ausnahme derjenigen, für welche der Nenner gleich 0 wird.

Die Funktion $y = \sin x$ ist eine im Intervall $\left(-\frac{\pi}{2}, \frac{\pi}{2}\right)$ stetige zunehmende Funktion. Benutzen wir das oben über die inversen Funktionen Gesagte, so können wir behaupten, daß der Hauptwert der Funktion $x = \arcsin y$ [**24**] eine stetige zunehmende Funktion im Intervall $-1 \leqq y \leqq 1$ wird. Analog läßt sich die Stetigkeit der übrigen inversen Kreisfunktionen beweisen.

II. Der Begriff der Ableitung und seine Anwendungen

§ 3. Die Ableitung und das Differential erster Ordnung

45. Der Begriff der Ableitung. Wir betrachten einen auf einer Geraden sich bewegenden Punkt. Der durchlaufene Weg s, von einem bestimmten Punkt der Geraden aus gerechnet, ist eine Funktion der Zeit t,

$$s = f(t) ,$$

so daß jedem bestimmten Zeitpunkt t ein bestimmter Wert s entspricht. Geben wir t den Zuwachs Δt, dann entspricht dem neuen Zeitpunkt $t + \Delta t$ der Weg $s + \Delta s$, wobei Δs der Weg ist, der im Zeitintervall Δt durchlaufen wird. Im Fall einer gleichförmigen Bewegung ist der Wegzuwachs proportional dem Zeitzuwachs, und dann liefert das Verhältnis $\frac{\Delta s}{\Delta t}$ die konstante Geschwindigkeit der Bewegung. Im allgemeinen hängt dieses Verhältnis sowohl vom gewählten Zeitpunkt t als auch von dem Zuwachs Δt ab und drückt die *mittlere Geschwindigkeit der Bewegung* in dem Zeitintervall Δt aus. Diese mittlere Geschwindigkeit ist die Geschwindigkeit eines gedachten Punktes, der sich gleichförmig bewegend während des Zeitintervalls Δt den Weg Δs durchläuft. Für die gleichförmig beschleunigte Bewegung gilt

$$s = \tfrac{1}{2} g t^2 + v_0 t$$

und

$$\frac{\Delta s}{\Delta t} = \frac{\frac{1}{2} g (t + \Delta t)^2 + v_0 (t + \Delta t) - \frac{1}{2} g t^2 - v_0 t}{\Delta t} = g t + v_0 + \frac{1}{2} g \Delta t .$$

Je kleiner Δt ist, mit um so größerer Berechtigung können wir die Bewegung des gedachten Punktes während dieses Zeitintervalls als gleichmäßig ansehen; der Grenzwert des Quotienten $\frac{\Delta s}{\Delta t}$ beim Grenzübergang von Δt gegen 0 definiert dann die *Geschwindigkeit v im gegebenen Zeitpunkt t*:

$$v = \lim_{\Delta t \to 0} \frac{\Delta s}{\Delta t} .$$

So ist z. B. bei der gleichmäßig beschleunigten Bewegung

$$v = \lim_{\Delta t \to 0} \frac{\Delta s}{\Delta t} = \lim_{\Delta t \to 0} \left(g t + v_0 + \frac{1}{2} g \Delta t \right) = g t + v_0 .$$

Die Geschwindigkeit v ist ebenso wie der Weg s eine Funktion von t; diese Funktion heißt die *Ableitung* der Funktion $f(t)$ nach t; man sagt, daß *die Geschwindigkeit die Ableitung des Weges nach der Zeit ist.*

Wir betrachten nun das Beispiel, daß ein gewisser Stoff in eine chemische Reaktion eintritt. Die Menge x dieses Stoffes, die bereits zum Zeitpunkt t in die Reaktion eingetreten ist, ist dann eine Funktion von t. Einem Zuwachs Δt der Zeit wird ein Zuwachs Δx der Größe x entsprechen, und der Quotient $\frac{\Delta x}{\Delta t}$ drückt dann die *mittlere Geschwindigkeit der chemischen Reaktion* für das Zeitintervall Δt aus; der Grenzwert dieses Quotienten beim Grenzübergang von Δt gegen 0 stellt die *Geschwindigkeit der chemischen Reaktion im gegebenen Zeitpunkt* t dar.

Wir wenden uns jetzt von den Beispielen ab und geben eine allgemeine Definition der Ableitung. Wir setzen voraus, daß die Funktion $f(x)$ für einen bestimmten festen Wert x und für alle ihm hinreichend benachbarten Werte definiert ist, d. h. für alle Werte der Form $x + \Delta x$, wobei Δx eine beliebige positive oder negative Zahl ist, die dem Absolutbetrag nach hinreichend klein ist. Die Größe Δx heißt gewöhnlich der *Zuwachs* der unabhängigen Veränderlichen x. (An Stelle von Δx schreibt man oft auch h.) Der entsprechende Zuwachs der Funktion ist dann $\Delta y = f(x + \Delta x) - f(x)$. Wir bilden den Quotienten dieser beiden Größen:

$$\frac{\Delta y}{\Delta x} = \frac{f(x + \Delta x) - f(x)}{\Delta x}. \tag{1}$$

Dieser Quotient ist für alle Werte Δx definiert, die dem Absolutbetrag nach hinreichend klein sind, also in einem Intervall $-k \leqq \Delta x \leqq k$, außer für $\Delta x = 0$. Wenn x fest ist, stellt der Quotient (1) eine Funktion von Δx dar.

Definition. Wenn der Quotient (1) für $\Delta x \to \pm 0$ einen (endlichen) Grenzwert besitzt, dann heißt dieser Grenzwert die *Ableitung der Funktion $f(x)$ im Punkt x.*

Mit anderen Worten, unter der Ableitung einer gegebenen Funktion $f(x)$ im Punkt x verstehen wir den Grenzwert des Quotienten $\frac{\Delta y}{\Delta x}$ des Zuwachses Δy der Funktion zum entsprechenden Zuwachs Δx der unabhängigen Veränderlichen, wenn letzterer gegen 0 strebt ($\Delta x \to \pm 0$). Zur Bezeichnung der Ableitung benutzt man die Symbole y' oder $f'(x)$:

$$y' = f'(x) = \lim_{\Delta x \to 0} \frac{\Delta y}{\Delta x} = \lim_{\Delta x \to 0} \frac{f(x + \Delta x) - f(x)}{\Delta x}.$$

Die Rechenoperation zur Ermittlung einer Ableitung heißt *Differentiation.*

Der Quotient (1) braucht keinen Grenzwert zu haben, und dann existiert auch keine Ableitung. Die Existenz des Grenzwertes $f'(x)$ ist folgendem äquivalent [**32**]: *Für eine beliebige positive Zahl ε existiert eine Zahl η derart, daß*

$$\left| \frac{f(x + \Delta x) - f(x)}{\Delta x} - f'(x) \right| < \varepsilon \quad \textit{für} \quad |\Delta x| < \eta,\ \Delta x \neq 0$$

ist. Unter der Voraussetzung, daß die Ableitung existiert, können wir

$$\frac{f(x + \Delta x) - f(x)}{\Delta x} = f'(x) + \alpha$$

schreiben, wobei $\alpha \to 0$ für $\Delta x \to 0$ [**27**]. Ferner schreiben wir

$$f(x + \Delta x) - f(x) = [f'(x) + \alpha]\, \Delta x\,,$$

und hieraus ist unmittelbar ersichtlich, daß $[f(x + \Delta x) - f(x)] \to 0$ für $\Delta x \to 0$, d. h., *existiert für einen gewissen Wert x die Ableitung, so ist die Funktion in diesem Punkt stetig.* Die umgekehrte Behauptung ist dagegen nicht richtig, d. h., aus der Stetigkeit einer Funktion kann man keinesfalls auf die Existenz der Ableitung schließen. Wir machen darauf aufmerksam, daß wir zwecks Ermittlung der Ableitung den Quotienten $\frac{\Delta y}{\Delta x}$ bilden, bei dem sowohl der Zähler als auch der Nenner gegen 0 streben, wobei wir annehmen, daß Δx niemals 0 wird. Ist speziell $y = cx$, dann ist der Zähler des Quotienten (1) $c(x + \Delta x) - cx = c\,\Delta x$, und der ganze Quotient ist gleich c, d. h., er hängt nicht von Δx ab. Sein Grenzwert für $\Delta x \to \pm 0$ ist ebenfalls c.

Für festes x sind $f(x)$ und $f'(x)$ Zahlen. Wenn Funktion und Ableitung für alle x innerhalb eines bestimmten Intervalls existieren, dann stellt $f'(x)$ eine Funktion von x innerhalb dieses Intervalls dar. Im oben betrachteten Fall $f(x) = cx$ ist die Ableitung $f'(x)$ gleich der Zahl c für alle x.

46. Die geometrische Bedeutung der Ableitung. Zur Erläuterung der geometrischen Bedeutung der Ableitung wenden wir uns der Bildkurve der Funktion $y = f(x)$ zu. Auf ihr wählen wir den Punkt M mit den Koordinaten x, y und dicht bei ihm den ebenfalls auf der Kurve liegenden Punkt N mit den Koordinaten $x + \Delta x$, $y + \Delta y$. Wir zeichnen die Ordinaten $\overline{M_1M}$ und $\overline{N_1N}$ dieser Punkte und ziehen durch M die zur x-Achse parallele Gerade.

Wir haben dann offenbar (Abb. 50)

$$\overline{MP} = \overline{M_1N_1} = \Delta x, \quad \overline{M_1M} = y, \quad \overline{N_1N} = y + \Delta y, \quad \overline{PN} = \Delta y\,. \tag{2}$$

Der Quotient $\frac{\Delta y}{\Delta x}$ ist offensichtlich gleich dem Tangens des Winkels α_1, der von der Sekante $\overline{MN}$ mit der positiven Richtung der x-Achse gebildet wird. Beim Grenzübergang von Δx gegen 0 strebt der Punkt N auf der Kurve gegen den Punkt M; Grenzlage der Sekante $\overline{MN}$ wird die *Tangente MT* der Kurve im Punkt M, und folglich ist die Ableitung $f'(x)$ *gleich dem Tangens des von* der *Tangente der Kurve im Punkt $M(x, y)$ mit der positiven x-Richtung gebildeten Winkels α, d. h. gleich dem Richtungskoeffizienten dieser Tangente.*

Bei der Berechnung der Strecken gemäß (2) ist die Vorzeichenregel zu beachten, da die Änderungen Δx und Δy sowohl positiv als auch negativ sein können.

Der auf der Kurve liegende Punkt N kann von einer beliebigen Seite gegen M streben. In Abb. 50 gaben wir der Tangente eine bestimmte Richtung. Hätten wir ihr genau die entgegengesetzte Richtung gegeben, so hätte das zu einer Änderung

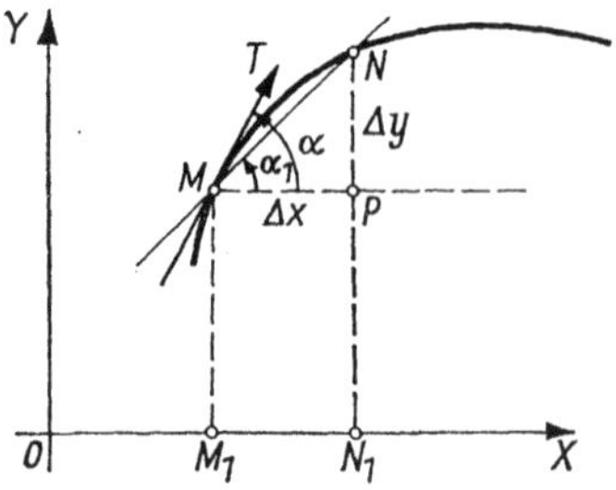

Abb. 50

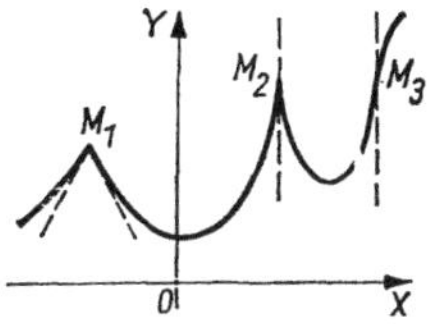

Abb. 51

des Winkels α um π geführt und die Größe des Tangens dieses Winkels nicht beeinflußt. Später werden wir uns noch der Frage über die Richtung der Tangente zuwenden. Im Moment ist das für uns unwesentlich.

Wir sehen somit, daß die Existenz der Ableitung $f'(x)$ mit der Existenz der Tangente der der Gleichung $y = f(x)$ entsprechenden Kurve verknüpft ist, wobei der Richtungskoeffizient der Tangente, $\tan \alpha = f'(x)$, endlich sein muß. Mit anderen Worten, die Tangente darf nicht parallel zur y-Achse sein. In diesem letzten Fall ist $\alpha = \frac{\pi}{2}$ oder $\alpha = \frac{3\pi}{2}$, und der Tangens eines solchen Winkels ist ∞. Eine stetige Kurve kann in einzelnen Punkten entweder überhaupt keine Tangente oder eine zur y-Achse parallele Tangente mit unendlich großem Richtungskoeffizienten haben (Abb. 51); für die entsprechenden Werte von x hat dann die Funktion $f(x)$ keine Ableitung.

Solche Ausnahmepunkte kann es auf einer Kurve beliebig viele geben, und wie sich beweisen läßt, kann man sogar stetige Funktionen konstruieren, die für keinen einzigen Wert von x eine Ableitung besitzen. Die einer derartigen Funktion entsprechende Kurve ist unseren geometrischen Vorstellungen nur sehr schwer zugänglich.

Bezeichnen wir der einfacheren Schreibweise halber den Zuwachs der unabhängigen Veränderlichen mit h, so geht der Quotient $\frac{\Delta y}{\Delta x}$ über in

$$\frac{f(x+h) - f(x)}{h}.$$

Wir gehen nun etwas ausführlicher auf die Fälle ein, die in Abb. 51 dargestellt sind. Einleitend führen wir die Begriffe der linksseitigen und der rechtsseitigen Ableitung ein. Wir setzen voraus, daß h nicht auf beliebige Art, sondern von der Seite negativer Werte her oder von der Seite positiver Werte her gegen 0 strebt, d. h. $h \to -0$ oder $h \to +0$. Wenn dabei der Quotient (1) einen (endlichen) Grenzwert hat, bezeichnet man ihn gewöhnlich mit $f'(x - 0)$ bzw. $f'(x + 0)$ und nennt ihn die *linksseitige* bzw. *rechtsseitige Ableitung*. Die Existenz der Ableitung $f'(x)$ ist damit gleichwertig, daß die Ableitungen $f'(x - 0)$ und $f'(x + 0)$ existieren und einander gleich sind. In diesem Fall ist

$$f'(x) = f'(x - 0) = f'(x + 0) .$$

Wenn die Ableitungen $f'(x - 0)$ und $f'(x + 0)$ existieren und verschieden sind, entspricht das dem Fall, daß im entsprechenden Punkt x eine linke und eine rechte Tangente existieren, die nicht parallel zur y-Achse und voneinander verschieden sind. Dieser Fall ist im Punkt M_1 in Abb. 51 dargestellt. In den Punkten M_2 und M_3 strebt der Quotient (1) für $h \to -0$ und $h \to +0$ gegen ∞. Wir richten jetzt unsere Aufmerksamkeit auf das Vorzeichen von ∞.

Für die Punkte N, die auf der Kurve links von M_2 liegen, ist $h < 0$ und $f(x + h) - f(x) < 0$ für nahe bei 0 gelegenes h, da die linke Ordinate kleiner ist als die Ordinate im Punkt M_2. Daher ist der Quotient (1) in diesem Fall positiv, und er strebt für $h \to -0$ gegen ∞ (die Tangente ist parallel zur y-Achse). Rechts von M_2 ist $h > 0$ und $f(x + h) - f(x) < 0$, d. h., der Quotient (1) ist negativ, und er strebt für $h \to +0$ gegen $-\infty$. Wir kommen jetzt zum Punkt M_3. Links von diesem Punkt ist $h < 0$ und $f(x + h) - f(x) < 0$ und rechts $h > 0$ und $f(x + h) - f(x) > 0$, d. h., links und rechts ist der Quotient (1) positiv und strebt sowohl für $h \to -0$ als auch für $h \to +0$ gegen ∞, d. h., in diesem Fall strebt der Quotient (1) für $h \to \pm 0$ gegen ∞.

Wir bemerken, daß wir bei der Definition der Ableitung forderten, daß der Quotient (1) für $h \to \pm 0$ gegen einen endlichen Grenzwert strebt. Ist dieser Grenzwert für $h \to \pm 0$ aber ∞ oder $-\infty$, so sagen wir dennoch nicht, daß in dem entsprechenden Punkt x eine Ableitung existiert, die ∞ oder $-\infty$ ist.

Es sind natürlich auch solche Stetigkeitspunkte der Funktion möglich, in denen es weder die Ableitung $f'(x + 0)$ noch $f'(x - 0)$ gibt. Eine derartige Kurve ist in Abb. 52 dargestellt. Sie besitzt keine der angegebenen Ableitungen in $x = c$.

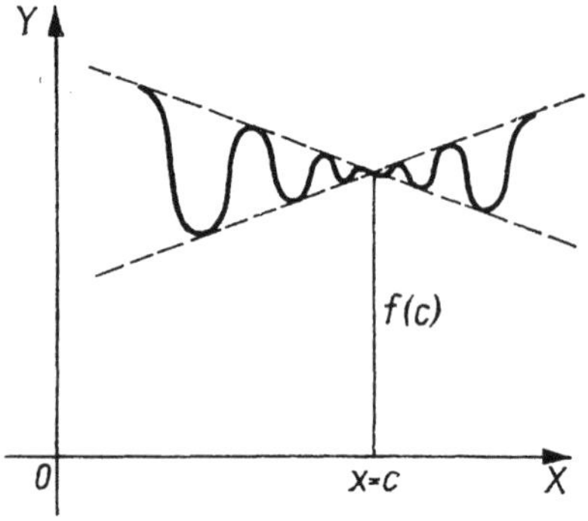

Abb. 52

Ist die stetige Funktion in dem Intervall (a, b) gegeben, so haben wir für $x = a$ nur die Möglichkeit, die rechtsseitige Ableitung $f'(a + 0)$ und für $x = b$ nur die linksseitige Ableitung $f'(b - 0)$ zu bilden. Wenn man sagt, daß $f'(x)$ *in dem abgeschlossenen Intervall* (a, b) *die Ableitung* $f'(x)$ *besitzt*, dann hat man in den inneren Punkten des Intervalls diese Ableitung im gewöhnlichen Sinne, in den Endpunkten des Intervalls aber in dem eben angegebenen zu verstehen.

Wenn $f(x)$ in dem (a, b) umfassenden Intervall (A, B), d. h. für $A < x < B$ mit $A < a$ und $B > b$ definiert ist und im Innern von (A, B) die gewöhnliche Ableitung $f'(x)$ besitzt, dann hat $f(x)$ erst recht eine Ableitung im angegebenen Sinne auch im Intervall (a, b).

47. Die Ableitungen der einfachsten Funktionen. Aus dem Begriff der Ableitung folgt: *Zur Bestimmung der Ableitung muß man den Zuwachs der Funktion bilden, ihn durch den entsprechenden Zuwachs der unabhängigen Veränderlichen dividieren und den Grenzwert dieses Quotienten ermitteln, wenn der Zuwachs der unabhängigen Veränderlichen gegen* 0 *strebt.* Wir wenden diese Regel auf einige der einfachsten Funktionen an.

I. $y = b$ (die Konstante) [**12**].

$$y' = \lim_{h \to 0} \frac{b - b}{h} = \lim_{h \to 0} 0 = 0 ,$$

d. h., *die Ableitung einer Konstanten ist gleich* 0.

II. $y = x^n$ (n eine ganze positive Zahl).

$$y' = \lim_{h\to 0} \frac{(x+h)^n - x^n}{h}$$

$$= \lim_{h\to 0} \frac{x^n + nhx^{n-1} + \frac{n(n-1)}{2!} h^2 x^{n-2} + \cdots + h^n - x^n}{h}$$

$$= \lim_{h\to 0} \left[nx^{n-1} + \frac{n(n-1)}{2!} hx^{n-2} + \cdots + h^{n-1} \right] = nx^{n-1}.$$

Insbesondere wird, wenn $y = x$ ist, $y' = 1$. Später werden wir diese Differentiationsregel für die Potenz auf beliebige Exponenten n verallgemeinern.

III. $y = \sin x$.

$$y' = \lim_{h\to 0} \frac{\sin(x+h) - \sin x}{h} = \lim_{h\to 0} \frac{2\cos\left(x + \frac{h}{2}\right)\sin\frac{h}{2}}{h}$$

$$= \lim_{h\to 0} \cos\left(x + \frac{h}{2}\right) \frac{\sin\frac{h}{2}}{\frac{h}{2}} = \cos x,$$

da $\dfrac{\sin\frac{h}{2}}{\frac{h}{2}}$ beim Grenzübergang $\frac{h}{2} \to 0$ gegen 1 strebt [**33**].

IV. $y = \cos x$.

$$y' = \lim_{h\to 0} \frac{\cos(x+h) - \cos x}{h} = \lim_{h\to 0} - \frac{2\sin\left(x + \frac{h}{2}\right)\sin\frac{h}{2}}{h}$$

$$= -\lim_{h\to 0} \sin\left(x + \frac{h}{2}\right) \frac{\sin\frac{h}{2}}{\frac{h}{2}} = -\sin x.$$

V. $y = \log x$ ($x > 0$).

$$y' = \lim_{h\to 0} \frac{\log(x+h) - \log x}{h} = \lim_{h\to 0} \frac{\log\left(1 + \frac{h}{x}\right)}{h} = \lim_{h\to 0} \frac{1}{x} \frac{\log\left(1 + \frac{h}{x}\right)}{\frac{h}{x}} = \frac{1}{x},$$

da für $h \to 0$ auch die Variable $\alpha = \frac{h}{x}$ gegen 0 und $\frac{\log(1+\alpha)}{\alpha}$ gegen 1 strebt [**38**].

VI. $y = cu(x)$, wobei c eine Konstante und $u(x)$ eine Funktion von x darstellt.

$$y' = \lim_{h \to 0} \frac{cu(x+h) - cu(x)}{h} = c \lim_{h \to 0} \frac{u(x+h) - u(x)}{h} = cu'(x) ,$$

d. h., *die Ableitung des Produkts einer konstanten Größe mit einer Veränderlichen ist gleich dem Produkt dieser Konstanten mit der Ableitung des veränderlichen Faktors*, oder, mit anderen Worten, *ein konstanter Faktor kann vor das Differentiationszeichen gezogen werden.*

VII. $y = {}^a\log x$. Wie wir wissen, ist ${}^a\log x = \log x \cdot \frac{1}{\log a}$ [**38**]. Bei Anwendung der Regel VI erhalten wir

$$y' = \frac{1}{x} \cdot \frac{1}{\log a} .$$

VIII. Wir betrachten die Ableitung der Summe mehrerer Funktionen und beschränken uns auf drei Summanden:

$$y = u(x) + v(x) + w(x) ,$$

$$y' = \lim_{h \to 0} \frac{[u(x+h) + v(x+h) + w(x+h)] - [u(x) + v(x) + w(x)]}{h}$$

$$= \lim_{h \to 0} \left[\frac{u(x+h) - u(x)}{h} + \frac{v(x+h) - v(x)}{h} + \frac{w(x+h) - w(x)}{h} \right]$$

$$= u'(x) + v'(x) + w'(x) ,$$

d. h., *die Ableitung der Summe mehrerer Funktionen ist gleich der Summe der Ableitungen dieser Funktionen.*

IX. Wir betrachten jetzt die Ableitung des Produkts zweier Funktionen:

$$y = u(x) \cdot v(x) ,$$

$$y' = \lim_{h \to 0} \frac{u(x+h)\, v(x+h) - u(x)\, v(x)}{h} .$$

Wenn wir im Zähler die Größe $u(x+h)\, v(x)$ addieren und wieder subtrahieren, erhalten wir

$$y' = \lim_{h \to 0} \frac{u(x+h)\, v(x+h) - u(x+h)\, v(x) + u(x+h)\, v(x) - u(x)\, v(x)}{h}$$

$$= \lim_{h \to 0} u(x+h) \frac{v(x+h) - v(x)}{h} + \lim_{h \to 0} v(x) \frac{u(x+h) - u(x)}{h}$$

$$= u(x)\, v'(x) + v(x)\, u'(x) ,$$

d. h., für den Fall zweier Faktoren haben wir gezeigt, daß *die Ableitung eines Produkts gleich der Summe der Produkte aus der Ableitung je eines der Faktoren mit den übrigen ist* (Produktregel).

Wir werden die Gültigkeit dieser Regel für drei Faktoren beweisen, indem wir zwei Faktoren zu einer Gruppe zusammenfassen und die Regel für den Fall zweier Faktoren anwenden:

$$y = u(x)\, v(x)\, w(x) ,$$

$$y' = \{[u(x)\, v(x)]\, w(x)\}' = [u(x)\, v(x)]\, w'(x) + w(x)\, [u(x)\, v(x)]'$$

$$= u(x)\, v(x)\, w'(x) + u(x)\, v'(x)\, w(x) + u'(x)\, v(x)\, w(x) .$$

Wendet man das bekannte Verfahren des Schlusses von n auf $n+1$ an,[1]) so läßt sich diese Regel leicht auf eine beliebige endliche Anzahl von Faktoren erweitern.

X. Es sei jetzt y ein Quotient: $y = \frac{u(x)}{v(x)}$.

$$y' = \lim_{h \to 0} \frac{\frac{u(x+h)}{v(x+h)} - \frac{u(x)}{v(x)}}{h}$$

$$= \lim_{h \to 0} \frac{1}{v(x)\, v(x+h)} \cdot \frac{u(x+h)\, v(x) - v(x+h)\, u(x)}{h}.$$

Fügt man im Zähler des zweiten Bruches das Produkt $u(x)\, v(x)$ hinzu und subtrahiert es wieder, so erhält man unter Beachtung der Stetigkeit von $v(x)$

$$y' = \lim_{h \to 0} \frac{1}{v(x)\, v(x+h)} \cdot \frac{u(x+h)\, v(x) - u(x)\, v(x) + u(x)\, v(x) - v(x+h)\, u(x)}{h}$$

$$= \lim_{h \to 0} \frac{1}{v(x)\, v(x+h)} \left[v(x) \frac{u(x+h) - u(x)}{h} - u(x) \frac{v(x+h) - v(x)}{h} \right]$$

$$= \frac{u'(x)\, v(x) - v'(x)\, u(x)}{[v(x)]^2},$$

d. h., *die Ableitung eines Bruches (Quotienten) ist gleich der Ableitung des Zählers, multipliziert mit dem Nenner, vermindert um die Ableitung des Nenners, multipliziert mit dem Zähler, das Ganze dividiert durch das Quadrat des Nenners* (Quotientenregel).

XI. $y = \tan x$.

$$y' = \left(\frac{\sin x}{\cos x}\right)' = \frac{(\sin x)' \cos x - (\cos x)' \sin x}{\cos^2 x} = \frac{\cos^2 x + \sin^2 x}{\cos^2 x} = \frac{1}{\cos^2 x}.$$

XII. $y = \cot x$.

$$y' = \left(\frac{\cos x}{\sin x}\right)' = \frac{(\cos x)' \sin x - (\sin x)' \cos x}{\sin^2 x} = \frac{-\sin^2 x - \cos^2 x}{\sin^2 x} = -\frac{1}{\sin^2 x}.$$

Bei der Ableitung der Regeln VI, VIII, IX und X haben wir vorausgesetzt, daß die Funktionen $u(x)$, $v(x)$, $w(x)$ Ableitungen besitzen, und die Existenz der Ableitung für die Funktion y nachgewiesen.

48. Die Ableitungen der mittelbaren und der inversen Funktionen. Wir führen jetzt den Begriff der *mittelbaren Funktion* ein. Es sei $y = f(x)$ eine in einem gewissen Intervall $a \leqq x \leqq b$ stetige Funktion, wobei ihre Werte dem Intervall $c \leqq y \leqq d$ angehören. Es sei ferner $z = F(y)$ eine im Intervall $c \leqq y \leqq d$ stetige Funktion. Verstehen wir unter y die oben angegebene Funktion von x, so erhalten wir die mittelbare Funktion von x

$$z = F(y) = F[f(x)]\,.$$

[1]) *Vollständige Induktion* (Anm. d. Übers.).

Man sagt, daß diese Funktion mittels y von x abhängt. Es ist leicht einzusehen, daß diese Funktion im Intervall $a \leqq x \leqq b$ stetig ist. Denn einem unendlich kleinen Zuwachs von x entspricht ein unendlich kleiner Zuwachs von y auf Grund der Stetigkeit der Funktion $f(x)$, und dem unendlich kleinen Zuwachs von y entspricht ein unendlich kleiner Zuwachs von z auf Grund der Stetigkeit von $F(y)$.

Bevor wir zur Herleitung der Differentiationsregel für eine mittelbare Funktion übergehen, bemerken wir noch folgendes: Wenn die Funktion $z = F(y)$ eine Ableitung für $y = y_0$ hat, können wir gemäß dem in [**45**] Gesagten

$$\Delta z = F(y_0 + \Delta y) - F(y_0) = [F'(y_0) + \alpha]\, \Delta y \tag{3}$$

schreiben, wobei die Veränderliche α eine für alle hinreichend nahe bei 0 gelegenen und von 0 verschiedenen Δy definierte Funktion von Δy ist und $\alpha \to 0$ gilt, wenn $\Delta y \to 0$ und dabei von 0 verschieden bleibt. Die Gleichung (3) bleibt richtig für $\Delta y = 0$ bei beliebiger Wahl des α, weil für $\Delta y = 0$ auch $\Delta z = 0$ ist. Auf Grund des oben Gesagten ist für $\Delta y = 0$ sinngemäß $\alpha = 0$ zu setzen. Auf Grund dieser Übereinkunft können wir annehmen, daß in (3) für $\Delta y \to 0$ α in beliebiger Weise gegen 0 strebt, selbst wenn Δy dabei den Wert 0 annimmt. Wir formulieren jetzt den Satz von der Ableitung einer mittelbaren Funktion:

S a t z. *Wenn $y = f(x)$ im Punkt $x = x_0$ die Ableitung $f'(x_0)$ und $z = F(y)$ im Punkt $y_0 = f(x_0)$ die Ableitung $F'(y_0)$ hat, dann hat die mittelbare Funktion $F[f(x)]$ im Punkt $x = x_0$ eine Ableitung, die gleich dem Produkt $F'(y_0)\, f'(x_0)$ ist* (Kettenregel).

Es sei Δx der von 0 verschiedene Zuwachs, den wir dem Wert x_0 der unabhängigen Veränderlichen x geben und $\Delta y = f(x_0 + \Delta x) - f(x_0)$ der entsprechende Zuwachs der Veränderlichen y (er kann auch gleich 0 sein). Ferner sei $\Delta z = F(y_0 + \Delta y) - F(y_0)$. Die Ableitung der mittelbaren Funktion $z = F[f(x)]$ nach x für $x = x_0$ ist offenbar gleich dem Grenzwert des Quotienten $\dfrac{\Delta z}{\Delta x}$ für $\Delta x \to 0$, wenn dieser Grenzwert existiert. Wir dividieren beide Seiten von (3) durch Δx:

$$\frac{\Delta z}{\Delta x} = [F'(y_0) + \alpha]\, \frac{\Delta y}{\Delta x}.$$

Beim Grenzübergang von Δx gegen 0 strebt auf Grund der Stetigkeit der Funktion $y = f(x)$ im Punkt $x = x_0$ auch Δy gegen 0; daher gilt, wie wir oben gezeigt hatten, $\alpha \to 0$. Der Quotient $\dfrac{\Delta y}{\Delta x}$ strebt dabei gegen die Ableitung $f'(x_0)$. Indem wir in der oben hingeschriebenen Gleichung zur Grenze übergehen, erhalten wir

$$\lim_{\Delta x \to 0} \frac{\Delta z}{\Delta x} = F'(y_0)\, f'(x_0)\,,$$

womit der Satz bewiesen ist. Wir bemerken, daß die Stetigkeit der Funktion $f(x)$ für $x = x_0$ aus der vorausgesetzten Existenz der Ableitung $f'(x_0)$ folgt [**45**].

Der eben bewiesene Satz kann in Form der folgenden Differentiationsregel für mittelbare Funktionen ausgesprochen werden (Kettenregel): *Die Ableitung einer mittelbaren Funktion ist gleich dem Produkt der Ableitung nach der Zwischenveränderlichen mit der Ableitung der Zwischenveränderlichen nach der unabhängigen Veränderlichen*:

$$z'(x) = F'(y)\, f'(x)\,.$$

Wir gehen jetzt zur Differentiationsregel für inverse Funktionen über. Wenn $y = f(x)$ stetig ist und im Intervall (a, b) zunimmt (d. h. größeren Werten von x auch größere y-Werte entsprechen) und dabei $A = f(a)$ und $B = f(b)$ ist, dann gibt es, wie wir wissen ([**21**], [**44**]), im Intervall (A, B) eine eindeutige und stetige, gleichfalls zunehmende inverse Funktion $x = \varphi(y)$. Da die Funktion $y = f(x)$ zunimmt, ist $\Delta y \neq 0$, wenn $\Delta x \neq 0$ ist und umgekehrt, und wegen der Stetigkeit folgt aus $\Delta x \to 0$ auch $\Delta y \to 0$ und umgekehrt. (Völlig analog wird der Fall der abnehmenden Funktion betrachtet.)

Satz. *Wenn $f(x)$ im Punkt x_0 eine von 0 verschiedene Ableitung $f'(x_0)$ hat, dann hat die inverse Funktion $\varphi(y)$ im Punkt $y_0 = f(x_0)$ die Ableitung*

$$\varphi'(y_0) = \frac{1}{f'(x_0)}. \tag{4}$$

Bezeichnen wir mit Δx und Δy die entsprechenden Änderungen von x und y, d. h.

$$\Delta x = \varphi(y_0 + \Delta y) - \varphi(y_0)\,, \qquad \Delta y = f(x_0 + \Delta x) - f(x_0)\,,$$

und beachten, daß sie beide von 0 verschieden sind, dann können wir schreiben:

$$\frac{\Delta x}{\Delta y} = \frac{1}{\dfrac{\Delta y}{\Delta x}}.$$

Wie wir oben gesehen haben, streben Δx und Δy gleichzeitig gegen 0 und die letzte Gleichung führt im Grenzfall zu (4).

Der bewiesene Satz kann als Differentiationsregel für inverse Funktionen formuliert werden: *Die Ableitung einer inversen Funktion ist gleich* 1, *dividiert durch die Ableitung der ursprünglichen Funktion im entsprechenden Punkt.*

Die Differentiationsregel für inverse Funktionen gestattet eine einfache geometrische Deutung [**21**]. Die Funktionen $x = \varphi(y)$ und $y = f(x)$ haben ein und dieselbe Bildkurve in der x, y-Ebene, nur mit dem Unterschied, daß für die Funktion $x = \varphi(y)$ die Achse der unabhängigen Veränderlichen die y-Achse und nicht die x-Achse ist (Abb. 53). Wenn wir die Tangente MT ziehen und uns der geometrischen Bedeutung der Ableitung erinnern, erhalten wir

$$f'(x) = \tan(OX, MT) = \tan\alpha\,,$$

$$\varphi'(y) = \tan(OY, MT) = \tan\beta\,,$$

wobei in Abb. 53 die Winkel β und α positiv gerechnet werden. Da nun $\beta = \frac{\pi}{2} - \alpha$ ist, folgt aus $\tan\beta = \cot\alpha$

$$\tan\beta = \frac{1}{\tan\alpha}, \quad \text{d. h.} \quad \varphi'(y) = \frac{1}{f'(x)}.$$

Ist $x = \varphi(y)$ die zu $y = f(x)$ inverse Funktion, so kann man offensichtlich auch umgekehrt die Funktion $y = f(x)$ als inverse der Funktion $x = \varphi(y)$ ansehen.

Wir wenden nun die Differentiationsregel für inverse Funktionen auf die Exponentialfunktion an.

XIII. $y = a^x$ $(a > 0)$. Die inverse Funktion wird im vorliegenden Fall

$$x = \varphi(y) = {}^a\!\log y\,,$$

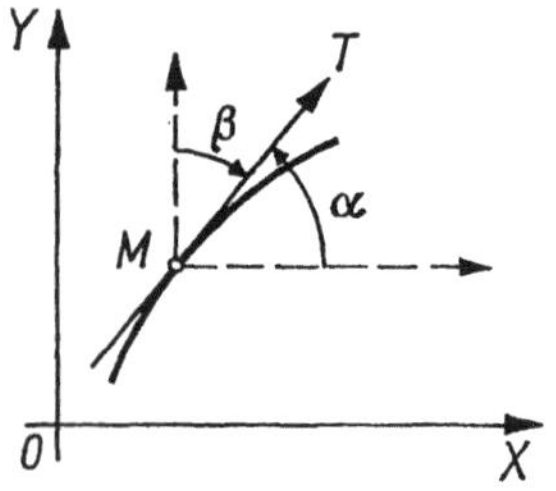

Abb. 53

und auf Grund von VII ist

$$\varphi'(y) = \frac{1}{y} \cdot \frac{1}{\log a}$$

und danach gemäß der Differentiationsregel der inversen Funktionen

$$y' = \frac{1}{\varphi'(y)} = y \log a \quad \text{oder} \quad (a^x)' = a^x \log a \, .$$

Im Spezialfall $a = \mathrm{e}$ ist

$$(\mathrm{e}^x)' = \mathrm{e}^x \, .$$

Diese Formel gibt uns in Verbindung mit der Differentiationsregel der mittelbaren Funktionen die Möglichkeit, die Ableitung einer Potenz zu berechnen.

XIV. $y = x^n$ $(x > 0)$. Diese Funktion ist für alle $x > 0$ definiert und hat positive Werte [**19**].

Wenn wir die Definition des Logarithmus benutzen, können wir unsere Funktion als mittelbare Funktion

$$y = x^n = \mathrm{e}^{n \log x}$$

darstellen. Differenzieren wir gemäß der Kettenregel, so erhalten wir

$$y' = \mathrm{e}^{n \log x} \cdot \frac{n}{x} = x^n \cdot \frac{n}{x} = n x^{n-1} \, .$$

Dieses Resultat läßt sich leicht auf den Fall negativer x-Werte verallgemeinern, sobald die Funktion selbst existiert, etwa $y = x^{1/3} = \sqrt[3]{x}$. Wir werden die Differentiationsregel der inversen Funktionen auch zur Ermittlung der Ableitungen der zyklometrischen Funktionen anwenden.

XI. $y = \arcsin x$.

Wir betrachten den Hauptwert [**24**] dieser Funktion, d. h. den Bogen, der im Intervall $\left(-\frac{\pi}{2}, \frac{\pi}{2}\right)$ liegt. Diese Funktion können wir als inverse Funktion von $x = \sin y$ ansehen. Gemäß der Differentiationsregel der inversen Funktionen ist dann

$$y'(x) = \frac{1}{x'(y)} = \frac{1}{\cos y} = \frac{1}{\sqrt{1 - \sin^2 y}} = \frac{1}{\sqrt{1 - x^2}} \, ,$$

wobei die Wurzel mit positivem Vorzeichen zu nehmen ist, da $\cos y$ im Intervall $\left(-\frac{\pi}{2}, \frac{\pi}{2}\right)$ positiv ist. Entsprechend läßt sich

$$(\operatorname{arccos} x)' = -\frac{1}{\sqrt{1-x^2}}$$

herleiten, wobei der Hauptwert von $\operatorname{arccos} x$ betrachtet wird, d. h. der Bogen, der im Intervall $(0, \pi)$ liegt.

XVI. $y = \arctan x$.

Der Hauptwert von $\arctan x$ ist im Intervall $\left(-\frac{\pi}{2}, \frac{\pi}{2}\right)$ enthalten, und diese Funktion kann man als inverse Funktion von $x = \tan y$ auffassen; folglich ist

$$y'(x) = \frac{1}{x'(y)} = \frac{1}{\dfrac{1}{\cos^2 y}} = \cos^2 y = \frac{1}{1+\tan^2 y} = \frac{1}{1+x^2}.$$

Entsprechend erhalten wir

$$(\operatorname{arccot} x)' = -\frac{1}{1+x^2}.$$

XVII. Wir untersuchen noch die Differentiation von Funktionen der Form

$$y = u^v,$$

wobei u und v Funktionen von x sind.

Dafür können wir

$$y = e^{v \log u}$$

schreiben und erhalten bei Anwendung der Kettenregel

$$y' = e^{v \log u} \cdot (v \log u)'.$$

Wenden wir die Produktregel an und differenzieren $\log u$ als mittelbare Funktion von x, so erhalten wir schließlich

$$y' = e^{v \log u}\left(v' \log u + \frac{v}{u} u'\right) \quad \text{oder} \quad y' = u^v\left(v' \log u + \frac{v}{u} u'\right).$$

49. Tafel der Ableitungen. Beispiele. Wir bringen eine Zusammenstellung aller bisher abgeleiteten Differentiationsregeln.

1. $(c)' = 0$.
2. $(cu)' = cu'$.
3. $(u_1 + u_2 + \cdots + u_n)' = u_1' + u_2' + \cdots + u_n'$.
4. $(u_1 u_2 \cdots u_n)' = u_1' u_2 u_3 \cdots u_n + u_1 u_2' u_3 \cdots u_n + \cdots + u_1 u_2 u_3 \cdots u_n'$.
5. $\left(\frac{u}{v}\right)' = \frac{u'v - v'u}{v^2}$.
6. $(x^n)' = nx^{n-1}$ und $(x)' = 1$.
7. $({}^a\log x)' = \frac{1}{x} \cdot \frac{1}{\log a}$ und $(\log x)' = \frac{1}{x}$.

8. $(e^x)' = e^x$ und $(a^x)' = a^x \log a$.

9. $(\sin x)' = \cos x$.

10. $(\cos x)' = -\sin x$.

11. $(\tan x)' = \frac{1}{\cos^2 x}$.

12. $(\cot x)' = -\frac{1}{\sin^2 x}$.

13. $(\arcsin x)' = \frac{1}{\sqrt{1 - x^2}}$.

14. $(\arccos x)' = -\frac{1}{\sqrt{1 - x^2}}$.

15. $(\arctan x)' = \frac{1}{1 + x^2}$.

16. $(\operatorname{arccot})' = -\frac{1}{1 + x^2}$.

17. $(u^v)' = v u^{v-1} u' + u^v \log u \cdot v'$.

18. $y'(x) = y'(u) \cdot u'(x)$ (y hängt mittels u von x ab).

19. $x'(y) = \frac{1}{y'(x)}$.

Wir werden diese Regeln auf einige Beispiele anwenden.

1. $y = x^3 - 3x^2 + 7x - 10$. Bei Anwendung der Regeln 3, 6, und 2 erhalten wir

$$y' = 3x^2 - 6x + 7 .$$

2. $y = \frac{1}{\sqrt[3]{x^2}} = x^{-2/3}$. Bei Anwendung der Regel 6 erhalten wir

$$y' = -\frac{2}{3} x^{-5/3} = -\frac{2}{3\sqrt[3]{x^5}}.$$

3. $y = \sin^2 x$. Wir setzen $u = \sin x$ und wenden die Regeln 18, 6 und 9 an:

$$y' = 2u \cdot u' = 2 \sin x \cos x = \sin 2x .$$

4. $y = \sin (x^2)$. Wir setzen $u = x^2$ und wenden dieselben Regeln an:

$$y' = \cos u \cdot u' = 2x \cos (x^2) .$$

5. $y = \log (x + \sqrt{1 + x^2})$. Wir setzen zuerst $u = x + \sqrt{x^2 + 1}$ und dann $v = x^2 + 1$ und wenden zweimal die Regel 18 und außerdem die Regeln 7, 3 und 6 an:

$$y' = \frac{1}{x + \sqrt{x^2 + 1}} (x + \sqrt{1 + x^2})' = \frac{1}{x + \sqrt{x^2 + 1}} [1 + (\sqrt{1 + x^2})']$$

$$= \frac{1}{x + \sqrt{x^2 + 1}} \left[1 + \frac{1}{2\sqrt{x^2 + 1}} (x^2 + 1)'\right] = \frac{1}{x + \sqrt{x^2 + 1}} \left(1 + \frac{x}{\sqrt{x^2 + 1}}\right)$$

$$= \frac{1}{x + \sqrt{x^2 + 1}} \cdot \frac{x + \sqrt{x^2 + 1}}{\sqrt{x^2 + 1}} = \frac{1}{\sqrt{x^2 + 1}}.$$

6. $y = \left(\frac{x}{2x+1}\right)^n$. Wir setzen $u = \frac{x}{2x+1}$ und wenden die Regeln 18, 6 und 5 an:

$$y' = n\left(\frac{x}{2x+1}\right)^{n-1}\left(\frac{x}{2x+1}\right)' = n\left(\frac{x}{2x+1}\right)^{n-1}\frac{2x+1-2x}{(2x+1)^2} = \frac{nx^{n-1}}{(2x+1)^{n+1}}.$$

7. $y = x^x$. Bei Anwendung der Regel 17 erhalten wir

$$y' = x^{x-1} \cdot x + x^x \log x = x^x(1 + \log x).$$

8. Die Funktion y ist durch die Gleichung

$$\frac{x^2}{a^2} + \frac{y^2}{b^2} - 1 = 0 \tag{5}$$

als implizite Funktion von x gegeben. Verlangt wird, die Ableitung von y zu finden. Wenn wir die gegebene Gleichung nach y auflösen würden, würden wir $y = f(x)$ erhalten, und die linke Seite der Gleichung wird nach Einsetzen von $y = f(x)$ offenbar identisch 0. Aber die Ableitung von 0 ist als Ableitung einer Konstanten gleich 0, und daher müssen wir 0 erhalten, wenn wir die linke Seite der gegebenen Gleichung nach x unter der Annahme differenzieren, daß y eine durch diese Gleichung gegebene Funktion von x ist:

$$\frac{2x}{a^2} + \frac{2y}{b^2}y' = 0,$$

und daraus folgt

$$y' = -\frac{b^2x}{a^2y}.$$

Wie wir sehen, drückt sich in diesem Fall y' nicht nur durch x, sondern auch durch y aus; dann brauchten wir aber zur Ermittlung der Ableitung die Gleichung (5) nicht nach y aufzulösen, d. h. den expliziten Ausdruck der Funktion zu finden.

Wie aus der analytischen Geometrie bekannt ist, entspricht der Gleichung (5) eine Ellipse, und der Ausdruck für y' liefert den Richtungskoeffizienten der Tangente dieser Ellipse im Punkt mit der Koordinaten (x, y).

50. Der Begriff des Differentials. Es sei Δx ein willkürlicher Zuwachs der unabhängigen Veränderlichen, *den wir nun als unabhängig von x ansehen.* Wir nennen ihn *Differential der unabhängigen Veränderlichen* und bezeichnen ihn mit Δx oder $\mathrm{d}x$. Dieses Zeichen ist keinesfalls das Produkt von d mit x, sondern dient nur als Symbol zur Bezeichnung der *willkürlichen nicht von x abhängigen* Größe, die wir als Zuwachs der unabhängigen Veränderlichen ansehen.

Differential der Funktion heißt das Produkt ihrer Ableitung mit dem Differential der unabhängigen Veränderlichen.

Das Differential der Funktion bezeichnet man mit $\mathrm{d}y$ oder $\mathrm{d}f(x)$:

$$\mathrm{d}y \quad \text{oder} \quad \mathrm{d}f(x) = f'(x)\,\mathrm{d}x. \tag{6}$$

Aus dieser Formel ergibt sich die Darstellung der Ableitung als Quotient von Differentialen:

$$f'(x) = \frac{\mathrm{d}y}{\mathrm{d}x} = \frac{\mathrm{d}f(x)}{\mathrm{d}x}.$$

Wir betonen, daß das Differential $\mathrm{d}x$ der unabhängigen Veränderlichen, das in die Definition des Differentials einer Funktion und in die Formel (6) eingeht, völlig beliebige Werte annehmen kann. Wenn wir einen beliebigen Wert $\mathrm{d}x$ fixieren, erhalten wir nach Formel (6) für gegebene x den entsprechenden Wert $\mathrm{d}y$. Wenn

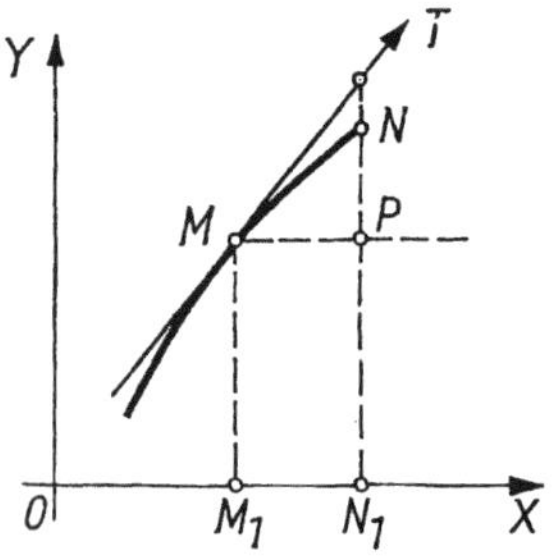

Abb. 54

wir dx als Zuwachs der unabhängigen Veränderlichen annehmen, dann ist es notwendig, daß nicht nur x, sondern auch $x + \mathrm{d}x$ dem Intervall angehören, auf dem die Funktion definiert ist. Aber auch dabei stimmt das Differential der Funktion dy, außer in den ausgeschlossenen Fällen, nicht mit dem Zuwachs der Funktion überein, der dem Zuwachs dx der unabhängigen Veränderlichen entspricht. Um den Unterschied zwischen diesen Begriffen zu erläutern, wenden wir uns der Bildkurve der Funktion zu. Wir wählen auf ihr einen gewissen Punkt $M(x, y)$ und einen weiteren Punkt N. Zeichnen wir die Tangente MT und die den Punkten M und N entsprechenden Ordinaten sowie die Gerade MP parallel zur x-Achse (Abb. 54), so ist

$$\overline{MP} = \overline{M_1N_1} = \Delta x \quad (\text{oder } \mathrm{d}x), \qquad \overline{PN} = \Delta y \text{ (Zuwachs von } y) ,$$

$$\tan \sphericalangle PMQ = f'(x) ,$$

und daraus folgt

$$\mathrm{d}y = f'(x)\,\mathrm{d}x = \overline{MP} \tan \sphericalangle PMQ = \overline{PQ} .$$

Das Differential der Funktion wird also durch die Strecke $\overline{PQ}$ dargestellt, die nicht mit der Strecke $\overline{PN}$ übereinstimmt; diese drückt den Zuwachs der Funktion aus. Die Strecke $\overline{PQ}$ stellt jene Änderung dar, die sich ergeben würde, wenn wir im Intervall $(x, x + \mathrm{d}x)$ das Stück $\overset{\frown}{MN}$ der Kurve durch die Strecke $\overline{MQ}$ der Tangente ersetzen würden, d. h., wenn wir annehmen würden, daß in diesem Fall der Zuwachs der Funktion dem Zuwachs der unabhängigen Veränderlichen proportional ist und wir den Proportionalitätskoeffizienten gleich dem Richtungskoeffizienten der Tangente MT oder, was dasselbe ist, gleich der Ableitung $f'(x)$ wählen würden.

Die Differenz zwischen dem Differential und dem Zuwachs wird durch die Strecke $\overline{NQ}$ dargestellt. Wir werden zeigen, daß diese Differenz im Fall $\Delta x \to 0$ eine unendlich kleine Größe höherer Ordnung bezüglich Δx ist [**36**].

Der Quotient $\frac{\Delta y}{\Delta x}$ liefert im Grenzwert die Ableitung, und daher ist [**27**]

$$\frac{\Delta y}{\Delta x} = f'(x) + \varepsilon ,$$

wobei ε gleichzeitig mit Δx eine unendlich kleine Größe ist. Aus dieser Gleichung erhalten wir

$$\Delta y = f'(x)\,\Delta x + \varepsilon\,\Delta x$$

oder

$$\Delta y = \mathrm{d}y + \varepsilon\,\Delta x ,$$

woraus ersichtlich wird, daß die Differenz zwischen $\mathrm{d}y$ und Δy gleich $-\varepsilon\,\Delta x$ ist. Aber das Verhältnis von $-\varepsilon\,\Delta x$ zu Δx ist gleich $-\varepsilon$ und strebt zusammen mit Δx gegen 0, d. h., die Differenz zwischen $\mathrm{d}y$ und Δy ist eine unendlich kleine Größe höherer Ordnung bezüglich Δx. Wir bemerken, daß das Vorzeichen dieser Differenz beliebig sein kann. In Abb. 54 ist sowohl Δx als auch diese Differenz positiv.

Die Formel (6) liefert die Regel zur Ermittlung des Differentials einer Funktion. Wir werden sie auf einige spezielle Fälle anwenden.

I. Wenn c eine Konstante ist, wird

$$\mathrm{d}c = (c)'\,\mathrm{d}x = 0 \cdot \mathrm{d}x = 0\,,$$

d. h., *das Differential einer Konstanten ist gleich* 0.

II. $\mathrm{d}[cu(x)] = [cu(x)]'\,\mathrm{d}x = cu'(x)\,\mathrm{d}x = c\,\mathrm{d}u(x)\,,$

d. h., *ein konstanter Faktor kann vor das Differentialzeichen gezogen werden.*

III.
$$\begin{aligned}\mathrm{d}[u(x) + v(x) + w(x)] &= [u(x) + v(x) + w(x)]'\,\mathrm{d}x\\ &= [u'(x) + v'(x) + w'(x)]\,\mathrm{d}x\\ &= u'(x)\,\mathrm{d}x + v'(x)\,\mathrm{d}x + w'(x)\,\mathrm{d}x\\ &= \mathrm{d}u(x) + \mathrm{d}v(x) + \mathrm{d}w(x)\,,\end{aligned}$$

d. h., *das Differential einer Summe ist gleich der Summe der Differentiale der Summanden.*

IV.
$$\begin{aligned}\mathrm{d}[u(x)\,v(x)\,w(x)] &= [u(x)\,v(x)\,w(x)]'\,\mathrm{d}x\\ &= v(x)\,w(x)\,u'(x)\,\mathrm{d}x + u(x)\,w(x)\,v'(x)\,\mathrm{d}x +\\ &\quad + u(x)\,v(x)\,w'(x)\,\mathrm{d}x\\ &= v(x)\,w(x)\,\mathrm{d}u(x) + u(x)\,w(x)\,\mathrm{d}v(x) +\\ &\quad + u(x)\,v(x)\,\mathrm{d}w(x)\,,\end{aligned}$$

d. h., *das Differential eines Produkts ist gleich der Summe der Produkte aus dem Differential je eines der Faktoren mit allen übrigen Faktoren.*

Wir haben uns auf den Fall dreier Faktoren beschränkt. Dieser Beweis ist aber auch für eine beliebige endliche Anzahl von Faktoren richtig.

V.
$$\mathrm{d}\,\frac{u(x)}{v(x)} = \left[\frac{u(x)}{v(x)}\right]'\mathrm{d}x = \frac{v(x)\,u'(x)\,\mathrm{d}x - u(x)\,v'(x)\,\mathrm{d}x}{[v(x)]^2} = \frac{v(x)\,\mathrm{d}u(x) - u(x)\,\mathrm{d}v(x)}{[v(x)]^2}\,,$$

d. h., *das Differential eines Quotienten* (Bruches) *ist gleich dem Produkt des Differentials des Zählers mit dem Nenner, vermindert um das Produkt des Differentials des Nenners mit dem Zähler, das Ganze geteilt durch das Quadrat des Nenners.*

VI. Wir betrachten die mittelbare Funktion $y = f(u)$, in der u eine Funktion von x ist. Es soll $\mathrm{d}y$ bestimmt werden, wenn wir y als von x abhängig voraussetzen:

$$\mathrm{d}y = y'(x)\,\mathrm{d}x = f'(u) \cdot u'(x)\,\mathrm{d}x = f'(u)\,\mathrm{d}u\,,$$

d. h., *das Differential einer mittelbaren Funktion hat dieselbe Form, als ob die innere Funktion die unabhängige Veränderliche wäre.*

Wir betrachten ein Zahlenbeispiel zum Vergleich der Größe des Zuwachses einer Funktion mit ihrem Differential. Dazu nehmen wir die Funktion

$$y = f(x) = x^3 + 2x^2 + 4x + 10$$

und betrachten deren Zuwachs

$$f(2{,}01) - f(2) = 2{,}01^3 + 2 \cdot 2{,}01^2 + 4 \cdot 2{,}01 + 10 - (2^3 + 2 \cdot 2^2 + 4 \cdot 2 + 10)\,.$$

Nach Ausführung aller Rechenoperationen erhalten wir für den Zuwachs die Größe

$$\Delta y = f(2{,}01) - f(2) = 0{,}240801\,.$$

Bei weitem einfacher ist das Differential der Funktion zu berechnen. Im vorliegenden Fall ist $\mathrm{d}x = 2{,}01 - 2 = 0{,}01$, und das Differential der Funktion wird

$$\mathrm{d}y = (3x^2 + 4x + 4)\,\mathrm{d}x = (3 \cdot 2^2 + 4 \cdot 2 + 4) \cdot 0{,}01 = 0{,}24\,.$$

Vergleichen wir $\mathrm{d}y$ und Δy, so sehen wir, daß sie bis zur dritten Dezimalstelle übereinstimmen.

51. Einige Differentialgleichungen. Wir hatten gezeigt: Wenn wir in dem Intervall $(x, x + \mathrm{d}x)$ den Zuwachs der Funktion durch ihr Differential ersetzen, wenden wir das Gesetz der direkten Proportionalität zwischen den Änderungen der Funktion und der unabhängigen Veränderlichen mit einem entsprechenden Proportionalitätskoeffizienten an, und diese Ersetzung führt zu einem Fehler, der sich als unendlich klein von höherer Ordnung als $\mathrm{d}x$ erweist. Hierauf beruht u. a. die Anwendung der Infinitesimalrechnung auf die Untersuchung von Naturvorgängen.

Zwecks Untersuchung eines gewissen Vorganges ist man bestrebt, ihn in kleine Elementarvorgänge zu zerlegen und auf jeden von ihnen, dessen Kleinheit ausnutzend, das Gesetz der direkten Proportionalität anzuwenden. Im Grenzfall erhält man auf diese Weise eine Gleichung, die eine Beziehung zwischen der unabhängigen Veränderlichen, der Funktion und ihren Differentialen (oder der Ableitung) darstellt. Diese Gleichung heißt die dem betrachteten Vorgang entsprechende *Differentialgleichung.* Die Ermittlung der Funktion aus ihrer Differentialgleichung heißt *Integration der Differentialgleichung.*

Bei der Anwendung der Infinitesimalrechnung auf die Untersuchung irgendeines Naturgesetzes muß also die Differentialgleichung des betrachteten Naturgesetzes aufgestellt und integriert werden. Diese letzte Aufgabe pflegt im allgemeinen viel schwieriger als die erste zu sein, über sie werden wir später sprechen. In den folgenden Beispielen leiten wir die Differentialgleichungen ab, die einigen einfachen Naturvorgängen entsprechen.

1. *Die barometrische Formel.* Der Luftdruck p, bezogen auf die Flächeneinheit, ist offenbar eine Funktion der Höhe h über der Erdoberfläche. Wir betrachten eine vertikale zylindrische Luftsäule mit dem Querschnitt 1 und führen zwei Schnitte A und A_1 in den Höhen h bzw. $h + \mathrm{d}h$ aus. Beim Übergang von A zu A_1 verringert sich der Druck p (wenn $\mathrm{d}h > 0$ ist) um einen Betrag, der gleich dem Gewicht der Luft ist, die in dem Teil des Zylinders zwischen A und A_1 eingeschlossen ist. Wenn $\mathrm{d}h$ klein ist, können wir näherungsweise die Luftdichte ϱ in diesem Teil des Zylinders als konstant ansehen. Die Grundfläche der Säule AA_1 ist gleich 1, ihre Höhe $\mathrm{d}h$, und folglich wird das Volumen $\mathrm{d}h$ und das gesuchte Gewicht $\varrho\,\mathrm{d}h$. Also verringert sich p (für $\mathrm{d}h > 0$) um $\varrho\,\mathrm{d}h$:

$$\mathrm{d}p = -\varrho\,\mathrm{d}h\,.$$

Gemäß dem Boyle-Mariotteschen Gesetz ist die Dichte ϱ proportional dem Druck p,

$$\varrho = cp \quad (c \text{ konstant})\,,$$

und so erhalten wir schließlich die Differentialgleichung

$$\mathrm{d}p = -cp\,\mathrm{d}h$$

oder

$$\frac{\mathrm{d}p}{\mathrm{d}h} = -cp\,.$$

2. *Die chemische Reaktion erster Ordnung.* Ein gewisser Stoff, dessen Masse a ist, tritt in eine chemische Reaktion ein. Wir bezeichnen mit x den Teil der Masse, der zum Zeitpunkt t, vom Beginn der Reaktion an gerechnet, bereits in diese eingetreten ist. Offenbar ist x eine Funktion von t. Für gewisse Reaktionen kann man näherungsweise annehmen, daß die Stoffmenge dx, die während des Zeitintervalls vom Augenblick t bis zum Augenblick $t + dt$ in die Reaktion eintritt, bei kleinem dt proportional dt und der Stoffmenge ist, die zum Zeitpunkt t noch nicht in die Reaktion eingetreten ist:

$$dx = c(a - x)\,dt \quad \text{oder} \quad \frac{dx}{dt} = c(a - x)\,.$$

Wir formen diese Differentialgleichung um, indem wir an Stelle von x die neue Funktion $y = a - x$ einführen, wobei y die Masse bezeichnet, die zum Zeitpunkt t noch nicht an der Reaktion beteiligt ist. Beachten wir, daß a eine Konstante ist, so erhalten wir

$$\frac{dy}{dt} = -\frac{dx}{dt},$$

und die Differentialgleichung der chemischen Reaktion erster Ordnung kann in folgender Form geschrieben werden:

$$\frac{dy}{dt} = -cy\,.$$

3. *Das Abkühlungsgesetz.* Wir nehmen an, daß ein auf eine hohe Temperatur erhitzter Körper in ein Medium gebracht wird, das die konstante Temperatur 0° hat. Der Körper wird sich abkühlen, und seine Temperatur θ wird eine Funktion der Zeit t, die wir vom Augenblick des Einführens in das Medium an rechnen. Die Wärmemenge dQ, die vom Körper im Zeitintervall dt abgegeben wird, werden wir näherungsweise proportional der Dauer dt dieses Intervalls und der Temperaturdifferenz zwischen Körper und Medium zum Zeitpunkt t rechnen (Newtonsches Gesetz des Temperaturausgleichs). Wir können dann

$$dQ = c_1\theta\,dt \qquad (c_1 \text{ konstant})$$

schreiben. Bezeichnen wir mit k die Wärmekapazität des Körpers, so erhalten wir

$$dQ = -k\,d\theta\,,$$

wobei wir das Minuszeichen nehmen, da $d\theta$ in dem betrachteten Fall negativ ist (die Temperatur sinkt). Gleichsetzen dieser beiden Ausdrücke für dQ liefert

$$d\theta = -c\theta\,dt \qquad \left(c = \frac{c_1}{k}\right)$$

oder

$$\frac{d\theta}{dt} = -c\theta;$$

c ist eine konstante Größe, wenn wir die Wärmekapazität k als konstant ansehen. Die von uns hergeleiteten Differentialgleichungen haben ein und dieselbe Form. Sie drücken alle die Eigenschaft aus, daß die Ableitung proportional der mit einem negativen Proportionalitätsfaktor multiplizierten Funktion ist.

In [38] hatten wir gezeigt, daß sich bei stetiger Verzinsung eines Grundkapitals a während t Jahren das angewachsene Kapital ae^{kt} bildet, wobei k der in Hundertstel ausgedrückte Prozentsatz ist:

$$y = ae^{kt}\,. \tag{7}$$

Berechnen wir die Ableitung, so erhalten wir

$$y' = ake^{kt} = ky\,, \tag{8}$$

d. h., auch in diesem Fall sind Ableitung und Funktion selbst einander proportional, weswegen man diese Eigenschaft das *Zinseszinsgesetz* nennt. Später werden wir zeigen, daß die Funktion (7) *alle* Lösungen der Differentialgleichung (8) liefert bei *beliebigem* Wert der Konstanten a, an deren Stelle wir C schreiben werden.

Somit können die Lösungen unserer Gleichungen (wenn in (7) k durch $-c$ oder $-gc$ ersetzt wird) in der Form

$$p(h) = Ce^{-gch}, \quad y(t) = Ce^{-ct}, \quad \theta(t) = Ce^{-ct} \tag{9}$$

dargestellt werden, wobei C eine willkürliche Konstante ist. Wir bestimmen jetzt die physikalische Bedeutung der Konstanten C in jeder der vorstehenden Formeln. Setzen wir in der ersten Formel $h = 0$, so erhalten wir

$$C = p(0) = p_0 ,$$

wobei p_0 somit der Druck der Atmosphäre für $h = 0$, d. h. auf der Erdoberfläche ist. Die zweite Formel liefert uns für $t = 0$

$$C = y(0) ,$$

d. h., C ist die Masse, die zum Anfangspunkt noch nicht in Reaktion getreten ist; wir hatten sie früher auch mit dem Buchstaben a bezeichnet. Setzen wir schließlich in der dritten der Formeln (9) $t = 0$, so überzeugen wir uns ebenso, daß C die Anfangstemperatur θ_0 des Körpers im Augenblick seiner Einführung in das Medium ist. Wir haben also schließlich

$$p(h) = p_0\, e^{-gch}, \quad y(t) = ae^{-ct}, \quad \theta(t) = \theta_0\, e^{-ct} . \tag{10}$$

52. Fehlerabschätzung. Bei der praktischen Bestimmung oder Überschlagsberechnung irgendeiner Größe x ergibt sich ein Fehler Δx, der *absoluter Fehler* oder *absolute Ungenauigkeit* der Beobachtung bzw. Berechnung genannt wird. Er charakterisiert nicht die Genauigkeit der Beobachtung. Zum Beispiel ist eine Abweichung von ungefähr 1 cm bei der Bestimmung der Länge eines Zimmers praktisch zulässig; aber derselbe Fehler läßt bei der Bestimmung des Abstandes von zwei nahen Gegenständen (z. B. einer Kerze von einem photometrischen Schirm) auf eine große Ungenauigkeit der Messung schließen. Daher führt man noch den Begriff des *relativen Fehlers* ein, der gleich dem Absolutbetrag $\left|\frac{\Delta x}{x}\right|$ des Verhältnisses des absoluten Fehlers zum Wert der zu messenden Größe selbst ist.

Wir nehmen jetzt an, daß sich eine gewisse Größe y aus der Gleichung $y = f(x)$ bestimmen läßt. Der Fehler Δx bei der Bestimmung von x zieht einen Fehler Δy nach sich.[1]) Für kleine Werte Δx kann man Δy näherungsweise durch das Differential dy ersetzen, so daß der relative Fehler bei der Bestimmung der Größe y durch

$$\left|\frac{dy}{y}\right|$$

ausgedrückt wird.

Beispiele.

1. Die Stromstärke i läßt sich bekanntlich mit einer Tangentenbussole nach der Formel

$$i = c \tan \varphi$$

bestimmen. Es sei $d\varphi$ der Fehler bei der Ablesung des Winkels φ:

$$di = \frac{c}{\cos^2 \varphi}\, d\varphi , \quad \frac{di}{i} = \frac{c}{\cos^2 \varphi \cdot c \tan \varphi}\, d\varphi = \frac{2}{\sin 2\varphi}\, d\varphi ,$$

woraus ersichtlich ist, daß der relative Fehler $\left|\frac{di}{i}\right|$ bei der Bestimmung von i um so kleiner ist, je näher φ bei 45° liegt.

---

[1]) *Fehlerfortpflanzung* (Anm. d. Übers.).

2. Wir betrachten das Produkt uv:

$$\mathrm{d}(uv) = v\,\mathrm{d}u + u\,\mathrm{d}v\,, \qquad \frac{\mathrm{d}(uv)}{uv} = \frac{\mathrm{d}u}{u} + \frac{\mathrm{d}v}{v}\,,$$

und folglich ist

$$\left|\frac{\mathrm{d}(uv)}{uv}\right| \leqq \left|\frac{\mathrm{d}u}{u}\right| + \left|\frac{\mathrm{d}v}{v}\right|,$$

d. h., *der relative Fehler eines Produkts ist nicht größer als die Summe der relativen Fehler der Faktoren.*

Dieselbe Regel erhalten wir auch für einen Quotienten, denn es ist

$$\mathrm{d}\frac{u}{v} = \frac{v\,\mathrm{d}u - u\,\mathrm{d}v}{v^2}\,,$$

$$\frac{\mathrm{d}\dfrac{u}{v}}{\dfrac{u}{v}} = \frac{\mathrm{d}u}{u} - \frac{\mathrm{d}v}{v}\,; \qquad \left|\frac{\mathrm{d}\dfrac{u}{v}}{\dfrac{u}{v}}\right| \leqq \left|\frac{\mathrm{d}u}{u}\right| + \left|\frac{\mathrm{d}v}{v}\right|.$$

3. Wir betrachten die Formel für die Kreisfläche:

$$Q = \pi r^2\,, \qquad \mathrm{d}Q = 2\pi r\,\mathrm{d}r\,, \qquad \frac{\mathrm{d}Q}{Q} = \frac{2\pi r\,\mathrm{d}r}{\pi r^2} = 2\frac{\mathrm{d}r}{r}\,;$$

d. h., der relative Fehler bei der Bestimmung der Kreisfläche nach der obigen Formel ist gleich dem doppelten relativen Fehler bei der Bestimmung des Radius.

4. Wir nehmen an, daß der Winkel φ auf Grund des Logarithmus seines Sinus bzw. Tangens bestimmt wird. Gemäß den Differentiationsregeln erhalten wir

$$\mathrm{d}({}^{10}\log\sin\varphi) = \frac{\cos\varphi\,\mathrm{d}\varphi}{\log 10\cdot\sin\varphi}\,, \qquad \mathrm{d}({}^{10}\log\tan\varphi) = \frac{\mathrm{d}\varphi}{\log 10\cdot\tan\varphi\cdot\cos^2\varphi}$$

und daraus

$$\mathrm{d}\varphi = \frac{\log 10\cdot\sin\varphi}{\cos\varphi}\,\mathrm{d}({}^{10}\log\sin\varphi)\,, \qquad \mathrm{d}\varphi = \log 10\cdot\sin\varphi\cos\varphi\,\mathrm{d}({}^{10}\log\tan\varphi)\,. \tag{11}$$

Wir setzen voraus, daß wir bei der Bestimmung von ${}^{10}\log\sin\varphi$ bzw. ${}^{10}\log\tan\varphi$ ein und denselben Fehler gemacht haben (dieser Fehler hängt von der Anzahl der Dezimalstellen in der benutzten Logarithmentafel ab). Die erste der Formeln (11) ergibt für $\mathrm{d}\varphi$ einen dem Absolutbetrag nach größeren Wert als die zweite, da in der ersten Formel das Produkt $\log 10\cdot\sin\varphi$ durch $\cos\varphi$ dividiert, in der zweiten aber mit $\cos\varphi$ multipliziert wird und $|\cos\varphi| < 1$ ist. Somit ist es bei der Berechnung von Winkeln günstiger, die Tafel für ${}^{10}\log\tan\varphi$ zu benutzen.

§ 4. Ableitungen und Differentiale höherer Ordnung

53. Die Ableitungen höherer Ordnung. Die Ableitung $f'(x)$ der Funktion $y = f(x)$ ist, wie wir wissen, wieder eine Funktion von x. Differenzieren wir sie, so erhalten wir eine neue Funktion, welche zweite Ableitung oder Ableitung zweiter Ordnung der ursprünglichen Funktion $f(x)$ genannt und folgendermaßen bezeichnet wird:

$$y'' \quad \text{oder} \quad f''(x)\,.$$

Differenzieren wir die zweite Ableitung, so erhalten wir die Ableitung dritter Ordnung oder einfach die dritte Ableitung:

$$y''' \quad \text{oder} \quad f'''(x)\,.$$

Wenn wir in dieser Weise wieder differenzieren, erhalten wir stets die Ableitung einer beliebigen n-ten Ordnung: $y^{(n)}$ oder $f^{(n)}(x)$.

Wir wollen einige Beispiele betrachten.

1. $y = \mathrm{e}^{ax},\ y' = a\mathrm{e}^{ax},\ y'' = a^2\mathrm{e}^{ax},\ \dots,\ y^{(n)} = a^n\mathrm{e}^{ax}$.

2. $y = (ax+b)^k,\ y' = ak(ax+b)^{k-1},\qquad y'' = a^2k(k-1)(ax+b)^{k-2},\ \dots,$

$$y^{(n)} = a^x k(k-1)(k-2)\cdots(k-n+1)(ax+b)^{k-n}.$$

3. Wir wissen, daß

$$(\sin x)' = \cos x = \sin\left(x + \frac{\pi}{2}\right), \qquad (\cos x)' = -\sin x = \cos\left(x + \frac{\pi}{2}\right)$$

ist, d. h., die Differentiation von $\sin x$ und $\cos x$ läßt sich auf eine Addition von $\frac{\pi}{2}$ zum Argument zurückführen, und daher wird

$$(\sin x)'' = \left[\sin\left(x + \frac{\pi}{2}\right)\right]' = \sin\left(x + 2\,\frac{\pi}{2}\right)\cdot\left(x + \frac{\pi}{2}\right)' = \sin\left(x + 2\,\frac{\pi}{2}\right)$$

und allgemein

$$(\sin x)^{(n)} = \sin\left(x + n\,\frac{\pi}{2}\right) \quad \text{und} \quad (\cos x)^{(n)} = \cos\left(x + n\,\frac{\pi}{2}\right).$$

4. $y = \log(1+x),\ y' = \frac{1}{1+x},\qquad y'' = -\frac{1}{(1+x)^2},\qquad y''' = \frac{1\cdot 2}{(1+x)^3},\ \dots,$

$$y^{(n)} = (-1)^{n+1}\frac{(n-1)!}{(1+x)^n}.$$

5. Wir betrachten eine Summe von Funktionen

$$y = u + v + w.$$

Wenden wir die Differentiationsregel für eine Summe an und setzen wir voraus, daß die entsprechenden Ableitungen der Funktionen u, v und w existieren, so erhalten wir

$$y' = u' + v' + w', \quad y'' = u'' + v'' + w'', \dots, \quad y^{(n)} = u^{(n)} + v^{(n)} + w^{(n)},$$

d. h., *die Ableitung n-ter Ordnung einer Summe ist gleich der Summe der n-ten Ableitungen der einzelnen Summanden.* Zum Beispiel ist

$$y = x^3 - 4x^2 + 7x + 10; \qquad y' = 3x^2 - 8x + 7; \qquad y'' = 6x - 8;$$

$$y''' = 6; \qquad y^{(4)} = 0 \quad \text{und allgemein} \quad y^{(n)} = 0 \quad \text{für} \quad n < 3.$$

Auf demselben Wege können wir allgemein zeigen, daß *die Ableitung n-ter Ordnung eines Polynoms m-ten Grades gleich 0 wird, wenn $n > m$ ist.*

Wir betrachten jetzt das Produkt zweier Funktionen $y = uv$. Wenden wir die Differentiationsregeln für Produkt und Summe an, so erhalten wir

$$\begin{aligned}
y' &= u'v + uv', \\
y'' &= u''v + u'v' + u'v' + uv'' = u''v + 2u'v' + uv'', \\
y''' &= u'''v + u''v' + 2u''v' + 2u'v'' + u'v'' + uv''' \\
&= u'''v + 3u''v' + 3u'v'' + uv'''.
\end{aligned}$$

Wir stellen das folgende Bildungsgesetz der Ableitungen fest: *Um die Ableitung n-ter Ordnung des Produkts uv zu bilden, muß man* $(u + v)^n$ *nach dem binomischen Satz entwickeln und in dieser Entwicklung die Exponenten bei u und v durch die Ordnungen der Ableitungen ersetzen, wobei die nullten Potenzen* ($u^0 = v^0 = 1$), *die in den Außengliedern der Entwicklung auftreten, durch die Funktionen selbst zu ersetzen sind.*

Diese Regel wird *Leibnizsche Regel* genannt und symbolisch in der folgenden Form geschrieben:

$$y^{(n)} = (u + v)^{(n)} .$$

Wir werden die Richtigkeit dieser Regel unter Benutzung der Schlußweise von n auf $n + 1$ (vollständige Induktion) beweisen. Dazu nehmen wir an, daß die Regel für die n-te Ableitung richtig ist, d. h., es gilt

$$y^{(n)} = (u + v)^{(n)} = u^{(n)}v + \frac{n}{1!} u^{(n-1)}v' + \frac{n(n-1)}{2!} u^{(n-2)}v'' + \cdots$$
$$+ \frac{n(n-1)\cdots(n-k+1)}{k!} u^{(n-k)}v^{(k)} + \cdots + uv^{(n)} . \qquad (1)$$

Um $y^{(n+1)}$ zu erhalten, muß man diese Summe nach x differenzieren. Dabei ist das Produkt $u^{(n-k)}v^{(k)}$ im allgemeinen Summenglied gemäß der Produktregel durch die Summe $u^{(n-k+1)}v^{(k)} + u^{(n-k)}v^{(k+1)}$ zu ersetzen. In der symbolischen Bezeichnungsweise läßt sich diese Summe in der Form $u^{n-k}v^k(u + v)$ schreiben. Lösen wir die Klammer auf und ersetzen die Exponenten durch die Ordnungen der Ableitungen, so ergibt sich die Summe $u^{(n-k+1)}v^{(k)} + u^{(n-k)}v^{(k+1)}$. Auf diese Weise sehen wir, daß wir, um $y^{(n+1)}$ zu erhalten, jeden Summanden der Summe (1) und daher auch die ganze Summe symbolisch mit $(u + v)$ multiplizieren müssen, und folglich ist

$$y^{(n+1)} = (u + v)^{(n)} \cdot (u + v) = (u + v)^{(n+1)} .$$

Wir haben damit gezeigt, daß die Leibnizsche Regel für $n + 1$ richtig ist, wenn sie für n gilt. Nun hatten wir uns aber direkt davon überzeugt, daß sie für $n = 1$, 2 und 3 richtig ist; folglich ist sie für alle Werte von n gültig.

Als Beispiel betrachten wir

$$y = e^x(3x^2 - 1)$$

und bestimmen $y^{(100)}$:

$$y^{(100)} = (e^x)^{(100)} (3x^2 - 1) + \frac{100}{1} (e^x)^{(99)} (3x^2 - 1)' + \frac{100 \cdot 99}{1 \cdot 2} (e^x)^{(98)} (3x^2 - 1)''$$
$$+ \frac{100 \cdot 99 \cdot 98}{1 \cdot 2 \cdot 3} (e^x)^{(97)} (3x^2 - 1)''' + \cdots + e^x(3x^2 - 1)^{(100)} .$$

Alle Ableitungen des Polynoms zweiten Grades werden von der dritten an identisch gleich 0, und wegen $(e^x)^{(n)} = e^x$ erhalten wir

$$y^{(100)} = e^x(3x^2 - 1) + 100\, e^x \cdot 6x + 4950\, e^x \cdot 6 = e^x(3x^2 + 600x + 29699) .$$

54. Die physikalische Bedeutung der zweiten Ableitung. Wir betrachten die geradlinige Bewegung eines Punktes,

$$s = f(t) ,$$

wobei, wie üblich, t die Zeit und s der von einem bestimmten Punkt der Geraden aus gerechnete Weg ist. Differenzieren wir einmal nach t, so erhalten wir die *Geschwindigkeit* der Bewegung

$$v = f'(t) .$$

Wir bilden nun die zweite Ableitung, die den Grenzwert des Quotienten $\frac{\Delta v}{\Delta t}$ beim Grenzübergang von Δt gegen 0 darstellt. Der Quotient $\frac{\Delta v}{\Delta t}$ charakterisiert, wie schnell sich die Geschwindigkeit während des Zeitintervalls Δt ändert, und liefert die mittlere Beschleunigung während dieses Zeitintervalls; der Grenzwert dieses Quotienten beim Grenzübergang von Δt gegen 0 ergibt die *Beschleunigung* w der betrachteten Bewegung *im Zeitpunkt* t:

$$w = f''(t) .$$

Nehmen wir an, $f(t)$ sei ein Polynom zweiten Grades, so ist

$$s = at^2 + bt + c, \qquad v = 2at + b, \qquad w = 2a ,$$

d. h., die Beschleunigung w ist konstant und der Koeffizient a gleich $\frac{1}{2} w$. Setzen wir $t = 0$ ein, so erhalten wir $b = v_0$, d. h., b ist gleich der Anfangsgeschwindigkeit und $c = s_0$, d. h., c ist gleich dem Abstand des Punktes vom Koordinatenursprung auf der Geraden im Zeitpunkt $t = 0$. Wenn wir für a, b und c die gefundenen Werte in den Ausdruck für s einsetzen, erhalten wir die Formel für den Weg bei einer gleichmäßig beschleunigten ($w > 0$) oder einer gleichmäßig verzögerten ($w < 0$) Bewegung:

$$s = \tfrac{1}{2} wt^2 + v_0 t + s_0 .$$

Allgemein können wir, wenn wir das Gesetz der Wegänderung kennen, die Beschleunigung w bestimmen, indem wir zweimal nach t differenzieren, und folglich auch die die Bewegung hervorrufende Kraft f, da gemäß dem zweiten Newtonschen Gesetz $f = mw$ ist, wobei m die Masse des sich bewegenden Punktes bedeutet.

Alles Gesagte trifft nur für eine geradlinige Bewegung zu. Im Fall einer krummlinigen Bewegung gibt $f''(t)$, wie aus der Mechanik bekannt ist, nur die Projektion des Beschleunigungsvektors auf die Tangente der Bahnkurve.

Wir betrachten als Beispiel die harmonische Schwingung eines Punktes M; dabei wird der Abstand s dieses Punktes von einem festen Punkt O der Geraden, auf der er sich bewegt, durch

$$s = a \sin\left(\frac{2\pi}{\tau} t + \omega\right)$$

bestimmt, wobei die Amplitude a, die Schwingungsperiode τ und die Phase ω konstante Größen sind. Durch Differentiation erhalten wir die Geschwindigkeit v und die Kraft f:

$$v = \frac{2\pi a}{\tau} \cos\left(\frac{2\pi}{\tau} t + \omega\right), \qquad f = mw = -\frac{4\pi^2 m}{\tau} a \sin\left(\frac{2\pi}{\tau} t + \omega\right) = -\frac{4\pi^2 m}{\tau^2} s ,$$

d. h., die Kraft ist der Größe nach proportional der Länge der Strecke $\overline{OM}$, aber entgegengesetzt gerichtet. Mit anderen Worten, die Kraft ist immer vom Punkt M zum Punkt O gerichtet und der Entfernung des Punktes M vom Punkt O proportional.

55. Differentiale höherer Ordnung. Wir führen jetzt den Begriff des Differentials höherer Ordnung der Funktion $y = f(x)$ ein. Ihr Differential

$$dy = f'(x)\,dx$$

ist offenbar eine Funktion von x, doch darf man dabei nicht vergessen, daß das Differential der unabhängigen Veränderlichen dx jetzt als unabhängig von x angesehen wird [**50**] und bei der weiteren Differentiation als konstanter Faktor vor das Zeichen der Ableitung gezogen wird. Betrachtet man dy als Funktion von x, so kann man das Differential dieser Funktion bilden; es heißt Differential zweiter Ordnung der ursprünglichen Funktion $f(x)$ und wird mit d^2y oder $d^2f(x)$ bezeichnet:

$$d^2y = d(dy) = [f'(x)\,dx]'\,dx = f(x)\,dx^2\,.$$

Bilden wir wiederum das Differential der erhaltenen Funktion von x, so gelangen wir zum Differential dritter Ordnung

$$d^3y = d(d^2y) = [f''(x)\,dx^2]'\,dx = f'''(x)\,dx^3\,;$$

allgemein gelangen wir, wenn wir nacheinander die Differentiale bilden, zum Begriff des Differentials n-ter Ordnung der Funktion $f(x)$ und erhalten dafür den Ausdruck

$$d^nf(x) \quad \text{oder} \quad d^ny = f^{(n)}(x)\,dx^n\,. \tag{2}$$

Diese Beziehung erlaubt, die Ableitung n-ter Ordnung als Quotient von Differentialen darzustellen:

$$f^{(n)}(x) = \frac{d^ny}{dx^n}. \tag{3}$$

Wir betrachten jetzt eine mittelbare Funktion $y = f(u)$, wobei u eine Funktion einer gewissen unabhängigen Veränderlichen ist. Wir wissen [**50**], daß das erste Differential dieser Funktion dieselbe Form hat wie in dem Fall, daß u die unabhängige Veränderliche ist:

$$dy = f'(u)\,du\,.$$

Bei der Bestimmung der Differentiale höherer Ordnung ergeben sich Beziehungen, die der Form nach von (2) verschieden sind, weil wir nicht mehr berechtigt sind, du als konstante Größe anzusehen, denn u ist jetzt keine unabhängige Veränderliche. So erhalten wir z. B. für das Differential zweiter Ordnung, wenn wir die Regel zur Bestimmung des Differentials eines Produktes anwenden, den Ausdruck

$$d^2y = d[f'(u)\,du] = du\,d[f'(u)] + f'(u)\,d(du) = f''(u)\,du^2 + f'(u)\,d^2u\,,$$

der im Vergleich mit (2) das zusätzliche Glied $f'(u)\,d^2u$ enthält.

Wenn u eine *unabhängige* Veränderliche ist, muß du als konstant angesehen werden, und d^2u ist 0. Wir nehmen jetzt an, u sei eine lineare Funktion der unabhängigen Veränderlichen t, d. h.

$$u = at + b\,.$$

Hierbei ist $du = a\,dt$, d. h., du ist wiederum eine konstante Größe, und daher werden die Differentiale höherer Ordnung dieser mittelbaren Funktion durch (2) ausgedrückt:

$$d^nf(u) = f^{(n)}(u)\,du^n\,,$$

d. h., *der Ausdruck* (2) *für die Differentiale höherer Ordnung ist brauchbar, wenn x eine unabhängige Veränderliche oder eine lineare Funktion einer unabhängigen Veränderlichen ist.*

56. Differenzen von Funktionen. Wir bezeichnen mit h den Zuwachs der unabhängigen Veränderlichen. Der entsprechende Zuwachs der Funktion $y = f(x)$ ist

$$\Delta y = f(x + h) - f(x) . \tag{4}$$

Man nennt ihn *Differenz erster Ordnung* der Funktion $f(x)$. Diese Differenz ist ihrerseits eine Funktion von x, und wir können die Differenz dieser neuen Funktion finden, indem wir die Werte der Funktion für $x + h$ und x berechnen und vom ersten Resultat das zweite abziehen. Sie heißt *Differenz zweiter Ordnung* der ursprünglichen Funktion $f(x)$ und wird mit $\Delta^2 y$ bezeichnet. $\Delta^2 y$ ist leicht durch die Werte der Funktion $f(x)$ selbst auszudrücken:

$$\begin{aligned}\Delta^2 y = \Delta(\Delta y) &= [f(x + 2h) - f(x + h)] - [f(x + h) - f(x)] \\ &= f(x + 2h) - 2f(x + h) + f(x) .\end{aligned} \tag{5}$$

Diese Differenz zweiter Ordnung ist ebenfalls eine Funktion von x. Bestimmen wir die Differenz dieser Funktion, so erhalten wir die *Differenz dritter Ordnung* $\Delta^3 y$ der ursprünglichen Funktion $f(x)$. Ersetzen wir in der rechten Seite der Gleichung (5) x durch $x + h$ und subtrahieren von dem Resultat die rechte Seite der Gleichung (5), so erhalten wir für $\Delta^3 y$ den Ausdruck

$$\begin{aligned}\Delta^3 y &= [f(x + 3h) - 2f(x + 2h) + f(x + h)] - [f(x + 2h) - 2f(x + h) + f(x)] \\ &= f(x + 3h) - 3f(x + 2h) + 3f(x + h) - f(x) .\end{aligned}$$

Auf diese Weise läßt sich schrittweise die Differenz einer beliebigen Ordnung bestimmen, und die *Differenz n-ter Ordnung* $\Delta^n y$ besitzt die folgende Darstellung durch die Werte der Funktion $f(x)$:

$$\begin{aligned}\Delta^n y = f(x + nh) - \frac{n}{1} f[x + (n - 1)\, h] + \frac{n(n - 1)}{2!} f[x + (n - 2)\, h] - \cdots \\ + (-1)^k \frac{n(n - 1) \cdots (n - k + 1)}{k!} f[x + (n - k)\, h] + \cdots + (-1)^n f(x) .\end{aligned} \tag{6}$$

Weiter oben hatten wir uns von der Richtigkeit dieser Formel für $n = 1, 2$ und 3 überzeugt. Zu ihrem vollständigen Beweis muß man die übliche Schlußweise von n auf $n + 1$ anwenden. Wir bemerken, daß man zur Berechnung von $\Delta^n y$ die $n + 1$ Werte der Funktion $f(x)$ für die Argumentwerte $x, x + h, x + 2h, \ldots, x + nh$ kennen muß. Diese Argumente bilden eine arithmetische Progression mit der Differenz h oder sind, wie man sagt, *äquidistante* Werte.

Für kleine Werte h unterscheidet sich Δy wenig vom Differential dy. Genauso geben die Differenzen höherer Ordnung Näherungswerte für die Differentiale der entsprechenden Ordnung und umgekehrt. Wenn z. B. eine Funktion tabellenmäßig mit äquidistanten Argumentwerten gegeben ist, sind wir ohne den analytischen Ausdruck der Funktion nicht in der Lage, die Werte ihrer Ableitungen beliebiger Ordnung genau zu berechnen, aber an Stelle der exakten Formel (3) können wir Näherungswerte der Ableitungen erhalten, indem wir den Quotienten $\frac{\Delta^n y}{\Delta x^n}$ ausrechnen. Wir bilden als Beispiel eine Tabelle der Differenzen und Differentiale der Funktion $y = x^3$ im Intervall $(2, 3)$, wobei wir

$$\Delta x = h = 0{,}1$$

annehmen:

x	y	Δy	$\Delta^2 y$	$\Delta^3 y$	$\Delta^4 y$	$dy = 3x^2\, dx$	$d^2y = 6x\, dx^2$	$d^3y = 6dx^3$	$d^4y = 0$
2	8,000	1,261	0,126	0,006	0	1,200	0,120	0,006	0
2,1	9,261	1,387	0,132	0,006	0	1,323	0,126	0,006	0
2,2	10,648	1,519	0,138	0,006	0	1,452	0,132	0,006	0
2,3	12,167	1,657	0,144	0,006	0	1,587	0,138	0,006	0
2,4	13,824	1,801	0,150	0,006	0	1,728	0,144	0,006	0
2,5	15,625	1,951	0,156	0,006	0	1,875	0,150	0,006	0
2,6	17,576	2,107	0,162	0,006	0	2,028	0,156	0,006	0
2,7	19,683	2,269	0,168	0,006	—	2,187	0,162	0,006	—
2,8	21,952	2,437	0,174	—	—	2,352	0,168	—	—
2,9	24,389	2,611	—	—	—	2,523	—	—	—
3	27,000	—	—	—	—	—	—	—	—

Zur Aufstellung dieser Tabelle wurden die aufeinanderfolgenden Werte der Funktion $y = x^3$ berechnet, aus denen mittels Subtraktion gemäß (4) die Werte von Δy erhalten wurden, aus denen sich wiederum mittels Subtraktion die Werte von $\Delta^2 y$ ergaben usw. Diese Methode der schrittweisen Berechnung der Differenzen ist natürlich einfacher als die Berechnung nach (6). Die Differentiale berechnen sich nach den bekannten, am Kopf der Tabelle angegebenen Formeln, wobei $dx = h = 0{,}1$ zu setzen ist.

Wir vergleichen die exakten Werte mit den Näherungswerten der zweiten Ableitung y'' für $x = 2$. In dem betrachteten Fall ist $y'' = 6x$, d. h., $y'' = 12$ für $x = 2$ ist der exakte Wert. Angenähert wird die Ableitung dargestellt durch den Quotienten $\frac{\Delta^2 y}{h^2}$, und für $x = 2$ erhalten wir

$$\frac{0{,}126}{(0{,}1)^2} = 12{,}6\,.$$

Ist $f(x)$ eine Polynom von x,

$$y = f(x) = a_0 x^m + a_1 x^{m-1} + a_2 x^{m-2} + \cdots + a_{m-1} x + a_m\,,$$

so erhalten wir, wenn wir Δy nach (4) ausrechnen, für Δy einen Ausdruck in Form eines Polynoms $(m - 1)$-ten Grades mit dem höchsten Glied $m a_0 h x^{m-1}$, was leicht nachzuprüfen ist. Im Fall $y = x^3$ ist somit Δy ein Polynom zweiten Grades von x, $\Delta^2 y$ ein Polynom ersten Grades, $\Delta^3 y$ ist eine Konstante, und $\Delta^4 y$ ist gleich 0 (siehe Tabelle). Wir empfehlen dem Leser als Übungsaufgabe, zu zeigen, daß die Werte von $d^2 y$ im vorliegenden Beispiel eine Zeile später als bei $\Delta^2 y$ auftreten müssen, wie es aus der Tabelle ersichtlich ist.

§ 5. Die Anwendung des Begriffs der Ableitung bei der Untersuchung von Funktionen

57. Kriterien für das Zunehmen und Abnehmen einer Funktion. Die Kenntnis der Ableitung gibt die Möglichkeit, verschiedene Eigenschaften der Funktionen zu studieren. Wir beginnen mit der einfachsten und grundlegenden Frage, nämlich mit der nach dem Zunehmen und Abnehmen einer Funktion.

Die Funktion $f(x)$ heißt in einem gewissen Intervall *zunehmend*, wenn in diesem Intervall größeren Werten der unabhängigen Veränderlichen auch größere Werte der Funktion entsprechen, d. h., wenn

$$f(x + h) - f(x) > 0 \quad \text{für} \quad h > 0$$

ist. Haben wir umgekehrt

$$f(x + h) - f(x) < 0 \quad \text{für} \quad h > 0 ,$$

so heißt die Funktion *abnehmend.*

Wenden wir uns der Kurve der Funktion zu, so entsprechen die Intervalle, in denen die Funktion zunimmt, den Teilen der Bildkurve, in denen zu größeren Abszissen auch größere Ordinaten gehören. Wenn wir wie in Abb. 55 die x-Achse

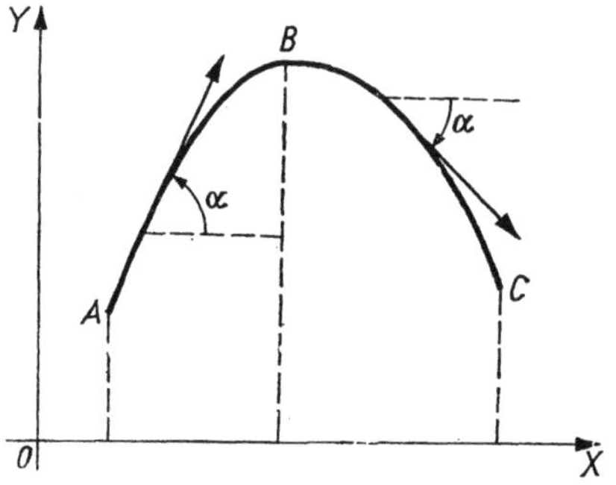

Abb. 55

nach rechts und die y-Achse nach oben richten, entsprechen dem Intervall mit zunehmenden Funktionswerten solche Kurvenstücke, bei denen wir nach oben ansteigen, sofern wir uns längs der Kurve nach rechts in der Richtung wachsender Abszissen bewegen. Umgekehrt entsprechen den Intervallen mit abnehmenden Funktionswerten die Kurvenstücke, die bei einer Bewegung nach rechts auf der Kurve nach unten abfallen. In Abb. 55 entspricht das Stück AB der Bildkurve einem Wachstumsintervall und BC einem Intervall, in dem die Funktion abnimmt. Aus Abb. 55 wird unmittelbar klar, daß die Tangente auf dem ersten Teilstück mit der Richtung der x-Achse einen Winkel α — gerechnet von der x-Achse bis zur Tangente — bildet, dessen Tangens positiv ist. Der Tangens dieses Winkels ist die erste Ableitung $f'(x)$. Umgekehrt bildet die Richtung der Tangente auf dem Teilstück BC mit der x-Richtung einen Winkel α (im vierten Quadranten), dessen Tangens negativ ist, d. h., für diesen Fall wird $f'(x)$ eine negative Größe. Fassen wir diese Resultate zusammen, so gelangen wir zu der folgenden Regel: *Die Intervalle, in denen $f'(x) > 0$ ist, sind Intervalle mit zunehmenden Funktionswerten, und jene Intervalle, in denen $f'(x) < 0$ ist, sind Intervalle mit abnehmenden Funktionswerten.*

Wir sind zu dieser Regel unter Benutzung der Bildkurve der Funktion gekommen. Im folgenden werden wir einen strengen analytischen Beweis geben. Zuvor wenden wir jedoch das erhaltene Resultat auf einige Beispiele an.

1. Wir beweisen die Ungleichung

$$\sin x > x - \frac{x^3}{6} \quad \text{für} \quad x > 0 .$$

Dazu bilden wir die Differenz

$$f(x) = \sin x - \left(x - \frac{x^3}{6}\right).$$

Nun bestimmen wir die Ableitung $f'(x)$:

$$f'(x) = \cos x - 1 + \frac{x^2}{2} = \frac{x^2}{2} - (1 - \cos x) = \frac{x^2}{2} - 2\sin^2\frac{x}{2} = 2\left[\left(\frac{x}{2}\right)^2 - \left(\sin\frac{x}{2}\right)^2\right].$$

Beachten wir, daß der Bogen selbst dem Absolutbetrag nach größer ist als sein Sinus, so können wir behaupten, daß $f'(x) > 0$ in dem Intervall $(0, \infty)$ ist, d. h., in diesem Intervall nimmt $f(x)$ zu; es ist aber $f(0) = 0$ und daher

$$f(x) = \sin x - \left(x - \frac{x^3}{6}\right) > 0 \quad \text{für} \quad x > 0\,,$$

d. h.

$$\sin x > x - \frac{x^3}{6} \quad \text{für} \quad x > 0\,.$$

2. Entsprechend läßt sich beweisen, daß

$$x > \log(1 + x) \quad \text{für} \quad x > 0$$

ist. Wir bilden die Differenz

$$f(x) = x - \log(1 + x)\,,$$

woraus

$$f'(x) = 1 - \frac{1}{1 + x}$$

folgt. Aus diesem Ausdruck ist ersichtlich, daß für $x > 0$ auch $f'(x) > 0$, ist, d. h., $f(x)$ nimmt in dem Intervall $(0, \infty)$ zu; es ist aber $f(0) = 0$ und folglich

$$f(x) = x - \log(1 + x) > 0 \quad \text{für} \quad x > 0\,,$$

d. h.

$$x > \log(1 + x) \quad \text{für} \quad x > 0\,.$$

3. Wir betrachten die Keplersche Gleichung, die wir in **[31]** behandelt hatten:

$$x = q \sin x + a \qquad (0 < q < 1)\,.$$

Wir können sie in folgender Form schreiben:

$$f(x) = x - q \sin x - a = 0\,.$$

Bilden wir die Ableitung $f'(x)$, so erhalten wir

$$f'(x) = 1 - q \cos x\,.$$

Das Produkt $q \cos x$ ist dem Absolutbetrag nach kleiner als 1, da voraussetzungsgemäß q zwischen 0 und 1 liegt. Wir können also behaupten, daß für beliebige Werte x die Ungleichung $f'(x) > 0$ gilt, und daher nimmt $f(x)$ in dem Intervall $(-\infty, \infty)$ zu und kann folglich nicht mehr als einmal 0 werden, d. h., die Keplersche Gleichung kann nicht mehr als eine reelle Wurzel haben.

Ist die Konstante a ein Vielfaches von π, d. h. $a = k\pi$, wobei k eine ganze Zahl ist, so erhalten wir, indem wir $x = k\pi$ unmittelbar einsetzen, $f(k\pi) = 0$, d. h., $x = k\pi$ ist die einzige Wurzel der Keplerschen Gleichung. Wenn a kein Vielfaches von π ist, läßt sich eine ganze Zahl k derart finden, daß

$$k\pi < a < (k + 1)\,\pi$$

ist. Durch Einsetzen von $x = k\pi$ und $(k + 1)\,\pi$ finden wir

$$f(k\pi) = k\pi - a < 0\,, \qquad f((k + 1)\,\pi) = (k + 1)\,\pi - a > 0\,.$$

Haben aber $f(k\pi)$ und $f((k + 1)\,\pi)$ verschiedene Vorzeichen, so muß $f(x)$ im Innern des Intervalls $(k\pi, (k + 1)\,\pi)$ gleich 0 werden **[35]**, d. h., innerhalb dieses Intervalls liegt die einzige Wurzel der Keplerschen Gleichung.

4. Jetzt betrachten wir die Gleichung

$$f(x) = 3x^5 - 25x^3 + 60x + 15 = 0 .$$

Wir bilden die Ableitung $f'(x)$ und setzen sie gleich 0:

$$f'(x) = 15x^4 - 75x^2 + 60 = 15(x^4 - 5x^2 + 4) = 0 .$$

Durch Auflösen dieser biquadratischen Gleichung finden wir, daß $f'(x)$ für

$$x = -2, \; -1, \; 1, \; 2$$

gleich 0 ist. Wir können somit das ganze Intervall $(-\infty, \infty)$ in die fünf Intervalle

$$(-\infty, -2) , \quad (-2, -1) , \quad (-1, 1) , \quad (1, 2) , \quad (2, \infty)$$

zerlegen, in deren Innern $f'(x)$ nun ein und dasselbe Vorzeichen behält, und daher ändert sich in ihnen die Funktion $f(x)$ monoton, d. h., sie nimmt entweder zu oder ab und kann daher in jedem dieser Intervalle nicht mehr als eine Nullstelle besitzen. Hat $f(x)$ in den Endpunkten eines dieser Intervalle verschiedene Vorzeichen, so hat die Gleichung $f(x) = 0$ im Innern eines solchen Intervalls eine Wurzel; wenn aber diese Vorzeichen gleich sind, gibt es im Innern des entsprechenden Intervalls keine Wurzel. Will man die Anzahl der Wurzeln der Gleichung bestimmen, so muß man die Vorzeichen von $f(x)$ in den Endpunkten jedes der fünf angegebenen Intervalle bestimmen.

Zur Bestimmung des Vorzeichens von $f(x)$ für $x = \pm\infty$ stellen wir $f(x)$ folgendermaßen dar:

$$f(x) = x^5 \left(3 - \frac{25}{x^2} + \frac{60}{x^4} + \frac{15}{x^5}\right) .$$

Beim Grenzübergang von x gegen $-\infty$ strebt $f(x)$ gegen $-\infty$, weil x^5 hierbei gegen $-\infty$ und der in der Klammer stehende Ausdruck gegen 3 strebt. Genauso überzeugen wir uns davon, daß beim Grenzübergang von x gegen ∞ auch $f(x)$ gegen ∞ strebt. Setzen wir die Werte $x = -2, -1, 1$ und 2 ein, so erhalten wir die nachstehende Tabelle:

x	$-\infty$	-2	-1	1	2	∞
$f(x)$	$-$	$-$	$-$	$+$	$+$	$+$

Es erweist sich, daß $f(x)$ nur in den Endpunkten des Intervalls $(-1, 1)$ verschiedene Vorzeichen hat, und folglich besitzt die betrachtete Gleichung nur eine reelle, im Innern dieses Intervalls liegende Wurzel.

Wir hatten oben das Zunehmen und Abnehmen einer Funktion *in einem Intervall* definiert. Bisweilen sagt man, daß die Funktion *in einem Punkt* $x = x_0$ zunimmt oder abnimmt. Das bedeutet folgendes: Die Funktion nimmt zu für $x = x_0$, wenn $f(x) < f(x_0)$ für $x < x_0$ und $f(x) > f(x_0)$ für $x > x_0$ ist, wobei x als hinreichend nahe bei x_0 angenommen wird. Analog wird das Abnehmen einer Funktion in einem Punkt definiert. Aus dem Begriff der Ableitung ergibt sich unmittelbar eine hinreichende Bedingung für das Zunehmen oder Abnehmen im Punkt x_0; und zwar nimmt die Funktion für $f'(x_0) > 0$ im Punkt x_0 zu und für $f'(x_0) < 0$ ab. Wenn nämlich etwa $f'(x_0) > 0$ ist, wird der Quotient

$$\frac{f(x_0 + h) - f(x_0)}{h} ,$$

der den Grenzwert $f'(x_0)$ besitzt, ebenfalls positiv für alle h, die dem Absolutbetrag nach hinreichend klein sind, d. h., Zähler und Nenner haben das gleiche Vorzeichen. Mit anderen Worten, es wird $f(x_0 + h) - f(x_0) < 0$ für $h < 0$ und $f(x_0 + h) - f(x_0) > 0$ für $h > 0$, wodurch gerade das Zunehmen im Punkt x_0 definiert ist.

58. Maxima und Minima von Funktionen. Wir wenden uns erneut der Betrachtung der Bildkurve einer gewissen Funktion $f(x)$ zu (Abb. 56). Auf dieser Bildkurve haben wir einen aufeinanderfolgenden Wechsel von Intervallen mit zunehmenden und mit abnehmenden Funktionswerten. Der Bogen AM_1 entspricht einem Wachstumsintervall, der nach ihm folgende M_1M_2 einem Intervall, in dem $f(x)$ abnimmt, M_2M_3 einem, in dem $f(x)$ wächst, usw. Jene Punkte der Kurve, die die Intervalle mit zunehmenden Funktionswerten von denen mit abnehmenden Funktionswerten trennen, sind Extrempunkte der Kurve. Wir betrachten z. B. den Extrempunkt M_1. Die Ordinate in diesem Extrempunkt ist größer als alle Ordinaten der Kurve, die hinreichend nahe links oder rechts der betrachteten Ordinate liegen. Man sagt, daß einem solchen Extrempunkt ein Maximum der Funktion $f(x)$ entspricht.

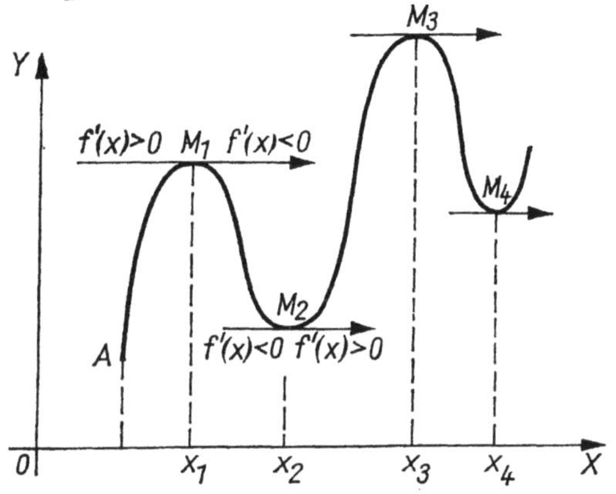

Abb. 56

Dies führt uns zu der folgenden allgemeinen analytischen Definition: *Die Funktion $f(x)$ erreicht ein (relatives) Maximum im Punkt $x = x_1$, wenn ihr Wert $f(x_1)$ in diesem Punkt größer ist als alle ihre Werte in den benachbarten Punkten, d. h., wenn der Zuwachs der Funktion*

$$f(x_1 + h) - f(x_1)$$

sowohl für alle positiven als auch für alle negativen, absolut genommen hinreichend kleinen Werte von h negativ ist.

Wir wenden uns der Betrachtung des Extrempunktes M_2 zu. In diesem Extrempunkt ist die Ordinate kleiner als alle ihr benachbarten links oder rechts liegenden Ordinaten, und man sagt, daß diesem Extrempunkt ein Minimum entspricht. Die analytische Definition lautet: *Die Funktion $f(x)$ erreicht ein (relatives) Minimum im Punkt $x = x_2$, wenn die Bedingung*

$$f(x_2 + h) - f(x_2) > 0$$

sowohl für alle positiven als auch für alle negativen, absolut genommen hinreichend kleinen h erfüllt ist.

Aus Abb. 56 ersehen wir, daß die Tangente sowohl in den einem Maximum der Funktion entsprechenden als auch in den einem Minimum der Funktion $f(x)$ entsprechenden Extrempunkten zur x-Achse parallel ist, d. h., ihr Richtungskoeffizient $f'(x)$ ist gleich 0. Die Tangente kann aber auch in anderen als Extrempunkten der Kurve zur x-Achse parallel sein. So haben wir z. B. in Abb. 57 den Kurvenpunkt M, der kein Extrempunkt ist und in dem trotzdem die Tangente zur x-Achse parallel ist.

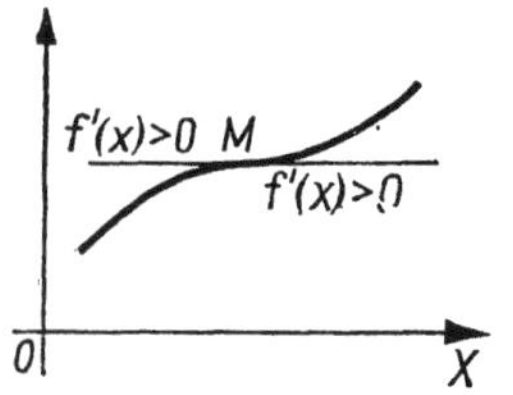

Abb. 57

Wir nehmen an, daß $f'(x)$ für einen gewissen Wert $x = x_0$ gleich 0 wird, d. h., an der entsprechenden Stelle der Bildkurve sei die Tangente parallel zur x-Achse. Es soll das Vorzeichen von $f'(x)$ für x-Werte in der Nähe von x_0 untersucht werden. Wir betrachten die folgenden drei Fälle (x soll x_0 hinreichend benachbart sein):

I. Es sei $f'(x)$ für x-Werte kleiner als x_0 positiv und für x-Werte größer als x_0 negativ, d. h. mit anderen Worten, $f'(x)$ gehe beim Durchgang von x durch x_0 von positiven Werten durch 0 zu negativen Werten über. In diesem Fall haben wir links von x_0 ein Wachstumsintervall und rechts ein Intervall, in dem $f(x)$ fällt, d. h., dem Wert $x = x_0$ entspricht ein Extrempunkt der Kurve, der ein Maximum der Funktion $f(x)$ darstellt (Abb. 56).

II. Es sei $f'(x)$ für x-Werte kleiner als x_0 negativ und für x-Werte größer als x_0 positiv, d. h., $f'(x)$ gehe beim Durchgang durch 0 von negativen Werten zu positiven über. In diesem Fall haben wir links von Punkt $x = x_0$ ein Intervall, in dem $f(x)$ fällt, und rechts ein Wachstumsintervall, d. h., dem Wert $x = x_0$ entspricht ein Extrempunkt der Kurve, der ein Minimum der Funktion darstellt (Abb. 56).

III. Sowohl für $x < x_0$ als auch für $x > x_0$ habe die Ableitung $f'(x)$ ein und dasselbe Vorzeichen, z. B. das Pluszeichen. In diesem Fall liegt der entsprechende Punkt der Bildkurve im Innern eines Wachstumsintervalls und ist überhaupt kein Extrempunkt der Bildkurve von $f(x)$ (Abb. 57).

Das Gesagte führt uns auf die folgende Regel zur Ermittlung der Werte von x, für die $f(x)$ ein (relatives) Maximum oder Minimum erreicht: Man muß

1. *$f'(x)$ bilden;*

2. *die x-Werte ermitteln, für die $f'(x)$ gleich 0 wird, d. h. die Gleichung $f'(x) = 0$ auflösen;*

3. *die Vorzeichenänderungen von $f'(x)$ beim Durchgang durch diese Werte gemäß dem nachstehenden Schema untersuchen.*

x	$x_0 - h$	x_0	$x_0 + h$	$f(x)$
$f'(x)$	$+$		$-$	Maximum
	$-$	0	$+$	Minimum
	$+$		$+$	nimmt zu
	$-$		$-$	nimmt ab

Die Bezeichnungen $x_0 - h$ und $x_0 + h$ in dieser Tabelle weisen darauf hin, daß man die Vorzeichen der Funktion $f'(x)$ für x-Werte bestimmen muß, die kleiner bzw. größer als x_0, jedoch zu x_0 hinreichend benachbart sind, so daß h als hinreichend kleine positive Zahl anzusehen ist.

Bei dieser Untersuchung wird vorausgesetzt, daß $f'(x_0) = 0$, aber für alle x, die x_0 hinreichend benachbart, jedoch von x_0 verschieden sind, $f'(x)$ von 0 verschieden ist.

Wir machen noch darauf aufmerksam, daß im Fall der Abb. 57 die Tangente im Punkt M mit der Abszisse x_0 in der Umgebung dieses Punktes auf verschiedenen Seiten der Kurve liegt. Im vorliegenden Fall ist $f'(x_0) = 0$ und $f'(x) > 0$ für alle x_0 hinreichend benachbarten und von x_0 verschiedenen x, und das ganze Teilstück der Kurve mit dem Punkt x_0 im Innern ergibt ein Wachstumsintervall, ungeachtet dessen, daß $f'(x_0) = 0$ ist.

Mitunter gibt man an Stelle der oben angeführten Definition des (relativen) Maximums eine etwas andere, nämlich: Die Funktion $f(x)$ erreicht ein Maximum im Punkt $x = x_1$, wenn ihr Wert $f(x_1)$ in diesem Punkt nicht kleiner ist als ihre Werte in den benachbarten Punkten, d. h., wenn der Zuwachs $f(x_1 + h) - f(x_1)$ sowohl für alle positiven als auch für alle negativen, absolut hinreichend kleinen h nichtpositiv ist. Analog läßt sich ein Minimum im Punkt x_2 durch die Ungleichung $f(x_2 + h) - f(x_2) \geqq 0$ definieren. Wenn bei dieser Definition die Funktion im Punkt des Maximums oder Minimums eine Ableitung besitzt, dann muß diese Ableitung so wie früher 0 werden.

Wir betrachten ein Beispiel. Es sei verlangt, die Maxima und Minima der Funktion

$$f(x) = (x - 1)^2 (x - 2)^3$$

zu bestimmen. Wir bilden die erste Ableitung

$$\begin{aligned} f'(x) &= 2(x - 1)(x - 2)^3 + 3(x - 1)^2 (x - 2)^2 = (x - 1)(x - 2)^2 (5x - 7) \\ &= 5(x - 1)(x - 2)^2 \left(x - \tfrac{7}{5}\right). \end{aligned}$$

Aus dem letzten Ausdruck ist ersichtlich, daß $f'(x)$ für die folgenden Werte der unabhängigen Veränderlichen gleich 0 wird: $x_1 = 1$, $x_2 = \frac{7}{5}$ und $x_3 = 2$.

Wir gehen zu ihrer Untersuchung über.

Für $x = 1$ hat der Faktor $(x - 2)^2$ positives, der Faktor $x - \frac{7}{5}$ negatives Vorzeichen. Sowohl für alle hinreichend benachbarten $x < 1$ als auch für alle hinreichend benachbarten $x > 1$ bleiben die Vorzeichen dieser Faktoren dieselben, und folglich ist das Produkt dieser beiden Faktoren bestimmt negativ für alle x-Werte hinreichend nahe bei 1. Wir wenden uns schließlich der Untersuchung des letzten Faktors $x - 1$ zu, der bei $x = 1$ gleich 0 wird. Für $x < 1$ ist er negativ und für $x > 1$ positiv. Somit ist das ganze Produkt, d. h. $f'(x)$, für $x < 1$ positiv und für $x > 1$ negativ. Daraus folgt, daß dem Wert $x = 1$ ein Maximum der Funktion $f(x)$ entspricht. Setzen wir den Wert $x = 1$ in den Ausdruck für die Funktion $f(x)$ selbst ein, so erhalten wir den Wert dieses Maximums, d. h. die Ordinate des entsprechenden Extrempunkts der Bildkurve der Funktion,

$$f(1) = 0^2 \cdot (-1)^3 = 0 .$$

Wenn wir die analogen Überlegungen auch für die übrigen Werte $x_2 = \frac{7}{5}$ und $x_3 = 2$ wiederholen, erhalten wir die folgende Tabelle:

x	$1 - h$	1	$1 + h$	$\frac{7}{5} - h$	$\frac{7}{5}$	$\frac{7}{5} + h$	$2 - h$	2	$2 + h$
$f'(x)$	$+$	0	$-$	$-$	0	$+$	$+$	0	$+$
$f(x)$	nimmt zu	0 Maximum	nimmt ab		$-\frac{108}{3125}$ Minimum	nimmt zu			

Bei dem von uns angegebenen Verfahren zur Untersuchung der Maxima und Minima einer Funktion erweist sich die Bestimmung des Vorzeichens von $f'(x)$ für x-Werte, die kleiner bzw. größer als der untersuchte sind, besonders bei komplizierteren Beispielen als etwas umständlich. In vielen Fällen läßt sich diese Untersuchung vereinfachen, wenn man die zweite Ableitung $f''(x)$ heranzieht. Es soll der Wert $x = x_0$ untersucht werden, für den $f'(x_0) = 0$ ist. Wir setzen diesen Wert $x = x_0$ in den Ausdruck für die zweite Ableitung ein und nehmen an, daß wir einen positiven Wert erhalten haben, also $f''(x_0) > 0$. Wenn man $f'(x)$ als Ausgangsfunktion nimmt, wird $f''(x)$ deren Ableitung, und daß diese Ableitung im Punkt $x = x_0$ positiv ist, zeigt, daß die Ausgangsfunktion $f'(x)$ selbst an der entsprechenden Stelle zunimmt, d. h., $f'(x)$ muß beim Durchgang durch Null im Punkt $x = x_0$ von negativen Werten zu positiven Werten übergehen. Also *nimmt für* $f''(x_0) > 0$ *die Funktion* $f(x)$ *im Punkt* $x = x_0$ *ein Minimum an.* Entsprechend läßt sich zeigen, daß *im Fall* $f''(x_0) < 0$ *die Funktion* $f(x)$ *im Punkt* $x = x_0$ *ein Maximum annimmt.* Wenn wir schließlich beim Einsetzen von $x = x_0$ in den Ausdruck von $f''(x)$ den Wert 0 erhalten, also $f''(x_0) = 0$ ist, gibt die Verwendung der zweiten Ableitung nicht die Möglichkeit, den Wert $x = x_0$ zu untersuchen, und man muß sich der direkten Untersuchung des Vorzeichens von $f'(x)$ zuwenden. Wir erhalten auf diese Weise das in der folgenden Tabelle dargestellte Schema:

x	$f'(x)$	$f''(x)$	$f(x)$
		$-$	Maximum
x_0	0	$+$	Minimum
		0	unbest. Fall

Aus diesen Überlegungen folgt sofort, daß im Fall $f'(x) = 0$ bei Vorhandensein der Ableitung zweiter Ordnung eine notwendige Bedingung für ein Maximum die Ungleichung $f''(x) \leqq 0$ und eine für ein Minimum die Ungleichung $f''(x) \geqq 0$ ist. Dabei können wir ein Maximum durch die Bedingung $f(x_1 + h) - f(x_1) \leqq 0$ und ein Minimum durch $f(x_2 + h) - f(x_2) \geqq 0$ definieren, wie wir oben gesagt haben.

Beispiel. Es seien die Maxima und Minima der Funktion

$$f(x) = \sin x + \cos x$$

zu bestimmen. Diese Funktion hat die Periode 2π, d. h., sie ändert sich nicht, wenn man x durch $x + 2\pi$ ersetzt. Es genügt daher, das Intervall von 0 bis 2π zu untersuchen.

Wir bilden die Ableitungen erster und zweiter Ordnung:

$$f'(x) = \cos x - \sin x\,, \qquad f''(x) = -\sin x - \cos x\,.$$

Durch Nullsetzen der ersten Ableitung erhalten wir

$$\cos x - \sin x = 0 \quad \text{oder} \quad \tan x = 1\,.$$

Die Wurzeln dieser Gleichung im Intervall $(0, 2\pi)$ sind

$$x_1 = \frac{\pi}{4} \quad \text{und} \quad x_2 = \frac{5\pi}{4}\,.$$

Wir untersuchen nun diese Werte von x bezüglich des Vorzeichens von $f''(x)$:

$$f''\left(\frac{\pi}{4}\right) = -\sin\frac{\pi}{4} - \cos\frac{\pi}{4} = -\sqrt{2} < 0; \qquad \text{Maximum:} \quad f\left(\frac{\pi}{4}\right) = \sqrt{2}\,;$$

$$f''\left(\frac{5\pi}{4}\right) = -\sin\frac{5\pi}{4} - \cos\frac{5\pi}{4} = \sqrt{2} > 0\,; \qquad \text{Minimum:} \quad f\left(\frac{5\pi}{4}\right) = -\sqrt{2}\,.$$

Abschließend machen wir auf einen Umstand aufmerksam, der mitunter beim Aufsuchen der Maxima und Minima eintritt. Es kann vorkommen, daß es auf der Bildkurve der Funktion Punkte gibt, in denen entweder überhaupt keine Tangente

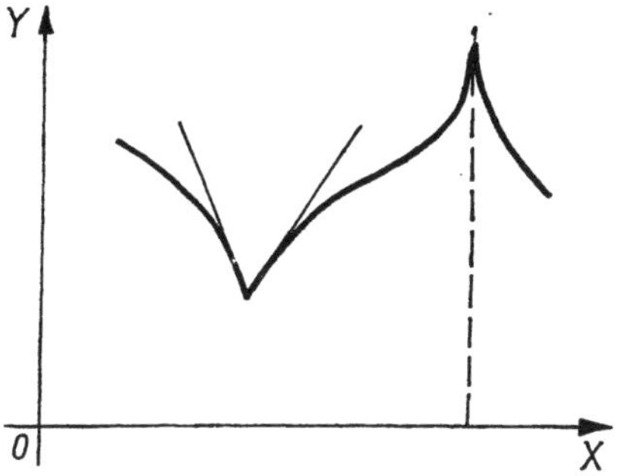

Abb. 58

existiert oder diese parallel zur y-Achse ist (Abb. 58). In den Punkten der ersten Art existiert die Ableitung $f'(x)$ überhaupt nicht, und in den Punkten der zweiten Art wird sie ∞, da der Richtungskoeffizient einer zur y-Achse parallelen Geraden gleich ∞ ist. Wie aber aus der Abbildung unmittelbar ersichtlich ist, kann in solchen Punkten ein Maximum oder Minimum der Funktion auftreten. Somit müssen wir die vorstehende Regel zur Ermittlung der Maxima und Minima durch den folgenden Hinweis ergänzen: *Ein Maximum oder ein Minimum der Funktion $f(x)$ kann nicht nur in solchen Punkten auftreten, in denen $f'(x) = 0$ wird, sondern auch in Punkten, in denen die Ableitung nicht existiert oder ∞ wird.* Die Untersuchung der letzten Punkte muß nach dem ersten der oben angegebenen Schemata durchgeführt werden, nämlich mittels Bestimmung des Vorzeichens von $f'(x)$ für x-Werte, die kleiner bzw. größer als der untersuchte sind.

Bisher beschäftigten wir uns mit den einfachsten Fällen einer stetigen Funktion $f(x)$ mit einer stetigen Ableitung, die endlich viele Nullstellen im untersuchten Intervall hatte. Bei der letzten Bemerkung ist auch das Fehlen einer Ableitung in endlich vielen Punkten statthaft. Dieser und die beiden folgenden Abschnitte haben das Ziel, eine anschauliche Einführung in die Untersuchung der Eigenschaften von Funktionen zu geben. Später werden wir uns der streng analytischen Darlegung zuwenden.

Beispiel. Es sollen die Maxima und Minima der Funktion

$$f(x) = (x-1)\sqrt[3]{x^2}$$

bestimmt werden. Wir bilden die erste Ableitung:

$$f'(x) = \sqrt[3]{x^2} + \frac{2(x-1)}{3\sqrt[3]{x}} = \frac{5}{3}\cdot\frac{x-\frac{2}{5}}{\sqrt[3]{x}}.$$

Sie wird 0 und $x = \frac{2}{5}$ und ∞ für $x = 0$. Wir untersuchen den zweiten Fall: Der Zähler des Bruches ist für $x = 0$ negativ, und für alle in der Nähe gelegenen x-Werte behält er dasselbe Vorzeichen. Der Nenner des Bruches ist für $x < 0$ negativ und für $x > 0$ positiv. Folglich ist der ganze Bruch für hinreichend nahe bei 0 gelegene negative Werte von x positiv und für positive x negativ, d. h., für $x = 0$ haben wir das Maximum $f(0) = 0$. Im Punkt $x = \frac{2}{5}$ haben wir das Minimum

$$f\left(\frac{2}{5}\right) = -\frac{3}{5}\sqrt[3]{\frac{4}{25}} = -\frac{3}{25}\sqrt[3]{20}.$$

59. Die Konstruktion von Bildkurven. Das Aufsuchen der Maxima und Minima einer Funktion $f(x)$ erleichtert die Konstruktion der Bildkurve dieser Funktion wesentlich. Wir erläutern an einigen Beispielen das einfachste Schema zur Konstruktion der Bildkurve einer Funktion.

1. *Verlangt sei, die Bildkurve der* (im vorigen Abschnitt untersuchten) *Funktion*

$$y = (x - 1)^2 (x - 2)^3$$

zu konstruieren (vgl. Abb. 59). Wir hatten zwei Extrempunkte dieser Kurve erhalten, das Maximum (1, 0) und das Minimum $(\frac{7}{5}, -\frac{108}{3125})$. Wir vermerken diese Punkte in der Abbil-

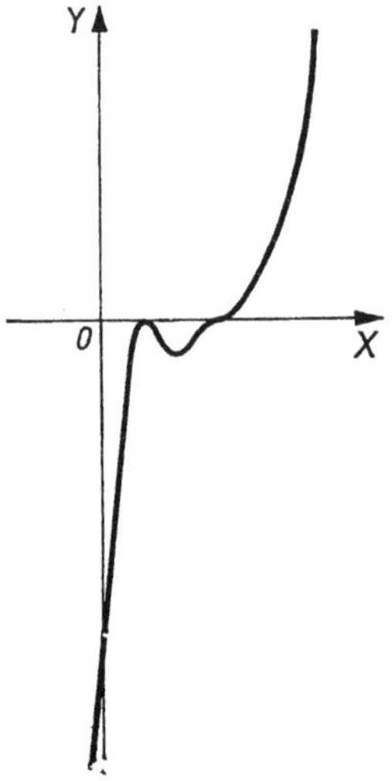

Abb. 59

dung. Außerdem ist es nützlich, die Spurpunkte der gesuchten Kurve auf den Achsen zu markieren. Für $x = 0$ hatten wir $y = -8$ erhalten, d. h., der Spurpunkt auf der y-Achse ist $y = -8$. Wenn wir y gleich 0 setzen, d. h.

$$(x - 1)^2 (x - 2)^3 = 0 ,$$

erhalten wir die Spurpunkte auf der x-Achse. Der eine von ihnen, $x = 1$, ist, wie wir schon festgestellt hatten, Extrempunkt, und der andere, $x = 2$, ist, wie im vorigen Abschnitt erläutert wurde, kein Extrempunkt; doch ist die Tangente in dem entsprechenden Punkt der Bildkurve parallel zur x-Achse.

2. *Wir wollen die der Funktion*

$$y = e^{-x^2}$$

entsprechende Bildkurve zeichnen.

Zu diesem Zweck bilden wir die erste Ableitung

$$y' = -2x\, e^{-x^2} .$$

Setzen wir $y' = 0$, so erhalten wir den Wert $x = 0$, dem, wie leicht zu sehen ist, ein Extrempunkt (Maximum) der Kurve mit der Ordinate $y = 1$ entspricht (vgl. Abb. 60). Dieser Punkt

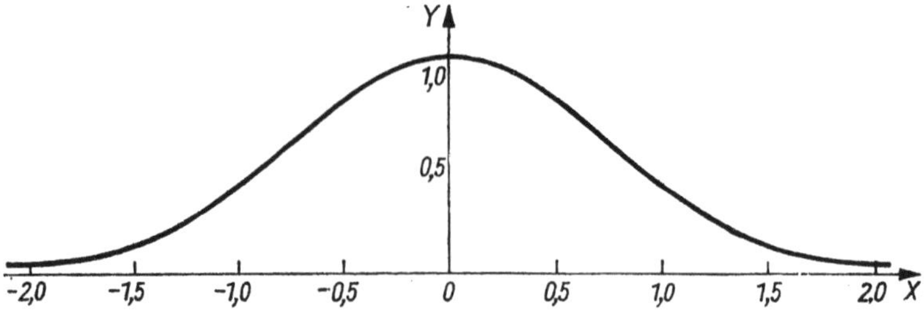

Abb. 60

liefert auch den Spurpunkt der Kurve auf der y-Achse. Durch Nullsetzen von y erhalten wir die Gleichung $e^{-x^2} = 0$, die keine Lösung hat, d. h., die Kurve hat keine Spurpunkte auf der x-Achse. Wir bemerken außerdem, daß beim Grenzübergang von x gegen ∞ oder $-\infty$ der Exponent in e^{-x^2} gegen $-\infty$ und der ganze Ausdruck gegen 0 strebt, d. h., bei unbegrenztem Fortschreiten nach rechts bzw. links nähert sich die Kurve unbegrenzt der x-Achse.

3. *Wir konstruieren die Kurve*

$$y = e^{-ax} \sin bx \qquad (a > 0)\,,$$

die die Bildkurve einer sogenannten *gedämpften Schwingung* liefert. Der Faktor $\sin bx$ wird dem Absolutbetrag nach nicht größer als 1, und die ganze Kurve liegt daher zwischen den beiden Kurven

$$y = e^{-ax} \quad \text{und} \quad y = -e^{-ax}\,.$$

Beim Grenzübergang von x gegen ∞ strebt der Faktor e^{-ax} und folglich auch das ganze Produkt $e^{-ax} \sin bx$ gegen 0, d. h., bei unbegrenztem Fortschreiten nach rechts nähert sich die Kurve unbegrenzt der x-Achse. Die Spurpunkte der Kurve auf der x-Achse bestimmt man aus der Gleichung $\sin bx = 0$, d. h., sie liegen in

$$x = \frac{k\pi}{b} \qquad (k \text{ ganzzahlig})\,.$$

Wir bestimmen die erste Ableitung:

$$y' = -a\, e^{-ax} \sin bx + b\, e^{-ax} \cos bx = e^{-ax} (b \cos bx - a \sin bx)\,.$$

Der in Klammern stehende Ausdruck kann bekanntlich in der Form

$$b \cos bx - a \sin bx = K \sin (bx + \varphi_0)$$

dargestellt werden, wobei K und φ_0 Konstanten sind. Durch Nullsetzen der ersten Ableitung erhalten wir die Gleichung $\sin (bx + \varphi_0) = 0$, die $bx + \varphi_0 = k\pi$, d. h.

$$x = \frac{k\pi - \varphi_0}{b} \qquad (k \text{ ganzzahlig}) \tag{1}$$

liefert. Beim Durchgang durch diese Werte von x ändert $\sin (bx + \varphi_0)$ jedesmal sein Vorzeichen. Dasselbe kann man offenbar auch bezüglich der Ableitung y' sagen, da

$$y' = K\, e^{-ax} \sin (bx + \varphi_0)$$

ist und der Faktor e^{-ax} sein Vorzeichen nicht ändert. Folglich entsprechen diesen Wurzeln abwechselnd Maxima und Minima der Funktion. Bei Fehlen des Exponentialfaktors e^{-ax} hätten wir die Sinuskurve

$$y = \sin bx\,,$$

und die Abszissen ihrer Extrempunkte würden sich aus der Gleichung $\cos bx = 0$ ergeben, d. h.

$$x = \frac{(2k - 1)\,\pi}{2b} \qquad (k \text{ ganzzahlig})\,. \tag{1$_1$}$$

Wir sehen somit, daß der Exponentialfaktor nicht nur die Schwingungsamplituden verkleinert, sondern auch die Abszissen der Extrempunkte der Kurve verschiebt. Durch Vergleich von (1) und (1_1) ist leicht zu sehen, daß diese Verschiebung gleich der konstanten Größe $\frac{\pi}{2b} - \frac{\varphi_0}{b}$ ist. In Abb. 61 ist die Bildkurve der gedämpften Schwingung für $a = 1$ und $b = 2\pi$ dargestellt. Die Extrempunkte der Kurve liegen nicht auf den gestrichelten Kurven, die den Gleichungen $y = \pm e^{-ax}$ entsprechen. Dies rührt von der oben erwähnten Verschiebung der Extrempunkte her.

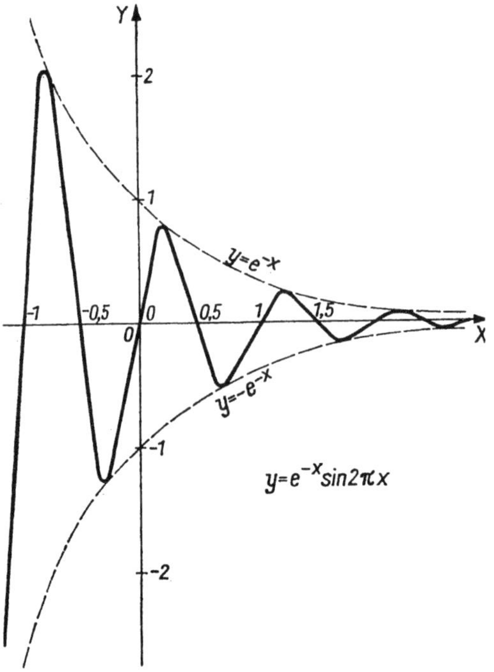

Abb. 61

4. *Wir konstruieren die Kurve*

$$y = \frac{x^3 - 3x}{6}$$

und bilden die Ableitungen erster und zweiter Ordnung:

$$y' = \frac{x^2 - 1}{2}, \qquad y'' = x .$$

Wenn wir die erste Ableitung gleich 0 setzen, erhalten wir die Werte $x_1 = 1$ und $x_2 = -1$. Durch Einsetzen dieser Werte in die zweite Ableitung überzeugen wir uns davon, daß dem ersten Wert ein Minimum und dem zweiten ein Maximum entspricht. Wenn wir diese Werte in den Ausdruck für y einsetzen, können wir die entsprechenden Extrempunkte der Kurve bestimmen:

$$\left(-1, \tfrac{1}{3}\right), \qquad \left(1, -\tfrac{1}{3}\right).$$

Setzen wir $x = 0$, so erhalten wir $y = 0$, d. h., der Koordinatensursprung $(0, 0)$ liegt auf der Kurve. Schließlich erhalten wir, wenn wir $y = 0$ setzen, außer $x = 0$ noch die beiden Werte $x = \pm\sqrt{3}$, d. h., die Schnittpunkte der Kurve mit den Koordinatenachsen sind $(0, 0)$, $(\sqrt{3}, 0)$ und $(-\sqrt{3}, 0)$. Wir erwähnen noch, daß bei gleichzeitigem Ersetzen von x und y durch $-x$ bzw. $-y$ beide Seiten der Gleichung nur das Vorzeichen ändern, d. h., der Koordinatenursprung ist Symmetriezentrum der Kurve (Abb. 62).

60. Größter und kleinster Wert einer Funktion.[1]) Wir nehmen an, daß die Werte einer Funktion $f(x)$ für Werte der unabhängigen Veränderlichen x aus einem Intervall (a, b) betrachtet werden und daß verlangt sei, den größten und den kleinsten dieser Werte zu finden. Ist die Funktion $f(x)$ stetig, so nimmt sie, wie wir erwähnt

[1]) Absolutes Maximum bzw. Minimum (Anm. d. Übers.).

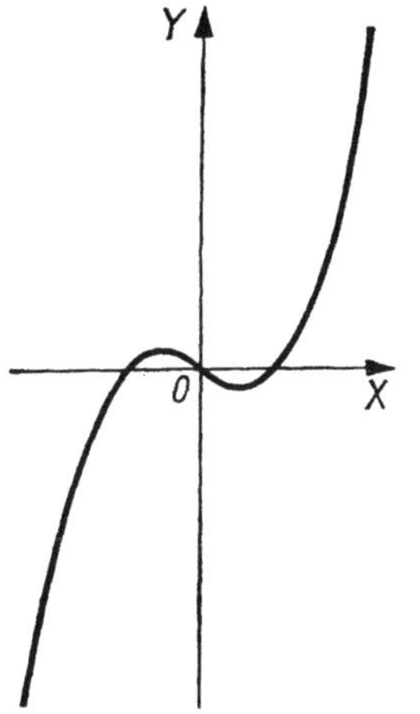

Abb. 62

hatten [**35**], ihren größten und kleinsten Wert an, d. h., die dieser Funktion entsprechende Bildkurve hat in dem erwähnten Intervall eine größte und eine kleinste Ordinate. Nach den oben angeführten Regeln können wir alle (relativen) Maxima und Minima der Funktion finden, die im Innern des Intervalls (a, b) liegen. Wenn die Funktion $f(x)$ ihre größte Ordinate im Innern dieses Intervalls besitzt, wird diese offenbar mit dem größten (relativen) Maximum der Funktion im Innern des Intervalls (a, b) übereinstimmen. Aber es kann auch der Fall eintreten, daß die größte Ordinate nicht im Innern des Intervalls, sondern in einem der Endpunkte $x = a$ oder $x = b$ liegt. Daher ist es zur Ermittlung des größten Funktionswertes nicht ausreichend, alle ihre Maxima im Innern des Intervalls zu vergleichen und das größte zu nehmen, sondern notwendig, auch den Wert der Funktion in den Endpunkten des Intervalls zu betrachten. Genauso muß man zur Bestimmung des kleinsten Wertes (absolutes Minimum) einer Funktion alle ihre im Innern des Intervalls liegenden Minima mit den Werten der Funktion für $x = a$ und $x = b$ vergleichen. Wir bemerken dazu, daß Maxima und Minima überhaupt fehlen können, aber der größte und kleinste Wert einer in einem beschränkten Intervall (a, b) stetigen Funktion unbedingt existieren.

Wir erwähnen noch einige Spezialfälle, bei denen die Ermittlung des größten und kleinsten Wertes äußerst einfach vor sich geht. Wenn z. B. die Funktion $f(x)$ im Intervall (a, b) zunimmt, nimmt sie offenbar für $x = a$ den kleinsten und für $x = b$ den größten Wert an. Für eine abnehmende Funktion ist es umgekehrt.

Hat die Funktion im Innern des Intervalls ein einziges Maximum und keine Minima, dann liefert dieses einzige Maximum auch den größten Wert der Funktion (Abb. 63), so daß man in diesem Fall zur Bestimmung des größten Funktionswertes offenbar die Funktionswerte in den Randpunkten des Intervalls nicht zu bestimmen braucht. Hat die Funktion im Innern des Intervalls nur ein Minimum

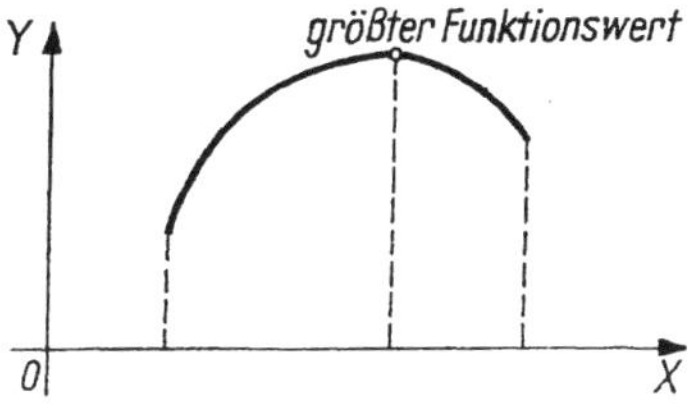

Abb. 63

und gar kein Maximum, so liefert genau so das erwähnte einzige Minimum den kleinsten Funktionswert. Die eben angegebenen Umstände treten bei den ersten vier der nachstehenden Aufgaben auf:

1. *Gegeben ist eine Strecke der Länge l. Verlangt wird, diese so in zwei Teile zu teilen, daß der Flächeninhalt des aus ihnen konstruierten Rechtecks möglichst groß wird.*

Es sei x die Länge des einen Streckenteils und $l - x$ die des anderen. Beachten wir, daß der Flächeninhalt eines Rechtecks gleich dem Produkt zweier benachbarter Seiten ist, so sehen wir, daß die Aufgabe auf das Auffinden der x-Werte hinausläuft, für die die Funktion

$$f(x) = x(l - x)$$

ihren größten Wert im Variabilitätsbereich $(0, l)$ von x erreicht.

Wir bilden die Ableitungen erster und zweiter Ordnung:

$$f'(x) = (l - x) - x = l - 2x\,, \qquad f''(x) = -2 < 0\,.$$

Durch Nullsetzen der ersten Ableitung erhalten wir den einzigen Wert $x = \frac{l}{2}$, dem ein Maximum entspricht, da $f''(x)$ ständig negativ ist. Den größten Flächeninhalt hat somit das Quadrat mit der Seite $\frac{l}{2}$.

2. *Aus einem Kreis mit dem Radius R wird ein Sektor herausgeschnitten und aus dem restlichen Teil der Kreisfläche ein Kegel zusammengeklebt. Verlangt wird, den Winkel des auszuschneidenden Sektors so zu bestimmen, daß das Kegelvolumen ein Maximum wird.* Wir nehmen als unabhängige Veränderliche x nicht den Winkel des auszuschneidenden Sektors, sondern sein Komplement zu 2π, d. h. den Winkel des restlichen Sektors. Für x-Werte nahe bei 0 und 2π ist das Kegelvolumen fast 0, und im Innern des Intervalls existiert offensichtlich ein solcher x-Wert, für den dieses Volumen am größten wird.

Beim Zusammenkleben des Restteils der Kreisfläche ergibt sich ein Kegel (Abb. 64), bei dem die Erzeugende gleich R, die Länge des Kreisumfangs gleich Rx, der Grundkreisradius $r = \frac{Rx}{2\pi}$ und die Höhe

$$h = \sqrt{R^2 - \frac{R^2x^2}{4\pi^2}} = \frac{R}{2\pi}\sqrt{4\pi^2 - x^2}$$

ist. Das Volumen dieses Kegels ist

$$v(x) = \frac{1}{3}\,\pi\,\frac{R^2x^2}{4\pi^2}\cdot\frac{R}{2\pi}\sqrt{4\pi^2 - x^2} = \frac{R^3}{24\pi^2}\,x^2\sqrt{4\pi^2 - x^2}\,.$$

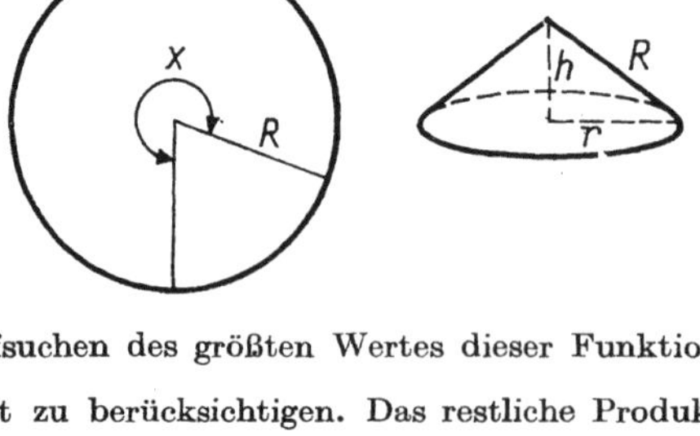

Abb. 64

Beim Aufsuchen des größten Wertes dieser Funktion brauchen wir den konstanten Faktor $\frac{R^3}{24\pi^2}$ nicht zu berücksichtigen. Das restliche Produkt $x^2\sqrt{4\pi^2 - x^2}$ ist positiv und erreicht folglich den größten Wert für diejenigen x-Werte, für die das Quadrat des Ausdrucks den größten Wert erreicht. Wir können uns somit darauf beschränken, die Funktion

$$f(x) = 4\pi^2x^4 - x^6$$

im Innern des Intervalls $(0, 2\pi)$ zu betrachten. Wir bilden die erste Ableitung

$$f'(x) = 16\pi^2 x^3 - 6x^5 .$$

Sie existiert für alle Werte von x. Setzen wir sie gleich 0, so erhalten wir die drei Werte

$$x_1 = 0 , \qquad x_2 = -2\pi \sqrt{\frac{2}{3}} , \qquad x_3 = 2\pi \sqrt{\frac{2}{3}} .$$

Die ersten beiden Werte liegen *nicht im Innern* des Intervalls $(0, 2\pi)$. Es bleibt der einzige Wert $x_3 = 2\pi \sqrt{\frac{2}{3}}$ im Innern dieses Intervalls. Wir hatten aber oben gesehen, daß der größte Wert im Innern dieses Intervalls auftreten muß, und folglich können wir, ohne den Wert x_3 zu untersuchen, behaupten, daß ihm das größte Kegelvolumen entspricht.

3. *Durch die Gerade L wird die Ebene in zwei Teile (Medien) I und II zerlegt. Ein Punkt kann sich im Medium I mit der Geschwindigkeit v_1 und im Medium II mit der Geschwindigkeit v_2 bewegen. Auf welchem Weg muß sich der Punkt bewegen, um so schnell wie möglich vom Punkt A des Mediums I zum Punkt B des Mediums II zu gelangen?*

Es seien AA_1 und BB_1 die Lote von den Punkten A bzw. B auf die Gerade L. Wir führen die Bezeichnungen

$$\overline{AA_1} = a , \qquad \overline{BB_1} = b , \qquad \overline{A_1B_1} = c$$

ein, und auf der Geraden L rechnen wir die Abszisse in der Richtung von $\overline{A_1B_1}$ (Abb. 65).

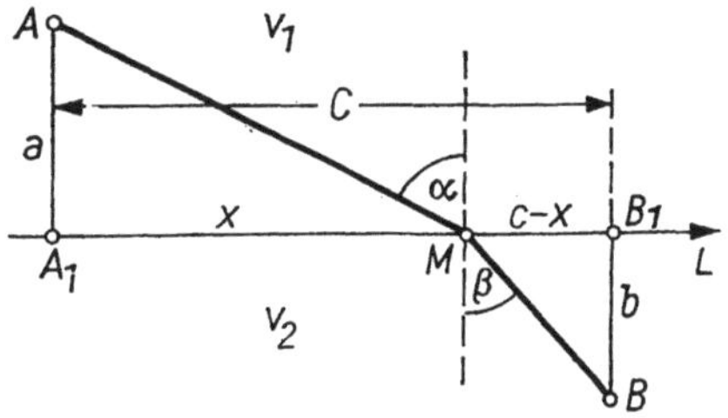

Abb. 65

Es ist klar, daß sowohl im Medium I als auch im Medium II der Weg des Punktes geradlinig sein muß, daß aber der Weg längs der Geraden AB im allgemeinen nicht der „schnellste Weg" sein wird. Also wird der „schnellste Weg" aus zwei geradlinigen Strecken $\overline{AM}$ und $\overline{MB}$ bestehen, wobei der Punkt M auf der Geraden L liegen muß. Als unabhängige Veränderliche wählen wir die Abszisse des Punktes M, also $x = \overline{A_1M}$. Die Zeit t, deren kleinster Wert gesucht wird, läßt sich mit Hilfe der Beziehung

$$t = f(x) = \frac{\overline{AM}}{v_1} + \frac{\overline{MB}}{v_2} = \frac{\sqrt{a^2 + x^2}}{v_1} + \frac{\sqrt{b^2 + (c - x)^2}}{v_2}$$

im Intervall $(-\infty, \infty)$ bestimmen.

Wir bilden die Ableitungen erster und zweiter Ordnung:

$$f'(x) = \frac{x}{v_1 \sqrt{a^2 + x^2}} - \frac{c - x}{v_2 \sqrt{b^2 + (c - x)^2}} ,$$

$$f''(x) = \frac{a^2}{v_1(a_2 + x^2)^{3/2}} + \frac{b^2}{v_2[b^2 + (c - x)^2]^{3/2}} .$$

Beide Ableitungen existieren für alle Werte von x, und $f''(x)$ ist immer positiv. Folglich nimmt $f'(x)$ im Intervall $(-\infty, \infty)$ zu und kann nicht mehr als einmal 0 werden. Es ist aber

$$f'(0) = -\frac{c}{v_2 \sqrt{b^2 + c^2}} < 0 \quad \text{und} \quad f'(c) = \frac{c}{v_1 \sqrt{a^2 + c^2}} > 0 ,$$

und daher hat die Gleichung

$$f'(x) = 0$$

eine einzige Wurzel x_0 zwischen 0 und c, der das einzige Minimum der Funktion $f(x)$ entspricht, da $f''(x) > 0$ ist. Die Abszissen 0 und c entsprechen den Punkten A_1 und B_1, und folglich liegt der gesuchte Punkt M zwischen den Punkten A_1 und B_1, was man auch auf Grund elementarer geometrischer Überlegungen hätte zeigen können.

Es soll nun die geometrische Bedeutung dieses Resultats erläutert werden. Wir bezeichnen mit α und β die Winkel, die von den Strecken $\overline{AM}$ bzw. $\overline{BM}$ mit der vom Punkt M aus errichteten Senkrechten zu L gebildet werden. Die Abszisse x des gesuchten Punktes M muß $f'(x)$ zum Verschwinden bringen, d. h. der Gleichung

$$\frac{x}{v_1\sqrt{a^2 + x^2}} = \frac{c - x}{v_2\sqrt{b^2 + (c - x)^2}}$$

genügen, die sich auch folgendermaßen schreiben läßt:

$$\frac{\overline{A_1M}}{v_1 \cdot |\overline{AM}|} = \frac{\overline{MB_1}}{v_2 \cdot |\overline{BM}|}$$

oder

$$\frac{\sin\alpha}{v_1} = \frac{\sin\beta}{v_2}, \quad \text{d. h.} \quad \frac{\sin\alpha}{\sin\beta} = \frac{v_1}{v_2};$$

der „schnellste Weg“ ist der, bei dem das Verhältnis der Sinuswerte von α und β gleich dem Verhältnis der Geschwindigkeiten in den Medien I und II wird. Dieses Resultat liefert uns das bekannte Lichtbrechungsgesetz, dem zufolge die Lichtbrechung so vor sich geht, als ob der Lichtstrahl den „schnellsten Weg“ von den Punkten des einen Mediums aus zu den Punkten des anderen hin wählt (*Fermatsches Prinzip*).

4. Wir nehmen an, daß eine Größe x experimentell bestimmt wird und n gleichermaßen genau durchgeführte Beobachtungen uns dafür die n Werte $a_1, a_2, \ldots, a_n$ liefern, die wegen der Ungenauigkeit der Instrumente nicht identisch sind. Als „wahrscheinlichsten“ Wert der Größe x sehen wir den an, für den die Summe der Fehlerquadrate am kleinsten wird. Auf diese Weise wird die Bestimmung dieses Wertes auf die Ermittlung des kleinsten Wertes der Funktion

$$f(x) = (x - a_1)^2 + (x - a_2)^2 + \cdots + (x - a_n)^2$$

im Intervall $(-\infty, \infty)$ zurückgeführt.

Wir bilden die Ableitungen erster und zweiter Ordnung:

$$f'(x) = 2(x - a_1) + 2(x - a_2) + \cdots + 2(x - a_n),$$

$$f''(x) = 2 + 2 + \cdots + 2 = 2n > 0.$$

Indem wir die erste Ableitung gleich 0 setzen, erhalten wir die einzige Lösung

$$x = \frac{a_1 + a_2 + \cdots + a_n}{n},$$

der ein Minimum entspricht, da die zweite Ableitung positiv ist. Somit *erweist sich als „wahrscheinlichster“ Wert von x das arithmetische Mittel der aus den Beobachtungen erhaltenen Werte.*

5. *Es ist der kleinste Abstand eines Punktes M von einer Kreislinie zu finden.*

Wir nehmen als Koordinatenursprung den Kreismittelpunkt O und als x-Achse die Gerade OM. Es sei $\overline{OM} = a$ $(a > 0)$ und R der Kreisradius. Die Gleichung des Kreises lautet

$$x^2 + y^2 = R^2,$$

und der Abstand des Punktes M mit den Koordinaten $(a, 0)$ von einem beliebigen Punkt des Kreises ist

$$\sqrt{(x-a)^2+y^2}\,.$$

Wir wollen nun den kleinsten Wert des Quadrates dieses Abstandes suchen. Nachdem wir an Stelle von y^2 seinen Ausdruck $R^2 - x^2$ aus der Kreisgleichung eingesetzt haben, erhalten wir die Funktion

$$f(x) = (x-a)^2 + (R^2 - x^2) = -2ax + a^2 + R^2\,,$$

wobei die unabhängige Veränderliche x im Intervall $-R \leqq x \leqq R$ variieren kann. Da die erste Ableitung $f'(x) = -2a$ für alle x-Werte negativ ist, nimmt die Funktion $f(x)$ ab und erreicht folglich den kleinsten Wert bei $x = R$ im rechten Randpunkt des Intervalls. Die kürzeste Entfernung ist also die Länge der Strecke $\overline{PM}$ (Abb. 66).

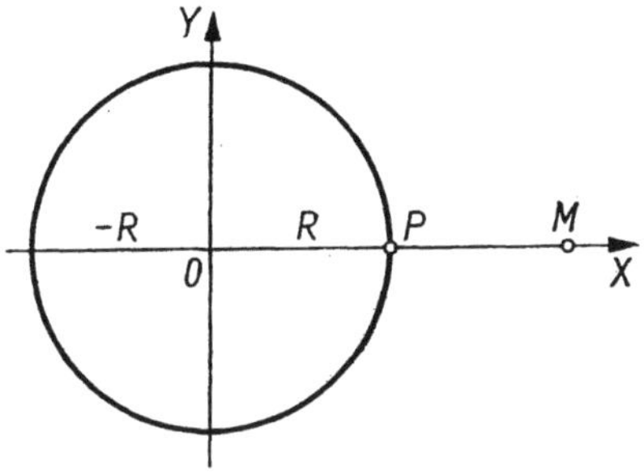

Abb. 66

6. *Einem gegebenen geraden Kreiskegel soll ein Zylinder so einbeschrieben werden, daß seine Gesamtoberfläche ein Maximum wird.*

Wir bezeichnen den Grundkreisradius und die Höhe des Kegels mit den Buchstaben R bzw. H, den Grundkreisradius und die Höhe des Zylinders mit r bzw. h. Die Funktion, deren größter Wert gesucht wird, ist im vorliegenden Fall

$$S = 2\pi r^2 + 2\pi r h\,.$$

Die veränderlichen Größen r und h sind miteinander durch die Bedingung verknüpft, daß der Zylinder dem gegebenen Kegel einbeschrieben ist. Aus der Ähnlichkeit der Dreiecke ABD und AMN schließen wir (Abb. 67) auf

$$\frac{\overline{MN}}{\overline{AN}} = \frac{\overline{BD}}{\overline{AD}} \quad \text{oder} \quad \frac{h}{R-r} = \frac{H}{R}$$

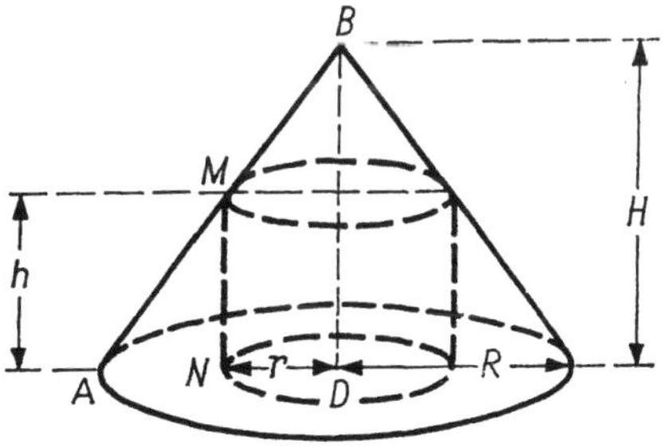

Abb. 67

und daraus

$$h = \frac{R-r}{R}\,H\,.$$

Setzen wir diesen Wert von h in den Ausdruck für S ein, so erhalten wir

$$S = 2\pi \left[r^2 + rH\left(1 - \frac{r}{R}\right)\right].$$

Auf diese Weise wird S eine Funktion der einen unabhängigen Veränderlichen r, die in dem Intervall $0 \leqq r \leqq R$ variieren kann. Wir bilden die Ableitungen erster und zweiter Ordnung:

$$\frac{dS}{dr} = 2\pi\left(2r + H - \frac{2r}{R}H\right), \qquad \frac{d^2S}{dr^2} = 4\pi\left(1 - \frac{H}{R}\right).$$

Wenn wir $\frac{dS}{dr}$ gleich 0 setzen, erhalten wir für r den Wert

$$r = \frac{HR}{2(H - R)}. \tag{2}$$

Soll dieser Wert im Innern des Intervalls $(0, R)$ liegen, so müssen die Ungleichungen

$$0 < \frac{HR}{2(H - R)} \quad \text{und} \quad \frac{HR}{2(H - R)} < R$$

erfüllt sein. Die erste dieser Ungleichungen ist gleichbedeutend mit $H > R$. Multiplizieren wir beide Seiten der zweiten Ungleichung mit der positiven Größe $2(H - R)$, so erhalten wir

$$R < \frac{H}{2}.$$

Ist diese Bedingung erfüllt, so ist $\frac{d^2S}{dr^2}$ negativ; dem Wert (2) entspricht das einzige Maximum der Funktion S und der größte Wert der Zylinderoberfläche. Diese Größe ist leicht zu bestimmen, wenn man den Wert (2) von r in den Ausdruck für S einsetzt.

Wir setzen jetzt voraus, daß der Wert (2) nicht im Innern des Intervalls $(0, R)$ liegt, d. h., daß eine der Ungleichungen (3) nicht erfüllt ist. Dabei können zwei Möglichkeiten auftreten: entweder $H \leqq R$ oder $H > R$, aber $R \geqq \frac{H}{2}$. Sie können beide durch die Ungleichung

$$H \leqq 2R \tag{4}$$

charakterisiert werden.

Wir formen den Ausdruck für $\frac{dS}{dr}$ um:

$$\frac{dS}{dr} = 2\pi\left(2r + H - \frac{2r}{R}H\right) = \frac{2\pi}{R}\left[(2R - H)\,r + H(R - r)\right].$$

An diesem Ausdruck sieht man, daß unter der Bedingung (4) $\frac{dS}{dr} > 0$ für $0 < r < R$ ist, d. h., die Funktion S nimmt in dem Intervall $(0, R)$ zu und erreicht daher den größten Wert bei $r = R$. Für diesen Wert von r ist offenbar $h = 0$, und die erhaltene Lösung kann als plattgedrückter Zylinder angesehen werden, dessen Grundfläche mit der Grundfläche des Kegels übereinstimmt und dessen Gesamtoberfläche sich auf $2\pi R^2$ reduziert.

61. Der Satz von Fermat. Wir hatten früher unter Benutzung elementar-geometrischer Vorstellungen die Methoden zur Untersuchung des Zunehmens und Abnehmens von Funktionen sowie ihrer Maxima und Minima und ebenso der größten und kleinsten Werte auseinandergesetzt. Jetzt gehen wir zur streng analytischen Darlegung einiger Sätze und Formeln über, die uns den analytischen Beweis für die Richtigkeit der oben angeführten Regeln liefert und auch gestattet, die Untersuchung von Funktionen noch etwas weiter voranzutreiben. In der folgenden Darstellung werden wir nun ganz klar umrissen und ins einzelne gehend alle Bedingungen, unter denen die entsprechenden Sätze und Formeln gültig sind, aufzählen.

Satz von Fermat. *Wenn die in einem Intervall* (a, b) *stetige Funktion* $f(x)$ *in jedem inneren Punkt dieses Intervalls eine Ableitung besitzt und in einem gewissen inneren Punkt* $x = c$ *einen größten (oder kleinsten) Wert erreicht, dann ist in diesem Punkt* $x = c$ *die erste Ableitung gleich* 0, *d. h.* $f'(c) = 0$.

Nehmen wir also an, daß der Wert $f(c)$ ein größter Wert der Funktionen sei. Für den Fall, daß dieser ein kleinster Wert ist, kann der Beweis in ganz analoger Weise durchgeführt werden. Voraussetzungsgemäß liegt der Punkt $x = c$ im Innern des Intervalls, und die Differenz $f(c + h) - f(c)$ wird sowohl für jedes positive als auch für jedes negative h negativ oder wenigstens nicht positiv:

$$f(c + h) - f(c) \leqq 0 .$$

Wir bilden den Quotienten

$$\frac{f(c + h) - f(c)}{h}.$$

Der Zähler dieses Bruchs ist, wie gesagt, kleiner oder gleich 0, und daher wird

$$\frac{f(c + h) - f(c)}{h} \leqq 0 \quad \text{für} \quad h > 0 \tag{1}$$

und

$$\frac{f(c + h) - f(c)}{h} \geqq 0 \quad \text{für} \quad h < 0 . \tag{2}$$

Der Punkt $x = c$ liegt im Innern des Intervalls, und voraussetzungsgemäß existiert in ihm die Ableitung, d. h., der oben angegebene Bruch strebt gegen einen bestimmten Grenzwert $f'(c)$, wenn h in beliebiger Weise gegen 0 strebt. Wir nehmen zunächst an, daß h von der Seite positiver Werte her gegen 0 strebt. In diesem Fall gilt die Ungleichung (1) und im Grenzfall

$$f'(c) \leqq 0 . \tag{3}$$

Entsprechend gilt, wenn h von der Seite negativer Werte her gegen 0 strebt, die Ungleichung (2) und im Grenzfall

$$f'(c) \geqq 0 . \tag{4}$$

Die beiden Ungleichungen (3) und (4) zusammen liefern somit das geforderte Resultat $f'(c) = 0$.

62. Der Satz von Rolle. *Wenn die im Intervall* (a, b) *stetige Funktion* $f(x)$ *in jedem inneren Punkt des Intervalls eine Ableitung besitzt und die Werte der Funktion in den Endpunkten gleich sind, d. h.* $f(a) = f(b)$ *ist, dann existiert im Innern von* (a, b) *mindestens ein Wert* $x = c$, *für den die Ableitung gleich* 0 *wird, d. h.* $f'(c) = 0$.

Die stetige Funktion $f(x)$ muß in dem betrachteten Intervall einen kleinsten Wert m und einen größten Wert M erreichen. Wenn es sich erweisen würde, daß dieser kleinste und dieser größte Wert identisch sind, d. h. $m = M$ ist, würde daraus offenbar folgen, daß die Funktion im ganzen Intervall den konstanten Wert m (oder M) beibehält. Aber bekanntlich ist die Ableitung einer Konstanten gleich 0, und folglich würde in diesem einfachen Fall in jedem inneren Punkt des Intervalls die Ableitung gleich 0 sein. Wenden wir uns der Betrachtung des allgemeinen Falles zu, so können wir demnach annehmen, daß $m < M$ ist. Da die Werte der Funktion in den Endpunkten voraussetzungsgemäß gleich sind, d. h. $f(a) = f(b)$ ist, muß mindestens eine der Zahlen m oder M von diesem gemeinsamen Wert in den Endpunkten verschieden sein. Nehmen wir z. B. an, daß dies M ist, d. h., daß der größte Wert der Funktion nicht in den Endpunkten, sondern im Innern des Intervalls erreicht wird, so ist nach dem Satz von FERMAT in diesem Punkt $f'(c) = 0$, womit auch der Satz von ROLLE bewiesen ist.

In dem speziellen Fall $f(a) = f(b) = 0$ kann man den Satz von ROLLE kurz so formulieren: *Zwischen zwei Nullstellen einer Funktion liegt mindestens eine Nullstelle der ersten Ableitung.*

Der Satz von ROLLE hat eine einfache geometrische Bedeutung. Nach Voraussetzung ist $f(a) = f(b)$, d. h., die den Endpunkten des Intervalls entsprechenden Ordinaten der Kurve $y = f(x)$ sind gleich, und im Innern dieses Intervalls existiert die Ableitung, d. h., die Kurve hat in jedem ihrer Punkte eine bestimmte Tangente. Der angegebene Satz behauptet nun, daß dabei im Innern des Intervalls mindestens *ein* Punkt existiert, in dem die Ableitung gleich 0 ist, d. h., in dem die Tangente parallel zur x-Achse verläuft (Abb. 68).

Bemerkung. Wenn die Voraussetzung des Satzes von ROLLE bezüglich der Existenz der Ableitung $f'(x)$ nicht in allen Punkten im Innern des Intervalls erfüllt ist, braucht der Satz nicht zu gelten.

So ist die Funktion $f(x) = 1 - \sqrt[3]{x^2}$ im Intervall $(-1, 1)$ stetig, und es ist $f(-1) = f(1) = 0$, aber die Ableitung

$$f'(x) = -\frac{2}{3\sqrt[3]{x}}$$

wird im Innern des Intervalls nicht 0. Das rührt daher, daß $f'(x)$ für $x = 0$ nicht existiert (vielmehr gleich ∞ wird) (Abb. 69). Ein anderes Beispiel liefert die in

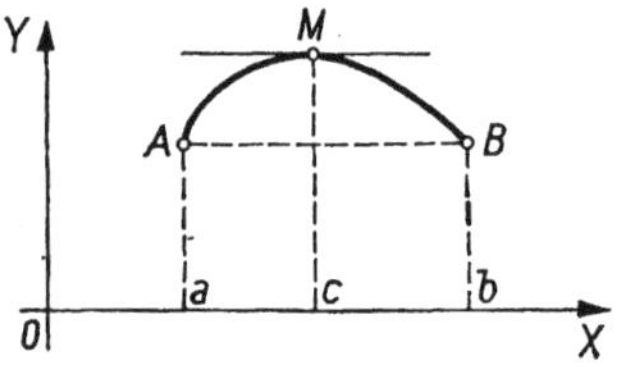

Abb. 68

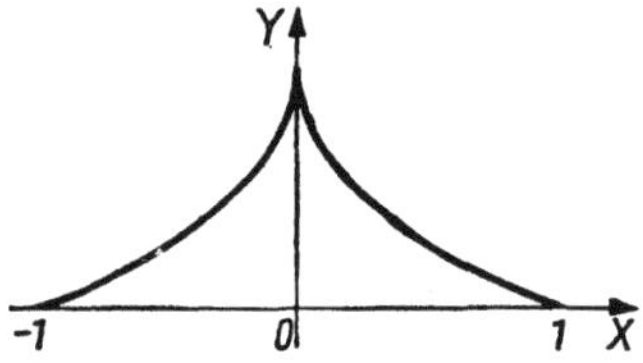

Abb. 69

Abb. 70 dargestellte Kurve. In diesem Fall haben wir eine Kurve $y = f(x)$, bei der $f(a) = f(b) = 0$ ist. Aus Abb. 70 ist jedoch ersichtlich, daß die Tangente im Innern des Intervalls (a, b) nicht parallel zur x-Achse wird, d. h., $f'(x)$ wird nicht 0. Das kommt daher, daß die Kurve im Punkt $x = \alpha$ linksseitig und rechtsseitig zwei verschiedene Tangenten hat und daß folglich keine bestimmte Ableitung existiert. Die Voraussetzung des Satzes von ROLLE bezüglich der Existenz der Ableitung in allen inneren Punkten des Intervalls ist demnach nicht erfüllt. (Dagegen fordert der Satz von ROLLE nicht die *Stetigkeit* der Ableitung; Anm. d. Übers.)

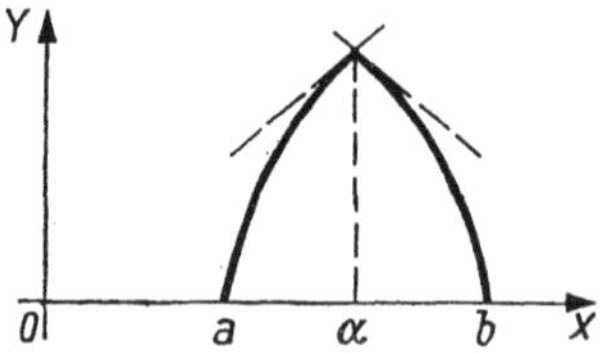

Abb. 70

63. Der Mittelwertsatz der Differentialrechnung (Formel von Lagrange). Wir nehmen an, daß die Funktion $f(x)$ im Intervall (a, b) stetig ist und im Innern dieses Intervalls eine Ableitung besitzt, ohne daß die Bedingung $f(a) = f(b)$ des Satzes von ROLLE erfüllt zu sein braucht. Wir bilden die Funktion

$$F(x) = f(x) + \lambda x\,,$$

in der λ eine Konstante ist, die wir so bestimmen, daß die neue Funktion die erwähnte Voraussetzung des Satzes von ROLLE erfüllt. Wir fordern also, daß

$$F(a) = F(b) \quad \text{oder} \quad f(a) + \lambda a = f(b) + \lambda b$$

ist, woraus

$$\lambda = -\frac{f(b) - f(a)}{b - a}$$

folgt. Wenden wir jetzt den Satz von ROLLE auf die Funktion $F(x)$ an, so können wir behaupten, daß zwischen a und b ein solcher Wert $x = c$ liegt, für den

$$F'(c) = f'(c) + \lambda = 0 \qquad (a < c < b)$$

ist, woraus wir durch Einsetzen des oben gefundenen Wertes von λ

$$f'(c) = -\lambda \quad \text{oder} \quad f'(c) = \frac{f(b) - f(a)}{b - a}$$

erhalten. Die letzte Gleichung können wir auch so schreiben:

$$f(b) - f(a) = (b - a)\,f'(c)\,. \tag{5}$$

Diese Gleichung wird der *Mittelwertsatz der Differentialrechnung* genannt (Formel von LAGRANGE). Der Wert c liegt zwischen a und b, und daher liegt der Quotient $\frac{c - a}{b - a} = \theta$ zwischen 0 und 1, und wir können

$$c = a + \theta(b - a) \qquad (0 < \theta < 1)$$

setzen, so daß sich der Mittelwertsatz auch in folgender Form schreiben läßt:

$$f(b) - f(a) = (b - a)\,f'[a + \theta(b - a)] \qquad (0 < \theta < 1)\,.$$

Wenn wir $b = a + h$ setzen, erhalten wir noch die folgende Darstellung der Formel:

$$f(a + h) - f(a) = hf'(a + \theta h)\,.$$

Der Mittelwertsatz liefert einen exakten Ausdruck für die Änderung $f(b) - f(a)$ der Funktion $f(x)$ und kann daher auch *Formel für die endlichen Zuwächse* genannt werden.

Wir wissen, daß die Ableitung einer Konstanten gleich 0 ist. Aus dem Mittelwertsatz können wir die Umkehrung dieses Satzes herleiten: *Wenn die Ableitung $f'(x)$ in allen Punkten des Intervalls (a, b) gleich 0 ist, ist die Funktion in diesem Intervall konstant.*

Für einen willkürlichen Wert x aus dem Intervall (a, b) erhalten wir durch Anwendung des Mittelwertsatzes auf das Intervall (a, x)

$$f(x) - f(a) = (x - a)\,f'(\xi) \qquad (a < \xi < x)\,.$$

Voraussetzungsgemäß ist aber $f'(\xi) = 0$ und folglich

$$f(x) - f(a) = 0, \quad \text{d. h.} \quad f(x) = f(a) = \text{const.}$$

Bezüglich der in (5) auftretenden Größe c wissen wir nur, daß sie zwischen a und b liegt, und daher gibt der Mittelwertsatz nicht die Möglichkeit einer genauen Berechnung des Zuwachses der Funktion aus der Ableitung; aber mit seiner Hilfe läßt sich eine Abschätzung des Fehlers durchführen, den wir begehen, wenn wir den Zuwachs der Funktion durch deren Differential ersetzen.

Beispiel. Es sei $f(x) = {}^{10}\log x$. Die Ableitung lautet

$$f'(x) = \frac{1}{x} \cdot \frac{1}{\log 10} = \frac{M}{x} \qquad (M = 0{,}43429\ldots),$$

und der Mittelwertsatz liefert

$${}^{10}\log(a+h) - {}^{10}\log a = h\,\frac{M}{a+\theta h} \qquad (0 < h < 1)$$

oder

$${}^{10}\log(a+h) = {}^{10}\log a + h\,\frac{M}{a+\theta h}.$$

Ersetzen wir den Zuwachs durch das Differential, so erhalten wir die Näherungsformel

$${}^{10}\log(a+h) - {}^{10}\log a = h\,\frac{M}{a}, \qquad {}^{10}\log(a+h) = {}^{10}\log a + h\,\frac{M}{a}.$$

Vergleichen wir sie mit der nach dem Mittelwertsatz erhaltenen exakten, so sehen wir, daß der Fehler

$$h\,\frac{M}{a} - h\,\frac{M}{a+\theta h} = \frac{\theta h^2 M}{a(a+\theta h)}$$

ist. Setzen wir $a = 100$ und $h = 1$, so erhalten wir die Näherungsgleichung

$${}^{10}\log 101 = {}^{10}\log 100 + \frac{M}{100} = 2{,}00434\ldots$$

mit dem Fehler

$$\frac{\theta \cdot M}{100(100+\theta)} \qquad (0 < \theta < 1).$$

Wenn wir θ im Zähler dieses Bruches durch 1 und im Nenner durch 0 ersetzen, vergrößern wir den Bruch und können daher sagen, daß der Fehler des berechneten Wertes von ${}^{10}\log 101$ kleiner ist als

$$\frac{M}{100^2} = 0{,}00004\ldots.$$

Wir schreiben nun den Mittelwertsatz (5) in der Form

$$\frac{f(b) - f(a)}{b - a} = f'(c) \qquad (a < c < b).$$

Wenden wir uns der Bildkurve der Funktion $y = f(x)$ (Abb. 71) zu, so bemerken wir, daß der Quotient

$$\frac{f(b) - f(a)}{b - a} = \frac{\overline{CB}}{\overline{AC}} = \tan \sphericalangle CAB$$

den Richtungskoeffizienten der Sehne $\overline{AB}$ und $f'(c)$ den Richtungskoeffizienten der Tangente in einem Punkt M des Kurvenbogens AB liefert. Somit ist der Mittelwertsatz mit der folgenden Aussage gleichbedeutend: Auf dem Kurvenbogen gibt

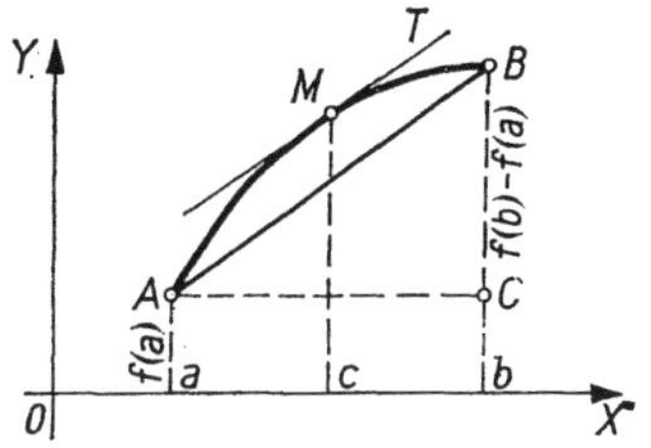

Abb. 71

es einen Punkt, in dem die Tangente parallel zur Sehne ist. Ein Spezialfall dieser Aussage ist der Satz von ROLLE, wenn die Sehne parallel zur x-Achse, d. h. $f(a) = f(b)$ ist.

Bemerkung. Aus dem Mittelwertsatz ergeben sich unmittelbar jene Kriterien für das Zu- und Abnehmen einer Funktion $f(x)$, die wir früher dem Kurvenbild entnommen hatten. Wir nehmen z. B. an, daß im Innern eines Intervalls die erste Ableitung $f'(x)$ positiv ist; ferner seien x und $x + h$ zwei Punkte dieses Intervalls. Aus dem Mittelwertsatz

$$f(x + h) - f(x) = hf'(x + \theta h) \qquad (0 < \theta < 1)$$

ist ersichtlich, daß die links stehende Differenz für positive h eine positive Größe ist, da beide Faktoren in dem rechts stehenden Produkt in diesem Fall positiv sind. Wir haben also unter der Voraussetzung, daß die Ableitung in einem Intervall positiv ist,

$$f(x + h) - f(x) > 0$$

erhalten, d. h., die Funktion nimmt in diesem Intervall zu. Entsprechend ergibt sich aus der obigen Beziehung unmittelbar auch das Kriterium für das Abnehmen.

Wir bemerken hier noch, daß die von uns beim Beweis des Satzes von FERMAT angestellten Überlegungen auch dann ohne Einschränkung anwendbar bleiben, wenn die Funktion in dem betrachteten Punkt nicht den absolut größten oder kleinsten Wert, sondern nur ein relatives Maximum oder Minimum erreicht. Diese Überlegungen beweisen, daß in solchen Punkten die erste Ableitung, wenn sie existiert, gleich 0 sein muß.

64. Erweiterter Mittelwertsatz (Formel von Cauchy). Wir nehmen an, daß die Funktionen $f(x)$ und $\varphi(x)$ im Intervall (a, b) stetig sind und für jeden Punkt im Innern dieses Intervalls eine Ableitung besitzen. Ferner sei dort stets $\varphi'(x) \neq 0$. Bei Anwendung des Mittelwertsatzes (Formel von LAGRANGE) auf die Funktion $\varphi(x)$ erhalten wir

$$\varphi(b) - \varphi(a) = (b - a)\,\varphi'(c_1) \qquad (a < c_1 < b)\,.$$

Nach Voraussetzung ist $\varphi'(c_1) \neq 0$ und folglich

$$\varphi(b) - \varphi(a) \neq 0\,.$$

Wir bilden nun die Funktion

$$F(x) = f(x) + \lambda\varphi(x)\,,$$

wobei λ eine Konstante ist, die wir so bestimmen, daß

$$F(a) = F(b), \quad \text{d. h.} \quad f(a) + \lambda\varphi(a) = f(b) + \lambda\varphi(b)$$

wird; hieraus folgt

$$\lambda = -\frac{f(b) - f(a)}{\varphi(b) - \varphi(a)}.$$

Bei dieser Wahl von λ ist der Satz von ROLLE auf die Funktion $F(x)$ anwendbar, und folglich existiert ein Wert $x = c$, für den

$$F'(c) = f'(c) + \lambda\varphi'(c) = 0 \qquad (a < c < b)$$

ist. Diese Gleichung liefert

$$\frac{f'(c)}{\varphi'(c)} = -\lambda\,;$$

daraus erhalten wir durch Einsetzen des für λ gefundenen Wertes

$$\frac{f(b) - f(a)}{\varphi(b) - \varphi(a)} = \frac{f'(c)}{\varphi'(c)} \qquad (a < c < b)$$

oder

$$\frac{f(b) - f(a)}{\varphi(b) - \varphi(a)} = \frac{f'[a + \theta(b-a)]}{\varphi'[a + \theta(b-a)]} \qquad (0 < \theta < 1) \tag{6}$$

oder

$$\frac{f(a+h) - f(a)}{\varphi(a+h) - \varphi(a)} = \frac{f'(a + \theta h)}{\varphi'(a + \theta h)}.$$

Dies ist die Formel von CAUCHY. Setzen wir in ihr $\varphi(x) = x$, so erhalten wir $\varphi'(x) = 1$, und sie nimmt die Gestalt

$$\frac{f(b) - f(a)}{b - a} = \frac{f'(c)}{1}$$

oder

$$f(b) - f(a) = (b - a)\,f'(c)$$

an, d. h., die Formel von LAGRANGE ist ein Spezialfall der Formel von CAUCHY.

65. Auswertung unbestimmter Ausdrücke. Wir nehmen an, daß die Funktionen $\varphi(x)$ und $\psi(x)$ für $a < x \leqq a + k$ stetig sind, wobei k eine gewisse positive Zahl ist, daß sie stetige Ableitungen haben und daß $\psi'(x)$ in dem angegebenen Intervall nicht 0 wird. Wir setzen außerdem $\lim \varphi(x) = 0$ und $\lim \psi(x) = 0$ für $x \to a + 0$ [**26**] voraus. Wenn wir $\varphi(a) = \psi(a) = 0$ setzen, erhalten wir Funktionen, die bis zu $x = a$, d. h. für $a \leqq x \leqq a + k$ stetig sind. Für $x \to a + 0$ läßt sich auf den Quotienten $\frac{\varphi(x)}{\psi(x)}$, der für $x = a$ einen „unbestimmten Ausdruck" der Form $\frac{0}{0}$ darstellt, der Satz über den Grenzwert eines Quotienten nicht anwenden. Wir geben eine Methode zur Auswertung eines solchen unbestimmten Ausdrucks an, d. h. ein Verfahren zum Auffinden des Grenzwertes von $\frac{\varphi(x)}{\psi(x)}$ für $x \to a + 0$.

Wir beweisen zunächst den folgenden Satz: *Strebt beim Grenzübergang von x gegen a unter den oben gemachten Voraussetzungen das Verhältnis $\frac{\varphi'(x)}{\psi'(x)}$ gegen den Grenzwert b, so strebt auch das Verhältnis $\frac{\varphi(x)}{\psi(x)}$ der Funktionen gegen denselben Grenzwert.*

Beachten wir, daß $\psi(a) = \varphi(a) = 0$ ist, so erhalten wir bei Anwendung der Formel von CAUCHY [64]

$$\frac{\varphi(x)}{\psi(x)} = \frac{\varphi(x) - \varphi(a)}{\psi(x) - \psi(a)} = \frac{\varphi'(\xi)}{\psi'(\xi)} \qquad (\xi \text{ zwischen } a \text{ und } x). \tag{7}$$

Wir bemerken, daß wir unter den für $\varphi(x)$ und $\psi(x)$ gemachten Voraussetzungen berechtigt sind, den erweiterten Mittelwertsatz anzuwenden.

Wenn x gegen a strebt, wird auch ξ, das zwischen x und a liegt, gegen denselben Grenzwert streben. Dabei hat gemäß der Voraussetzung des Satzes die rechte Seite der Gleichung (7) den Grenzwert b, und folglich strebt auch der auf der linken Seite dieser Gleichung stehende Quotient $\frac{\varphi(x)}{\psi(x)}$ gegen denselben Grenzwert.

Wir bemerken, daß dieser Grenzwert auch ∞ sein kann.

Aus dem bewiesenen Satz ergibt sich die folgende Regel für die Auswertung unbestimmter Ausdrücke der Form $\frac{0}{0}$: *Beim Aufsuchen des Grenzwertes von* $\frac{\varphi(x)}{\psi(x)}$ *im Fall des unbestimmten Ausdrucks* $\frac{0}{0}$ *kann man den Quotienten der Funktionen durch den Quotienten ihrer Ableitungen ersetzen und den Grenzwert dieses neuen Quotienten ermitteln.*

Diese Regel wurde von dem französischen Mathematiker DE L'HOSPITAL angegeben und wird gewöhnlich die *l'Hospitalsche Regel* genannt.

Führt das Verhältnis der Ableitungen ebenfalls auf die unbestimmte Form $\frac{0}{0}$, so läßt sich diese Regel auch auf dieses Verhältnis anwenden, usw.

Wir haben den Fall $a < x \leqq a + k$ betrachtet. Völlig analog wird auch der Fall $a - k \leqq x < a$, d. h. $x \to a - 0$ untersucht. In den folgenden Beispielen hängt der Grenzwert nicht davon ab, ob x von rechts oder von links gegen a strebt, und wir schreiben nur $x \to a$.

Wir betrachteten den Fall, daß x gegen einen endlichen Grenzwert strebt. Die Regel bleibt richtig auch in dem Fall, daß x gegen ∞ strebt. Mit dem Beweis dafür halten wir uns nicht auf.

Wir demonstrieren diese Regel an einigen Beispielen:

1. $$\lim_{x\to 0} \frac{(1+x)^n - 1}{x} = \lim_{x\to 0} \frac{n(1+x)^{n-1}}{1} = n\,.$$

2. $$\lim_{x\to 0} \frac{x - \sin x}{x^3} = \lim_{x\to 0} \frac{1-\cos x}{3x^2} = \lim_{x\to 0} \frac{\sin x}{6x} = \lim_{x\to 0} \frac{\cos x}{6} = \frac{1}{6}\,,$$

d. h., die Differenz $x - \sin x$ wird unendlich klein von dritter Ordnung bezüglich x.

3. $$\lim_{x\to 0} \frac{x - x\cos x}{x - \sin x} = \lim_{x\to 0} \frac{1 - \cos x + x \sin x}{1 - \cos x}$$

$$= \lim_{x\to 0} \frac{\sin x + \sin x + x\cos x}{\sin x} = \lim_{x\to 0} \frac{2\cos x + \cos x - x\sin x}{\cos x} = 3\,.$$

Das Resultat dieses Beispiels führt uns zu einer bequemen Methode zur *Rektifizierung des Kreisbogens.*

Wir betrachten einen Kreis, dessen Radius gleich 1 ist (Einheitskreis). Als x-Achse wählen wir einen Durchmesser dieses Kreises und als y-Achse die Tangente in einem Endpunkt dieses Durchmessers (Abb. 72).

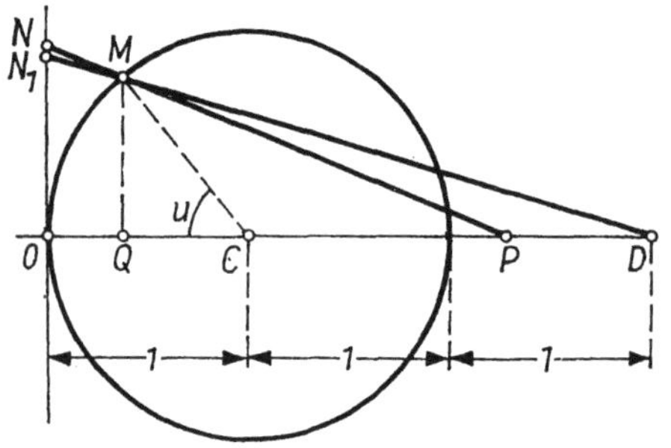

Abb. 72

Wir wählen einen Bogen OM, und auf der y-Achse möge der Abschnitt $\overline{ON}$ liegen, der die Länge des Bogens OM hat. Wir ziehen nun die Gerade NM; ihr Schnittpunkt mit der x-Achse sei P. Bezeichnen wir mit u die Länge des Bogens OM, so lautet die Gleichung der Geraden NM in der Achsenabschnittform:

$$\frac{x}{\overline{OP}}+\frac{y}{u}=1 .$$

Zur Berechnung der Länge des Abschnitts $\overline{OP}$ bemerken wir, daß auf der Geraden NM der Punkt mit den Koordinaten

$$x=\overline{OQ}=1-\cos u , \qquad y=\overline{QM}=\sin u$$

liegt. Diese Koordinaten müssen der obigen Gleichung genügen,

$$\frac{1-\cos u}{\overline{OP}}+\frac{\sin u}{u}=1 ,$$

woraus sich

$$\overline{OP}=\frac{u-u\cos u}{u-\sin u}$$

ergibt.

Das Beispiel 3 zeigt, daß für $u \to 0$ die Länge $\overline{OP}$ gegen 3 strebt, d. h., der Punkt P strebt auf der x-Achse gegen den Punkt D, dessen Abstand vom Koordinatenursprung gleich dem dreifachen Radius des Kreises ist. Hieraus ergibt sich eine einfache Methode zur angenäherten Rektifizierung des Kreisbogens. Zu diesem Zweck muß man vom Punkt O die Strecke $\overline{OD}$ der Länge dreier Kreisradien abtragen und die Gerade DM ziehen. Die Strecke $\overline{ON_1}$, die von dieser Geraden auf der y-Achse abgeschnitten wird, liefert angenähert die Länge des Bogens OM. Diese Methode führt besonders für kleinere Bogen zu sehr guten Resultaten; aber selbst für den Bogen $\frac{\pi}{2}$ macht der relative Fehler nur ungefähr 5% aus.

66. Verschiedene Formen unbestimmter Ausdrücke. Der in [**65**] bewiesene Satz ist auch für den Fall des unbestimmten Ausdrucks $\frac{\infty}{\infty}$ gültig. Im weiteren unterscheiden wir nicht, ob x von links oder von rechts gegen a strebt, und schreiben der Kürze halber $x \to a$. Wir setzen voraus, daß dabei die stetigen Funktionen $\varphi(x)$ und $\psi(x)$ gegen ∞ oder $-\infty$ streben. Es sei

$$\lim_{x\to a}\varphi(x)=\lim_{x\to a}\psi(x)=\infty \tag{8}$$

und

$$\lim_{x\to a}\frac{\varphi'(x)}{\psi'(x)}=b . \tag{9}$$

Wir werden zeigen, daß der Quotient $\frac{\varphi(x)}{\psi(x)}$ gegen denselben Grenzwert b strebt, wobei wir annehmen, daß $\psi'(x)$ für zu a benachbarte x-Werte nicht verschwindet.

Wir betrachten zwei Werte der unabhängigen Veränderlichen, nämlich x und x_0 nahe bei a und von der Art, daß x zwischen x_0 und a liegt. Nach der Formel von Cauchy haben wir

$$\frac{\varphi(x) - \varphi(x_0)}{\psi(x) - \psi(x_0)} = \frac{\varphi'(\xi)}{\psi'(\xi)} \qquad (\xi \text{ zwischen } x \text{ und } x_0),$$

andererseits ist aber

$$\frac{\varphi(x) - \varphi(x_0)}{\psi(x) - \psi(x_0)} = \frac{\varphi(x)}{\psi(x)} \cdot \frac{1 - \frac{\varphi(x_0)}{\varphi(x)}}{1 - \frac{\psi(x_0)}{\psi(x)}},$$

da aus (8) unmittelbar folgt, daß für zu a hinreichend benachbarte x sowohl $\varphi(x)$ als auch $\psi(x)$ von 0 verschieden sind. Durch Gleichsetzen dieser beiden Ausdrücke erhalten wir

$$\frac{\varphi(x)}{\psi(x)} \cdot \frac{1 - \frac{\varphi(x_0)}{\varphi(x)}}{1 - \frac{\psi(x_0)}{\psi(x)}} = \frac{\varphi'(\xi)}{\psi'(\xi)}$$

bzw.

$$\frac{\varphi(x)}{\psi(x)} = \frac{\varphi'(\xi)}{\psi'(\xi)} \cdot \frac{1 - \frac{\psi(x_0)}{\psi(x)}}{1 - \frac{\varphi(x_0)}{\varphi(x)}}, \tag{10}$$

wobei ξ zwischen x und x_0 und folglich zwischen a und x_0 liegt. Wählen wir x_0 hinreichend nahe bei a, so können wir auf Grund der Bedingung (9) annehmen, daß sich der erste Faktor der rechten Seite von (10) bei beliebiger Wahl von x zwischen x_0 und a um beliebig wenig von b unterscheidet. Nachdem wir auf diese Weise den Wert x_0 festgelegt haben, lassen wir x gegen a streben. Dann strebt auf Grund der Bedingung (8) der zweite Faktor auf der rechten Seite von (10) gegen 1, und wir können daher behaupten, daß sich das Verhältnis $\frac{\varphi(x)}{\psi(x)}$ auf der linken Seite von (10) für alle genügend nahe bei a gelegenen x-Werte beliebig wenig von b unterscheidet, d. h.

$$\lim_{x \to a} \frac{\varphi(x)}{\psi(x)} = b\,.$$

Aus dem bewiesenen Satz folgt, daß die l'Hospitalsche Regel auch zur Auswertung des unbestimmten Ausdrucks $\frac{\infty}{\infty}$ anwendbar ist.

Wir erwähnen noch einige andere Formen unbestimmter Ausdrücke. Wir betrachten das Produkt $\varphi(x)\,\psi(x)$, und es sei

$$\lim_{x \to a} \varphi(x) = 0 \quad \text{und} \quad \lim_{x \to a} \psi(x) = \infty\,.$$

Dies ergibt den unbestimmten Ausdruck $0 \cdot \infty$. Er ist leicht auf die Form $\frac{0}{0}$ oder $\frac{\infty}{\infty}$ zu bringen:

$$\varphi(x)\,\psi(x) = \frac{\varphi(x)}{\frac{1}{\psi(x)}} = \frac{\psi(x)}{\frac{1}{\varphi(x)}}.$$

Wir betrachten schließlich den Ausdruck $\varphi(x)^{\psi(x)}$, und es sei

$$\lim_{x\to a} \varphi(x) = 1 \quad \text{und} \quad \lim_{x\to a} \psi(x) = \infty\,.$$

Dies stellt den unbestimmten Ausdruck 1^∞ dar. Wir betrachten den Logarithmus

$$\log\,[\varphi(x)^{\psi(x)}] = \psi(x) \log \varphi(x)\,,$$

der sich auf den unbestimmten Ausdruck $\infty \cdot 0$ reduziert. Wenn wir diesen unbestimmten Ausdruck auswerten, d. h. den Grenzwert vom Logarithmus des gegebenen Ausdrucks ermitteln, erhalten wir dadurch auch den Grenzwert des Ausdrucks selbst. Entsprechend werden die unbestimmten Ausdrücke ∞^0 und 0^0 ausgewertet.

Wir betrachten jetzt einige Beispiele.

1. $$\lim_{x\to\infty} \frac{e^x}{x} = \lim_{x\to\infty} \frac{e^x}{1} = \infty\,, \qquad \lim_{x\to\infty} \frac{e^x}{x^2} = \lim_{x\to\infty} \frac{e^x}{2x} = \lim_{x\to\infty} \frac{e^x}{2} = \infty\,.$$

Ebenso kann man sich davon überzeugen, daß das Verhältnis $\frac{e^x}{x^n}$ für jeden positiven Wert n mit x gegen ∞ strebt, d. h., die *Exponentialfunktion* e^x *wächst* bei unbegrenzter Zunahme von x *schneller als jede positive Potenz von* x.

2. $$\lim_{x\to\infty} \frac{\log x}{x^n} = \lim_{x\to\infty} \frac{\frac{1}{x}}{nx^{n-1}} = \lim_{x\to\infty} \frac{1}{nx^n} = 0 \qquad (n > 0)\,,$$

d. h., $\log x$ *nimmt schwächer zu als jede positive Potenz von* x.

3. $$\lim_{x\to+0} x^n \log x = \lim_{x\to+0} \frac{\log x}{\frac{1}{x^n}} = \lim_{x\to+0} \frac{\frac{1}{x}}{\frac{-n}{x^{n+1}}} = -\lim_{x\to+0} \frac{x^n}{n} = 0 \qquad (n > 0)\,.$$

4. Wir ermitteln den Grenzwert von x^x beim Grenzübergang von x gegen $+0$. Durch Logarithmieren dieses Ausdrucks erhalten wir den unbestimmten Ausdruck $0 \cdot \infty$. Dieser unbestimmte Ausdruck liefert auf Grund des Beispiels 3 im Grenzfall den Wert 0, und folglich ist

$$\lim_{x\to+0} x = 1\,.$$

5. Wir ermitteln den Grenzwert des Quotienten

$$\lim_{x\to\infty} \frac{x + \sin x}{x}.$$

Zähler und Nenner des angegebenen Verhältnisses streben gegen ∞. Ersetzen wir gemäß der l'Hospitalschen Regel das Verhältnis der Funktionen durch das Verhältnis der Ableitungen, so erhalten wir

$$\lim_{x\to\infty} \frac{1 + \cos x}{1}.$$

Nun strebt $1 + \cos x$ bei unbegrenzt wachsendem x keinem Grenzwert zu, weil $\cos x$ ständig zwischen 1 und -1 schwankt; jedoch ist leicht einzusehen, daß der gegebene Quotient selbst gegen einen Grenzwert strebt:

$$\lim_{x\to\infty} \frac{x + \sin x}{x} = \lim_{x\to\infty}\left(1 + \frac{\sin x}{x}\right) = 1 .$$

In diesem Fall läßt sich also der unbestimmte Ausdruck auswerten, während die l'Hospitalsche Regel nicht zum Ziel führt. Dieses Resultat widerspricht nicht dem bewiesenen Satz, weil in dem Satz nur behauptet wird, daß dann, wenn der Quotient der Ableitungen gegen einen Grenzwert strebt, auch das Verhältnis der Funktionen gegen denselben Grenzwert strebt, aber nicht umgekehrt.

6. Wir erwähnen noch den unbestimmten Ausdruck $\infty \pm \infty$. Er läßt sich gewöhnlich auf den unbestimmten Ausdruck $\frac{0}{0}$ zurückführen. Zum Beispiel:

$$\lim_{x\to 0}\left(\frac{1}{\sin x} - \frac{1}{x + x^2}\right) = \lim_{x\to 0} \frac{x + x^2 - \sin x}{(x + x^2)\sin x} .$$

Das ist ein unbestimmter Ausdruck der Form $\frac{0}{0}$. Wenn wir ihn nach dem oben angegebenen Verfahren auswerten, erhalten wir

$$\lim_{x\to 0}\left(\frac{1}{\sin x} - \frac{1}{x + x^2}\right) = 1 .$$

§ 6. Funktionen zweier Veränderlicher

67. Grundbegriffe. Bisher hatten wir Funktionen *einer* unabhängigen Veränderlichen betrachtet. Wir wenden uns jetzt der Untersuchung von Funktionen *zweier* unabhängiger Veränderlicher

$$u = f(x, y)$$

zu.

Zur Bestimmung spezieller Werte einer solchen Funktion müssen die Werte der unabhängigen Veränderlichen $x = x_0$, $y = y_0$ vorgegeben werden. Jedem solchen Paar von Werten x und y entspricht ein bestimmter Punkt M_0 in der Koordinatenebene mit den Koordinaten x_0, y_0, und statt von den Werten der Funktion für $x = x_0$, $y = y_0$ spricht man von dem Wert der Funktion im Punkt $M_0(x_0, y_0)$ der Ebene. Die Funktion kann *in der ganzen Ebene* oder nur in einem Teil von ihr, *in einem gewissen Bereich*, definiert sein. Wenn $f(x, y)$ ein Polynom von x, y ist, z. B.

$$u = f(x, y) = x^2 + xy + y^2 - 2x + 3y + 7 ,$$

dann ist hierdurch die Funktion in der ganzen Ebene definiert. Dagegen definiert

$$u = \sqrt{1 - (x^2 + y^2)}$$

die Funktion nur im Innern des Kreises $x^2 + y^2 = 1$ mit dem Mittelpunkt im Koordinatenursprung und dem Radius 1 sowie auf dem Kreis selbst, wo $u = 0$ ist. Das Analogon des auf einer Koordinatenachse gelegenen Intervalls ist in der Ebene der Bereich, der durch die Ungleichungen $a \leqq x \leqq b$, $c \leqq y \leqq d$ definiert ist. Das ist ein Rechteck mit achsenparallelen Seiten, wobei der Rand dieses Rechtecks zum Bereich gehört. Die Ungleichungen $a < x < b$, $c < y < d$ definieren nur die *inneren* Punkte des Rechtecks. Wird der Rand des Bereichs zu diesem hinzugerechnet, so heißt der Bereich *abgeschlossen*; anderenfalls nennen wir ihn *offen* [**4**]. Wir wollen jetzt den Begriff des Grenzwerts einer Funktion zweier Veränderlicher [**32**] definieren und nehmen an, daß die Funktion im Punkt $M_0(x_0, y_0)$ und in allen Punkten $M(x, y)$, die hinreichend nahe bei M_0 liegen, definiert ist.

Definition. *Wenn bei jeder beliebigen Vorschrift für den Grenzübergang des Punktes $M(x, y)$ gegen den Punkt $M_0(x_0, y_0)$, wobei M niemals mit M_0 zusammenfällt, die Veränderliche $f(x, y)$ als Grenzwert ein und dieselbe Zahl A besitzt, schreibt man*

$$\lim_{\substack{x \to x_0 \\ y \to y_0}} f(x, y) = A \quad \textit{oder} \quad \lim_{M \to M_0} f(x, y) = A \,.$$

Diese Definition ist äquivalent der folgenden: Zu einer beliebig vorgegebenen positiven Zahl ε gibt es eine positive Zahl η derart, daß für $|x - x_0| < \eta$ und $|y - y_0| < \eta$ die Ungleichung $|f(x, y) - A| < \varepsilon$ gilt, wobei das Wertepaar $x = x_0$, $y = y_0$ ausgeschlossen bleibt. Erlaubt sind dagegen die Werte $x = x_0$, $y \neq y_0$ oder $x \neq x_0$, $y = y_0$. Liegt der Punkt M_0 auf dem Rand des Bereichs, in dem $f(x, y)$ definiert ist, so muß der gegen M_0 strebende Punkt M dem Bereich angehören, in dem die Funktion definiert ist. Es sei eine beliebige durchnumerierte Folge von Punkten $M_n(x_n, y_n)$ gegeben, die gegen $M_0(x_0, y_0)$ strebt, d. h., daß die Folge x_n den Grenzwert x_0 und die Folge y_n den Grenzwert y_0 hat. Man kann beweisen: Wenn die Folge der Zahlen $u_n = f(x_n, y_n)$ für eine beliebige solche Punktfolge $M_n(x_n, y_n)$ ein und denselben Grenzwert A hat, dann ist A Grenzwert von $f(x, y)$ beim Grenzübergang von $M(x, y)$ gegen $M_0(x_0, y_0)$ im Sinne der obigen Definition.

Wir setzen voraus, daß $f(x, y)$ im Punkt $M_0(x_0, y_0)$ und in allen ihm hinreichend nahe gelegenen Punkten definiert ist (vgl. [**32**]).

Definition. Die Funktion $f(x, y)$ heißt *im Punkt $M_0(x_0, y_0)$ stetig*, wenn

$$\lim_{\substack{x \to x_0 \\ y \to y_0}} f(x, y) = f(x_0, y_0) \quad \text{oder} \quad \lim_{M \to M_0} f(x, y) = f(x_0, y_0)$$

ist. Eine Funktion heißt *in einem Bereich stetig*, wenn sie in jedem Punkt dieses Bereichs stetig ist.

So ist z. B. die Funktion $w = \sqrt{1 - x^2 - y^2}$ stetig im Innern der Kreisfläche, in der sie definiert ist. Sie bleibt stetig, wenn wir zur Kreisfläche noch ihren Rand hinzufügen, d. h. die Kreislinie, auf der $w = 0$ ist.

Es sei B ein beschränkter abgeschlossener Bereich in der Ebene und $f(x, y)$ eine auf B stetige Funktion (d. h. im Innern von B und auf dem Rand von B stetig). Eine solche Funktion besitzt Eigenschaften, die den Eigenschaften der Funktion *einer* unabhängigen Veränderlichen, die auf einem endlichen abgeschlossenen Intervall stetig ist [**35**], analog sind. Die Beweise dieser Eigenschaften sind im wesentlichen die gleichen wie die Beweise aus [**43**]. Wir formulieren nur die Resultate.

1. *Eine Funktion $f(x, y)$ ist in B gleichmäßig stetig, d. h., zu einer beliebig vorgegebenen positiven Zahl ε gibt es eine für den ganzen Bereich gültige positive Zahl η derart, daß für $|x_2 - x_1| < \eta$ und $|y_2 - y_1| < \eta$ die Ungleichung $|f(x_2, y_2) - f(x_1, y_1)| < \varepsilon$ gilt, wenn (x_1, y_1) und (x_2, y_2) beliebige, zum Bereich gehörende Punkte sind.*

2. *Die Funktion $f(x, y)$ ist in B beschränkt, d. h., es existiert eine solche positive Zahl M, daß $|f(x, y)| < M$ gilt für alle (x, y), die zu B gehören.*

3. *Die Funktion $f(x, y)$ erreicht in B ihren größten und ihren kleinsten Wert.*

Wir machen noch auf eine Tatsache aufmerksam, die aus der Definition der Stetigkeit von Funktionen folgt: Wenn $f(x, y)$ im Punkt (a, b) stetig ist und wenn wir $y = b$ setzen, ist die Funktion $f(x, b)$ der einen Veränderlichen x stetig in $x = a$. Analog ist $f(a, y)$ stetig in $y = b$.

68. Die partiellen Ableitungen und das vollständige Differential einer Funktion zweier unabhängiger Veränderlicher. Die unabhängige Veränderliche y der Funktion $u = f(x, y)$ möge einen konstanten Wert beibehalten, und nur x ändere sich; u wird dann eine Funktion von x allein, und man kann ihren Zuwachs sowie die Ableitung berechnen. Wir bezeichnen mit $\Delta_x u$ den Zuwachs von u, den diese Funktion bekommt, wenn y konstant bleibt und x den Zuwachs Δx erhält:

$$\Delta_x u = f(x + \Delta x, y) - f(x, y)\,.$$

Die Ableitung erhalten wir, indem wir den Grenzwert ermitteln:

$$\lim_{\Delta x \to \pm 0} \frac{\Delta_x u}{\Delta x} = \lim_{\Delta x \to \pm 0} \frac{f(x + \Delta x, y) - f(x, y)}{\Delta x}.$$

Diese unter der Voraussetzung $y = \text{const}$ berechnete Ableitung heißt *partielle Ableitung der Funktion u nach x* und wird folgendermaßen bezeichnet:

$$\frac{\partial f(x, y)}{\partial x} \quad \text{oder} \quad f_x(x, y) \quad \text{oder} \quad \frac{\partial u}{\partial x}.$$

Wir weisen darauf hin, daß $\frac{\partial u}{\partial x}$ nicht als Bruch gedeutet werden darf, sondern nur als Symbol für die Bezeichnung der partiellen Ableitung. Besitzt die Funktion $f(x, y)$ eine partielle Ableitung nach x, so ist sie eine stetige Funktion von x bei festgehaltenem y. Entsprechend definiert man den Zuwachs $\Delta_y u$ und die unter der Voraussetzung $x = \text{const}$ berechnete partielle Ableitung von u nach y:

$$\frac{\partial f(x, y)}{\partial y} = f_y(x, y) = \frac{\partial u}{\partial y} = \lim_{\Delta y \to \pm 0} \frac{\Delta_y u}{\Delta y} = \lim_{\Delta y \to \pm 0} \frac{f(x, y + \Delta y) - f(x, y)}{\Delta y}.$$

Wenn beispielsweise $u = x^2 + y^2$ ist, wird

$$\frac{\partial u}{\partial x} = 2x\,, \qquad \frac{\partial u}{\partial y} = 2y\,.$$

Wir betrachten die Boyle-Mariotte-Gay-Lussacsche Gleichung[1])

$$pv = RT\,.$$

Mit Hilfe dieser Gleichung kann eine der Größen p, v und T in Abhängigkeit von den beiden anderen bestimmt werden, wobei diese beiden nun als unabhängige Veränderliche anzusehen sind. Wir erhalten die folgende Tabelle:

Unabhängige Veränderliche	T, p	T, v	p, v
Funktionen	$v = \frac{RT}{p}$	$p = \frac{RT}{v}$	$T = \frac{pv}{R}$
Partielle Ableitungen	$\frac{\partial v}{\partial T} = \frac{R}{p}$; $\frac{\partial v}{\partial p} = -\frac{RT}{p^2}$	$\frac{\partial p}{\partial T} = \frac{R}{v}$; $\frac{\partial p}{\partial v} = -\frac{RT}{v^2}$	$\frac{\partial T}{\partial p} = \frac{v}{R}$; $\frac{\partial T}{\partial v} = \frac{p}{R}$

[1]) Im russischen Original *Clapeyronsche Gleichung* genannt (Anm. d. Übers.).

Hieraus ergibt sich die Beziehung

$$\frac{\partial v}{\partial T} \cdot \frac{\partial T}{\partial p} \cdot \frac{\partial p}{\partial v} = -1 .$$

Wenn wir auf der linken Seite der Gleichung unter naiver Deutung der Symbole für die partiellen Ableitungen kürzen würden, so erhielten wir nicht -1, sondern $+1$. Aber in dieser Gleichung sind die partiellen Ableitungen unter verschiedenen Voraussetzungen berechnet worden: $\frac{\partial v}{\partial T}$ unter der Voraussetzung, daß p konstant ist, $\frac{\partial T}{\partial p}$ für konstantes v und $\frac{\partial p}{\partial v}$ für konstantes T, und daher sind die erwähnten Kürzungen unzulässig.

Wir bezeichnen mit Δu den vollständigen Zuwachs der Funktion, der sich ergibt, wenn sich sowohl x als auch y ändert:

$$\Delta u = f(x + \Delta x, y + \Delta y) - f(x, y) .$$

Wenn wir $f(x, y + \Delta y)$ hinzufügen und abziehen, können wir schreiben:

$$\Delta u = [f(x + \Delta x, y + \Delta y) - f(x, y + \Delta y)] + f(x, y + \Delta y) - f(x, y)] .$$

In der ersten eckigen Klammer steht die Änderung der Funktion u bei ungeändertem Wert $y + \Delta y$ der Veränderlichen y, in der zweiten die Änderung derselben Funktion bei ungeändertem Wert von x.

Wir setzen voraus, daß $f(x, y)$ innerhalb eines gewissen Bereichs B definiert ist, daß der Punkt (x, y) im Innern von B liegt und daß Δx und Δy (dem Absolutbetrag nach) so klein gewählt werden, daß das Rechteck mit dem Mittelpunkt (x, y) und den Seitenlängen $2\,|\Delta x|$ und $2\,|\Delta y|$ ebenfalls im Innern von B liegt. Wir setzen außerdem voraus, daß $f(x, y)$ im Innern von B partielle Ableitungen besitzt. Wenn wir auf jeden Zuwachs, der in den Ausdruck Δu eingeht, den Mittelwertsatz anwenden (was wir tun dürfen, da sich in jedem Fall nur eine unabhängige Veränderliche ändert), erhalten wir

$$\Delta u = f_x(x + \theta\,\Delta x, y + \Delta y)\,\Delta x + f_y(x, y + \theta_1\,\Delta y)\,\Delta y ,$$

wobei θ und θ_1 zwischen 0 und 1 liegen. Setzen wir die Stetigkeit der partiellen Ableitungen $\frac{\partial u}{\partial x}$ und $\frac{\partial u}{\partial y}$ voraus, so können wir behaupten, daß beim Grenzübergang von Δx und Δy gegen 0 der Koeffizient von Δx gegen $f_x(x, y)$ und der Koeffizient von Δy gegen $f_y(x, y)$ strebt, und daher ist

$$\Delta u = [f_x(x, y) + \varepsilon]\,\Delta x + [f_y(x, y) + \varepsilon_1]\,\Delta y$$

bzw.

$$\Delta u = f_x(x, y)\,\Delta x + f_y(x, y)\,\Delta y + \varepsilon\,\Delta x + \varepsilon_1\,\Delta y , \tag{1}$$

wobei ε und ε_1 gleichzeitig mit Δx und Δy unendlich klein werden. Diese Formel entspricht der Beziehung

$$\Delta y = y'\,\Delta x + \varepsilon\,\Delta x ,$$

die wir für Funktionen einer einzigen unabhängigen Veränderlichen bewiesen hatten [**48**, **50**]. Die Produkte $\varepsilon\,\Delta x$, $\varepsilon_1\,\Delta y$ werden unendlich klein von höherer Ordnung im Vergleich zu Δx bzw. Δy, wenn Δx und Δy gegen 0 streben.

Wir erinnern daran, daß wir bei diesen Überlegungen nicht nur die Existenz, sondern auch die Stetigkeit der Ableitungen $\frac{\partial u}{\partial x}$ und $\frac{\partial u}{\partial y}$ in einem Bereich vorausgesetzt haben, der den Punkt (x, y) im Innern enthält.

In der Summe der ersten beiden Glieder auf der rechten Seite von (1) ersetzen wir Δx und Δy durch die Größen dx und dy (die Differentiale der unabhängigen Veränderlichen). Wir erhalten so den Ausdruck

$$du = f_x(x, y)\, dx + f_y(x, y)\, dy$$

oder

$$du = \frac{\partial u}{\partial x}\, dx + \frac{\partial u}{\partial y}\, dy\,, \tag{2}$$

den man das *vollständige Differential der Funktion* u nennt [**50**].

Wegen der oben angegebenen Eigenschaft der Produkte $\varepsilon\,\Delta x$ und $\varepsilon_1\,\Delta y$ *liefert das vollständige Differential* du *für kleine Werte* Δx *und* Δy *einen Näherungswert des vollständigen Zuwachses* Δu *dieser Funktion.* Andererseits ergeben offenbar die Produkte $\frac{\partial u}{\partial x}\, dx$ und $\frac{\partial u}{\partial y}\, dy$ die angenäherte Größe der Änderungen $\Delta_x u$ bzw. $\Delta_y u$, und somit ist *bei kleinen Änderungen der unabhängigen Veränderlichen die vollständige Änderung der Funktion annähernd gleich der Summe ihrer partiellen Änderungen*:

$$\Delta u \sim du \sim \Delta_x u + \Delta_y u\,.$$

Die Gleichung (2) drückt eine äußerst wichtige Eigenschaft der Funktionen mehrerer unabhängiger Veränderlicher aus, die man „Superponierbarkeit der kleinen Wirkungen" nennen kann. Ihr Wesen besteht darin, daß der Gesamteffekt mehrerer kleiner Einflußgrößen Δx und Δy mit hinreichender Genauigkeit durch die Summe der Effekte aller einzelnen kleinen Einflußgrößen ersetzt werden kann.

69. Die Ableitungen der mittelbaren und der impliziten Funktionen. Wir nehmen jetzt an, daß die Funktion $u = f(x, y)$ mittels x und y von der einen unabhängigen Veränderlichen t abhängt, d. h., daß x und y nicht unabhängige Veränderliche, sondern Funktionen der unabhängigen Veränderlichen t sind, und bestimmen die Ableitung $\frac{du}{dt}$ von u nach t.

Erhält die unabhängige Veränderliche t den Zuwachs Δt, so erfahren die Funktionen x und y die Änderungen Δx bzw. Δy, und u erhält den Zuwachs Δu:

$$\Delta u = f(x + \Delta x, y + \Delta y) - f(x, y)\,.$$

In [**68**] hatten wir gesehen, daß dieser Zuwachs in der Form

$$\Delta u = f_x(x + \theta\,\Delta x, y + \Delta y)\,\Delta x + f_y(x, y + \theta_1\,\Delta y)\,\Delta y$$

geschrieben werden kann. Wir dividieren nun beide Seiten dieser Gleichung durch Δt:

$$\frac{\Delta u}{\Delta t} = f_x(x + \theta\Delta x, y + \Delta y)\,\frac{\Delta x}{\Delta t} + f_y(x, y + \theta_1\Delta y)\,\frac{\Delta y}{\Delta t}.$$

Setzen wir voraus, daß x und y nach t differenziert werden können und folglich erst recht stetige Funktionen von t sind, so streben beim Grenzübergang $\Delta t \to 0$ auch Δx und Δy gegen 0, und bei vorausgesetzter Stetigkeit von $\frac{\partial u}{\partial x}$ sowie $\frac{\partial u}{\partial y}$ liefert die vorstehende Gleichung im Grenzfall die Beziehung

$$\frac{du}{dt} = f_x(x, y)\,\frac{dx}{dt} + f_y(x, y)\,\frac{dy}{dt}. \tag{3}$$

Diese Gleichung stellt *bei einer Funktion von mehreren Veränderlichen* die *Differentiationsregel für eine mittelbare Funktion* dar.

Wir betrachten den Spezialfall, daß die Veränderliche x die Rolle der unabhängigen Veränderlichen t spielt, d. h., daß die Funktion $u = f(x, y)$ von der unabhängigen Veränderlichen x sowohl direkt als auch mittels der Veränderlichen y, die eine Funktion von x ist, abhängt. Da $\frac{dx}{dx} = 1$ ist, erhalten wir auf Grund der Gleichung (3)

$$\frac{du}{dx} = f_x(x, y) + f_y(x, y) \frac{dy}{dx}. \tag{4}$$

Die Ableitung $\frac{du}{dx}$ heißt die *vollständige* Ableitung von u nach x zum Unterschied von der *partiellen* Ableitung $f_x(x, y)$.

Die bewiesene Regel für die Differentiation mittelbarer Funktionen läßt sich zur Bestimmung der *Ableitung einer impliziten Funktion* verwenden. Die Gleichung

$$F(x, y) = 0 \tag{5}$$

definiere y als implizite Funktion von x, sagen wir $y = \varphi(x)$, und es existiere die Ableitung $y' = \varphi'(x)$. Setzen wir $y = \varphi(x)$ in (5) ein, so müßten wir die Identität $0 = 0$ erhalten, da $y = \varphi(x)$ Lösung der Gleichung (5) ist. Wir sehen somit, daß die Konstante 0 als mittelbare Funktion von x angesehen werden kann, die von x sowohl direkt als auch mittels $y = \varphi(x)$ abhängt.

Die Ableitung dieser Konstanten nach x muß gleich 0 sein; wenden wir Regel (4) an, so erhalten wir

$$F_x(x, y) + F_y(x, y)\, y' = 0$$

und daraus (nach Voraussetzung ist $F_y \neq 0$)

$$y' = -\frac{F_x(x, y)}{F_y(x, y)}.$$

In dem so erhaltenen Ausdruck für y' kann sowohl x als auch y auftreten. Sollte es sich als notwendig erweisen, y' nur durch die Unabhängige x auszudrücken, so muß man noch die Gleichung (5) nach y auflösen.

§ 7. Einige geometrische Anwendungen des Begriffs der Ableitung

70. Das Bogendifferential. In der Integralrechnung wird unter gewissen Voraussetzungen gezeigt, wie man die Länge eines Kurvenbogens findet; dort wird auch der Ausdruck für das Differential der Bogenlänge hergeleitet. Dort werden wir auch zeigen, daß das Verhältnis der Länge einer Sehne zu der des zugehörigen Kurvenbogens gegen 1 strebt, wenn sich der Bogen auf einen Punkt zusammenzieht.

Es sei eine Kurve $y = f(x)$ gegeben; darauf rechnen wir die Bogenlänge von einem fest gewählten Punkt A aus in bestimmter Richtung (Abb. 73). Es sei s die Länge des Bogens AM vom Punkt A aus bis zu dem veränderlichen Punkt M. Die Größe s ist ebenso wie die Ordinate y eine Funktion der Abszisse x des Punktes M. Stimmt die Richtung von AM mit dem auf der Kurve gewählten Richtungssinn überein, so ist $s > 0$, anderenfalls $s < 0$. Es seien $M(x, y)$ und $N(x + \Delta x, y + \Delta y)$ zwei Punkte auf der Kurve und Δs die Differenz zwischen den Längen der Bögen AM und AN, d. h. der Zuwachs der Bogenlänge s beim Übergang von M zu N. Der absolute Betrag von Δs ist die positiv gerechnete Länge des Bogens MN.

Aus dem rechtwinkligen Dreieck (Abb. 73) erhalten wir $(\overline{MN})^2 = \Delta x^2 + \Delta y^2$ und daraus

$$\frac{(\overline{MN})^2}{\Delta x^2} = 1 + \left(\frac{\Delta y}{\Delta x}\right)^2$$

oder

$$\left(\frac{\overline{MN}}{\Delta s}\right)^2 \cdot \left(\frac{\Delta s}{\Delta x}\right)^2 = 1 + \left(\frac{\Delta y}{\Delta x}\right)^2 .$$

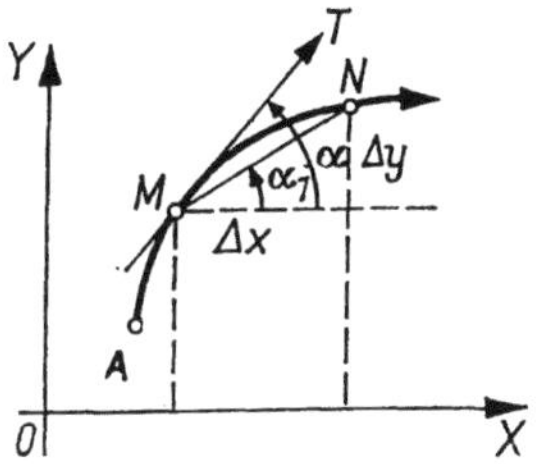

Abb. 73

Die Tangente $\overline{MT}$ stellt (wenn sie existiert) die Grenzlage der Sekante $\overline{MN}$ bei Annäherung von N an M längs der Kurve, d. h. für $\Delta x \to \pm 0$, dar.

Gehen wir in der vorhergehenden Gleichung zur Grenze über (die Existenz der Tangente wird vorausgesetzt) und beachten wir, daß, wie oben erwähnt, $\left(\frac{\overline{MN}}{\Delta s}\right)^2$ gegen 1 strebt, so erhalten wir $\left(\frac{\mathrm{d}s}{\mathrm{d}x}\right)^2 = 1 + \left(\frac{\mathrm{d}y}{\mathrm{d}x}\right)^2$ oder

$$\frac{\mathrm{d}s}{\mathrm{d}x} = \pm \sqrt{1 + y'^2} . \tag{1}$$

Wir müssen das Pluszeichen nehmen, wenn mit wachsendem x auch s wächst, und das Minuszeichen, wenn s mit wachsendem x abnimmt. Wir wollen hier den ersten Fall voraussetzen (Abb. 73). Aus (1) folgt dann

$$\mathrm{d}s = \sqrt{1 + y'^2}\,\mathrm{d}x$$

bzw. wegen $y' = \frac{\mathrm{d}y}{\mathrm{d}x}$

$$\mathrm{d}s = \sqrt{\mathrm{d}x^2 + \mathrm{d}y^2}, \quad \text{d. h.} \quad \mathrm{d}s^2 = \mathrm{d}x^2 + \mathrm{d}y^2 . \tag{2}$$

Wenn die Wurzel positiv genommen wird, erhält man den arithmetischen Wert $\mathrm{d}s$. Im wesentlichen stellt die Beziehung (2) eine andere Schreibweise der vorhergehenden Formel oder der Formel (1) dar. Sie ist für die Anwendungen günstig, wie wir im weiteren sehen werden. Die Bogenlänge werden wir in [**103**] untersuchen.

Ein natürlicher Parameter zur Bestimmung der Lage eines Punktes M auf einer Kurve ist die Länge s des Bogens AM. Diese Größe s kann als unabhängige Veränderliche gewählt werden, und dann werden die Koordinaten x und y des Punktes M Funktionen von s:

$$x = \varphi(s), \qquad y = \psi(s) .$$

Ausführlicher werden wir „die Parameterdarstellung einer Kurve“ in [74] behandeln. Hier wollen wir nur die geometrische Bedeutung der Ableitungen dieser Funktionen x und y nach s klären.

Wir nehmen an, der Punkt N liege so, daß die Richtung des Bogens MN mit dem auf der Kurve gewählten Richtungssinn übereinstimmt. Dann ist $\Delta s > 0$. Strebt N gegen M, so liefert die Richtung der Sekante $\overline{MN}$ in der Grenzlage die Richtung der Tangente an die Kurve im Punkt M. Diese Richtung der Tangente sei positiv genannt. Sie hängt mit dem auf der Kurve selbst gewählten Richtungssinn zusammen. Es sei α_1 der Winkel, den die Richtung von $\overline{MN}$ mit der positiven Richtung der x-Achse bildet. Der Zuwachs Δx der Abszisse x ist die Projektion der Strecke $\overline{MN}$ auf die x-Achse, und folglich ist

$$\Delta x = \overline{MN} \cdot \cos \alpha_1 \quad \text{mit} \quad \overline{MN} = \sqrt{\Delta x^2 + \Delta y^2}\,,$$

wobei in dieser Gleichung $\overline{MN}$ positiv gerechnet wird. Dividieren wir beide Seiten dieser Gleichung durch die Länge des Bogens MN, die gleich Δs ist, so erhalten wir

$$\frac{\Delta x}{\Delta s} = \frac{\sqrt{\Delta x^2 + \Delta y^2}}{\Delta s} \cos \alpha_1\,.$$

Nach Voraussetzung ist Δs positiv; daher strebt bei der Annäherung von N an M das Verhältnis $\frac{\sqrt{\Delta x^2 + \Delta y^2}}{\Delta s}$ gegen 1 und der Winkel α_1 gegen den Winkel α, der von der positiven Richtung der Tangente $\overline{MT}$ mit der positiven Richtung der x-Achse gebildet wird. Die obige Gleichung liefert uns im Grenzfall

$$\cos \alpha = \frac{\mathrm{d}x}{\mathrm{d}s}. \tag{3}$$

Entsprechend erhalten wir durch Projektion von $\overline{MN}$ auf die y-Achse

$$\sin \alpha = \frac{\mathrm{d}y}{\mathrm{d}s}. \tag{4}$$

71. Konvexität, Konkavität und Krümmung. Die Konvexität und die Konkavität einer Kurve, von der Seite positiver Ordinaten — oder, wie wir sagen werden, von oben her betrachtet —, sind in Abb. 74 bzw. 75 dargestellt.

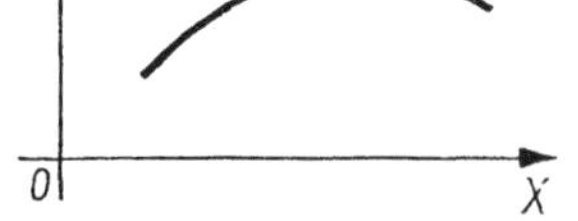

Abb. 74

Abb. 75

Ein und dieselbe Kurve $y = f(x)$ kann natürlich aus konvexen und konkaven Stücken bestehen (Abb. 76). Diejenigen Punkte, welche die konvexen Stücke der Kurve von ihren konkaven Stücken trennen, heißen *Wendepunkte*.

Wenn wir uns längs der Kurve nach der Seite wachsender x bewegen und dabei die Änderung des Winkels α verfolgen, den die Tangente mit der positiven Richtung der x-Achse bildet, so sehen wir (Abb. 76), daß dieser Winkel auf den konvexen

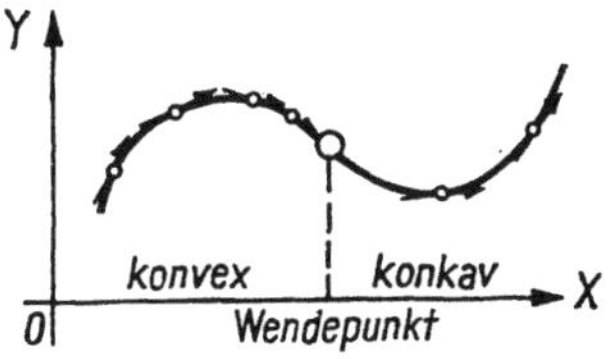

Abb. 76

Teilstücken ab- und auf den konkaven Teilstücken zunimmt. Dieselbe Änderung erfährt folglich auch $\tan\alpha$, d. h. die Ableitung $f'(x)$, da mit einer Vergrößerung (Verkleinerung) des Winkels α auch $\tan\alpha$ größer (kleiner) wird. Aber die Intervalle, in denen $f'(x)$ abnimmt, sind jene Intervalle, in denen die Ableitung dieser Funktion negativ, d. h. $f''(x) < 0$ ist, und entsprechend nimmt $f'(x)$ in jenen Intervallen zu, in denen $f''(x) > 0$ ist. Wir erhalten somit den Satz:

Die Kurve ist von oben konvex in jenen Teilstücken, in denen $f''(x) < 0$, und konkav in jenen, in denen $f''(x) > 0$ ist. Die Wendepunkte sind diejenigen ihrer Punkte, in denen $f''(x)$ das Vorzeichen wechselt.

Aus diesem Satz erhalten wir durch Überlegungen, die zu früheren [**58**] analog sind, die Regel zur Ermittlung der Wendepunkte einer Kurve: *Um die Wendepunkte einer Kurve zu finden, muß man die Werte von x bestimmen, für die $f''(x) = 0$ ist oder nicht existiert, und die Änderung des Vorzeichens von $f''(x)$ beim Durchlaufen dieser x-Werte unter Benutzung der folgenden Tabelle untersuchen*:

	Wendepunkt				kein Wendepunkt	
$f''(x)$	+	−	−	+	− −	+ +
$f(x)$	konkav	konvex	konvex	konkav	konvex	konkav

Die dem Wesen der Krümmung einer Kurve am meisten entsprechende Vorstellung erhalten wir, wenn wir die Änderung des Winkels α, der von der Tangente mit der x-Achse gebildet wird, bei der Bewegung längs der Kurve verfolgen. Von zwei Bogen der gleichen Länge Δs ist derjenige Bogen mehr gekrümmt, für den sich die Tangente um einen größeren Winkel dreht, d. h., für den der Zuwachs $\Delta\alpha$ größer wird. Diese Vorstellungen führen uns zum Begriff der mittleren Krümmung von Δs und der Krümmung in einem gegebenen Punkt: Unter der *mittleren Krümmung* des Bogens Δs verstehen wir den Absolutbetrag des Verhältnisses des Winkels $\Delta\alpha$ zwischen den Tangenten in den Endpunkten dieses Bogens und der Länge Δs des Bogens. Der Grenzwert dieses Verhältnisses beim Grenzübergang $\Delta s \to 0$ heißt die *Krümmung der Kurve in dem gegebenen Punkt* (Abb. 77).

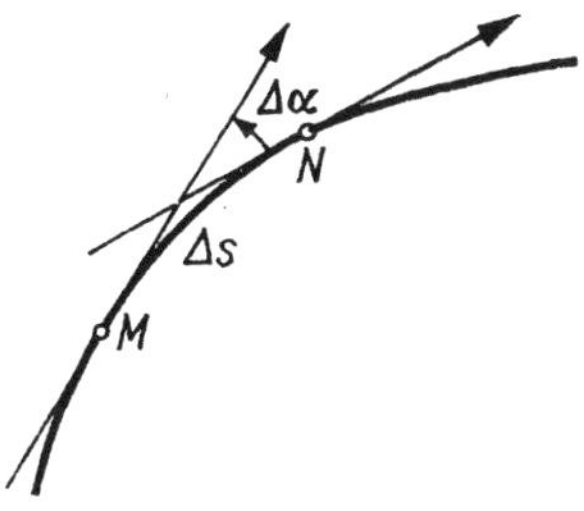

Abb. 77

Auf diese Weise erhalten wir für die Krümmung C den Ausdruck

$$C = \left| \frac{d\alpha}{ds} \right|.$$

Nun ist $\tan\alpha$ die erste Ableitung y', d. h. $\alpha = \arctan y'$, woraus durch Differentiation der mittelbaren Funktion $\arctan y'$ nach x

$$d\alpha = \frac{y''}{1 + y'^2}\, dx$$

folgt. Wie wir vorhin gezeigt hatten, ist aber

$$ds = \pm \sqrt{1 + y'^2}\, dx\,.$$

Dividieren wir $d\alpha$ durch ds, so erhalten wir schließlich für die Krümmung den Ausdruck

$$C = \pm \frac{y''}{(1 + y'^2)^{3/2}}. \qquad (5)$$

Auf den konvexen Teilstücken ist das Vorzeichen $(-)$ und auf den konkaven das Vorzeichen $(+)$ zu nehmen, damit C einen positiven Wert bekommt.

In den Punkten der Kurve, in denen die Ableitung y' oder y'' nicht existiert, existiert auch keine Krümmung. In der Nähe der Punkte, in denen y'' und folglich die Krümmung gleich 0 wird, ähnelt die Kurve einer Geraden. Das ist z. B. in der Nähe der Wendepunkte der Fall.

Wir nehmen an, daß die Koordinaten x, y der Kurvenpunkte durch die Bogenlänge s ausgedrückt sind. In diesem Fall ist, wie wir gesehen hatten,

$$\cos\alpha = \frac{dx}{ds}, \qquad \sin\alpha = \frac{dy}{ds}.$$

Auch der Winkel α ist eine Funktion von s, und durch Differentiation dieser Gleichungen nach s erhalten wir

$$-\sin\alpha\, \frac{d\alpha}{ds} = \frac{d^2x}{ds^2}, \qquad \cos\alpha\, \frac{d\alpha}{ds} = \frac{d^2y}{ds^2}.$$

Wenn wir beide Seiten dieser Gleichungen ins Quadrat erheben und addieren, finden wir

$$\left(\frac{d\alpha}{ds}\right)^2 = \left(\frac{d^2x}{ds^2}\right)^2 + \left(\frac{d^2y}{ds^2}\right)^2 \quad \text{oder} \quad C^2 = \left(\frac{d^2x}{ds^2}\right)^2 + \left(\frac{d^2y}{ds^2}\right)^2$$

und daraus

$$C = \sqrt{\left(\frac{d^2x}{ds^2}\right)^2 + \left(\frac{d^2y}{ds^2}\right)^2}\,.$$

Die zur Krümmung reziproke Größe $\frac{1}{C} = R$ heißt *Krümmungsradius.* Für ihn haben wir auf Grund von (5) den folgenden Ausdruck:

$$R = \left|\frac{ds}{d\alpha}\right| = \pm \frac{(1 + y'^2)^{3/2}}{y''}, \qquad R = \frac{1}{\sqrt{\left(\frac{d^2x}{ds^2}\right)^2 + \left(\frac{d^2y}{ds^2}\right)^2}},$$

wobei der positive Wert der Wurzel zu nehmen ist.

Bei der Geraden ist y ein Polynom ersten Grades von x und daher y'' identisch gleich 0, d. h., längs der ganzen Geraden ist die Krümmung gleich 0 und der Krümmungsradius ∞.

Bei einem Kreis vom Radius r haben wir offenbar (Abb. 78)

$$\Delta s = r\Delta\alpha \quad \text{und} \quad R = \lim \frac{\Delta s}{\Delta\alpha} = r\,,$$

d. h., der Krümmungsradius ist längs des ganzen Kreises konstant. Später werden wir sehen, daß nur der Kreis diese Eigenschaft besitzt.

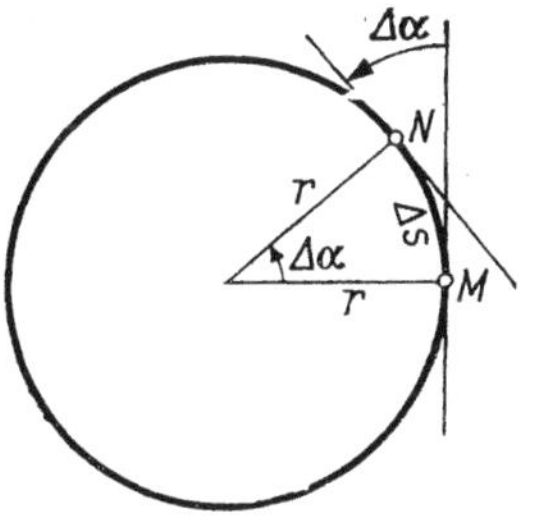

Abb. 78

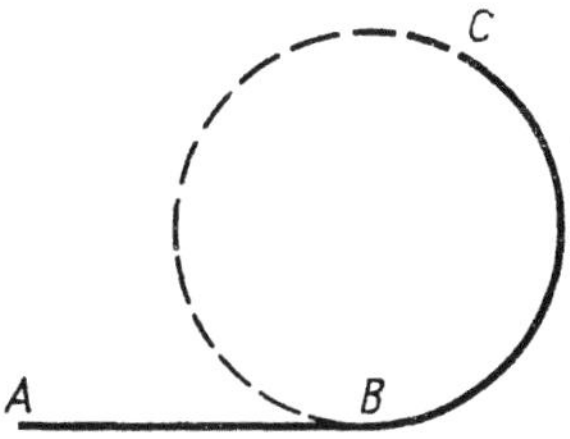

Abb. 79

Die Änderung des Krümmungsradius ist längst nicht so anschaulich wie die Änderung der Tangente. Wir betrachten z. B. eine Kurve, die aus dem Abschnitt $\overline{AB}$ einer Geraden und dem Bogen BC eines Kreises besteht, der den Abschnitt im Endpunkt B berührt (Abb. 79). Auf dem Teilstück $\overline{AB}$ ist der Krümmungsradius gleich ∞, auf dem Teilstück BC jedoch gleich dem Kreisradius r, und somit erfährt er im Punkt B eine Unterbrechung der Stetigkeit, obwohl sich die Richtung der Tangente dabei stetig ändert. Durch diesen Umstand erklären sich die Stöße, die Wagen in Kurven erleiden. Nehmen wir z. B. an, daß die Größe der Geschwindigkeit v eines Wagens ungeändert bleibt, so ist die Zentrifugalkraft senkrecht zur Bahnkurve gerichtet und gleich $m\frac{v^2}{R}$, wobei m die Masse des bewegten Körpers und R der Krümmungsradius der Bahnkurve ist. Hieraus folgt, daß in den Punkten mit einer Unstetigkeit des Krümmungsradius auch die Zentrifugalkraft eine Unterbrechung der Stetigkeit erleidet, was einen Stoß hervorruft.

72. Die Asymptoten. Wir gehen jetzt zur Untersuchung der *ins Unendliche verlaufenden Äste* einer Kurve über, auf denen eine der Koordinaten x oder y oder beide gemeinsam unbeschränkt zunehmen. Die Hyperbel und die Parabel liefern uns Beispiele solcher Kurven.

Unter der *Asymptote* einer Kurve verstehen wir eine Gerade, für die der Abstand der Kurvenpunkte von dieser Geraden bei unbegrenztem Fortschreiten auf einem ins Unendliche verlaufenden Ast der Kurve gegen 0 strebt.

Wir werden zuerst zeigen, wie man die zur y-Achse parallelen Asymptoten einer Kurve findet. Die Gleichung einer solchen Asymptote muß die Form

$$x = c$$

haben, wobei c eine Konstante ist, und in diesem Fall muß bei der Bewegung auf dem entsprechenden ins Unendliche sich erstreckenden Ast x gegen c und y gegen ∞ streben (Abb. 80). Wir erhalten somit die folgende Regel:

Alle zur y-Achse parallelen Asymptoten einer Kurve $y = f(x)$ kann man erhalten, indem man die Werte $x = c$ ermittelt, für die $f(x)$ bei $x \to c$ gegen ∞ strebt.

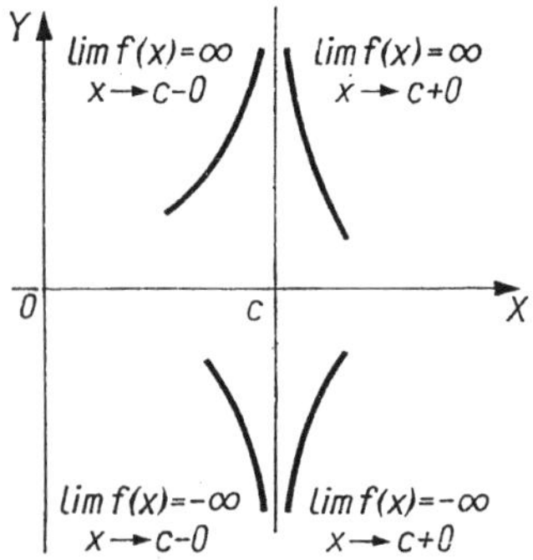

Abb. 80

Zur Untersuchung der Lage der Kurve bezüglich der Asymptote muß man das Vorzeichen von $f(x)$ bei linksseitigem und rechtsseitigem Grenzübergang von x gegen c bestimmen.

Wir ermitteln jetzt die Asymptoten, die nicht parallel zur y-Achse sind. In diesem Fall muß die Gleichung der Asymptote die Form

$$\eta = a\xi + b$$

haben, wobei ξ, η die laufenden Koordinaten der Asymptote sind, zum Unterschied von den laufenden Koordinaten x, y der Kurve.

Es sei ω der Winkel, den die Asymptote mit der positiven Richtung der x-Achse bildet, $\overline{MK}$ der Abstand eines Kurvenpunktes $M(x, y)$ von der Asymptote und $\overline{MK_1}$ die Differenz der Ordinaten von Kurve und Asymptote für die gleiche Abszisse x (Abb. 81). Aus dem rechtwinkligen Dreieck KMK_1 erhalten wir

$$|\overline{MK_1}| = \frac{\overline{MK}}{|\cos \omega|} \qquad \left(\omega \neq \frac{\pi}{2}\right),$$

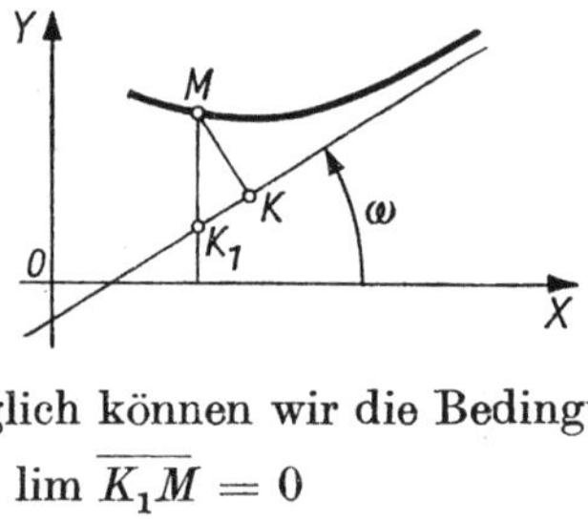

Abb. 81

und folglich können wir die Bedingung $\lim \overline{MK} = 0$ durch

$$\lim \overline{K_1M} = 0 \tag{7}$$

ersetzen. Im Fall einer zur y-Achse nicht parallelen Asymptote strebt x bei der Bewegung auf dem entsprechenden ins Unendliche sich erstreckenden Ast gegen ∞. Beachten wir, daß $\overline{K_1M}$ die Differenz der Ordinaten der Kurve und der Asymptote bei gleicher Abszisse ist, so können wir der Bedingung (7) auch die Gestalt

$$\lim_{x\to\infty} [f(x) - ax - b] = 0 \tag{8}$$

geben, woraus sich die Werte von a und b errechnen lassen.

Die Bedingung (8) läßt sich in folgender Form schreiben:

$$\lim_{x\to\infty} x\left[\frac{f(x)}{x} - a - \frac{b}{x}\right] = 0\,.$$

Der erste Faktor x strebt gegen ∞, und daher muß der in eckigen Klammern stehende Ausdruck gegen 0 streben:

$$\lim_{x\to\infty}\left[\frac{f(x)}{x}-a-\frac{b}{x}\right]=\lim_{x\to\infty}\frac{f(x)}{x}-a=0\,,$$

d. h.

$$a=\lim_{x\to\infty}\frac{f(x)}{x}.$$

Wenn wir a gefunden haben, bestimmen wir b aus der ursprünglichen Bedingung (8), die sich auf folgende Form bringen läßt:

$$b=\lim_{x\to\infty}[f(x)-ax]\,.$$

Für die Existenz einer zur y-Achse nicht parallelen Asymptote der Kurve $y=f(x)$ ist also notwendig und hinreichend, daß x bei der Bewegung auf dem ins Unendliche verlaufenden Ast unbegrenzt zunimmt (oder abnimmt) und daß die Grenzwerte

$$a=\lim_{x\to\infty}\frac{f(x)}{x},\qquad b=\lim_{x\to\infty}[f(x)-ax]$$

existieren; die Gleichung der Asymptote lautet dann

$$\eta=a\xi+b\,.$$

Zur Untersuchung der Lage der Kurve bezüglich der Asymptote muß man die Grenzübergänge von x gegen ∞ und $-\infty$ gesondert behandeln und in beiden Fällen das Vorzeichen der Differenz

$$f(x)-(ax+b)$$

bestimmen. Ist die Differenz positiv, so liegt die Kurve oberhalb der Asymptote, ist sie negativ, so liegt sie unterhalb der Asymptote. Wenn jedoch diese Differenz bei unbegrenzt zunehmendem x kein bestimmtes Vorzeichen beibehält, oszilliert die Kurve um die Asymptote (Abb. 82).

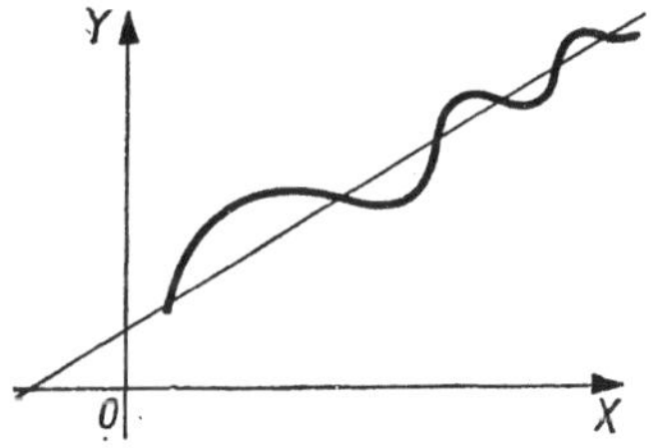

Abb. 82

73. Konstruktion der Bildkurve. Wir bringen jetzt ein vollständigeres Schema der Operationen, die man bei der Konstruktion der Bildkurve von

$$y=f(x)$$

durchzuführen hat, als das in [**59**] entwickelte. Man muß hierzu bestimmen

a) das Variabilitätsintervall der unabhängigen Veränderlichen x;
b) die Schnittpunkte der Kurve mit den Koordinatenachsen;
c) die Extrempunkte der Kurve;
d) die Konvexität, die Konkavität und die Wendepunkte der Kurve;
e) die Asymptoten der Kurve;
f) die Symmetrie der Kurve bezüglich der Koordinatenachsen, falls eine solche existiert.

Zur genaueren Bestimmung der Kurve ist es zweckmäßig, auch noch eine Reihe von Kurvenpunkten anzugeben. Die Koordinaten dieser Punkte lassen sich unter Benutzung der Kurvengleichung berechnen.

1. Wir zeichnen die Bildkurve von

$$y = \frac{(x-3)^2}{4(x-1)}.$$

a) x kann in dem Intervall $(-\infty, \infty)$ variieren $(x \neq 1)$.

b) Für $x = 0$ erhalten wir $y = -\frac{9}{4}$; setzen wir $y = 0$, so ergibt sich $x = 3$, d. h., die Kurve schneidet die Koordinatenachsen in den Punkten $(0, -\frac{9}{4})$ und $(3, 0)$.

c) Wir bilden die erste und die zweite Ableitung:

$$f'(x) = \frac{(x-3)(x+1)}{4(x-1)^2}, \qquad f''(x) = \frac{2}{(x-1)^3}.$$

Bei Anwendung der üblichen Regel erhalten wir die Extrempunkte $(3, 0)$, ein Minimum, und $(-1, -2)$, ein Maximum.

d) Aus dem Ausdruck für die zweite Ableitung ist ersichtlich, daß sie für $x > 1$ positiv und für $x < 1$ negativ ist, d. h., im Intervall $(1, \infty)$ ist die Kurve von oben konkav und im Intervall $(-\infty, 1)$ von oben konvex. Wendepunkte gibt es nicht, da $f''(x)$ das Vorzeichen nur bei $x = 1$ ändert und diesem x-Wert, wie wir gleich sehen werden, eine zur y-Achse parallele Asymptote entspricht.

e) Für $x \to 1$ wird y unendlich groß, und die Kurve hat die Asymptote $x = 1$. Wir suchen jetzt die zur y-Achse nicht parallelen Asymptoten:

$$a = \lim_{x\to\infty} \frac{(x-3)^2}{4(x-1)\,x} = \lim_{x\to\infty} \frac{\left(1-\frac{3}{x}\right)^2}{4\left(1-\frac{1}{x}\right)} = \frac{1}{4},$$

$$b = \lim_{x\to\infty} \left[\frac{(x-3)^2}{4(x-1)} - \frac{x}{4}\right] = \lim_{x\to\infty} \frac{-5x+9}{4(x-1)} = \lim_{x\to\infty} \frac{-5+\frac{9}{x}}{4\left(1-\frac{1}{x}\right)} = -\frac{5}{4},$$

d. h., eine Asymptote ist

$$y = \tfrac{1}{4}x - \tfrac{5}{4}.$$

Der Leser möge die Lage der Kurve bezüglich der Asymptote untersuchen.

f) Symmetrie bezüglich der Koordinatenachsen liegt nicht vor.

Wenn wir alle erhaltenen Daten einzeichnen, bekommen wir die in Abb. 83 gezeichnete Kurve.

2. Wir untersuchen die Kurven der Funktionen

$$y = c(a^2 - x^2)(5a^2 - x^2), \qquad y_1 = c(a^2 - x^2)^2 \qquad (c < 0),$$

die die Form eines schweren Balkens beschreiben, der sich unter dem Einfluß des Eigengewichts durchbiegt, wobei sich die erste Kurve auf den Fall bezieht, daß sich die Enden des Balkens frei drehen können, und die zweite darauf, daß diese fest eingespannt sind. Die Gesamtlänge des Balkens ist $2a$, der Koordinatenursprung liegt in der Mitte des Balkens, und die y-Achse ist senkrecht nach oben gerichtet.

a) Offenbar interessiert uns nur die Änderung von x im Intervall $(-a, a)$.

b) Wenn wir $x = 0$ setzen, erhalten wir $y = 5ca^4$ und $y_1 = ca^4$, d. h., im ersten Fall ist die Durchbiegung in der Mitte des Balkens fünfmal so groß wie im zweiten. Für $x = \pm a$ ist $y = y_1 = 0$, entsprechend den Enden des Balkens.

c) Wir bestimmen die Ableitungen

$$y' = -4cx(3a^2 - x^2), \qquad y'' = -12c(a^2 - x^2),$$
$$y_1' = -4cx(a^2 - x^2), \qquad y_1'' = -4c(a^2 - 3x^2).$$

In beiden Fällen existiert im Intervall $(-a, a)$ ein Minimum bei $x = 0$, das der Durchbiegung in der Balkenmitte entspricht, von der wir oben sprachen.

d) Im ersten Fall ist $y'' > 0$ im Intervall $(-a, a)$, d. h., der ganze Balken ist konkav von oben gewölbt. Im zweiten Fall wird y_1'' gleich 0 für $x = \pm \frac{a}{\sqrt{3}}$ und ändert dort das Vorzeichen, d. h., die entsprechenden Punkte sind Wendepunkte der Kurve.

e) Ins Unendliche verlaufende Äste gibt es nicht.

f) In beiden Fällen ändert sich die Gleichung nicht, wenn man x mit $-x$ vertauscht, d. h., in beiden Fällen ist die Kurve symmetrisch zur y-Achse.

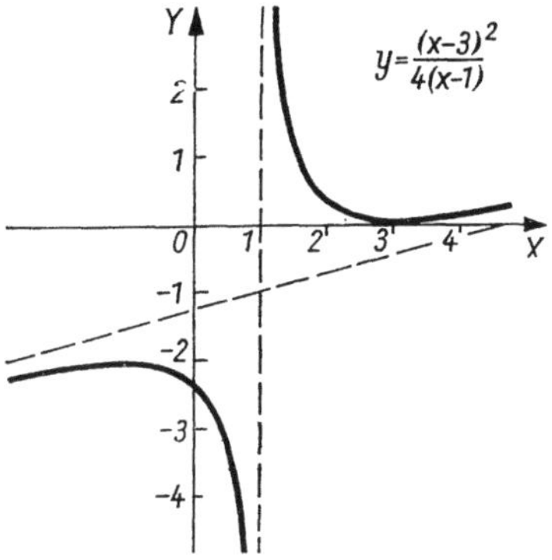

Abb. 83

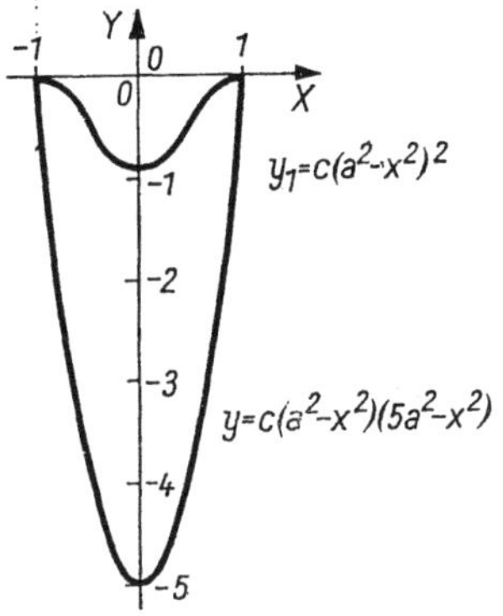

Abb. 84

In Abb. 84 sind beide Kurven dargestellt. Der Einfachheit halber wurde von uns der Fall $a = 1$, $c = -1$ gewählt; in der Praxis ist die Länge des Balkens bedeutend größer als seine Durchbiegung, d. h., a ist bedeutend größer als c, so daß die Form des durchgebogenen Balkens von der in Abb. 84 dargestellten Kurve abweicht (wie ?).

Wir empfehlen dem Leser, die Wendepunkte von

$$y = e^{-x^2}$$

zu ermitteln und mit der Abb. 60, in der die entsprechende Bildkurve dargestellt ist, zu vergleichen.

74. Parameterdarstellung einer Kurve. Bei der Ermittlung der Gleichung eines geometrischen Ortes auf Grund seiner vorgegebenen Eigenschaft ist es nicht immer bequem oder möglich, diese Eigenschaft direkt in Form einer Gleichung auszudrücken, die die laufenden Koordinaten x und y einander zuordnet. In solchen Fällen ist es zweckmäßig, eine dritte Hilfsveränderliche einzuführen, durch die man die Abszisse x und die Ordinate y eines beliebigen Punktes des geometrischen Ortes einzeln ausdrücken kann.

Das System der beiden so erhaltenen Gleichungen

$$x = \varphi(t), \qquad y = \psi(t) \tag{9}$$

kann ebenfalls zur Konstruktion oder Untersuchung der Kurve verwendet werden, da es für jeden Wert t die Lage des entsprechenden Kurvenpunktes definiert.

Diese Darstellung einer Kurve heißt *Parameterdarstellung* und die Hilfsveränderliche t selbst *Parameter*. Um die Kurvengleichung in der gewöhnlichen (expliziten oder impliziten) Form als funktionale Abhängigkeit, die x und y einander zuordnet, zu erhalten, muß man aus den beiden Gleichungen (9) den Parameter t *eliminieren*; zu diesem Zweck löst man z. B. eine dieser Gleichungen nach t auf und setzt das erhaltene Resultat in die andere ein.

Mit der Parameterdarstellung einer Kurve hat man besonders oft in der Mechanik bei der Untersuchung der Bahnkurve eines sich bewegenden Punktes zu tun, dessen Lage von der Zeit t abhängt und dessen Koordinaten daher ebenfalls Funktionen von t sind. Durch Bestimmung dieser Funktionen erhalten wir die Parameterdarstellung der Bahnkurve.

So ist z. B. die Parameterdarstellung des Kreises mit dem Mittelpunkt (x_0, y_0) und dem Radius r:

$$x = x_0 + r\cos t, \qquad y = y_0 + r\sin t\,. \tag{10}$$

Wir schreiben diese Gleichungen folgendermaßen:

$$x - x_0 = r\cos t, \qquad y - y_0 = r\sin t\,.$$

Indem wir beide Gleichungen quadrieren und addieren, eliminieren wir den Parameter t und erhalten die gewöhnliche Gleichung des Kreises

$$(x - x_0)^2 + (y - y_0)^2 = r^2\,.$$

Entsprechend ist unmittelbar einleuchtend, daß

$$x = a\cos t, \qquad y = b\sin t \tag{11}$$

die Parameterdarstellung der Ellipse

$$\frac{x^2}{a^2} + \frac{y^2}{b^2} = 1$$

ist.

Wir nehmen an, daß y als Funktion von x durch die Parameterdarstellung (9) definiert ist. Ein Parameterzuwachs Δt ruft entsprechende Änderungen Δx und Δy hervor, und wir erhalten, indem wir Zähler und Nenner des Bruches $\frac{\Delta y}{\Delta x}$ durch Δt dividieren, für die Ableitung von y nach x den Ausdruck

$$y'(x) = \lim_{\Delta x \to 0} \frac{\Delta y}{\Delta x} = \lim_{\Delta t \to 0} \frac{\dfrac{\Delta y}{\Delta t}}{\dfrac{\Delta x}{\Delta t}} = \frac{\psi'(t)}{\varphi'(t)}$$

oder

$$\frac{\mathrm{d}y}{\mathrm{d}x} = \frac{\psi'(t)}{\varphi'(t)}. \tag{12}$$

Wir bilden die zweite Ableitung von y nach x:

$$y''(x) = \frac{\mathrm{d}\left(\dfrac{\mathrm{d}y}{\mathrm{d}x}\right)}{\mathrm{d}x}.$$

Wenden wir die Quotientenregel an, so erhalten wir **[50]**

$$y''(x) = \frac{\mathrm{d}^2y \cdot \mathrm{d}x - \mathrm{d}^2x \cdot \mathrm{d}y}{(\mathrm{d}x)^3}. \tag{13}$$

Auf Grund von (9) ist nun

$$dx = \varphi'(t)\,dt, \qquad d^2x = \varphi''(t)\,dt^2\,,$$
$$dy = \psi'(t)\,dt, \qquad d^2y = \psi''(t)\,dt^2\,.$$

Wenn wir dies in (13) einsetzen und durch $(dt)^3$ kürzen, erhalten wir schließlich

$$y''(x) = \frac{\psi''(t)\,\varphi'(t) - \varphi''(t)\,\psi'(t)}{[\varphi'(t)]^3}\,. \tag{14}$$

Wir bemerken, daß der Ausdruck y'' gemäß Formel (13) von dem Ausdruck für dieselbe Ableitung gemäß Formel (3) aus [**55**] (mit $n = 2$)

$$y'' = \frac{d^2y}{dx^2} \tag{15}$$

verschieden ist, da diese letzte Formel nur unter der Voraussetzung hergeleitet wurde, daß x eine unabhängige Veränderliche ist, bei der Parameterdarstellung (9) aber t diese Rolle spielt. Wenn x unabhängige Veränderliche ist, ist dx schon als Konstante, d. h. unabhängig von x, anzusehen [**50**], und $d^2x = d(dx)$ ist als Differential einer Konstanten gleich 0. Dabei geht (13) in (15) über.

Haben wir die Möglichkeit, y' und y'' zu bestimmen, so können wir damit auch die Frage nach der Richtung der Tangente der Kurve, nach der Konvexität und Konkavität usw. beantworten.

Als Beispiel untersuchen wir die durch die Gleichung

$$x^3 + y^3 - 3axy = 0 \qquad (a > 0) \tag{16}$$

gegebene Kurve, die *Descartessches* (*kartesisches*) *Blatt* genannt wird. Wir führen den Hilfsparameter t ein, indem wir

$$y = tx \tag{17}$$

setzen, und betrachten die Schnittpunkte der Geraden (17) mit dem veränderlichen Richtungskoeffizienten t und der Kurve (16). Setzen wir in (16) den Ausdruck für y aus (17) ein und kürzen durch x^2, so erhalten wir

$$x = \frac{3at}{1+t^3}\,,$$

und (17) liefert dann

$$y = \frac{3at^2}{1+t^3}\,.$$

Diese Gleichungen geben eine Parameterdarstellung des Descartesschen Blattes. Wir bestimmen die Ableitungen von x und y nach t:

$$\begin{aligned} x'(t) &= 3a\,\frac{(1+t^3) - 3t^2\cdot t}{(1+t^3)^2} = \frac{6a\,(\frac{1}{2} - t^3)}{(1+t^3)^2}\,, \\ y'(t) &= 3a\,\frac{2t(1+t^3) - 3t^2\cdot t^2}{(1+t^3)^2} = \frac{3at(2-t^3)}{(1+t^3)^2}\,. \end{aligned} \tag{18}$$

Zur Untersuchung des Verlaufs von x und y zerlegen wir das ganze Variabilitätsintervall $(-\infty, \infty)$ von t in Teilintervalle, in deren Innern die Ableitungen $x'(t)$ und $y'(t)$ das Vorzeichen nicht ändern und nicht ∞ werden. Hierzu dienen die Werte

$$t = -1,\ 0,\ \frac{1}{\sqrt[3]{2}} \quad \text{und} \quad \sqrt[3]{2}\,,$$

für die diese Ableitungen 0 oder ∞ werden. Die Vorzeichen von $x'(t)$ und $y'(t)$ lassen sich im Innern dieser Intervalle ohne Schwierigkeit auf Grund von (18) bestimmen; nachdem wir die Werte von x und y in den Intervallendpunkten berechnet haben, erhalten wir damit die folgende Tabelle:

Intervall t	$x'(t)$	$y'(t)$	x	y
$(-\infty, -1)$	+	−	nimmt zu von 0 bis ∞	nimmt ab von 0 bis $-\infty$
$(-1, 0)$	+	−	nimmt zu von $-\infty$ bis 0	nimmt ab von ∞ bis 0
$\left(0, \frac{1}{\sqrt[3]{2}}\right)$	+	+	nimmt zu von 0 bis $\sqrt[3]{4a}$	nimmt zu von 0 bis $\sqrt[3]{2a}$
$\left(\frac{1}{\sqrt[3]{2}}, \sqrt[3]{2}\right)$	−	+	nimmt ab von $\sqrt[3]{4a}$ bis $\sqrt[3]{2a}$	nimmt zu von $\sqrt[3]{2a}$ bis $\sqrt[3]{4a}$
$(\sqrt[3]{2}, \infty)$	−	−	nimmt ab von $\sqrt[3]{2a}$ bis 0	nimmt ab von $\sqrt[3]{4a}$ bis 0

Im Einklang mit diesem Schema erhalten wir die in Abb. 85 dargestellte Kurve.

Zur Berechnung des Richtungskoeffizienten der Tangente benutzen wir die Beziehung

$$y'(x) = \frac{y'(t)}{x'(t)} = \frac{t(2 - t^3)}{2\left(\frac{1}{2} - t^3\right)}. \tag{19}$$

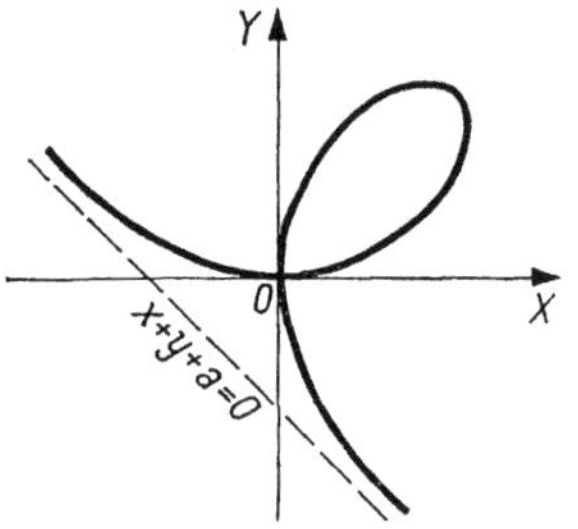

Abb. 85

Wir beachten, daß x und y für $t = 0$ und $t = \infty$ gleich 0 werden, d. h., die Kurve überschneidet sich im Koordinatenursprung, wie aus Abb. 85 ersichtlich ist. Die Beziehung (19) liefert

$$y'(x) = 0 \quad \text{für} \quad t = 0\,,$$

$$y'(x) = \lim_{t\to\infty} \frac{t(2 - t^3)}{2\left(\frac{1}{2} - t^3\right)} = \lim_{t\to\infty} \frac{\frac{t}{2}\left(\frac{2}{t^3} - 1\right)}{\left(\frac{1}{2t^3} - 1\right)} = \infty\,,$$

d. h., von den beiden Ästen der Kurve, die sich im Koordinatensursprung schneiden, berührt der eine die x-Achse und der andere die y-Achse.

Strebt t gegen -1, so streben x und y gegen ∞; die Kurve besitzt also einen ins Unendliche verlaufenden Ast. Wir bestimmen die Asymptote:

$$\text{Richtungskoeffizient der Asymptote} = \lim_{x\to\infty} \frac{y}{x} = \lim_{t\to-1} \frac{3at^2(1 + t^3)}{3at(1 + t^3)} = -1\,,$$

$$b = \lim_{t\to-1} (y + x) = \lim_{t\to-1} \frac{3at^2 + 3at}{1 + t^3} = \lim_{t\to-1} \frac{6at + 3a}{3t^2} = -a\,,$$

d. h., die Gleichung der Asymptote lautet $y = -x - a$ oder $x + y + a = 0$.

75. Die van-der-Waalssche Gleichung. Wenn man annimmt, daß ein Gas genau den Gesetzen von BOYLE-MARIOTTE und GAY-LUSSAC folgt, ergibt sich bekanntlich zwischen dem Gasdruck p, dem Gasvolumen v und der absoluten Temperatur T die Abhängigkeit

$$pv = RT\,,$$

wobei R ein und dieselbe Konstante für alle Gase ist, wenn man ein „Grammolekül" (Mol) betrachtet, d. h. die Anzahl Gramm des Gases, die gleich seinem Molekulargewicht ist.

Das Verhalten der realen Gase entspricht der angegebenen Abhängigkeit nicht genau, und von VAN DER WAALS wurde eine andere Beziehung angegeben, die die Verhältnisse sehr viel genauer wiedergibt. Diese Beziehung lautet

$$\left(p + \frac{a}{v^2}\right)(v - b) = RT\,,$$

wobei a und b positive, für verschiedene Gase unterschiedliche Konstanten sind.

Lösen wir diese Gleichung nach p auf, so erhalten wir

$$p = \frac{RT}{v - b} - \frac{a}{v^2}\,. \tag{20}$$

Es soll die Abhängigkeit der Größe p von v untersucht werden, wobei wir T als konstant ansehen, d. h. den Fall der isothermen Zustandsänderung des Gases betrachten. Die erste Ableitung von p nach v lautet

$$\frac{\mathrm{d}p}{\mathrm{d}v} = -\frac{RT}{(v-b)^2} + \frac{2a}{v^3} = \frac{1}{(v-b)^2}\left[\frac{2a(v-b)^2}{v^3} - RT\right]. \tag{21}$$

Wir werden nur die Werte $v > b$ betrachten. Was die physikalische Bedeutung dieser Bedingung und der sich ergebenden Kurven anbelangt, so verweisen wir den Leser auf die Physiklehrbücher. Durch Nullsetzen der Ableitung erhalten wir die Gleichung

$$\frac{2a(v-b)^2}{v^3} - RT = 0\,. \tag{22}$$

Wir untersuchen die Änderung der linken Seite dieser Gleichung, wenn v von b bis ∞ variiert, und bestimmen zu diesem Zweck ihre Ableitung nach v, wobei wir beachten, daß das Produkt RT voraussetzungsgemäß konstant ist:

$$\left[\frac{2a(v-b)^2}{v^3}\right]' = 2a\,\frac{2(v-b)\,v^3 - 3v^2(v-b)^2}{v^6} = -\frac{2a(v-b)\,(v-3b)}{v^4}\,.$$

Hieraus ist ersichtlich, daß diese Ableitung für $b < v < 3b$ positiv und für $v > 3b$ negativ ist, d. h., die linke Seite der Gleichung (22) nimmt im Intervall $(b, 3b)$ *zu* und bei weiterer Vergrößerung von v *ab*. Sie erreicht daher bei $v = 3b$ ein Maximum, und dessen Ordinate ist

$$\frac{8a}{27b} - RT\,.$$

Durch direktes Einsetzen überzeugt man sich auch leicht, daß die linke Seite der Gleichung (22) für $v = b$ und $v = \infty$ in $-RT$ übergeht und folglich negativ wird. Wenn das gefundene Maximum ebenfalls negativ, d. h., wenn

$$RT > \frac{8a}{27b}$$

ist, bleibt die linke Seite von (22) ständig negativ, und in diesem Fall erkennt man aus dem Ausdruck (21), daß die Ableitung $\frac{\mathrm{d}p}{\mathrm{d}v}$ stets negativ ist, d. h., p nimmt mit wachsendem v ab.

Wenn dagegen

$$RT < \frac{8a}{27b}$$

ist, erreicht die linke Seite von (22) ein positives Maximum für $v = 3b$, und (22) hat eine Wurzel v_1 im Intervall $(b, 3b)$ und eine zweite Wurzel v_2 im Intervall $(3b, \infty)$. Beim Durchgang von v durch den Wert v_1 geht die linke Seite von (22) und folglich $\frac{dp}{dv}$ von negativen zu positiven Werten über, d. h., diesem Wert von v entspricht ein Minimum von p. Genauso überzeugen wir uns, daß dem Wert $v = v_2$ ein Maximum von p entspricht.

Ist schließlich

$$RT = \frac{8a}{27b}, \tag{23}$$

so wird das Maximum der linken Seite von (22) gleich 0, die Werte $v = v_1$ und $v = v_2$ fallen in den einen Wert $v = 3b$ zusammen; beim Durchgang durch diesen Wert behalten die linke Seite von (22) und $\frac{dp}{dv}$ das Minuszeichen bei, d. h., p nimmt mit wachsendem v ständig ab, und dem Punkt $v = 3b$ entspricht der Wendepunkt K der Kurve. Die diesem Wendepunkt entsprechenden Werte $v = v_K$, $p = p_K$ sowie der aus der Bedingung (23) sich bestimmende Wert der Temperatur $T = T_K$ heißen kritisches Volumen, kritischer Druck bzw. kritische Temperatur des Gases. In Abb. 86 ist die Form der Kurven angegeben, die diesen drei betrachteten Fällen entsprechen.

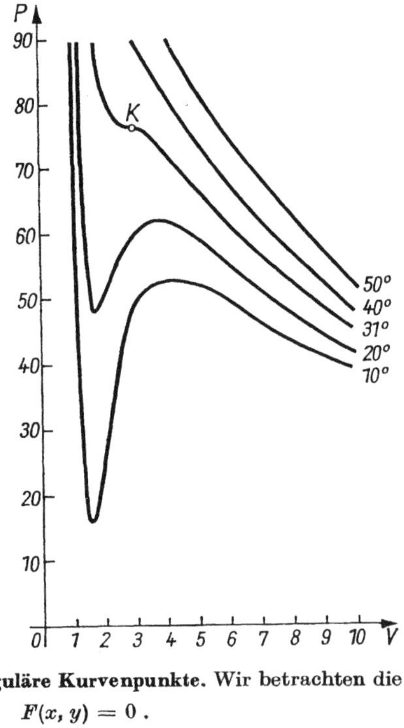

Abb. 86

76. Singuläre Kurvenpunkte. Wir betrachten die Gleichung einer Kurve in der impliziten Form

$$F(x, y) = 0. \tag{24}$$

Der Richtungskoeffizient der Tangente einer solchen Kurve wird bestimmt nach der Formel [**69**]

$$y' = -\frac{F_x(x, y)}{F_y(x, y)}, \tag{25}$$

wobei x, y die Koordinaten des Berührungspunktes sind.

Wir betrachten den speziellen Fall, daß $F(x, y)$ eine ganze rationale Funktion (ein Polynom) von x und y ist. Dann heißt die Kurve (24) *algebraisch*. Die partiellen Ableitungen $F_x(x, y)$ und $F_y(x, y)$ haben bestimmte Werte, wenn an Stelle von x und y die Koordinaten eines beliebigen Punktes M der Kurve (24) eingesetzt werden, und die Gleichung (25) liefert uns in allen Fällen einen bestimmten Richtungskoeffizienten der Tangente, außer wenn die Koordinaten des Punktes (x, y) die partiellen Ableitungen $F_x(x, y)$ und $F_y(x, y)$ gleichzeitig zu 0 machen. Ein solcher Punkt M heißt singulärer Punkt der Kurve (24).

Ein Punkt, dessen Koordinaten der Gleichung (24) und den Gleichungen

$$F_x(x, y) = 0\,, \qquad F_y(x, y) = 0 \tag{26}$$

genügen, heißt *singulärer Punkt* der durch (24) dargestellten Kurve.

Für die Ellipse

$$\frac{x^2}{a^2} + \frac{y^2}{b^2} = 1$$

liefert die Bedingung (26) $x = y = 0$; aber der Punkt (0, 0) liegt nicht auf der Ellipse, und daher besitzt die Ellipse keine singulären Punkte. Dasselbe läßt sich auch für Hyperbel und Parabel feststellen.

Bei dem Descartesschen Blatt

$$x^3 + y^3 - 3axy = 0$$

haben die Bedingungen (26) die Form

$$3x^2 - 3ay = 0 \quad \text{und} \quad 3y^2 - 3ax = 0\,,$$

und es ist unmittelbar ersichtlich, daß der Koordinatenursprung (0, 0) ein singulärer Punkt der Kurve ist. Bei der Untersuchung des Descartesschen Blattes hatten wir gezeigt, daß sich die Kurve im Koordinatenursprung überschneidet und die zwei Kurvenäste, die sich in diesem Punkt schneiden, dort verschiedene Tangenten haben: für den einen Ast ist die x-Achse, für den anderen die y-Achse Tangente.

Ein singulärer Punkt, in dem sich verschiedene Äste der Kurve so schneiden, daß jeder Ast eine besondere Tangente hat, heißt ein *Doppelpunkt* (*Knotenpunkt*) der Kurve.

Somit ist der Koordinatensursprung Doppelpunkt des Descartesschen Blattes.

Wir werden bei den folgenden Beispielen noch einige Typen von singulären Punkten algebraischer Kurven angeben.

1. Wir betrachten die Kurve

$$y^2 - ax^3 = 0 \qquad (a > 0)\,,$$

semikubische Parabel (*Neilsche Parabel*) genannt. Es ist leicht zu bestätigen, daß die Koordinaten 0, 0 die linke Seite dieser Gleichung sowie ihre partiellen Ableitungen nach x und y zum Verschwinden bringen, und folglich ist der Koordinatenursprung ein singulärer Punkt der Kurve. Zur Untersuchung der Kurvenform in der Nähe dieses singulären Punktes konstruieren wir die Kurve. Ihre Gleichung in expliziter Form lautet

$$y = \pm\sqrt{ax^3}\,.$$

Zur Konstruktion der Kurve genügt es, jenen Teil der Kurve zu untersuchen, der dem Pluszeichen entspricht, weil das dem Minuszeichen entsprechende Kurvenstück symmetrisch zu dem ersten bezüglich der x-Achse liegt. Aus der Gleichung ist ersichtlich, daß x nicht negativ sein kann und daß y von 0 bis ∞ wächst, wenn x von 0 bis ∞ zunimmt.

Wir bestimmen die erste und die zweite Ableitung:

$$y' = \frac{3}{2}\sqrt{ax}\,, \qquad y'' = \frac{3\sqrt{a}}{4\sqrt{x}}\,.$$

Für $x = 0$ ist auch $y' = 0$, und nachdem wir festgestellt haben, daß x nur durch positive Werte gegen 0 streben kann, können wir behaupten, daß die x-Achse eine rechtsseitige Tangente der Kurve im Koordinatenursprung ist. Außerdem ist ersichtlich, daß für das untersuchte Kurvenstück y'' in dem Intervall $(0, \infty)$ ständig positiv ist, d. h., dieses Stück ist von oben konkav.

In Abb. 87 ist die untersuchte Kurve (für $a = 1$) dargestellt. Im Koordinatenursprung treffen sich zwei Kurvenäste, ohne sich weiter fortzusetzen; die beiden Äste haben dabei im Treffpunkt ein und dieselbe Tangente und liegen auf verschiedenen Seiten dieser Tangente. Ein solcher Punkt heißt *Rückkehrpunkt erster Art* (*Spitze*).

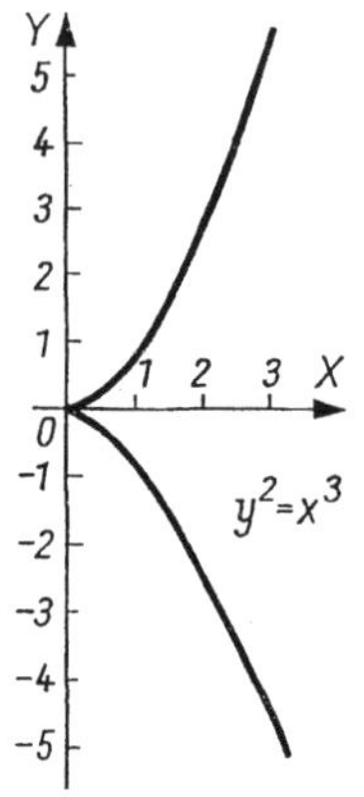

Abb. 87

2. Wir betrachten die Kurve

$$(y - x^2)^2 - x^5 = 0\,.$$

Es ist leicht nachzuprüfen, daß der Koordinatenursprung ein singulärer Punkt der Kurve ist. Die Gleichung der Kurve lautet in expliziter Form

$$y = x^2 \pm \sqrt{x^5}\,.$$

Aus dieser Gleichung ist ersichtlich, daß x von 0 bis ∞ variieren kann. Wir bestimmen die Ableitungen erster und zweiter Ordnung,

$$y' = 2x \pm \tfrac{5}{2}\sqrt{x^3}\,, \qquad y'' = 2 \pm \tfrac{15}{4}\sqrt{x}\,,$$

und untersuchen die beiden Äste, die dem Plus- bzw. dem Minuszeichen entsprechen, einzeln.

Wir bemerken zunächst, daß in beiden Fällen für $x = 0$ auch $y' = 0$ wird und ebenso wie im vorigen Beispiel die x-Achse eine rechtsseitige Tangente beider Äste wird.

Untersuchen wir beide Äste nach der üblichen Methode, so erhalten wir die folgenden Resultate: Für den ersten Ast wächst y von 0 bis ∞, wenn x von 0 bis ∞ zunimmt, und die Kurve ist konkav; auf dem zweiten Ast gibt es einen Extrempunkt (Maximum) bei $x = \frac{16}{25}$, einen Wendepunkt bei $x = \frac{64}{225}$ und einen Schnittpunkt mit der x-Achse bei $x = 1$.

Unter Berücksichtigung aller Angaben erhalten wir die in Abb. 88 dargestellte Kurve.

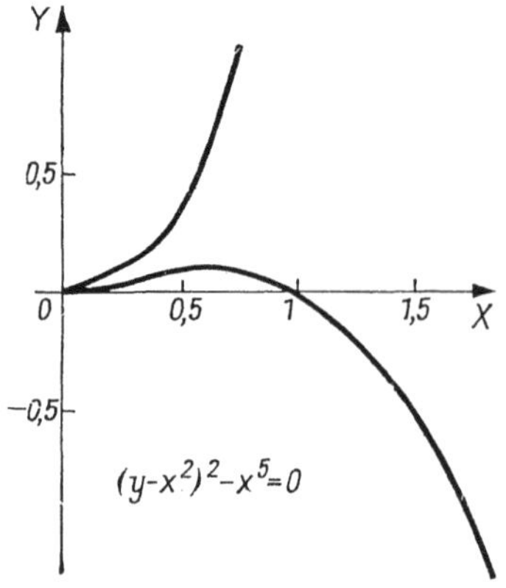

Abb. 88

Im Koordinatenursprung treffen sich die zwei Kurvenäste, ohne sich weiter fortzusetzen, wobei beide Äste im Treffpunkt ein und dieselbe Tangente haben und in der Nähe des singulären Punktes auf einer Seite dieser Tangente liegen. Ein solcher singulärer Punkt wird *Rückkehrpunkt zweiter Art* (*Schnabelspitze*) genannt.

3. Wir untersuchen die Kurve

$$y^2 - x^4 + x^6 = 0\,.$$

Der Koordinatenursprung ist ein singulärer Punkt der Kurve. Die Kurvengleichung in expliziter Form lautet

$$y = \pm\, x^2 \sqrt{1 - x^2}\,.$$

Die Kurvengleichung in impliziter Form enthält nur gerade Potenzen von x und y, und daher sind die Koordinatenachsen Symmetrieachsen der Kurve; man braucht deshalb nur das Kurvenstück zu untersuchen, das positiven Werten von x und y entspricht. Aus der Kurvengleichung in expliziter Form ist ersichtlich, daß x von -1 bis 1 variieren kann.

Wir beschränken uns auf die Berechnung der ersten Ableitung:

$$y' = \frac{x(2 - 3x^2)}{\sqrt{1 - x^2}}\,.$$

Für $x = 0$ ist auch $y = y' = 0$, d. h., im Koordinatenursprung fällt die Tangente mit der x-Achse zusammen; für $x = 1$ ist $y = 0$ und $y' = \infty$, d. h., im Punkt (1, 0) ist die Tangente parallel zur y-Achse. Nach den üblichen Regeln finden wir, daß die Kurve einen Extrempunkt bei $x = \sqrt{\frac{2}{3}}$ besitzt.

Berücksichtigen wir alles Gesagte und speziell die Symmetrie der Kurve, so erhalten wir die in Abb. 89 dargestellte Kurve. Im Koordinatenursprung *berühren sich die zwei Kurvenäste*, die dem Vorzeichen (+) bzw. (−) vor der Wurzel entsprechen. Ein solcher singulärer Punkt heißt *Berührungspunkt*.

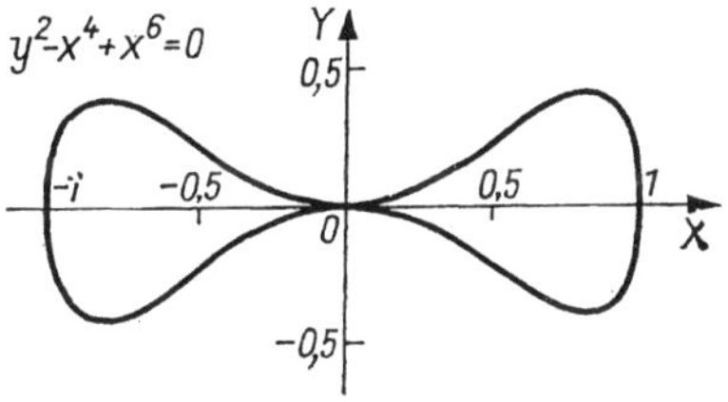

Abb. 89

4. Wir untersuchen die Kurve

$$y^2 - x^2(x - 1) = 0\,.$$

Der Koordinatenursprung ist ein singulärer Punkt. Die explizite Kurvengleichung lautet

$$y = \pm \sqrt{x^2(x - 1)}\,.$$

Da der Ausdruck unter der Wurzel nicht negativ sein darf, können wir sagen, daß entweder $x = 0$ oder $x \geq 1$ sein muß.

Für $x = 0$ ist auch $y = 0$. Wir untersuchen jetzt den Kurvenast, der dem Pluszeichen entspricht. Wenn x von 1 bis ∞ zunimmt, wächst y von 0 bis ∞.

Aus der ersten Ableitung

$$y' = \frac{3x - 2}{2\sqrt{x - 1}}$$

ist ersichtlich, daß y' für $x \to 1$ gegen ∞ strebt, d. h., im Punkt (1, 0) ist die Tangente parallel zur y-Achse. Der zweite, dem Minuszeichen entsprechende Kurvenast liegt symmetrisch zu dem untersuchten in bezug auf die x-Achse. Ziehen wir dies alles in Betracht, so erhalten wir die in Abb. 90 dargestellte Kurve. Im vorliegenden Fall befriedigen die Koordinaten des Punktes $O(0, 0)$ die Kurvengleichung, *aber es gibt keine weiteren Kurvenpunkte in seiner Nähe.* In diesem Fall wird der singuläre Punkt ein *isolierter Punkt* genannt.

Mit den oben angeführten Typen singulärer Punkte erschöpfen sich alle möglichen Fälle von singulären Punkten einer algebraischen Kurve; doch kann es vorkommen, daß in einem gewissen Punkt einer algebraischen Kurve mehrere singuläre Punkte von gleichem oder verschiedenem Typus zusammenfallen. Die nicht algebraischen Kurven heißen *transzendent.*

Wir stellen dem Leser anheim, zu zeigen, daß der Gleichung

$$y = x \log x$$

die in Abb. 91 dargestellte Kurve entspricht. Der Koordinatenursprung ist *Endpunkt der Kurve.*

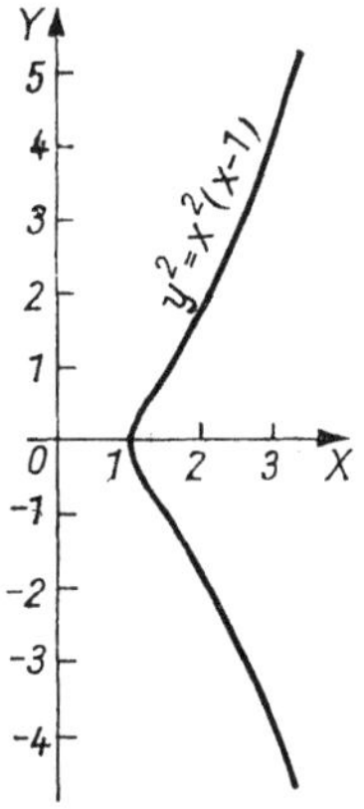

Abb. 90

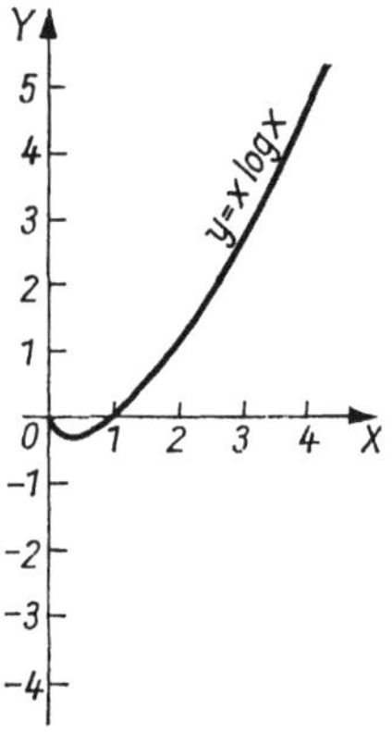

Abb. 91

77. Kurvenelemente. Wir bringen jetzt die Grundformeln, die mit dem Begriff der Tangente einer Kurve und der Krümmung zusammenhängen, und führen noch einige neue Begriffe im Zusammenhang mit dem Begriff der Tangente ein.

Wenn die Kurvengleichung die Form

$$y = f(x) \tag{27}$$

hat, ist der Richtungskoeffizient der Tangente die Ableitung $f'(x)$ von y nach x, und die Tangentengleichung kann in der Form

$$Y - y = y'(X - x) \qquad \bigl(y' = f'(x)\bigr) \tag{28}$$

geschrieben werden, wobei x, y die Koordinaten des Berührungspunktes und X, Y die laufenden Koordinaten der Tangente sind. Unter der *Normalen der Kurve* im Kurvenpunkt (x, y) verstehen wir die Gerade, die in diesem Punkt senkrecht auf der Tangente im gleichen Punkt steht. Bekanntlich sind die Richtungskoeffizienten senkrecht aufeinanderstehender Geraden der Größe nach reziprok und dem Vorzeichen nach entgegengesetzt, d. h., der Richtungskoeffizient der Normalen ist $-\frac{1}{y'}$, und die Gleichung der Normalen läßt sich folgendermaßen schreiben:

$$Y - y = -\frac{1}{y'}(X - x)$$

bzw.

$$(X - x) + y'(Y - y) = 0\,. \tag{29}$$

Es sei M ein gewisser Punkt der Kurve, T und N seien die Schnittpunkte der Tangente bzw. Normalen der Kurve im Punkt M mit der x-Achse, Q der Fußpunkt des vom Punkt M auf die x-Achse gefällten Lotes (Abb. 92). Die auf der x-Achse liegenden Abschnitte $\overline{QT}$ und $\overline{QN}$ heißen *Subtangente* bzw. *Subnormale* der Kurve

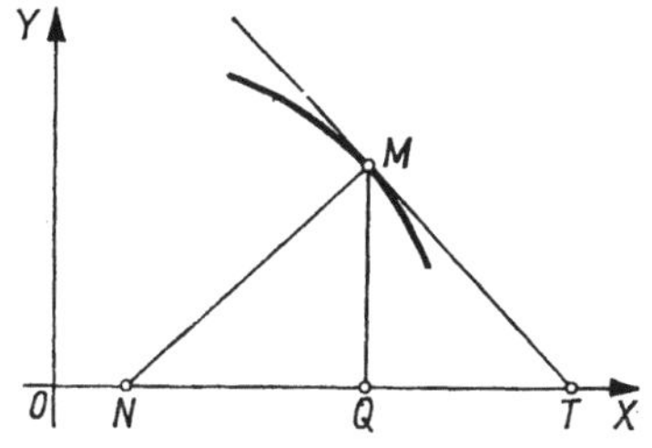

Abb. 92

im Punkt M, und diesen Abschnitten entsprechen bestimmte positive oder negative Werte, je nach der Richtung dieser Abschnitte auf der x-Achse. Die Längen der Abschnitte $\overline{MT}$ und $\overline{MN}$ heißen *Länge der Tangente* bzw. *Länge der Normalen der Kurve im Punkt M*, wobei wir diese Längen immer positiv rechnen werden. Die Abszisse des Punktes Q ist offenbar gleich der Abszisse x des Punktes M. Die Punkte T und N sind die Schnittpunkte der Tangente bzw. Normalen mit der x-Achse, und daher muß man zur Bestimmung der Abszissen dieser Punkte in der Gleichung der Tangente bzw. Normalen $Y = 0$ setzen und die erhaltenen Gleichungen nach X auflösen. Wir erhalten auf diese Weise für die Abszisse des Punktes T den Ausdruck $x - \frac{y}{y'}$ und für die Abszisse des Punktes N den Ausdruck $x + yy'$. Die Länge der Subtangente und der Subnormalen ist jetzt leicht zu bestimmen:

$$\begin{aligned} \overline{QT} &= \overline{OT} - \overline{OQ} = x - \frac{y}{y'} - x = -\frac{y}{y'}, \\ \overline{QN} &= \overline{ON} - \overline{OQ} = x + yy' - x = yy'. \end{aligned} \tag{30}$$

Aus den rechtwinkligen Dreiecken MQT und MQN kann man jetzt die Länge der Tangente und der Normalen ermitteln:

$$\begin{aligned} |\overline{MT}| &= \sqrt{\overline{MQ}^2 + \overline{QT}^2} = \sqrt{y^2 + \frac{y^2}{y'^2}} = \pm \frac{y}{y'} \sqrt{1 + y'^2}, \\ |\overline{MN}| &= \sqrt{\overline{MQ}^2 + \overline{QN}^2} = \sqrt{y^2 + y^2 y'^2} = \pm\, y \sqrt{1 + y'^2}. \end{aligned} \tag{31}$$

Dabei ist das Vorzeichen so zu wählen, daß die Ausdrücke auf der rechten Seite positiv werden.

Wir rufen uns noch die Formel für den Krümmungsradius ins Gedächtnis [**71**]:

$$R = \pm \frac{(1 + y'^2)^{3/2}}{y''}. \tag{32}$$

Bezeichnen wir die Länge der Normale mit n, so erhalten wir aus der zweiten der Formeln (31)

$$\sqrt{1 + y'^2} = \pm \frac{n}{y},$$

und wenn wir diesen Wert von $\sqrt{1+y'^2}$ in (32) einsetzen, erhalten wir noch den folgenden Ausdruck für den Krümmungsradius:

$$R = \pm \frac{n^3}{y^3 y''}. \tag{32$_1$}$$

Ist die Kurve in der Parameterform

$$x = \varphi(t), \qquad y = \psi(t)$$

gegeben, so lassen sich die erste und die zweite Ableitung y' und y'' von y nach x durch die folgenden Formeln [74] ausdrücken:

$$y' = \frac{dy}{dx} = \frac{\psi'(t)}{\varphi'(t)}, \qquad y'' = \frac{d^2y\,dx - d^2x\,dy}{(dx)^3} = \frac{\psi''(t)\,\varphi'(t) - \varphi''(t)\,\psi'(t)}{[\varphi'(t)]^3}. \tag{33}$$

Insbesondere erhalten wir durch Einsetzen dieser Ausdrücke in (32) die folgenden Darstellungen des Krümmungsradius:

$$R = \pm \frac{(dx^2 + dy^2)^{3/2}}{d^2y\,dx - d^2x\,dy} = \pm \frac{\{[\varphi'(t)]^2 + [\psi'(t)]^2\}^{3/2}}{\psi''(t)\,\varphi'(t) - \varphi''(t)\,\psi'(t)} = \pm \frac{ds}{d\alpha}; \tag{34}$$

dabei ist α der Winkel, der von der Tangente und der x-Achse gebildet wird.

Wenn die Kurve implizit gegeben ist durch

$$F(x, y) = 0,$$

erhalten wir auf Grund von (25) die folgende Tangentengleichung:

$$F_x(x, y)\,(X - x) + F_y(x, y)\,(Y - y) = 0. \tag{35}$$

78. Die Kettenlinie. Diejenige Kurve, die bei entsprechender Wahl der Koordinatenachsen die Gleichung

$$y = \frac{a}{2}\,(e^{x/a} + e^{-x/a}) \qquad (a > 0)$$

besitzt, heißt *Kettenlinie*.

Diese Kurve liefert die Gleichgewichtsform eines schweren Seils, das an den beiden Enden aufgehängt ist. Sie ist leicht nach den in [73] angegebenen Regeln zu konstruieren, und ihre Form ist in Abb. 93 dargestellt. Wir bestimmen die erste und zweite Ableitung von y:

$$y' = \frac{1}{2}\,(e^{x/a} - e^{-x/a}), \qquad y'' = \frac{1}{2a}\,(e^{x/a} + e^{-x/a}) = \frac{y}{a^2};$$

daraus folgt

$$1 + y'^2 = 1 + \frac{(e^{x/a} - e^{-x/a})^2}{4} = \frac{4 + e^{2x/a} - 2 + e^{-2x/a}}{4} = \frac{(e^{x/a} + e^{-x/a})^2}{4} = \frac{y^2}{a^2}.$$

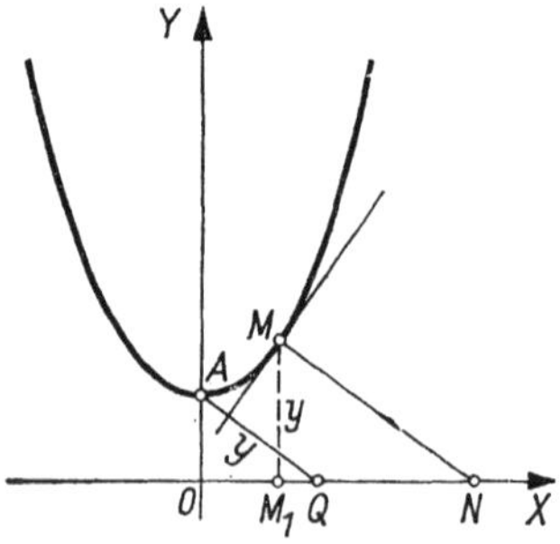

Abb. 93

Setzen wir diesen Ausdruck für $1 + y'^2$ in die zweite der Formeln (31) ein, so erhalten wir für die Länge der Kurvennormalen

$$n = \frac{y^2}{a};$$

setzen wir die Ausdrücke für n und y'' in (32_1) ein, so erhalten wir

$$R = \frac{y^6 \cdot a^2}{a^3 \cdot y^3 \cdot y} = \frac{y^2}{a} = n,$$

d. h., *der Krümmungsradius der Kettenlinie ist gleich der Länge der Normalen* $\overline{MN}$. Für $x = 0$ nimmt die Ordinate y der Kettenlinie den kleinsten Wert $y = a$ an; der entsprechende Punkt A heißt ihr *Scheitelpunkt.*

In Abb. 93 sind noch einige Hilfslinien angegeben, die wir später benötigen. Vertauscht man x mit $-x$, so ändert sich die Gleichung der Kettenlinie nicht, d. h., die y-Achse ist Symmetrieachse der Kettenlinie.

79. Die Zykloide. Wir stellen uns eine Kreisfläche mit dem Radius a vor, die ohne Schlupf auf einer festen Geraden abrollt. Der geometrische Ort, der bei einer derartigen Bewegung von einem Punkt M des Umfangs der Kreisfläche beschrieben wird, heißt *Zykloide.*

Wir nehmen die Gerade, auf der die Kreisfläche abrollt, als x-Achse; als Koordinatenursprung wählen wir die Ausgangslage des Punktes M, wenn der Kreisumfang in ihm die x-Achse berührt, und nennen t den Wälzwinkel des Kreises. Ferner bezeichnen wir mit C den Mittelpunkt des Kreises, mit N den Berührungspunkt des Kreises mit der x-Achse in einer gewissen Stellung, mit Q den Fußpunkt des vom Punkt M auf die x-Achse gefällten Lotes und mit R den Fußpunkt des Lotes, das vom Punkt M auf den Durchmesser $\overline{NN_1}$ des Kreises gefällt ist (Abb. 94).

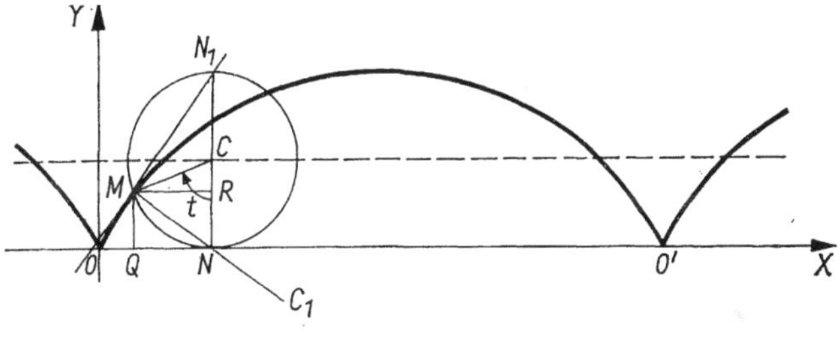

Abb. 94

Da der Kreis ohne Schlupf rollt, also

$$\overline{ON} = \overset{\frown}{MN} = at$$

ist, können wir die Koordinaten des Punktes M, der die Zykloide beschreibt, durch den Parameter $t = \sphericalangle NCM$ ausdrücken:

$$x = \overline{OQ} = \overline{ON} - \overline{QN} = at - a\sin t = a(t - \sin t),$$

$$y = \overline{QM} = \overline{NC} - \overline{RC} = a - a\cos t = a(1 - \cos t).$$

Dies ist die Parameterdarstellung der Zykloide.

Wir bemerken zunächst, daß man die Änderung von t nur im Intervall $(0, 2\pi)$, das einem vollen Umlauf des Kreises entspricht, zu betrachten braucht. Nach diesem vollen Umlauf fällt der Punkt M wieder mit dem Berührungspunkt O' von Kreis und x-Achse zusammen, jedoch ist er um die Strecke $\overline{OO'} = 2\pi a$ weitergerückt. Das Kurvenstück, das sich bei der weiteren Bewegung ergibt, wird identisch mit dem Bogen OO'; es entsteht durch Verschiebung dieses Bogens um die Strecke $2\pi a$ nach rechts. Wir berechnen jetzt die erste und zweite Ableitung von x und y nach t:

$$\frac{dx}{dt} = \varphi'(t) = a(1 - \cos t), \qquad \frac{dy}{dt} = \psi'(t) = a \sin t,$$
$$\frac{d^2x}{dt^2} = \varphi''(t) = a \sin t, \qquad \frac{d^2y}{dt^2} = \psi''(t) = a \cos t. \tag{36}$$

Der Richtungskoeffizient der Tangente wird nach der ersten der Formeln (33) zu

$$y' = \frac{a \sin t}{a(1 - \cos t)} = \frac{2 \sin \frac{t}{2} \cos \frac{t}{2}}{2 \sin^2 \frac{t}{2}} = \cot \frac{t}{2}.$$

Dieser Ausdruck führt auf ein einfaches Verfahren zur Konstruktion der Tangente an die Zykloide. Wir verbinden den Punkt N_1 mit dem Kurvenpunkt M. Der Winkel MN_1N ist ein Peripheriewinkel über dem Bogen $NM = t$ und folglich gleich $\frac{t}{2}$. Aus dem rechtwinkligen Dreieck RMN_1 erhalten wir (Abb. 94)

$$\sphericalangle RMN_1 = \frac{\pi}{2} - \frac{t}{2}, \qquad \tan \sphericalangle RMN_1 = \tan\left(\frac{\pi}{2} - \frac{t}{2}\right) = \cot \frac{t}{2}.$$

Vergleichen wir diesen Ausdruck mit dem Ausdruck für y', so sehen wir, daß die Gerade MN_1 die Tangente der Zykloide ist, d. h.:

Um die Tangente der Zykloide im Kurvenpunkt M zu konstruieren, genügt es, diesen Punkt mit dem Endpunkt N_1 desjenigen Durchmessers des abrollenden Kreises zu verbinden, dessen anderer Endpunkt der Berührungspunkt der Kreislinie mit der x-Achse ist.

Die Gerade MN, die den Punkt M mit dem anderen Endpunkt des eben erwähnten Durchmessers verbindet, steht senkrecht auf der Geraden MN_1, das der Winkel N_1MN ein Peripheriewinkel über dem Durchmesser ist, und daher ist die Gerade MN eine *Normale der Zykloide*. Die Länge der Normalen $n = \overline{MN}$ bestimmt sich unmittelbar aus dem rechtwinkligen Dreieck N_1MN:

$$n = 2a \sin \frac{t}{2}.$$

Den Krümmungsradius der Zykloide erhalten wir, indem wir (34) und die Ausdrücke (36) benutzen:

$$R = \pm \frac{[a^2(1 - \cos t)^2 + a^2 \sin^2 t]^{3/2}}{a \cos t \cdot a(1 - \cos t) - a \sin t \cdot a \sin t} = \pm \frac{a(2 - 2 \cos t)^{3/2}}{\cos t - 1}$$
$$= a \cdot 2^{3/2} (1 - \cos t)^{1/2} = 4a \sin \frac{t}{2}.$$

In dem letzten Ausdruck lassen wir nur das Pluszeichen stehen, da t für den ersten Zykloidenbogen im Intervall $(0, 2\pi)$ liegt und $\sin \frac{t}{2}$ daher nicht negativ werden kann.

Vergleichen wir diesen Ausdruck mit dem für die Länge n der Normalen, so finden wir $R = 2n$, d. h., der *Krümmungsradius der Zykloide ist gleich der doppelten Länge der Normalen* ($\overline{MC_1}$ in Abb. 94).

Würde der Punkt M, der die Zykloide beschreibt, nicht auf dem Umfang der Kreisfläche, sondern innerhalb oder außerhalb derselben liegen, so würde er beim Abrollen der Kreisfläche eine Kurve beschreiben, die als *gestreckte* (verkürzte) bzw. *verschlungene* (verlängerte) *Zykloide* bezeichnet wird (bisweilen werden diese beiden Kurven auch *Trochoiden* genannt).

Wir bezeichnen mit h den Abstand $\overline{CM}$ des Punktes M vom Mittelpunkt der abrollenden Kreisfläche. Die übrigen Bezeichnungen behalten wir bei. Zuerst wählen wir $h < a$, nehmen

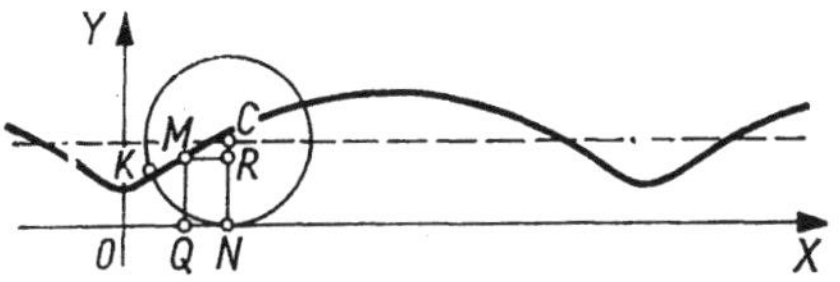

Abb. 95

also an, daß der Punkt M im Innern des Kreises liegt (Abb. 95). Der Abbildung entnehmen wir unmittelbar

$$x = \overline{OQ} = \overline{ON} - \overline{QN} = at - h \sin t\,, \qquad y = \overline{QM} = \overline{NC} - \overline{RC} = a - h \cos t\,.$$

Für $h > a$ sind die Gleichungen dieselben, die Kurve nimmt jedoch die in Abb. 96 dargestellte Form an.

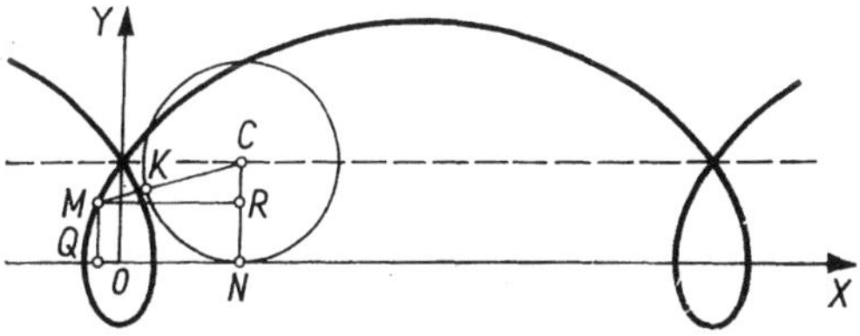

Abb. 96

80. Epizykloiden und Hypozykloiden. Rollt die Kreisfläche, mit deren Umfang der Punkt M fest verbunden ist, nicht auf der Geraden OX, sondern auf einer festen Kreislinie ab, so ergeben sich zwei große Klassen von Kurven: die *Epizykloiden,* wenn die abrollende Kreisfläche außerhalb der festen liegt; die *Hypozykloiden,* wenn die abrollende Kreisfläche innerhalb der festen liegt.

Wir leiten die Gleichung der *Epizykloiden* her. Dazu legen wir den Koordinatenursprung in den Mittelpunkt des festen Kreises; die x-Achse legen wir in die Richtung der Geraden, die diesen Mittelpunkt O mit dem Punkt K verbindet, der die Anfangslage des Punktes M darstellt, wenn sich beide Kreise in diesem Punkt berühren. Wir bezeichnen mit dem Buchstaben a den Radius des abrollenden Kreises, mit b den Radius des festen Kreises und nehmen als Parameter t den Winkel, den der zum Berührungspunkt der Kreise hin gezogene Radius $\overline{ON}$ des festen Kreises mit der x-Achse bildet, wenn sich der bewegliche Kreis um den Winkel $\varphi = \sphericalangle NCM$ gedreht hat (Abb. 97).

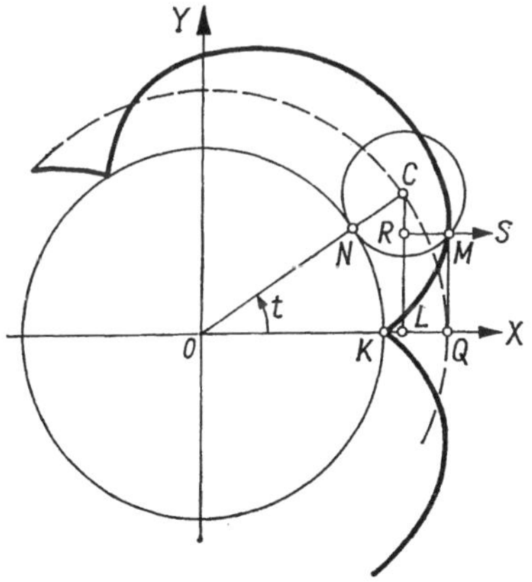

Abb. 97

Da das Abrollen des Kreises ohne Schlupf vor sich geht, ist der Bogen KN gleich dem Bogen NM, d. h., es ist

$$bt = a\varphi\,, \qquad \varphi = \frac{bt}{a}\,.$$

Der Abb. 97 entnehmen wir unmittelbar

$$\begin{aligned} x &= \overline{OQ} = \overline{OL} + \overline{LQ} = \overline{OC} \cos \sphericalangle KOC - \overline{CM} \cos \sphericalangle SMC \\ &= (a+b)\cos t - a\cos(t+\varphi) = (a+b)\cos t - a\cos\frac{a+b}{a}t\,, \\ y &= \overline{QM} = \overline{LC} - \overline{RC} = \overline{OC} \sin \sphericalangle KOC - \overline{CM} \sin \sphericalangle SMC \\ &= (a+b)\sin t - a\sin(t+\varphi) = (a+b)\sin t - a\sin\frac{a+b}{a}t\,. \end{aligned} \tag{37}$$

Die Kurve besteht aus einer Reihe gleicher Bogen, von denen jeder einem vollen Umlauf des beweglichen Kreises entspricht, d. h. einer Vergrößerung des Winkels φ um 2π und des Winkels t um $2a\pi/b$. Somit entsprechen die Endpunkte dieser Bogen den Werten

$$t = 0\,, \frac{2a\pi}{b}\,, \frac{4a\pi}{b}\,, \ldots\,, \frac{2pa\pi}{b}\,, \ldots\,.$$

Damit wir irgendwann wieder zum Anfangspunkt K der Kurve gelangen, ist notwendig und hinreichend, daß einer von diesen Endpunkten mit K übereinstimmt, d. h., daß es ganze Zahlen p und q gibt, die der Bedingung

$$\frac{2pa\pi}{b} = 2q\pi$$

genügen, da dem Punkt K eine gewisse Zahl ganzer Umläufe um den Punkt O entspricht. Die vorstehende Bedingung kann folgendermaßen geschrieben werden:

$$\frac{a}{b} = \frac{q}{p}\,.$$

Solche Zahlen p und q existieren dann und nur dann, wenn a und b, also die Radien, kommensurabel sind; anderenfalls ist das Verhältnis $\frac{a}{b}$ eine irrationale Zahl und kann nicht gleich dem Verhältnis zweier ganzer Zahlen werden.

Hieraus folgt, daß die Epizykloide dann und nur dann eine geschlossene Kurve darstellt, wenn die Radien des beweglichen und des festen Kreises kommensurabel sind; anderenfalls ist die Kurve nicht geschlossen, und wenn man von einem Punkt K ausgeht, wird man niemals mehr in ihn zurückkehren.

Diese Bemerkung bezieht sich auch auf die *Hypozykloiden* (Abb. 98), deren Gleichung aus derjenigen der Epizykloiden durch einfaches Vertauschen von a mit $-a$ erhalten werden kann:

$$x = (b-a)\cos t + a\cos\frac{b-a}{a}t\,, \qquad y = (b-a)\sin t - a\sin\frac{b-a}{a}t\,. \tag{38}$$

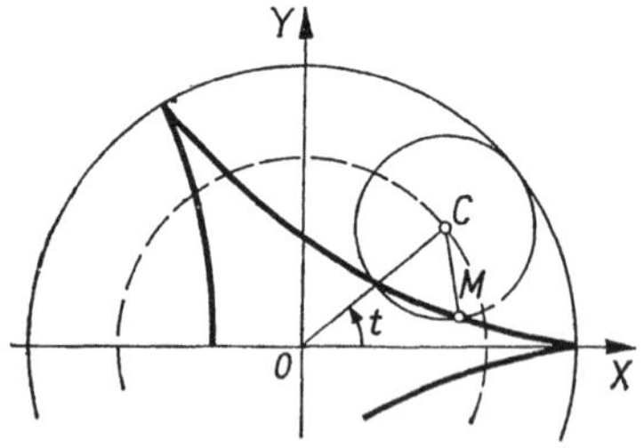

Abb. 98

Wir erwähnen noch einige Spezialfälle. Ist z. B. bei der Epizykloide $b = a$, d. h., sind die Radien des festen und des beweglichen Kreises gleich, so erhalten wir eine Kurve, die aus *einem einzigen* Zweig besteht (Abb. 99); und wenn wir in (37) $b = a$ setzen, finden wir für die Gleichung dieser Kurve

$$x = 2a\cos t - a\cos 2t\,, \qquad y = 2a\sin t - a\sin 2t\,.$$

Diese Kurve wird *Kardioide* (oder *Herzlinie*) genannt.

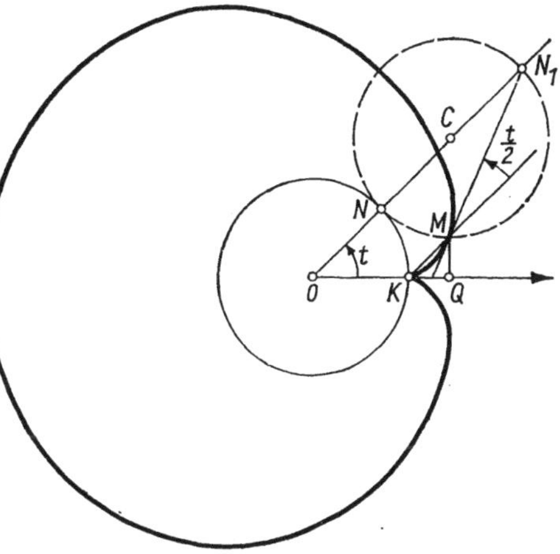

Abb. 99

Wir bestimmen den Abstand r der Kurvenpunkte $M(x, y)$ vom Punkt K mit den Koordinaten $(a, 0)$ und bringen hierzu die Ausdrücke für $x - a$ und y auf eine bequemere Form:

$$x - a = 2a\cos t - a(\cos^2 t - \sin^2 t) - a = 2a\cos t - 2a\cos^2 t$$
$$= 2a\cos t(1 - \cos t)\,,$$

$$y = 2a\sin t - 2a\sin t\cos t = 2a\sin t(1 - \cos t)\,,$$

woraus

$$r = |\overline{KM}| = \sqrt{(x-a)^2 + y^2} = \sqrt{4a^2\cos^2 t(1-\cos t)^2 + 4a^2\sin^2 t(1-\cos t)^2}$$
$$= 2a(1 - \cos t)$$

folgt. Die Differenz $x - a$ und y sind Projektionen der Strecke $\overline{KM}$ auf die x- bzw. y-Achse. Aus den oben hergeleiteten Ausdrücken ist ersichtlich, daß $x - a$ und y gleich dem Produkt der Länge des Abschnitts $\overline{KM}$ mit $\cos t$ bzw. $\sin t$ sind. Wir können daher behaupten, daß die Strecke $\overline{KM}$ mit der positiven Richtung der x-Achse den Winkel t bildet, d. h. parallel zum Radius $\overline{ON}$ ist. Dieses Resultat wird für uns im folgenden bei der Herleitung der Regel für die Konstruktion der Tangente an die Kardioide wichtig sein. Wir führen den Winkel $\theta = \pi - t$ ein, der von der Strecke $\overline{KM}$ mit der negativen Richtung der x-Achse gebildet wird. Für r erhalten wir dann

$$r = 2a(1 + \cos\theta)\,.$$

Diese Gleichung ist die Kardioidengleichung in Polarkoordinaten. Wir werden diese Kurve eingehender untersuchen, wenn wir die Darstellung von Kurven in Polarkoordinaten behandeln werden.

Wir erwähnen jetzt einige Spezialfälle der Hypozykloide. Setzen wir in den Gleichungen (38) $b = 2a$, so erhalten wir

$$x = 2a\cos t = b\cos t\,, \qquad y = 0\,,$$

d. h., ist der Radius des festen Kreises doppelt so groß wie der Radius des beweglichen, so bewegt sich der Punkt M auf einem Durchmesser des festen Kreises.

Es sei jetzt $b = 4a$. In diesem Fall besteht die Hypozykloide aus vier Bogen (Abb. 100) und heißt *Astroide*. Die Gleichungen (38) liefern uns für $b = 4a$

$$x = 3a\cos t + a\cos 3t = 3a\cos t + a(4\cos^3 t - 3\cos t) = 4a\cos^3 t = b\cos^3 t\,,$$

$$y = 3a\sin t - a\sin 3t = 3a\sin t - a(3\sin t - 4\sin^3 t) = 4a\sin^3 t = b\sin^3 t\,.$$

Eliminieren wir den Parameter t, indem wir beide Seiten der Gleichungen mit 2/3 potenzieren und die erhaltenen Gleichungen gliedweise addieren, so erhalten wir die Gleichung der Astroide in der impliziten Form

$$x^{2/3} + y^{2/3} = b^{2/3} .$$

81. Die Kreisevolvente. Diejenige Kurve, die das Ende M eines biegsamen Fadens beschreibt, der, im Punkt A beginnend, nach und nach von einem festen Kreis mit dem Radius a abgewickelt wird, und zwar so, daß der Faden im jeweiligen Ablösungspunkt K Tangente des Kreises bleibt, heißt *Kreisevolvente* (Abb. 101).

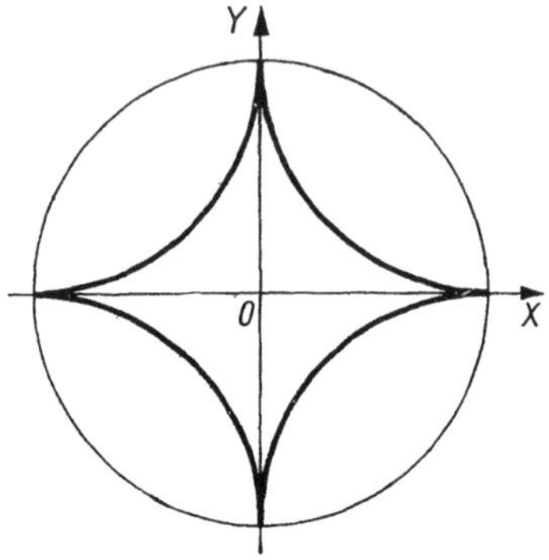

Abb. 100

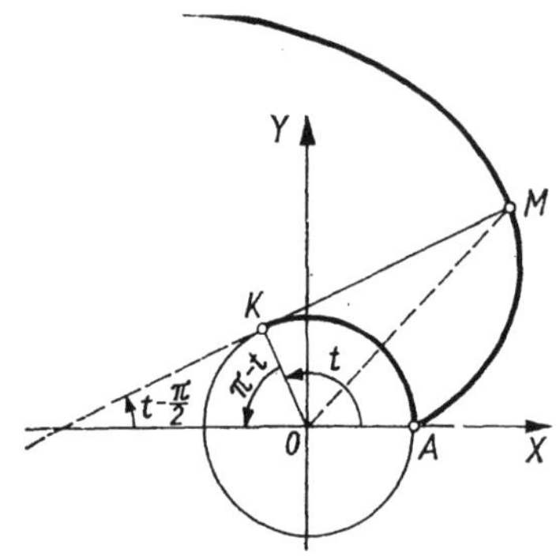

Abb. 101

Wir nehmen als Parameter den Winkel t, den der zum Punkt K gezogene Radius mit der positiven x-Achse bildet. Wenn wir beachten, daß $\overline{KM} = \widehat{AK} = at$ ist, erhalten wir die Gleichung der Kreisevolvente in der Parameterdarstellung

$$x = \text{Proj}_x\, OM = \text{Proj}_x\, OK + \text{Proj}_x\, KM = a \cos t + at \sin t ,$$

$$y = \text{Proj}_y\, OM = \text{Proj}_y\, OK + \text{Proj}_y\, KM = a \sin t - at \cos t .$$

Unter Benutzung der ersten der Formeln (33) bestimmen wir den Richtungskoeffizienten der Tangente:

$$y' = \frac{a \cos t - a \cos t + at \sin t}{-a \sin t + a \sin t + at \cos t} = \tan t .$$

Der Richtungskoeffizient der Normalen der Kreisevolvente wird folglich gleich

$$-\cot t = \tan\left(t - \frac{\pi}{2}\right),$$

woraus ersichtlich ist, daß die Gerade MK Normale der Kreisevolvente ist. Diese Eigenschaft gilt auch, wie wir später sehen werden, für die Evolventen beliebiger Kurven.

82. Kurven in Polarkoordinaten. Die Lage eines Punktes M in der Ebene wird in Polarkoordinaten bestimmt durch: 1. seinen Abstand r von einem gegebenen Punkt O (Pol) und 2. den Winkel θ, den die Richtung der Strecke $\overline{OM}$ mit einer gegebenen Richtung (L) (Polachse) bildet (Abb. 102). Häufig nennt man r den *Radiusvektor* und θ den *Polwinkel*. Wenn wir die Polachse als x-Achse und den Pol als Koordinatenursprung wählen, ist offenbar (Abb. 103)

$$x = r \cos \theta, \qquad y = r \sin \theta . \tag{39}$$

Einer gegebenen Lage des Punktes M entsprechen ein bestimmter positiver Wert r und eine unendliche Menge von Werten θ, die sich durch ganze Vielfache von 2π unterscheiden. Wenn M mit O zusammenfällt, ist $r = 0$ und θ unbestimmt.

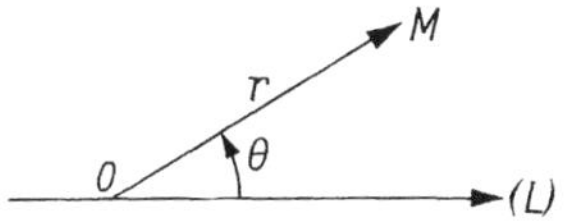

Abb. 102

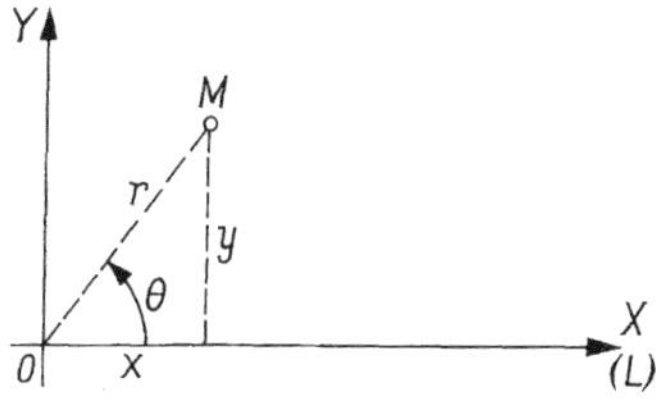

Abb. 103

Jede funktionale Abhängigkeit der Form $r = f(\theta)$ (explizit) oder $F(r, \theta) = 0$ (implizit) besitzt in dem Polarkoordinatensystem eine Bildkurve. Meistens hat man es mit der expliziten Gleichung

$$r = f(\theta) \tag{40}$$

zu tun.

Im folgenden werden wir nicht nur positive, sondern auch negative Werte von r in Betracht ziehen, wobei wir, wenn einem gewissen Wert θ ein negativer Wert r entspricht, vereinbaren, diesen Wert r in der Richtung abzutragen, die zu der durch den Wert θ definierten Richtung gerade entgegengesetzt ist.

Wenn wir annehmen, daß r auf einer vorgegebenen Kurve eine Funktion von θ ist, sehen wir, daß die Gleichungen (39) eine Parameterform der Gleichung dieser Kurve darstellen, wobei x und y von dem Parameter θ sowohl direkt als auch mittels r abhängen. Wir können daher im vorliegenden Fall die Formeln (33) und (34) [77] anwenden. Indem wir mit α den Winkel bezeichnen, der von der Tangente mit der x-Achse gebildet wird, erhalten wir bei Anwendung der ersten der Formeln (33)

$$\tan \alpha = y' = \frac{r' \sin \theta + r \cos \theta}{r' \cos \theta - r \sin \theta},$$

wobei r' die Ableitung von r nach θ bedeutet.

Wir führen in die Betrachtung noch den Winkel μ zwischen der positiven Richtung des Radiusvektors und der Kurventangente ein (Abb. 104). Es gilt dann $\mu = \alpha - \theta$ und folglich

$$\cos \mu = \cos \alpha \cos \theta + \sin \alpha \sin \theta,$$

$$\sin \mu = \sin \alpha \cos \theta - \cos \alpha \sin \theta.$$

Differenzieren wir die Gleichungen (39) nach s und beachten, daß $\frac{dx}{ds}$ und $\frac{dy}{ds}$ gleich $\cos \alpha$ bzw. $\sin \alpha$ ist, so erhalten wir

$$\cos \alpha = \cos \theta \frac{dr}{ds} - r \sin \theta \frac{d\theta}{ds}, \qquad \sin \alpha = \sin \theta \frac{dr}{ds} + r \cos \theta \frac{d\theta}{ds}.$$

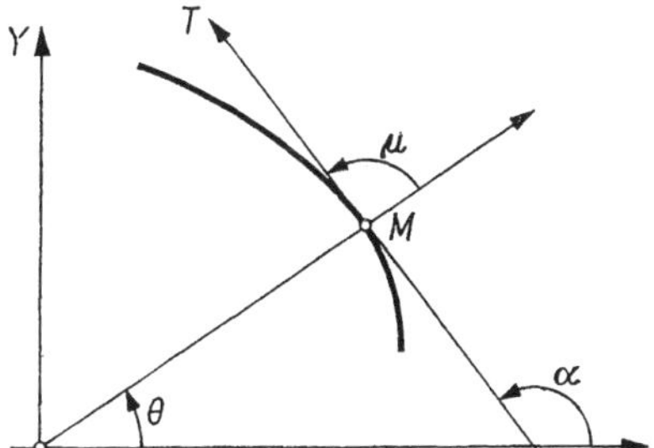

Abb. 104

Durch Einsetzen dieser Ausdrücke für $\cos\alpha$ und $\sin\alpha$ in die oben hergeleiteten Ausdrücke für $\cos\mu$ und $\sin\mu$ ergibt sich

$$\cos\mu = \frac{\mathrm{d}r}{\mathrm{d}s}, \qquad \sin\mu = \frac{r\,\mathrm{d}\theta}{\mathrm{d}s} \tag{41}$$

und folglich

$$\tan\mu = \frac{r\,\mathrm{d}\theta}{\mathrm{d}r} = \frac{r}{\dfrac{\mathrm{d}r}{\mathrm{d}\theta}} = \frac{r}{r'}. \tag{41_1}$$

Aus (39) folgt

$$\mathrm{d}x = \cos\theta\,\mathrm{d}r - r\sin\theta\,\mathrm{d}\theta\,,$$

$$\mathrm{d}y = \sin\theta\,\mathrm{d}r + r\cos\theta\,\mathrm{d}\theta\,,$$

d. h.

$$\mathrm{d}s = \sqrt{(\mathrm{d}x)^2 + (\mathrm{d}y)^2} = \sqrt{(\mathrm{d}r)^2 + r^2(\mathrm{d}\theta)^2}\,. \tag{42}$$

Unter Benutzung von (42) erhält die Beziehung für den Krümmungsradius **[71]**, wenn wir noch $\alpha = \mu + \theta$ berücksichtigen, die Gestalt

$$R = \pm\frac{\mathrm{d}s}{\mathrm{d}\alpha} = \pm\frac{[(\mathrm{d}r)^2 + r^2(d\theta)^2]^{1/2}}{\mathrm{d}\mu + \mathrm{d}\theta},$$

und dividieren wir Zähler und Nenner durch $\mathrm{d}\theta$, so gelangen wir zu

$$R = \pm\frac{(r^2 + r'^2)^{1/2}}{1 + \dfrac{\mathrm{d}\mu}{\mathrm{d}\theta}}.$$

Der Formel (41_1) entnehmen wir

$$\mu = \arctan\frac{r}{r'}, \qquad \frac{\mathrm{d}\mu}{\mathrm{d}\theta} = \frac{1}{1 + \left(\dfrac{r}{r'}\right)^2}\cdot\frac{r'^2 - rr''}{r'^2} = \frac{r'^2 - rr''}{r^2 + r'^2},$$

wobei r' und r'' die Ableitungen erster und zweiter Ordnung von r nach θ sind. Setzen wir die erhaltenen Ausdrücke für die Ableitungen in die vorhergehende Beziehung ein, so erhalten wir schließlich

$$R = \pm\frac{(r^2 + r'^2)^{3/2}}{r^2 + 2r'^2 - rr''}. \tag{43}$$

83. Spiralen. Wir untersuchen drei Arten von Spiralen:

$$\left.\begin{array}{ll} \text{die archimedische Spirale:} & r = a\theta\,, \\ \text{die hyperbolische Spirale:} & r\theta = a\,, \\ \text{die logarithmische Spirale:} & r = b\,\mathrm{e}^{a\theta}\,, \end{array}\right\} \quad (a > 0\,,\ b > 0)\,.$$

Die *archimedische Spirale* hat die in Abb. 105 dargestellte Form, wobei die gestrichelte Linie dem Kurvenstück für $\theta < 0$ entspricht. Den negativen Werten von θ entsprechen auch negative Werte von r, und diese sind in der Richtung abzutragen, die zu der durch den Wert θ bestimmten Richtung entgegengesetzt ist.

Jeder Radiusvektor trifft die Kurve unendlich oft, wobei der Abstand zwischen je zwei aufeinanderfolgenden Schnittpunkten die konstante Größe $2a\pi$ ist. Man ersieht das daraus, daß

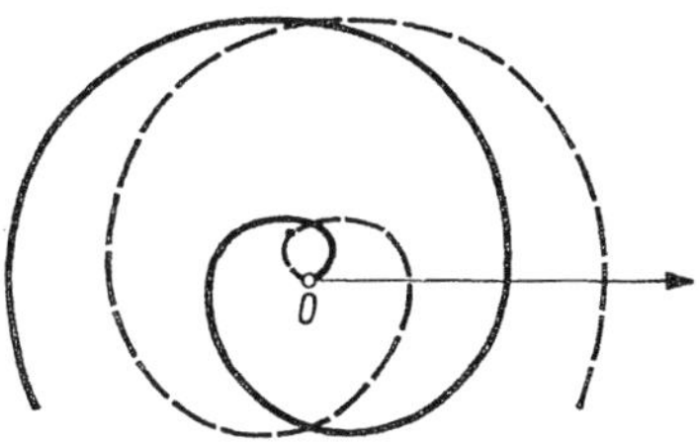

Abb. 105

die Richtung des Radiusvektors, die einem gewissen Wert θ entspricht, nicht geändert wird, wenn man $2\pi, 4\pi, \ldots$ zu θ hinzufügt; die durch $r = a\theta$ bestimmte Länge von r erhält dann aber jeweils den Zuwachs $2a\pi, 4a\pi, \ldots$

Die *hyperbolische Spirale* ist in Abb. 106 dargestellt. Unter der Voraussetzung $\theta > 0$ untersuchen wir, was aus der Kurve wird, wenn θ gegen 0 strebt. Die Gleichung

$$r = \frac{a}{\theta}$$

zeigt, daß r dabei gegen ∞ strebt. Wir wählen einen gewissen Punkt M der Kurve bei hinreichend kleinem Wert von θ und fällen das Lot $\overline{MQ}$ auf die Polachse X. Aus dem rechtwinkligen Dreieck MOQ erhalten wir (Abb. 106)

$$\overline{QM} = r \sin\theta = \frac{a \sin\theta}{\theta}$$

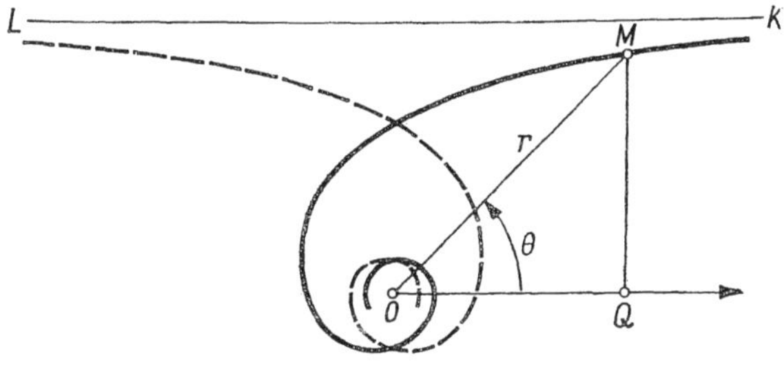

Abb. 106

und beim Grenzübergang von θ gegen 0

$$\lim_{\theta \to 0} \overline{QM} = \lim_{\theta \to 0} a \frac{\sin\theta}{\theta} = a\,.$$

Somit strebt der Abstand zwischen dem Kurvenpunkt M und der Polachse beim Grenzübergang $\theta \to 0$ gegen a, und die Kurve besitzt die Asymptote LK parallel zur Polachse im Abstand a von dieser.

Ferner sehen wir, daß r für keinen endlichen Wert von θ gleich 0 wird, sondern nur gegen 0 strebt, wenn θ gegen ∞ geht. Die Kurve nähert sich daher unbegrenzt dem Pol O, wobei sie sich um ihn herumwindet; aber sie geht im Gegensatz zur archimedischen Spirale niemals durch O hindurch. Ein solcher Punkt heißt allgemein *asymptotischer Punkt* der Kurve.

Die *logarithmische Spirale* ist in Abb. 107 dargestellt. Für $\theta = 0$ ist $r = b$; strebt θ gegen ∞, so strebt auch r gegen ∞, für $\theta \to -\infty$ aber strebt r gegen 0, ohne dabei jemals 0 zu werden. Im vorliegenden Fall ist

$$r' = ab\, e^{a\theta} \quad \text{und} \quad \tan\mu = \frac{r}{r'} = \frac{1}{a},$$

d. h., *der Radiusvektor bildet mit der Tangente der logarithmischen Spirale den konstanten Winkel* μ.

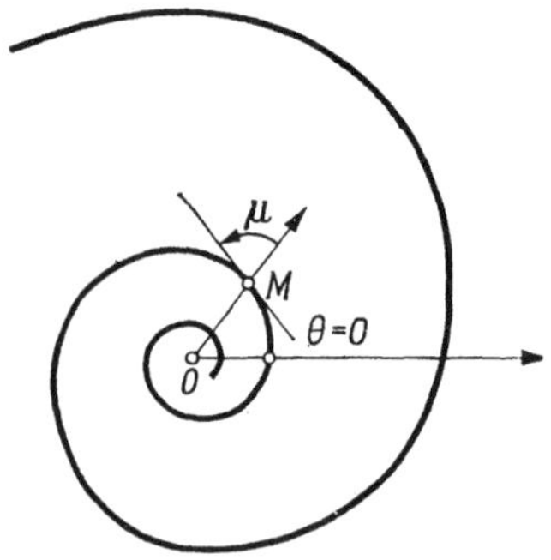

Abb. 107

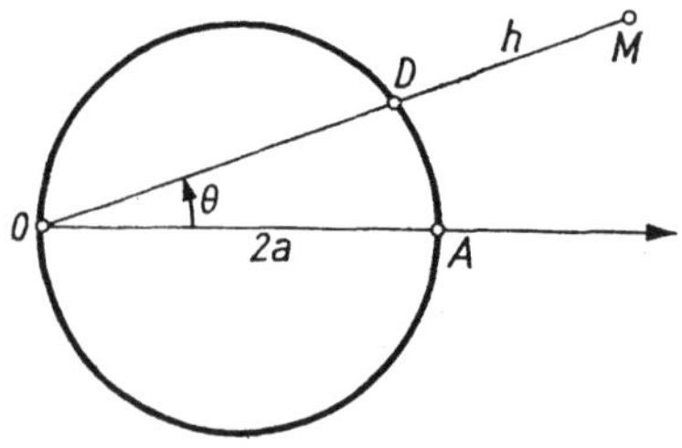

Abb. 108

84. Die Schnecken und die Kardioide. Wir konstruieren einen Kreis über dem Durchmesser $\overline{OA} = 2a$ (Abb. 108); von dem auf der Kreislinie liegenden Punkt O aus ziehen wir alle möglichen Radiusvektoren, und auf jedem tragen wir vom Schnittpunkt D dieses Radiusvektors mit dem Kreis die konstante Länge $h = \overline{DM}$ ab. Der geometrische Ort der Punkte M heißt *Pascalsche Schnecke.* Aus $\overline{OD} = 2a \cos \theta$ und $\overline{OM} = r$ finden wir die Gleichung der Schnecke:

$$r = 2a \cos \theta + h\,.$$

Für $h > 2a$ liefert die Gleichung nur positive Werte von r; die entsprechende Kurve ist in Abb. 109 dargestellt. Wenn $h < 2a$ ist, nimmt r auch negative Werte an, die Kurve hat dann die in Abb. 110 dargestellte Form. Im Punkt O überschneidet sich die Kurve. Für $h = 2a$ schließlich wird die Gleichung der Schnecke

$$r = 2a(1 + \cos \theta)\,,$$

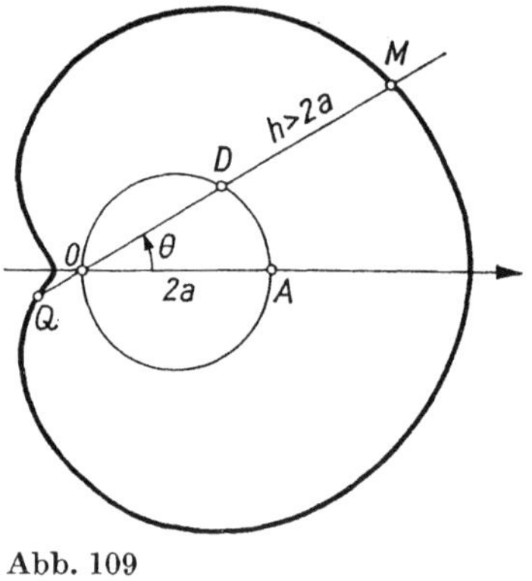

Abb. 109

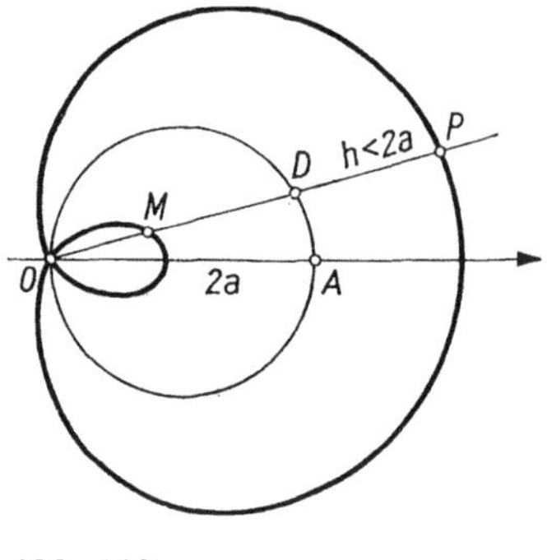

Abb. 110

d. h., in diesem Fall stellt die Schnecke eine Kardioide dar [**80**], die nur anders liegt als dort (Abb. 111). Dem Wert $\theta = \pi$ entspricht $r = 0$, d. h., die Kurve geht durch den Punkt O.

Wir bestimmen die erste und die zweite Ableitung von r nach θ,

$$r' = -2a \sin \theta\,, \qquad r'' = -2a \cos \theta\,,$$

und berechnen $\tan \mu$:

$$\tan \mu = \frac{r}{r'} = \frac{2a(1 + \cos \theta)}{-2a \sin \theta} = -\cot \frac{\theta}{2} = \tan\left(\frac{\pi}{2} + \frac{\theta}{2}\right),$$

d. h.

$$\mu = \frac{\pi}{2} + \frac{\theta}{2}\,. \tag{44}$$

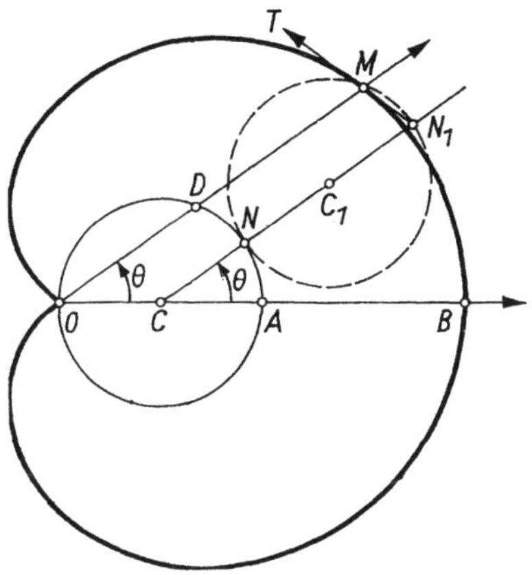

Abb. 111

Wie früher gezeigt wurde [**80**], kann man sich die Kardioide als eine Kurve vorstellen, die von einem Punkt des Kreises beschrieben wird, der auf dem oben erwähnten Kreis mit dem Durchmesser $\overline{OA} = 2a$ abrollt, wobei der Durchmesser des abrollenden Kreises gleich dem des festen Kreises ist. Es sei C der Mittelpunkt des festen Kreises, M ein gewisser Punkt der Kardioide, N der Berührungspunkt des abrollenden Kreises mit dem festen Kreis in einer diesem Punkt entsprechenden Lage und $\overline{NN_1}$ der Durchmesser des abrollenden Kreises (Abb. 111). Wir hatten früher [**80**] gesehen, daß die Geraden OM und CN_1 parallel sind,[1]) d. h., es ist $\sphericalangle ACN = \theta$ und folglich

$$\widehat{NM} = \widehat{ON} = \pi - \theta \, .$$

Der Winkel MN_1N ist als Peripheriewinkel über dem Bogen MN gleich $\frac{\pi}{2} - \frac{\theta}{2}$, und schließlich ist der von den Richtungen OM und N_1M gebildete Winkel gleich

$$\pi - \left(\frac{\pi}{2} - \frac{\theta}{2}\right) = \frac{\pi}{2} + \frac{\theta}{2} = \mu \, ,$$

woraus ersichtlich ist, daß N_1M Tangente der Kardioide im Punkt M ist. Wir erhalten somit die folgende Regel:

Um die Tangente der Kardioide in deren Punkt M zu konstruieren, braucht man nur diesen Punkt mit dem Endpunkt N_1 desjenigen Durchmessers des abrollenden Kreises zu verbinden, dessen anderer Endpunkt der Berührungspunkt dieses Kreises mit dem festen ist; die Normale verläuft längs der Geraden MN.

Diese Regel zur Konstruktion einer Tangente der Kardioide ergibt sich aus kinematischen Überlegungen. Bekanntlich läßt sich die Bewegung eines starren Systems in der Ebene in jedem Augenblick auf eine Drehung um einen festen Punkt (Momentanzentrum) zurückführen, wobei sich im allgemeinen die Lage dieses Punktes im Laufe der Zeit ändert. Bei der in Abb. 111 gezeigten Rollbewegung ist das Momentanzentrum der Berührungspunkt N des abrollenden Kreises mit dem festen, und folglich ist die tangential zur Kardioide gerichtete Geschwindigkeit des sich bewegenden Punktes M senkrecht zu dem Strahl NM, d. h., dieser Strahl ist eine Normale und die zu ihm senkrechte Gerade N_1M eine Tangente der Kardioide. Aus diesen Überlegungen folgt, daß die angeführte Regel zur Konstruktion der Tangente allgemein für Kurven geeignet ist, die von einem gewissen Punkt des Kreises beschrieben werden, der ohne Gleiten auf einer festen Kurve abrollt.

---

[1]) In [**80**] waren KM und ON diese beiden Geraden (vgl. Abb. 99).

85. Die Cassinischen Kurven und die Lemniskate. Die Cassinischen Kurven ergeben sich als geometrischer Ort der Punkte M, für die das Produkt der Abstände von zwei gegebenen Punkten F_1 und F_2 konstant ist:

$$\overline{F_1M} \cdot \overline{F_2M} = b^2 .$$

Wir bezeichnen die Länge $\overline{F_1F_2}$ mit $2a$, legen die Polachse in die Richtung der Geraden $\overline{F_1F_2}$ und den Pol O in den Mittelpunkt der Strecke $\overline{F_1F_2}$. Aus den Dreiecken OMF_1 und OMF_2 (Abb. 112) finden wir

$$\overline{F_1M}^2 = r^2 + a^2 + 2ar \cos\theta ,$$

$$\overline{F_2M}^2 = r^2 + a^2 - 2ar \cos\theta .$$

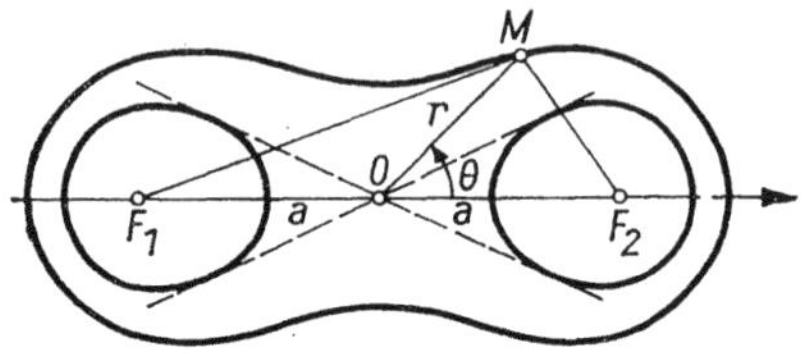

Abb. 112

Wenn wir diese Ausdrücke in die quadrierte Gleichung der Kurve einsetzen, erhalten wir nach elementaren Umformungen

$$r^4 - 2a^2r^2 \cos 2\theta + a^4 - b^4 = 0$$

und daraus

$$r^2 = a^2 \cos 2\theta \pm \sqrt{a^4 \cos^2 2\theta - (a^4 - b^4)} .$$

Die $a^2 < b^2$ und $a^2 > b^2$ entsprechenden Kurven sind in Abb. 112 dargestellt, wobei dem zweiten Fall die Kurve entspricht, die aus zwei getrennten geschlossenen Teilen besteht. Wir betrachten eingehender nur den wichtigen Fall, daß $a^2 = b^2$ ist. Die entsprechende Kurve heißt *Lemniskate*; ihre Gleichung lautet

$$r^2 = 2a^2 \cos 2\theta .$$

Diese Gleichung liefert nur dann reelle Werte für r, wenn $\cos 2\theta \geqq 0$ ist, d. h., wenn θ in einem der Intervalle

$$\left(0, \frac{\pi}{4}\right), \qquad \left(\frac{3\pi}{4}, \frac{5\pi}{4}\right), \qquad \left(\frac{7\pi}{4}, 2\pi\right)$$

liegt, wobei r für

$$\theta = \frac{\pi}{4}, \frac{3\pi}{4}, \frac{5\pi}{4}, \frac{7\pi}{4}$$

gleich 0 wird. Auf Grund dieser Überlegungen ist die Kurve leicht zu konstruieren (Abb. 113).

Im Punkt O überschneidet sich die Kurve, und die gestrichelten Geraden stellen die Tangenten der beiden im Punkt O sich schneidenden Zweige der Kurve dar. Wenn wir beide Seiten der Lemniskatengleichung nach θ differenzieren, erhalten wir

$$2rr' = -4a^2 \sin 2\theta \quad \text{oder} \quad r' = -\frac{2a^2 \sin 2\theta}{r}$$

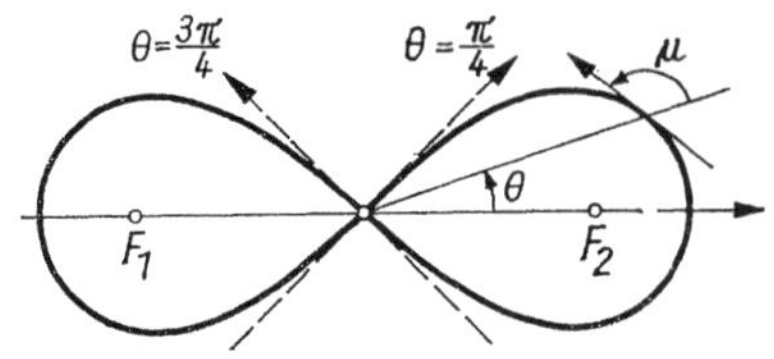

Abb. 113

und daraus

$$\tan\mu = \frac{r}{r'} = -\frac{r^2}{2a^2 \sin 2\theta} = -\frac{2a^2 \cos 2\theta}{2a^2 \sin 2\theta} = -\cot 2\theta = \tan\left(\frac{\pi}{2} + 2\theta\right),$$

$$\mu = \frac{\pi}{2} + 2\theta .$$

Die Lemniskatengleichung läßt sich auch in folgender Form schreiben:

$$r^2 = 2a^2(\cos^2\theta - \sin^2\theta) .$$

Gehen wir von Polarkoordinaten zu rechtwinkligen Koordinaten über, so ist nach (39)

$$r^2 = x^2 + y^2 , \qquad \cos\theta = \frac{x}{r}, \qquad \sin\theta = \frac{y}{r},$$

durch Einsetzen dieser Ausdrücke erhalten wir die Gleichung der Lemniskate in rechtwinkligen Koordinaten:

$$x^2 + y^2 = 2a^2 \frac{x^2 - y^2}{x^2 + y^2} \quad \text{oder} \quad (x^2 + y^2)^2 = 2a^2(x^2 - y^2) .$$

Daraus ist ersichtlich, daß die Lemniskate eine algebraische Kurve vierter Ordnung ist.

III. Der Begriff des Integrals und seine Anwendungen

§ 8. Die Grundaufgabe der Integralrechnung und das unbestimmte Integral

86. Der Begriff des unbestimmten Integrals. Eine der Grundaufgaben der Differentialrechnung ist die Bestimmung der Ableitung oder des Differentials einer gegebenen Funktion.

Die erste Grundaufgabe der Integralrechnung ist die umgekehrte Aufgabe — das Aufsuchen einer Funktion auf Grund ihrer vorgegebenen Ableitung oder ihres Differentials. Es sei also die Ableitung

$$y' = f(x)$$

oder das Differential

$$\mathrm{d}y = f(x)\,\mathrm{d}x$$

der unbekannten Funktion y gegeben.

Eine Funktion $F(x)$, deren Ableitung eine gegebene Funktion $f(x)$ oder deren Differential $f(x)\,\mathrm{d}x$ ist, heißt *Stammfunktion* dieser Funktion $f(x)$.

Wenn z. B.

$$f(x) = x^2$$

ist, hat eine Stammfunktion offensichtlich die Form $F(x) = \frac{1}{3}\,x^3$, denn es ist

$$(\tfrac{1}{3}\,x^3)' = \tfrac{1}{3} \cdot 3x^2 = x^2\,.$$

Wir nehmen an, daß wir irgendeine Stammfunktion $F(x)$ der gegebenen Funktion $f(x)$ gefunden haben, d. h. eine Funktion $F(x)$, die der Beziehung

$$F'(x) = f(x)$$

genügt. Da die Ableitung einer beliebigen Konstanten C gleich 0 ist, gilt auch die Gleichung

$$[F(x) + C]' = F'(x) = f(x)\,,$$

d. h., neben $F(x)$ ist auch die Funktion $F(x) + C$ eine Stammfunktion für $f(x)$. Sofern die Aufgabe der Bestimmung einer Stammfunktion überhaupt eine Lösung hat, folgt daraus, daß sie dann auch eine unendliche Menge anderer Lösungen haben muß, die sich von der erwähnten um eine willkürliche additive Konstante unterscheiden. Man kann nun zeigen, daß hiermit auch alle Lösungen der Aufgabe erfaßt sind:

Wenn $F(x)$ irgendeine der Stammfunktionen der gegebenen Funktion $f(x)$ ist, hat der allgemeinste Ausdruck für eine Stammfunktion die Form

$$F(x) + C ,$$

wobei C eine beliebige Konstante ist.

Es sei etwa $F_1(x)$ eine beliebige Funktion, deren Ableitung $f(x)$ ist, d. h., es sei $F_1'(x) = f(x)$. Andererseits habe auch die betrachtete Funktion $F(x)$ die Ableitung $f(x)$, d. h., es sei auch $F'(x) = f(x)$. Subtrahieren wir diese Gleichung von der vorhergehenden, so erhalten wir

$$F_1'(x) - F'(x) = [F_1(x) - F(x)]' = 0$$

und daraus auf Grund des bekannten Satzes [**63**]

$$F_1(x) - F(x) = C ,$$

wobei C eine Konstante ist, was zu beweisen war.

Dieses Resultat läßt sich auch folgendermaßen formulieren: *Wenn die Ableitungen (oder Differentiale) zweier Funktionen identisch gleich sind, unterscheiden sich die Funktionen selbst nur durch eine additive Konstante.*

Der allgemeinste Ausdruck für die Stammfunktion heißt *unbestimmtes Integral* der gegebenen Funktion $f(x)$ oder des gegebenen Differentials $f(x)\,dx$ und wird mit

$$\int f(x)\,dx$$

bezeichnet, wobei die Funktion $f(x)$ *Integrand* und $f(x)\,dx$ *Differential* des Integrals genannt wird.

Haben wir eine Stammfunktion $F(x)$ von $f(x)$ gefunden, so können wir auf Grund des oben Bewiesenenen

$$\int f(x)\,dx = F(x) + C$$

schreiben, wobei C eine beliebige Konstante ist (Integrationskonstante).

Wir geben eine mechanische und eine geometrische Deutung des unbestimmten Integrals. Gegeben sei uns das Gesetz für die analytische Abhängigkeit der Geschwindigkeit von der Zeit t,

$$v = f(t) ,$$

und es soll die Abhängigkeit des Weges s von der Zeit gefunden werden. Da die Geschwindigkeit eines Punktes auf der gegebenen Bahnkurve gleich der Ableitung $\frac{ds}{dt}$ des Weges nach der Zeit ist, reduziert sich die Aufgabe auf die Ermittlung der Stammfunktion der gegebenen Funktion $f(t)$, d. h.

$$s = \int f(t)\,dt .$$

Wir erhalten eine unendliche Menge von Lösungen, die sich durch eine additive Konstante unterscheiden. Diese Unbestimmtheit der Lösung ist darauf zurückzuführen, daß wir nicht die Stelle festgelegt hatten, von der aus wir den durchlaufenen Weg s rechnen. Ist etwa $v = gt + v_0$ (gleichmäßig beschleunigte Bewegung), so erhalten wir für s den Ausdruck

$$s = \tfrac{1}{2} gt^2 + v_0 t + C , \tag{1}$$

weil die Ableitung des Ausdrucks (1) nach t mit dem gegebenen Ausdruck $v = gt + v_0$ übereinstimmt. Wenn wir vereinbaren, s von dem Punkt aus zu rechnen, der dem Wert $t = 0$ entspricht, d. h. $s = 0$ für $t = 0$ zu setzen, müssen wir in (1) für C den Wert 0 einsetzen. In den vorstehenden Überlegungen haben wir die unabhängige Veränderliche nicht mit dem Buchstaben x, sondern mit dem Buchstaben t bezeichnet, was natürlich ohne Bedeutung ist.

Wir gehen jetzt zur geometrischen Deutung der Aufgabe über, die Stammfunktion zu finden. Die Beziehung $y' = f(x)$ bedeutet, daß die Bildkurve der gesuchten Stammfunktion oder, wie man sagt, die Integralkurve

$$y = F(x)\,,$$

eine Kurve ist, deren Tangente für jeden Wert x eine vorgegebene Richtung hat, die durch den Richtungskoeffizienten

$$y' = f(x) \tag{2}$$

bestimmt ist.

Mit anderen Worten, für beliebige Werte der unabhängigen Veränderlichen x ist durch die Beziehung (2) die Richtung der Tangente der Kurve vorgegeben, und es wird gefordert, die zugehörige Kurve zu finden. Wenn *eine* solche Integralkurve konstruiert ist, haben *alle* Kurven, die wir durch Verschieben um eine beliebige Strecke parallel zur y-Achse erhalten, für ein und denselben Wert x parallele Tangenten mit demselben Richtungskoeffizienten $y' = f(x)$ (Abb. 114) wie die Aus-

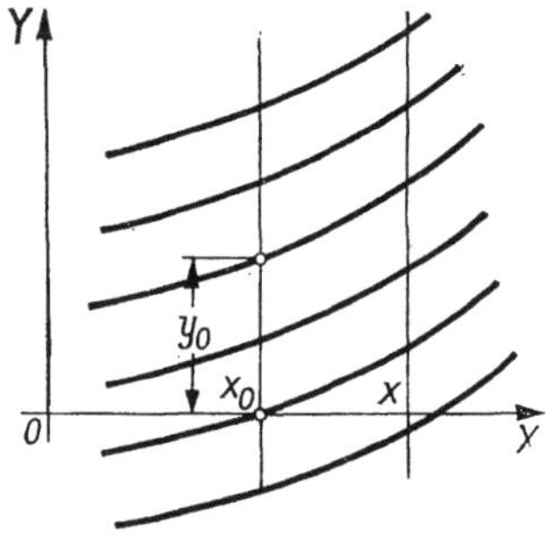

Abb. 114

gangskurve. Die erwähnte Parallelverschiebung ist gleichbedeutend mit dem Hinzufügen einer additiven Konstanten C zu den Kurvenordinaten, und die allgemeine Gleichung der die Aufgabe lösenden Kurven lautet

$$y = F(x) + C\,. \tag{3}$$

Um die Lage der gesuchten Integralkurve, d. h. den Ausdruck der gesuchten Stammfunktion, vollständig zu bestimmen, muß man noch irgendeinen Punkt vorgeben, durch den die Integralkurve verlaufen soll, etwa ihren Schnittpunkt mit einer gewissen zur y-Achse parallelen Geraden

$$x = x_0\,.$$

Diese Festsetzung ist gleichbedeutend mit der Vorgabe des Anfangswertes y_0 der gesuchten Funktion $y = F(x)$, den sie für einen gegebenen Wert $x = x_0$ haben soll. Durch Einsetzen dieses Anfangswertes in (3) erhalten wir eine Gleichung zur Bestimmung der willkürlichen Konstanten C,

$$y_0 = F(x_0) + C\,,$$

und so erhält die Stammfunktion, die der festgesetzten Anfangsbedingung genügt, die Form

$$y = F(x) + [y_0 - F(x_0)]\,.$$

Bevor wir auf die Eigenschaften des unbestimmten Integrals und die Methoden zur Ermittlung der Stammfunktion ausführlich eingehen, bringen wir die zweite Grundaufgabe der Integralrechnung und klären ihren Zusammenhang mit der von uns bereits formulierten ersten Aufgabe, der Bestimmung der Stammfunktion. Wesentlich für das Folgende ist ein neuer Begriff, und zwar der des bestimmten Integrals. Um zu dem neuen Begriff seinem Wesen entsprechend zu gelangen, werden wir von der anschaulichen Vorstellung des Flächeninhalts ausgehen. Sie wird uns jedoch nur zur Erläuterung des Zusammenhangs zwischen dem Begriff des bestimmten Integrals und dem Begriff der Stammfunktion dienen. Somit stellt der in den folgenden beiden Abschnitten aus einer anschaulichen Vorstellung des Flächeninhalts entwickelte Gedankengang keine Darlegung neuer Tatsachen im streng logischen Sinne dar. Ein logisch strenger Aufbau der Grundlagen der Integralrechnung ist am Ende von [88] skizziert. Er wird vollständig am Schluß des vorliegenden Kapitels durchgeführt.

87. Das bestimmte Integral als Grenzwert einer Summe. Wir zeichnen in der x, y-Ebene die Bildkurve der Funktion $f(x)$, wobei wir annehmen, daß diese eine stetige, ganz oberhalb der x-Achse liegende Kurve ist, d. h., alle Ordinaten dieser Bildkurve seien positiv. Wir betrachten nun die Fläche S_{ab}, die von der x-Achse, der Bildkurve und den beiden Ordinaten $x = a$ und $x = b$ begrenzt wird (Abb. 115), und stellen uns die Aufgabe, die Größe dieser Fläche (den Flächeninhalt) zu finden. Zu diesem Zweck zerlegen wir das Intervall (a, b) durch die Punkte

$$a = x_0 < x_1 < x_2 < \cdots < x_{k-1} < x_k < \cdots < x_{n-1} < x_n = b$$

in n Teile. Die betrachtete Fläche S_{ab} wird dann durch die zugehörigen Ordinaten in n vertikale Streifen zerlegt, wobei der k-te Streifen eine Basis der Länge $x_k - x_{k-1}$ hat. Wir bezeichnen mit m_k und M_k den kleinsten bzw. größten Wert der Funktion $f(x)$ im Intervall (x_{k-1}, x_k), d. h. die kleinste bzw. die größte Ordinate unserer Bildkurve in diesem Intervall. Der Flächeninhalt des Streifens liegt dann zwischen den Flächeninhalten der beiden Rechtecke mit der gemeinsamen Grundlinie $x_k - x_{k-1}$ und den Höhen m_k bzw. M_k (Abb. 116). Diese Rechtecke sind dem k-ten Streifen

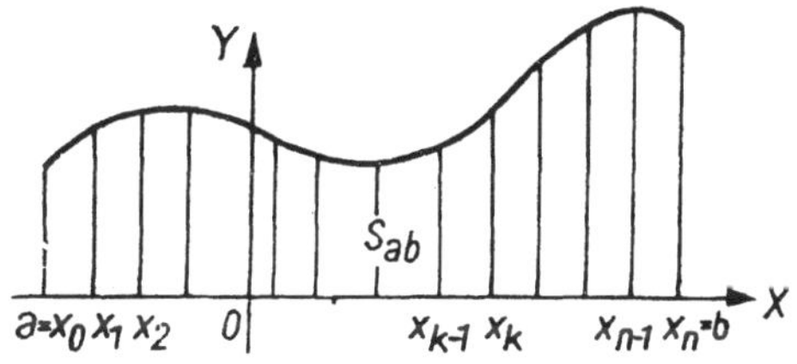

Abb. 115

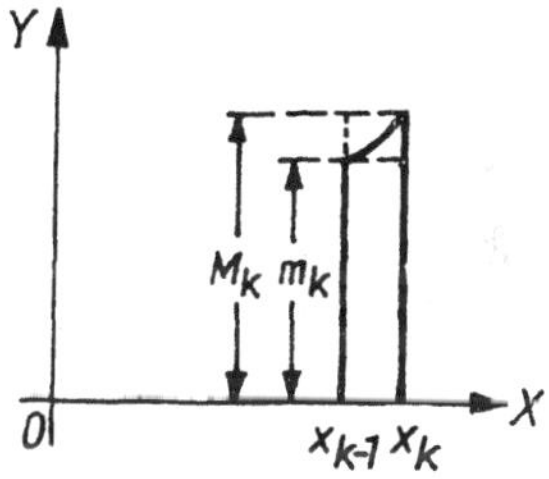

Abb. 116

einbeschrieben bzw. umbeschrieben. Somit ist der Flächeninhalt des k-ten Streifens zwischen den Flächeninhalten der angegebenen beiden Rechtecke eingeschlossen, d. h. zwischen den Größen

$$m_k(x_k - x_{k-1}) \quad \text{und} \quad M_k(x_k - x_{k-1}) \,,$$

und daher muß der Inhalt der gesamten Fläche S_{ab} zwischen den Summen der Flächeninhalte der erwähnten einbeschriebenen bzw. umbeschriebenen Rechtecke liegen. Der Inhalt der ganzen Fläche S_{ab} liegt also zwischen den Summen

$$\begin{aligned} s_n = m_1(x_1 - a) + m_2(x_2 - x_1) + \cdots + m_k(x_k - x_{k-1}) + \cdots \\ + m_{n-1}(x_{n-1} - x_{n-2}) + m_n(b - x_{n-1}) \end{aligned} \tag{4}$$

und

$$S_n = M_1(x_1 - a) + M_2(x_2 - x_1) + \cdots + M_k(x_k - x_{k-1}) + \cdots$$
$$+ M_{n-1}(x_{n-1} - x_{n-2}) + M_n(b - x_{n-1}) .$$

Somit gilt die Ungleichung[1])

$$s_n \leqq S_{ab} \leqq S_n . \tag{5}$$

Wir konstruieren jetzt an Stelle des einbeschriebenen und des umbeschriebenen Rechtecks für jeden Streifen irgendein mittleres Rechteck, indem wir wie bisher als Basis $x_k - x_{k-1}$ annehmen und als Höhe irgendeine Ordinate $f(\xi_k)$ unserer Bildkurve wählen, die einem beliebigen Punkt ξ_k des Intervalls (x_{k-1}, x_k) entspricht (Abb. 117). Die Summe der Flächeninhalte dieser *mittleren* Rechtecke ist

$$S'_n = f(\xi_1)(x_1 - a) + f(\xi_2)(x_2 - x_1) + \cdots + f(\xi_k)(x_k - x_{k-1}) + \cdots$$
$$+ f(\xi_{n-1})(x_{n-1} - x_{n-2}) + f(\xi_n)(b - x_{n-1}) . \tag{6}$$

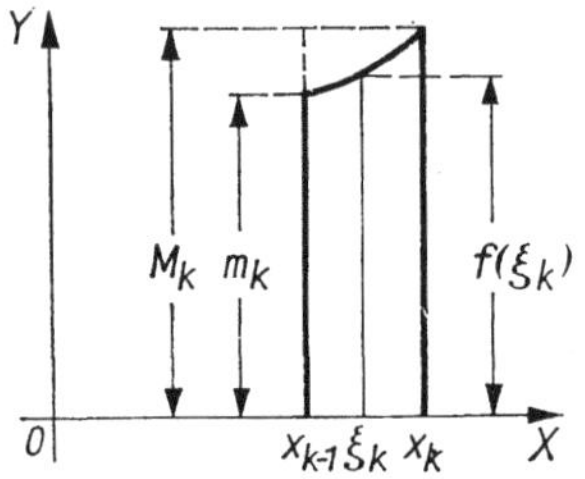

Abb. 117

Sie liegt genau so wie S_{ab} zwischen den Summen der Flächeninhalte der einbeschriebenen bzw. umbeschriebenen Rechtecke, d. h., es gilt die Ungleichung

$$s_n \leqq S'_n \leqq S_n . \tag{7}$$

Wir werden jetzt die Anzahl n der Teilstücke des Intervalls (a, b) unbegrenzt vergrößern, und zwar so, daß das größte der Teilintervalle, d. h. die größte der Differenzen $x_k - x_{k-1}$, gegen 0 strebt. Da die Funktion $f(x)$ voraussetzungsgemäß stetig ist, muß die Differenz $M_k - m_k$ des größten und kleinsten ihrer Werte im Intervall (x_{k-1}, x_k) bei unbegrenzter Abnahme der Intervallänge unabhängig von dessen Lage in dem ursprünglichen Intervall (a, b) gegen 0 streben (Eigenschaft einer stetigen Funktion [**35**]). Bezeichnen wir mit ε_n die größte der Differenzen

$$M_1 - m_1, M_2 - m_2, \ldots, M_k - m_k, \ldots, M_{n-1} - m_{n-1}, M_n - m_n ,$$

so muß auf Grund des eben Gesagten auch der Wert ε_n bei diesem Grenzübergang gegen 0 streben. Wir bestimmen jetzt die Differenz zwischen der Inhaltssumme der umbeschriebenen und der Inhaltssumme der einbeschriebenen Rechtecke:

$$S_n - s_n = (M_1 - m_1)(x_1 - a) + (M_2 - m_2)(x_2 - x_1) + \cdots$$
$$+ (M_k - m_k)(x_k - x_{k-1}) + \cdots + (M_n - m_n)(b - x_{n-1}) .$$

Hieraus ergibt sich, wenn wir alle Differenzen $M_k - m_k$ durch die größte ε_n ersetzen und daran denken, daß alle Differenzen $x_k - x_{k-1}$ positiv sind,

$$S_n - s_n \leqq \varepsilon_n(x_1 - a) + \varepsilon_n(x_2 - x_1) + \cdots + \varepsilon_n(x_k - x_{k-1}) + \cdots$$
$$+ \varepsilon_n(b - x_{n-1}) ,$$

---

[1]) Im folgenden werden eine Fläche und ihr Flächeninhalt mit dem gleichen Buchstaben bezeichnet; die jeweilige Bedeutung geht aus dem Zusammenhang hervor. (Anm. d. Übers.).

d. h.

$$S_n - s_n \leqq \varepsilon_n[(x_1 - a) + (x_2 - x_1) + \cdots + (x_k - x_{k-1}) + \cdots + (b - x_{n-1})]$$
$$= \varepsilon_n(b - a) .$$

Wir können somit schreiben:

$$0 \leqq S_n - s_n \leqq \varepsilon(b - a) ,$$

d. h.

$$\lim_{n \to \infty} (S_n - s_n) = 0 . \tag{8}$$

Andererseits gilt für jedes n

$$s_n \leqq S_{ab} \leqq S_n ; \tag{9}$$

der Inhalt der Fläche S_{ab} ist aber eine bestimmte Zahl. Aus (8) und (9) folgt dann unmittelbar, daß die Größe der Fläche S_{ab} der gemeinsame Grenzwert von s_n und S_n, d. h. der Summen der Flächeninhalte der einbeschriebenen bzw. umbeschriebenen Rechtecke ist:

$$\lim s_n = \lim S_n = S_{ab} .$$

Da andererseits, wie wir gesehen hatten, auch die Summe der mittleren Rechtecke S_n' zwischen s_n und S_n liegt, muß sie ebenfalls gegen S_{ab} streben, d. h., es ist

$$\lim S_n' = S_{ab} .$$

Diese Summe S_n' ist allgemeiner als die Summen s_n und S_n, da wir bei ihrer Bildung den Punkt ξ_k im Intervall (x_{k-1}, x_k) beliebig wählen und als Spezialfall $f(\xi_k)$ gleich der kleinsten Ordinate m_k oder gleich der größten M_k nehmen können. Bei dieser Wahl geht die Summe S_n' in die Summe s_n bzw. S_n über.

Die vorstehenden Überlegungen führen uns zu Folgendem:

Ist die Funktion $f(x)$ im Intervall (a, b) stetig und zerlegen wir dieses Intervall durch die Punkte

$$a = x_0 < x_1 < x_2 < \cdots < x_{k-1} < x_k < \cdots < x_{n-1} < x_n = b$$

in n Teile, bezeichnen wir ferner mit $x = \xi_k$ einen beliebigen Wert aus dem Intervall (x_{k-1}, x_k), berechnen dann den entsprechenden Wert der Funktion $f(\xi_k)$ und bilden die Summe[1])

$$\sum_{k=1}^{n} f(\xi_k)\,(x_k - x_{k-1}) , \tag{10}$$

so strebt diese Summe gegen einen bestimmten Grenzwert, wenn wir die Anzahl n der Teilintervalle unbegrenzt wachsen lassen und sich die größte der Differenzen $x_k - x_{k-1}$ dabei unbegrenzt verkleinert. Dieser Grenzwert ist gleich dem Inhalt der Fläche, die von der x-Achse, der Bildkurve von $f(x)$ und den beiden Ordinaten $x = a$, $x = b$ begrenzt wird.

Dieser Grenzwert heißt das über das Intervall von a bis b erstreckte *bestimmte Integral* der Funktion $f(x)$ und wird folgendermaßen bezeichnet:

$$\int_a^b f(x)\,dx .$$

---

[1]) Das Symbol $\sum_{k=1}^{n} f(\xi_k)\,(x_k - x_{k-1})$ ist eine Abkürzung für die Summe (6).

Die Existenz des Grenzwertes J der Summe (10) bei unbegrenzter Verkleinerung der größten der Differenzen $x_k - x_{k-1}$ ist gleichbedeutend mit folgendem: Zu beliebig vorgegebenem positivem ε existiert ein positives η derart, daß

$$\left| J - \sum_{k=1}^{n} f(\xi_k)\,(x_k - x_{k-1}) \right| < \varepsilon$$

bei beliebiger Auswahl des Punktes ξ_k aus dem Intervall (x_{k-1}, x_k) wird, sobald alle (positiven) Differenzen $x_k - x_{k-1}$ kleiner als η sind. Dieser Grenzwert J ist das bestimmte Integral.

Wir hatten oben vorausgesetzt, daß sich die Bildkurve der Funktion $f(x)$ ausschließlich oberhalb der x-Achse befindet, d. h., daß alle Ordinaten dieser Bildkurve positiv sind. Wir betrachten jetzt den allgemeinen Fall, daß einige Teile dieser Bildkurve *oberhalb*, andere jedoch *unterhalb* der x-Achse liegen (Abb. 118).

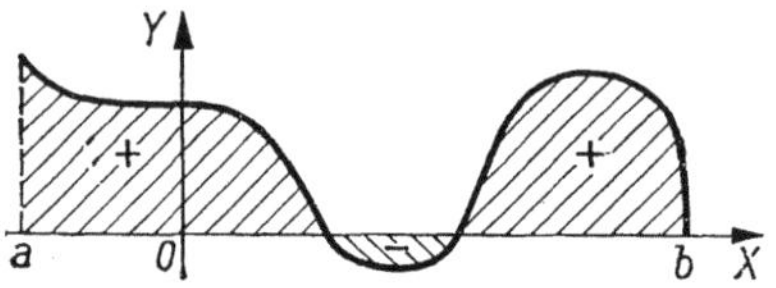

Abb. 118

Bilden wir auch in diesem Fall die Summe (6), so werden die Summanden $f(\xi_k)\,(x_k - x_{k-1})$, die den unterhalb der x-Achse liegenden Teilen der Bildkurve entsprechen, negativ, da die Differenz $x_k - x_{k-1}$ positiv und die Ordinate $f(\xi_k)$ negativ ist.

Der Übergang zum Grenzwert liefert uns das bestimmte Integral, das für die oberhalb der x-Achse liegenden Flächen positive und für die unterhalb der x-Achse liegenden negative Werte annimmt, d. h., in diesem allgemeinen Fall *liefert das bestimmte Integral*

$$\int_a^b f(x)\,dx$$

die algebraische Summe der Inhalte der Flächen, die von der x-Achse, der Bildkurve von $f(x)$ und den Ordinaten $x = a$ und $x = b$ begrenzt sind. Dabei ergeben die Flächen oberhalb der x-Achse positive, die unterhalb der x-Achse negative Werte.

Im folgenden werden wir sehen, daß nicht nur die Lösung des Problems der Flächeninhaltsberechnung, sondern auch die vieler anderer ganz verschiedenartiger Probleme der Naturwissenschaften auf die Bestimmung des Grenzwertes einer Summe der Form (6) führt. Wir wollen nur ein Beispiel anführen. Ein gewisser Punkt M möge sich auf der x-Achse von der Abszisse $x = a$ aus bewegen, und auf ihn wirke eine gewisse Kraft T, die ebenso wie die x-Achse gerichtet ist. Wenn diese Kraft T konstant ist, ergibt sich die Arbeit, die sie bei der Fortbewegung des Punktes aus der Lage $x = a$ in die Lage $x = b$ leistet, durch das Produkt $P = T(b - a)$, d. h. durch das Produkt der Kraftgröße mit dem vom Punkt durchlaufenen Weg. Ist die Kraft T aber veränderlich, so ist die angegebene Formel nicht mehr anwendbar. Wir nehmen an, daß die Größe der Kraft von der Lage des Punktes auf der x-Achse abhängt, d. h. eine Funktion $T = f(x)$ der Abszisse des Punktes ist. Um in diesem Fall die Arbeit zu berechnen, zerlegen wir den ganzen vom Punkt durchlaufenen Weg in einzelne Teile,

$$a = x_0 < x_1 < x_2 < \cdots < x_{k-1} < x_k < \cdots < x_{n-1} < x_n = b\,,$$

und betrachten eins dieser Teilstücke (x_{k-1}, x_k). Mit einem Fehler, der um so kleiner wird, je kleiner die Länge $x_k - x_{k-1}$ ist, können wir annehmen, daß die Kraft, die auf den Punkt bei seiner Fortbewegung von x_{k-1} nach x_k einwirkt, konstant ist und mit dem Wert dieser Kraft $f(\xi_k)$ in einem gewissen Punkt ξ_k des Intervalls (x_{k-1}, x_k) übereinstimmt. Daher erhalten wir für die Arbeit im Teilintervall (x_{k-1}, x_k) den Näherungsausdruck

$$R_k \approx f(\xi_k)\,(x_k - x_{k-1})$$

und für die ganze Arbeit zunächst den angenäherten Ausdruck

$$R \approx \sum_{k=1}^{n} f(\xi_k)\,(x_k - x_{k-1})\,.$$

Bei unbegrenzter Vergrößerung der Anzahl n der Teilstrecken und unbegrenzter Verkleinerung der größten der Differenzen $x_k - x_{k-1}$ ergibt sich im Grenzfall das bestimmte Integral, das uns die exakte Größe der gesuchten Arbeit liefert:

$$R = \int_a^b f(x)\,\mathrm{d}x\,.$$

Abstrahieren wir von irgendwelchen geometrischen oder mechanischen Deutungen, so können wir jetzt den Begriff des bestimmten Integrals einer Funktion $f(x)$ im Intervall $a \leq x \leq b$ als Grenzwert einer Summe der Form (6) definieren. Die zweite Grundaufgabe der Integralrechnung besteht in der Untersuchung der Eigenschaften des bestimmten Integrals und vor allem in seiner Berechnung. Wenn $f(x)$ eine gegebene Funktion und $x = a$ und $x = b$ vorgegebene Werte sind, ist das bestimmte Integral

$$\int_a^b f(x)\,\mathrm{d}x$$

eine wohlbestimmte Zahl. Das Zeichen $\int$ stellt den stilisierten Buchstaben S dar und soll an jene Summe erinnern, die beim Grenzübergang die Größe des bestimmten Integrals lieferte. Der Ausdruck unter dem Integral, $f(x)\,\mathrm{d}x$, soll an die Form der Glieder dieser Summe erinnern, nämlich $f(\xi_k)\,(x_k - x_{k-1})$. Der unter dem Zeichen des bestimmten Integrals stehende Buchstabe x wird *Integrationsvariable* genannt. Wir geben bezüglich dieses Buchstabens einen wichtigen Hinweis. Wie wir bereits erwähnt hatten, ist die Größe des Integrals eine bestimmte Zahl, die natürlich nicht von der Bezeichnung der Integrationsvariablen abhängt; wir können also in einem bestimmten Integral die Integrationsvariable mit einem beliebigen Buchstaben bezeichnen. Dies hat offensichtlich keinerlei Einfluß auf die Größe des Integrals; diese hängt nur von den Ordinaten der Bildkurve und den Integrationsgrenzen a und b ab. Die Bezeichnung der unabhängigen Veränderlichen spielt hierbei keine Rolle, d. h., es ist z. B.

$$\int_a^b f(x)\,\mathrm{d}x = \int_a^b f(t)\,\mathrm{d}t\,.$$

Die zweite Aufgabe der Integralrechnung — die Berechnung des bestimmten Integrals — scheint auf den ersten Blick ziemlich kompliziert zu sein, insofern zuerst eine Summe der Form (6) gebildet und darauf der Übergang zum Grenzwert vollzogen werden muß. Wir bemerken, daß bei diesem Grenzübergang die Anzahl der Summanden in der erwähnten Summe unbegrenzt wächst und jeder von ihnen gegen 0 strebt. Außerdem scheint diese zweite Aufgabe der Integralrechnung auf den ersten Blick keinerlei Zusammenhang mit der ersten Aufgabe, der Ermittlung einer Stammfunktion einer vorgegebenen Funktion $f(x)$, zu haben.

Im folgenden Abschnitt werden wir zeigen, daß beide Aufgaben eng miteinander verknüpft sind und daß sich die Berechnung des bestimmten Integrals $\int_a^b f(x)\,dx$ ganz einfach durchführen läßt, sofern nur eine Stammfunktion von $f(x)$ bekannt ist.

88. Der Zusammenhang zwischen bestimmtem und unbestimmtem Integral. Gegeben sei wieder die Fläche S_{ab}, die von der x-Achse, der Bildkurve der stetigen Funktion $f(x)$ und den Ordinaten $x = a$ und $x = b$ begrenzt wird. Wir betrachten aber nur den Teil dieser Fläche, der von der linken Ordinate $x = a$ und einer gewissen beweglichen Ordinate, die dem veränderlichen Wert x entspricht, begrenzt wird (Abb. 119). Die Größe dieser Fläche S_{ax} hängt ganz offensichtlich davon ab,

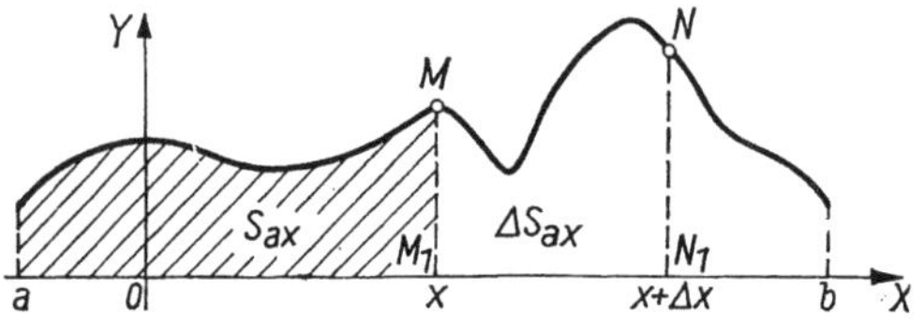

Abb. 119

an welche Stelle wir die rechte Ordinate legen, d. h., sie ist eine Funktion von x. Diese Größe läßt sich durch das bestimmte Integral der Funktion $f(x)$ von der unteren Grenze a bis zur oberen Grenze x ausdrücken. Da der Buchstabe x jetzt die obere Grenze bezeichnet, werden wir zur Vermeidung von Irrtümern die Integrationsvariable mit einem anderen Buchstaben bezeichnen, etwa mit t. Somit können wir schreiben:

$$S_{ax} = \int_a^x f(t)\,dt\,. \tag{11}$$

Wir haben hier ein bestimmtes Integral mit der veränderlichen oberen Grenze x, und seine Größe ist offenbar eine Funktion dieser Grenze. Wir werden im folgenden zeigen, daß diese Funktion eine der Stammfunktionen von $f(x)$ ist. Zur Berechnung der Ableitung dieser Funktion betrachten wir zuerst ihren Zuwachs ΔS_{ax}, der dem Zuwachs Δx der unabhängigen Veränderlichen x entspricht. Wir haben offenbar

$$\Delta S_{ax} = \text{Fläche } M_1MNN_1\,.$$

Wir bezeichnen mit $\boldsymbol{m}$ und $\boldsymbol{M}$ die kleinste bzw. größte Ordinate der Bildkurve von $f(x)$ im Intervall $(x, x + \Delta x)$. Die krummlinig begrenzte Fläche M_1MNN_1, die in Abb. 120 im großen Maßstab gezeichnet ist, liegt ganz innerhalb des Recht-

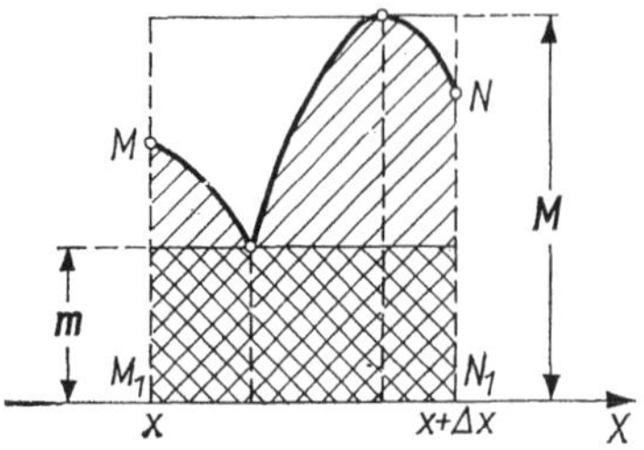

Abb. 120

ecks mit der Höhe $\boldsymbol{M}$ und der Basis Δx und enthält in ihrem Innern das Rechteck mit der Höhe $\boldsymbol{m}$ über derselben Basis (Abb. 120); daher ist

$$\boldsymbol{m}\,\Delta x \leqq \Delta S_{ax} \leqq \boldsymbol{M}\,\Delta x$$

oder, wenn wir durch Δx dividieren,

$$\boldsymbol{m} \leqq \frac{\Delta S_{ax}}{\Delta x} \leqq \boldsymbol{M}.$$

Für $\Delta x \to 0$ streben die beiden Größen $\boldsymbol{m}$ und $\boldsymbol{M}$ auf Grund der Stetigkeit der Funktion $f(x)$ gegen einen gemeinsamen Grenzwert, nämlich gegen die Ordinate $\overline{M_1 M} = f(x)$ der Kurve im Punkt x, und daher ist

$$\lim_{\Delta x \to 0} \frac{\Delta S_{ax}}{\Delta x} = f(x)\,,$$

was wir beweisen wollten. Das erhaltene Resultat können wir in der folgenden Weise formulieren: *Das bestimmte Integral mit einer veränderlichen oberen Grenze,*

$$\int_a^x f(t)\,\mathrm{d}t\,,$$

ist eine Funktion dieser oberen Grenze, und bei stetigem Integranden ist ihre Ableitung gleich dem Integranden $f(x)$ an der oberen Grenze. Mit anderen Worten, *bei stetigem Integranden ist das bestimmte Integral mit veränderlicher oberer Grenze eine Stammfunktion des Integranden.*

Nachdem wir für stetige Integranden den Zusammenhang zwischen den Begriffen des bestimmten und des unbestimmten Integrals festgestellt haben, werden wir jetzt zeigen, wie sich die Größe des bestimmten Integrals

$$\int_a^b f(x)\,\mathrm{d}x$$

berechnen läßt, wenn irgendeine Stammfunktion $F_1(x)$ von $f(x)$ bekannt ist. Wie wir gezeigt hatten, ist das bestimmte Integral mit veränderlicher oberer Grenze ebenfalls eine Stammfunktion von $f(x)$, und auf Grund von **[86]** können wir

$$\int_a^x f(t)\,\mathrm{d}t = F_1(x) + C \tag{12}$$

schreiben, wobei C eine Integrationskonstante ist. Zur Bestimmung dieser Konstanten bemerken wir, daß der Inhalt der Fläche offenbar 0 wird, wenn bei der Fläche S_{ax} die rechte Ordinate mit der linken zusammenfällt, d. h. $x = a$ ist. Die linke Seite von (12) wird also 0 für $x = a$. Folglich liefert diese Identität für $x = a$

$$0 = F_1(a) + C, \quad \text{d. h.} \quad C = -F_1(a)\,.$$

Durch Einsetzen dieses Wertes von C in (12) erhalten wir

$$\int_a^x f(t)\,\mathrm{d}t = F_1(x) - F_1(a)\,.$$

Wenn wir hierin $x = b$ setzen, erhalten wir schließlich

$$\int_a^b f(t)\,\mathrm{d}t = F_1(b) - F_1(a) \quad \text{oder} \quad \int_a^b f(x)\,\mathrm{d}x = F_1(b) - F_1(a)\,. \tag{13}$$

Wir kommen in unserem Fall somit zu der folgenden Grundregel, die die Größe eines bestimmten Integrals durch Werte der Stammfunktion ausdrückt: *Die Größe eines bestimmten Integrals ist gleich der Differenz der Werte einer Stammfunktion des Integranden an der oberen und der unteren Integrationsgrenze.*

Diese Regel zeigt, daß durch die Ermittlung einer Stammfunktion, d. h. durch die Lösung der ersten Aufgabe der Integralrechnung, auch die zweite Aufgabe, nämlich die Berechnung eines bestimmten Integrals, gelöst wird. Diese Regel befreit uns also im zweiten Fall von den komplizierten Operationen der Summenbildung (6) und des Grenzübergangs.

Als Beispiel werden wir das bestimmte Integral $\int_0^1 x^2\,dx$ ermitteln. Es ist leicht einzusehen, daß die Funktion $y = \frac{1}{3}x^3$ eine Stammfunktion der Funktion $y = x^2$ ist; denn es gilt

$$\left(\tfrac{1}{3}x^3\right)' = \tfrac{1}{3}\cdot 3x^2 = x^2\,.$$

Mittels der von uns hergeleiteten Regel erhalten wir[1])

$$\int_0^1 x^2\,dx = \tfrac{1}{3}x^3\Big|_{x=0}^{x=1} = \tfrac{1}{3}\cdot 1^3 - \tfrac{1}{3}\cdot 0^3 = \tfrac{1}{3}\,.$$

Wollten wir ohne Benutzung der Stammfunktion das vorgelegte bestimmte Integral unmittelbar aus seiner Definition als Summengrenzwert berechnen, so kämen wir zu einer erheblich komplizierteren Rechnung, die wir kurz wiedergeben wollen. Wir zerlegen das Intervall (0, 1) durch die Punkte

$$0 < \frac{1}{n} < \frac{2}{n} < \cdots < \frac{n-1}{n} < 1$$

in n gleiche Teile. Wir erhalten dann die n Intervalle

$$\left(0, \frac{1}{n}\right), \left(\frac{1}{n}, \frac{2}{n}\right), \left(\frac{2}{n}, \frac{3}{n}\right), \ldots, \left(\frac{n-1}{n}, 1\right),$$

wobei die Länge eines jeden gleich $\frac{1}{n}$ ist. Zur Bildung der Summe (6) nehmen wir für ξ_k den linken Randpunkt jedes Intervalls, d. h.

$$\xi_1 = 0, \qquad \xi_2 = \frac{1}{n}, \qquad \xi_3 = \frac{2}{n}, \qquad \ldots, \qquad \xi_n = \frac{n-1}{n}.$$

Alle Differenzen $x_k - x_{k-1}$ sind gleich $\frac{1}{n}$, und auf Grund der Feststellung, daß die Werte des Integranden $f(x) = x^2$ in den linken Randpunkten der Intervalle

$$f(\xi_1) = 0\,, \qquad f(\xi_2) = \frac{1}{n^2}, \qquad f(\xi_3) = \frac{2^2}{n^2}, \qquad \ldots, \qquad f(\xi_n) = \frac{(n-1)^2}{n^2}$$

sind, können wir schreiben:

$$\int_0^1 x^2\,dx = \lim_{n\to\infty}\left[0\cdot\frac{1}{n} + \frac{1}{n^2}\cdot\frac{1}{n} + \frac{2^2}{n^2}\cdot\frac{1}{n} + \cdots + \frac{(n-1)^2}{n^2}\cdot\frac{1}{n}\right]$$

$$= \lim_{n\to\infty}\frac{1^2 + 2^2 + \cdots + (n-1)^2}{n^3}\,. \tag{14}$$

[1]) Das Symbol $\varphi(x)\big|_a^b$ bedeutet die Differenz $\varphi(b) - \varphi(a)$.

Zur Berechnung der im Zähler stehenden Summe dient uns die Reihe der offenkundigen Identitäten

$$(1+1)^3 = 1 + 3\cdot 1 + 3\cdot 1^2 + 1^3\,,$$
$$(1+2)^3 = 1 + 3\cdot 2 + 3\cdot 2^2 + 2^3\,,$$
$$(1+3)^3 = 1 + 3\cdot 3 + 3\cdot 3^2 + 3^3\,,$$
$$\cdots\cdots\cdots\cdots\cdots\cdots\cdots\cdots$$
$$[1+(n-1)]^3 = 1 + 3(n-1) + 3(n-1)^2 + (n-1)^3\,.$$

Addieren wir gliedweise, so erhalten wir

$$2^3 + 3^3 + \cdots + n^3 = (n-1) + 3[1 + 2 + \cdots + (n-1)] + 3[1^2 + 2^2 + \cdots + (n-1)^2] + 1^3 + 2^3 + \cdots + (n-1)^3\,.$$

Wenden wir nach Ausführung einer Reduktion die Summenformel für die arithmetische Reihe an, so können wir

$$n^3 = (n-1) + 3\,\frac{n(n-1)}{2} + 3[1^2 + 2^2 + 3^2 + \cdots + (n-1)^2] + 1$$

schreiben, wonach

$$1^2 + 2^2 + 3^2 + \cdots + (n-1)^2 = \frac{n^3 - n}{3} - \frac{n(n-1)}{2} = \frac{n(n-1)(2n-1)}{6}$$

wird. Wenn wir diesen Ausdruck in (14) einsetzen, gelangen wir zu

$$\int\limits_0^1 x^2\,dx = \lim_{n\to\infty} \frac{n(n-1)(2n-1)}{6n^3} = \frac{1}{6}\lim_{n\to\infty}\left(1 - \frac{1}{n}\right)\left(2 - \frac{1}{n}\right) = \frac{2}{6} = \frac{1}{3}\,.$$

Nachdem wir die Grundaufgaben der Integralrechnung und ihren Zusammenhang dargelegt haben, widmen wir den folgenden Abschnitt der weiteren Betrachtung der ersten Aufgabe der Integralrechnung, und zwar der Klärung der Eigenschaften eines unbestimmten Integrals und der Aufgabe seiner Ermittlung.

Unsere vorstehenden Überlegungen über das bestimmte Integral beruhen auf rein geometrischen Vorstellungen, nämlich auf der Betrachtung der Flächen S_{ab} und S_{ax}. Insbesondere ging der Beweis der grundlegenden Tatsache, daß die Summe (6) einen Grenzwert besitzt, von der Annahme aus, daß für jede stetige Kurve die Fläche S_{ab} einen bestimmten Inhalt hat. Unbeschadet der Anschaulichkeit einer solchen Annahme ist sie doch nicht streng analytisch begründet; der einzig exakte analytische Weg wäre der umgekehrte: ohne sich auf die geometrische Interpretation zu stützen, unmittelbar auf analytischem Wege die Existenz des Grenzwertes S der Summe

$$\sum_{k=1}^{n} f(\xi_k)\,(x_k - x_{k-1})$$

zu beweisen und durch ihn den Flächeninhalt von S_{ab} zu definieren. Diesen Beweis bringen wir am Schluß dieses Kapitels, und zwar unter allgemeineren Voraussetzungen als der Stetigkeit der Funktion $f(x)$.

Die geometrische Interpretation erwies sich auch als wesentliches Moment beim Beweis jenes fundamentalen Satzes, daß bei stetigem Integranden die Ableitung des bestimmten Integrals nach der oberen Grenze gleich dem Integranden an der oberen Grenze ist. Im folgenden Abschnitt dieses Kapitels bringen wir auch einen strengen analytischen Beweis dieses Satzes. Er ermöglicht es, zusammen mit dem Existenzbeweis für das bestimmte Integral einer stetigen Funktion die Behauptung aufzustellen, daß es zu jeder stetigen Funktion eine Stammfunktion, d. h. ein unbestimmtes Integral gibt. Ferner werden wir die Fundamentaleigenschaften des unbestimmten Integrals unter der Voraussetzung darlegen, daß die betrachteten Funktionen stetig sind.

Bei der Darlegung der Eigenschaften eines bestimmten Integrals werden wir dann auch die Fundamentalformel (13) streng beweisen. Als einzige unbewiesene Tatsache wird übrigbleiben, daß die Summe (10) für eine stetige Funktion $f(x)$ einen Grenzwert hat; diesen Beweis werden wir dann am Ende des Kapitels nachholen.

89. Die Eigenschaften des unbestimmten Integrals. In [**86**] hatten wir gesehen, daß zwei Stammfunktionen für ein und dieselbe Funktion sich nur durch eine additive Konstante unterscheiden. Das führt uns zu der ersten Eigenschaft des unbestimmten Integrals.

I. *Wenn zwei Funktionen identisch sind, können sich ihre unbestimmten Integrale nur durch eine additive Konstante unterscheiden.*

Umgekehrt: *Um nachzuprüfen, daß zwei Funktionen sich nur durch eine additive Konstante unterscheiden, genügt es zu zeigen, daß ihre Ableitungen identisch sind.*

Die folgenden Eigenschaften II und III ergeben sich unmittelbar aus dem Begriff des unbestimmten Integrals als Stammfunktion, d. h. daraus, daß *das unbestimmte Integral*

$$\int f(x)\,\mathrm{d}x$$

eine solche Funktion ist, deren Ableitung nach x gleich dem Integranden $f(x)$ oder deren Differential gleich dem Differentialausdruck $f(x)\,\mathrm{d}x$ des Integrals ist.

II. *Die Ableitung eines unbestimmten Integrals ist gleich dem Integranden und das Differential gleich dem Differentialausdruck des Integrals*:

$$\frac{\mathrm{d}}{\mathrm{d}x}\left(\int f(x)\,\mathrm{d}x\right) = \left(\int f(x)\,\mathrm{d}x\right)' = f(x); \qquad \mathrm{d}\int f(x)\,\mathrm{d}x = f(x)\,\mathrm{d}x\,. \tag{15}$$

III. Gleichzeitig mit (15) gilt

$$\int F'(x)\,\mathrm{d}x = F(x) + C\,,$$

und diese Formel können wir noch folgendermaßen umformen [**50**]:

$$\int \mathrm{d}F(x) = F(x) + C\,, \tag{16}$$

was zusammen mit der Eigenschaft II ergibt: *Die nebeneinanderstehenden Zeichen* d *und* $\int$, *in welcher Reihenfolge sie auch aufeinander folgen mögen, heben sich gegenseitig auf*, wenn man vereinbart, die willkürliche Konstante in einer Gleichung zwischen den unbestimmten Integralen unberücksichtigt zu lassen.

IV. *Ein konstanter Faktor kann vor das Integralzeichen gesetzt werden*:

$$\int Af(x)\,\mathrm{d}x = A\int f(x)\,\mathrm{d}x + C\,.^{1)} \tag{17}$$

---

[1]) Bisweilen schreibt man hinter dem unbestimmten Integral nicht die willkürliche additive Konstante, wobei dies so zu verstehen ist, daß das unbestimmte Integral bereits einen solchen Summanden enthält. Die Gleichung (17) lautet dann

$$\int Af(x)\,\mathrm{d}x = A\int f(x)\,\mathrm{d}x\,.$$

V. *Das Integral einer algebraischen Summe ist gleich der algebraischen Summe der Integrale jedes Summanden*:

$$\int (u + v - w + \cdots)\,\mathrm{d}x = \int u\,\mathrm{d}x + \int v\,\mathrm{d}x - \int w\,\mathrm{d}x + \cdots + C\,. \qquad (18)$$

Die Richtigkeit der Formeln (17) und (18) ist leicht zu zeigen, indem man beide Seiten differenziert und sich von der Identität der erhaltenen Ableitungen überzeugt. Zum Beispiel wird für (17)

$$\left(\int Af(x)\,\mathrm{d}x\right)' = Af(x), \qquad A\left(\int f(x)\,\mathrm{d}x + C\right)' = A\left(\int f(x)\,\mathrm{d}x\right)' = Af(x)\,.$$

90. Tafel der einfachsten Integrale. Zum Aufstellen dieser Tafel brauchen wir nur die Tafel der einfachsten Ableitungen [**49**] in der umgekehrten Richtung zu lesen; wir erhalten

$$\int \mathrm{d}x = x + C\,,$$

$$\int x^m\,\mathrm{d}x = \frac{x^{m+1}}{m+1} + C, \quad \text{wenn} \quad m \neq -1 \text{ ist,}$$

$$\int \frac{\mathrm{d}x}{x} = \log x + C\,,$$

$$\int a^x\,\mathrm{d}x = \frac{a^x}{\log a} + C, \qquad \int \mathrm{e}^x\,\mathrm{d}x = \mathrm{e}^x + C\,,$$

$$\int \sin x\,\mathrm{d}x = -\cos x + C, \qquad \int \cos x\,\mathrm{d}x = \sin x + C\,,$$

$$\int \frac{\mathrm{d}x}{\cos^2 x} = \tan x + C\,, \qquad \int \frac{\mathrm{d}x}{\sin^2 x} = -\cot x + C\,,$$

$$\int \frac{\mathrm{d}x}{1 + x^2} = \arctan x + C\,, \qquad \int \frac{\mathrm{d}x}{\sqrt{1 - x^2}} = \arcsin x + C\,.$$

Zur Nachprüfung dieser Tabelle genügt es festzustellen, daß die Ableitung der rechten Seite jeder Gleichung mit dem Integranden der linken Seite identisch ist. Allgemein gilt: Wenn wir eine Funktion kennen, deren Ableitung die gegebene Funktion $f(x)$ ist, erhalten wir damit ihr unbestimmtes Integral. Aber gewöhnlich, und sogar in den einfachsten Fällen, finden wir die vorgegebenen Funktionen nicht in einer Tafel der Ableitungen, was die Integration wesentlich schwieriger macht als die Differentiation. Es kommt dann darauf an, das gegebene Integral so umzuformen, daß man ein bekanntes (oder tabelliertes) Integral erhält.

Diese Umformung erfordert Übung und Erfahrung und wird durch die Anwendung der nachfolgenden Grundregeln der Integralrechnung erleichtert.

91. Partielle Integration. Bekanntlich gilt für zwei beliebige, stetig differenzierbare Funktionen u, v von x [**50**]

$$\mathrm{d}(uv) = u\,\mathrm{d}v + v\,\mathrm{d}u \quad \text{oder} \quad u\,\mathrm{d}v = \mathrm{d}(uv) - v\,\mathrm{d}u\,.$$

Auf Grund der Eigenschaften I, V und III schließen wir hieraus

$$\int u\,\mathrm{d}v = \int [\mathrm{d}(uv) - v\,\mathrm{d}u] + C = \int \mathrm{d}(uv) - \int v\,\mathrm{d}u + C = uv - \int v\,\mathrm{d}u + C\,.$$

Das liefert die *Formel der partiellen Integration*:

$$\int u\,\mathrm{d}v = uv - \int v\,\mathrm{d}u + C\,. \qquad (19)$$

Sie führt die Berechnung des Integrals $\int u\,\mathrm{d}v$ auf die Berechnung des Integrals $\int v\,\mathrm{d}u$ zurück, wobei dieses sich als einfacher erweisen kann.

Beispiele.

1. $\int \log x \, dx$. Setzen wir hier $u = \log x$, $dx = dv$, so haben wir zunächst $du = \frac{dx}{x}$, $v = x$, woraus auf Grund von (19) folgt:

$$\int \log x \, dx = x \log x - \int x \frac{dx}{x} + C = x \log x - x + C .$$

In der Praxis braucht man die einzelnen Umformungen nicht immer ausführlich aufzuschreiben, vielmehr werden die Operationen nach Möglichkeit im Kopf ausgeführt.

2. $$\int e^x x^2 \, dx = \int x^2 e^x \, dx = \int x^2 \, d\,e^x = x^2 e^x - \int e^x \, d(x^2) = x^2 e^x - 2 \int e^x x \, dx ,$$
$$\int e^x x \, dx = \int x \, d\,e^x = x\,e^x - \int e^x \, dx = e^x x - e^x ;$$

daraus folgt schließlich

$$\int e^x x^2 \, dx = e^x[x^2 - 2x + 2] + C .$$

3. $$\begin{aligned} \int \sin x \cdot x^3 \, dx &= \int x^3 \sin x \, dx = \int x^3 \, d(-\cos x) \\ &= -x^3 \cos x - \int (-\cos x) \, dx^3 = -x^3 \cos x + 3 \int x^2 \cos x \, dx \\ &= -x^3 \cos x + 3 \int x^2 \, d \sin x = -x^3 \cos x + 3x^2 \sin x - 3 \int \sin x \, dx^2 \\ &= -x^3 \cos x + 3x^2 \sin x - 6 \int x \sin x \, dx \\ &= -x^3 \cos x + 3x^2 \sin x - 6 \int x \, d(-\cos x) \\ &= -x^3 \cos x + 3x^2 \sin x + 6x \cos x - 6 \int \cos x \, dx \\ &= -x^3 \cos x + 3x^2 \sin x + 6x \cos x - 6 \sin x + C . \end{aligned}$$

Die in diesen Beispielen gezeigte Methode wird allgemein bei der Berechnung von Integralen des Typs

$$\int \log x \cdot x^m \, dx, \qquad \int e^{ax} x^m \, dx, \qquad \int \sin bx \cdot x^m \, dx, \qquad \int \cos bx \cdot x^m \, dx$$

angewendet, wobei m eine beliebige ganze positive Zahl ist; man muß nur dafür sorgen, daß sich bei den aufeinanderfolgenden Umformungen der Exponent von x ständig verkleinert, bis er 0 wird.

92. Substitution der Veränderlichen. Beispiele. Das Integral $\int f(x) \, dx$ läßt sich häufig vereinfachen, indem man an Stelle von x eine neue Veränderliche t durch eine (gewissen, später zu besprechenden Voraussetzungen genügende) Funktion φ einführt:

$$x = \varphi(t) . \tag{20}$$

Für die Umformung des unbestimmten Integrals mittels der neuen Veränderlichen t gemäß (20) *genügt es, den gegebenen Differentialausdruck in den Differentialausdruck der neuen Veränderlichen umzuformen*:

$$\int f(x) \, dx = \int f[\varphi(t)] \, \varphi'(t) \, dt + C . \tag{21}$$

Zum Beweis brauchen wir auf Grund der Eigenschaft I [**89**] nur die Übereinstimmung zwischen den Differentialen der linken und der rechten Seite von (21) festzustellen. Durch Differentiation nach (15) erhalten wir

$$d\left(\int f(x) \, dx\right) = f(x) \, dx = f[\varphi(t)] \, \varphi'(t) \, dt ,$$
$$d\left(\int f[\varphi(t)] \, \varphi'(t) \, dt\right) = f[\varphi(t)] \, \varphi'(t) \, dt .$$

Häufig gebraucht man an Stelle von (20) die inverse Substitution:

$$t = \psi(x) \quad \text{und} \quad \psi'(x) \, dx = dt .$$

Beispiele.

1. $\int (ax+b)^m \, dx$ (für $m \neq -1$). Zur Vereinfachung des Integrals setzen wir

$$ax + b = t, \qquad a\,dx = dt, \qquad dx = \frac{dt}{a}.$$

Setzen wir dies in das gegebene Integral ein, so finden wir

$$\int (ax+b)^m \, dx = \frac{1}{a}\int t^m \, dt = \frac{1}{a}\,\frac{t^{m+1}}{m+1} + C = \frac{1}{a}\,\frac{(ax+b)^{m+1}}{m+1} + C.$$

2. $$\int \frac{dx}{ax+b} = \frac{1}{a}\int \frac{dt}{t} = \frac{1}{a}\log t + C = \frac{\log(ax+b)}{a} + C.$$

3. $$\int \frac{dx}{a^2+x^2} = \int \frac{dx}{a^2\left(1+\frac{x^2}{a^2}\right)} = \frac{1}{a}\int \frac{d\left(\frac{x}{a}\right)}{1+\left(\frac{x}{a}\right)^2} = \frac{1}{a}\arctan\frac{x}{a} + C.$$

$\left(\text{Substitution } t = \frac{x}{a}.\right)$

4. $$\int \frac{dx}{\sqrt{a^2-x^2}} = \int \frac{d\left(\frac{x}{a}\right)}{\sqrt{1-\left(\frac{x}{a}\right)^2}} = \arcsin\frac{x}{a} + C.$$

5. $\displaystyle\int \frac{dx}{\sqrt{x^2+a}}$; zur Berechnung dieses Integrals wird die Eulersche Substitution gebraucht, die später genauer behandelt wird. Die neue Veränderliche t wird hier durch

$$\sqrt{x^2+a} = t - x, \qquad t = x + \sqrt{x^2+a}$$

eingeführt. Zur Bestimmung von x und dx quadrieren wir:

$$x^2 + a = t^2 - 2tx + x^2, \qquad x = \frac{t^2-a}{2t} = \frac{1}{2}\left(t - \frac{a}{t}\right),$$

$$\sqrt{x^2+a} = t - \frac{t^2-a}{2t} = \frac{t^2+a}{2t}, \qquad dx = \frac{1}{2}\left(1+\frac{a}{t^2}\right)dt = \frac{1}{2}\,\frac{t^2+a}{t^2}\,dt.$$

Setzen wir dies in das gegebene Integral ein, so ergibt sich

$$\int \frac{dx}{\sqrt{x^2+a}} = \int \frac{2t}{t^2+a}\cdot\frac{1}{2}\,\frac{t^2+a}{t^2}\,dt = \int \frac{dt}{t} = \log t + C = \log\left(x+\sqrt{x^2+a}\right) + C.$$

6. Das Integral

$$\int \frac{dx}{x^2-a^2}$$

wird mit Hilfe eines besonderen Verfahrens berechnet, mit dem wir uns später genauer vertraut machen, nämlich mit Hilfe der *Partialbruchzerlegung des Integranden.*

Nachdem wir den Nenner des Integranden in Faktoren zerlegt haben,

$$x^2 - a^2 = (x-a)(x+a),$$

stellen wir ihn als Summe einfacherer Brüche dar:

$$\frac{1}{x^2-a^2} = \frac{A}{x-a} + \frac{B}{x+a}.$$

Zur Bestimmung der Konstanten A und B beseitigen wir den Nenner; das liefert die Identität

$$1 = A(x + a) + B(x - a) = (A + B)\,x + a(A - B)\,,$$

die für alle Werte von x gültig sein muß. Sie wird erfüllt, wenn wir A und B aus den Bedingungen $a(A - B) = 1$, $A + B = 0$ zu $A = -B = \frac{1}{2a}$ bestimmen. Dementsprechend ist

$$\frac{1}{x^2 - a^2} = \frac{1}{2a}\left[\frac{1}{x-a} - \frac{1}{x+a}\right],$$

$$\int \frac{dx}{x^2 - a^2} = \frac{1}{2a}\left[\int \frac{dx}{x-a} - \int \frac{dx}{x+a}\right] = \frac{1}{2a}\,[\log(x-a) - \log(x+a)] + C$$

$$= \frac{1}{2a}\log\frac{x-a}{x+a} + C\,.$$

7. Die Integrale der allgemeineren Form

$$\int \frac{mx + n}{x^2 + px + q}\,dx$$

werden auf die bereits früher untersuchten zurückgeführt, indem man im Nenner des Integranden *das vollständige Quadrat absondert*:

$$x^2 + px + q = \left(x + \frac{p}{2}\right)^2 + q - \frac{p^2}{4}\,.$$

Ferner setzen wir $x + \frac{p}{2} = t$, also $x = t - \frac{p}{2}$, $dx = dt$, und erhalten

$$mx + n = m\left(t - \frac{p}{2}\right) + n = At + B\,,$$

wobei $A = m$ und $B = n - \frac{mp}{2}$ ist. Nachdem wir schließlich

$$q - \frac{p^2}{4} = \pm a^2$$

gesetzt haben, wobei das Vorzeichen + oder − abhängig vom Vorzeichen der linken Seite dieser Gleichung gewählt werden muß und a positiv gerechnet wird, können wir das gegebene Integral in folgender Form schreiben:

$$\int \frac{mx + n}{x^2 + px + q}\,dx = \int \frac{At + B}{t^2 \pm a^2}\,dt = A\int \frac{t\,dt}{t^2 \pm a^2} + B\int \frac{dt}{t^2 \pm a^2}\,.$$

Das erste dieser Integrale läßt sich berechnen, wenn man

$$t^2 \pm a^2 = z\,, \qquad 2t\,dt = dz$$

substituiert, woraus

$$\int \frac{t\,dt}{t^2 \pm a^2} = \frac{1}{2}\int \frac{dz}{z} = \frac{1}{2}\log z = \frac{1}{2}\log(t^2 \pm a^2)$$

folgt. Das zweite Integral hat eine Form, die schon in den Beispielen 3 (für das Vorzeichen +) und 6 (für das Vorzeichen −) untersucht worden ist.

8. Die Integrale der Form

$$\int \frac{mx + n}{\sqrt{x^2 + px + q}}\,dx$$

werden durch dasselbe Verfahren der Absonderung des vollständigen Quadrats auf früher untersuchte zurückgeführt. Verwenden wir die Bezeichnungen des Beispiels 7, so können wir das gegebene Integral in folgender Form schreiben:

$$\int \frac{mx+n}{\sqrt{x^2+px+q}}\,dx = \int \frac{At+B}{\sqrt{t^2+b}}\,dt = A\int \frac{t\,dt}{\sqrt{t^2+b}} + B\int \frac{dt}{\sqrt{t^2+b}}$$

$$\left(b = \pm a^2 = q - \frac{p^2}{4}\right).$$

Das erste dieser Integrale läßt sich mit Hilfe der Substitution

$$t^2 + b = z^2, \qquad 2t\,dt = 2z\,dz$$

berechnen und liefert

$$\int \frac{t\,dt}{\sqrt{t^2+b}} = \int \frac{z\,dz}{z} = \int dz = z = \sqrt{t^2+b}\,.$$

Das zweite Integral ist schon im Beispiel 5 untersucht worden und gleich $\log\,(t + \sqrt{t^2+b})$.

9. Mit dem gleichen Verfahren der Absonderung des vollständigen Quadrats kann man das Integral

$$\int \frac{mx+n}{\sqrt{q+px-x^2}}\,dx$$

auf die Form

$$A_1\int \frac{t\,dt}{\sqrt{a^2-t^2}} + B_1\int \frac{dt}{\sqrt{a^2-t^2}}$$

bringen, und man erhält mit Hilfe der Substitution $a^2 - t^2 = z^2$

$$\int \frac{t\,dt}{\sqrt{a^2-t^2}} = -\sqrt{a^2-t^2} + C\,.$$

Das zweite Integral ist im Beispiel 4 untersucht worden.

10.
$$\int \sin^2 x\,dx = \int \frac{1-\cos 2x}{2}\,dx = \frac{1}{2}\left(x - \frac{1}{2}\sin 2x\right) + C$$
$$= \frac{1}{2}\,(x - \sin x\cos x) + C\,;$$

$$\int \cos^2 x\,dx = \int \frac{1+\cos 2x}{2}\,dx = \frac{1}{2}\left(x + \frac{1}{2}\sin 2x\right) + C$$
$$= \frac{1}{2}\,(x + \sin x\cos x) + C\,.$$

11. Das Integral

$$\int \sqrt{x^2+a}\,dx$$

läßt sich mittels partieller Integration auf ein bereits untersuchtes zurückführen:

$$\int \sqrt{x^2+a}\,dx = x\sqrt{x^2+a} - \int x\cdot d\sqrt{x^2+a} = x\sqrt{x^2+a} - \int \frac{x^2}{\sqrt{x^2+a}}\,dx\,.$$

Indem wir beim letzten Integral im Zähler des Integranden a addieren und subtrahieren, bringen wir die vorstehende Gleichung auf die Form

$$\int \sqrt{x^2+a}\,dx = x\sqrt{x^2+a} - \int \sqrt{x^2+a}\,dx + a\int \frac{dx}{\sqrt{x^2+a}}$$

oder

$$2\int\sqrt{x^2+a}\,\mathrm{d}x = x\sqrt{x^2+a} + a\int\frac{\mathrm{d}x}{\sqrt{x^2+a}}\,.$$

Daraus folgt schließlich

$$\int\sqrt{x^2+a}\,\mathrm{d}x = \tfrac{1}{2}\left[x\sqrt{x^2+a} + a\log\left(x+\sqrt{x^2+a}\right)\right] + C\,.$$

93. Beispiele von Differentialgleichungen erster Ordnung. In [**51**] betrachteten wir die einfachsten Differentialgleichungen. Die allgemeinste Differentialgleichung erster Ordnung hat die Form

$$F(x, y, y') = 0\,.$$

Das ist eine Beziehung, die die unabhängige Veränderliche x, die unbekannte Funktion y und ihre erste Ableitung y' verknüpft. Unter Umständen läßt sich diese Gleichung nach y' auflösen und in der Form

$$y' = f(x, y)$$

schreiben, wobei $f(x, y)$ eine Funktion von x und y ist.

Ohne diese Gleichung im allgemeinen Fall zu betrachten (das wird in Teil II dieses Lehrgangs getan), befassen wir uns nur mit einigen sehr einfachen Beispielen.

Ein solches Beispiel ist die *Gleichung mit separierbaren Veränderlichen*, die dann vorliegt, wenn die Funktion $f(x, y)$ der Quotient zweier Funktionen ist, von denen eine nur von x und die andere nur von y abhängt:

$$y' = \frac{\varphi(x)}{\psi(y)}\,. \tag{22}$$

Da $y' = \dfrac{\mathrm{d}y}{\mathrm{d}x}$ ist, können wir diese Gleichung auf die Form

$$\psi(y)\,\mathrm{d}y = \varphi(x)\,\mathrm{d}x$$

bringen, wobei auf der einen Seite der Gleichung nur die Veränderliche x und auf der anderen nur y auftritt; diese Umformung wird auch *Separation der Variablen* (*Trennung der Veränderlichen*) genannt. Wegen

$$\psi(y)\,\mathrm{d}y = \mathrm{d}\int\psi(y)\,\mathrm{d}y\,, \qquad \varphi(x)\,\mathrm{d}x = \mathrm{d}\int\varphi(x)\,\mathrm{d}x$$

erhalten wir auf Grund der Eigenschaft I [**89**]

$$\int\psi(y)\,\mathrm{d}y = \int\varphi(x)\,\mathrm{d}x + C\,, \tag{23}$$

woraus wir nach Integration die gesuchte Funktion y bestimmen können.

Beispiele.

1. *Die chemischen Reaktionen erster Ordnung.* Bezeichnen wir mit a die Stoffmenge, die zu Beginn der Reaktion vorhanden war, und mit x die Stoffmenge, die zum Zeitpunkt t in die Reaktion eintritt, so erhalten wir [**51**]

$$\frac{\mathrm{d}x}{\mathrm{d}t} = c(a-x)\,, \tag{24}$$

wobei c die Reaktionskonstante ist. Darüber hinaus gilt

$$x|_{t=0} = 0\,. \tag{25}$$

Durch Separation der Variablen finden wir

$$\frac{\mathrm{d}x}{a-x} = c\,\mathrm{d}t$$

oder, wenn wir integrieren,

$$\int \frac{dx}{a - x} = \int c \, dt + C_1, \qquad -\log(a - x) = ct + C_1,$$

wobei C_1 eine willkürliche Konstante ist. Daraus leiten wir

$$a - x = e^{-ct - C_1} = C\, e^{-ct}$$

her, mit der ebenfalls willkürlichen Konstanten $C = e^{-C_1}$. Sie läßt sich aus der Bedingung (25) bestimmen, auf Grund deren die vorstehende Gleichung die Beziehung $a = C$ für $t = 0$ liefert, und es wird schließlich

$$x = a(1 - e^{-ct}).$$

2. *Die chemischen Reaktionen zweiter Ordnung.* In einer Lösung seien zwei Stoffe enthalten, deren Mengen bei Beginn der Reaktion (in Grammolekülen ausgedrückt) a bzw. b seien. Wir nehmen an, daß zum Zeitpunkt t die gleichen Mengen der beiden Stoffe, die wir mit x bezeichnen, in Reaktion treten, so daß die Restmengen der Stoffe gleich $a - x$ bzw. $b - x$ sind.

Nach dem Grundgesetz der chemischen Reaktionen zweiter Ordnung ist die Geschwindigkeit des Reaktionsablaufs proportional dem Produkt dieser Restmengen, d. h.

$$\frac{dx}{dt} = k(a - x)(b - x).$$

Diese Gleichung ist zu integrieren, nachdem ihr noch die Anfangsbedingung $x|_{t=0} = 0$ beigegeben ist.

Nach Separation der Veränderlichen erhalten wir $\frac{dx}{(a - x)(b - x)} = k\, dt$ oder, wenn wir integrieren,

$$\int \frac{dx}{(a - x)(b - x)} = kt + C_1, \tag{26}$$

wobei C_1 eine willkürliche Konstante ist. Zur Berechnung des Integrals auf der linken Seite wenden wir Partialbruchzerlegung an (Beispiel 6) [**92**]:

$$\frac{1}{(a - x)(b - x)} = \frac{A}{a - x} + \frac{B}{b - x},$$

$$1 = A(b - x) + B(a - x) = -(A + B)\, x + (Ab + Ba).$$

Das ergibt $-(A + B) = 0$, $Ab + Ba = 1$, woraus

$$A = -B = \frac{1}{b - a}$$

folgt, so daß

$$\int \frac{dx}{(a - x)(b - x)} = \frac{1}{b - a}\left[\int \frac{dx}{a - x} - \int \frac{dx}{b - x}\right] = \frac{1}{b - a} \log \frac{b - x}{a - x}$$

wird. Nach Einsetzen in (26) haben wir

$$\log \frac{b - x}{a - x} = (b - a)\, kt + (b - a)\, C_1$$

oder

$$\frac{b - x}{a - x} = C\, e^{(b - a)kt} \text{ mit } C = e^{(b - a)C_1}.$$

Die gesuchte Funktion x läßt sich ohne Schwierigkeit bestimmen.

Wir stellen dem Leser anheim, den speziellen Fall $a = b$ zu untersuchen, in dem die vorstehenden Formeln ihren Sinn verlieren.

3. *Es sind alle Kurven zu finden, die die vom Koordinatenursprung aus gezogenen Radiusvektoren unter einem gegebenen konstanten Winkel*[1]) *schneiden* (Abb. 121).

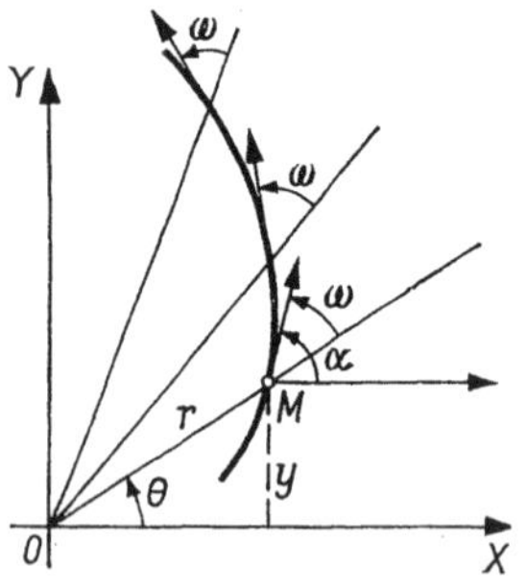

Abb. 121

Es sei $M(x, y)$ ein Punkt einer gesuchten Kurve. Der Abb. 121 entnehmen wir

$$\omega = \alpha - \theta\,, \qquad \tan\omega = \tan(\alpha - \theta) = \frac{\tan\alpha - \tan\theta}{1 + \tan\alpha\tan\theta} = \frac{y' - \dfrac{y}{x}}{1 + y'\dfrac{y}{x}}\,.$$

Nachdem wir zur bequemeren Durchführung der Rechnungen $\tan\omega = \dfrac{1}{a}$ gesetzt und die Nenner beseitigt haben, schreiben wir die erhaltene Differentialgleichung in der Form

$$x + yy' = a(y'x - y)$$

oder, nachdem wir beide Seiten mit dx multipliziert haben,

$$x\,dx + y\,dy = a(x\,dy - y\,dx)\,. \tag{27}$$

Diese Gleichung läßt sich sehr einfach integrieren, wenn man von den rechtwinkligen Koordinaten x, y zu Polarkoordinaten r, θ übergeht, indem man die x-Achse als Polachse und den Koordinatenursprung O als Pol wählt. Wir erhalten [82]

$$x^2 + y^2 = r^2\,, \qquad \theta = \arctan\frac{y}{x}\,,$$

durch Differentiation

$$x\,dx + y\,dy = r\,dr\,, \qquad d\theta = \frac{1}{1 + \dfrac{y^2}{x^2}}\,d\left(\frac{y}{x}\right) = \frac{x\,dy - y\,dx}{x^2 + y^2}\,.$$

Die Gleichung (27) lautet dann

$$r\,dr = ar^2\,d\theta \text{ oder } \frac{dr}{r} = a\,d\theta\,.$$

Durch Integration erhalten wir hieraus

$$\log r = a\theta + C_1\,, \qquad r = C\,e^{a\theta} \quad \text{mit} \quad C = e^{C_1}\,.$$

Die erhaltenen Kurven heißen *logarithmische Spiralen* [83].

---

[1]) Allgemein versteht man unter dem *Winkel zwischen zwei Kurven* den Winkel zwischen den Tangenten im Schnittpunkt der Kurven.

§ 9. Die Eigenschaften des bestimmten Integrals

94. Die Fundamentaleigenschaften des bestimmten Integrals. Wir hatten gesehen, daß das bestimmte Integral

$$I = \int_a^b f(x)\,dx \qquad (a < b)\,, \tag{1}$$

wobei (a, b) ein endliches Intervall und $f(x)$ eine auf ihm stetige Funktion ist, der Grenzwert der Summe der Form

$$\sum_{k=1}^{n} f(\xi_k)\,(x_k - x_{k-1}) \qquad (x_{k-1} \leqq \xi_k \leqq x_k) \tag{2}$$

ist [87]. Diesen Grenzwert muß man auf folgende Art verstehen: Für ein beliebig vorgegebenes positives ε existiert eine solche positive Zahl η, daß

$$\left| I - \sum_{k=1}^{n} f(\xi_k)\,(x_k - x_{k-1}) \right| < \varepsilon$$

bei beliebiger Wahl der Punkte ξ_k aus den Intervallen (x_{k-1}, x_k) gilt, wenn die größte der (positiven) Differenzen $x_k - x_{k-1}$ kleiner als η ist. Kurz gesagt, das Integral (1) ist der Grenzwert der Summe (2) bei beliebiger Wahl der ξ_k, wenn die größte der Differenzen $x_k - x_{k-1}$ gegen 0 strebt.

Wir bemerken, daß dabei die Anzahl der Glieder der Summe (2) unbegrenzt wächst. Genau genommen muß man die Definition des erwähnten Grenzwertes (2) so verstehen, wie das oben gezeigt wurde (mit Hilfe von ε und η).

Am Schluß des Kapitels werden wir die Existenz des erwähnten Grenzwertes der Summe (2) für stetige Funktionen und einige Klassen unstetiger Funktionen beweisen. Im folgenden werden wir, wenn nicht ausdrücklich anders erwähnt, den Integranden als im Integrationsintervall stetig voraussetzen.

Wir hatten vorausgesetzt, daß die untere Integrationsgrenze a kleiner als die obere Integrationsgrenze b ist. Für $a = b$ folgt aus der Deutung des Integrals als Fläche, daß es natürlich ist,

$$\int_a^a f(x)\,dx = 0 \tag{3}$$

zu setzen. Diese Gleichung stellt die Definition des Integrals für den Fall dar, daß die obere Integrationsgrenze gleich der unteren ist.

Für $a > b$ wird folgende Definition festgelegt:

$$\int_a^b f(x)\,dx = -\int_b^a f(x)\,dx\,. \tag{4}$$

Im rechts stehenden Integral ist die untere Grenze b kleiner als die obere Grenze a, und das Integral wird auf die gewöhnliche Weise gebildet, wie sie oben gezeigt wurde. Wenn wir für das links stehende Integral die Summe (2) bilden, erhalten wir für sie $(a > b)$

$$a = x_0 > x_1 > x_2 > \cdots > x_{k-1} > x_k > \cdots > x_{n-1} > x_n = b\,,$$

und alle Differenzen $x_k - x_{k-1}$ sind negativ. Wenn wir zum Integral übergehen, das auf der rechten Seite von (4) steht, d. h., wenn wir a als obere Grenze und b als untere Grenze ansehen, müssen alle Zwischenpunkte x_k in der umgekehrten Reihenfolge durchlaufen werden, und in der Summe (2) ändern alle Differenzen $x_k - x_{k-1}$ ihr Vorzeichen. Diese Überlegung führt zu der natürlichen Definition (4) in dem Fall, daß $a > b$ ist.

Wir erwähnen noch die offenkundige Identität

$$\int_a^b \mathrm{d}x = b - a\,. \tag{5}$$

Ist der Integrand für alle x gleich 1, so wird nämlich

$$\int_a^b \mathrm{d}x = \lim\,[(x_1 - a) + (x_2 - x_1) + (x_3 - x_2) + \cdots + (x_{n-1} - x_{n-2}) + (b - x_{n-1})]\,,$$

und in der eckigen Klammer steht die konstante Größe $b - a$. Der Ausdruck (5) liefert offenbar [**87**] die Fläche des Rechtecks mit der Basis $b - a$ und der Höhe 1.

Wir gehen jetzt zur Aufzählung und zum Beweis der Eigenschaften des bestimmten Integrals über. Die ersten beiden von ihnen sind Definitionen, die durch die Gleichungen (3) und (4) ausgedrückt werden.

I. *Ein bestimmtes Integral mit gleicher oberer und unterer Grenze ist gleich* 0 *zu setzen.*

II. *Bei Vertauschung der oberen und der unteren Grenze ändert das bestimmte Integral, seinen Absolutbetrag beibehaltend, nur das Vorzeichen*, d. h.

$$\int_b^a f(x)\,\mathrm{d}x = -\int_a^b f(x)\,\mathrm{d}x\,.$$

III. *Die Größe eines bestimmten Integrals hängt nicht von der Bezeichnung der Integrationsvariablen ab*:

$$\int_a^b f(x)\,\mathrm{d}x = \int_a^b f(t)\,\mathrm{d}t\,.$$

Dies wurde schon in [**87**] festgestellt.

IV. *Ist eine in einer beliebigen Reihenfolge angeordnete Folge von Zahlen*

$$a, b, c, \ldots, k, l$$

gegeben, so ist

$$\int_a^l f(x)\,\mathrm{d}x = \int_a^b f(x)\,\mathrm{d}x + \int_b^c f(x)\,\mathrm{d}x + \cdots + \int_k^l f(x)\,\mathrm{d}x\,. \tag{6}$$

Es genügt, diese Formel für den Fall dreier Zahlen a, b, c herzuleiten, wonach der Beweis leicht für beliebig viele Summanden durchgeführt werden kann.

Wir nehmen zuerst an, daß $a < b < c$ ist. Aus der Definition ergibt sich

$$\int_a^c f(x)\,\mathrm{d}x = \lim \sum_{i=1}^{n} f(\xi_i)\,(x_i - x_{i-1})\,,$$

wobei dieser Grenzwert, unabhängig davon, wie wir das Intervall (a, c) aufteilen, ein und derselbe ist, sobald die größte der Differenzen $x_i - x_{i-1}$ gegen 0 strebt und ihre Anzahl unbegrenzt zunimmt. Wir wollen vereinbaren, das Intervall (a, c) so zu zerlegen, daß der zwischen a und c liegende Punkt b einer der Teilungspunkte ist.

Dann wird die Summe

$$\sum_{i=1}^{n} f(\xi_i)\,(x_i - x_{i-1})$$

in zwei Summen derselben Art zerlegt, nur daß wir zwecks Bildung der einen Summe das Intervall (a, b), zwecks Bildung der anderen das Intervall (b, c) in Teile zerlegen, und zwar so, daß in beiden Fällen die Anzahl der Teilintervalle unbegrenzt zunimmt und die größte der Differenzen $x_i - x_{i-1}$ gegen 0 strebt. Diese Summen streben gegen

$$\int_a^b f(x)\,dx \quad \text{bzw.} \quad \int_b^c f(x)\,dx\,,$$

und wir erhalten schließlich

$$\int_a^c f(x)\,dx = \lim \sum_{i=1}^{n} f(\xi_i)\,(x_i - x_{i-1}) = \int_a^b f(x)\,dx + \int_b^c f(x)\,dx\,,$$

was zu beweisen war.

Jetzt möge b außerhalb des Intervalls (a, c) liegen, etwa $a < c < b$. Nach dem soeben Bewiesenen können wir

$$\int_a^b f(x)\,dx = \int_a^c f(x)\,dx + \int_c^b f(x)\,dx$$

schreiben, also

$$\int_a^c f(x)\,dx = \int_a^b f(x)\,dx - \int_c^b f(x)\,dx\,.$$

Auf Grund der Eigenschaft II gilt nun

$$-\int_c^b f(x)\,dx = \int_b^c f(x)\,dx\,,$$

d. h. wiederum

$$\int_a^c f(x)\,dx = \int_a^b f(x)\,dx + \int_b^c f(x)\,dx\,.$$

Auf anloge Weise lassen sich auch alle übrigen Möglichkeiten der gegenseitigen Anordnung der Punkte betrachten.

V. *Ein konstanter Faktor kann vor das Zeichen des bestimmten Integrals gezogen werden,* d. h.

$$\int_a^b A f(x)\,dx = A\int_a^b f(x)\,dx\,,$$

denn es ist

$$\int_a^b A f(x)\,dx = \lim \sum_{i=1}^{n} A f(\xi_i)\,(x_i - x_{i-1}) = A \lim \sum_{i-1}^{n} f(\xi_i)\,(x_i - x_{i-1}) = A\int_a^b f(x)\,dx\,.$$

VI. *Das bestimmte Integral einer algebraischen Summe ist gleich der algebraischen Summe der bestimmten Integrale jedes Summanden*, denn es ist z. B.

$$\int_a^b [f(x) - \varphi(x)]\, dx = \lim \sum_{i=1}^{n} [f(\xi_i) - \varphi(\xi_i)]\,(x_i - x_{i-1})$$

$$= \lim \sum_{i=1}^{n} f(\xi_i)\,(x_i - x_{i-1}) - \lim \sum_{i=1}^{n} \varphi(\xi_i)\,(x_i - x_{i-1})$$

$$= \int_a^b f(x)\, dx - \int_a^b \varphi(x)\, dx\,.$$

95. Der Mittelwertsatz der Integralrechnung.

VII. *Erfüllen die Funktionen* $f(x)$ *und* $\varphi(x)$ *im Intervall* (a, b) *die Bedingung*

$$f(x) \leqq \varphi(x)\,, \tag{7}$$

so ist auch

$$\int_a^b f(x)\, dx \leqq \int_a^b \varphi(x)\, dx \qquad (b > a)\,, \tag{8}$$

mit anderen Worten, *Ungleichungen lassen sich integrieren.*

Wir bilden die Differenz

$$\int_a^b \varphi(x)\, dx - \int_a^b f(x)\, dx = \int_a^b [\varphi(x) - f(x)]\, dx = \lim \sum_{i=1}^{n} [\varphi(\xi_i) - f(\xi_i)]\,(x_i - x_{i-1})\,.$$

Auf Grund der Ungleichung (7) sind die unter dem Summenzeichen stehenden Glieder positiv oder zumindest nicht negativ. Folglich läßt sich dasselbe auch von der ganzen Summe und ihrem Grenzwert sagen, d. h. von der Differenz der Integrale, woraus die Ungleichung (8) folgt.

Wir bringen noch eine geometrische Erläuterung des Gesagten. Dazu nehmen wir zunächst an, daß beide Kurven

$$y = f(x), \qquad y = \varphi(x)$$

oberhalb der x-Achse liegen (Abb. 122). Die Figur, die von der Kurve $y = f(x)$, der x-Achse sowie den Ordinaten $x = a$ und $x = b$ begrenzt wird, liegt dann

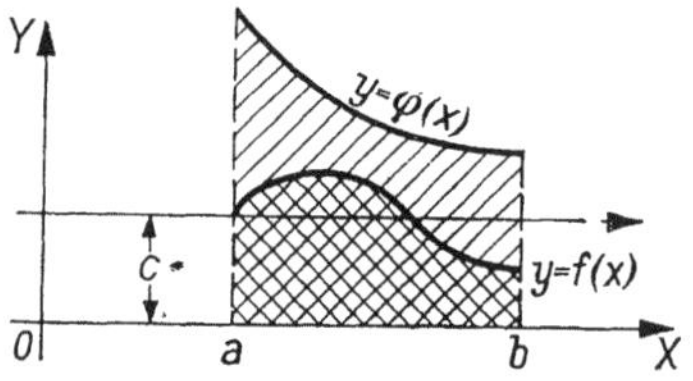

Abb. 122

ganz innerhalb der von der Kurve $y = \varphi(x)$, der x-Achse sowie den Ordinaten $x = a$ und $x = b$ umrandeten Figur, und daher übertrifft der Flächeninhalt der ersten Figur nicht den der zweiten, d. h.

$$\int_a^b f(x)\, dx \leqq \int_a^b \varphi(x)\, dx\,.$$

Der allgemeine Fall einer beliebigen Anordnung der gegebenen Kurven bezüglich der x-Achse unter Wahrung der Bedingung (7) wird auf den vorhergehenden zurückgeführt, indem man die Figur um so viel nach oben verschiebt, daß beide

Kurven oberhalb der x-Achse liegen. Diese Verschiebung fügt zu jeder der Funktionen $f(x)$ und $\varphi(x)$ ein und denselben Summanden c hinzu und zu den Flächeninhalten der beiden Figuren den Flächeninhalt eines Rechtecks mit der Basis $b - a$ und der Höhe c, so daß die Ungleichung gültig bleibt.

Es ist leicht zu zeigen: Wenn in (7) das Zeichen $<$ gilt, dann gilt auch in (8) das Zeichen $<$. Wir erinnern daran, daß die Funktionen $f(x)$ und $\varphi(x)$ als stetig angenommen werden.

Folgerung. *Gilt im Intervall* (a, b)

$$|f(x)| \leqq \varphi(x) \leqq M, \tag{9}$$

so wird

$$\left|\int_a^b f(x)\,dx\right| \leqq \int_a^b \varphi(x)\,dx \leqq M(b-a) \qquad (b > a). \tag{10}$$

Die Bedingung (9) ist nämlich mit der folgenden Ungleichung äquivalent:

$$-M \leqq -\varphi(x) \leqq f(x) \leqq \varphi(x) \leqq M.$$

Integrieren wir diese Ungleichung zwischen den Grenzen a und b (Eigenschaft VII) und benutzen (5), so erhalten wir

$$-M(b-a) \leqq -\int_a^b \varphi(x)\,dx \leqq \int_a^b f(x)\,dx \leqq \int_a^b \varphi(x)\,dx \leqq M(b-a)$$

was mit der Ungleichung (10) gleichbedeutend ist.

Setzen wir $\varphi(x) = |f(x)|$, so erhalten wir aus (10) die wichtige Ungleichung

$$\left|\int_a^b f(x)\,dx\right| \leqq \int_a^b |f(x)|\,dx, \tag{10$_1$}$$

die eine Verallgemeinerung der bekannten Eigenschaft einer Summe auf das Integral ist: Der absolute Betrag einer Summe ist kleiner oder gleich der Summe der Absolutbeträge der Summanden. In der angegebenen Formel gilt das Gleichheitszeichen, wie leicht einzusehen ist, nur dann, wenn $f(x)$ im Intervall (a, b) das Vorzeichen nicht ändert.

Aus der Eigenschaft VII folgt ein wichtiger Satz.

Mittelwertsatz. *Ändert die Funktion $\varphi(x)$ im Intervall (a, b) das Vorzeichen nicht, so wird*

$$\int_a^b f(x)\,\varphi(x)\,dx = f(\xi)\int_a^b \varphi(x)\,dx, \tag{11}$$

wobei ξ ein gewisser, dem Intervall (a, b) angehörender Wert ist.

Zum Beweis nehmen wir $\varphi(x) \geqq 0$ im Intervall (a, b) an und bezeichnen mit $\boldsymbol{m}$ und $\boldsymbol{M}$ den kleinsten bzw. größten Wert von $f(x)$ im Intervall (a, b). Da offenbar

$$\boldsymbol{m} \leqq f(x) \leqq \boldsymbol{M}$$

(wobei beide Gleichheitszeichen nur dann gleichzeitig gelten, wenn $f(x)$ konstant bleibt) und $\varphi(x) \geqq 0$ ist, gilt

$$\boldsymbol{m}\varphi(x) \leqq f(x)\,\varphi(x) \leqq \boldsymbol{M}\varphi(x)$$

und auf Grund der Eigenschaft VII, wenn wir $b > a$ annehmen,

$$\boldsymbol{m} \int_a^b \varphi(x)\, dx \leqq \int_a^b f(x)\, \varphi(x)\, dx \leqq \boldsymbol{M} \int_a^b \varphi(x)\, dx\,.$$

Hieraus ist ersichtlich, daß eine der Ungleichung $\boldsymbol{m} \leqq \boldsymbol{P} \leqq \boldsymbol{M}$ genügende Zahl $\boldsymbol{P}$ existiert derart, daß

$$\int_a^b f(x)\, \varphi(x)\, dx = \boldsymbol{P} \int_a^b \varphi(x)\, dx \tag{12}$$

ist. Da die Funktion $f(x)$ stetig ist, nimmt sie im Intervall (a, b) alle zwischen dem kleinsten Wert $\boldsymbol{m}$ und dem größten Wert $\boldsymbol{M}$ liegenden Werte an, worunter sich auch der Wert $\boldsymbol{P}$ befindet **[35]**. Daher läßt sich ein solcher Wert ξ im Intervall (a, b) finden, für den

$$f(\xi) = \boldsymbol{P}$$

ist, womit (11) bewiesen ist.

Ist $\varphi(x) \leqq 0$ im Intervall (a, b), so ist dort $-\varphi(x) \geqq 0$. Wenden wir auf $-\varphi(x)$ den bewiesenen Satz an, so erhalten wir

$$\int_a^b f(x)\, [-\varphi(x)]\, dx = f(\xi) \int_a^b [-\varphi(x)]\, dx\,.$$

Wenn wir das Minuszeichen vor das Integralzeichen ziehen und beide Seiten mit -1 multiplizieren, ergibt sich (11).

Entsprechend folgt, wenn $b < a$ ist, aus dem Vorhergehenden die Formel

$$\int_b^a f(x)\, \varphi(x)\, dx = f(\xi) \int_b^a \varphi(x)\, dx\,.$$

Vertauschen wir auf beiden Seiten die Integrationsgrenzen und multiplizieren mit -1, so erhalten wir wieder die Formel (11), die damit in voller Allgemeinheit bewiesen ist.

Insbesondere kann man $\varphi(x) = 1$ setzen und erhält dann den *Spezialfall des Mittelwertsatzes*:

$$\int_a^b f(x)\, dx = f(\xi) \int_a^b dx = f(\xi)\,(b - a)\,. \tag{13}$$

Der Wert des bestimmten Integrals ist gleich dem Produkt aus der Länge des Integrationsintervalls und dem Wert des Integranden für einen gewissen Zwischenwert der unabhängigen Veränderlichen.

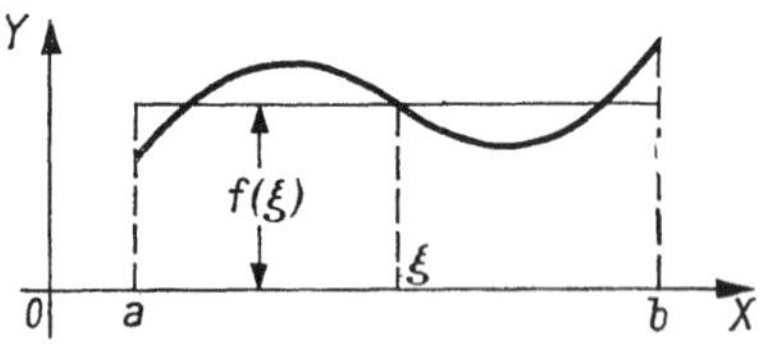

Abb. 123

Ist $a > b$, so muß die Länge des Integrationsintervalls mit dem Minuszeichen genommen werden. Geometrisch ist dieser Satz gleichbedeutend damit, daß sich zu einer Fläche, die von einer beliebigen Kurve, der x-Achse und den beiden Ordinaten $x = a$ und $x = b$ begrenzt ist, immer ein inhaltsgleiches Rechteck mit derselben Basis $b - a$ und der Höhe einer der Kurvenordinaten im Intervall (a, b) finden läßt (Abb. 123).

Es ist leicht zu zeigen, daß man die in (11) oder (13) auftretende Zahl ξ immer als im *Innern* des Intervalls (a, b) liegend anzusehen hat.

96. Die Existenz einer Stammfunktion.

VIII. *Ist die obere Grenze eines bestimmten Integrals eine veränderliche Größe, so ist die Ableitung des Integrals nach der oberen Grenze gleich dem Wert des Integranden an der oberen Grenze.*

Der Wert des Integrals

$$\int_a^b f(x)\,\mathrm{d}x$$

hängt bei vorgegebenem Integranden $f(x)$ von den Integrationsgrenzen a und b ab. Wir betrachten nun das Integral

$$\int_a^x f(t)\,\mathrm{d}t$$

mit der konstanten unteren Grenze a und der veränderlichen oberen Grenze x, wobei wir die Integrationsveränderliche zum Unterschied von der oberen Grenze x mit dem Buchstaben t bezeichnen. Der Wert dieses Integrals ist eine Funktion der oberen Grenze x, d. h.

$$F(x) = \int_a^x f(t)\,\mathrm{d}t\,, \tag{14}$$

und es ist zu beweisen, daß

$$\frac{\mathrm{d}F(x)}{\mathrm{d}x} = f(x)$$

ist. Zu diesem Zweck bilden wir die Ableitung der Funktion $F(x)$, indem wir von der Definition der Ableitung [45] ausgehen:

$$\frac{\mathrm{d}F(x)}{\mathrm{d}x} = \lim_{h\to\pm 0} \frac{F(x+h) - F(x)}{h}\,.$$

Wir erhalten dann

$$F(x+h) = \int_a^{x+h} f(t)\,\mathrm{d}t = \int_a^x f(t)\,\mathrm{d}t + \int_x^{x+h} f(t)\,\mathrm{d}t$$

(auf Grund der Eigenschaft IV), woraus

$$F(x+h) = F(x) + \int_x^{x+h} f(t)\,\mathrm{d}t \quad \text{und} \quad \frac{F(x+h) - F(x)}{h} = \frac{1}{h}\int_x^{x+h} f(t)\,\mathrm{d}t$$

folgt. Bezeichnen wir mit ξ einen gewissen dem Intervall $(x, x+h)$ angehörenden Wert und wenden (13) an, so erhalten wir

$$\int_x^{x+h} f(t)\,\mathrm{d}t = f(\xi)\cdot h\,,$$

was

$$\frac{F(x+h) - F(x)}{h} = f(\xi)$$

ergibt. Wenn h gegen 0 strebt, strebt der zwischen x und $x + h$ gelegene Wert ξ gegen x, und der Wert $f(\xi)$ selbst strebt wegen der Stetigkeit der Funktion f gegen $f(x)$, so daß

$$\frac{\mathrm{d}F(x)}{\mathrm{d}x} = \lim_{h \to 0} \frac{F(x+h) - F(x)}{h} = \lim_{h \to 0} f(\xi) = f(x)$$

ist, was zu beweisen war.

Wir bemerken, daß wir für h im Fall $x = a$ nur positive Werte und im Fall $x = b$ nur negative Werte $(a < b)$ nehmen können und daß die Funktion $F(x)$ im ganzen (abgeschlossenen) Intervall (a, b) die Ableitung $f(x)$ besitzt. Über die Definition der Ableitung in den Endpunkten eines abgeschlossenen Intervalls hatten wir schon in [**46**] gesprochen.

Als Folgerung ergibt sich [**45**], daß *das bestimmte Integral* $F(x)$, *als Funktion der oberen Grenze* x *betrachtet, eine stetige Funktion im Intervall* (a, b) *ist, wobei* $F(a) = 0$ *anzunehmen ist.* Wir bemerken, daß durch Anwendung des Mittelwertsatzes auf das Integral (14) die Beziehung $F(x) = f(\xi)(x - a)$ folgt, und daraus ergibt sich $F(x) \to 0$ für $x \to a$. Aus diesen Überlegungen folgt auch:

IX. *Jede stetige Funktion* $f(x)$ *hat eine Stammfunktion oder ein unbestimmtes Integral.*

Die Funktion (14) ist diejenige Stammfunktion von $f(x)$, die für $x = a$ gleich 0 wird.

Wenn $F_1(x)$ *einer der Ausdrücke für die Stammfunktion ist, dann gilt, wie wir in* [**88**] *gesehen haben,*

$$\int_a^b f(x)\,\mathrm{d}x = F_1(b) - F_1(a)\,. \tag{15}$$

97. Unstetigkeit des Integranden. In allen vorstehenden Überlegungen war vorausgesetzt, daß der Integrand $f(x)$ im ganzen Integrationsintervall (a, b) stetig ist.

Wir führen jetzt den Begriff des Integrals auch für gewisse unstetige Funktionen ein.

Wenn es im Intervall (a, b) einen Punkt c gibt, in dem der Integrand $f(x)$ unstetig wird, aber die Integrale

$$\int_a^{c-\varepsilon'} f(x)\,\mathrm{d}x, \qquad \int_{c+\varepsilon''}^b f(x)\,\mathrm{d}x \qquad (a < b)$$

gegen bestimmte Grenzen streben, falls die positiven Zahlen ε' und ε'' gegen 0 streben, dann heißen diese Grenzwerte *bestimmte Integrale der Funktion* $f(x)$ *zwischen den Grenzen* a *und* c *bzw.* c *und* b, d. h.

$$\int_a^c f(x)\,\mathrm{d}x = \lim_{\varepsilon' \to +0} \int_a^{c-\varepsilon'} f(x)\,\mathrm{d}x, \qquad \int_c^b f(x)\,\mathrm{d}x = \lim_{\varepsilon'' \to +0} \int_{c+\varepsilon''}^b f(x)\,\mathrm{d}x\,,$$

wenn diese Grenzwerte existieren. Wir setzen dann

$$\int_a^b f(x)\,\mathrm{d}x = \int_a^c f(x)\,\mathrm{d}x + \int_c^b f(x)\,\mathrm{d}x\,.$$

Die durch (14) definierte Funktion $F(x)$ besitzt, wie leicht zu sehen ist, folgende Eigenschaften: Es ist $F_1'(x) = f(x)$ in allen Punkten von (a, b) außer in $x = c$, und $F_1(x)$ ist stetig in ganz (a, b) einschließlich $x = c$.

Wenn der Punkt c mit einem der Endpunkte des Intervalls (a, b) zusammenfällt, braucht man an Stelle der beiden nur einen der Grenzwerte

$$\lim_{\varepsilon\to+0}\int_{a+\varepsilon}^{b} f(x)\,\mathrm{d}x \quad \text{oder} \quad \lim_{\varepsilon\to+0}\int_{a}^{b-\varepsilon} f(x)\,\mathrm{d}x$$

zu betrachten.

Gibt es schließlich in dem Intervall (a, b) nicht einen, sondern mehrere Unstetigkeitspunkte c, so muß man das Intervall in Teilintervalle zerlegen, denen dann nur je ein Unstetigkeitspunkt angehört.

Bei der oben getroffenen Vereinbarung über die Bedeutung des Symbols

$$\int_{b}^{a} f(x)\,\mathrm{d}x$$

ist (15) sicher gültig, sofern $F_1(x)$ eine beliebige im ganzen Intervall (a, b) einschließlich $x = c$ stetige Funktion ist und $F_1'(x) = f(x)$ in allen Punkten von (a, b) mit Ausnahme von $x = c$ gilt.

Es genügt, diese Behauptung für den Fall eines Unstetigkeitspunktes c im Innern des Intervalls (a, b) zu beweisen, da für mehrere Unstetigkeitspunkte oder für $c = a$ oder $c = b$ die Untersuchung ganz analog verläuft.

Da die Funktion $f(x)$ in den Intervallen $(a, c - \varepsilon')$, $(c + \varepsilon'', b)$ stetig ist, läßt sich auf diese Intervalle die Formel (15) anwenden, und wir erhalten

$$\int_{a}^{c-\varepsilon'} f(x)\,\mathrm{d}x = F_1(c - \varepsilon') - F_1(a), \qquad \int_{c+\varepsilon''}^{b} f(x)\,\mathrm{d}x = F_1(b) - F_1(c + \varepsilon'') .$$

Wegen der Stetigkeit von $F_1(x)$ können wir schreiben:

$$\int_{a}^{c} f(x)\,\mathrm{d}x = \lim_{\varepsilon'\to+0}[F_1(c - \varepsilon') - F_1(a)] = F_1(c) - F_1(a) ,$$

$$\int_{c}^{b} f(x)\,\mathrm{d}x = \lim_{\varepsilon''\to+0}[F_1(b) - F_1(c + \varepsilon'')] = F_1(b) - F_1(c) ,$$

d. h.

$$\int_{a}^{b} f(x)\,\mathrm{d}x = \int_{a}^{c} f(x)\,\mathrm{d}x + \int_{c}^{b} f(x)\,\mathrm{d}x$$

$$= [F_1(c) - F_1(a)] + [F_1(b) - F_1(c)] = F_1(b) - F_1(a) ,$$

was zu beweisen war.

Vom geometrischen Standpunkt aus betrachtet liegt der in Frage stehende Fall dann vor, wenn die Kurve $y = f(x)$ eine Unterbrechung der Stetigkeit im Punkt c erfährt und trotzdem ein *Flächeninhalt* existiert. Wir betrachten z. B. die Bildkurve der folgendermaßen definierten Funktion:

$$f(x) = \frac{x}{2} + \frac{1}{2} \quad \text{für} \quad 0 \leqq x \leqq 2 ,$$

$$f(x) = x \quad \text{für} \quad 2 \leqq x \leqq 3$$

(Abb. 124). Der Inhalt der von dieser Kurve, der x-Achse, der Ordinate $x = 0$ und der veränderlichen Ordinate $x = x_1$ begrenzten Fläche ist eine stetige Funktion von x, obwohl die Funktion $f(x)$ für $x = 2$ unstetig ist. Andererseits läßt sich leicht eine im ganzen Intervall (0, 3) stetige Stammfunktion von $f(x)$ finden. Dies ist eine Funktion $F_1(x)$, die folgendermaßen definiert wird:

$$F_1(x) = \frac{x^2}{4} + \frac{x}{2} \quad \text{für} \quad 0 \leqq x \leqq 2\,,$$

$$F_1(x) = \frac{x^2}{2} \quad \text{für} \quad 2 \leqq x \leqq 3\,.$$

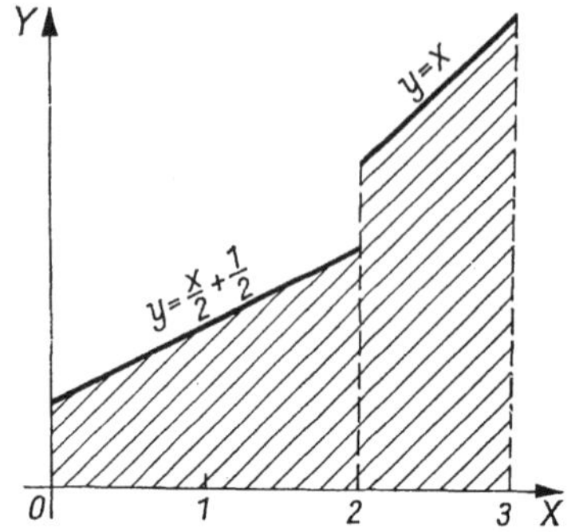

Abb. 124

Durch Differenzieren überzeugen wir uns davon, daß tatsächlich

$$F_1'(x) = \frac{x}{2} + \frac{1}{2} \text{ im Intervall } (0, 2)\,,$$

$$F_1'(x) = x \quad \text{im Intervall } (2, 3)$$

wird. Außerdem liefern die beiden angegebenen Ausdrücke für $F_1(x)$ in $x = 2$ ein und denselben Wert 2, was die Stetigkeit von $F_1(x)$ gewährleistet. Jedoch ist $F_1(x)$ in $x = 2$ nicht differenzierbar.

Der Inhalt der von unserer Kurve, der x-Achse und den Ordinaten $x = 0$ und $x = 3$ begrenzten Fläche wird durch

$$\int_0^3 f(x)\,dx = \int_0^2 f(x)\,dx + \int_2^3 f(x)\,dx = F_1(3) - F_1(0) = \tfrac{9}{2}$$

dargestellt, wovon man sich auch unmittelbar auf Grund der Abbildung leicht überzeugen kann.

Wir betrachten noch die Funktion $y = x^{-2/3}$ (Abb. 125). Sie wird unendlich für $x = 0$; aber ihre Stammfunktion $3x^{1/3}$ bleibt auch für diesen Wert von x stetig, und daher können wir schreiben:

$$\int_{-1}^{1} x^{-2/3}\,dx = 3x^{1/3}\Big|_{-1}^{1} = 6\,.$$

Mit anderen Worten: Obgleich die betrachtete Kurve bei der Annäherung von x an 0 ins Unendliche verläuft, hat sie zwischen den Ordinaten $x = -1$ und $x = 1$ einen ganz bestimmten Flächeninhalt.

Die Stammfunktion $-\frac{1}{x}$ der Funktion $\frac{1}{x^2}$ dagegen strebt für $x \to 0$ gegen ∞, und deshalb ist (15) in dem Fall, daß der Punkt 0 im Innern des Intervalls (a, b) liegt, auf diese Funktion nicht anwendbar; die Kurve $\frac{1}{x^2}$ besitzt für dieses Intervall keinen endlichen Flächeninhalt.

Wir bemerken, daß in einigen Fällen die Integrale unstetiger Funktionen in einem endlichen Intervall (a, b) auch unmittelbar als Grenzwerte der in [**94**] angegebenen Summen einen Sinn haben. Das gilt z.B. in dem Fall, daß $f(x)$ im Intervall (a, b) endlich viele Unstetigkeitspunkte hat und beschränkt ist (vgl.

Abb. 124). Die Werte der Funktion in den Unstetigkeitspunkten beeinflussen dabei die Größe des Integrals nicht. Wir werden darauf in **[116]** näher eingehen. Wenn eine Funktion $f(x)$ nicht beschränkt ist, d. h. $|f(x)|$ beliebig große Werte annimmt, dann ist eine unmittelbare Definition des Integrals als Grenzwert einer Summe

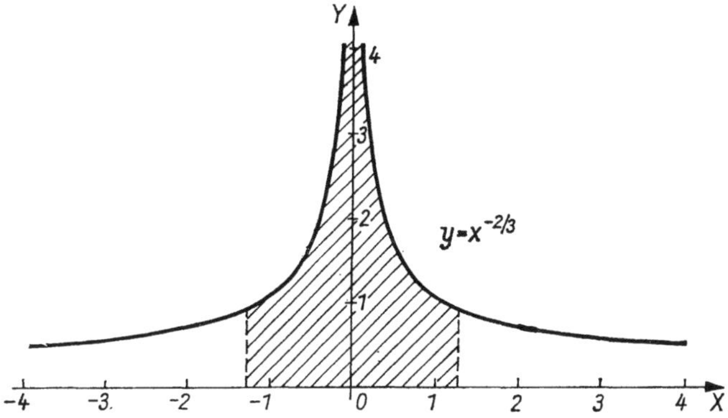

Abb. 125

unmöglich. Das gilt für das Beispiel in Abb. 125. Hier ist es notwendig, das Integral als Integral über ein verkürztes Intervall mit anschließendem Grenzübergang zu definieren:

$$\int_{-1}^{1} x^{-2/3}\,\mathrm{d}x = \lim_{\varepsilon' \to -0} \int_{-1}^{\varepsilon'} x^{-2/3}\,\mathrm{d}x + \lim_{\varepsilon'' \to +0} \int_{\varepsilon''}^{1} x^{-2/3}\,\mathrm{d}x\,.$$

Solche Integrale heißen gewöhnlich *uneigentliche Integrale.*

Für die Funktion $\frac{1}{x^2}$ existiert kein endlicher Grenzwert:

$$\lim_{\varepsilon \to +0} \int_{\varepsilon}^{1} \frac{1}{x^2}\,\mathrm{d}x = \infty\,.$$

Solche Integrale heißen *divergent.* Das oben betrachtete Integral von $x^{-2/3}$ heißt *konvergent,* da die Grenzwerte für $\varepsilon' \to -0$ und $\varepsilon'' \to +0$ existieren.

Im folgenden Paragraphen betrachten wir uneigentliche Integrale über einem unendlichen Intervall. In diesem Fall ist eine unmittelbare Definition des Integrals als Grenzwert einer Summe unmöglich.

98. Unendliche Grenzen. Die vorangegangenen Überlegungen kann man auch auf den Fall eines unbeschränkten Intervalls erweitern und

$$\int_{a}^{\infty} f(x)\,\mathrm{d}x = \lim_{b \to \infty} \int_{a}^{b} f(x)\,\mathrm{d}x\,, \tag{16}$$

$$\int_{-\infty}^{b} f(x)\,\mathrm{d}x = \lim_{a \to -\infty} \int_{a}^{b} f(x)\,\mathrm{d}x \tag{17}$$

setzen, *sofern diese Grenzwerte existieren.*

Diese Bedingung ist sicher erfüllt, wenn die Stammfunktion $F_1(x)$ gegen einen bestimmten Grenzwert strebt, falls x gegen ∞ oder $-\infty$ strebt. Bezeichnen wir diese Grenzwerte mit $F_1(\infty)$ bzw. $F_1(-\infty)$, so erhalten wir die Beziehungen

$$\int_0^\infty f(x)\,dx = \lim_{b\to\infty} [F_1(b) - F_1(a)] = F_1(\infty) - F_1(a)\,, \tag{18}$$

$$\int_{-\infty}^b f(x)\,dx = \lim_{a\to-\infty} [F_1(b) - F_1(a)] = F_1(b) - F_1(-\infty)\,, \tag{19}$$

$$\int_{-\infty}^\infty f(x)\,dx = \int_{-\infty}^a f(x)\,dx + \int_a^\infty f(x)\,dx = F_1(\infty) - F_1(-\infty)\,, \tag{20}$$

welche die Verallgemeinerung von (15) auf ein unendliches Intervall darstellen.

Oft schreibt man die Beziehung (16) auch in der Form $\lim\limits_{b\to+\infty} \int_a^b f(x)\,dx = \int_a^\infty f(x)\,dx$.

Die geometrische Bedeutung der obigen Bedingung besteht offenbar darin, daß der ins Unendliche verlaufende Zweig der Kurve $y = f(x)$, der dem Intervall $-\infty < x < \infty$ entspricht, eine Fläche endlichen Inhalts einschließt.

Wir haben somit den Begriff des bestimmten Integrals, der anfangs für eine stetige Funktion und ein endliches Intervall aufgestellt wurde, auf unstetige Funktionen und ein unendliches Intervall erweitert. Charakteristisch für diese Erweiterung ist die Berechnung des Integrals der stetigen Funktion zunächst über ein verkürztes Intervall und danach der Grenzübergang. Der so erhaltene Begriff heißt zum Unterschied von dem ursprünglichen ein *uneigentliches* oder *verallgemeinertes Integral*.

Beispiel. Die Kurve $y = \dfrac{1}{1+x^2}$, die für $x \to \pm\infty$ ins Unendliche verläuft, umschließt trotzdem gemeinsam mit der x-Achse eine Fläche endlichen Inhalts (Abb. 126), denn es ist

$$\int_{-\infty}^\infty \frac{dx}{1+x^2} = \arctan x \Big|_{-\infty}^{\infty} = \frac{\pi}{2} - \left(-\frac{\pi}{2}\right) = \pi\,.$$

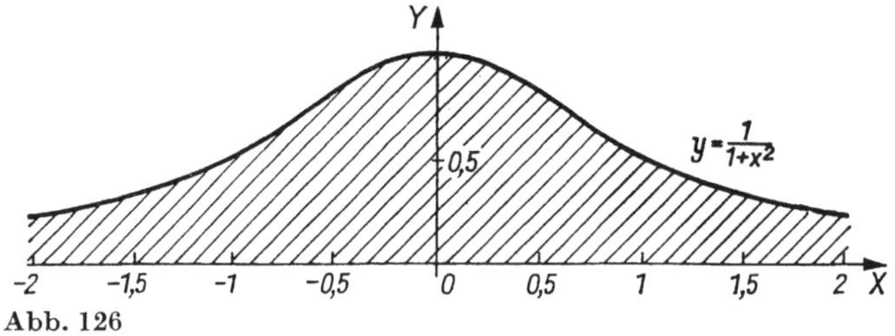

Abb. 126

Bei der Berechnung dieses Integrals hat man zu bedenken, daß man für die Funktion arctan x nicht einen beliebigen Wert dieser mehrdeutigen Funktion nehmen darf, sondern den in [24] definierten, d. h. den zwischen $-\dfrac{\pi}{2}$ und $\dfrac{\pi}{2}$ liegenden, damit sie eindeutig wird; anderenfalls verliert die vorstehende Formel ihren Sinn.

99 Die Substitution der Veränderlichen in einem bestimmten Integral. Es sei $f(x)$ stetig im Intervall (a, b) oder sogar in einem größeren Intervall (A, B), über das später noch gesprochen wird. Ferner sei die Funktion $\varphi(t)$ eindeutig, stetig und habe eine stetige Ableitung $\varphi'(t)$ im Intervall (α, β), wobei

$$\varphi(\alpha) = a \quad \text{und} \quad \varphi(\beta) = b \tag{21}$$

ist.

Wir nehmen ferner an, daß die Werte $\varphi(t)$, wenn t das Intervall (α, β) durchläuft, nicht aus dem Intervall (a, b) oder aus jenem größeren Intervall (A, B), in dem $f(x)$ stetig ist, herausfallen. Damit ist die mittelbare Funktion $f[\varphi(t)]$ eine stetige Funktion von t im Intervall (α, β).

Wenn wir an Stelle von x die neue Integrationsvariable t einführen,

$$x = \varphi(t)\,, \tag{22}$$

läßt sich das bestimmte Integral unter den angegebenen Voraussetzungen gemäß

$$\int_a^b f(x)\,\mathrm{d}x = \int_\alpha^\beta f[\varphi(t)]\,\varphi'(t)\,\mathrm{d}t \tag{23}$$

umformen. Zum Beweis führen wir statt der betrachteten Integrale solche mit veränderlichen Grenzen ein:

$$F(x) = \int_a^x f(y)\,\mathrm{d}y, \qquad \Psi(t) = \int_\alpha^t f[\varphi(z)]\,\varphi'(z)\,\mathrm{d}z\,.$$

Auf Grund von (22) ist $F(x)$ eine mittelbare Funktion von t, d. h.

$$F(x) = F[\varphi(t)] = \int_a^{\varphi(t)} f(y)\,\mathrm{d}y\,.$$

Berechnen wir ihre Ableitung nach der Kettenregel (Differentiation mittelbarer Funktionen), so erhalten wir

$$\frac{\mathrm{d}F(x)}{\mathrm{d}t} = \frac{\mathrm{d}F(x)}{\mathrm{d}x} \cdot \frac{\mathrm{d}x}{\mathrm{d}t}\,.$$

Auf Grund der Eigenschaft VIII [**96**] ist $\dfrac{\mathrm{d}F(x)}{\mathrm{d}x} = f(x)$, aus (22) folgt ferner $\dfrac{\mathrm{d}x}{\mathrm{d}t} = \varphi'(t)$, und damit ist

$$\frac{\mathrm{d}F(x)}{\mathrm{d}t} = f(x)\,\varphi'(t) = f[\varphi(t)]\,\varphi'(t)\,.$$

Wir berechnen jetzt die Ableitung der Funktion $\Psi(t)$. Auf Grund von Eigenschaft VIII und unseren Voraussetzungen gilt

$$\frac{\mathrm{d}\Psi(t)}{\mathrm{d}t} = f[\varphi(t)]\,\varphi'(t)\,.$$

Die Funktionen $\Psi(t)$ und $F(x)$, als Funktionen von t betrachtet, haben somit im Intervall (α, β) die gleichen Ableitungen, und daher [**89**] können sie sich nur um eine additive Konstante unterscheiden; für $t = \alpha$ ist aber

$$x = \varphi(\alpha) = a, \qquad F(x)|_{t=\alpha} = F(a) = 0, \qquad \Psi(\alpha) = 0\,,$$

d. h., diese beiden Funktionen stimmen für $t = \alpha$ und daher auch für alle Werte im Intervall (α, β) überein. Insbesondere erhalten wir für $t = \beta$ den Ausdruck

$$F(x)|_{t=\beta} = F(b) = \int_a^b f(x)\,\mathrm{d}x = \int_\alpha^\beta f[\varphi(t)]\,\varphi'(t)\,\mathrm{d}t\,,$$

was zu beweisen war.

Sehr häufig wird an Stelle der Substitution (22) die inverse benutzt:

$$t = \psi(x)\,. \tag{24}$$

Dann lassen sich die Grenzen α und β sofort nach den Formeln

$$\alpha = \psi(a), \qquad \beta = \psi(b)$$

bestimmen. Hierbei muß aber beachtet werden, daß *der Ausdruck* (22) *für x, den wir erhalten, wenn wir* (24) *nach x auflösen, allen oben angegebenen Bedingungen genügen muß*; insbesondere muß die Funktion $\varphi(t)$ eine eindeutige Funktion von t sein. Wenn diese Eigenschaft von $\varphi(t)$ nicht erfüllt ist, kann sich (23) als falsch erweisen.

Führen wir im Integral

$$\int_{-1}^{1} dx = 2$$

an Stelle von x die neue unabhängige Veränderliche t durch $t = x^2$ ein, so erhalten wir auf Grund von (23) ein Integral mit den Grenzen 1 und 1, d. h., es wäre gleich 0, aber nicht 2. Der hier auftretende Fehler ist eine Folge davon, daß die Darstellung von x durch t,

$$x = \sqrt{t}\,,$$

eine mehrdeutige Funktion ist.

Beispiel. Die Funktion $f(x)$ heißt eine *gerade* Funktion von x, wenn $f(-x) = f(x)$ ist, und eine *ungerade* Funktion, wenn $f(-x) = -f(x)$ ist. Zum Beispiel ist $\cos x$ eine gerade und $\sin x$ eine ungerade Funktion

Wir zeigen, daß

$$\int_{-a}^{a} f(x)\,dx = 2\int_{0}^{a} f(x)\,dx \quad \text{für gerades } f(x)\,,$$

$$\int_{-a}^{a} f(x)\,dx = 0 \qquad \text{für ungerades } f(x)$$

ist. Zu diesem Zweck zerlegen wir das Integral in zwei Teilintegrale [**94**, IV]:

$$\int_{-a}^{a} f(x)\,dx = \int_{-a}^{0} f(x)\,dx + \int_{0}^{a} f(x)\,dx\,.$$

In dem ersten Integral führen wir die Substitution $x = -t$ aus und benutzen die Eigenschaften II und III [**94**]:

$$\int_{-a}^{0} f(x)\,dx = -\int_{a}^{0} f(-t)\,dt = \int_{0}^{a} f(-t)\,dt = \int_{0}^{a} f(-x)\,dx\,.$$

Daraus folgt nach Einsetzen in die vorhergehende Formel

$$\int_{-a}^{a} f(x)\,dx = \int_{0}^{a} f(-x)\,dx + \int_{0}^{a} f(x)\,dx = \int_{0}^{a} [f(-x) + f(x)]\,dx\,.$$

Wenn $f(x)$ eine gerade Funktion ist, wird die Summe $f(-x) + f(x)$ gleich $2f(x)$, und ist $f(x)$ ungerade, so wird diese Summe gleich 0, womit unsere Behauptung bewiesen ist.

100. Partielle Integration. Die *Formel der partiellen Integration* [**91**] kann *für bestimmte Integrale* in der Gestalt

$$\int_{a}^{b} u(x)\,dv(x) = u(x)\,v(x)\Big|_{a}^{b} - \int_{a}^{b} v(x)\,du(x) \tag{25}$$

geschrieben werden. Integrieren wir nämlich die Identität [**91**]

$$u(x)\,\mathrm{d}v(x) = \mathrm{d}[u(x)\,v(x)] - v(x)\,\mathrm{d}u(x)$$

gliedweise, so erhalten wir

$$\int_a^b u(x)\,\mathrm{d}v(x) = \int_a^b \mathrm{d}[u(x)\,v(x)] - \int_a^b v(x)\,\mathrm{d}u(x)\;;$$

auf Grund der Eigenschaft IX [**96**] ist

$$\int_a^b \mathrm{d}[u(x)\,v(x)] = \int_a^b \frac{\mathrm{d}[u(x)\,v(x)]}{\mathrm{d}x}\,\mathrm{d}x = u(x)\,v(x)\Big|_a^b,$$

woraus sich (25) ergibt. Dabei wird natürlich angenommen, daß die Funktionen $u(x)$ und $v(x)$ stetige Ableitungen im Intervall (a, b) haben.

Beispiel. Zu berechnen sind die Integrale

$$\int_0^{\pi/2} \sin^n x\,\mathrm{d}x\,, \qquad \int_0^{\pi/2} \cos^n x\,\mathrm{d}x\,.$$

Wir setzen

$$I_n = \int_0^{\pi/2} \sin^n x\,\mathrm{d}x\,.$$

Durch partielle Integration erhalten wir

$$\begin{aligned} I_n &= \int_0^{\pi/2} \sin^{n-1} x \sin x\,\mathrm{d}x = -\int_0^{\pi/2} \sin^{n-1} x\,\mathrm{d}\cos x \\ &= -\sin^{n-1} x \cos x\Big|_0^{\pi/2} + \int_0^{\pi/2} (n-1)\sin^{n-2} x \cos x \cdot \cos x\,\mathrm{d}x \\ &= (n-1)\int_0^{\pi/2} \sin^{n-2} x \cos^2 x\,\mathrm{d}x = (n-1)\int_0^{\pi/2} \sin^{n-2} x\,(1-\sin^2 x)\,\mathrm{d}x \\ &= (n-1)\int_0^{\pi/2} \sin^{n-2} x\,\mathrm{d}x - (n-1)\int_0^{\pi/2} \sin^n x\,\mathrm{d}x = (n-1)\,I_{n-2} - (n-1)\,I_n\,, \end{aligned}$$

d. h.

$$I_n = (n-1)\,I_{n-2} - (n-1)\,I_n\,,$$

woraus durch Auflösen nach I_n

$$I_n = \frac{n-1}{n}\,I_{n-2} \tag{26}$$

entsteht.

Dies ist eine sogenannte *Rekursionsformel*, da sie die Berechnung des Integrals I_n auf ein ebensolches Integral, jedoch mit dem kleineren Index $n-2$, zurückführt.

Wir unterscheiden jetzt zwei Fälle, je nachdem, ob n eine gerade oder eine ungerade Zahl ist.

1. $n = 2k$ (gerade). Wegen (26) ist

$$I_{2k} = \frac{2k-1}{2k}\,I_{2k-2} = \frac{(2k-1)(2k-3)}{2k\cdot(2k-2)}\,I_{2k-4} = \cdots = \frac{(2k-1)(2k-3)\ldots 3\cdot 1}{2k(2k-2)\ldots 4\cdot 2}\,I_0\,,$$

und da

$$I_0 = \int_0^{\pi/2} dx = \frac{\pi}{2}$$

ist, wird schließlich

$$I_{2k} = \frac{(2k-1)(2k-3)\dots 3\cdot 1}{2k(2k-2)\cdots 4\cdot 2}\cdot\frac{\pi}{2}.$$

2. $n = 2k+1$ (ungerade). Analog dem Vorhergehenden finden wir

$$I_{2k+1} = \frac{2k(2k-2)\dots 4\cdot 2}{(2k+1)(2k-1)\dots 5\cdot 3} I_1, \qquad I_1 = \int_0^{\pi/2} \sin x\, dx = -\cos x\Big|_0^{\pi/2} = 1$$

und daher

$$I_{2k+1} = \frac{2k(2k-2)\dots 4\cdot 2}{(2k+1)(2k-1)\dots 5\cdot 3}.$$

Das Integral

$$\int_0^{\pi/2} \cos^n x\, dx$$

kann man auf demselben Weg berechnen; einfacher ist es aber, dieses Integral auf das Vorhergehende zurückzuführen, indem man berücksichtigt, daß

$$\int_0^{\pi/2} \cos^n x\, dx = \int_0^{\pi/2} \sin^n\left(\frac{\pi}{2} - \pi\right) dx$$

ist, woraus wir, falls

$$\frac{\pi}{2} - x = t, \qquad x = \frac{\pi}{2} - t$$

gesetzt wird, auf Grund von (23) und der Eigenschaft II [**94**]

$$\int_0^{\pi/2} \cos^n x\, dx = -\int_{\pi/2}^{0} \sin^n t\, dt = \int_0^{\pi/2} \sin^n t\, dt$$

finden.

Fassen wir die erhaltenen Resultate zusammen, so können wir schreiben:

$$\int_0^{\pi/2} \sin^{2k} x\, dx = \int_0^{\pi/2} \cos^{2k} x\, dx = \frac{(2k-1)(2k-3)\dots 3\cdot 1}{2k(2k-2)\dots 4\cdot 2}\cdot\frac{\pi}{2}, \tag{27}$$

$$\int_0^{\pi/2} \sin^{2k+1} x\, dx = \int_0^{\pi/2} \cos^{2k+1} x\, dx = \frac{2k(2k-2)\dots 4\cdot 2}{(2k+1)(2k-1)\dots 5\cdot 3}. \tag{28}$$

§ 10. Anwendung des bestimmten Integrals

101. Berechnung von Flächeninhalten. Wir gehen zur Anwendung des Begriffs des bestimmten Integrals auf die Berechnung von Flächen, Volumina und Bogenlängen über. Dabei werden wir uns häufig von anschaulichen Darstellungen leiten lassen.

In [87] hatten wir gesehen, daß der Inhalt der von der gegebenen Kurve $y = f(x)$, der x-Achse sowie den beiden Ordinaten $x = a$ und $x = b$ begrenzten Fläche durch das bestimmte Integral

$$\int_a^b f(x)\,dx \qquad (a < b)$$

dargestellt wird.

Dieses Integral liefert uns jedoch nicht den tatsächlichen Inhalt der Flächen, die die gegebene Kurve mit der x-Achse bildet, sondern nur deren algebraische Summe, in der jede Fläche, die unterhalb der x-Achse liegt, mit dem Minuszeichen auftritt. Um die Summe der Inhalte dieser Flächen im gewöhnlichen Sinne zu erhalten, muß man

$$\int_a^b |f(x)|\,dx$$

berechnen. So ist die Summe der Inhalte der in Abb. 127 schraffierten Flächen gleich

$$\int_a^c f(x)\,dx - \int_c^g f(x)\,dx + \int_g^h f(x)\,dx - \int_h^k f(x)\,dx + \int_k^b f(x)\,dx\,.$$

Der Inhalt der Fläche, die zwischen den beiden Kurven

$$y = f(x), \qquad y = \varphi(x) \tag{1}$$

und den beiden Ordinaten

$$x = a, \qquad x = b$$

liegt, wird in dem Fall, daß die eine Kurve oberhalb der anderen liegt, d. h., wenn in (a, b)

$$f(x) \geqq \varphi(x)$$

ist, durch das bestimmte Integral

$$\int_a^b [f(x) - \varphi(x)]\,dx \tag{2}$$

gegeben.

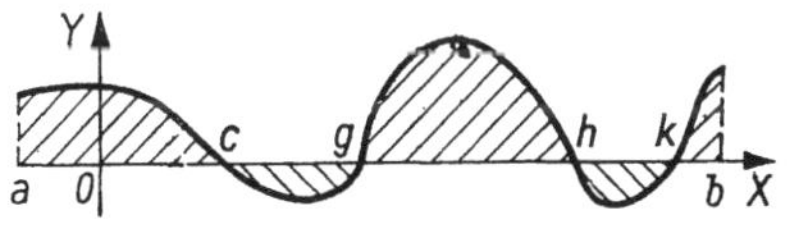

Abb. 127

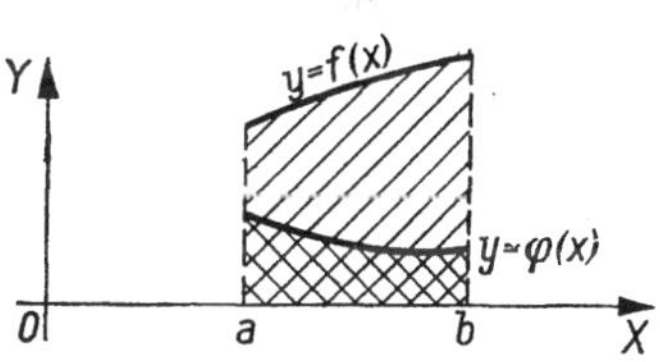

Abb. 128

Wir nehmen zunächst an, daß beide Kurven oberhalb der x-Achse liegen. Aus Abb. 128 ist unmittelbar ersichtlich, daß die gesuchte Fläche S gleich der Differenz der Flächen ist, die von den gegebenen Kurven und der x-Achse begrenzt werden:

$$S = \int_a^b f(x)\,dx - \int_a^b \varphi(x)\,dx = \int_a^b [f(x) - \varphi(x)]\,dx\,,$$

was zu beweisen war. Der allgemeine Fall von bezüglich der x-Achse beliebig gelegenen Kurven läßt sich auf den behandelten zurückführen, wenn man die x-

Achse um so viel nach unten verschiebt, daß beide Kurven oberhalb der x-Achse liegen; diese Verschiebung ist gleichbedeutend mit dem Hinzufügen ein und derselben additiven Konstanten zu den beiden Funktionen $f(x)$ und $\varphi(x)$, wobei die Differenz $f(x) - \varphi(x)$ unverändert bleibt.

Als Übung schlagen wir vor zu beweisen: *Wenn die beiden gegebenen Kurven sich so schneiden, daß die eine Kurve teilweise unterhalb und teilweise oberhalb der anderen liegt, dann wird der Inhalt der Flächen, die zwischen ihnen und den Ordinaten $x = a$, $x = b$ liegen, gleich*

$$\int_a^b |f(x) - \varphi(x)| \, dx . \tag{3}$$

Oft nennt man die Berechnung eines bestimmten Integrals *Quadratur*. Das hängt damit zusammen, daß die Bestimmung eines Flächeninhalts — wie oben gezeigt — auf die Berechnung eines bestimmten Integrals führt.

Beispiel.

1. *Der Inhalt der Fläche, die von der Parabel zweiten Grades*

$$y = ax^2 + bx + c ,$$

der x-Achse und zwei Ordinaten, deren Abstand h ist, begrenzt wird, ist gleich

$$\frac{h}{6}(y_1 + y_2 + 4y_0) , \tag{4}$$

wobei y_1 und y_2 die äußeren Kurvenordinaten und y_0 die von den äußeren Ordinaten gleich weit entfernte Ordinate bezeichnen. Dabei wird vorausgesetzt, daß die Kurve oberhalb der x-Achse liegt.

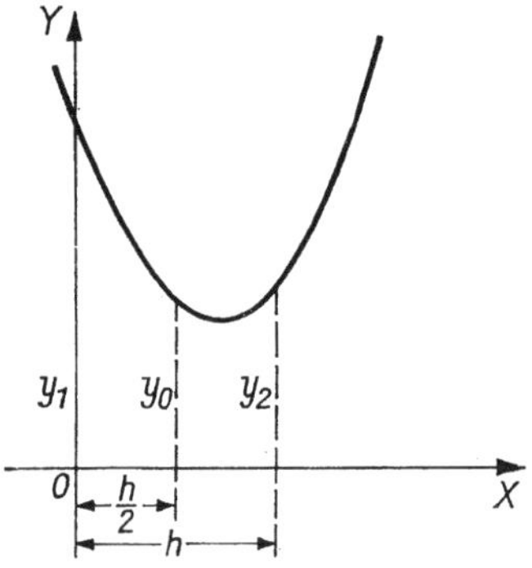

Abb. 129

Beim Beweis von (4) können wir ohne Einschränkung der Allgemeinheit annehmen, daß die äußere linke Ordinate mit der y-Achse zusammenfällt (Abb. 129), da die Verschiebung der ganzen Figur parallel zur x-Achse weder die Größe der betrachteten Fläche noch die gegenseitige Lage der äußeren und inneren Ordinaten noch die Größen dieser Ordinaten ändert. Unter dieser Voraussetzung und unter der Annahme, daß die Parabelgleichung die Form

$$y = ax^2 + bx + c$$

hat, stellen wir den gesuchten Flächeninhalt S in der Form des bestimmten Integrals

$$S = \int_0^h (ax^2 + bx + c) \, dx = \left[a\frac{x^3}{3} + b\frac{x^2}{2} + xc \right]_0^h = a\frac{h^3}{3} + b\frac{h^2}{2} + ch$$

$$= \frac{h}{6}(2ah^2 + 3bh + 6c)$$

dar. Mit unseren Bezeichnungen haben wir

$$y_0 = ax^2 + bx + c\,|_{x=h/2} = \tfrac{1}{4}\,ah^2 + \tfrac{1}{2}\,bh + c\,,$$

$$y_1 = ax^2 + bx + c\,|_{x=0} = c\,, \qquad y_2 = ax^2 + bx + c\,|_{x=h} = ah^2 + bh + c\,.$$

Daraus folgt

$$y_1 + y_2 + 4y_0 = 2ah^2 + 3bh + 6c\,,$$

womit unsere Behauptung bewiesen ist.

2. *Der Flächeninhalt der Ellipse.* Die Ellipse mit der Gleichung

$$\frac{x^2}{a^2} + \frac{y^2}{b^2} = 1$$

liegt symmetrisch zu den Koordinatenachsen, und daher ist die gesuchte Fläche S gleich der vierfachen Fläche des Teils der Ellipse, der im ersten Quadranten liegt, d. h.

$$S = 4\int_0^a y\,\mathrm{d}x$$

(Abb. 130). Anstatt y aus der Gleichung der Ellipse zu bestimmen und den erhaltenen Ausdruck in den Integranden einzusetzen, benutzen wir die Parameterdarstellung der Ellipse,

$$x = a\cos t\,, \qquad y = b\sin t\,, \tag{5}$$

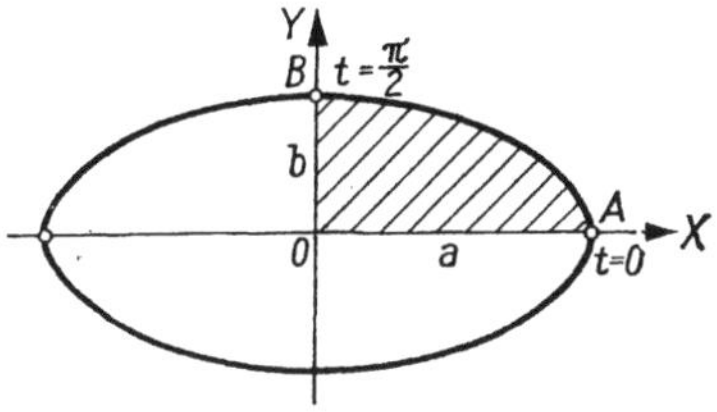

Abb. 130

und führen an Stelle von x die neue Veränderliche t ein; y wird dann durch die zweite der Gleichungen (5) ausgedrückt. Läuft x von 0 bis a, so läuft t von $\frac{\pi}{2}$ bis 0, und da alle Bedingungen der Substitutionsregel für die Veränderlichen [**99**] im vorliegenden Fall erfüllt sind, wird

$$S = 4\int_{\pi/2}^{0} b\sin t\,\mathrm{d}(a\cos t) = -4ab\int_{\pi/2}^{0}\sin^2 t\,\mathrm{d}t = 4ab\int_0^{\pi/2}\sin^2 t\,\mathrm{d}t\,.$$

Gemäß (27) [**100**] erhalten wir für $k = 1$

$$\int_0^{\pi/2}\sin^2 t\,\mathrm{d}t = \frac{1}{2}\cdot\frac{\pi}{2} = \frac{\pi}{4}\,,$$

woraus wir schließlich

$$S = \pi ab$$

finden.

Für $a = b$, wenn also die Ellipse in einen Kreis vom Radius a übergeht, erhalten wir für den Flächeninhalt des Kreises den bekannten Ausdruck πa^2.

3. *Wir berechnen den Inhalt der Fläche, die zwischen den beiden Kurven*

$$y = x^2\,, \qquad x = y^2$$

eingeschlossen ist.

Die gegebenen Kurven (Abb. 131) schneiden sich in den beiden Punkten (0, 0), (1, 1), deren Koordinaten wir erhalten, wenn wir das System der Gleichungen dieser Kurven auflösen. Da im Intervall (0, 1) die Ungleichung $\sqrt{x} \geqq x^2$ gilt, wird der gesuchte Flächeninhalt S auf Grund von (2) durch

$$S = \int_0^1 (\sqrt{x} - x^2)\, dx = \left(\frac{2}{3} x^{3/2} - \frac{x^3}{3}\right)\Big|_0^1 = \frac{1}{3}$$

ausgedrückt.

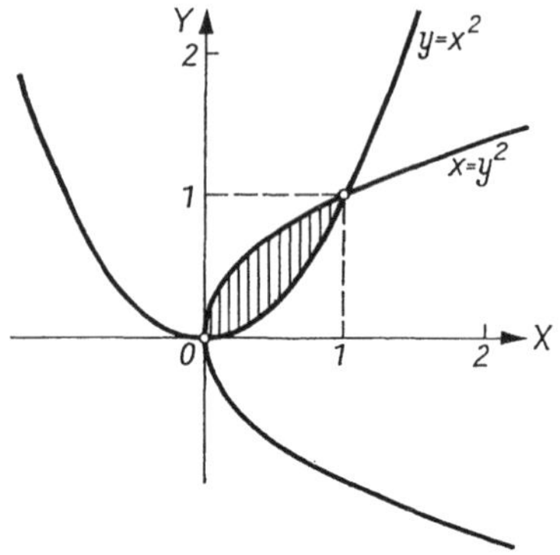

Abb. 131

102. Der Flächeninhalt eines Sektors. *Der Flächeninhalt eines Sektors, der begrenzt wird von einer in Polarkoordinaten gegebenen Kurve,*

$$r = f(\theta)\,, \tag{7}$$

sowie von zwei Radiusvektoren

$$\theta = \alpha, \qquad \theta = \beta\,, \tag{8}$$

die vom Pol aus unter den Winkeln α bzw. β zur Polachse gezogen sind, wird durch die Formel

$$S = \int_\alpha^\beta \tfrac{1}{2} r^2\, d\theta = \tfrac{1}{2}\int_\alpha^\beta [f(\theta)]^2\, d\theta \tag{9}$$

dargestellt.

Wir zerlegen die betrachtete Fläche (Abb. 132) in kleine Elemente, indem wir den Winkel zwischen den Radiusvektoren (8) in n Teile einteilen, und betrachten die Fläche eines dieser kleinen Sektoren, der von den Strahlen θ und $\theta + \Delta\theta$

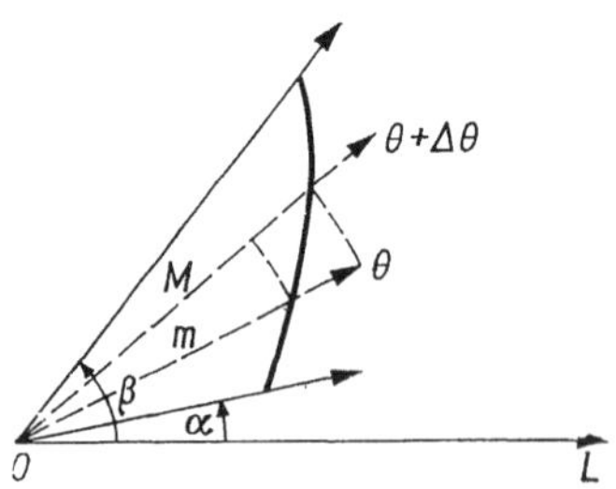

Abb. 132

begrenzt wird. Bezeichnen wir mit ΔS seinen Flächeninhalt und mit $\boldsymbol{m}$ und $\boldsymbol{M}$ den kleinsten bzw. den größten Wert der Funktion $r = f(\theta)$ in dem Intervall $(\theta, \theta + \Delta\theta)$, so sehen wir, daß ΔS zwischen den Flächeninhalten der zwei Kreissektoren mit demselben Öffnungswinkel $\Delta\theta$, aber den Radien $\boldsymbol{m}$ und $\boldsymbol{M}$ liegt, d. h. $\frac{1}{2}\boldsymbol{m}^2\,\Delta\theta \leqq \Delta S \leqq \frac{1}{2}\boldsymbol{M}^2\,\Delta\theta$. Bezeichnen wir daher mit $\boldsymbol{P}$ eine gewisse zwischen $\boldsymbol{m}$ und $\boldsymbol{M}$ liegende Zahl, so können wir $\Delta S = \frac{1}{2}\boldsymbol{P}^2\,\Delta\theta$ setzen. Da die stetige Funktion $f(\theta)$ im Intervall $(\theta, \theta + \Delta\theta)$ alle Werte zwischen $\boldsymbol{m}$ und $\boldsymbol{M}$ annimmt, läßt sich in diesem Intervall sicher ein Wert θ' finden, für den $f(\theta') = \boldsymbol{P}$ ist; dann wird

$$\Delta S = \tfrac{1}{2}\,[f(\theta')]^2\,\Delta\theta\,. \tag{10}$$

Vergrößern wir jetzt die Anzahl der Elementarsektoren ΔS so, daß der Öffnungswinkel des größten der Werte $\Delta\theta$ gegen 0 strebt, und erinnern wir uns an das in [87] Gesagte, so erhalten wir im Grenzfall

$$S = \lim \sum \Delta S = \lim \sum \tfrac{1}{2}\,[f(\theta')]^2\,\Delta\theta = \int_\alpha^\beta \tfrac{1}{2}\,[f(\theta)]^2\,\mathrm{d}\theta = \int_\alpha^\beta \tfrac{1}{2}\,r^2\,\mathrm{d}\theta\,,$$

was zu beweisen war.

Die Grundidee dieses Beweises von (9) besteht darin, die Fläche des Sektors ΔS zu ersetzen durch die Fläche eines Kreissektors mit demselben Öffnungswinkel $\Delta\theta$ und dem Radius $f(\theta')$. Nehmen wir an Stelle des *genauen* Ausdrucks (10) den *angenäherten* Ausdruck $\Delta S = \frac{1}{2}\,r^2\,\mathrm{d}\theta$, wobei $r = f(\theta'')$ ist und θ'' einen beliebigen Wert aus dem Intervall $(\theta, \theta + \Delta\theta)$ bezeichnet, so erhalten wir für den Flächeninhalt dieses Sektors im Grenzfall dasselbe Resultat:

$$\lim \sum \tfrac{1}{2}\,[f(\theta'')]^2\,\Delta\theta = \int_\alpha^\beta \tfrac{1}{2}\,r^2\,\mathrm{d}\theta\,. \tag{11}$$

Bei dieser Herleitung bekommt der Integrand in (11) eine einfache geometrische Bedeutung: $\frac{1}{2}\,r^2\,\mathrm{d}\theta$ ist der Näherungsausdruck für den Flächeninhalt eines Elementarsektors vom Öffnungswinkel $\mathrm{d}\theta$ und wird daher einfach *Flächenelement in Polarkoordinaten* genannt.

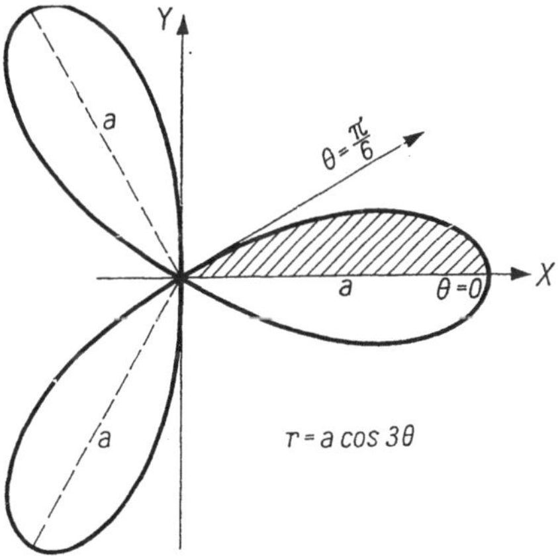

Abb. 133

Beispiel. Es ist der Inhalt der Fläche zu finden, die von der geschlossenen Kurve

$$r = a\cos 3\theta \qquad (a > 0)$$

begrenzt wird.

Diese Kurve, deren Punktkonstruktion keinerlei Schwierigkeit bietet, ist in Abb. 133 dargestellt und heißt *Dreiblatt*. Die ganze von ihr begrenzte Fläche ist gleich dem sechsfachen

Inhalt des schraffierten Teils, der einer Änderung des Winkels ϑ von 0 bis $\frac{\pi}{6}$ entspricht. Nach (9) erhalten wir also

$$S = 6\int_0^{\pi/6} \frac{1}{2} a^2 \cos^2 3\theta \, d\theta = a^2 \int_0^{\pi/6} \cos^2 3\theta \, d(3\theta) = a^2 \int_0^{\pi/2} \cos^2 t \, dt = \frac{\pi a^2}{4}.$$

103. Die Bogenlänge. Es sei AB ein Bogen einer Kurve. Wir beschreiben der Kurve einen Streckenzug ein (Abb. 134) und vergrößern die Anzahl der einzelnen Strecken so, daß die Länge der größten Strecke gegen 0 strebt. Wenn dabei die Gesamtlänge des Streckenzuges gegen einen endlichen Grenzwert strebt, der nicht davon abhängt, wie wir den Streckenzug gewählt haben, dann heißt der Bogen *rektifizierbar*; der Grenzwert selbst wird die *Länge dieses Bogens* genannt. Diese Definition gilt sinngemäß auch für geschlossene Kurven.

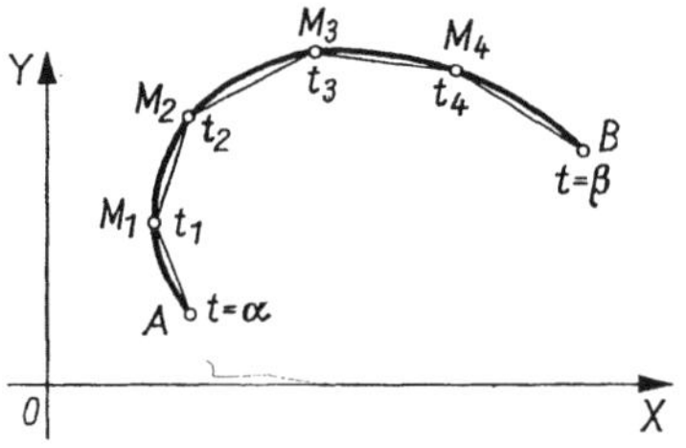

Abb. 134

Die Kurve sei durch die explizite Gleichung $y = f(x)$ gegeben; dem Punkt A entspreche der Wert $x = a$, dem Punkt B der Wert $x = b$. (Dabei sei $a < b$.) Ferner besitze $f(x)$ im abgeschlossenen Intervall $a \leqq x \leqq b$, dem der Bogen AB entspricht, eine stetige Ableitung. Wir beweisen nun, daß unter diesen Voraussetzungen der Bogen AB rektifizierbar und seine Länge durch ein bestimmtes Integral ausdrückbar ist.

Es sei $AM_1M_2 \ldots M_{n-1}B$ ein einbeschriebener Streckenzug, dessen Ecken den Werten

$$x_0 = a < x_1 < x_2 < \cdots < x_{n-1} < x_n = b$$

entsprechen und die Ordinaten $y_i = f(x_i)$ haben. Wenn wir die aus der analytischen Geometrie bekannte Formel für die Länge einer Strecke benutzen, erhalten wir für die Länge des Streckenzuges den Ausdruck

$$p = \sum_{i=1}^{n} \sqrt{(x_i - x_{i-1})^2 + (y_i - y_{i-1})^2}$$
$$= \sum_{i=1}^{n} \sqrt{(x_i - x_{i-1})^2 + [f(x_i) - f(x_{i-1})]^2}\,.$$

Nach dem Mittelwertsatz gilt nun

$$f(x_i) - f(x_{i-1}) = f'(\xi_i)\,(x_i - x_{i-1}) \qquad (x_{i-1} < \xi_i < x_i)\;;$$

für die Länge einer einzelnen Strecke erhalten wir also

$$\sqrt{1 + f'^2(\xi_i)}\,(x_i - x_{i-1})\,.$$

Hieraus ersehen wir, daß die Forderung, die Länge der größten Strecke strebe gegen 0, damit gleichbedeutend ist, daß die größte der Differenzen $x_i - x_{i-1}$ gegen 0 strebt. Für die Länge des ganzen Streckenzuges finden wir so den Ausdruck

$$p = \sum_{i=1}^{n} \sqrt{1 + f'^2(\xi_i)}\,(x_i - x_{i-1}),$$

der tatsächlich einen Grenzwert besitzt, nämlich das Integral

$$\int_a^b \sqrt{1 + f'^2(x)}\,dx .$$

Daher gilt für die Länge l des Bogens AB

$$l = \int_a^b \sqrt{1 + f'^2(x)}\,dx . \tag{12}$$

Es seien nun $x' < x''$ irgendwelche Werte aus dem Intervall (a, b) und M' und M'' die entsprechenden Punkte auf dem Bogen AB. Nach dem Mittelwertsatz der Integralrechnung erhalten wir für die Länge l' des Bogens $M'M''$

$$l' = \int_{x'}^{x''} \sqrt{1 + f'^2(x)}\,dx = \sqrt{1 + f'^2(\xi_1)}\,(x'' - x') \qquad (x' < \xi_1 < x'') .$$

Für die Länge der Sehne $\overline{M'M''}$ ergibt sich unter Benutzung des Mittelwertsatzes der Differentialrechnung

$$|\overline{M'M''}| = \sqrt{(x'' - x')^2 + [f(x') - f(x'')]^2} = \sqrt{1 + f'^2(\xi_2)}\,(x'' - x')$$
$$(x' < \xi_2 < x'') .$$

Hieraus folgt

$$\frac{|\overline{M'M''}|}{l'} = \frac{\sqrt{1 + f'^2(\xi_2)}}{\sqrt{1 + f'^2(\xi_1)}} .$$

Streben die Punkte M' und M'' gegen den Punkt M mit der Abszisse x, so gilt $x' \to x$ und $x'' \to x$ und damit $\xi_1 \to x$ und $\xi_2 \to x$. Aus dieser Beziehung ergibt sich also

$$\frac{|\overline{M'M''}|}{l'} \to 1 .$$

Hierbei haben wir **[70]** benutzt.

Wir nehmen nun an, die Kurve sei in der Parameterdarstellung

$$x = \varphi(t), \qquad y = \psi(t)$$

gegeben, wobei den Punkten A und B die Parameterwerte α bzw. β entsprechen mögen. Dabei setzen wir voraus, daß den Parameterwerten t aus dem Intervall $\alpha \leqq t \leqq \beta$ die Punkte der Kurve AB so zugeordnet sind, daß verschiedenen t auch verschiedene Kurvenpunkte entsprechen. Die Kurve selbst wird als doppelpunktfrei und nicht geschlossen vorausgesetzt (Abb. 134).

Ferner setzen wir voraus, daß auf $\alpha \leqq t \leqq \beta$ stetige Ableitungen $\varphi'(t)$ und $\psi'(t)$ existieren.

Es sei wie oben $AM_1M_2 \ldots M_{n-1}B$ ein einbeschriebener Streckenzug; $\alpha = t_0$, $t_1, t_2, \ldots, t_{n-1}, t_n = \beta$ seien die entsprechenden Parameterwerte. Für die Länge des Streckenzuges erhalten wir den Ausdruck

$$p = \sum_{i=1}^{n} \sqrt{[\varphi(t_i) - \varphi(t_{i-1})]^2 + [\psi(t_i) - \psi(t_{i-1})]^2}$$

oder, unter Benutzung des Mittelwertsatzes der Differentialrechnung,

$$p = \sum_{i=1}^{n} \sqrt{\varphi'^2(\tau_i) + \psi'^2(\tau_i')}\,(t_i - t_{i-1}) \qquad (t_{i-1} < \tau_i, \tau_i' < t_i)\,. \tag{13}$$

Man kann zeigen, daß die Forderung, die Länge der größten Strecke des Streckenzuges möge gegen 0 sreben, gleichbedeutend damit ist, daß die größte der Differenzen $t_i - t_{i-1}$ gegen 0 strebt. Das kann auch ohne Voraussetzung der Existenz von $\varphi'(t)$ und $\psi'(t)$ bewiesen werden.

Der Ausdruck (13) ist von der Summe, die als Grenzwert das Integral

$$\int_{\alpha}^{\beta} \sqrt{\varphi'^2(t) + \psi'^2(t)}\,\mathrm{d}t \tag{14}$$

liefert, verschieden, da die Argumente τ_i und τ_i' im allgemeinen verschieden sind.

Wir führen die Summe

$$q = \sum_{i=1}^{n} \sqrt{\varphi'^2(\tau_i) + \psi'^2(\tau_i)}\cdot(t_i - t_{i-1})$$

ein, die im Grenzwert das Integral (14) liefert. Um zu zeigen, daß auch die Summe (13) gegen den Grenzwert (14) strebt, genügt es zu zeigen, daß die Differenz

$$p - q = \sum_{i=1}^{n} \left[\sqrt{\varphi'^2(\tau_i) + \psi'^2(\tau_i')} - \sqrt{\varphi'^2(\tau_i) + \psi'^2(\tau_i)}\right](t_i - t_{i-1})$$

gegen 0 strebt.

Wenn wir mit der Summe der beiden Wurzeln erweitern, erhalten wir

$$p - q = \sum_{i=1}^{n} \frac{\psi'(\tau_i') + \psi'(\tau_i)}{\sqrt{\varphi'^2(\tau_i) + \psi'^2(\tau_i')} + \sqrt{\varphi'^2(\tau_i) + \psi'^2(\tau_i)}}\,[\psi'(\tau_i') - \psi'(\tau_i)]\,(t_i - t_{i-1})\,.$$

Da

$$|\psi'(\tau_i') + \psi'(\tau_i)| \leqq \sqrt{\varphi'^2(\tau_i) + \psi'^2(\tau_i')} + \sqrt{\varphi'^2(\tau_i) + \psi'^2(\tau_i)}$$

gilt, folgt

$$|p - q| \leqq \sum_{i=1}^{n} |\psi'(\tau_i') - \psi'(\tau_i)|\,(t_i - t_{i-1})\,.$$

Die Zahlen τ_i und τ_i' gehören dem Intervall (t_{i-1}, t_i) an, und wegen der gleichmäßigen Stetigkeit von $\psi'(t)$ im Intervall $\alpha \leqq t \leqq \beta$ kann man behaupten, daß die größte der Zahlen $|\psi'(\tau_i') - \psi'(\tau_i)|$, die wir mit δ bezeichnen wollen, gegen 0 strebt, wenn die größte der Differenzen $t_i - t_{i-1}$ gegen 0 strebt. Aus der obigen Formel folgt nun

$$|p - q| \leqq \sum_{i=1}^{n} \delta(t_i - t_{i-1}) = \delta \sum_{i=1}^{n} (t_i - t_{i-1}) = \delta(\beta - \alpha)$$

und daraus offenbar $p - q \to 0$.

Daher strebt unter unseren Voraussetzungen die Summe (13), d. h. die Länge des einbeschriebenen Streckenzuges, gegen das Integral (14), und demnach ist

$$l = \int_{\alpha}^{\beta} \sqrt{\varphi'^2(t) + \psi'^2(t)}\,\mathrm{d}t\,. \tag{15}$$

Diese Formel für die Länge l gilt auch für geschlossene Kurven. Um sich davon zu überzeugen, genügt es z.B., die geschlossene Kurve in zwei Teile zu zerlegen, für jeden dieser Teile Formel (15) anzuwenden und die für l erhaltenen Werte zu addieren. Entsprechend verfährt man, wenn eine Kurve l aus endlich vielen Kurven l_k besteht, die sämtlich in Parameterform gegeben sind und den oben erwähnten Bedingungen genügen: Man berechnet nach (15) die Länge der einzelnen Kurven l_k und erhält durch Addition dieser Längen die Länge der Kurve l.

Wir betrachten nun einen Parameterwert t aus (α, β), dem ein Punkt M des Bogens AB entspricht. Die Länge des Bogens AM ist eine Funktion von t und ist durch

$$s(t) = \int_\alpha^t \sqrt{\varphi'^2(\tau) + \psi'^2(\tau)}\, \mathrm{d}\tau \tag{16}$$

gegeben. Nach der Regel für die Differentiation eines Integrals nach der oberen Grenze erhalten wir

$$\frac{\mathrm{d}s}{\mathrm{d}t} = \sqrt{\varphi'^2(t) + \psi'^2(t)}\,,$$

d. h.

$$\mathrm{d}s = \sqrt{\varphi'^2(t) + \psi'^2(t)}\, \mathrm{d}t\,. \tag{17}$$

Hieraus folgt wegen

$$\varphi'(t) = \frac{\mathrm{d}x}{\mathrm{d}t}\,, \qquad \psi'(t) = \frac{\mathrm{d}y}{\mathrm{d}t}$$

die Formel für das Bogendifferential [**70**],

$$\mathrm{d}s = \sqrt{(\mathrm{d}x)^2 + (\mathrm{d}y)^2}\,,$$

und (15) kann ohne Benutzung der Integrationsvariablen in folgender Gestalt geschrieben werden:

$$l = \int_{(A)}^{(B)} \mathrm{d}s = \int_{(A)}^{(B)} \sqrt{(\mathrm{d}x)^2 + (\mathrm{d}y)^2}\,.$$

Die Integrationsgrenzen weisen auf Anfangs- und Endpunkt der Kurve hin.

Ist $\varphi'^2(t) + \psi'^2(t) > 0$ für alle t aus (α, β), so erhalten wir nach (17) die Ableitung des Parameters t nach s,

$$\frac{\mathrm{d}t}{\mathrm{d}s} = \frac{1}{\sqrt{\varphi'^2(t) + \psi'^2(t)}}\,,$$

und unter der angegebenen Bedingung kann man ebenso wie im Fall einer durch eine explizite Gleichung gegebenen Kurve zeigen, daß das Verhältnis der Länge einer Sehne zur Länge des zugehörigen Bogens gegen 1 strebt. Falls stetige Ableitungen $\varphi'(t)$, $\psi'(t)$ existieren und $\varphi'^2(t) + \psi'^2(t) > 0$ ist, existiert eine sich stetig ändernde Tangente längs des Bogens AB.

Ist die Kurve in Polarkoordinaten durch die Gleichung

$$r = f(\theta)$$

gegeben und führen wir rechtwinklige Koordinaten x und y ein, die mit den Polarkoordinaten r und θ durch die Beziehungen

$$x = r\cos\theta\,, \qquad y = r\sin\theta \tag{18}$$

verknüpft sind [82], so können wir diese Gleichung als Parameterdarstellung der Kurve mit dem Parameter θ ansehen und erhalten dann

$$dx = \cos\theta\, dr - r\sin\theta\, d\theta, \qquad dy = \sin\theta\, dr + r\cos\theta\, d\theta\,,$$

$$(dx)^2 + (dy)^2 = (dr)^2 + r^2(d\theta)^2\,,$$

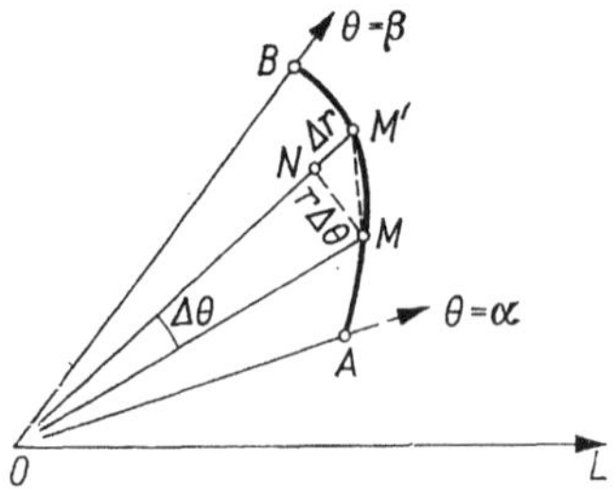

Abb. 135

woraus sich

$$ds = \sqrt{(dx)^2 + (dy)^2} = \sqrt{(dr)^2 + r^2(d\theta)^2} \tag{19}$$

ergibt. Entsprechen den Punkten A und B die Werte α bzw. β des Polwinkels θ (Abb. 135), so liefert (19)

$$s = \int_{\alpha}^{\beta} \sqrt{r^2 + \left(\frac{dr}{d\theta}\right)^2}\, d\theta\,. \tag{20}$$

Den Ausdruck (19) für ds, der das *Bogendifferential in Polarkoordinaten* genannt wird, kann man auch unmittelbar aus Abb. 135 erhalten, wenn man den unendlich kleinen Bogen MM' durch seine Sehne ersetzt und letztere als Hypotenuse in dem rechtwinkligen Dreieck MNM' berechnet, dessen Katheten $\overline{MN}$ und $\overline{NM'}$ angenähert gleich $r\, d\theta$ bzw. dr sind.

Beispiele.

1. Die Bogenlänge s der Parabel $y = x^2$, gerechnet von dem Scheitel (0, 0) bis zu dem veränderlichen Punkt mit der Abszisse x, wird gemäß (12) durch das *Integral*

$$s = \int_0^x \sqrt{1 + y'^2}\, dx = \int_0^x \sqrt{1 + 4x^2}\, dx = \frac{1}{2}\int_0^{2x} \sqrt{1 + t^2}\, dt \tag{21}$$

dargestellt, wobei wir $t = 2x$ gesetzt haben.

Auf Grund des Beispiels 11 [92] erhalten wir

$$\int \sqrt{1 + t^2}\, dt = \frac{1}{2}\left[t\sqrt{1 + t^2} + \log\left(t + \sqrt{1 + t^2}\right)\right] + C\,.$$

Setzen wir dies in (21) ein, so folgt

$$s = \frac{1}{4}\left[2x\sqrt{1 + 4x^2} + \log\left(2x + \sqrt{1 + 4x^2}\right)\right].$$

2. Die Bogenlänge der Ellipse

$$\frac{x^2}{a^2} + \frac{y^2}{b^2} = 1$$

ist auf Grund ihrer Symmetrie bezüglich der Koordinatenachsen gleich der vierfachen Länge des Teils, der im ersten Quadranten liegt. Stellen wir die Ellipse in Parameterform durch die

Gleichungen

$$x = a \cos t\,, \qquad y = b \sin t$$

dar und beachten, daß den Punkten A und B die Parameterwerte 0 bzw. $\frac{\pi}{2}$ entsprechen, so erhalten wir für die gesuchte Länge l gemäß (15) den Ausdruck

$$l = 4 \int_0^{\pi/2} \sqrt{a^2 \sin^2 t + b^2 \cos^2 t}\, dt\,. \tag{22}$$

Dieses Integral kann nicht in geschlossener Form berechnet werden; man kann hierfür nur ein Näherungsverfahren angeben, das später gebracht wird.

3. Die Länge des Bogens einer *logarithmischen Spirale*

$$r = C\, e^{a\theta}$$

[83], der von den Radiusvektoren $\theta = \alpha$ und $\theta = \beta$ herausgeschnitten wird, läßt sich auf Grund von (20) durch das Integral

$$\int_\alpha^\beta \sqrt{r^2 + \left(\frac{dr}{d\theta}\right)^2}\, d\theta = C\sqrt{1 + a^2} \int_\alpha^\beta e^{a\theta}\, d\theta = \frac{C\sqrt{1 + a^2}}{a} (e^{a\beta} - e^{a\alpha})$$

darstellen.

4. In [78] hatten wir die Kettenlinie betrachtet; $M(x, y)$ sei ein beliebiger ihrer Punkte. Wir berechnen die Länge des Bogens AM (Abb. 93). Unter Berücksichtigung des Ausdrucks für $1 + y'^2$ aus [78] erhalten wir

$$AM = \int_0^x \sqrt{1 + y'^2}\, dt = \int_0^x \frac{y}{a}\, dt = \frac{1}{2} \int_0^x (e^{t/a} + e^{-t/a})\, dt = \frac{a}{2} (e^{x/a} - e^{-x/a}) = ay'\,,$$

wonach

$$a^2 + (\text{Bogen } AM)^2 = a^2 + a^2 y'^2 = a^2(1 + y'^2) = y^2$$

wird, d. h., die Länge des Bogens AM ist gleich der Kathete des rechtwinkligen Dreiecks, dessen Hypotenuse gleich der Ordinate des Punktes M und dessen andere Kathete gleich a ist. Wir erhalten auf diese Weise die folgende Regel für die Konstruktion der Länge des Bogens AM:

Um den Scheitelpunkt A der Kettenlinie ist ein Kreis zu beschreiben, dessen Radius gleich der Ordinate des Punktes M ist; der Abschnitt $\overline{OQ}$ der x-Achse vom Koordinatenursprung O bis zum Schnittpunkt Q der x-Achse mit dem erwähnten Kreis stellt den rektifizierten Bogen AM dar (Abb. 93).

In den vorstehenden Formeln haben wir bei der Wahl der Vorzeichen den Umstand benutzt, daß y' für die auf der rechten Seite der Kettenlinie liegenden Punkte positives Vorzeichen hat.

5. Für die in [79] betrachtete Zykloide bestimmen wir die Bogenlänge l des Teilbogens OO' (Abb. 94) und den Inhalt S der Fläche, die von diesem Teilbogen und der x-Achse begrenzt wird:

$$l = \int_0^{2\pi} \sqrt{[\varphi'(t)]^2 + [\psi'(t)]^2}\, dt = \int_0^{2\pi} \sqrt{a^2(1 - \cos t)^2 + a^2 \sin^2 t}\, dt$$

$$= a \int_0^{2\pi} \sqrt{2 - 2\cos t}\, dt = a \int_0^{2\pi} \sqrt{4 \sin^2 \frac{t}{2}}\, dt = 2a \int_0^{2\pi} \sin \frac{t}{2}\, dt = 2a \left[-2 \cos \frac{t}{2}\right]_0^{2\pi} = 8a\,,$$

d. h., *die Länge eines Zykloidenbogens ist gleich dem vierfachen Durchmesser des rollenden Kreises.*

$$S = \int_0^{2\pi} y\,dx = \int_0^{2\pi} \psi(t)\,\varphi'(t)\,dt = a^2 \int_0^{2\pi} (1 - \cos t)^2\,dt$$

$$= a^2 \int_0^{2\pi} (1 - 2\cos t + \cos^2 t)\,dt = 2\pi a^2 - 2a^2\,[\sin t]_0^{2\pi} + \frac{a^2}{2}\left[t + \frac{1}{2}\sin 2t\right]_0^{2\pi}$$

$$= 2\pi a^2 + \pi a^2 = 3\pi a^2\,,$$

d. h., *die Fläche, die von einem Zykloidenbogen und der festen Geraden begrenzt wird, auf der die Kreisfläche rollt, ist gleich der dreifachen Fläche des rollenden Kreises.*

Bei der Berechnung von l müssen wir die Wurzel $\sqrt{4\sin^2\frac{t}{2}}$ ihrem absoluten Wert nach nehmen, was wir auch getan hatten, weil die Funktion $\sin\frac{t}{2}$ für $0 < t < 2\pi$ positiv ist.

6. Die in [84] betrachtete Kardioide ist symmetrisch zur Polarachse (Abb. 111), und daher braucht man zur Berechnung ihrer Länge l nur die Länge des Bogens über dem Intervall $(0, \pi)$ zu bestimmen und das erhaltene Resultat zu verdoppeln:

$$l = 2\int_0^{\pi} \sqrt{r^2 + r'^2}\,d\theta = 2\int_0^{\pi} \sqrt{4a^2(1+\cos\theta)^2 + 4a^2\sin^2\theta}\,d\theta$$

$$= 8a\int_0^{\pi} \cos\frac{\theta}{2}\,d\theta = 8a\left[2\sin\frac{\theta}{2}\right]_0^{\pi} = 16a\,,$$

d. h., *die Bogenlänge der Kardioide ist achtmal so groß wie der Durchmesser des rollenden (oder des festen) Kreises.*

104. Die Berechnung des Volumens von Körpern auf Grund ihrer Querschnitte. Die Berechnung des Volumens eines gegebenen Körpers läuft ebenfalls auf die Berechnung eines bestimmten Integrals hinaus, wenn wir die Flächeninhalte der zu einer festen Richtung senkrechten Querschnitte des Körpers bestimmen können.

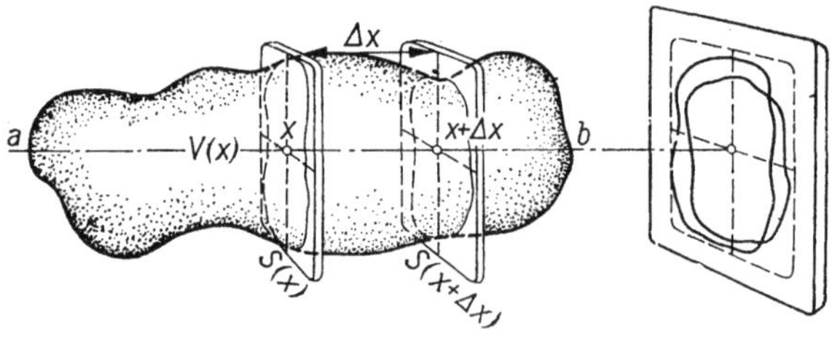

Abb. 136

Wir bezeichnen mit V das Volumen des gegebenen Körpers (Abb. 136) und nehmen an, daß uns die Flächeninhalte aller senkrecht zu einer festen als x-Achse gewählten Richtung liegenden (ebenen) Querschnitte des Körpers bekannt sind. Jeder Querschnitt ist dann durch die Abszisse x seines Schnittpunktes mit der x-Achse bestimmt, und daher ist der Flächeninhalt dieses Querschnitts eine Funktion von x, die wir mit $S(x)$ bezeichnen und als bekannt ansehen.

Ferner seien mit a und b die Abszisse der äußersten Querschnitte des Körpers bezeichnet. Zur Berechnung des Volumens V zerlegen wir es in Elemente durch eine Reihe von Querschnitten, beginnend bei $x = a$ und endend mit $x = b$; wir betrachten eins dieser Elementarvolumen ΔV, das von den Schnitten mit den Abszissen x und $x + \Delta x$ bestimmt wird. Dieses Volumen ΔV soll nun durch das Volumen eines geraden Zylinders ersetzt werden, dessen Höhe gleich Δx ist und dessen Basis mit dem der Abszisse x entsprechenden Querschnitt des Körpers übereinstimmt (Abb. 137). Das Volumen eines solchen Zylinders wird durch das Produkt $S(x)\,\Delta x$ ausgedrückt, und wir erhalten für V den Näherungsausdruck

$$\sum S(x)\,\Delta x\ ;$$

dabei ist die Summe über alle jene Elemente erstreckt, in welche der Körper durch die Querschnitte zerlegt worden ist. Im Grenzfall, wenn die Anzahl der Elementarvolumina unbegrenzt zunimmt und das größte der Δx gegen 0 strebt, geht die angegebene Summe in ein bestimmtes Integral über, das den exakten Wert des Volumens V liefert. Dies führt zu dem folgenden Satz:

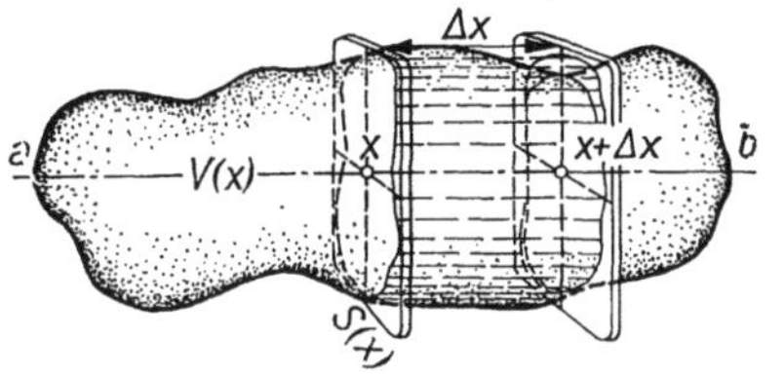

Abb. 137

Wenn von einem gegebenen Körper alle zu einer gewissen Richtung senkrechten ebenen Querschnitte bekannt sind und diese Richtung als x-Achse genommen wird, drückt sich das Körpervolumen V durch

$$V = \int_a^b S(x)\,\mathrm{d}x \tag{23}$$

aus, wobei S(x) den Flächeninhalt des Querschnitts mit der Abszisse x bezeichnet; a und b sind die Abszissen der äußersten Schnitte des Körpers.

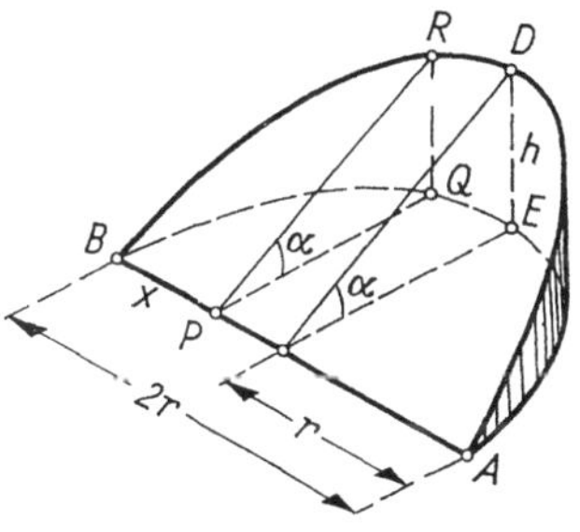

Abb. 138

Beispiel. *Volumen eines „Zylinderabschnitts“*, der von einem geraden Kreiszylinder durch eine Ebene abgeschnitten wird, die durch einen Durchmesser seines Basiskreises gelegt ist (Abb. 138). Wir nehmen den Durchmesser $\overline{AB}$ als x-Achse, den Punkt A als Koordinatenursprung, bezeichnen den Radius der Zylinderbasis mit r und den Winkel, der von der oberen Schnittfläche des Abschnitts mit dessen Basis gebildet wird, mit α.

Ein zum Durchmesser $\overline{AB}$ senkrechter Querschnitt hat die Form eines rechtwinkligen Dreiecks PQR, und sein Flächeninhalt wird durch

$$S(x) = \tfrac{1}{2}\,\overline{PQ}\cdot\overline{QR} = \tfrac{1}{2}\,\overline{PQ}^2\tan\alpha$$

dargestellt.

Ferner ist nach dem Höhensatz (im Dreieck BQA) die Strecke $\overline{PQ}$ gleich dem geometrischen Mittel der Abschnitte $\overline{AP}$ und $\overline{PB}$ des Durchmessers $\overline{AB}$; daher wird

$$\overline{PQ}^2 = \overline{AP} \cdot \overline{PB} = x(2r - x)$$

und schließlich

$$S(x) = \tfrac{1}{2}\, x(2r - x) \tan\alpha \,.$$

Bei Anwendung von (23) erhalten wir für das gesuchte Volumen

$$V = \int\limits_0^{2r} S(x)\, dx = \frac{1}{2} \tan\alpha \int\limits_0^{2r} x\,(2r - x)\, dx = \frac{1}{2} \tan\alpha \left(rx^2 - \frac{x^3}{3} \right)\Bigg|_0^{2r}$$
$$= \frac{2}{3} r^3 \tan\alpha = \frac{2}{3} r^2 h \,,$$

wenn wir noch die „Höhe“ $h = r \tan\alpha$ des Abschnitts einführen.

105. Das Volumen eines Rotationskörpers. Entsteht der betrachtete Körper durch Rotation einer gegebenen Kurve $y = f(x)$ um die x-Achse, so sind seine Querschnitte Kreise vom Radius y (Abb. 139) und daher

$$S(x) = \pi y^2, \qquad V(x) = \int\limits_a^b \pi y^2\, dx \,,$$

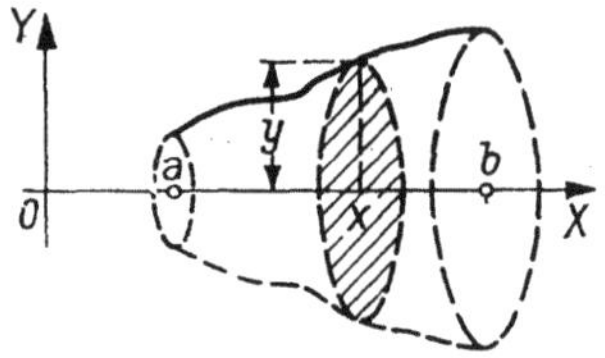

Abb. 139

d. h., *das Volumen eines Körpers, der durch Rotation des zwischen den Ordinaten $x = a$ und $x = b$ liegenden Stückes der Kurve $y = f(x)$ um die x-Achse entsteht, wird durch*

$$V = \int\limits_a^b \pi y^2\, dx \tag{24}$$

dargestellt.

Beispiel. *Volumen eines Rotationsellipsoids.* Bei der Rotation der Ellipse

$$\frac{x^2}{a^2} + \frac{y^2}{b^2} = 1$$

um die große Achse ergibt sich ein Körper, der *verlängertes Rotationsellipsoid* genannt wird (Abb. 140). Die äußersten Werte der Abszisse x sind hierbei $-a$ und a, und daher liefert (24)

$$V_{\text{verl.}} = \pi \int\limits_{-a}^{a} y^2\, dx = \pi \int\limits_{-a}^{a} b^2 \left(1 - \frac{x^2}{a^2}\right) dx = \pi b^2 \left(x - \frac{x^3}{3a^2}\right)\Bigg|_{-a}^{a} = \frac{4}{3} \pi a b^2 \,. \tag{25}$$

Genauso können wir auch das Volumen eines *verkürzten Rotationsellipsoids* berechnen, das durch Rotation der Ellipse um die kleine Achse entsteht. Man muß nur die Buchstaben x, y

bzw. a und b vertauschen, was

$$V_{\text{verk.}} = \pi \int_{-b}^{b} x^2 \, dy = \pi \int_{-b}^{b} a^2 \left(1 - \frac{y^2}{b^2}\right) dy = \frac{4}{3} \pi b a^2 \tag{26}$$

liefert.

Für $a = b$ gehen beide Ellipsoide in die Kugel vom Radius a über, deren Volumen gleich $\frac{3}{4} \pi a^3$ ist.

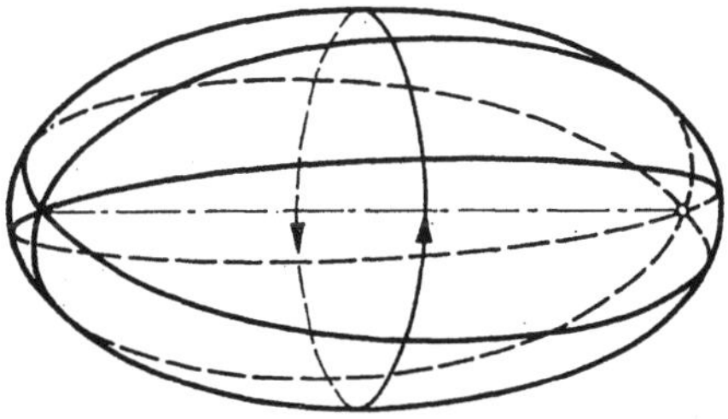

Abb. 140

106. Die Oberfläche eines Rotationskörpers. Unter der *Oberfläche eines Körpers, der sich durch Rotation einer in der x,y-Ebene gegebenen Kurve um die x-Achse ergibt,* verstehen wir denjenigen Grenzwert, gegen den die Oberfläche eines Körpers strebt, den man bei der Rotation eines der gegebenen Kurve einbeschriebenen Polygonzugs um dieselbe Achse erhält, wenn die Anzahl der Seiten dieses Polygonzugs unbegrenzt zunimmt und die größte Seitenlänge gegen 0 strebt (Abb. 141).

Wenn das Kurvenstück, das zwischen den Punkten A und B liegt, rotiert, dann wird die Oberfläche F des Rotationskörpers durch

$$F = \int_{(A)}^{(B)} 2\pi y \, ds \tag{27}$$

gegeben, wobei ds *das Bogendifferential der gegebenen Kurve ist,* d. h.

$$ds = \sqrt{(dx)^2 + (dy)^2} .$$

In dieser Formel kann die Kurve beliebig, explizit oder in Parameterform, gegeben sein; die Symbole (A) und (B) weisen darauf hin, daß man zwischen solchen Grenzen der unabhängigen Veränderlichen integrieren muß, die den gegebenen Kurvenpunkten A und B entsprechen.

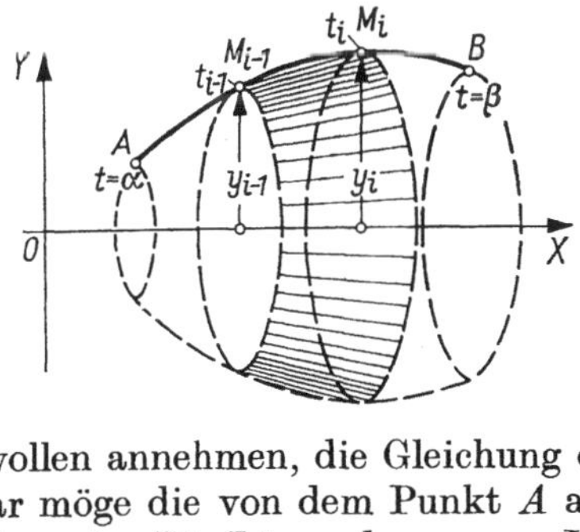

Abb. 141

Wir wollen annehmen, die Gleichung der Kurve sei in Parameterform gegeben, und zwar möge die von dem Punkt A aus gerechnete Bogenlänge der Kurve der Parameter sein. Die Länge der ganzen Kurve AB werde mit l bezeichnet. Natürlich setzen wir die Kurve als rektifizierbar voraus. Es sei also $x = \varphi(s)$, $y = \psi(s)$.

Wie stets zerlegen wir das Variabilitätsintervall $(0, l)$ von s durch die Punkte

$$0 = s_0 < s_1 < s_2 < \cdots < s_{n-1} < s_n = l$$

in Teilintervalle. Der Wert $s = s_i$ möge dem Punkt M_i der Kurve entsprechen; natürlich ist dabei $M_0 = A$ und $M_n = B$. Mit q_i bezeichnen wir die Länge der Strecke $\overline{M_{i-1}M_i}$, mit Δs_i die Länge des Bogens $M_{i-1}M_i$, und es sei $y_i = \psi(s_i)$. Nach der Formel für die Mantelfläche des Kegelstumpfes erhalten wir für die durch Rotation des Streckenzuges $AM_1M_2 \ldots M_{n-1}B$ entstehende Fläche den Ausdruck

$$Q = 2\pi \sum_{i=1}^{n} \frac{y_{i-1} + y_i}{2} q_i$$

oder

$$Q = 2\pi \sum_{i=1}^{n} y_{i-1}q_i + \pi \sum_{i=1}^{n} (y_i - y_{i-1})\, q_i \,.$$

Es sei δ das Maximum der Größen $|y_i - y_{i-1}|$. Wegen der gleichmäßigen Stetigkeit von $y = \psi(s)$ auf $0 \leqq s \leqq l$ strebt δ gegen 0, wenn die größte der Differenzen $s_i - s_{i-1}$ gegen 0 strebt. Nun gilt

$$\left| \sum_{i=1}^{n} (y_i - y_{i-1})\, q_i \right| < \delta \sum_{i=1}^{n} q_i < \delta l \;;$$

hieraus folgt, daß der zweite Summand im Ausdruck für Q gegen 0 strebt. Um den ersten Summanden zu untersuchen, formen wir ihn um in

$$2\pi \sum_{i=1}^{n} y_{i-1}q_i = 2\pi \sum_{i=1}^{n} y_{i-1}\, \Delta s_i - 2\pi \sum_{i=1}^{n} y_{i-1}(\Delta s_i - q_i)\,.$$

Wir zeigen, daß hier der Subtrahend gegen 0 strebt. Zu diesem Zweck bemerken wir, daß die auf $0 \leqq s \leqq l$ stetige Funktion $y = \psi(s)$ beschränkt ist und daher eine positive Zahl m existiert derart, daß $|y_{i-1}| < m$ für alle i gilt. Daher ist

$$\left| \sum_{i=1}^{n} y_{i-1}(\Delta s_i - q_i) \right| < \sum_{i=1}^{n} m(\Delta s_i - q_i) = m\left(l - \sum_{i=1}^{n} q_i\right).$$

Strebt aber die größte der Differenzen $s_i - s_{i-1}$ gegen 0, so auch die größte der Längen der Sehnen q_i, und die Länge des einbeschriebenen Streckenzuges strebt gegen die Bogenlänge:

$$\sum_{i=1}^{n} q_i \to l \quad \text{d. h.} \quad 2\pi \sum_{i=1}^{n} y_{i-1}(\Delta s_i - q_i) \to 0\,.$$

Somit bleibt im Ausdruck für Q nur der Summand

$$2\pi \sum_{i=1}^{n} y_{i-1}\, \Delta s_i = 2\pi \sum_{i=1}^{n} \psi(s_{i-1})\, (s_i - s_{i-1})$$

zu untersuchen.

Der Grenzwert dieser Summe ist genau das Integral (27). Damit haben wir diese Formel bewiesen. Ist die Kurve in Abhängigkeit von einem beliebigen Parameter t dargestellt, so erhalten wir **[103]**

$$F = 2\pi \int_{\alpha}^{\beta} \psi(t) \sqrt{\varphi'^2(t) + \psi'^2(t)}\, \mathrm{d}t \tag{28_1}$$

und, falls die Kurve AB in der Form $y = f(x)$ dargestellt ist,

$$F = 2\pi \int_{x_0}^{x_1} f(x) \sqrt{1 + f'^2(x)}\, dx\,. \tag{28$_2$}$$

Beispiel. *Oberfläche eines verlängerten und eines verkürzten Rotationsellipsoids.* Wir betrachten zuerst die Oberfläche des verlängerten Rotationsellipsoids. Bei Verwendung der Bezeichnungen des Beispiels in [**105**] erhalten wir nach (28_2)

$$F_{\text{verl.}} = 2\pi \int_{-a}^{a} y \sqrt{1 + y'^2}\, dx = 2\pi \int_{-a}^{a} \sqrt{y^2 + (yy')^2}\, dx\,.$$

Aus der Ellipsengleichung ergibt sich

$$y^2 = b^2\left(1 - \frac{x^2}{a^2}\right), \qquad yy' = -\frac{b^2 x}{a^2}$$

und daraus

$$(yy')^2 = \frac{b^4 x^2}{a^4},$$

$$F_{\text{verl.}} = 2\pi \int_{-a}^{a} \sqrt{b^2 - \frac{b^2 x^2}{a^2} + \frac{b^4 x^2}{a^4}}\, dx = 2\pi b \int_{-a}^{a} \sqrt{1 - \frac{x^2}{a^2}\left(1 - \frac{b^2}{a^2}\right)}\, dx\,.$$

Führen wir hier den Ausdruck für die Exzentrizität der Ellipse ein,

$$\varepsilon^2 = \frac{a^2 - b^2}{a^2},$$

so erhalten wir (siehe Beispiel [**99**])

$$F_{\text{verl.}} = 2\pi b \int_{-a}^{a} \sqrt{1 - \frac{\varepsilon^2 x^2}{a^2}}\, dx = 4\pi b \int_{0}^{a} \sqrt{1 - \frac{\varepsilon^2 x^2}{a^2}}\, dx$$

$$= \frac{4\pi b a}{\varepsilon} \int_{0}^{a} \sqrt{1 - \left(\frac{\varepsilon x}{a}\right)^2}\, d\left(\frac{\varepsilon x}{a}\right) = \frac{4\pi a b}{\varepsilon} \int_{0}^{\varepsilon} \sqrt{1 - t^2}\, dt\,.$$

Durch partielle Integration gelangen wir (vgl. Beispiel 11 [**92**]) zu

$$\int \sqrt{1 - t^2}\, dt = t\sqrt{1 - t^2} + \int \frac{t^2}{\sqrt{1 - t^2}}\, dt = t\sqrt{1 - t^2} - \int \sqrt{1 - t^2}\, dt + \int \frac{dt}{\sqrt{1 - t^2}},$$

wonach

$$\int \sqrt{1 - t^2}\, dt = \tfrac{1}{2}\,[t\sqrt{1 - t^2} + \arcsin t]$$

und schließlich

$$F_{\text{verl.}} = 2\pi a b \left[\sqrt{1 - \varepsilon^2} + \frac{\arcsin \varepsilon}{\varepsilon}\right] \tag{29}$$

wird.

Diese Formel eignet sich auch für den Grenzfall $\varepsilon = 0$, d. h., wenn $b = a$ ist und das Ellipsoid in eine Kugel vom Radius a übergeht. In der Klammer erscheint dabei ein unbestimmter Ausdruck, für den wir durch Auswerten [**65**]

$$\left.\frac{\arcsin \varepsilon}{\varepsilon}\right|_{\varepsilon=0} = \left.\frac{\dfrac{1}{\sqrt{1 - \varepsilon^2}}}{1}\right|_{\varepsilon=0} = 1$$

erhalten.

Wir gehen jetzt zum verkürzten Rotationsellipsoid über. Indem wir die Buchstaben x und y bzw. a und b miteinander vertauschen, finden wir

$$F_{\text{verk.}} = 2\pi \int_{-b}^{b} \sqrt{x^2 + (xx')^2}\, dy ,$$

wobei x als Funktion von y angesehen wird. Der Gleichung der Ellipse entnehmen wir

$$x^2 = a^2\left(1 - \frac{y^2}{b^2}\right), \qquad xx' = -\frac{a^2 y}{b^2}, \qquad (xx')^2 = \frac{a^4 y^2}{b^4} ;$$

damit folgt

$$F_{\text{verk.}} = 2\pi a \int_{-b}^{b} \sqrt{1 + \frac{y^2}{b^2}\left(\frac{a^2}{b^2} - 1\right)}\, dy = 4\pi a \int_0^b \sqrt{1 + \frac{y^2 a^2 \varepsilon^2}{b^4}}\, dy = \frac{4\pi b^2}{\varepsilon} \int_0^{a\varepsilon/b} \sqrt{1 + t^2}\, dt$$

$$= \frac{2\pi b^2}{\varepsilon} \left[t\sqrt{1 + t^2} + \log\left(t + \sqrt{1 + t^2}\right)\right] \Bigg|_0^{a\varepsilon/b}$$

$$= \frac{2\pi b^2}{\varepsilon}\left[\frac{a\varepsilon}{b}\sqrt{1 + \frac{a^2\varepsilon^2}{b^2}} + \log\left(\frac{a\varepsilon}{b} + \sqrt{1 + \frac{a^2\varepsilon^2}{b^2}}\right)\right]$$

$$= \frac{2\pi b^2}{\varepsilon}\left[\frac{a\varepsilon}{b}\sqrt{\frac{a^2}{b^2}} + \log\left(\frac{a\varepsilon}{b} + \sqrt{\frac{a^2}{b^2}}\right)\right] = 2\pi a^2 + \frac{2\pi b^2}{\varepsilon} \log \frac{a(1 + \varepsilon)}{b}$$

und schließlich

$$F_{\text{verk.}} = 2\pi a^2 + \frac{2\pi b^2}{\varepsilon} \log \frac{a(1 + \varepsilon)}{b} . \tag{30}$$

107. Die Bestimmung des Schwerpunktes. Die Guldinschen Regeln. Wenn ein System von n Massenpunkten $M_1(x_1, y_1)$, $M_2(x_2, y_2)$, ..., $M_n(x_n, y_n)$ gegeben ist, deren Massen gleich $m_1, m_2, \ldots, m_n$ sind, dann wird als Schwerpunkt G des Systems der Punkt bezeichnet, dessen Koordinaten x_G, y_G die Bedingungen

$$M x_G = \sum_{i=1}^{n} m_i x_i, \qquad M y_G = \sum_{i=1}^{n} m_i y_i \tag{31}$$

erfüllen, wobei M die Gesamtmasse des Systems,

$$M = \sum_{i=1}^{n} m_i ,$$

bedeutet.

Zwecks Bestimmung des Schwerpunkts kann man die sämtlichen Punkte des Systems in beliebiger Weise in Teilsysteme gruppieren, um dann bei der Berechnung der Koordinaten des Schwerpunkts G des Gesamtsystems eine solche ein beliebiges Teilsystem bildende Gruppe von Punkten durch einen einzigen Punkt zu ersetzen, nämlich durch deren Schwerpunkt, in dem man sich die Gesamtmasse der Punkte des Teilsystems vereinigt denkt.

Wir werden auf den Beweis dieses allgemeinen Prinzips nicht eingehen; er bereitet keine Schwierigkeit und kann in den einfachsten Spezialfällen von Systemen mit drei, vier, ... Punkten leicht nachgeprüft werden.

Im folgenden betrachten wir nicht diskrete Punktsysteme, sondern den Fall, daß die Masse eine gewisse ebene Figur (Bereich) oder eine Kurve stetig ausfüllt.

Der Einfachheit halber beschränken wir uns auf die Betrachtung von homogenen Körpern, deren Dichte wir als Einheit wählen, so daß die Masse einer solchen Figur gleich ihrer Länge wird, wenn sie die Form einer Linie, und gleich ihrem Flächeninhalt, wenn sie die Form eines ebenen Bereiches hat.

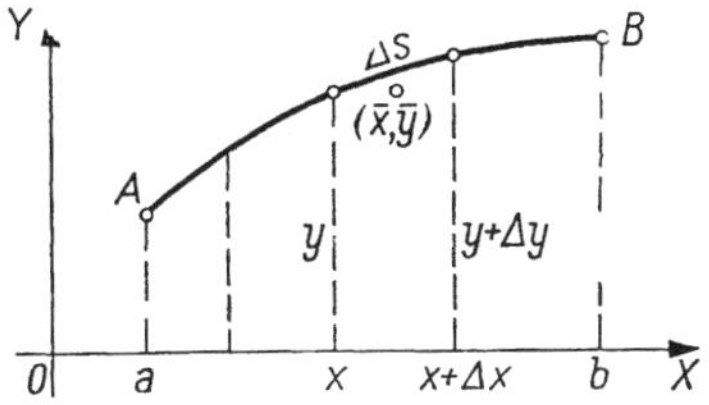

Abb. 142

Es möge zuerst der Schwerpunkt eines *Kurvenbogens AB* (Abb. 142) der Länge s bestimmt werden. Dem vorstehenden allgemeinen Prinzip folgend zerlegen wir den Bogen AB in n Elemente Δs. Den Schwerpunkt des ganzen Systems können wir berechnen, indem wir jedes dieser Elemente durch einen Punkt ersetzen, und zwar durch den Schwerpunkt des betrachteten Elements, in dem wir die ganze Masse $\Delta m = \Delta s$ des Elements vereinigen.[1])

Wir betrachten eins dieser Elemente Δs und bezeichnen die Koordinaten seiner Endpunkte mit x, y; $x + \Delta x$, $y + \Delta y$; die Koordinaten seines Schwerpunktes seien $\bar{x}$, $\bar{y}$. Bei genügender Verkleinerung des Elements Δs können wir annehmen, daß der Punkt $(\bar{x}, \bar{y})$ beliebig wenig vom Punkt (x, y) entfernt ist.

Gemäß (31) erhalten wir so wie in [**104**]

$$Mx_G = sx_G = \sum \bar{x}\, \Delta m = \sum \bar{x}\, \Delta s = \lim \sum x\, \Delta s = \int_{(A)}^{(B)} x\, \mathrm{d}s\,, \tag{32}$$

$$My_G = sy_G = \sum \bar{y}\, \Delta m = \sum \bar{y}\, \Delta s = \lim \sum y\, \Delta s = \int_{(A)}^{(B)} y\, \mathrm{d}s\,, \tag{33}$$

woraus wir, nachdem wir s gemäß der Formel

$$s = \int_{(A)}^{(B)} \mathrm{d}s = \int_{(A)}^{(B)} \sqrt{(\mathrm{d}x)^2 + (\mathrm{d}y)^2}$$

berechnet haben, die Koordinaten des Schwerpunkts G bestimmen.

Aus den Formeln (32) und (33) folgt der wichtige Satz:

Erste Guldinsche Regel. *Die Oberfläche eines Körpers, der bei Rotation eines gegebenen ebenen Kurvenbogens um eine gewisse Achse entsteht, die in seiner Ebene liegt und ihn nicht schneidet, ist gleich dem Produkt aus der Länge des rotierenden Bogens und der Länge des Weges, der bei dieser Rotation vom Schwerpunkt des Bogens beschrieben wird.*

Wenn wir nämlich die Rotationsachse als x-Achse nehmen, erhalten wir für die Oberfläche F des Körpers, der bei der Rotation des Bogens AB entsteht, wegen (27) [**106**] und wegen (33)

$$F = 2\pi \int_{(A)}^{(B)} y\, \mathrm{d}s = 2\pi y_G\, s,$$

was zu beweisen war.

1) Der Schwerpunkt eines jeden solchen Elements liegt im allgemeinen nicht auf der Kurve, wenn er ihr auch um so näher kommt, je kleiner das Element ist, was in Abb. 142 schematisch angedeutet ist.

Wir betrachten jetzt einen gewissen ebenen Bereich S (dessen Flächeninhalt wir ebenfalls mit S bezeichnen). Der Einfachheit halber nehmen wir an, daß dieser Bereich von zwei Kurven begrenzt ist, deren Ordinaten wir mit

$$y_1 = f_1(x), \qquad y_2 = f_2(x)$$

bezeichnen (Abb. 143).

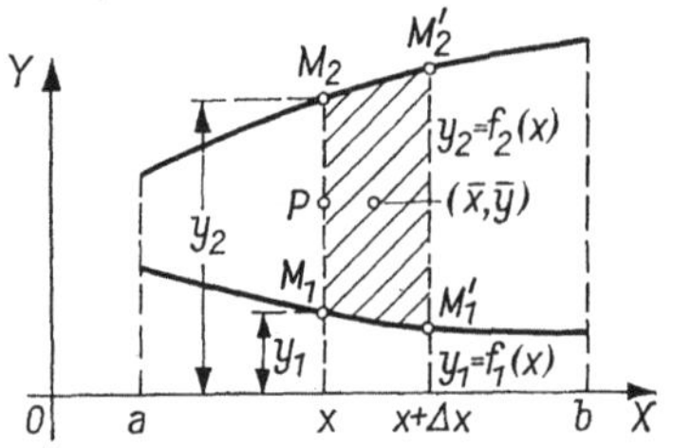

Abb. 143

Dem allgemeinen, am Anfang dieses Abschnitts angegebenen Prinzip folgend, zerlegen wir die Figur durch Parallelen zur y-Achse in n vertikale Streifen ΔS. Bei der Berechnung der Koordinaten des Schwerpunkts G der Figur können wir jeden solchen Streifen durch seinen Schwerpunkt ersetzen, in dem wir uns die ganze Masse des Streifens $\Delta m = \Delta S$ vereinigt denken. Wir betrachten einen dieser Streifen und bezeichnen mit x und $x + \Delta x$ die Abszissen der ihn begrenzenden Geraden $\overline{M_1M_2}$ und $\overline{M_1'M_2'}$ sowie mit $\bar{x}$, $\bar{y}$ die Koordinaten des Schwerpunkts. Bei genügender Verkleinerung der Breite Δx des Streifens wird der Punkt $(\bar{x}, \bar{y})$ um beliebig wenig von dem Mittelpunkt P des Geradenabschnitts $\overline{M_1M_2}$ entfernt sein, weshalb wir die Näherungsgleichungen

$$\bar{x} \approx x, \qquad \bar{y} \approx \frac{y_1 + y_2}{2}$$

bilden können.

Ferner kann die Masse Δm des Streifens, die gleich dessen Fläche ΔS ist, gleichgesetzt werden der Fläche eines Rechtecks mit der Basis Δx und einer Höhe, die sich beliebig wenig von der Länge der Strecke $\overline{M_1M_2} = y_2 - y_1$ unterscheidet, d. h.

$$\Delta m \approx (y_2 - y_1)\, \Delta x\,.$$

Benutzen wir (31), so können wir schreiben:

$$\begin{aligned} Mx_G = Sx_G &= \sum \bar{x}\, \Delta m \\ &= \lim \sum\, [x(y_2 - y_1)]\, \Delta x = \int_a^b x(y_2 - y_1)\, \mathrm{d}x\,, \end{aligned} \tag{34}$$

$$\begin{aligned} My_G = Sy_G = \sum \bar{y}\, \Delta m &= \lim \sum \left(\frac{y_2 + y_1}{2}\right)(y_2 - y_1)\, \Delta x \\ &= \lim \sum \left[\frac{1}{2}\,(y_2^2 - y_1^2)\right] \Delta x = \int_a^b \frac{1}{2}\,(y_2^2 - y_1^2)\, \mathrm{d}x\,. \end{aligned} \tag{35}$$

Aus (35) folgt die

Zweite Guldinsche Regel. *Das Volumen eines Körpers, der bei der Rotation einer ebenen Figur um eine in ihrer Ebene liegende und sie nicht schneidende Achse entsteht, ist gleich dem Produkt aus dem Flächeninhalt der rotierenden Figur und der Länge des Weges, der bei der Rotation von ihrem Schwerpunkt beschrieben wird.*

Wählen wir nämlich die Rotationsachse als x-Achse, so erkennen wir leicht, daß das Volumen V des betrachteten Rotationskörpers gleich der Differenz der Körpervolumina ist, die bei der Drehung der Kurve y_2 bzw. der Kurve y_1 entstehen, und daher ist gemäß (24) **[105]** unter Berücksichtigung von (35)

$$V = \pi \int_a^b y_2^2 \, dx - \pi \int_a^b y_1^2 \, dx = \pi \int_a^b (y_2^2 - y_1^2) \, dx = 2\pi y_G S ,$$

was zu beweisen war.

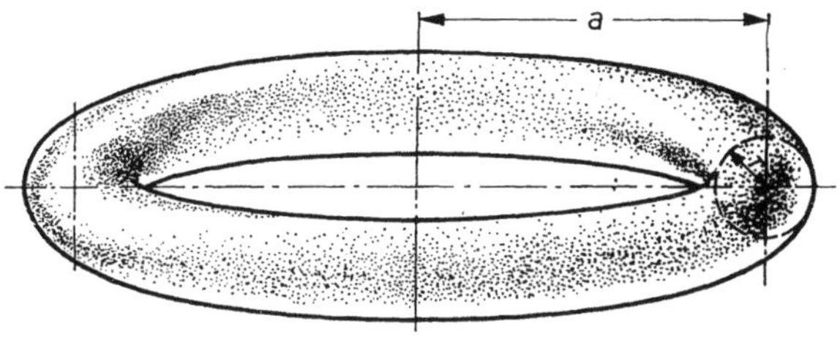

Abb. 144

Diese beiden Guldinschen Regeln können sowohl zur Bestimmung der Oberfläche oder des Volumens einer Rotationsfigur dienen, wenn die Lage des Schwerpunkts der rotierenden Figur bekannt ist, als auch umgekehrt zur Bestimmung des Schwerpunkts einer Figur, wenn das Volumen oder die Oberfläche der durch sie erzeugten Rotationsfigur bekannt sind.

Beispiele.

1. Es ist das *Volumen* V eines Ringes (*Torus*) zu ermitteln, der bei der Rotation einer Kreisfläche vom Radius r (Abb. 144) um eine Achse entsteht, die in deren Ebene im Abstand a vom Mittelpunkt liegt (wobei $r < a$ ist, d. h. die Rotationsachse den Kreis nicht schneidet).

Der Schwerpunkt der rotierenden Kreisfläche befindet sich offensichtlich in deren Mittelpunkt, und daher wird die Länge des Weges, die von dem Schwerpunkt bei der Rotation beschrieben wird, gleich $2\pi a$. Der Flächeninhalt der rotierenden Figur ist gleich πr^2, und daher haben wir nach der Zweiten Guldinschen Regel

$$V = \pi r^2 \cdot 2\pi a = 2\pi^2 a r^2 . \tag{36}$$

2. Es ist die *Oberfläche* F des in Beispiel 1 gebrachten Ringes zu finden.

Die Länge des rotierenden Kreises ist gleich $2\pi r$; der Schwerpunkt stimmt wie vorher mit dem Kreismittelpunkt überein, und daher erhalten wir nach der Ersten Guldinschen Regel

$$F = 2\pi r \cdot 2\pi a = 4\pi^2 a r . \tag{37}$$

3. Es ist der Schwerpunkt G einer *Halbkreisfläche* vom Radius a zu finden. Wir nehmen die Basis des Halbkreises als x-Achse und legen die y-Achse in die im Mittelpunkt zur x-Achse errichtete Senkrechte (Abb. 145); auf Grund der Symmetrie der Figur bezüglich der y-Achse ist klar, daß der Schwerpunkt G auf der y-Achse liegt. Es ist y_G zu ermitteln. Zu diesem Zweck wenden wir die Zweite Guldinsche Regel an. Der Körper, der durch Rotation der Halbkreisfläche um die x-Achse entsteht, ist eine Kugel vom Radius a, und ihr Volumen ist

gleich $\frac{4}{3}\pi a^3$. Der Flächeninhalt S der rotierenden Figur ist gleich $\frac{\pi}{2}a^2$, und daher ist

$$\frac{4}{3}\pi a^3 = \frac{\pi}{2}a^2 \cdot 2\pi y_G\,, \qquad y_G = \frac{4}{3}\cdot\frac{a}{\pi}\,.$$

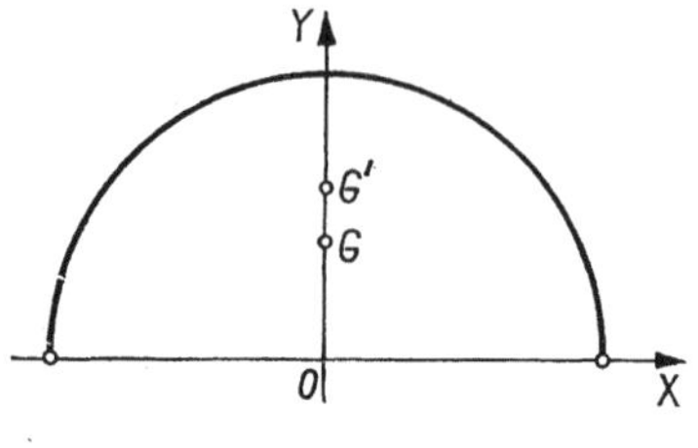

Abb. 145

4. Es ist der Schwerpunkt G' eines *Halbkreises* vom Radius a zu ermitteln.

Wählen wir die Koordinatenachsen so wie im vorigen Beispiel, so sehen wir wiederum, daß das gesuchte Zentrum G' auf der y-Achse liegt (Abb. 145), so daß $y_{G'}$ zu ermitteln bleibt. Berücksichtigen wir, daß die Oberfläche des Rotationskörpers $F = 4\pi a^2$ und die Weglänge $s = \pi a$ ist, so erhalten wir nach der Ersten Guldinschen Regel

$$4\pi a^2 = \pi a \cdot 2\pi y_{G'}\,, \qquad y_{G'} = 2\frac{a}{\pi}\,.$$

Wie zu erwarten war, liegt der Schwerpunkt des Halbkreises näher an diesem als der Schwerpunkt der entsprechenden Halbkreisfläche.

108. Angenäherte Berechnung bestimmter Integrale. Die Rechteck- und die Trapezformel. Die Berechnung der bestimmten Integrale auf der Grundlage von (15) [**96**] mit Hilfe der Stammfunktion ist nicht immer möglich, da eine Stammfunktion keineswegs immer gefunden werden kann; selbst dann, wenn man sie ermitteln kann, hat sie häufig eine sehr komplizierte und für die Berechnungen unbequeme Form. Daher haben Näherungsverfahren zur Berechnung bestimmter Integrale eine große Bedeutung.

Ein großer Teil von ihnen beruht auf der Deutung des bestimmten Integrals als Flächeninhalt und als Grenzwert der Summe

$$\int_a^b f(x)\,dx = \lim \sum_{i=1}^{n} f(\xi_i)\,(x_i - x_{i-1})\,. \tag{38}$$

Für das Folgende vereinbaren wir ein für allemal, das Intervall (a, b) in n *gleiche* Teile zu zerlegen; die Länge jedes Teilintervalls bezeichnen wir mit h, so daß

$$h = \frac{b-a}{n}\,, \qquad x_i = a + ih \qquad (x_0 = a\,,\quad x_n = a + nh = b)$$

ist. Wir bezeichnen ferner mit y_i den Wert des Integranden $y = f(x)$ für den Wert $x = x_i$ $(i = 0, 1, \ldots, n)$:

$$y_i = f(x_i) = f(a + ih)\,. \tag{39}$$

Diese Größen setzen wir als bekannt voraus; man kann sie durch direkte Berechnung erhalten, wenn die Funktion $f(x)$ analytisch gegeben ist, oder sie unmittelbar der Abb. 146 entnehmen, wenn die Funktion graphisch dargestellt ist.

Setzen wir in der auf der rechten Seite von (38) stehenden Summe $\xi_i = x_{i-1}$ oder x_i, so erhalten wir die beiden *Rechteckformeln*

$$\int_a^b f(x)\,dx \approx \frac{b-a}{n}[y_0 + y_1 + \cdots + y_{n-1}], \tag{40}$$

$$\int_a^b f(x)\,dx \approx \frac{b-a}{n}[y_1 + y_2 + \cdots + y_n], \tag{41}$$

wobei das Zeichen $\approx$ eine angenäherte Gleichheit bedeutet.

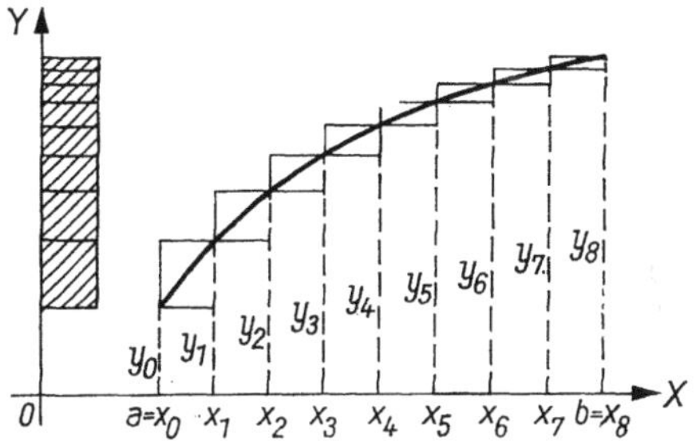

Abb. 146

Je größer die Zahl n, d. h., je kleiner h ist, um so genauer werden diese Formeln, und im Grenzfall für $n \to \infty$ und $h \to 0$ liefern sie den genauen Wert des bestimmten Integrals.

Somit *strebt der Fehler der Formeln* (40) bzw. (41) *bei wachsender Anzahl der Ordinaten gegen* 0. Bei gegebener Anzahl der Ordinaten läßt sich für den Fehler eine obere Schranke exakt bestimmen, falls die gegebene Funktion $f(x)$ im Intervall (a, b) *monoton* ist (Abb. 146). In diesem Fall ist aus der Abbildung unmittelbar einleuchtend, daß der *Fehler* bei jeder der Formeln (40) und (41) *nicht größer* ist als die Summe der schraffierten Rechteckflächen, d. h., er ist *höchstens gleich* dem Flächeninhalt eines Rechtecks, dessen Basis $\frac{b-a}{n} = h$ und dessen Höhe gleich der Summe $y_n - y_0$ der Höhen der schraffierten Rechtecke ist, also höchstens gleich

$$\frac{b-a}{n}(y_n - y_0). \tag{42}$$

Die Rechteckformeln führen an Stelle des genauen Ausdrucks für den Inhalt der durch die Kurve $y = f(x)$ begrenzten Fläche einen Näherungsausdruck ein, indem diese durch die Fläche einer Treppenkurve ersetzt wird, die aus horizontalen und vertikalen Strecken zusammengesetzt ist, welche die Rechtecke begrenzen.

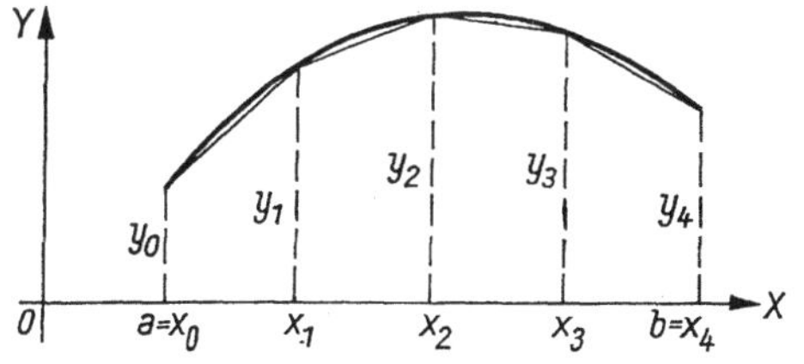

Abb. 147

Andere Näherungsausdrücke erhalten wir, wenn wir an Stelle der Treppenkurve andere Linien wählen, die sich hinreichend wenig von der gegebenen Kurve unterscheiden: Je mehr sich eine solche Hilfslinie der Kurve $y = f(x)$ nähert, um so kleiner wird der Fehler, den wir begehen, wenn wir die gegebene Fläche durch die von der Hilfslinie begrenzten ersetzen.

Wenn wir z. B. die gegebene Kurve durch einen ihr einbeschriebenen Polygonzug ersetzen, dessen Ordinaten bei $x = x_i$ mit den Ordinaten der gegebenen Kurve übereinstimmen (Abb. 147), mit anderen Worten, die betrachtete Fläche durch die Summe der Flächen der ihr einbeschriebenen gestrichelten Trapeze ersetzen, erhalten wir die *Trapezformel*

$$\int_a^b f(x)\,\mathrm{d}x \approx h\left[\frac{y_0 + y_1}{2} + \frac{y_1 + y_2}{2} + \cdots + \frac{y_{n-1} + y_n}{2}\right]$$

$$= \frac{b-a}{2n}[y_0 + 2y_1 + 2y_2 + \cdots + 2y_{n-1} + y_n]\,. \tag{43}$$

109. Die Tangentenformel und die Formel von Poncelet. Wir vergrößern jetzt die Anzahl der Teilpunkte aufs Doppelte, indem wir jedes Teilintervall halbieren. Wir erhalten auf diese Weise $2n$ Teilpunkte (Abb. 148)

$$x_0,\quad x_{1/2} = a + \frac{h}{2},\qquad x_1 = a + h\,,\quad \ldots,\quad x_i = a + ih\,,$$

$$x_{i+1/2} = a + \left(i + \frac{1}{2}\right)h\,,\quad \ldots,\quad x_n = b\,,$$

denen die Ordinaten

$$y_0, y_{1/2}, y_1, \ldots, y_i, y_{i+1/2}, \ldots, y_n$$

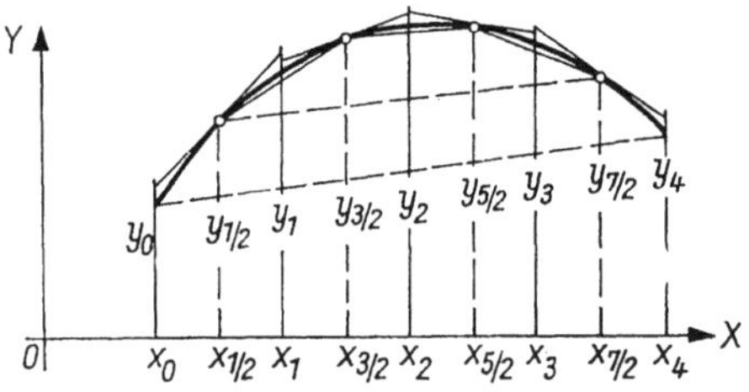

Abb. 148

entsprechen (die Ordinaten $y_0, y_1, \ldots, y_n$ werden wir *gerade*, die Ordinaten $y_{1/2}, y_{3/2}, \ldots, y_{n-1/2}$ *ungerade* Ordinaten nennen).

Im Endpunkt jeder ungeraden Ordinate ziehen wir die Tangente bis zu ihrem Schnitt mit den beiden benachbarten geraden Ordinaten und ersetzen die gegebene Fläche durch die Summe der Flächen der in dieser Weise konstruierten Trapeze. Die so erhaltene Näherungsformel heißt *Tangentenformel*:

$$\int_a^b f(x)\,\mathrm{d}x \approx \frac{b-a}{n}[y_{1/2} + y_{3/2} + \cdots + y_{n-1/2}] = \sigma_1\,. \tag{44}$$

Gleichzeitig mit den vorstehenden *umbeschriebenen* Trapezen betrachten wir die *einbeschriebenen Trapeze*, die wir erhalten, wenn wir die Endpunkte benachbarter ungerader Ordinaten durch Sehnen verbinden; wir fügen zu ihnen noch die zwei äußeren Trapeze hinzu, die von den Sehnen gebildet werden, welche die Endpunkte der Ordinaten y_0 und $y_{1/2}$ bzw. $y_{n-1/2}$ und y_n verbinden. Die Gesamtfläche der so erhaltenen Trapeze bezeichnen wir mit

$$\sigma_2 = \frac{b-a}{2n}\left[\frac{y_0 + y_n}{2} - \frac{y_{1/2} + y_{n-1/2}}{2} + 2y_{1/2} + 2y_{3/2} + \cdots + 2y_{n-1/2}\right].$$

Hat die Kurve $y = f(x)$ in dem Intervall (a, b) keine Wendepunkte, ist sie also entweder konvex oder konkav, so liegt der gesuchte Flächeninhalt S zwischen den Flächen σ_1 und σ_2, und es ist daher sinnvoll, als Näherungsausdruck für S das arithmetische Mittel $\frac{\sigma_1 + \sigma_2}{2}$ zu nehmen; das ergibt die *Ponceletsche Formel*

$$\int_a^b f(x)\,dx \approx \frac{b-a}{2n}\left[\frac{y_0 + y_n}{4} - \frac{y_{1/2} + y_{n-1/2}}{4} + 2y_{1/2} + 2y_{3/2} + \cdots + 2y_{n-1/2}\right].$$

Es ist leicht einzusehen, daß der Fehler dieser Formel unter unserer Voraussetzung über die Kurvenformen den Absolutwert von

$$\frac{\sigma_1 - \sigma_2}{2} = \left(\frac{y_{1/2} + y_{n-1/2}}{2} - \frac{y_0 + y_n}{2}\right)\cdot\frac{b-n}{4n} \tag{46}$$

nicht überschreitet, wobei der in Klammern stehende Ausdruck, wie aus den Eigenschaften der Trapezmittellinie leicht nachzuweisen ist, gleich dem Stück der mittleren Ordinate $y_{(n+1)/2}$ ist, das von den Sehnen abgeschnitten wird, die die Endpunkte der äußersten geraden bzw. der äußersten ungeraden Ordinaten miteinander verbinden.

110. Die Simpsonsche Formel. Wir behalten nun die vorstehende Unterteilung in eine gerade Anzahl von Teilintervallen bei und ersetzen die gegebene Kurve durch eine Reihe von Parabelbögen zweiten Grades, die wir durch die Endpunkte von je drei Ordinaten legen:

$$y_0, y_{1/2}, y_1;\ y_1, y_{3/2}, y_2;\ \cdots;\ y_{n-1}, y_{n-1/2}, y_n\,.$$

Berechnen wir die Flächeninhalte der auf diesem Wege erhaltenen, von den Parabelbögen begrenzten Figuren nach (4) [**101**], so erhalten wir die Simpsonsche Näherungsformel

$$\int_a^b f(x)\,dx \approx \frac{b-a}{6n}\,[y_0 + 4y_{1/2} + 2y_1 + 4y_{3/2} + 2y_2 + \cdots + 2y_{n-1} + 4y_{n-1/2} + y_n]\,. \tag{47}$$

Auf die Herleitung des Fehlers dieser Formel wie auch des Fehlers der Trapezformel können wir hier nicht eingehen. Auch besitzt der Fehlerausdruck in der Gestalt einer bestimmten Formel mehr theoretischen als praktischen Wert, da er gewöhnlich eine zu grobe Schranke liefert.

Im Zusammenhang mit der vorstehenden Konstruktion bemerken wir, daß es durch entsprechende Wahl von a, b und c in der Gleichung einer Parabel $y = ax^2 + bx + c$ immer möglich ist, sie durch drei vorgegebene Punkte einer Ebene mit verschiedenen Abszissen hindurchgehen zu lassen.

In der Praxis hat der glatte Verlauf der Kurve eine wesentliche Bedeutung für die Genauigkeit des Resultats; in der Nachbarschaft von Punkten, in denen die Kurve mehr oder weniger kraß ihre Form ändert, muß man die Berechnungen mit größerer Genauigkeit durchführen, wofür eine *feinere Intervalleinteilung* erforderlich ist. In jedem Fall ist es zweckmäßig, sich vor Berechnungen eine wenn auch nur angenäherte Vorstellung vom Kurvenverlauf zu machen.

Bei der Durchführung einer solchen Näherungsrechnung kommt dem Schema des Rechengangs eine sehr wesentliche Bedeutung zu. Um davon eine Vorstellung zu vermitteln und um auch die von den verschiedenen oben hergeleiteten Näherungsformeln gelieferte Genauigkeit zu vergleichen, führen wir die folgenden Beispiele an:

1. $$S = \int_0^{\pi/2} \sin x\,dx = 1\,,$$

$$n = 10,\quad \frac{b-a}{n} = 0{,}157\,079\,63\,,\quad \frac{b-a}{2n} = 0{,}078\,539\,81\,,\quad \frac{b-a}{6n} = 0{,}026\,179\,94\,.$$

y_1	sin 9°	0,1564345
y_2	sin 18°	0,3090170
y_3	sin 27°	0,4539905
y_4	sin 36°	0,5877853
y_5	sin 45°	0,7071068
y_6	sin 54°	0,8090170
y_7	sin 63°	0,8910065
y_8	sin 72°	0,9510565
y_9	sin 81°	0,9876883
Σ_1		5,8531024

$y_{1/2}$	sin 4,5°	0,0784591
$y_{3/2}$	sin 13,5°	0,2334454
$y_{5/2}$	sin 22,5°	0,3826834
$y_{7/2}$	sin 31,5°	0,5224986
$y_{9/2}$	sin 40,5°	0,6494480
$y_{11/2}$	sin 49,5	0,7604060
$y_{13/2}$	sin 58,5°	0,8526402
$y_{15/2}$	sin 67,5°	0,9238795
$y_{17/2}$	sin 76,5°	0,9723699
$y_{19/2}$	sin 85,5°	0,9969173
Σ_2		6,3727474

y_0	sin 0°	0,0000000
y_{10}	sin 90°	1,0000000

Unterschreitende Rechteckformel[1])

Σ_1	5,8531024
y_0	0,0000000
Σ	5,8531024

$\log \Sigma$	10,7673861
$\log \frac{b-a}{n}$	9,1961198
$\log S$	9,9635059

$$S \approx 0{,}9194080$$

Überschreitende Rechteckformel[2])

Σ_1	5,8531024
y_{10}	1,0000000
Σ	6,8531024

$\log \Sigma$	10,8535887 3
$\log \frac{b-a}{n}$	9,1961198
$\log S$	10,0320071

$$S \approx 1{,}0765828$$

Tangentenformel

$\log \Sigma_2$	10,8043267
$\log \frac{b-a}{n}$	9,1961198
$\log S$	10,0004465

$$S \approx 1{,}0010290$$

Trapezformel

$2\Sigma_1$	11,7062048
$y_0 + y_{10}$	1,0000000
Σ	12,7062048

$\log \Sigma$	11,1040158
$\log \frac{b-a}{2n}$	8,8950899
$\log S$	9,9991057

$$S \approx 0{,}9979430$$

[1]) Im folgenden sind alle Logarithmen um 10 erhöht (Anm. d. Übers.).

[2]) Es handelt sich hier um die umbeschriebene Treppenkurve im Gegensatz zur eben betrachteten einbeschriebenen (Anm. d. Übers.).

Ponceletsche Formel

$2\Sigma_2$	12,7454948
$\frac{1}{4}(y_0 + y_{10})$	0,2500000
$-\frac{1}{4}(y_{1/2} + y_{19/2})$	−0,2688441
Σ	12,7266507

$\log \Sigma$	11,1047141
$\log \frac{b-a}{2n}$	8,8950898
$\log S$	9,9998039

$$S \approx 0{,}9995487$$

Simpsonsche Formel

$2\Sigma_1$	11,7062048
$4\Sigma_2$	25,4909896
$y_0 + y_{10}$	1,0000000
Σ	38,1971944

$\log \Sigma$	11,5820314
$\log \frac{b-a}{6n}$	8,4179685
$\log S$	9,9999999

$$S \approx 1{,}0000000$$

2. $$S = \int_0^1 \frac{\log(1+x)}{1+x^2}\,dx = \frac{\pi}{8}\log 2 = 0{,}2721982613\ldots,$$ [1])

$$n = 10\,, \qquad \frac{b-a}{2n} = \frac{1}{20}\,, \qquad \frac{b-a}{6n} = \frac{1}{60}\,.$$

y_1	0,0943663
y_2	0,1753092
y_3	0,2407012
y_4	0,2900623
y_5	0,3243721
y_6	0,3455909
y_7	0,3561263
y_8	0,3584065
y_9	0,3546154
Σ_1	2,5395503

$y_{1/2}$	0,0486685
$y_{3/2}$	0,1366865
$y_{5/2}$	0,2100175
$y_{7/2}$	0,2673538
$y_{9/2}$	0,3089926
$y_{11/2}$	0,3364721
$y_{13/2}$	0,3520389
$y_{15/2}$	0,3581541
$y_{17/2}$	0,3571470
$y_{19/2}$	0,3510273
Σ_2	2,7265583

y_0	0,0000000
y_{10}	0,3465736

Ponceletsche Formel

$2\Sigma_2$	5,4531166
$\frac{1}{4}(y_0 + y_{10})$	0,0866434
$-\frac{1}{4}(y_{1/2} + y_{19/2})$	−0,0999239
Σ	5,4398361

$$S \approx \tfrac{1}{20}\Sigma \approx 0{,}2719918$$

Simpsonsche Formel

$2\Sigma_1$	5,0791006
$4\Sigma_2$	10,9062332
$y_0 + y_{10}$	0,3465736
Σ	16,3319074

$$S \approx \tfrac{1}{60}\Sigma \approx 0{,}27219844$$

3. $$S = \int_0^1 \frac{dx}{1+x} = \log 2 = 0{,}69314718\ldots$$

$$n = 20\,, \quad \frac{b-a}{2n} = \frac{1}{40}\,, \quad \frac{b-a}{6n} = \frac{1}{120}\,.$$

y_1	0,9523810
y_2	0,9090909
y_3	0,8695653
y_4	0,8333333
y_5	0,8000000
y_6	0,7692307
y_7	0,7407407
y_8	0,7142857
y_9	0,6896552
y_{10}	0,6666667
y_{11}	0,6451613
y_{12}	0,6250000
y_{13}	0,6060606
y_{14}	0,5882353
y_{15}	0,5714287
y_{16}	0,5555556
y_{17}	0,5405405
y_{18}	0,5263146
y_{19}	0,5128205
Σ_1	13,1160666

$y_{1/2}$	0,9756097
$y_{3/2}$	0,9302326
$y_{5/2}$	0,8888889
$y_{7/2}$	0,8510638
$y_{9/2}$	0,8163266
$y_{11/2}$	0,7843135
$y_{13/2}$	0,7547169
$y_{15/2}$	0,7272727
$y_{17/2}$	0,7017543
$y_{19/2}$	0,6779661
$y_{21/2}$	0,6557377
$y_{23/2}$	0,6349207
$y_{25/2}$	0,6153846
$y_{27/2}$	0,5970149
$y_{29/2}$	0,5797101
$y_{31/2}$	0,5633804
$y_{33/2}$	0,5479451
$y_{35/2}$	0,5333333
$y_{37/2}$	0,5194806
$y_{39/2}$	0,5063291
Σ_2	13,8613816

y_0	1,0000000
y_{20}	0,5000000

Trapezformel

$2\Sigma_1$	26,2321332
$y_0 + y_{20}$	1,5000000

Σ 27,7321332

$S \approx \frac{1}{40}\Sigma \approx 0{,}693303333$

Ponceletsche Formel

$2\Sigma_2$	27,7227632
$\frac{1}{4}(y_0 + y_{20})$	0,3750000
$-\frac{1}{4}(y_{1/2} + y_{39/2})$	$-$0,3704847

$\Sigma = 27{,}7272785$

$S \approx \frac{1}{40}\Sigma \approx 0{,}69318196$

Simpsonsche Formel

$2\Sigma_1$	26,2321332
$4\Sigma_2$	55,4455264
$y_0 + y_{20}$	1,5000000

$\Sigma = 83{,}1776596$

$S \approx \frac{1}{120}\Sigma \approx 0{,}69314716$

111. Die Berechnung des bestimmten Integrals mit veränderlicher oberer Grenze. In vielen Problemen hat man die Werte des bestimmten Integrals

$$F(x) = \int_a^x f(t)\,\mathrm{d}t$$

bei veränderlicher oberer Grenze zu berechnen.

Auf der Grundlage der Trapezformel (43) läßt sich das folgende Verfahren zur Ermittlung von Näherungswerten dieses Integrals angeben, natürlich nicht für alle Werte von x, sondern nur für solche, in die das Intervall (a, b) unterteilt ist, d. h.

$$F(a),\ F(x_1),\ F(x_2),\ \ldots,\ F(x_k)\ ,\ \ldots,\ F(x_{n-1}),\ F(b)\,.$$

Nach (43) ist

$$F(x_k) = \int_a^{a+kh} f(x)\,\mathrm{d}x \approx h\left[\frac{y_0 + y_1}{2} + \cdots + \frac{y_{k-1} + y_k}{2}\right], \tag{48}$$

$$F(x_{k+1}) = \int_a^{a+(k+1)h} f(x)\,\mathrm{d}x \approx h\left[\frac{y_0 + y_1}{2} + \cdots + \frac{y_{k-1} + y_k}{2} + \frac{y_k + y_{k+1}}{2}\right]$$

$$\approx F(x_k) + \frac{1}{2}h(y_k + y_{k+1})\,. \tag{49}$$

Diese Formel ermöglicht es, nach der Berechnung des Wertes $F(x_k)$ zum folgenden Wert $F(x_{k+1}) = F(x_k + h)$ überzugehen.

Die Berechnung läßt sich nach dem auf S. 256 angegebenen Schema durchführen.

112. Graphische Verfahren. Diese Berechnungen lassen sich graphisch durchführen, wenn die Kurve $y = f(x)$ gegeben ist; wir erhalten auf diesem Wege eine graphische Konstruktion der Integralkurve

$$y = \int_a^x f(t)\,\mathrm{d}t = F(x)$$

auf Grund der Bildkurve

$$y = f(x)\,. \tag{50}$$

Wenn wir über eine genügende Anzahl von Teilpunkten verfügen, können wir zunächst näherungsweise

$$\frac{s_k}{2} = \frac{y_{k-1} + y_k}{2} = y_{k-1/2} \tag{51}$$

annehmen, d. h., wenn die Bildkurve (50) konstruiert ist, ergeben sich die Größen $\frac{s_k}{2}$ unmittelbar aus der Zeichnung als Ordinaten der Kurve für $x_{k-1/2} = a + \frac{2k-1}{2}h$ (Abb. 149). Wir markieren auf der y-Achse die Punkte

$$A_1(y_{1/2}),\ A_2(y_{3/2}),\ A_3(y_{5/2}),\ \ldots,\ A_k(y_{k-1/2})\,.$$

Auf der x-Achse links vom Punkt O tragen wir die Strecke $\overline{OP} = 1$ ab, ziehen die Strahlen

$$PA_1,\ PA_2,\ PA_3,\ \ldots,\ PA_k$$

und durch die Punkte M_0, M_1, M_2, ... die zu ihnen parallelen, so daß

$$M_0M_1 \parallel PA_1\,,\qquad M_1M_2 \parallel PA_2\,,\qquad M_2M_3 \parallel PA_3\,,\ \ldots$$

wird.

Die Punkte $M_0, M_1, M_2, \ldots$ sind dann Punkte der gesuchten angenäherten Integralkurve, da man sich an Hand von Abb. 149 leicht davon überzeugt, daß

$$\overline{x_1M_1} = hy_{1/2}\,, \quad \overline{x_2M_2} = h(y_{1/2} + y_{3/2})\,, \quad \overline{x_3M_3} = h(y_{1/2} + y_{3/2} + y_{5/2})\,, \ldots$$

ist; wegen der Näherungsgleichung (51) und der Formel (48) ist dann

$$\overline{x_kM_k} = h(y_{1/2} + y_{3/2} + \cdots + y_{k-1/2}) \approx h\left(\frac{y_0 + y_1}{2} + \cdots + \frac{y_{k-1} + y_k}{2}\right) \approx F(x_k)\,.$$

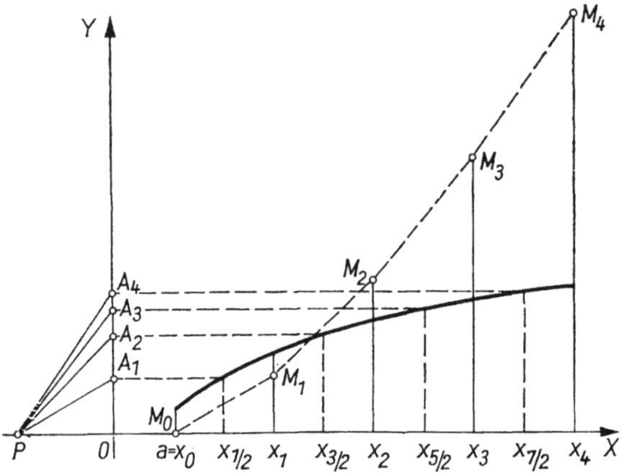

Abb. 149

Die angegebene Konstruktion ist für den Fall durchgeführt, daß der Maßstab für die Funktion $F(x)$ mit dem Maßstab für $f(x)$ übereinstimmt. Ist der Maßstab für die Flächeninhalte ein anderer, so bleibt die Konstruktion dieselbe, nur mit dem Unterschied, daß die Strecke $\overline{OP}$ nicht die Länge 1, sondern die Länge l hat, wobei l gleich dem Verhältnis des Maßstabs für $F(x)$ zum Maßstab für $f(x)$ ist.

Die graphische Näherungskonstruktion für ein iteriertes Integral [II, **15**]

$$\Phi(x) = \int_a^x \left(\int_a^u f(t)\,dt\right) du$$

basiert auf der Rechteckformel (40) [**108**].

I	II	III	IV	V	VI
k	x_k	y_k	$s_{k+1} = y_k + y_{k+1}$	$\sum_{n=1}^{k} s_n$	$F(x_k) = \frac{1}{2} h \sum_{n=1}^{k} s_n$
0	a	y_0		0	0
			$s_1 = y_0 + y_1$		
1	$a + h$	y_1		s_1	$\frac{1}{2} hs_1$
			$s_2 = y_1 + y_2$		
2	$a + 2h$	y_2		$s_1 + s_2$	$\frac{1}{2} h(s_1 + s_2)$
			$s_3 = y_2 + y_3$		
3	$a + 3h$	y_3		$s_1 + s_2 + s_3$	$\frac{1}{2} h(s_1 + s_2 + s_3)$
			$s_4 = y_3 + y_4$		
4	$a + 4h$	y_4		$s_1 + s_2 + s_3 + s_4$	$\frac{1}{2} h(s_1 + s_2 + s_3 + s_4)$
			$s_5 = y_4 + y_5$		
5	$a + 5h$	y_5		$s_1 + s_2 + s_3 + s_4 + s_5$	$\frac{1}{2} h(s_1 + s_2 + s_3 + s_4 + s_5)$
			$s_6 = y_5 + y_6$		
6	$a + 6h$	y_6		$s_1 + s_2 + s_3 + s_4 + s_5 + s_6$	$\frac{1}{2} h(s_1 + s_2 + s_3 + s_4 + s_5 + s_6)$

Wir nehmen an, daß wie früher

$$F(x) = \int_a^u f(t)\,\mathrm{d}t$$

ist. Betrachten wir die Werte $x_0, x_1, x_2, \dots, x_n, \dots$ der unabhängigen Veränderlichen x, so gelten nach (40) die Näherungsgleichungen

$$F(x_1) \approx hy_0\,, \qquad F(x_2) \approx h(y_0 + y_1)\,, \quad \dots, \quad F(x_k) \approx h(y_0 + y_1 + \dots + y_{k-1})\,.$$

Wenden wir dieselbe Formel auch auf die Funktion $\Phi(x)$ an, so erhalten wir

$$\begin{aligned} \Phi(x_k) &= h[F(x_0) + F(x_1) + \dots + F(x_{k-1})] \\ &\approx h^2[y_0 + (y_0 + y_1) + \dots + (y_0 + y_1 + \dots + y_{k-1})]\,. \end{aligned} \tag{52}$$

Hieraus ergibt sich die folgende Konstruktion der Ordinate $\Phi(x_k)$ (Abb. 150): Nachdem wir den Punkt P konstruiert haben, tragen wir ähnlich wie früher auf der y-Achse die Abschnitte

$$\overline{OB_1} = y_0\,, \qquad \overline{B_1B_2} = y_1\,, \qquad \overline{B_2B_3} = y_2\,, \qquad \dots, \quad \overline{B_{k-1}B_k} = y_{k-1}\,, \dots$$

ab, ziehen die Strahlen

$$PB_1, PB_2, PB_3, \dots, PB_k, \dots$$

und konstruieren die Punkte

$$M_0, M_1, M_2, \dots, M_k, \dots,$$

indem wir

$$M_0M_1 \parallel PB_1\,, \quad M_1M_2 \parallel PB_2\,, \quad M_2M_3 \parallel PB_3\,, \dots$$

ziehen.

Diese Punkte sind dann Punkte der gesuchten, und zwar im ungeänderten Maßstab $1:h$ gezeichneten Näherungskurve, denn aus der Konstruktion ist ersichtlich, daß auf Grund von (52)

$$\overline{x_1M_1} = hy_0\,, \qquad \overline{x_2M_2} = hy_0 + h(y_0 + y_1)\,, \quad \dots,$$

$$\overline{x_kM_k} = hy_0 + h(y_0 + y_1) + \dots + h(y_0 + y_1 + \dots + y_{k-1}) \approx \frac{\Phi(x_k)}{h}$$

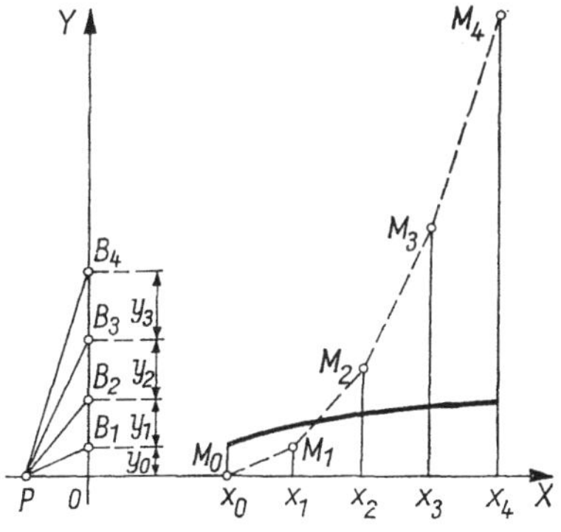

Abb. 150

wird. Wenn die Länge von $\overline{OP}$ nicht 1, sondern l ist, dann liefert die konstruierte Kurve die im Verhältnis $1:lh$ abgeänderte Ordinate der Kurve $\Phi(x)$.

Es ist hier allerdings die Einschränkung zu beachten, daß bei aller Bequemlichkeit der angegebenen Konstruktionen ihre Genauigkeit nicht groß ist und man sie nur bei relativ groben Rechnungen anwenden kann.

113. Flächeninhalte bei schnell oszillierenden Kurven. Früher [110] wurde darauf hingewiesen, daß man zu einer erfolgreichen Anwendung der verschiedenen Näherungsformeln für die Berechnung bestimmter Integrale die Kurve, deren Fläche zu bestimmen ist, in Teilstücke zerlegen muß, in denen sie jeweils eine glatte Form besitzt.

Diese Forderung ist sehr erschwerend für unregelmäßig verlaufende Kurven, die viele Schwankungen nach oben und nach unten aufweisen. Zur Flächenbestimmung solcher Kurven nach den vorstehenden Regeln muß man zu viele Unterteilungen einführen, was die Berechnungen erheblich kompliziert.

In solchen Fällen ist es zweckmäßig, ein anderes Verfahren anzuwenden, nämlich die Fläche in Streifen zu zerlegen, die nicht parallel zur y-Achse, sondern zur x-Achse sind: Zur angenäherten Flächenbestimmung für die in Abb. 151 dargestellte Kurve tragen wir auf der y-Achse die kleinste und die größte Ordinate α bzw. β der Kurve ab und unterteilen das Intervall (α, β) durch die Punkte

$$y_0 = \alpha, \; y_1, \ldots, y_{i-1}, y_i, \ldots, y_{n-1}, \quad y_n = \beta$$

in n Teile. Wir ziehen durch die Teilungspunkte zur x-Achse parallele Geraden und zerlegen die ganze Fläche in Streifen, die aus einzelnen schraffierten Teilen bestehen. Als Näherungsausdruck für die Fläche des i-ten Streifens nehmen wir z. B. das Produkt aus dessen Basis $y_i - y_{i-1}$ und der Summe der Längen l_i derjenigen Abschnitte einer beliebigen Geraden

$$y = \eta_i \qquad (y_{i-1} \leqq \eta_i \leqq y_i),$$

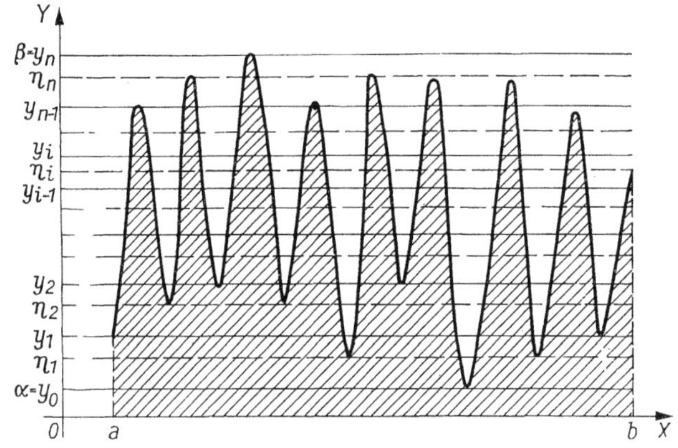

Abb. 151

die sich innerhalb der schraffierten Fläche befinden. Diese Summe kann unmittelbar aus Abb. 151 bestimmt werden. So erhalten wir für den gesuchten Flächeninhalt S einen Näherungsausdruck der Form

$$y_0(b - a) + (y_1 - y_0)\, l_1 + (y_2 - y_1)\, l_2 + \cdots + (y_n - y_{n-1})\, l_n,$$

der um so genauer wird, je größer die Anzahl der Unterteilungen ist und um so steiler die Schwankungen der Kurve sind.

Eine entsprechende Weiterentwicklung der Grundidee dieses Verfahrens führte zum Begriff des Lebesgueschen Integrals, der bedeutend allgemeiner als der oben dargelegte Begriff des Riemannschen Integrals ist [**94, 116**].

§ 11. Ergänzende Ausführungen über das bestimmte Integral

114. Vorbereitende Begriffe. Die letzten Abschnitte dieses Kapitels sind der strengen analytischen Untersuchung des Integralbegriffs gewidmet. Auch werden wir im folgenden die Existenz eines bestimmten Grenzwertes für Summen der Form

$$\sum_{k=1}^{n} f(\xi_k)(x_k - x_{k-1})$$

nicht nur bei stetigen Funktionen $f(x)$ beweisen. Hierzu müssen wir einige neue Begriffe einführen, die mit der Untersuchung unstetiger Funktionen zusammenhängen. Die Funktion $f(x)$ sei in einem endlichen *abgeschlossenen* Intervall (a, b) definiert. Wir werden nur beschränkte Funktionen betrachten; eine Funktion $f(x)$ heißt im Intervall (a, b) *beschränkt,* wenn eine positive Zahl N existiert derart, daß für alle x aus dem angegebenen Intervall

$$|f(x)| \leqq N$$

gilt. Ist die Funktion $f(x)$ stetig, so nimmt sie, wie schon erwähnt [**35**], in diesem Intervall einen größten und einen kleinsten Wert an und ist beschränkt. Dagegen können unstetige Funktionen beschränkt oder auch unbeschränkt sein. Im folgenden betrachten wir nur beschränkte unstetige Funktionen. Wir nehmen z.B.

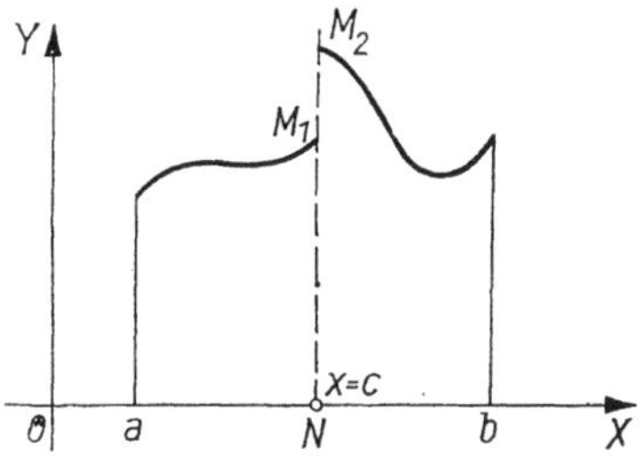

Abb. 152

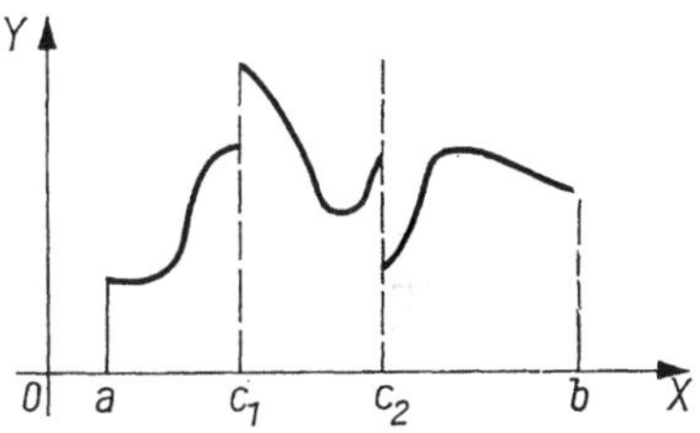

Abb. 153

an, die Funktion $f(x)$ besitze die in Abb. 152 dargestellte Kurve. Im Punkt $x = c$ ist die Funktion unstetig, und der Funktionswert im Punkt $x = c$ selbst, d. h. $f(c)$, muß in irgendeiner Weise mittels einer zusätzlichen Bedingung definiert werden. Im übrigen ist die Funktion überall bis zu den Randpunkten a und b hin stetig. Beim Grenzübergang der Veränderlichen x gegen den Wert $x = c$ von kleineren Werten her, d. h. von links, strebt die zugehörige Ordinate gegen einen bestimmten Grenzwert, der geometrisch durch die Strecke $\overline{NM_1}$ dargestellt wird. Entsprechend strebt $f(x)$ beim Grenzübergang von x gegen c von größeren Werten her, d. h. von rechts, ebenfalls gegen einen bestimmten, durch die Strecke $\overline{NM_2}$ dargestellten Grenzwert, der aber von dem linksseitigen verschieden ist. Den linksseitigen Grenzwert bezeichnet man gewöhnlich mit $f(c - 0)$ und den rechtsseitigen mit $f(c + 0)$ [**32**]. Diese einfachste Unterbrechung der Stetigkeit einer Funktion, bei der endliche Grenzwerte sowohl von links als auch von rechts existieren, wird gewöhnlich *Unstetigkeit erster Art* genannt. Der Funktionswert im Punkt $x = c$ selbst, d. h. $f(c)$, wird im allgemeinen sowohl von $f(c - 0)$ als auch von $f(c + 0)$ verschieden sein und muß zusätzlich definiert werden. Wenn die Funktion im Intervall (a, b) mit Ausnahme endlich vieler Punkte, in denen sie Unstetigkeiten erster Art besitzt, stetig ist, besteht ihre Bildkurve aus endlich vielen Kurvenstücken, die bis zu ihren Endpunkten hin stetig sind, sowie aus einzelnen Punkten an den Unstetigkeitsstellen (Abb. 153). Eine solche Funktion ist trotz ihrer Unstetigkeit offenbar im ganzen Intervall beschränkt. Natürlich können aber auch Funktionen mit komplizierteren Unstetigkeiten beschränkt sein.

Im folgenden werden wir häufig die Menge aller Werte betrachten, die eine gewisse Funktion $f(x)$ in irgendeinem vorgegebenen Variabilitätsbereich der unabhängigen Veränderlichen annimmt. Ist die gewählte Funktion in dem betrachteten Intervall beschränkt, so ist die Menge ihrer Werte in diesem Intervall nach oben und nach unten beschränkt, und daher hat diese Menge eine obere und eine untere Grenze [**39**]. Ist etwa $f(x)$ in dem betrachteten abgeschlossenen und endlichen Intervall stetig, so nimmt die Funktion bekanntlich [**35**] in diesem Intervall einen größten und einen kleinsten Wert an. Im vorliegenden Fall ist dieser größte und dieser kleinste Wert die obere bzw. die untere Grenze der Werte von $f(x)$ in dem betrachteten Intervall. Wir können aber auch ein anderes Beispiel angeben: Ist $f(x)$ eine zunehmende Funktion, so nimmt sie den größten Wert im rechten und den kleinsten im linken Endpunkt des Intervalls an; diese Werte bilden dann wieder die obere bzw. untere Grenze der Werte $f(x)$. In diesen beiden Beispielen sind die Grenzen der Menge der Funktionswerte selbst spezielle Werte der Funktion, d. h., sie gehören selbst zu der betrachteten Menge der Funktionswerte. In komplizierteren Fällen unstetiger Funktionen brauchen die obere und die untere Grenze der Funktionswerte selbst nicht Funktionswerte zu sein, d. h., sie brauchen nicht zur Menge der Funktionswerte zu gehören.

Es seien M und m die obere bzw. untere Grenze der Werte $f(x)$ in einem gewissen Intervall (c, d), d. h. für $c \leqq x \leqq d$, wobei offenbar $m \leqq M$ sein muß. Wir wählen ein neues Intervall (c', d'), das einen Teil des früheren Intervalls (c, d) darstellt. Es seien M' und m' die obere bzw. untere Grenze der Werte $f(x)$ in dem neuen Intervall (c', d'). Da die Werte von $f(x)$ im Intervall (c', d') auf jeden Fall unter den Werten von $f(x)$ in dem größeren Intervall (c, d) vorkommen, kann man behaupten, daß $M' \leqq M$ und $m' \geqq m$ ist, d. h., es gilt

Lemma 1. *Ersetzt man einen gewissen Variabilitätsbereich von x durch einen Teilbereich, so kann die obere Grenze der Funktionswerte $f(x)$ nicht größer und die untere Grenze nicht kleiner werden.*

115. Die Zerlegung eines Intervalls in Teilintervalle und die Bildung verschiedener Summen. Es sei das endliche Intervall (a, b) durch Zwischenwerte in endlich viele Teilintervalle zerlegt:

$$a = x_0 < x_1 < x_2 < \cdots < x_{k-1} < x_k < \cdots < x_{n-1} < x_n = b\,. \tag{1}$$

Eine solche Zerlegung bezeichnen wir mit δ; die Werte x_k heißen Teilungspunkte von δ. Bei verschiedenen Zerlegungen sind im allgemeinen die Teilungspunkte x_k und die Anzahl der Teilintervalle verschieden. Die Längen der Teilintervalle der Zerlegung (1) bezeichnen wir mit $\delta_k = x_k - x_{k-1}$ $(k = 1, 2, \ldots, n)$. Es sei $f(x)$ eine im Intervall (a, b) beschränkte Funktion. Die der Zerlegung δ, d. h. (1), entsprechende Summe, deren Grenzwert — falls er existiert — das bestimmte Integral von $f(x)$ im Intervall (a, b) liefert, bezeichnen wir mit

$$\sigma(\delta, \xi_k) = \sum_{k=1}^{n} f(\xi_k)\,\delta_k\,. \tag{2}$$

Sie hängt von δ und der Wahl der Punkte ξ_k ab. Wir betrachten die Menge der Werte $f(x)$ im Intervall (x_{k-1}, x_k). Wegen der Beschränktheit von $f(x)$ ist das eine beschränkte Menge. Wir bezeichnen mit m_k die untere und mit M_k die obere Grenze der Werte $f(x)$ im Intervall (x_{k-1}, x_k) $(k = 1, 2, \ldots, n)$, und in den Summanden der Summe (2) ersetzen wir $f(\xi_k)$ erst durch m_k und dann durch M_k.

Wir erhalten damit zwei Summen, die nur von der Zerlegung δ des Intervalls (a, b) abhängen:

$$s(\delta) = \sum_{k=1}^{n} m_k \delta_k, \qquad S(\delta) = \sum_{k=1}^{n} M_k \delta_k \quad \text{(Unter- bzw. Obersumme)}. \tag{3}$$

Aus der Definition von m_k und M_k folgt unmittelbar $m_k \leqq f(\xi_k) \leqq M_k$, und daraus ergibt sich wegen $\delta_k > 0$

$$s(\delta) \leqq \sigma(\delta, \xi_k) \leqq S(\delta). \tag{4}$$

Es seien m und M die untere bzw. die obere Grenze der Werte $f(x)$ im gesamten Intervall (a, b). Unter Verwendung von Lemma 1 sieht man leicht, daß die Ungleichung

$$m \leqq m_k \leqq M_k \leqq M \qquad (k = 1, 2, \ldots, n) \tag{5}$$

gilt, und offenbar ist

$$\sum_{k=1}^{n} \delta_k = \sum_{k=1}^{n} (x_k - x_{k-1}) = b - a.$$

Wenn wir die Ungleichungen (5) mit den positiven Zahlen δ_k multiplizieren und von $k = 1$ bis $k = n$ summieren, erhalten wir

$$m(b - a) \leqq s(\delta) \leqq M(b - a),$$

$$m(b - a) \leqq S(\delta) \leqq M(b - a),$$

d. h., die Menge der Werte $s(\delta)$ und $S(\delta)$ ist bei allen möglichen Zerlegungen δ nach oben und unten beschränkt. Wir bezeichnen mit i die obere Grenze der Menge der Werte $s(\delta)$ und mit I die untere Grenze der Werte $S(\delta)$ bei allen möglichen Zerlegungen δ:

$$s(\delta) \leqq i, \qquad S(\delta) \geqq I. \tag{6}$$

Wir erwähnen, daß die nichtnegative Differenz $M - m$ gewöhnlich die *Schwankung der Funktion* $f(x)$ im Intervall (a, b) genannt wird. Die Differenz $M_k - m_k$ ist die Schwankung der Funktion $f(x)$ im Intervall (x_{k-1}, x_k).

Wir führen jetzt einige neue Begriffe ein. Eine Zerlegung δ' des Intervalls (a, b) heißt Fortsetzung der Zerlegung δ, wenn jeder Teilungspunkt von δ auch Teilungspunkt von δ' ist, wenn sich also δ' aus δ durch Hinzufügen neuer Teilungspunkte ergibt (wenn δ' nicht schon mit δ übereinstimmt). Wenn δ_1 und δ_2 zwei Zerlegungen sind, dann soll ihr Produkt diejenige Zerlegung von (a, b) sein, deren Teilungspunkte man als Vereinigung der Teilungspunkte von δ_1 und von δ_2 erhält. Das Produkt der Zerlegungen bezeichnen wir mit $\delta_1\delta_2$. Dieser Begriff läßt sich auch auf mehrere Faktoren übertragen. Die Zerlegung $\delta_1\delta_2$ ist offensichtlich eine Forstsetzung sowohl der Zerlegung δ_1 als auch der Zerlegung δ_2.

Lemma 2. *Ist die Zerlegung δ' Fortsetzung der Zerlegung δ, so gilt $s(\delta) \leqq s(\delta')$ und $S(\delta) \geqq S(\delta')$.*

Beim Übergang von δ zu δ' kann jedes der Intervalle (x_{k-1}, x_k) in Teilintervalle zerlegt werden. Wir nehmen z. B. an, daß dieses Intervall in die drei Teilintervalle (x_{k-1}, α_k), (α_k, β_k), (β_k, x_k) zerlegt wurde, deren Länge gleich $\delta_k^{(1)} = \alpha_k - x_{k-1}$, $\delta_k^{(2)} = \beta_k - \alpha_k$ bzw. $\delta_k^{(3)} = x_k - \beta_k$ ist. Es seien $M_k^{(1)}$, $M_k^{(2)}$, $M_k^{(3)}$ die oberen Grenzen von $f(x)$ in diesen drei Teilintervallen. Nach Lemma 1 gilt dann

$$M_k^{(1)} \leqq M_k, \qquad M_k^{(2)} \leqq M_k, \qquad M_k^{(3)} \leqq M_k,$$

und außerdem ist

$$\delta_k^{(1)} + \delta_k^{(2)} + \delta_k^{(3)} = \delta_k = x_k - x_{k-1} .$$

Der Summand $M_k \delta_k$ der Summe $S(\delta)$ wird beim Übergang zu δ' durch die Summe von drei Summanden,

$$M_k^{(1)} \delta_k^{(1)} + M_k^{(2)} \delta_k^{(2)} + M_k^{(3)} \delta_k^{(3)} ,$$

ersetzt, und wegen des oben Gesagten gilt

$$M_k^{(1)} \delta_k^{(1)} + M_k^{(2)} \delta_k^{(2)} + M_k^{(3)} \delta_k^{(3)} \leqq M(\delta_k^{(1)} + \delta_k^{(2)} + \delta_k^{(3)}) = M_k \delta_k ,$$

d. h., beim Übergang von δ zu δ' wird jeder Summand $M_k \delta_k$ entweder durch eine endliche Summe ersetzt, die kleiner oder gleich $M_k \delta_k$ ist, oder er bleibt unverändert. Hieraus folgt $S(\delta) \geqq S(\delta')$. Völlig analog wird $s(\delta) \leqq s(\delta')$ gezeigt, und damit ist das Lemma bewiesen.

Beachtet man $m_k \leqq M_k$ und $\delta_k > 0$, so ist leicht zu sehen, daß $s(\delta) \leqq S(\delta)$ bei ein und demselben δ gilt. Wir werden zeigen, daß eine solche Ungleichung auch für beliebige verschiedene Zerlegungen gilt.

Lemma 3. *Sind δ_1 und δ_2 zwei beliebige Zerlegungen, so gilt $s(\delta_1) \leqq S(\delta_2)$.*

Wir betrachten das Produkt $\delta_1 \delta_2$ der Zerlegungen δ_1 und δ_2. Da $\delta_1 \delta_2$ eine Fortsetzung von δ_1 und δ_2 ist, folgen aus Lemma 2 die Ungleichungen $s(\delta_1 \delta_2) \geqq s(\delta_1)$ und $S(\delta_1 \delta_2) \leqq S(\delta_2)$. Unter Benutzung der Ungleichung $s(\delta_1 \delta_2) \leqq S(\delta_1 \delta_2)$ erhalten wir $s(\delta_1) \leqq S(\delta_2)$. Damit ist das Lemma bewiesen.

Aus diesem Lemma folgt unmittelbar, daß die obere Grenze i der Menge der Werte $s(\delta)$ für alle möglichen Zerlegungen δ und die untere Grenze I von $S(\delta)$ den folgenden Ungleichungen genügen:

$$s(\delta) \leqq i \leqq I \leqq S(\delta) . \tag{7}$$

Wir beschäftigen uns jetzt mit den Summen $\sigma(\delta, \xi_k)$, die den Ungleichungen (4) genügen. Bei einer festen Zerlegung δ kann man wegen der Definition von m_k und M_k für beliebige k ein ξ_k so wählen, daß $f(\xi_k)$ beliebig nahe bei M_k liegt oder sogar (in einigen Fällen) mit M_k übereinstimmt, d. h., man kann ξ_k so wählen, daß die Summe $\sigma(\delta, \xi_k)$ beliebig nahe bei $S(\delta)$ liegt oder in einigen Fällen sogar mit $S(\delta)$ übereinstimmt. Andererseits gilt wegen (4) die Ungleichung $\sigma(\delta, \xi_k) \leqq S(\delta)$. Hieraus folgt, daß $S(\delta)$ die obere Grenze der Werte $\sigma(\delta, \xi_k)$ für jede mögliche Wahl der ξ_k ist. Analog wird bewiesen, daß $s(\delta)$ die untere Grenze aller Werte $\sigma(\delta, \xi_k)$ ist, d. h., es gilt

Lemma 4. *Bei einer festen Zerlegung δ ist $s(\delta)$ die untere Grenze der Werte $\sigma(\delta, \xi_k)$ bei beliebiger Auswahl der ξ_k, und $S(\delta)$ ist die obere Grenze der Werte $\sigma(\delta, \xi_k)$ bei denselben Bedingungen.*

116. Integrierbare Funktionen.[1]) Wir zeigen jetzt eine notwendige und hinreichende Bedingung für die Existenz des Integrals einer beschränkten Funktion $f(x)$ oder, wie man auch sagt, eine notwendige und hinreichende Bedingung für die Integrierbarkeit von $f(x)$. Mit $\mu(\delta)$ werden wir im weiteren die Länge des größten Teilintervalls bezeichnen, das zur Zerlegung δ gehört.

---

[1]) Es handelt sich dabei um die im Riemannschen Sinne integrierbaren Funktionen; siehe die Fußnote auf S. 264 (Anm. d. Übers.).

Satz. *Eine notwendige und hinreichende Bedingung für die Integrierbarkeit der beschränkten Funktion $f(x)$ im endlichen Intervall (a, b) besteht darin, daß die Differenz*

$$S(\delta) - s(\delta) = \sum_{k=1}^{n} (M_k - m_k)\,\delta_k \tag{8}$$

gegen 0 strebt, wenn $\mu(\delta)$ gegen 0 strebt.

Mit anderen Worten, diese Bedingung — wir nennen sie Bedingung A — besteht in folgendem: Für eine beliebig vorgegebene positive Zahl ε existiert eine solche positive Zahl η, daß

$$S(\delta) - s(\delta) < \varepsilon \quad \text{für} \quad \mu(\delta) < \eta$$

gilt. Wir beweisen zunächst, daß die Bedingung A *hinreichend* ist. Wir setzen voraus, daß die Bedingung A erfüllt ist, d. h. $S(\delta) - s(\delta) \to 0$ für $\mu(\delta) \to 0$. Dabei folgt aus (7), daß $i = I$ gilt und daß $s(\delta)$ und $S(\delta)$ für $\mu(\delta) \to 0$ gegen I streben. Hieraus folgt wegen (4), daß auch die Summe $\sigma(\delta, \xi_k)$ für $\mu(\delta) \to 0$ und bei beliebiger Wahl der ξ_k gegen I strebt. Genauer gesagt: $|I - \sigma(\delta, \xi_k)| < \varepsilon$ für $\mu(\delta) < \eta$, wobei $\eta > 0$ durch die Vorgabe von $\varepsilon > 0$ festgelegt wird. Dadurch ist bewiesen, daß $f(x)$ integrierbar ist und die Zahl I der Wert des Integrals ist. Also ist bewiesen, daß die Bedingung A hinreichend ist.

Nun zeigen wir, daß die Bedingung A *notwendig* ist. Wir setzen voraus, daß $f(x)$ integrierbar ist, und werden beweisen, daß die Bedingung A erfüllt ist. Wir bezeichnen mit I_0 den Wert des Integrals von $f(x)$. Aus seiner Definition folgt: Für beliebiges $\varepsilon > 0$ existiert ein $\eta > 0$ derart, daß

$$|\sigma(\delta, \xi_k) - I_0| < \frac{\varepsilon}{4} \qquad \text{für} \qquad \mu(\delta) < \eta \tag{9}$$

ist bei beliebiger Wahl der ξ_k. Wegen Lemma 4 ist bei beliebigem festen δ eine solche Wahl $\xi_k = \xi_k'$ und $\xi_k = \xi_k''$ möglich, daß

$$|\sigma(\delta, \xi_k') - s(\delta)| < \frac{\varepsilon}{4} \quad \text{und} \quad |\sigma(\delta, \xi_k'') - S(\delta)| < \frac{\varepsilon}{4} \tag{10}$$

gilt. Wir können

$$S(\delta) - s(\delta) = [S(\delta) - \sigma(\delta, \xi_k'')] + [\sigma(\delta, \xi_k'') - I_0] + [I_0 - \sigma(\delta, \xi_k')] + [\sigma(\delta, \xi_k') - s(\delta)]$$

schreiben und erhalten hieraus wegen (9) und (10) für $\mu(\delta) < \eta$

$$|S(\delta) - s(\delta)| \leqq |S(\delta) - \sigma(\delta, \xi_k'')| + |\sigma(\delta, \xi_k'') - I_0| + |I_0 - \sigma(\delta, \xi_k')| + |\sigma(\delta, \xi_k') - s(\delta)| \leqq \frac{\varepsilon}{4} + \frac{\varepsilon}{4} + \frac{\varepsilon}{4} + \frac{\varepsilon}{4} = \varepsilon,$$

d. h. $|S(\delta) - s(\delta)| < \varepsilon$ für $\mu(\delta) < \eta$, und das ist genau die Bedingung A. Damit ist die Notwendigkeit der Bedingung bewiesen.

Bemerkung 1. Aus dem Beweis dafür, daß die Bedingung A hinreichend ist, folgt $i = I$, wenn diese Bedingung erfüllt ist; dabei ist der Wert des Integrals gleich I. Daher folgt aus der Notwendigkeit der Bedingung A, daß die Gleichung $i = I$ eine notwendige Bedingung für die Integrierbarkeit darstellt.

Bemerkung 2. Man kann beweisen, daß für eine beliebige beschränkte Funktion $f(x)$

$$s(\delta) \to i \quad \text{und} \quad S(\delta) \to I \quad \text{für} \quad \mu(\delta) \to 0$$

gilt. Hieraus folgt $(S(\delta) - s(\delta)) \to 0$ für $\mu(\delta) \to 0$, wenn $i = I$ gilt. Daher ist die Gleichung $i = I$ nicht nur notwendig, sondern auch hinreichend für die Integrierbarkeit von $f(x)$.[1])

I. Ist die Funktion $f(x)$ im Intervall (a, b) (einschließlich der Randpunkte) stetig, so ist sie in diesem Intervall gleichmäßig stetig. Außerdem nimmt sie in jedem Intervall δ_i ihren kleinsten Wert m_i und ihren größten Wert M_i an. Auf Grund der gleichmäßigen Stetigkeit von $f(x)$ existiert für eine beliebig vorgegebene Zahl $\varepsilon > 0$ ein solches $\eta > 0$, daß $0 \leqq M_k - m_k < \dfrac{\varepsilon}{b-a}$ für $\mu(\delta) < \eta$ gilt. Dabei gilt

$$0 \leqq \sum_{k=1}^{n} (M_k - m_k)\,\delta_k < \sum_{k=1}^{n} \frac{\varepsilon}{b-a}\,\delta_k = \frac{\varepsilon}{b-a} \sum_{k=1}^{n} \delta_k = \frac{\varepsilon}{b-a}(b-a) = \varepsilon\,,$$

d. h., es ist $S(\delta) - s(\delta) < \varepsilon$ für $\mu(\delta) < \eta$. Somit ist die Bedingung A erfüllt, und folglich gilt: *Jede stetige Funktion ist auch integrierbar.*

II. Wir nehmen jetzt an, daß die Funktion $f(x)$ beschränkt ist und endlich viele Unstetigkeiten besitzt. Der Einfachheit halber setzen wir voraus, daß sie nur den einen Unstetigkeitspunkt $x = c$ im Innern von (a, b) hat; der Fall einer beliebigen

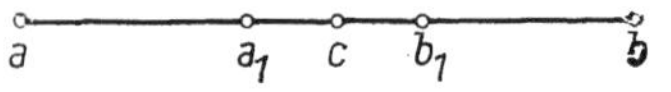

Abb. 154

endlichen Anzahl von Unstetigkeitspunkten läßt sich in derselben Weise untersuchen. Wir bemerken zuerst, daß die Differenz $M_k - m_k$ in einem beliebigen Teilintervall die Schwankung $M - m$ der Funktion im gesamten Intervall (a, b) nicht übertrifft:

$$M_k - m_k \leqq M - m \qquad (k = 1, 2, \ldots, n)\,. \tag{11}$$

Es sei eine positive Zahl ε vorgegeben. Wir trennen den Punkt $x = c$ aus dem Intervall (a, b) durch ein kleines festes Intervall (a_1, b_1) (Abb. 154) so ab, daß $a < a_1 < c < b_1 < b$ und $b_1 - a_1 < \varepsilon$ gilt. In den abgeschlossenen Intervallen (a, a_1) und (b_1, b) ist die Funktion $f(x)$ stetig und folglich auch gleichmäßig stetig. Daher existiert für jedes der beiden Intervalle eine solche Zahl η, daß $|f(x'') - f(x')| < \varepsilon$ gilt, wenn x' und x'' zu (a, a_1) oder (b_1, b) gehören und $|x'' - x'| < \eta$ ist. Die Zahlen η können für (a, a_1) und (b_1, b) verschieden sein. Wenn wir aber die kleinere der beiden Zahlen η nehmen, dann gilt diese für beide Intervalle. Es sei δ eine beliebige Zerlegung von (a, b) derart, daß das entsprechende $\mu(\delta)$ kleiner als η und ε ist,

$$\mu(\delta) < \eta \quad \text{und} \quad \mu(\delta) < \varepsilon\,, \tag{12}$$

d. h. kleiner als die kleinere der beiden Zahlen η und ε.

Wir werden nun die diesem δ entsprechende Summe (8) abschätzen, die aus nichtnegativen Gliedern besteht. Die Intervalle (x_{k-1}, x_k) teilen wir in zwei Klassen. Zur ersten Klasse rechnen wir diejenigen, die ganz in (a, a_1) oder (b_1, b) liegen, und zur zweiten alle übrigen Teilintervalle der Zerlegung δ. Das sind diejenigen

[1]) In einigen Fällen gibt man dem Begriff des bestimmten Integrals eine andere Definition, wobei sich natürlich auch eine andere Integrabilitätsbedingung ergibt. Um den soeben gegebenen Begriff des bestimmten Integrals von anderen Definitionsarten des Integrals zu unterscheiden, spricht man auch von der Integrierbarkeit im Riemannschen Sinn (Bernhard Riemann, 1826–1866). In Zukunft werden wir es nur mit Integralen im Riemannschen Sinn zu tun haben.

Intervalle (x_{k-1}, x_k), die entweder ganz oder teilweise in (a_1, b_1) liegen. Die Summe der Längen δ_k der Intervalle der ersten Klasse ist offensichtlich kleiner als $b - a$, und die entsprechende Summe für die Intervalle der zweiten Klasse ist kleiner als 3ε. Das folgt aus der Ungleichung $b_1 - a_1 < \varepsilon$, aus der zweiten der Ungleichungen (12) und aus der Tatsache, daß die Anzahl der nur teilweise in (a_1, b_1) liegenden Intervalle der Zerlegung δ nicht größer als 2 ist. Ferner gilt wegen der Stetigkeit von $f(x)$ in (a, a_1) und (b_1, b) der ersten der Ungleichungen (12) und der Definition der Zahl η für die Intervalle der ersten Klasse die Ungleichung $M_k - m_k < \varepsilon$. Für die Intervalle der zweiten Klasse benutzen wir (11). Folglich gilt für die Summe über die Intervalle der ersten Klasse

$$\sum (M_k - m_k)\,\delta_k < \varepsilon \sum \delta_k < \varepsilon(b - a)$$

und für die Summe über die Intervalle der zweiten Klasse

$$\sum (M_k - m_k)\,\delta_k \leqq (M - m) \sum \delta_k < (M - m)\,3\varepsilon\,.$$

Also ist

$$\sum_{k=1}^{n} (M_k - m_k)\,\delta_k < \varepsilon[(b - a) - 3(M - m)]\,, \tag{13}$$

wenn $\mu(\delta)$ den Ungleichungen (12) genügt. In der eckigen Klammer auf der rechten Seite von (13) steht eine feste Zahl, und wenn man berücksichtigt, daß man ε beliebig klein wählen kann, kann man bestätigen, daß die Bedingung A erfüllt ist. *Also ist jede beschränkte Funktion mit endlich vielen Unstetigkeitspunkten integrierbar.* Wir finden eine solche Funktion im ersten Beispiel von [**97**].

III. Wir untersuchen nun den Fall, daß $f(x)$ eine im Intervall (a, b) monotone und beschränkte Funktion ist. Zum Beweis setzen wir voraus, daß die Funktion nicht abnimmt, d. h. $f(c_1) \leqq f(c_2)$, wenn $c_1 < c_2$ ist. In jedem der Intervalle δ_i ist hierbei $M_i = f(x_i)$ und $m_i = f(x_{i-1})$. Daraus folgt

$$S(\delta) - s(\delta) = \sum_{k=1}^{n} (M_k - m_k)\,\delta_k = \sum_{k=1}^{n} [f(x_k) - f(x_{k-1})]\,\delta_k\,.$$

Nun ist $\delta_k \leqq \mu(\delta)$, und die Differenz $f(x_k) - f(x_{k-1})$ ist nicht negativ. Folglich gilt

$$S(\delta) - s(\delta) \leqq \mu(\delta) \sum_{k=1}^{n} [f(x_k) - f(x_{k-1})]\,.$$

Beachten wir, daß

$$\sum_{i=1}^{n} [f(x_i) - f(x_{i-1})]$$
$$= [f(x_1) - f(a)] + [f(x_2) - f(x_1)] + \cdots + [f(b) - f(x_{n-1})] = f(b) - f(a)$$

ist, so erhalten wir $S(\delta) - s(\delta) \leqq [f(b) - f(a)]\,\mu(b)$, und daraus folgt

$$S(\delta) - s(\delta) < \varepsilon \quad \text{für } \mu(\delta) < \frac{\varepsilon}{f(b) - f(a)} \qquad (f(b) > f(a))\,.$$

Ist $f(b) = f(a)$, so ist $f(x)$ eine Konstante.

Es gilt also: *Jede monotone beschränkte Funktion ist eine integrierbare Funktion.*

Wir bemerken noch, daß eine monotone Funktion auch eine unendliche Menge von Unstetigkeitspunkten besitzen kann, so daß der Fall III nicht durch den Fall II erledigt wird. Als Beispiel können wir die Funktion anführen, die gleich 0 ist für $0 \leqq x < \frac{1}{2}$, gleich $\frac{1}{2}$ für $\frac{1}{2} \leqq x < \frac{2}{3}$, gleich $\frac{2}{3}$ für $\frac{2}{3} \leqq x < \frac{3}{4}$ usw. und schließlich gleich 1 für $x = 1$. Für diese nichtabnehmende Funktion sind die Werte $x = \frac{1}{2}, \frac{2}{3}, \frac{3}{4}, \frac{4}{5}, \ldots$ Unstetigkeitspunkte.

Wir erinnern daran, daß eine monotone, beschränkte Funktion in jedem Unstetigkeitspunkt $x = c$ die Grenzwerte $f(c - 0)$ und $f(c + 0)$ haben muß. Dies folgt unmittelbar aus der Existenz eines Grenzwertes für eine monotone beschränkte Zahlenfolge [**30**].

Bei der Ableitung der Integrabilitätsbedingung hatten wir $f(x)$ immer als beschränkt vorausgesetzt. Es läßt sich beweisen, daß diese Bedingung eine notwendige Bedingung für die Integrierbarkeit ist, d. h. für die Existenz eines bestimmten Grenzwertes der Summe (2). Wenn diese Bedingung der Beschränktheit nicht erfüllt ist, läßt sich trotzdem in gewissen Fällen das Integral von $f(x)$ über dem Intervall (a, b) definieren, dann aber nicht unmittelbar als Grenzwert der Summe (2). In diesem Fall heißt das Integral *uneigentlich*. Die Grundzüge der Theorie des uneigentlichen Integrals wurden von uns in [**97**] erläutert. Genaueres wird in Teil II auseinandergesetzt.

Auch wenn das Integrationsintervall (a, b) nach einer oder beiden Seiten unbegrenzt ist, läßt sich der Begriff des bestimmten Integrals über ein solches Intervall nicht unmittelbar auf den Grenzwert einer Summe der Form (2) zurückführen. Auch in diesem Fall haben wir ein uneigentliches Integral (siehe [**98**] und Teil II).

117. Eigenschaften der integrierbaren Funktionen. Mit Hilfe der oben gefundenen notwendigen und hinreichenden Bedingung für die Integrierbarkeit sind die Fundamentaleigenschaften der integrierbaren Funktionen leicht zu klären.

I. *Wenn die Funktion $f(x)$ im Intervall (a, b) integrierbar ist und wir die Funktionswerte in endlich vielen Punkten aus (a, b) willkürlich ändern, bleibt die neue Funktion ebenfalls in (a, b) integrierbar und der Wert ihres Integrals ungeändert.*

Wir beschränken uns auf die Untersuchung des Falles, daß wir den Wert von $f(x)$ in einem Punkt, z.B. im Punkt $x = a$, geändert haben. Die neue Funktion $\psi(x)$ stimmt überall mit $f(x)$ überein, mit Ausnahme von $x = a$, für welches Argument wir $\psi(a)$ willkürlich wählen. Es seien m und M die untere bzw. obere Grenze von $f(x)$ in (a, b). Die untere Grenze von $\psi(x)$ ist offenbar mindestens gleich m, wenn $\psi(a) \geqq m$ ist, und gleich $\psi(a)$, wenn $\psi(a) < m$ ist. Ebenso ist die obere Grenze von $\psi(x)$ höchstens gleich M, wenn $\psi(a) \leqq M$ ist, und gleich $\psi(a)$, wenn $\psi(a) > M$ ist. Vergleichen wir die Summe (8) für $f(x)$ und $\psi(x)$, so bemerken wir, daß ein Unterschied nur im ersten Summanden (für $k = 1$) auftreten kann. Dieser erste Summand strebt offenbar für $f(x)$ und $\psi(x)$ gegen 0, da $\delta_1 \to 0$ und $M_1 - m_1$ beschränkt ist. Die Summe der übrigen Glieder, d. h. aller, mit Ausnahme des ersten, strebt offenbar ebenfalls gegen 0, da $f(x)$ integrierbar ist und die ganze Summe (8) für $f(x)$ gegen 0 streben muß. Die Integrierbarkeit von $\psi(x)$ ist damit bewiesen. Die Integralwerte für $f(x)$ und $\psi(x)$ stimmen offenbar überein, weil wir bei der Bildung der Summen (2) immer ξ_1 als verschieden von a ansehen können und die Werte von $f(x)$ und $\psi(x)$ in allen Punkten außer $x = a$ übereinstimmen.

II. *Ist die Funktion $f(x)$ im Intervall (a, b) integrierbar, so ist sie auch in jedem Teilintervall (c, d) von (a, b) integrierbar.*

Das folgt leicht daraus, daß die aus nichtnegativen Gliedern bestehende Summe (8) für das Intervall (c, d) nicht größer ist als diese Summe für das Intervall (a, b) unter der Voraussetzung, daß $x = c$ und $x = d$ Teilungspunkte der Zerlegung von (a, b) sind. Wegen der Integrierbarkeit von $f(x)$ auf (a, b) strebt die Summe (8) bei beliebigen Teilungspunkten für $\mu(\delta) \to 0$ gegen 0. Daher strebt die Summe (8) für das Intervall (c, d) für $\mu(\delta) \to 0$ erst recht gegen 0, d. h., $f(x)$ ist in (c, d) integrierbar. Wir bemerken, daß c mit a und d mit b übereinstimmen kann. Genauso wie in [**94**] läßt sich die Gleichung

$$\int_a^b f(x)\,dx = \int_a^c f(x)\,dx + \int_c^b f(x)\,dx \qquad (a < c < b)$$

beweisen.

III. *Ist $f(x)$ in (a, b) integrierbar, so ist auch $cf(x)$ bei beliebigem konstanten c in (a, b) integriebar.*

Unter der Annahme, daß etwa $c > 0$ ist, läßt sich leicht bestätigen, daß man für die Funktion $cf(x)$ das frühere m_k und M_k durch cm_k bzw. cM_k ersetzen muß. Die Summe (8) erhält dann nur den Faktor c und strebt wie vorher gegen 0. Die Eigenschaft V aus [**94**] bleibt offenbar erhalten und läßt sich wie oben beweisen.

IV. *Sind $f_1(x)$ und $f_2(x)$ in (a, b) integrierbare Funktionen, so ist ihre Summe $\psi(x) = f_1(x) + f_2(x)$ ebenfalls in (a, b) integrierbar.*

Es seien m_k', M_k', m_k'', M_k'' die unteren und oberen Grenzen von $f_1(x)$ bzw. $f_2(x)$ im Intervall (x_{k-1}, x_k). Somit sind alle Werte $f_1(x)$ im Intervall (x_{k-1}, x_k) größer oder gleich m_k' und alle Werte $f_2(x)$ ebendort größer oder gleich m_k''. Hiernach wird $\psi(x) \geqq m_k' + m_k''$ im Intervall (x_{k-1}, x_k). Genauso läßt sich beweisen, daß $\psi(x) \leqq M_k' + M_k''$ im Intervall (x_{k-1}, x_k) ist. Wir bezeichnen mit m_k und M_k die untere bzw. obere Grenze von $\psi(x)$ im Intervall (x_{k-1}, x_k) und erhalten somit $m_k \geqq m_k' + m_k''$ und $M_k \leqq M_k' + M_k''$, woraus $M_k - m_k \leqq (M_k' + M_k'') - (m_k' + m_k'')$ folgt, d. h.

$$M_k - m_k \leqq (M_k' - m_k') + (M_k'' - m_k'') .$$

Bilden wir die Summe (8) für $\psi(x)$, so ergibt sich

$$0 \leqq \sum_{k=1}^{n} (M_k - m_k)\,\delta_k \leqq \sum_{k=1}^{n} (M_k' - m_k')\,\delta_k + \sum_{k=1}^{n} (M_k'' - m_k'')\,\delta_k .$$

Die beiden rechts stehenden Summen streben für $\mu(\delta) \to 0$ gegen 0, da die Funktionen $f_1(x)$ und $f_2(x)$ voraussetzungsgemäß integrierbar sind. Folglich strebt die Summe (8) für $\psi(x)$, also

$$\sum_{k=1}^{n} (M_k - m_k)\,\delta_k ,$$

erst recht gegen 0, d. h., $\psi(x)$ ist ebenfalls integrierbar. Der Beweis läßt sich leicht auf den Fall einer algebraischen Summe von endlich vielen Gliedern erweitern. Die Eigenschaft VI aus [**94**] wird so wie früher bewiesen.

Analog dem Vorhergehenden werden die folgenden Eigenschaften bewiesen:

V. *Das Produkt $f_1(x)\,f_2(x)$ zweier in (a, b) integrierbarer Funktionen ist ebenfalls eine in (a, b) integrierbare Funktion.*

VI. *Wenn $f(x)$ in (a, b) integrierbar ist und die obere und untere Grenze M bzw. m der Funktion $f(x)$ in (a, b) von gleichem Vorzeichen sind, ist auch $\dfrac{1}{f(x)}$ eine in (a, b) integrierbare Funktion.*

VII. *Ist $f(x)$ in (a, b) integrierbar, so ist der Absolutbetrag $|f(x)|$ ebenfalls eine in (a, b) integrierbare Funktion.*

Die Ungleichung (10) aus [**95**] kann so wie oben bewiesen werden. Genauso bleibt auch die Eigenschaft VII aus [**95**] gültig, wenn $f(x)$ und $\varphi(x)$ integrierbare Funktionen sind. Der Mittelwertsatz lautet folgendermaßen: Wenn $f(x)$ und $\varphi(x)$ im Intervall (a, b) integrierbar sind und $\varphi(x)$ in diesem Intervall das Vorzeichen nicht ändert, dann ist

$$\int_a^b f(x)\,\varphi(x)\,dx = \mu \int_a^b \varphi(x)\,dx\ ;$$

bedeuten m und M die untere bzw. obere Grenze von $f(x)$ in (a, b), so genügt μ dabei der Ungleichung $m \leqq \mu \leqq M$. Insbesondere gilt

$$\int_a^b f(x)\,dx = \mu(b - a)\,.$$

Der Beweis ist derselbe wie früher [**95**]. Benutzt man diese Formel, so ist leicht festzustellen, daß

$$F(x) = \int_a^x f(t)\,dt$$

eine stetige Funktion von x und $F'(x) = f(x)$ ist für alle Werte von x, für die $f(x)$ stetig ist. Schließlich stellen wir die Fundamentalformel der Integralrechnung für die integrierbaren Funktionen auf. Es sei $F_1(x)$ eine im Intervall (a, b) stetige Funktion, und für einen beliebigen Wert x im Innern des Intervalls (a, b) existiere die Ableitung $F_1'(x) = f(x)$, wobei $f(x)$ eine in (a, b) integrierbare Funktion ist. Dann gilt die Fundamentalformel

$$\int_a^b f(x)\,dx = F_1(b) - F_1(a)\,.$$

Zerlegen wir nämlich das Intervall und wenden auf jedes Teilintervall (x_{k-1}, x_k) den Mittelwertsatz der Differentialrechnung [**63**] an, so können wir

$$F_1(x_k) - F_1(x_{k-1}) = F_k'(\xi)\,\delta_k = f(\xi_k)\,\delta_k \qquad (x_{k-1} < \xi_k < x_k) \tag{14}$$

schreiben. Indem wir nun über k summieren und berücksichtigen, daß (Eigenschaft III in [**116**])

$$\sum_{k=1}^{n} [F_1(x_k) - F_1(x_{k-1})] = F_1(b) - F_1(a)$$

ist, erhalten wir

$$F_1(b) - F_1(a) = \sum_{k=1}^{n} f(\xi_k)\,\delta_k\,.$$

Diese Gleichung ist wegen der speziellen Auswahl der Punkte ξ_k, die nach dem Mittelwertsatz der Differentialrechnung (15) bestimmt werden, für eine beliebige Zerlegung des Intervalls (a, b) richtig. Gehen wir zur Grenze über, so erhalten wir an Stelle der Summe das Integral

$$F_1(b) - F_1(a) = \int_a^b f(x)\,dx\,,$$

was zu beweisen war. Wir bemerken dazu, daß die Werte von $f(x)$ in den Endpunkten des Intervalls (a, b) auf Grund der Eigenschaft I dieses Abschnitts bei der Bestimmung des Integrals keine Rolle spielen.

IV. Reihen und ihre Anwendung auf die näherungsweise Berechnung von Funktionen

§ 12. Grundbegriffe aus der Theorie der unendlichen Reihen

118. Der Begriff der unendlichen Reihe. Gegeben sei die unendliche Zahlenfolge

$$u_1, u_2, u_3, \dots, u_n, \dots \tag{1}$$

Bilden wir die Summe der ersten n Glieder der Folge,

$$s_n = u_1 + u_2 + \dots + u_n , \tag{2}$$

so erhalten wir auf diese Weise eine andere Zahlenfolge

$$s_1, s_2, \dots, s_n, \dots$$

Streben bei unbegrenzter Zunahme von n die Größen s_n (die *Partial-* oder *Teilsummen* genannt werden) gegen einen (endlichen) Grenzwert

$$s = \lim_{n\to\infty} s_n ,$$

so sagt man, die unendliche Reihe

$$u_1 + u_2 + u_3 + \dots + u_n + \dots \tag{3}$$

konvergiere und *habe die Summe s,* und man schreibt

$$s = u_1 + u_2 + u_3 + \dots + u_n + \dots . \tag{4}$$

Wenn jedoch die Teilsummen s_n nicht gegen einen Grenzwert streben, sagt man, die unendliche Reihe (3) *divergiere.*

Mit anderen Worten, die unendliche Reihe (3) heißt *konvergent,* wenn die Summe ihrer ersten n Glieder bei unbegrenzter Zunahme von n gegen einen Grenzwert strebt, und dieser Grenzwert heißt die *Summe der Reihe.*

Von der Summe einer unendlichen Reihe kann man nur dann sprechen, wenn die Reihe konvergiert. Ist das der Fall, so erweist sich die Teilsumme s_n der ersten n Reihenglieder als Näherungsausdruck für die Summe s der Reihe. Der Fehler r_n dieses Näherungswertes, d. h. die Differenz

$$r_n = s - s_n ,$$

wird *Rest* der Reihe genannt.

Es liegt auf der Hand, daß der Rest r_n seinerseits die Summe einer unendlichen Reihe ist, die man aus der gegebenen Reihe (3) erhält, wenn man in ihr die ersten n Glieder streicht:

$$r_n = u_{n+1} + u_{n+2} + \dots + u_{n+p} + \dots .$$

Die genaue Größe dieses Restes bleibt in den meisten Fällen unbekannt. Daher ist die Abschätzung dieses Restes besonders wichtig.

Das einfachste Beispiel einer unendlichen Reihe stellt die geometrische Reihe dar:

$$a + aq + aq^2 + \cdots + aq^{n-1} + \cdots \qquad (a \neq 0)\,. \tag{5}$$

Wir untersuchen gesondert die Fälle

$$|q| < 1\,, \qquad |q| > 1\,, \qquad q = 1\,, \qquad q = -1\,.$$

Wir wissen [27], daß die geometrische Reihe für $|q| < 1$ die endliche Summe

$$s = \frac{a}{1-q}$$

hat, und daher erweist sie sich als konvergente Reihe; tatsächlich gilt hierbei

$$s_n = a + aq + \cdots + aq^{n-1} = \frac{a - aq^n}{1-q}\,,$$

$$s - s_n = \frac{a}{1-q} - \frac{a - aq^n}{1-q} = \frac{aq^n}{1-q}\,,$$

und für $n \to \infty$ strebt $s - s_n$ gegen 0, da für $|q| < 1$ bekanntlich $q^n \to 0$ gilt [26]. Für $|q| > 1$ ist aus dem Ausdruck für s_n ersichtlich, daß $s_n \to \infty$ für $n \to \infty$, weil $q^n \to \infty$ für $|q| > 1$ [29]. Für $q = 1$ wird $s_n = an$, und es gilt offenbar wiederum $s_n \to \infty$, so daß die geometrische Reihe für $|q| > 1$ und $q = 1$ divergent ist. Für $q = -1$ erhalten wir die Reihe

$$a - a + a - a + \cdots\,.$$

Die Summe s_n der ersten n ihrer Glieder ist gleich 0 bei geradem und gleich a bei ungeradem n, d. h., s_n strebt nicht gegen einen Grenzwert, und die Reihe divergiert;[1]) jedoch bleiben diese Summen für alle Werte von n im Gegensatz zum vorhergehenden Fall beschränkt, da sie nur die Werte 0 und a annehmen.

Wenn der Absolutwert der Teilsumme s_n der Reihe (3) bei unbegrenzt wachsendem n gegen ∞ strebt, heißt die Reihe (3) *bestimmt divergent*. In Zukunft werden wir, wenn wir von einer bestimmt divergenten Reihe sprechen, der Kürze halber divergente Reihe sagen.

119. Fundamentaleigenschaften der unendlichen Reihen. Die konvergenten unendlichen Reihen besitzen gewisse Eigenschaften, die es erlauben, mit ihnen so wie mit endlichen Summen zu operieren.

I. *Wenn die Reihe*

$$u_1 + u_2 + \cdots + u_n + \cdots$$

die Summe s besitzt, hat die Reihe

$$au_1 + au_2 + \cdots + au_n + \cdots\,, \tag{6}$$

die sich aus der vorhergehenden durch Multiplikation aller Glieder mit ein und derselben Zahl a ergibt, die Summe as, weil für die Teilsumme σ_n der Reihe (6)

$$\sigma_n = au_1 + au_2 + \cdots + au_n = as_n$$

---

[1]) Man sagt in diesem Fall auch, die Reihe *oszilliere* (Anm. d. Übers.).

gilt und daher

$$\lim_{n\to\infty} \sigma_n = \lim_{n\to\infty} as_n = a \lim_{n\to\infty} s_n = as$$

ist.

II. *Konvergente Reihen kann man gliedweise addieren und subtrahieren, d. h., wenn*

$$u_1 + u_2 + \cdots + u_n + \cdots = s\,,$$

$$v_1 + v_2 + \cdots + v_n + \cdots = \sigma$$

ist, konvergiert auch die Reihe

$$(u_1 \pm v_1) + (u_2 \pm v_2) + \cdots + (u_n \pm v_n) + \cdots\,, \tag{7}$$

und ihre Summe ist gleich $s \pm \sigma$, da ihre Teilsummen

$$(u_1 \pm v_1) + (u_2 \pm v_2) + \cdots + (u_n \pm v_n) = s_n \pm \sigma_n$$

für $n \to \infty$ gegen $s \pm \sigma$ streben.

Die anderen Eigenschaften einer Summe, z. B. die Unabhängigkeit der Summe von der Reihenfolge der Summanden, die Regel für die Multiplikation zweier Summen u. ä. in ihrer Anwendung auf unendliche Reihen werden später in § 14 untersucht. Wir bemerken einstweilen, daß sie nicht für alle Reihen gültig sind. Das Assoziativgesetz bleibt offenbar für eine beliebige konvergente Reihe gültig, d. h., man kann beliebige nebeneinanderstehende Summanden in Gruppen zusammenfassen. Denn bekanntlich ändert sich der Grenzwert nicht, wenn wir an Stelle aller s_n ($n = 1, 2, 3, \ldots$) nur eine Teilfolge der s_n betrachten.

III. *Die Eigenschaft der Konvergenz oder Divergenz einer Reihe wird nicht beeinflußt, wenn man eine beliebige endliche Anzahl von Gliedern der Reihe streicht oder hinzufügt.* Zum Beweis untersuchen wir die beiden Reihen

$$u_1 + u_2 + u_3 + u_4 + \cdots\,,$$

$$u_3 + u_4 + u_5 + u_6 + \cdots\,.$$

Die zweite ergibt sich aus der ersten durch Wegstreichen der ersten beiden Glieder. Bezeichnet man mit s_n die Summe der ersten n Glieder der ersten Reihe und mit σ_n die der zweiten Reihe, so wird offenbar

$$\sigma_{n-2} = s_n - (u_1 + u_2)\,, \qquad s_n = \sigma_{n-2} + (u_1 + u_2)\,,$$

wobei mit $n \to \infty$ auch der Index $n - 2$ gegen ∞ strebt. Daraus erkennt man: Wenn s_n einen Grenzwert besitzt, hat auch σ_{n-2} einen Grenzwert und umgekehrt. Diese Grenzwerte s und σ, d. h. die Summen der beiden gewählten Reihen, werden natürlich verschieden sein, und zwar ist $\sigma = s - (u_1 + u_2)$.

IV. *Das allgemeine Glied* u_n *jeder konvergenten Reihe strebt bei unbegrenzt wachsendem* n *gegen* 0:

$$\lim u_n = 0\,, \tag{8}$$

weil offensichtlich $u_n = s_n - s_{n-1}$ ist. Konvergiert die Reihe und ist ihre Summe gleich s, so gilt

$$\lim s_{n-1} = \lim s_n = s$$

und demnach

$$\lim u_n = \lim s_n - \lim s_{n-1} = s - s = 0\,.$$

Somit ist die Bedingung (8) für die Konvergenz der Reihe notwendig. Sie ist aber nicht hinreichend; das allgemeine Glied einer Reihe kann gegen 0 streben, und trotzdem kann die Reihe divergent sein.

Beispiel. Wir untersuchen die harmonische Reihe

$$1 + \frac{1}{2} + \frac{1}{3} + \frac{1}{4} + \cdots + \frac{1}{n} + \cdots = \sum_{n=1}^{\infty} \frac{1}{n}. \tag{9}$$

Hier gilt $u_n = \dfrac{1}{n} \to 0$ für $n \to \infty$. Es ist jedoch leicht zu zeigen, daß die Summe der ersten n Glieder der Reihe (9) unbegrenzt wächst. Zu diesem Zweck fassen wir die Summanden in Gruppen zu 1, 2, 4, 8, ... Gliedern zusammen,

$$1 + (\tfrac{1}{2}) + (\tfrac{1}{3} + \tfrac{1}{4}) + (\tfrac{1}{5} + \cdots + \tfrac{1}{8}) + (\tfrac{1}{9} + \cdots + \tfrac{1}{16}) + \cdots,$$

so daß die k-te Gruppe 2^{k-1} Glieder enthält. Ersetzen wir in jeder Gruppe alle Glieder durch das kleinste Glied, so entsteht die Reihe

$$1 + \tfrac{1}{2} + \tfrac{1}{4} \cdot 2 + \tfrac{1}{8} \cdot 4 + \tfrac{1}{16} \cdot 8 + \cdots = 1 + \tfrac{1}{2} + \tfrac{1}{2} + \cdots, \tag{10}$$

deren Teilsummen $\sigma_n = 1 + \frac{1}{2}(n-1)$ offensichtlich gegen ∞ streben. Nehmen wir eine hinreichend große Anzahl von Gliedern der Reihe (9), so können wir eine beliebige Anzahl n von Gruppen erhalten, und die Summe dieser Glieder wird größer als $1 + \frac{1}{2}(n-1)$. Daraus erkennt man, daß für die Reihe (9) tatsächlich s_n gegen ∞ strebt.

120. Reihen mit nichtnegativen Gliedern. Konvergenzkriterien. Besondere Bedeutung haben die Reihen mit positiven (nichtnegativen) Gliedern, bei denen also

$$u_1, u_2, u_3, \ldots, u_n, \ldots \geqq 0$$

ist.

Für sie stellen wir eine Reihe von Konvergenz- und Divergenzkriterien auf.

1. *Eine Reihe mit nichtnegativen Gliedern kann nur konvergent oder aber bestimmt divergent sein; für eine solche Reihe gilt entweder*

$$s_n \to s \quad \textit{oder} \quad s_n \to \infty.$$

Eine Reihe mit nichtnegativen Gliedern konvergiert dann und nur dann, wenn die Teilsummen s_n für jedes n kleiner als eine gewisse Konstante A bleiben, die nicht von n abhängt.

Tatsächlich nehmen bei einer solchen Reihe die Teilsummen s_n bei wachsendem n nicht ab, weil neue nichtnegative Summanden hinzugefügt werden, und alle unsere Behauptungen folgen aus den früher untersuchten Eigenschaften der monoton zunehmenden Veränderlichen [**30**].

Zur Beurteilung der Konvergenz bzw. Divergenz einer Reihe mit nichtnegativen Gliedern pflegt man diese häufig mit einer anderen, einfacheren Reihe, am häufigsten mit der geometrischen Reihe, zu vergleichen.

Hierfür stellen wir ein Kriterium auf:

2. *Wenn jedes Glied einer Reihe mit nichtnegativen Gliedern,*

$$u_1 + u_2 + u_3 + \cdots + u_n + \cdots, \tag{11}$$

von einem gewissen Index an das entsprechende Glied einer konvergenten Reihe

$$v_1 + v_2 + v_3 + \cdots + v_n + \cdots \tag{12}$$

nicht übertrifft, dann konvergiert die gegebene Reihe ebenfalls.

Ist jedoch umgekehrt jedes Glied der Reihe (11) *von einem gewissen n an nicht kleiner als das entsprechende Glied einer divergenten Reihe* (12) *mit nichtnegativen Gliedern, so divergiert auch die gegebene Reihe.*

Wir nehmen zuerst an, daß

$$u_n \leqq v_n \tag{13}$$

ist, wobei die Reihe (12) konvergiere. Ohne die Allgemeingültigkeit einzuschränken, können wir voraussetzen, daß diese Ungleichung für alle Werte n erfüllt ist, indem wir nötigenfalls jene ersten Glieder, für die sie nicht erfüllt ist, streichen (Eigenschaft III [**119**]). Bezeichnen wir mit s_n die Summe der ersten n Glieder der Reihe (11) und mit σ_n die entsprechende Teilsumme der Reihe (12), so ist wegen (13)

$$s_n \leqq \sigma_n .$$

Aber die Reihe (12) konvergiert voraussetzungsgemäß, und wenn wir mit σ die Summe der Reihe (12) bezeichnen, so ist

$$\sigma_n \leqq \sigma$$

und daher auch

$$s_n \leqq \sigma ,$$

woraus auf Grund von Kriterium 1 die Konvergenz der Reihe (11) folgt.

Es sei jetzt die Ungleichung

$$u_n \geqq v_n \tag{14}$$

erfüllt. Dann ist offenbar

$$s_n \geqq \sigma_n ; \tag{15}$$

die Reihe (12) divergiert jetzt aber, und ihre Teilsumme σ_n kann größer werden als eine beliebig groß vorgegebene Zahl; dieselbe Eigenschaft besitzt auf Grund von (15) auch s_n, d. h., die Reihe (11) ist ebenfalls divergent.

Bemerkung. Aus der Konvergenz (der Divergenz) der Reihe (12) folgt auch die Konvergenz (oder Divergenz) der Reihe

$$kv_1 + kv_2 + kv_3 + \cdots + kv_n + \cdots ,$$

wobei k eine beliebige positive Zahl bedeutet.

Tatsächlich ergibt sich aus der Konvergenz von $\sum v_n$ auch die Konvergenz von $\sum kv_n$ auf Grund von I [**119**]. Umgekehrt muß mit $\sum v_n$ auch die Reihe $\sum kv_n$ divergent sein, da, wenn sie konvergieren würde, aus der Multiplikation ihrer Glieder mit $\frac{1}{k}$ auf Grund von I [**119**] auch die Konvergenz der Reihe $\sum v_n$ folgen würde. Hieraus ergibt sich die Regel:

Die Reihe (11) *konvergiert, wenn*

$$u_n \leqq kv_n , \tag{16}$$

die Reihe $\sum v_n$ konvergent und k irgendeine positive Zahl ist; die Reihe (11) *divergiert, wenn*

$$u_n \geqq kv_n \tag{17}$$

und die Reihe $\sum v_n$ divergent ist.

Durch Vergleich einer gegebenen Reihe mit der geometrischen Reihe erhalten wir zwei Hauptkriterien für die Konvergenz von Reihen mit positiven Gliedern.

121. Die Konvergenzkriterien von Cauchy und d'Alembert.[1])

3. Cauchysches Wurzelkriterium. *Erfüllt das allgemeine Glied einer Reihe mit positiven Gliedern* (11)

$$u_1 + u_2 + u_3 + \cdots + u_n + \cdots$$

von einem gewissen Wert n an die Ungleichung

$$\sqrt[n]{u_n} \leqq q < 1\,, \tag{18}$$

wobei q nicht von n abhängt, so konvergiert die Reihe.

Gilt jedoch umgekehrt von einem gewissen Wert n an

$$\sqrt[n]{u_n} \geqq 1\,, \tag{19}$$

so divergiert die Reihe (11).

Ohne Beschränkung der Allgemeinheit können wir annehmen, daß die Ungleichungen (18) bzw. (19) für alle Werte n erfüllt sind (Eigenschaft III [**119**]). Aus (18) folgt

$$u_n \leqq q^n\,,$$

d. h., das allgemeine Glied der gegebenen Reihe übertrifft nicht das entsprechende Glied einer unbegrenzt abnehmenden geometrischen Folge, und daher ist die Reihe auf Grund des zweiten Konvergenzkriteriums von [**120**] konvergent. Im Fall (19) gilt jedoch

$$u_n \geqq 1\,,$$

und die Reihe (11), deren allgemeines Glied nicht gegen 0 strebt (es ist nicht kleiner als 1), kann nicht konvergent sein (Eigenschaft IV [**119**]).

4. d'Alembertsches Quotientenkriterium. *Genügt das Verhältnis eines Reihengliedes u_n zum vorhergehenden Glied u_{n-1}, also $\frac{u_n}{u_{n-1}}$, von einem gewissen Wert n an der Ungleichung*

$$\frac{u_n}{u_{n-1}} \leqq q < 1\,, \tag{20}$$

wobei q nicht von n abhängt, so konvergiert die Reihe (11).

Ist jedoch umgekehrt von einem gewissen Wert n an

$$\frac{u_n}{u_{n-1}} \geqq 1\,, \tag{21}$$

so divergiert die gegebene Reihe.

Unter der Annahme, daß wie früher die Ungleichungen (20) bzw. (21) für alle Werte n erfüllt sind, erhalten wir im ersten Fall

$$u_n \leqq u_{n-1}q\,, \quad u_{n-1} \leqq u_{n-2}q\,, \quad u_{n-2} \leqq u_{n-3}q, \ldots, u_2 \leqq u_1 q$$

und daraus durch aufeinanderfolgendes Einsetzen dieser Ungleichungen

$$u_n \leqq u_1 q^{n-1}\,.$$

[1]) Wurzel- bzw. Quotientenkriterium (Anm. d. Übers.).

Da die Reihenglieder kleiner sind als die der geometrischen Reihe

$$u_1 + u_1 q + u_1 q^2 + \cdots + u_1 q^{n-1} + \cdots \qquad (0 < q < 1),$$

konvergiert die Reihe (11) wegen des zweiten Konvergenzkriteriums in [**120**].

Im Fall (21) jedoch ist

$$u_1 \leqq u_2 \leqq u_3 \leqq \cdots \leqq u_{n-1} \leqq u_n \leqq \cdots,$$

d. h., die Reihenglieder sinken niemals unter das positive Glied u_1, und folglich strebt u_n für $n \to \infty$ nicht gegen 0; die Reihe kann demnach nicht konvergieren (Eigenschaft IV [**119**]).

Folgerung. *Streben bei unbegrenzt zunehmendem n die Zahlen*

$$\sqrt[n]{u_n} \quad \textit{bzw.} \quad \frac{u_n}{u_{n-1}} \tag{22}$$

gegen den endlichen Wert r, so konvergiert die Reihe

$$u_1 + u_2 + u_3 + \cdots + u_n + \cdots$$

sicher unter der Bedingung $r < 1$ und divergiert für $r > 1$.

Es sei zunächst $r < 1$. Wir wählen die Zahl ε so klein, daß auch

$$r + \varepsilon < 1$$

wird. Für große Werte n unterscheidet sich der Wert $\sqrt[n]{u_n}$ bzw. $\frac{u_n}{u_{n-1}}$ von seinem Grenzwert r höchstens um ε, d. h., von einem gewissen hinreichend großen Wert n an ist

$$r - \varepsilon \leqq \sqrt[n]{u_n} \leqq r + \varepsilon < 1 \tag{23_1}$$

bzw.

$$r - \varepsilon \leqq \frac{u_n}{u_{n-1}} \leqq r + \varepsilon < 1. \tag{23_2}$$

Indem wir das Wurzel- bzw. Quotientenkriterium für $q = r + \varepsilon < 1$ anwenden, schließen wir auf Grund von (23_1) bzw. (23_2) sofort auf die Konvergenz der gegebenen Reihe.

Analog wird auch ihre Divergenz unter der Bedingung $r > 1$ bewiesen. Die Reihe divergiert auch, wenn nur einer der Ausdrücke (22) gegen ∞ strebt.

Beispiele.

1. Die Reihe

$$1 + \frac{x}{1} + \frac{x^2}{1 \cdot 2} + \cdots + \frac{x^n}{1 \cdot 2 \cdot 3 \cdots n} + \cdots = \sum_{n=1}^{\infty} \frac{x^n}{n!}. \tag{24}$$

Bei Anwendung des d'Alembertschen Quotientenkriteriums wird

$$u_{n+1} = \frac{x^n}{n!}, \qquad u_n = \frac{x^{n-1}}{(n-1)!}, \qquad \frac{u_{n+1}}{u_n} = \frac{x}{n} \to 0 \quad \text{für} \quad n \to \infty,$$

und daher konvergiert die Reihe für alle endlichen positiven Werte von x.

2. Die Reihe

$$\sum_{n=1}^{\infty} \frac{x^n}{n}. \tag{25}$$

Hierbei ist

$$u_n = \frac{x^n}{n}, \qquad u_{n-1} = \frac{x^{n-1}}{n-1}, \qquad \frac{u_n}{u_{n-1}} = \frac{n-1}{n} x \to x .$$

Daher konvergiert die vorliegende Reihe nach dem Quotientenkriterium für $0 \leqq x < 1$; sie divergiert für $x > 1$.

3. Die Reihe

$$\sum_{n=1}^{\infty} \varrho^n \sin^2 n\alpha . \tag{26}$$

Bei Anwendung des Cauchyschen Wurzelkriteriums gilt

$$u_n = \varrho^n \sin^2 n\alpha , \qquad \sqrt[n]{u_n} = \varrho \sqrt[n]{\sin^2 n\alpha} \leqq \varrho ;$$

daher konvergiert die Reihe sicher, wenn $\varrho < 1$ ist.

Das Quotientenkriterium liefert in dem vorliegenden Beispiel kein Resultat, weil der Quotient

$$\frac{u_n}{u_{n-1}} = \varrho \left[\frac{\sin n\alpha}{\sin (n-1)\alpha} \right]^2$$

weder gegen einen Grenzwert strebt noch ständig <1 oder $\geqq 1$ bleibt.

Überhaupt läßt sich zeigen, daß das Wurzelkriterium schärfer als das Quotientenkriterium ist, d. h., es kann in allen Fällen angewendet werden, in denen sich das Quotientenkriterium anwenden läßt, und darüber hinaus noch in gewissen weiteren Fällen, in denen letzteres kein Resultat liefert. Aber dafür ist seine Anwendung komplizierter als die des Quotientenkriteriums, wovon man sich auch schon in den beiden oben behandelten Beispielen überzeugen kann.

Wir bemerken ferner, daß es Fälle gibt, in denen sowohl das Wurzel- als auch das Quotientenkriterium versagen, z. B. immer dann, wenn für $n \to \infty$

$$\sqrt[n]{u_n} \to 1 \quad \text{und} \quad \frac{u_n}{u_{n-1}} \to 1$$

gilt, d. h. für $r = 1$. Wir haben es dann mit einem *Zweifelsfall* zu tun, in dem die Frage nach der Konvergenz oder Divergenz auf irgendeinem anderen Weg beantwortet werden muß.

So erhalten wir z. B. für die nach [**119**] *divergente* harmonische Reihe $\sum_{n-1}^{\infty} \frac{1}{n}$:

$$\frac{u_n}{u_{n-1}} = \frac{n-1}{n} \to 1 , \qquad \sqrt[n]{u_n} = \sqrt[n]{\frac{1}{n}} = e^{\frac{1}{n}\log\frac{1}{n}} \to 1; {}^{1})$$

somit kann die Frage nach der Konvergenz oder Divergenz der harmonischen Reihe nicht mit Hilfe des Wurzel- oder Quotientenkriteriums entschieden werden.

Andererseits werden wir später beweisen, daß die Reihe

$$\sum_{n=1}^{\infty} \frac{1}{n^2} = 1 + \frac{1}{4} + \frac{1}{9} + \frac{1}{16} + \cdots$$

konvergent ist.

Für sie haben wir aber wiederum

$$\frac{u_n}{u_{n-1}} = \left(\frac{n-1}{n}\right)^2 \to 1 , \qquad \sqrt[n]{u_n} = \sqrt[n]{\frac{1}{n^2}} = \left(\sqrt[n]{\frac{1}{n}}\right)^2 \to 1 ,$$

---

[1]) In den vorstehenden Berechnungen hat man im wesentlichen zu beachten, daß dann, wenn man $x = \frac{1}{n}$ setzt, $x \to 0$ und auch $\frac{1}{n} \log \frac{1}{n} = x \log x \to 0$ gilt [**66**]. Durch Logarithmieren des Ausdrucks $\sqrt[n]{\frac{1}{n}}$ überzeugen wir uns somit, daß dieser gegen 1 strebt.

d. h. abermals einen Zweifelsfall, wenn wir die Kriterien von CAUCHY oder D'ALEMBERT anwenden.

122. Das Cauchysche Integralkriterium für die Konvergenz. Wir setzen voraus, daß die Glieder einer vorgegebenen Reihe

$$u_1 + u_2 + u_3 + \cdots + u_n + \cdots \tag{27}$$

positiv sind und nicht wachsen, d. h.

$$u_1 \geqq u_2 \geqq \cdots \geqq u_n \geqq u_{n+1} \geqq \cdots > 0\,. \tag{28}$$

Wir stellen die Reihenglieder graphisch dar, indem wir auf der Abszissenachse die unabhängige Veränderliche n abtragen, die zunächst nur ganzzahlige Werte annehmen soll, und auf der Ordinatenachse die entsprechenden Werte u_n (Abb. 155). Es läßt sich immer eine solche stetige Funktion $y = f(x)$ finden, die bei ganzzahligen Werten $x = n$ genau die Werte u_n annimmt. Hierzu braucht man nur eine stetige Kurve durch sämtliche konstruierten Punkte zu legen; wir werden dabei annehmen, daß auch die Funktion $y = f(x)$ nicht wachsend ist.

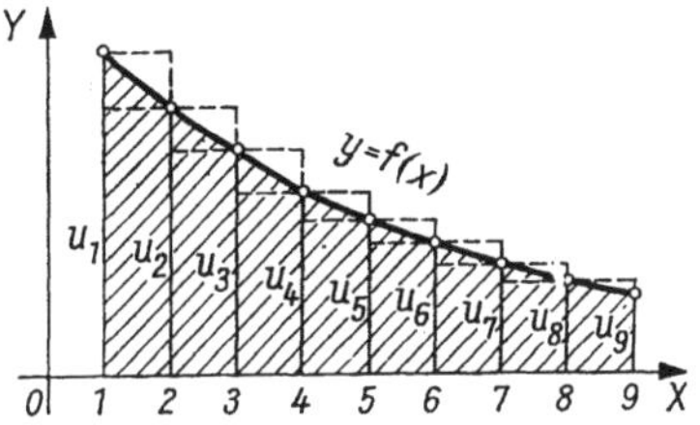

Abb. 155

Bei dieser graphischen Darstellung wird die Summe der ersten n Glieder der gegebenen Reihe,

$$s_n = u_1 + u_2 + u_3 + \cdots + u_n\,,$$

als Summe der „überstehenden" Rechteckflächen dargestellt, die in ihrem Innern die Fläche derjenigen Figur enthält, die von der Kurve $y = f(x)$, der x-Achse und den Ordinaten $x = 1$, $x = n + 1$ begrenzt wird; daher ist

$$s_n \geqq \int_1^{n+1} f(x)\,\mathrm{d}x\,. \tag{29}$$

Andererseits enthält dieselbe Figur in ihrem Innern alle „hineinragenden" Rechtecke, deren Gesamtfläche gleich

$$u_2 + u_3 + u_4 + \cdots + u_{n+1} = s_{n+1} - u_1 \tag{30}$$

wird, und daher ist

$$s_{n+1} - u_1 \leqq \int_1^{n+1} f(x)\,\mathrm{d}x\,. \tag{31}$$

Diese Ungleichungen führen uns zu dem folgenden Kriterium:

5. Cauchysches Integralkriterium. *Die Reihe* (27)

$$u_1 + u_2 + u_3 + \cdots + u_n + \cdots$$

mit positiven, durch eine monoton nichtwachsende stetige Funktion $f(x)$ interpolierten Gliedern $u_n = f(n)$ konvergiert oder divergiert bestimmt, je nachdem, ob das Integral

$$I = \int_1^\infty f(x)\,dx \tag{32}$$

einen endlichen Wert hat oder gleich ∞ wird.

Es möge das Integral I zunächst einen endlichen Wert haben, d. h. die Kurve $y = f(x)$ eine Fläche endlichen Inhalts begrenzen [**98**]. Da $f(x)$ positiv ist, ergibt sich

$$\int_1^{n+1} f(x)\,dx < \int_1^\infty f(x)\,dx$$

und daher wegen (31) $s_n < s_{n+1} \leqq u_1 + I$, d. h., die Summe s_n bleibt für alle Werte n beschränkt, und deshalb ist die Reihe (27) auf Grund des Kriteriums 1 [**120**] konvergent.

Es sei jetzt $I = \infty$, so daß das Integral

$$\int_1^{n+1} f(x)\,dx$$

durch passende Wahl von n größer als eine beliebig vorgegebene Zahl N gemacht werden kann. Dann kann wegen (29) auch die Teilsumme s_n größer als N gemacht werden, d. h., die Reihe (27) ist bestimmt divergent.

Analog läßt sich zeigen, daß *der Rest der Reihe* (27) *nicht größer ist als das Integral*

$$\int_n^\infty f(x)\,dx\,.$$

Bemerkung. *An Stelle des Integrals I kann man bei der Anwendung des Cauchyschen Kriteriums das Integral*

$$\int_a^\infty f(x)\,dx$$

nehmen, wobei a eine beliebige positive Zahl größer als 1 *bedeutet.*

In der Tat, wenn die Kurve $y = f(x)$, von der Ordinate $x = 1$ an gerechnet, eine endliche Fläche einschließt, wird auch diejenige Fläche endlich, die man von einer beliebigen Ordinate $x = a$ an rechnet, und umgekehrt. Wenn $I = \infty$ wird, sagt man auch, daß das Integral (32) divergiert.

Beispiele.

1. Die harmonische Reihe

$$\sum_{n=1}^\infty \frac{1}{n}\,.$$

Hier ist $f(n) = \frac{1}{n}$, und daher kann man $f(x) = \frac{1}{x}$ setzen; dann wird

$$I = \int_1^\infty \frac{dx}{x} = \log x \Big|_1^\infty\,,$$

und das Integral divergiert wegen $\log x \to \infty$ für $x \to \infty$; die vorliegende Reihe ist, wie wir schon wissen, divergent.

2. Für die allgemeinere Reihe

$$\sum_{n=1}^{\infty} \frac{1}{n^p}, \tag{33}$$

wobei p eine beliebige Zahl > 0 ist (für $p \leqq 0$ ist die Reihe offenbar divergent), gilt

$$f(n) = \frac{1}{n^p}, \quad f(x) = \frac{1}{x^p}, \quad I = \int_1^{\infty} \frac{dx}{x} = \begin{cases} \left.\dfrac{1}{1-p}\, x^{1-p}\right|_1^{\infty} & \text{für} \quad p \neq 1\,, \\ \left.\log x\right|_1^{\infty} & \text{für} \quad p = 1\,. \end{cases}$$

Hieraus wird klar, daß das Integral divergiert, wenn $p \leqq 1$ ist, und konvergiert $\left(\text{gegen den Grenzwert } \frac{1}{p-1}\right)$ für $p > 1$. In der Tat ist im letzten Fall der Exponent $1 - p$ kleiner als 0; es strebt also $x^{1-p} = \frac{1}{x^{p-1}}$ gegen 0 für $x \to \infty$, und folglich wird

$$\left.\frac{1}{1-p}\, x^{1-p}\right|_1^{\infty} = 0 - \frac{1}{1-p} = \frac{1}{p-1}\,.$$

Die Reihe (33) ist also auf Grund des Cauchyschen Kriteriums *konvergent für* $p > 1$ *und divergent für* $p \leqq 1$.

123. Die alternierenden Reihen. Wir gehen zu Reihen mit beliebigen Gliedern über und untersuchen zunächst solche mit *alternierendem* Vorzeichen, bei denen also die Glieder abwechselnd positiv und negativ sind. Solche Reihen schreibt man in der Form

$$u_1 - u_2 + u_3 - u_4 + \cdots \pm u_n \pm u_{n+1} \pm \cdots, \tag{34}$$

wobei die Werte $u_1, u_2, u_3, \ldots, u_n, \ldots$ positiv sein sollen.[1])

Für alternierende Reihen kann man den folgenden Satz beweisen:

Für die Konvergenz einer alternierenden Reihe ist hinreichend, daß die Absolutbeträge ihrer Glieder nicht zunehmen und mit zunehmendem n gegen 0 streben. Der Rest einer solchen Reihe übertrifft dem Absolutbetrag nach nicht den Absolutbetrag des ersten der weggelassenen Glieder.[2])

Wir betrachten zuerst die Summe einer geraden Anzahl von Reihengliedern:

$$s_{2n} = u_1 - u_2 + u_3 - u_4 + \cdots + u_{2n-1} - u_{2n}\,.$$

Da voraussetzungsgemäß der Absolutbetrag der Reihenglieder mit wachsendem n nicht zunimmt, ist allgemein $u_k \geqq u_{k+1}$ und $u_{2n+1} - u_{2n+2} \geqq 0$ und daher

$$s_{2n+2} = s_{2n} + (u_{2n+1} - u_{2n+2}) \geqq s_{2n}\,,$$

d. h., die Summen s_{2n} *nehmen nicht ab*. Andererseits ist

$$s_{2n} = u_1 - (u_2 - u_3) - (u_4 - u_5) - \cdots - (u_{2n-2} - u_{2n-1}) - u_{2n} \leqq u_1\,,$$

da alle Differenzen in den runden Klammern $\geqq 0$ sind, d. h., die Summen s_{2n} bleiben für alle Werte n *beschränkt*. Hieraus folgt, daß s_{2n} bei unbegrenzt wachsendem n gegen einen endlichen Grenzwert strebt [**30**], den wir mit s bezeichnen:

$$\lim_{n \to \infty} s_{2n} = s\,.$$

---

[1]) Hierbei setzen wir voraus, daß das erste Reihenglied positiv ist; wenn es negativ ist, läßt sich die Reihe in der Form $-u_1 + u_2 - u_3 + u_4 - \cdots$ schreiben.

[2]) Leibnizsches Kriterium (Anm. d. Übers.).

Ferner gilt

$$s_{2n+1} = s_{2n} + u_{2n+1} \to s \quad \text{für} \quad n \to \infty\,,$$

da voraussetzungsgemäß $u_{2n+1} \to 0$ ist. Wir sehen somit, daß sowohl die Summe einer geraden als auch die Summe einer ungeraden Anzahl von Gliedern der Reihe (34) gegen den Grenzwert s strebt, d. h., die Reihe (34) ist konvergent und hat die Summe s.

Es bleibt noch der Rest r_n der Reihe abzuschätzen. Es ist

$$r_n = \pm u_{n+1} \mp u_{n+2} \pm u_{n+3} \mp u_{n+4} \pm \cdots,$$

wobei gleichzeitig die oberen oder die unteren Vorzeichen zu nehmen sind. Wir haben in anderer Form

$$r_n = \pm(u_{n+1} - u_{n+2} + u_{n+3} - u_{n+4} + \cdots)\,.$$

Daraus folgern wir wie oben

$$|r_n| = (u_{n+1} - u_{n+2}) + (u_{n+3} - u_{n+4}) + \cdots$$
$$= u_{n+1} - (u_{n+2} - u_{n+3}) - (u_{n+4} - u_{n+5}) - \cdots \leqq u_{n+1}\,,$$

was zu beweisen war.

Aus der Formel

$$r_n = \pm[(u_{n+1} - u_{n+2}) + (u_{n+3} - u_{n+4}) + \cdots]\,,$$

bei der in den runden Klammern nichtnegative Beträge stehen, folgt, daß das Vorzeichen von r_n mit dem Vorzeichen der eckigen Klammer übereinstimmt, d. h. mit dem Vorzeichen von $\pm u_{n+1}$. Also: *Unter den im Satz angegebenen Bedingungen stimmt das Vorzeichen des Restes einer alternierenden Reihe mit dem Vorzeichen des ersten der weggelassenen Glieder überein.*

Beispiel. Die Reihe

$$1 - \tfrac{1}{2} + \tfrac{1}{3} - \tfrac{1}{4} + \cdots$$

ist eine alternierende Reihe, bei der die Absolutbeträge der Glieder für $n \to \infty$ unbegrenzt abnehmen; sie ist daher konvergent. Wir werden später sehen, daß ihre Summe gleich log 2 ist. Zur wirklichen Berechnung von log 2 eignet sich diese Reihe jedoch nicht, da man rund 10000 ihrer Glieder nehmen muß, damit das Restglied kleiner als 0,0001 wird:

$$|r_n| \leqq \frac{1}{n+1} \leqq 0{,}0001\,, \qquad n \geqq 9999\,.$$

Wenn diese Reihe auch konvergiert, *konvergiert sie doch sehr langsam*; hat man praktisch mit solchen Reihen zu tun, so muß man sie vorher aus langsam konvergierenden Reihen in schnell konvergierende umformen, oder man muß, wie man sagt, die Konvergenz verbessern.

124. Die absolut konvergenten Reihen. Von den übrigen Reihen mit beliebigen Gliedern betrachten wir nur die absolut konvergenten Reihen.

Die Reihe

$$u_1 + u_2 + u_3 + \cdots + u_n + \cdots \tag{35}$$

konvergiert sicher, wenn die aus den Absolutbeträgen ihrer Reihenglieder gebildete Reihe, d. h. die Reihe

$$|u_1| + |u_2| + |u_3| + \cdots + |u_n| + \cdots\,, \tag{36}$$

konvergiert. Solche Reihen heißen *absolut konvergent.*

Wir nehmen an, daß die Reihe (36) konvergiert, und setzen

$$v_n = \tfrac{1}{2}(|u_n| + u_n)\,, \qquad w_n = \tfrac{1}{2}(|u_n| - u_n)\,.$$

Die beiden Werte v_n und w_n sind sicher nicht negativ, da offenbar

$$v_n = \begin{cases} u & \text{für} \quad u_n \geqq 0\,, \\ 0 & \text{für} \quad u_n \leqq 0\,, \end{cases} \qquad w_n = \begin{cases} 0 & \text{für} \quad u_n \geqq 0\,, \\ |u_n| & \text{für} \quad u_n \leqq 0 \end{cases}$$

gilt. Andererseits ist weder v_n noch w_n größer als $|u_n|$, d. h. als das allgemeine Glied der konvergenten Reihe (36); daher sind auf Grund des Konvergenzkriteriums 2 für Reihen mit positiven Gliedern [**120**] die beiden Reihen $\sum_{n=1}^{\infty} v_n$, $\sum_{n=1}^{\infty} w_n$ konvergent.

Wegen $u_n = v_n - w_n$ ist auch die Reihe

$$\sum_{n=1}^{\infty} u_n = \sum_{n=1}^{\infty} (v_n - w_n) = \sum_{n=1}^{\infty} v_n - \sum_{n=1}^{\infty} w_n\,,$$

die sich durch gliedweise Subtraktion der Reihe $\sum_{n=1}^{\infty} w_n$ von der Reihe $\sum_{n=1}^{\infty} v_n$ ergibt [**119**], konvergent.

Konvergente Reihen mit positiven Gliedern stellen einen Spezialfall der absolut konvergenten Reihen dar, für die sich Konvergenzkriterien unmittelbar aus den Konvergenzkriterien für Reihen mit positiven Gliedern ergeben.

Die in [**120, 121, 122**] *abgeleiteten Konvergenzkriterien* 1 *bis* 5 *für Reihen mit nichtnegativen bzw. positiven Gliedern lassen sich auch auf Reihen mit beliebigen Gliedern anwenden, wenn man nur vereinbart, überall* u_n *durch* $|u_n|$ *zu ersetzen. Unter dieser Bedingung bleiben auch die Kriterien* 3 *und* 4 *und die Folgerung aus ihnen gültig* [**121**].

Insbesondere muß man in den Formulierungen des Wurzel- und des Quotientenkriteriums $\sqrt[n]{u_n}$ und $\dfrac{u_n}{u_{n-1}}$ durch $\sqrt[n]{|u_n|}$ bzw. $\left|\dfrac{u_n}{u_{n-1}}\right|$ ersetzen.

Wenn also z. B. $\left|\dfrac{u_n}{u_{n-1}}\right| \leqq q < 1$, d. h. $\dfrac{|u_n|}{|u_{n-1}|} \leqq q < 1$ ist, konvergiert gemäß dem Quotientenkriterium [**121**] die Reihe (36) mit positiven Gliedern, und folglich konvergiert die Reihe (35) absolut. Wenn aber $\left|\dfrac{u_n}{u_{n-1}}\right| \geqq 1$, d.h. $|u_n| \geqq |u_{n-1}|$ ist, nehmen die Glieder u_n bei wachsendem n ihrem Absolutbetrag nach nicht ab und können daher nicht gegen 0 streben; die Reihe (35) divergiert. Hieraus folgt so wie in der Folgerung in [**121**], daß die Reihe (35) für $\left|\dfrac{u_n}{u_{n-1}}\right| \to r < 1$ absolut konvergiert, für $\left|\dfrac{u_n}{u_{n-1}}\right| \to r > 1$ jedoch divergiert.

Bemerkung. *Sind die Glieder* u_n *einer Reihe* (35) *dem Absolutbetrag nach nicht größer als gewisse positive Zahlen* a_n, *für die die Reihe* $a_1 + a_2 + \cdots + a_n + \cdots$ *konvergiert, so konvergiert die Reihe* (36) *erst recht* [**120**], d. h., *die Reihe* (35) *konvergiert absolut.*

Beispiele.

1. Die Reihe (Beispiel 1 [**121**])

$$\sum_{n=1}^{\infty} \frac{x^n}{n!}$$

ist für alle endlichen positiven oder negativen Werte von x absolut konvergent, denn es gilt für alle endlichen x-Werte

$$\left|\frac{u_{n+1}}{u_n}\right| = \frac{|x|}{n} \to 0\,.$$

2. Die Reihe (Beispiel 2 [**121**])

$$\sum_{n=1}^{\infty} \frac{x^n}{n}$$

ist absolut konvergent für $|x| < 1$ und divergent für $|x| > 1$ wegen

$$\left|\frac{u_n}{u_{n-1}}\right| = \frac{n-1}{n}\,|x| \to |x|\,.$$

3. Die Reihe

$$\sum_{n=1}^{\infty} r^n \sin n\alpha$$

ist absolut konvergent für $|r| < 1$, denn es gilt $\sqrt[n]{|u_n|} = \sqrt[n]{|r^n|\,|\sin n\alpha|} \leqq \sqrt[n]{|r|^n} = |r| < 1$.

Es muß darauf hingewiesen werden, daß bei weitem nicht jede konvergente Reihe zugleich auch eine absolut konvergente Reihe ist, d. h. konvergent bleibt, wenn jedes Reihenglied durch seinen Absolutbetrag ersetzt wird. So ist z. B. die alternierende Reihe

$$1 - \tfrac{1}{2} + \tfrac{1}{3} - \tfrac{1}{4} + \cdots,$$

wie wir festgestellt haben, konvergent; ersetzen wir jedoch jedes Glied durch seinen Absolutbetrag, so erhalten wir die divergente harmonische Reihe

$$1 + \tfrac{1}{2} + \tfrac{1}{3} + \tfrac{1}{4} + \cdots.$$

Die absolut konvergenten Reihen besitzen viele bemerkenswerte Eigenschaften, die in § 14 untersucht werden. So besitzen z. B. nur sie die für endliche Summen geltende Kommutativität, d. h. die Unabhängigkeit der Summe von der Reihenfolge der Summanden.

125. Ein allgemeines Konvergenzkriterium[1]). Zum Abschluß dieses Paragraphen erwähnen wir eine notwendige und hinreichende Bedingung für die Konvergenz der Reihe

$$u_1 + u_2 + u_3 + \cdots + u_n + \cdots.$$

Die Konvergenz der Reihe ist nach Definition gleichbedeutend mit der Existenz eines Grenzwertes für die Folge $s_1, s_2, s_3, \ldots, s_n, \ldots$, wobei s_n die Partialsumme der ersten n Reihenglieder ist. Für die Existenz dieses Grenzwertes gilt die folgende notwendige und hinreichende Bedingung von Cauchy [**31**]: *Zu jedem vorgegebenen positiven ε existiert ein N derart, daß*

$$|s_m - s_n| < \varepsilon$$

für alle $m > N$ und $n > N$ ist. Zum Beweis nehmen wir an, daß $m > n$ ist, also $m = n + p$, wobei p eine beliebige ganze positive Zahl bedeutet. Mit der Feststellung, daß dann

$$\begin{aligned} s_m - s_n &= s_{n+p} - s_n \\ &= (u_1 + u_2 + \cdots + u_n + u_{n+1} + \cdots + u_{n+p}) - (u_1 + u_2 + \cdots + u_n) \\ &= u_{n+1} + u_{n+2} + \cdots + u_{n+p} \end{aligned}$$

[1]) Hauptkriterium (Anm. d. Übers.).

wird, können wir das folgende allgemeine Konvergenzkriterium für die Reihe aussprechen:

Für die Konvergenz der unendlichen Reihe $u_1 + u_2 + u_3 + \cdots + u_n + \cdots$ *ist notwendig und hinreichend, daß zu jedem vorgegebenen positiven* ε *eine Zahl* N *existiert derart, daß für jedes* $n > N$ *und für jedes positive* p *die Ungleichung*

$$|u_{n+1} + u_{n+2} + \cdots + u_{n+p}| < \varepsilon$$

erfüllt ist, d. h. die Summe von beliebig vielen aufeinanderfolgenden Reihengliedern, angefangen mit u_{n+1}, *dem Absolutbetrag nach kleiner als* ε *bleibt, sobald* $n > N$ *ist.*

Es muß bemerkt werden, daß bei aller theoretischen Bedeutung dieses allgemeinen Konvergenzkriteriums seine praktische Anwendung überaus umständlich ist.

§ 13. Die Taylorsche Formel und ihre Anwendungen

126. Die Taylorsche Formel. Wir betrachten das Polynom n-ten Grades

$$f(x) = a_0 + a_1 x + a_2 x^2 + \cdots + a_n x^n ,$$

fügen zu x den Zuwachs h hinzu und berechnen den entsprechenden Funktionswert $f(x+h)$. Dieser Wert läßt sich offenbar nach Potenzen von h entwickeln, indem man die verschiedenen Potenzen von $x + h$ nach dem binomischen Lehrsatz ausrechnet und das Resultat nach Potenzen von h ordnet. Die Koeffizienten der verschiedenen Potenzen von h werden Polynome, die von x abhängen:

$$f(x+h) = A_0(x) + hA_1(x) + h^2 A_2(x) + \cdots + h^k A_k(x) + \cdots + h^n A_n(x) \,. \quad (1)$$

Um diese Polynome $A_0(x), A_1(x), \ldots, A_n(x)$ zu bestimmen, ändern wir die Bezeichnungen, indem wir in der Identität (1) a statt x schreiben und statt $x + h$ einfach x. Dann wird $h = x - a$, und wir erhalten an Stelle von (1)

$$f(x) = A_0(a) + (x-a)\,A_1(a) + (x-a)^2\,A_2(a) + \cdots$$
$$+ (x-a)^k\,A_k(a) + \cdots + (x-a)^n\,A_n(a) \,. \quad (2)$$

Zur Bestimmung von $A_0(a)$ setzen wir in dieser Identität $x = a$, was

$$f(a) = A_0(a)$$

liefert. Zur Bestimmung von $A_1(a)$ differenzieren wir die Identität (2) nach x und setzen danach $x = a$:

$$f'(x) = 1 \cdot A_1(a) + 2(x-a)\,A_2(a) + \cdots + k(x-a)^{k-1}\,A_k(a) + \cdots$$
$$+ n(x-a)^{n-1}\,A_n(a) ,$$
$$f'(a) = 1 \cdot A_1(a) \,.$$

Differenzieren wir nochmals nach x und setzen dann $x = a$, so erhalten wir $A_2(a)$:

$$f''(x) = 2 \cdot 1 \cdot A_2(a) + \cdots + k(k-1)\,(x-a)^{k-2}\,A_k(a) + \cdots$$
$$+ n(n-1)\,(x-a)^{n-2}\,A_n(a) ,$$
$$f''(a) = 2 \cdot 1 \cdot A_2(a) \,.$$

Durch Fortsetzen dieser Operationen erhalten wir, wenn wir k-mal differenzieren und dann $x = a$ setzen,

$$f^{(k)}(x) = k(k-1)\cdots 2\cdot 1\cdot A_k(a) + \cdots$$
$$+ n(n-1)\cdots(n-k+1)(x-a)^{n-k} A_n(a)\,,$$
$$f^{(k)}(a) = k!A_k(a)\,.$$

Es ist also

$$A_0(a) = f(a)\,,\qquad A_1(a) = \frac{f'(a)}{1!}\,,\qquad A_2(a) = \frac{f''(a)}{2!}\,,\quad \ldots\,,$$
$$A_k(a) = \frac{f^{(k)}(a)}{k!}\,,\quad \ldots\,,\quad A_n(a) = \frac{f^{(k)}(a)}{n!}\,;$$

somit geht (2) über in

$$f(x) = f(a) + \frac{f'(a)}{1!}(x-a) + \frac{f''(a)}{2!}(x-a)^2 + \cdots$$
$$+ \frac{f^{(k)}(a)}{k!}(x-a)^k + \cdots + \frac{f^{(n)}(a)}{n!}(x-a)^n\,. \tag{3}$$

Diese Formel ist nur in dem Fall richtig, daß $f(x)$ ein Polynom von nicht höherem Grade als n ist, und sie liefert die Entwicklung eines solchen Polynoms nach Potenzen der Differenz $x - a$. Es sei nun $f(x)$ eine beliebige Funktion, für die sich Ableitungen bis zur n-ten Ordnung einschließlich bilden lassen. Wir bezeichnen mit $R_n(x)$ den Fehler, den wir begehen, wenn wir für $f(x)$ die rechte Seite der Gleichung (3) nehmen, d. h., wir setzen

$$f(x) = f(a) + \frac{f'(a)}{1!}(x-a) + \frac{f''(a)}{2!}(x-a)^2 + \cdots + \frac{f^{(n)}(a)}{n!}(x-a)^n + R_n(x)\,. \tag{4}$$

Wir nehmen an, daß die Funktion $f(x)$ in einem den Punkt $x = a$ enthaltenden Intervall ihres Definitionsbereiches auch eine stetige Ableitung $(n+1)$-ter Ordnung besitzt, und drücken $R_n(x)$ durch diese Ableitung aus. Differenzieren wir die Identität (4) ein-, zwei-, ... , n-mal, so erhalten wir

$$\left.\begin{aligned}
f'(x) &= f'(a) + \frac{f''(a)}{1!}(x-a) + \cdots + \frac{f^{(n)}(a)}{(n-1)!}(x-a)^{n-1} + R_n'(x)\,,\\
f''(x) &= f''(a) = \frac{f'''(a)}{1!}(x-a) + \cdots + \frac{f^{(n)}(a)}{(n-2)!}(x-a)^{n-2} + R_n''(x)\,,\\
&\cdots\cdots\cdots\cdots\cdots\cdots\cdots\cdots\\
f^{(n)}(x) &= f^{(n)}(a) + R_n^{(n)}(x)\,.
\end{aligned}\right\} \tag{4_1}$$

Wenn wir in (4) und den letzten Gleichungen $x = a$ setzen, finden wir

$$R_n(a) = 0\,,\qquad R_n'(a) = 0\,,\ldots,\ R_n^{(n)}(a) = 0\,, \tag{5}$$

und indem wir die letzte der Gleichungen (4_1) noch einmal differenzieren, erhalten wir

$$R_n^{(n+1)}(x) = f^{(n+1)}(x)\,. \tag{6}$$

Aus den Beziehungen (5) und (6) gewinnen wir ohne Schwierigkeit den Ausdruck für $R_n(x)$, weil nach der Fundamentalformel der Integralrechnung

$$R_n(x) - R_n(a) = \int_a^x R_n'(t)\,\mathrm{d}t$$

ist. Hieraus gelangen wir durch partielle Integration unter Berücksichtigung von (5) schrittweise zu

$$R_n(x) = \int\limits_a^x R_n'(t)\,\mathrm{d}t = -\int\limits_a^x R_n'(t)\,\mathrm{d}(x-t)$$

$$= -R_n'(t)\,(x-t)\Big|_a^x + \int\limits_a^x R_n''(t)\,(x-t)\,\mathrm{d}t = -\int\limits_a^x R_n''(t)\,\mathrm{d}\frac{(x-t)^2}{2!}$$

$$= -R_n''(t)\,\frac{(x-t)^2}{2!}\Big|_a^x + \int\limits_a^x R_n'''(t)\,\frac{(x-t)^2}{2!}\,\mathrm{d}t = -\int\limits_a^x R_n'''(t)\,\mathrm{d}\frac{(x-t)^3}{3!}$$

$$= -R_n'''(t)\,\frac{(x-t)^3}{3!}\Big|_a^x + \int\limits_a^x R_n^{(4)}(t)\,\frac{(x-t)^3}{3!}\,\mathrm{d}t = \cdots$$

$$= \int\limits_a^x R_n^{(n+1)}(t)\,\frac{(x-t)^n}{n!}\,\mathrm{d}t = \frac{1}{n!}\int\limits_a^x f^{(n+1)}(t)\,(x-t)^n\,\mathrm{d}t\,.$$

Zur Erläuterung der ausgeführten Umformungen bemerken wir das Folgende: Die Integrationsvariable ist mit dem Buchstaben t bezeichnet, so daß man x unter dem Integralzeichen als Konstante anzusehen hat und das Differential von x gleich 0 ist; daher gilt z. B.

$$\mathrm{d}\,\frac{(x-t)^3}{3!} = \frac{3(x-t)^2}{3!}\,\mathrm{d}(x-t) = -\frac{(x-t)^2}{2!}\,\mathrm{d}t$$

oder allgemein

$$\mathrm{d}\,\frac{(x-t)^k}{k!} = \frac{k(x-t)^{k-1}}{k!}\,\mathrm{d}(x-t) = -\frac{(x-t)^{k-1}}{(k-1)!}\,\mathrm{d}t\,.$$

Der Ausdruck

$$R_n^{(k)}(t)\,\frac{(x-t)^k}{k!}\Big|_a^x \qquad (k \leq n)$$

wird gleich 0, da beim Einsetzen von $t = x$ der Faktor $(x-t)^k$ und beim Einsetzen von $t = a$ wegen (5) der Faktor $R_n^{(k)}(a)$ gleich 0 wird.

Wir erhalten auf diesem Wege den folgenden wichtigen Satz:

Jede Funktion $f(x)$, die im Innern eines Intervalls, das den Punkt $x = a$ enthält, stetige Ableitungen bis zur $(n+1)$-ten Ordnung einschließlich besitzt, kann für alle Werte x aus dem Innern dieses Intervalls nach Potenzen der Differenz $x - a$ entwickelt werden, und zwar gilt die sogenannte Taylorsche Formel

$$f(x) = f(a) + (x-a)\,\frac{f'(a)}{1!} + (x-a)^2\,\frac{f''(a)}{2!} + \cdots + (x-a)^n\,\frac{f^{(n)}(a)}{n!} + R_n(x)\,, \tag{7}$$

wobei das Restglied die Gestalt

$$R_n(x) = \frac{1}{n!}\int\limits_a^x f^{(n+1)}(t)\,(x-t)^n\,\mathrm{d}t \tag{8}$$

hat.

In den Anwendungen tritt sehr häufig eine andere Form des Restgliedes auf, die sich unmittelbar aus (8) bei Benutzung des Mittelwertsatzes **[95]** ergibt. Die Funktion $(x-t)^n$ unter dem Integralzeichen auf der rechten Seite von (8) ändert das Vorzeichen nicht, und daher ist nach dem Mittelwertsatz

$$R_n(x) = \frac{f^{(n+1)}(\xi)}{n!}\int\limits_a^x (x-t)^n\,\mathrm{d}t = \frac{f^{(n+1)}(\xi)}{n!}\left[-\frac{(x-t)^{n+1}}{n+1}\right]_a^x.$$

Nach Einsetzen der oberen und unteren Grenze erhalten wir

$$-\left.\frac{(x-t)^{n+1}}{n+1}\right|_a^x = \frac{(x-a)^{n+1}}{n+1},$$

da der angegebene Ausdruck für $t = x$ verschwindet. Setzen wir dies in die vorhergehende Formel ein, so folgt

$$R_n(x) = (x-a)^{n+1}\frac{f^{(n+1)}(\xi)}{(n-1)!}, \tag{9}$$

wobei ξ ein gewisser zwischen a und x liegender Wert ist. Diese Form des Restgliedes heißt *Restglied in der Lagrangeschen Form,* und die Taylorsche Formel lautet mit dem Restglied von LAGRANGE:

$$\begin{aligned} f(x) &= f(a) + (x-a)\frac{f'(a)}{1!} + (x-a)^2\frac{f''(a)}{2!} + \cdots \\ &\quad + (x-a)^n\frac{f^{(n)}(a)}{n!} + (x-a)^{n+1}\frac{f^{(n+1)}(\xi)}{(n+1)!} \end{aligned} \tag{7_1}$$

(ξ liegt zwischen a und x).

127. Verschiedene Darstellungen der Taylorschen Formel. Für $n = 0$ erhalten wir aus (7_1) den früher hergeleiteten Mittelwertsatz der Differentialrechnung **[63]**

$$f(x) - f(a) = (x-a)\,f'(\xi);$$

die Taylorsche Formel erweist sich somit als direkte Verallgemeinerung des Mittelwertsatzes.

Gehen wir zu den früheren Bezeichnungen über, indem wir x an Stelle von a und $x+h$ an Stelle von x schreiben, so nimmt die Taylorsche Formel (7) die Gestalt

$$f(x+h) - f(x) = \frac{hf'(x)}{1!} + \frac{h^2 f''(x)}{2!} + \cdots + \frac{h^n f^{(n)}(x)}{n!} + R_n \tag{10}$$

an, da man bei den neuen Bezeichnungen $x - a$ durch h ersetzen muß. Der Wert ξ, der bei den früheren Bezeichnungen zwischen a und x liegt, liegt jetzt zwischen x und $x+h$ und kann mit $x+\theta h$ bezeichnet werden, wobei $0<\theta<1$ ist. Auf

Grund von (9) läßt sich das Restglied von (10) somit in der Gestalt

$$R_n = h^{n+1} \frac{f^{(n+1)}(x + \theta h)}{(n + 1)!} \qquad (0 < \theta < 1) \tag{11}$$

schreiben.

Die linke Seite von (10) stellt den Zuwachs Δy der Funktion $y = f(x)$ dar, der dem als Zuwachs der unabhängigen Veränderlichen gedeuteten Differential h entspricht. Unter Berücksichtigung der Ausdrücke für die Differentiale höherer Ordnungen [55] erhalten wir dann

$$\mathrm{d}y = y' \,\mathrm{d}x = f'(x) \cdot h\,, \qquad \mathrm{d}^2y = y''(\mathrm{d}x)^2 = f''(x) \cdot h^2\,, \quad \ldots,$$

$$\mathrm{d}^ny = y^{(n)}(\mathrm{d}x)^n = f^{(n)}(x) \cdot h^n$$

und damit

$$\Delta y = \frac{\mathrm{d}y}{1!} + \frac{\mathrm{d}^2y}{2!} + \cdots + \frac{\mathrm{d}^ny}{n!} + \left.\frac{\mathrm{d}^{n+1}y}{(n + 1)!}\right|_{x+\theta h}, \tag{12}$$

wobei das Symbol

$$\left.\frac{\mathrm{d}^{n+1}y}{(n + 1)!}\right|_{x+\theta h}$$

das Resultat bezeichnet, das entsteht, wenn in dem Ausdruck $\frac{\mathrm{d}^{n+1}y}{(n + 1)!}$ die Summe $x + \theta h$ an Stelle von x eingesetzt wird.

In dieser Gestalt ist die Taylorsche Formel besonders dann von Interesse, wenn der Zuwachs der unabhängigen Veränderlichen eine unendlich kleine Größe ist. Die Beziehung (12) liefert dann die Möglichkeit, von der Funktionsänderung Δy die unendlich kleinen Summanden der verschiedenen Ordnungen bezüglich h abzuspalten.

In dem speziellen Fall, daß der Ausgangswert a der unabhängigen Veränderlichen gleich 0 ist, lautet die Taylorsche Formel (7)

$$f(x) = f(0) + x \frac{f'(0)}{1!} + x^2 \frac{f''(0)}{2!} + \cdots + x^n \frac{f^{(n)}(0)}{n!} + R_n(x), \tag{13}$$

wobei

$$R_n(x) = \frac{1}{n!} \int_0^x f^{(n+1)}(t)\,(x - t)^n \,\mathrm{d}t = \frac{x^{n+1} f^{(n+1)}(\xi)}{(n + 1)!} = \frac{x^{n+1} f^{(n+1)}(\theta x)}{(n + 1)!} \tag{14}$$

ist und das zwischen 0 und x liegende ξ mit θx bezeichnet wurde; hierbei genügt θ wieder der Ungleichung $0 < \theta < 1$. Die Formel (13) wird *Maclaurinsche Formel* genannt.

128. Die Taylorsche und die Maclaurinsche Reihe. Wenn die gegebene Funktion $f(x)$ Ableitungen jeder Ordnung besitzt, können wir die Formeln von Taylor und Maclaurin für jeden Wert von n hinschreiben. Wir geben der Formel (7) die Gestalt

$$f(x) - \left[f(a) + (x - a) \frac{f'(a)}{1!} + (x - a)^2 \frac{f''(a)}{2!} + \cdots + (x - a)^n \frac{f^{(n)}(a)}{n!}\right]$$

$$= f(x) - S_{n+1} = R_n(x)\,,$$

wobei S_{n+1} die Teilsumme der ersten $n + 1$ Glieder der unendlichen Reihe

$$f(a) + (x - a)\frac{f'(a)}{1!} + \cdots + (x - a)^n \frac{f^{(n)}(a)}{n!} + (x - a)^{n+1} \frac{f^{(n+1)}(a)}{(n + 1)!} + \cdots$$

bedeutet. Ist für unbegrenzt wachsendes n

$$\lim_{n\to\infty} R(x) = 0\,, \tag{15}$$

so konvergiert diese Reihe auf Grund des in [**118**] Gesagten, und $f(x)$ ist gleich der Summe S dieser Reihe. Auf diese Weise ergibt sich die *Entwicklung der Funktion $f(x)$ in die (unendliche) Taylorsche Reihe*

$$f(x) = f(a) + (x - a)\frac{f'(a)}{1!} + \cdots + (x - a)^n \frac{f^{(n)}(a)}{n!} + \cdots \tag{16}$$

nach Potenzen der Differenz $x - a$.

Im folgenden werden wir es immer mit dem Fall zu tun haben, daß die Bedingung (15) nicht nur für einen einzelnen Wert x, sondern für alle x aus einem bestimmten Intervall gilt.

In derselben Weise liefert uns die Maclaurinsche Formel, wenn (15) erfüllt ist,

$$f(x) = f(0) + x\frac{f'(0)}{1!} + \cdots + x^n \frac{f^{(n)}(0)}{n!} + \cdots. \tag{17}$$

Die Bestimmung des Restgliedes R_n in Abhängigkeit von n liefert den Fehler, den wir begehen, wenn wir für $f(x)$ an Stelle der Summe der ganzen Reihe die Summe ihrer ersten $n + 1$ Glieder nehmen. Sie hat daher eine überaus wichtige Bedeutung für die näherungsweise Berechnung der Werte einer Funktion $f(x)$ mit Hilfe einer Potenzreihenentwicklung, die das in der Praxis gebräuchlichste Verfahren darstellt.

Wir wenden nun die vorstehenden Überlegungen auf die Entwicklung und näherungsweise Berechnung der einfachsten Funktionen an.

129. Die Reihenentwicklung von e^x. Nach [**48**] ist

$$f(x) = e^x\,, \qquad f'(x) = e^x\,, \qquad \ldots, \qquad f^{(k)}(x) = e^x\,, \qquad \ldots$$

und daher

$$f(0) = f'(0) = \cdots = f^{(k)}(0) = 1\,,$$

so daß die Maclaurinsche Formel mit dem Restglied (14)

$$f(x) = 1 + \frac{x}{1!} + \frac{x^2}{2!} + \cdots + \frac{x^n}{n!} + \frac{x^{n+1}}{(n + 1)!}e^{\theta x} \qquad (0 < \theta < 1)$$

ergibt. Wir hatten gesehen (Beispiel 1 in [**121**]), daß die Reihe $\sum\limits_{n=0}^{\infty} \frac{x^n}{n!}$ für alle endlichen Werte von x absolut konvergent ist; wir erhalten deshalb für jedes x

$$\frac{x^{n+1}}{(n + 1)!} \to 0 \quad \text{für} \quad n \to \infty\,,$$

da dieser Ausdruck das allgemeine Glied einer konvergenten Reihe ist.[1]) Andererseits übertrifft der Faktor $e^{x\theta}$ in dem Ausdruck für das Restglied sicher nicht e^x für $x > 0$ bzw. die Zahl 1 für $x < 0$. Daher strebt das Restglied für alle Werte von x gegen 0, und wir erhalten die Entwicklung

$$e^x = 1 + \frac{x}{1!} + \frac{x^2}{2!} + \cdots + \frac{x^n}{n!} + \cdots, \tag{18}$$

die für alle x-Werte gültig ist.

Insbesondere erhalten wir für $x = 1$ eine Darstellung der Zahl e, die zu ihrer beliebig genauen Berechnung überaus bequem ist:

$$e = 1 + \frac{1}{1!} + \frac{1}{2!} + \cdots + \frac{1}{n!} + \cdots.$$

Unter Benutzung dieser Formel berechnen wir die Zahl e auf sechs Dezimalstellen. Setzen wir näherungsweise

$$e \approx 2 + \frac{1}{2!} + \cdots + \frac{1}{n!},$$

so wird der Fehler

$$\frac{1}{(n+1)!} + \frac{1}{(n+2)!} + \cdots = \frac{1}{(n+1)!}\left[1 + \frac{1}{n+2} + \frac{1}{(n+2)(n+3)} + \cdots\right]$$
$$< \frac{1}{(n+1)!}\left[1 + \frac{1}{n+1} + \frac{1}{(n+1)^2} + \cdots\right] = \frac{1}{(n+1)!} \frac{1}{1 - \frac{1}{n+1}} = \frac{1}{n!\,n},$$

wobei das Zeichen $<$ gesetzt werden durfte, weil in den Nennern der Brüche die Faktoren $n + 2, n + 3, n + 4, \ldots$ zunächst durch die kleinste Zahl $n + 2$ und danach in der Summe der so entstehenden geometrischen Reihe diese durch die noch kleinere Zahl $n + 1$ ersetzt wurden. Die Zahl e liegt demnach zwischen den folgenden Grenzen:

$$2 + \frac{1}{2!} + \cdots + \frac{1}{n!} < e < 2 + \frac{1}{2!} + \cdots + \frac{1}{n!} + \frac{1}{n!\,n}.$$

Wenn wir für e einen Näherungswert erhalten wollen, der sich vom wahren Wert um nicht mehr als 0,000001 unterscheidet, setzen wir $n = 10$; dann ist

$$e \approx 2 + \frac{1}{2!} + \frac{1}{3!} + \cdots + \frac{1}{10!},$$

und der Fehler wird nicht größer als $\frac{1}{10!\,10} < 3 \cdot 10^{-8}$. Hierbei werden die ersten beiden Summanden exakt berechnet; die übrigen acht Summanden braucht man nur auf sieben Stellen zu berechnen, da dann der Fehler jedes Summanden nicht größer als 0,5 Einheiten der siebenten Stelle, d. h. $0{,}5 \cdot 10^{-7}$, wird und der beim Aufsummieren entstehende Fehler nicht größer als

$$10^{-7} \cdot 0{,}5 \cdot 8 = 4 \cdot 10^{-7},$$

[1]) Siehe auch das Beispiel in [**30**].

d. h. vier Einheiten der siebenten Stelle; der Gesamtfehler bleibt daher dem Absolutbetrag nach kleiner als $4{,}3 \cdot 10^{-7}$. Es ist

$2 = 2{,}000000$	0 (genau)	
$\frac{1}{2!} = \frac{1}{2} = 0{,}500000$	0 (genau)	
$\frac{1}{3!} = \frac{1}{2!\,3} = 0{,}166666$	7 (aufgerundet)	
$\frac{1}{4!} = \frac{1}{3!\,4} = 0{,}041666$	7 (aufgerundet)	
$\frac{1}{5!} = \frac{1}{4!\,5} = 0{,}008333$	3 (abgerundet)	
$\frac{1}{6!} = \frac{1}{5!\,6} = 0{,}001388$	9 (aufgerundet)	$e \approx 2{,}7182818$
$\frac{1}{7!} = \frac{1}{6!\,7} = 0{,}000198$	4 (abgerundet)	
$\frac{1}{8!} = \frac{1}{7!\,8} = 0{,}000024$	8 (abgerundet)	
$\frac{1}{9!} = \frac{1}{8!\,9} = 0{,}000002$	8 (aufgerundet)	
$\frac{1}{10!} = \frac{1}{9!\,10} = 0{,}000000$	3 (aufgerundet)	

Der Wert von e auf zwölf Dezimalstellen genau ist 2,718281828459.

130. Die Reihenentwicklung von sin *x* und cos *x*. Nach [**53**] ist

$$f(x) = \sin x\,, \qquad f'(x) = \sin\left(x + \frac{\pi}{2}\right), \qquad \ldots, \qquad f^{(k)}(x) = \sin\left(x + k\frac{\pi}{2}\right)$$

und somit

$$f(0) = 0\,, \quad f'(0) = 1\,, \quad f''(0) = 0\,, \quad f'''(0) = -1, \quad \ldots, \quad f^{(2m)}(0) = 0\,,$$
$$f^{(2m+1)}(0) = (-1)^m\,,$$

so daß nach (13)

$$\sin x = \frac{x}{1!} - \frac{x^3}{3!} + \frac{x^5}{5!} - \cdots + \frac{(-1)^n x^{2n+1}}{(2n+1)!} + \frac{x^{2n+3}}{(2n+3)!} \sin\left[\theta x + \frac{(2n+3)\,\pi}{2}\right]$$

wird.

Der Faktor $\frac{x^{2n+3}}{(2n+3)!}$ im Restglied strebt, wie wir oben gesehen hatten, für $n \to \infty$ gegen 0, der Absolutbetrag des Sinus überschreitet jedoch 1 nicht, folglich strebt das Restglied für alle endlichen x-Werte gegen 0, d. h., die Entwicklung

$$\sin x = x - \frac{x^3}{3!} + \frac{x^5}{5!} - \cdots + \frac{(-1)^n x^{2n+1}}{(2n+1)!} + \cdots \tag{19}$$

gilt *für alle Werte von x.*

Analog können wir beweisen, daß die Entwicklung

$$\cos x = 1 - \frac{x^2}{2!} + \frac{x^4}{4!} - \cdots + \frac{(-1)^n x^{2n}}{(2n)!} + \cdots \tag{20}$$

für alle x-Werte gültig ist.

Die Reihen (19) und (20) sind zur Berechnung der Werte der Funktionen sin x und cos x für kleine Werte des Winkels x überaus bequem. Sie sind für alle positiven und negativen x-Werte alternierend, so daß, wenn wir bei der Berechnung eines Funktionswertes nur eine gewisse Anzahl von Anfangsgliedern berücksichtigen, die weiteren eine monoton abnehmende Folge bilden und der Fehler dem Absolutbetrag nach das erste der weggelassenen Glieder nicht übertrifft [**123**].

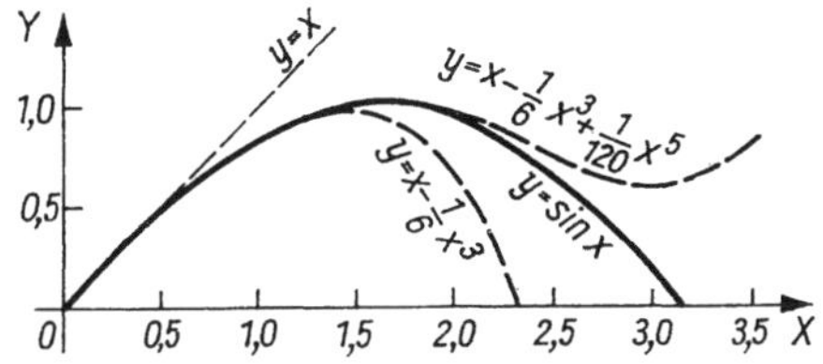

Abb. 156

Bei größeren x-Werten konvergieren die Reihen (19) und (20) ebenfalls, jedoch langsamer und sind deshalb für eine Berechnung weniger geeignet. Abb. 156 zeigt die Lage der *genauen Kurve* sin x und der ersten drei *Näherungen*

$$x, \quad x - \frac{x^3}{6}, \quad x - \frac{x^3}{6} + \frac{x^5}{120}.$$

Die Näherungskurve kommt der genauen Sinuskurve in einem um so größeren Intervall nahe, je mehr Glieder in der Näherungsformel berücksichtigt werden. Wir weisen darauf hin, daß in allen angegebenen Formeln der Winkel x im Bogenmaß, d. h. in Vielfachen des Radius [**33**], ausgedrückt ist.

Beispiel. Es ist sin 10° mit einer Genauigkeit von 10^{-5} zu berechnen. Zunächst führen wir das Gradmaß in Bogenmaß über:

$$\text{arc } 10° = \frac{2\pi}{360} \cdot 10 = \frac{\pi}{18} = 0{,}17\,\ldots$$

Bleiben wir bei der Näherungsformel

$$\sin\frac{\pi}{18} \approx \frac{\pi}{18} - \frac{1}{8}\left(\frac{\pi}{18}\right)^3,$$

so machen wir einen Fehler, der

$$\frac{1}{120} \cdot (0{,}2)^5 < 3 \cdot 10^{-6} \qquad \left(\frac{\pi}{18} < 0{,}2\right)$$

nicht überschreitet. Auf der rechten Seite des Näherungsausdrucks für sin $\frac{\pi}{18}$ ist jedes Glied auf sechs Stellen zu berechnen, da dann der Gesamtfehler nicht größer wird als

$$2 \cdot 0{,}5 \cdot 10^{-6} + 3 \cdot 10^{-6} = 4 \cdot 10^{-6}.$$

Unter Berücksichtigung der angegebenen Genauigkeit wird

$$\frac{\pi}{18} = 0{,}174\,533\,, \qquad \frac{1}{6}\left(\frac{\pi}{18}\right)^3 = 0{,}000\,886\,, \qquad \sin\frac{\pi}{18} = 0{,}173\,647\,,$$

wobei die ersten vier Stellen als sicher angesehen werden können.

131. Die Newtonsche binomische Reihe. Hier ist, wenn wir $x > -1$, d. h. $1 + x > 0$ annehmen,

$$f(x) = (1+x)^m\,, \qquad f'(x) = m(1+x)^{m-1}\,, \quad \ldots,$$

$$f^{(k)}(x) = m(m-1)\cdots(m-k+1)\,(1+x)^{m-k}\,,$$

$$f(0) = 1\,, f'(0) = m\,, \quad \ldots, \quad f^{(k)}(0) = m(m-1)\cdots(m-k+1)\,,$$

wobei m eine beliebige reelle Zahl ist. Formel (13) liefert dann

$$(1+x)^m = 1 + \frac{m}{1}x + \frac{m(m-1)}{2!}x^2 + \cdots$$

$$+ \frac{m(m-1)\cdots(m-n+1)}{n!}x^n + R_n(x)\,, \tag{21}$$

und das Restglied kann gemäß (8) mit $a = 0$ bestimmt werden:

$$R_n(x) = \frac{1}{n!}\int_0^x f^{(n+1)}(t)\,(x-t)^n\,\mathrm{d}t\,.$$

Beachten wir, daß im vorliegenden Fall

$$f^{(n+1)}(t) = m(m-1)\cdots(m-n)\,(1+t)^{m-n-1}$$

ist, so können wir schreiben:

$$R_n(x) = \frac{m(m-1)\cdots(m-n)}{n!}\int_0^x (x-t)^n\,(1+t)^{m-n-1}\,\mathrm{d}t\,. \tag{22}$$

Wenden wir auf das Integral den Mittelwertsatz (13) aus [**95**] an und bezeichnen den im erwähnten Mittelwertsatz auftretenden, zwischen 0 und x liegenden Wert t mit θx $(0 < \theta < 1)$, so erhalten wir

$$\begin{aligned} R_n(x) &= \frac{m(m-1)\cdots(m-n)}{n!}(x-\theta x)^n(1+\theta x)^{m-n-1}\int_0^x \mathrm{d}t \\ &= \frac{(m-1)(m-2)\cdots(m-n)}{n!}x^n\left(\frac{1-\theta}{1+\theta x}\right)^n(1+\theta x)^{m-1}mx\,. \end{aligned} \tag{23}$$

Soll $R_n \to 0$ gelten, so muß jedenfalls die Reihe

$$1 + \frac{m}{1!}x + \frac{m(m-1)}{2!}x^2 + \cdots + \frac{m(m-1)\cdots(m-n+1)}{n!}x^n + \cdots \tag{24}$$

konvergent sein [**118**]. Es gilt nun

$$\left|\frac{u_{n+1}}{u_n}\right| = \left|\frac{m-n+1}{n}x\right| \to |x| \quad \text{für} \quad n \to \infty\,,$$

und daher konvergiert die Reihe (absolut) für $|x| < 1$ und divergiert für $|x| > 1$ [**124**]. Trotz ihrer Konvergenz für $|x| < 1$ ist jedoch noch nicht klar, ob ihre Summe gleich $(1+x)^m$ ist. Dazu muß man noch beweisen, daß $R_n(x)$ für $|x| < 1$

gegen 0 strebt. Der Faktor

$$\frac{(m-1)(m-2)\cdots(m-n)}{n!}x^n$$

im Ausdruck (23) für $R_n(x)$ ist das allgemeine Glied der *konvergenten* Reihe (24), in dem m durch $m-1$ ersetzt wurde, und strebt daher [**118**] für $n \to \infty$ gegen 0. Der Faktor $\left(\frac{1-\theta}{1+\theta x}\right)^n$ ist für alle Werte von n nicht größer als 1, da in dem betrachteten Fall $-1 < x < +1$ ist. Daher gilt sowohl für positive als auch für negative x-Werte $0 < 1 - \theta < 1 + \theta x$, woraus

$$0 < \frac{1-\theta}{1+\theta x} < 1 \quad \text{und} \quad 0 < \left(\frac{1-\theta}{1+\theta x}\right)^n < 1$$

folgt. Der letzte Faktor $mx(1+\theta x)^{m-1}$ in (23) bleibt ebenfalls beschränkt, da der Wert $1+\theta x$ zwischen 1 und $1+x$ und somit $mx(1+\theta x)^{m-1}$ zwischen den von n unabhängigen Grenzen mx und $mx(1+x)^{m-1}$ liegt.

Demnach läßt sich $R_n(x)$ nach (23) als Produkt von drei Faktoren darstellen, von denen einer gegen 0 strebt und die beiden anderen für unbegrenzt zunehmendes n beschränkt bleiben; daher gilt auch

$$R_n(x) \to 0 \quad \text{für} \quad n \to \infty .$$

Also ist die Reihenentwicklung

$$(1+x)^m = 1 + \frac{m}{1!}x + \frac{m(m-1)}{2!}x^2 + \cdots + \frac{m(m-1)\cdots(m-n+1)}{n!}x^n + \cdots \tag{25}$$

für alle Werte von x gültig, die der Bedingung $|x| < 1$ genügen.

Ist der Exponent m eine positive ganze Zahl, so bricht die Reihe (25) bei dem Glied $n = m$ ab und geht in die bekannte Formel des binomischen Satzes über. Im allgemeinen Fall jedoch ist *die Reihenentwicklung* (25) *die Verallgemeinerung des binomischen Satzes für beliebige Exponenten.*

Es ist nützlich, einige spezielle Fälle der binomischen Reihe besonders anzugeben:

$$\frac{1}{1-x} = 1 + x + x^2 + \cdots + x^n + \cdots , \tag{26}$$

$$\sqrt{1+x} = 1 + \frac{1}{2}x - \frac{1}{2\cdot 4}x^2 + \frac{1\cdot 3}{2\cdot 4\cdot 6}x^3 - \frac{1\cdot 3\cdot 5}{2\cdot 4\cdot 6\cdot 8}x^4 + \cdots , \tag{27}$$

$$\frac{1}{\sqrt{1+x}} = 1 - \frac{1}{2}x + \frac{1\cdot 3}{2\cdot 4}x^2 - \frac{1\cdot 3\cdot 5}{2\cdot 4\cdot 6}x^3 + \frac{1\cdot 3\cdot 5\cdot 7}{2\cdot 4\cdot 6\cdot 8}x^4 - \cdots . \tag{28}$$

Wir bemerken, daß die Funktion $(1+x)^m$ für alle $x > -1$ *positive* Werte hat [**19** und **44**], d. h., die Summe der Reihe (24) ist für $-1 < x < +1$ positiv. Insbesondere liefert z. B. die Reihe (27) in diesem Intervall den positiven Wert von $\sqrt{1+x}$.

Beispiele.

1. *Das Wurzelziehen.* Die Formel (25) ist besonders geeignet für das Wurzelziehen mit beliebiger Genauigkeit. Soll z. B. die m-te Wurzel aus der ganzen Zahl A, $\sqrt[m]{A}$, gezogen werden, so läßt sich immer eine ganze Zahl a so wählen, daß die m-te Potenz von a möglichst nahe bei A liegt und für $A = a^m + b$ die Beziehung $|b| < a^m$ gilt; es ist dann

$$\sqrt[m]{A} = \sqrt[m]{a^m + b} = a\sqrt[m]{1 + \frac{b}{a^m}}\,.$$

Da hierbei $\left|\frac{b}{a^m}\right| < 1$ wird, können wir, indem wir den Quotienten $\frac{b}{a^m}$ mit x bezeichnen, $\sqrt[m]{1 + \frac{b}{a^m}}$ nach der Newtonschen Binomialformel berechnen, wobei die Reihe um so besser konvergiert, je kleiner der Absolutbetrag des betrachteten Quotienten ist.

Wir berechnen z. B. $\sqrt[5]{1000}$ bis auf einen Fehler der Ordnung 10^{-5} genau: Es ist

$$\sqrt[5]{1000} = \sqrt[5]{1024 - 24} = 4\left(1 - \frac{3}{128}\right)^{1/5}$$
$$= 4\left[1 - \frac{1}{5}\cdot\frac{3}{128} - \frac{1}{5}\cdot\frac{4}{10}\left(\frac{3}{128}\right)^2 - \frac{1}{5}\cdot\frac{4}{10}\cdot\frac{9}{15}\left(\frac{3}{128}\right)^3 - \cdots\right].$$

Wir brechen die Reihe nach diesen vier Gliedern ab und schätzen den Fehler ab, indem wir in (23)

$$m = \tfrac{1}{5}\,, \qquad n = 3\,, \qquad x = \tfrac{3}{128}$$

einsetzen. Der Faktor $\left(\frac{1-\theta}{1+\theta x}\right)^n$ liegt, wie gezeigt wurde, zwischen 0 und 1. Der Faktor $(1 + \theta x)^{m-1}$ wird

$$\left(1 - \theta\frac{3}{128}\right)^{-4/5} < \left(1 - \frac{3}{128}\right)^{-4/5} = \left(\frac{128}{125}\right)^{4/5} < \left(\frac{6}{5}\right)^{4/5} = \left(\sqrt[4]{\frac{6}{5}}\right)^4 < \left(\frac{4}{3}\right)^4$$

wegen

$$\sqrt{\frac{6}{5}} < \frac{6}{5} < \frac{4}{3}\,.$$

Aus (23) erhalten wir schließlich

$$4\,|R_n| < \frac{4}{1\cdot 2\cdot 3}\cdot\frac{1}{5}\cdot\frac{4}{5}\cdot\frac{9}{5}\cdot\frac{14}{5}\left(\frac{4}{128}\right)^4 = \frac{3\cdot 7}{2^{16}\cdot 5^4} < 6\cdot 10^{-7}\,.$$

Die Berechnung der vier Glieder muß auf sechs Dezimalstellen durchgeführt werden, da dann der Gesamtfehler

$$4\cdot 3\cdot 0{,}5\cdot 10^{-6} + 6\cdot 10^{-7} = 6{,}6\cdot 10^{-6} < 10^{-5}$$

nicht überschreitet.

Die Berechnung läßt sich in der folgenden Weise anordnen:

$\frac{1}{5} = 0{,}2$	$\times\ \frac{3}{128} = 0{,}0234375 \times 0{,}2 = 0{,}004687$
$\frac{1}{5}\cdot\frac{4}{10} = 0{,}08$	$\times \left(\frac{3}{128}\right)^2 = 0{,}000549 \times 0{,}08 = 0{,}000044$
$\frac{1}{5}\cdot\frac{4}{10}\cdot\frac{9}{15} = 0{,}048$	$\times \left(\frac{3}{128}\right)^2 = 0{,}000013 \times 0{,}048 = 0{,}000001$

0,004732

$$1 - 0{,}004732 = 0{,}995268$$
$$\times 4$$
$$3{,}981072$$

2. *Näherungsweise Berechnung des Umfangs einer Ellipse.* In **[103]**, Formel (22), war der folgende Ausdruck für den Umfang l einer Ellipse mit den Halbachsen a und b hergeleitet worden:

$$l = 4\int_0^{\pi/2} \sqrt{a^2 \sin^2 t + b^2 \cos^2 t}\, dt = 4a \int_0^{\pi/2} \sqrt{\sin^2 t + \frac{b^2}{a^2}\cos^2 t}\, dt\,.$$

Wenn wir die Exzentrizität ε der Ellipse einführen,

$$\varepsilon^2 = \frac{a^2 - b^2}{a^2}\,, \qquad \frac{b^2}{a^2} = 1 - \varepsilon^2\,,$$

erhalten wir

$$l = 4a\int_0^{\pi/2} \sqrt{1 - \varepsilon^2 \cos^2 t}\, dt\,. \tag{29}$$

Dieses Integral läßt sich nicht exakt bestimmen; aber man kann es beliebig genau berechnen) indem man den Integranden in eine Potenzreihe nach ε entwickelt:[1])

$$\sqrt{1 - \varepsilon^2\cos^2 t} = 1 - \tfrac{1}{2}\varepsilon^2\cos^2 t + \frac{\frac{1}{2}(\frac{1}{2} - 1)}{1\cdot 2}\varepsilon^4\cos^4 t - \frac{\frac{1}{2}(\frac{1}{2} - 1)(\frac{1}{2} - 2)}{1\cdot 2\cdot 3}\varepsilon^6\cos^6 t + \cdots$$

$$= 1 - \tfrac{1}{2}\varepsilon^2\cos^2 t - \tfrac{1}{8}\varepsilon^4\cos^4 t - \tfrac{1}{16}\varepsilon^6\cos^6 t + R_3\,,$$

dabei genügt der Fehler R_3, wenn man ihn nach (23) für $n = 3$ bestimmt, der Ungleichung

$$|R_3| = \frac{\frac{1}{2}\cdot\frac{1}{2}\cdot\frac{3}{2}\cdot\frac{5}{2}}{1\cdot 2\cdot 3}\varepsilon^8\cos^8 t\left(\frac{1 - \theta}{1 - \theta\varepsilon^2\cos^2 t}\right)^3 (1 - \theta\varepsilon^2\cos^2 t)^{1/2 - 1} < \frac{5}{32}\frac{\varepsilon^8\cos^8 t}{\sqrt{1 - \varepsilon^2}}\,, \tag{30}$$

denn es ist

$$0 < \left(\frac{1 - \theta}{1 - \theta\varepsilon^2\cos^2 t}\right)^3 < 1$$

und

$$(1 - \theta\varepsilon^2\cos^2 t)^{1/2 - 1} < (1 - \varepsilon^2\cos^2 t)^{-1/2}\,.$$

Nachdem wir in dem Ausdruck (29) für l die Wurzel durch die Reihe ersetzt haben, integrieren wir und finden unter Berücksichtigung von (27) aus **[100]**

$$l = 4a\left[\int_0^{\pi/2} dt - \tfrac{1}{2}\varepsilon^2\int_0^{\pi/2}\cos^2 t\, dt - \tfrac{1}{8}\varepsilon^4\int_0^{\pi/2}\cos^4 t\, dt - \tfrac{1}{16}\varepsilon^6\int_0^{\pi/2}\cos^6 t\, dt + \int_0^{\pi/2} R_3\, dt\right]$$

$$= 2\pi a\left[1 - \tfrac{1}{4}\varepsilon^2 - \tfrac{3}{64}\varepsilon^4 - \tfrac{5}{256}\varepsilon^6 + \varrho\right]; \tag{31}$$

dabei ist auf Grund der Formel (10_1) aus **[95]** und der Ungleichung (30)

$$|\varrho| = \left|\frac{2}{\pi}\int_0^{\pi/2} R_3\, dt\right| < \frac{5}{32}\frac{\varepsilon^8}{\sqrt{1 - \varepsilon^2}}\,\frac{2}{\pi}\int_0^{\pi/2}\cos^8 t\, dt = \frac{175}{2^{12}}\frac{\varepsilon^8}{\sqrt{1 - \varepsilon^2}} < \frac{0{,}05\varepsilon^8}{\sqrt{1 - \varepsilon^2}}\,.$$

Die Beziehung (31) ist zur Berechnung des Ellipsenumfangs, besonders für kleine Exzentrizitäten, durchaus geeignet. Auf ihr beruht eine einfache geometrische Konstruktion eines Näherungsausdrucks für den Ellipsenumfang, bei der man es nur mit Kreisen zu tun hat.

Wir bezeichnen mit l_1 und l_2 das arithmetische bzw. geometrische Mittel aus den Halbachsen der Ellipse:

$$l_1 = \frac{a + b}{2}\,, \qquad l_2 = \sqrt{ab}\,.$$

---

[1]) Diese Entwicklung ist sicher zulässig, da für eine Ellipse $\varepsilon < 1$ ist und daher das Glied $-\varepsilon^2\cos^2 t$, das hier die Rolle von x in der Newtonschen Binomialformel spielt, dem Absolutbetrag nach kleiner als 1 ist.

Nun vergleichen wir den Umfang l der Ellipse mit den Umfängen $2\pi l_1$ bzw. $2\pi l_2$ der beiden Kreise mit den Radien l_1 bzw. l_2. Da

$$b = a\sqrt{1-\varepsilon^2}\,, \qquad \frac{a+b}{2} = \frac{a}{2}\left[1+\sqrt{1-\varepsilon^2}\right], \qquad \sqrt{ab} = a\sqrt[4]{1-\varepsilon^2}$$

ist, erhalten wir nach der Newtonschen Binomialformel ohne Schwierigkeit die folgenden Ausdrücke:

$$2\pi l_1 = 2\pi a\left[1 - \tfrac{1}{4}\varepsilon^2 - \tfrac{1}{16}\varepsilon^4 - \tfrac{1}{32}\varepsilon^6 + \varrho_1\right], \tag{32}$$

$$2\pi l_2 = 2\pi a\left[1 - \tfrac{1}{4}\varepsilon^2 - \tfrac{3}{32}\varepsilon^4 - \tfrac{7}{128}\varepsilon^6 + \varrho_2\right]; \tag{33}$$

die Fehler ϱ_1 und ϱ_2 genügen, wenn wir sie nach Formel (23) abschätzen, den Ungleichungen

$$|\varrho_1| < \frac{5}{32}\frac{\varepsilon^8}{\sqrt{1-\varepsilon^2}}\,, \qquad |\varrho_2| < \frac{77}{512}\frac{\varepsilon^8}{(1-\varepsilon^2)^{3/4}}\,.$$

Hieraus wird ersichtlich, daß man bei kleiner Exzentrizität, *wenn die höheren Potenzen von ε im Vergleich zu ε^2 vernachlässigt werden können, den Umfang der Ellipse durch den Umfang eines der beiden Kreise ersetzen kann, deren Radius gleich dem arithmetischen bzw. geometrischen Mittel der Halbachsen ist.* Wenn eine größere Genauigkeit gewünscht wird, bilden wir den Ausdruck

$$\alpha \cdot 2\pi l_1 + \beta \cdot 2\pi l_2\,, \tag{34}$$

wobei wir die Faktoren α und β so wählen, daß möglichst viele Glieder in den Ausdrücken (31) und (34) übereinstimmen. Da die ersten beiden Glieder der Ausdrücke (31), (32) und (33) übereinstimmen, muß zunächst

$$\alpha + \beta = 1$$

sein. Vergleichen wir ferner die Koeffizienten von ε^4 in den Ausdrücken (31) und (34) miteinander, so erhalten wir

$$\frac{\alpha}{16} + \frac{3\beta}{32} = \frac{3}{64} \qquad \text{oder} \qquad 4\alpha + 6\beta = 3\,.$$

Lösen wir die beiden Gleichungen nach α und β auf, so finden wir

$$\alpha = \tfrac{3}{2}\,, \qquad \beta = -\tfrac{1}{2}\,,$$

und setzen wir diese Werte von α und β in (34) ein, so erhalten wir

$$\begin{aligned}\alpha \cdot 2\pi l_1 + \beta \cdot 2\pi l_2 &= 2\pi\left(\tfrac{3}{2} l_1 - \tfrac{1}{2} l_2\right)\\ &= 2\pi a\left(1 - \tfrac{1}{4}\varepsilon^2 - \tfrac{3}{64}\varepsilon^4 - \tfrac{5}{256}\varepsilon^6 + \tfrac{3}{2}\varrho_1 - \tfrac{1}{2}\varrho_2\right).\end{aligned} \tag{35}$$

Es zeigt sich also, daß nicht nur die Glieder mit ε^4, sondern auch die mit ε^6 übereinstimmen und die Formeln (31) und (35) erst von den Gliedern mit ε^8 an verschieden sind. Unter Berücksichtigung der oben angegebenen Abschätzungen für ϱ, ϱ_1 und ϱ_2 und der Ungleichungen

$$\frac{1}{\sqrt{1-\varepsilon^2}} < \frac{1}{1-\varepsilon^2}\,, \qquad \frac{1}{(1-\varepsilon^2)^{3/4}} < \frac{1}{1-\varepsilon^2}\,, \qquad \frac{175}{2^{12}} + \frac{5}{32}\cdot\frac{3}{2} + \frac{77}{512}\cdot\frac{1}{2} < 0{,}4$$

können wir schließlich aussagen: *Mit einem Fehler, der $\dfrac{0{,}4\varepsilon^8}{1-\varepsilon^2}$ nicht überschreitet, kann man den Umfang der Ellipse mit den Halbachsen a, b und der Exzentrizität ε durch den Umfang eines Kreises mit dem Radius*

$$r = \frac{3}{2}\frac{a+b}{2} - \frac{1}{2}\sqrt{ab}$$

ersetzen.

132. Die Reihenentwicklung von log $(1 + x)$.[1]) Diese Entwicklung kann man aus der allgemeinen Theorie erhalten; doch wenden wir ein anderes Verfahren an, das in vielen Fällen mit Erfolg benutzt wird.

Wir drücken $\log(1+x)$ durch ein bestimmtes Integral aus. Es gilt offenbar für $x > -1$

$$\int_0^x \frac{dt}{1+t} = \log(1+t)\Big|_0^x = \log(1+x) - \log 1 = \log(1+x)\,,$$

d. h.

$$\log(1+x) = \int_0^x \frac{dt}{1+t}.$$

Nun besteht die Identität

$$\frac{1}{1+t} = 1 - t + t^2 - t^3 + \cdots + (-1)^{n-1} t^{n-1} + \frac{(-1)^n t^n}{1+t}\,,$$

die sich unmittelbar ergibt, wenn man 1 durch $1 + t$ dividiert und bei dem Rest $(-1)^n t^n$ aufhört. Folglich ist

$$\log(1+x) = \int_0^x \frac{dt}{1+t} = \int_0^x \left[1 - t + t^2 - t^3 + \cdots + (-1)^{n-1} t^{n-1} + \frac{(-1)^n t^n}{1+t}\right] dt$$

$$= x - \frac{x^2}{2} + \frac{x^3}{3} - \frac{x^4}{4} + \cdots + \frac{(-1)^{n-1} x^n}{n} + R_n(x)$$

mit

$$R_n(x) = (-1)^n \int_0^x \frac{t^n\,dt}{1+t}. \tag{36}$$

Die Reihe

$$x - \frac{x^2}{2} + \frac{x^3}{3} - \cdots + \frac{(-1)^{n-1} x^n}{n} + \cdots,$$

für die

$$\left|\frac{u_n}{u_{n-1}}\right| = \frac{n-1}{n}|x| \to |x| \quad \text{für} \quad n \to \infty$$

gilt, ist für $|x| > 1$ sicher divergent [**124**], und daher braucht man nur die Fälle

$$|x| < 1 \quad \text{und} \quad x = \pm 1$$

zu untersuchen. Dabei muß noch $x = -1$ ausgeschlossen werden, da dort die Funktion $\log(1+x)$ unendlich wird.

Folglich bleiben die Fälle: 1. $|x| < 1$ und 2. $x = 1$. Im ersten Fall erhalten wir unter Anwendung des Mittelwertsatzes [**95**] auf den Ausdruck (36) für $R_n(x)$, wobei wir berücksichtigen, daß t^n für t zwischen 0 und x das Vorzeichen nicht

[1]) Die Funktion $\log x$ kann nicht in eine Potenzreihe nach x entwickelt werden, da sie selbst und ihre Ableitungen bei $x = 0$ unstetig und unendlich werden.

ändert:

$$R_n(x) = \frac{(-1)^n}{1+\theta x}\int\limits_0^x t^n\,\mathrm{d}t = \frac{(-1)^n x^{n+1}}{(n+1)(1+\theta x)} \quad \text{mit} \quad 0 < \theta < 1\,. \tag{37}$$

Daraus folgt auf Grund der Bedingung $|x| < 1$

$$|R_n(x)| < \frac{1}{n+1}\cdot\frac{1}{1+\theta x}.$$

Der Faktor $\frac{1}{|1+\theta x|}$ auf der rechten Seite der vorstehenden Ungleichung bleibt für alle Werte n beschränkt, da er zwischen den von n unabhängigen Grenzen 1 und $\frac{1}{1+x}$ liegt; daher gilt für die betrachteten Werte von x

$$R(x) \to 0 \quad \text{für} \quad n \to \infty\,.$$

Dasselbe Resultat erhalten wir auch im zweiten Fall, wenn $x = 1$ ist. Dieselbe Formel (37) ergibt für $x = 1$

$$|R_n(1)| = \frac{1}{n+1}\cdot\frac{1}{1+\theta} < \frac{1}{n+1},$$

d. h. wieder

$$R_n(1) \to 0 \quad \text{für} \quad n \to \infty\,.$$

Somit gilt die Entwicklung

$$\log(1+x) = x - \frac{x^2}{2} + \frac{x^3}{3} - \cdots + \frac{(-1)^{n-1}x^n}{n} + \cdots \tag{38}$$

für alle Werte von x, die den Ungleichungen

$$-1 < x \leqq +1 \tag{39}$$

genügen.

Insbesondere erhalten wir für $x = 1$ die Beziehung

$$\log 2 = 1 - \frac{1}{2} + \frac{1}{3} - \cdots + \frac{(-1)^{n-1}}{n} + \cdots,$$

die bereits früher erwähnt wurde [**123**].

Die Formel (38) eignet sich nicht unmittelbar zur Berechnung der Logarithmen, da in ihr vorausgesetzt ist, daß x den Ungleichungen (39) genügt und außerdem die Reihe nicht schnell genug konvergiert. Man kann sie in eine für die Berechnung geeignetere Form bringen. Hierzu setzen wir in die Gleichung

$$\log(1+x) = x - \frac{x^2}{2} + \frac{x^3}{3} - \cdots$$

$-x$ an Stelle von x ein, was

$$\log(1-x) = -x - \frac{x^2}{2} - \frac{x^3}{3} - \cdots \qquad (|x| < 1)$$

ergibt, und subtrahieren diese Gleichung von der vorhergehenden. Wir erhalten dann

$$\log\frac{1+x}{1-x} = 2\left(x + \frac{x^3}{3} + \frac{x^5}{5} + \cdots\right) \qquad (|x| < 1)\,.$$

Setzen wir hier

$$\frac{1+x}{1-x} = 1 + \frac{z}{a} = \frac{a+z}{a}, \qquad x = \frac{z}{2a+z}, \tag{40}$$

so finden wir

$$\log\frac{a+z}{a} = 2\left[\frac{z}{2a+z} + \frac{1}{3}\cdot\frac{z^3}{(2a+z)^3} + \frac{1}{5}\,\frac{z^5}{(2a+z)^5} + \cdots\right]$$

oder

$$\log(a+z) = \log a + 2\left[\frac{z}{2a+z} + \frac{1}{3}\,\frac{z^3}{(2a+z)^3} + \cdots\right]. \tag{41}$$

Diese Formel ist nun für alle positiven Werte von a und z brauchbar, da hierbei $x = \frac{z}{2a+z}$ zwischen 0 und 1 liegt. Sie ist für Berechnungen um so günstiger, je kleiner der Bruch $\frac{z}{2a+z}$ oder, was auf dasselbe herauskommt, je kleiner z im Vergleich zu a ist.

Die Formel (41) ist zur Berechnung von Logarithmen äußerst zweckmäßig. Obwohl die ersten Logarithmentafeln nicht mit Hilfe von Reihen berechnet worden sind, weil diese zur Zeit von Napier und Briggs noch unbekannt waren, läßt sich (41) dennoch mit Erfolg zur Kontrolle und zur schnellen Berechnung einer Logarithmentafel verwenden. Wir setzen in (41) $z = 1$ und wählen nacheinander $a = 15, 24, 80$. Wir erhalten dann

$$\log 16 - \log 15 = 2\left[\frac{1}{31} + \frac{1}{3\cdot 31^3} + \cdots\right] = 2P\,,$$

$$\log 25 - \log 24 = 2\left[\frac{1}{49} + \frac{1}{3\cdot 49^3} + \cdots\right] = 2Q\,,$$

$$\log 81 - \log 80 = 2\left[\frac{1}{161} + \frac{1}{3\cdot 161^3} + \cdots\right] = 2R\,,$$

wobei die mit P, Q, R bezeichneten Reihen sehr schnell konvergieren. Diese Identitäten liefern die Gleichungen

$$4\log 2 - \log 3 - \log 5 = 2P\,,$$

$$-3\log 2 - \log 3 + 2\log 5 = 2Q\,,$$

$$-4\log 2 + 4\log 3 - \log 5 = 2R$$

zur Bestimmung der Werte log 2, log 3, log 5. Durch Auflösen des Gleichungssystems finden wir ohne Schwierigkeit

$$\log 2 = 14P + 10Q + 6R\,,$$

$$\log 3 = 22P + 16Q + 10R\,,$$

$$\log 5 = 32P + 24Q + 14R\,.$$

Die auf diesem Wege erhaltenen Logarithmen sind *natürliche Logarithmen*; mit ihrer Hilfe finden wir den Modul M des Systems der dekadischen Logarithmen[1]):

$$M = \frac{1}{\log 10} = 0{,}4342944819\ldots$$

[1]) Briggssche Logarithmen (Anm. d. Übers.).

Von den natürlichen Logarithmen gehen wir zu den *Briggsschen Logarithmen* über:

$$^{10}\log x = M \log x .$$

Analog berechnen wir unter Anwendung der Zerlegung in Faktoren:

$$\begin{aligned} a &= 2400 = 100 \cdot 2^3 \cdot 3 , & a + z &= 2401 = 67^4 , \\ a &= 9800 = 100 \cdot 2 \cdot 7^2 , & a + z &= 9801 = 3^4 \cdot 11^2 , \\ a &= 123200 = 100 \cdot 2^4 \cdot 7 \cdot 11 , & a + z &= 123201 = 3^6 \cdot 13^2 , \\ a &= 2600 = 100 \cdot 2 \cdot 13 , & a + z &= 2601 = 3^2 \cdot 17^2 , \\ a &= 28899 = 3^2 \cdot 13^2 \cdot 19 , & a + z &= 28900 = 100 \cdot 17^2 \end{aligned}$$

auch log 7, log 11, log 13, ...

Nachdem wir so die Logarithmen der Primzahlen ermittelt haben, können wir ohne Zuhilfenahme von Reihen, nur durch Addition und Multiplikation mit ganzen Faktoren, auch die Logarithmen der zusammengesetzten Zahlen berechnen, die sich bekanntlich immer in Primzahlfaktoren zerlegen lassen.

133. Die Reihenentwicklung von arctan *x*. Wir können hier ebenso vorgehen wie bei der Entwicklung von $\log (1 + x)$. Es gilt

$$\mathrm{d} \arctan t = \frac{\mathrm{d}t}{1 + t^2} .$$

Durch Integration erhalten wir

$$\int_0^x \frac{\mathrm{d}t}{1 + t^2} = \arctan t \Big|_0^x = \arctan x - \arctan 0 = \arctan x ,$$

wobei wir von $\arctan x$, wie auch in dem Beispiel von [**98**], nur den Hauptwert betrachten. Folglich wird

$$\arctan x = \int_0^x \frac{\mathrm{d}t}{1 + t^2} = \int_0^x \left[1 - t^2 + t^4 - \cdots + (-1)^{n-1} t^{2n-2} + \frac{(-1)^n t^{2n}}{1 + t^2} \right] \mathrm{d}t$$

$$= x - \frac{x^3}{3} + \frac{x^5}{5} - \cdots + \frac{(-1)^{n-1} x^{2n-1}}{2n - 1} + R_n(x)$$

mit

$$R_n(x) = (-1)^n \int_0^x \frac{t^{2n}\,\mathrm{d}t}{1 + t^2} . \tag{42}$$

Die Reihe

$$x - \frac{x^3}{3} + \frac{x^5}{5} - \cdots + \frac{(-1)^{n-1} x^{2n-1}}{2n - 1} + \cdots ,$$

für die

$$\left| \frac{u_n}{u_{n-1}} \right| = \frac{2n - 3}{2n - 1} x^2 \to x^2 \quad \text{für} \quad n \to \infty$$

gilt, divergiert sicher für $x^2 > 1$; wir können uns daher auf den Fall $x^2 \leqq 1$ beschränken, d. h.

$$-1 \leqq x \leqq +1 \tag{43}$$

annehmen.

Wenn wir zunächst $x > 0$ voraussetzen, erhalten wir aus (42) auf Grund von VII [**95**], da offenbar $\frac{t^{2n}}{1+t^{2n}} < t^{2n}$ gilt,

$$|R_n(x)| = \int_0^x \frac{t^{2n}}{1+t^2}\,\mathrm{d}t < \int_0^x t^{2n}\,\mathrm{d}t = \frac{x^{2n+1}}{2n+1} \leqq \frac{1}{2n+1} \to 0 \quad (n \to \infty)\,.$$

Wenn $x < 0$ ist, erhalten wir durch Einführung einer neuen Veränderlichen $\tau = -t$ an Stelle von t:

$$R_n(x) = (-1)^{n+1} \int_0^{-x} \frac{\tau^{2n}}{1+\tau^2}\,\mathrm{d}\tau\,.$$

Hier ist nun die obere Grenze $-x$ positiv, daher gilt wieder die oben angegebene Abschätzung für $|R_n(x)|$, d. h., *die Entwicklung*

$$\arctan x = x - \frac{x^3}{3} + \frac{x^5}{5} - \cdots + \frac{(-1)^{n-1}\,x^{2n-1}}{2n-1} + \cdots \tag{44}$$

gilt für alle Werte von x, die dem Absolutbetrag nach nicht größer als 1 *sind.*

Insbesondere erhalten wir für $x = 1$

$$\arctan 1 = \frac{\pi}{4} = 1 - \frac{1}{3} + \frac{1}{5} - \cdots\,.$$

Diese Reihe ist wegen ihrer langsamen Konvergenz zur Berechnung der Zahl π ungeeignet. Die Reihe (44) konvergiert um so schneller, je kleiner x ist. Wir setzen z. B.

$$x = \tfrac{1}{5} \quad \text{und} \quad \varphi = \arctan \tfrac{1}{5}\,.$$

Dann wird

$$\tan 2\varphi = \frac{\frac{2}{5}}{1-\frac{1}{25}} = \frac{5}{12}\,, \qquad \tan 4\varphi = \frac{\frac{5}{6}}{1-\frac{25}{144}} = \frac{120}{119}\,.$$

Da $\tan 4\varphi$ wenig von 1 verschieden ist, unterscheidet sich der Winkel 4φ wenig von $\frac{\pi}{4}$. Wir führen diese kleine Differenz ein:

$$\psi = 4\varphi - \frac{\pi}{4}\,, \qquad \frac{\pi}{4} = 4\varphi - \psi\,.$$

Hieraus leiten wir die Beziehung

$$\tan\psi = \tan\left(4\varphi - \frac{\pi}{4}\right) = \frac{\tan 4\varphi - \tan\frac{\pi}{4}}{1 + \tan 4\varphi \tan\frac{\pi}{4}} = \frac{\frac{120}{119} - 1}{1 + \frac{120}{119}} = \frac{1}{239}$$

her und gelangen damit zu

$$\frac{\pi}{4} = 4\varphi - \psi = 4 \arctan \frac{1}{5} - \arctan \frac{1}{239}$$
$$= 4\left[\frac{1}{5} - \frac{1}{3}\cdot\frac{1}{5^3} + \frac{1}{5}\cdot\frac{1}{5^5} - \frac{1}{7}\cdot\frac{1}{5^7} + \cdots\right] - \left[\frac{1}{239} - \cdots\right].$$

Die Reihen in den Klammern sind alternierend [123]; beschränken wir uns in jeder von ihnen nur auf die hineingeschriebenen Glieder, so machen wir einen Fehler, der nicht größer ist als

$$\frac{4}{9\cdot 5^9} + \frac{1}{3\cdot 239^3} < 0{,}5\cdot 10^{-6}.$$

Wollen wir π bis auf 10^{-5} genau berechnen, so müssen wir die einzelnen Glieder auf sieben Dezimalstellen berechnen, da dann der Fehler bei der Bestimmung von $\frac{\pi}{4}$

$$4\cdot 4\cdot 0{,}5\cdot 10^{-7} + 0{,}5\cdot 10^{-7} + 0{,}5\cdot 10^{-6} < 2\cdot 10^{-6}$$

ist und der Fehler bei der Berechnung von π nicht größer als $8\cdot 10^{-6}$ wird.

Die Berechnung führen wir nach folgendem Schema aus:

$\frac{1}{5} = 0{,}2000000$	$\frac{1}{3\cdot 5^3} = 0{,}0026667$
$\frac{1}{5\cdot 5^5} = 0{,}0000640$	$\frac{1}{7\cdot 5^7} = 0{,}0000018$
$+0{,}2000640$	$-0{,}0026685$

$$\begin{array}{rr} & 0{,}1973955 \\ \times & 4 \\ \hline & 0{,}7895820 \\ -\frac{1}{239} = & -0{,}0041841 \\ \hline & 0{,}7853979 \\ \times & 4 \\ \hline \pi \approx & 3{,}1415916 \end{array}$$

Der Wert der Zahl π auf acht Dezimalstellen genau ist 3,14159265.

Für $|x| \leqq 1$ läßt sich die folgende Entwicklung herleiten:

$$\arcsin x = \frac{x}{1} + \frac{1}{2}\frac{x^3}{3} + \frac{1\cdot 3}{2\cdot 4}\frac{x^5}{5} + \cdots + \frac{1\cdot 3\cdot 5\cdots(2n-1)}{2\cdot 4\cdot 6\ldots 2n}\frac{x^{2n+1}}{2n+1} + \cdots. \quad (45)$$

134. Näherungsformeln. Die Maclaurinsche Reihe bietet im Fall ihrer Konvergenz die Möglichkeit, die Funktion $f(x)$ näherungsweise zu berechnen, indem man sie durch endlich viele Glieder der Entwicklung

$$f(0) + \frac{xf'(0)}{1!} + \frac{x^2f''(0)}{2!} + \cdots$$

ersetzt. Je kleiner x ist, um so weniger Glieder dieser Reihe braucht man, um $f(x)$ mit der gewünschten Genauigkeit zu berechnen. Wenn x sehr klein ist, genügt es, sich auf die ersten beiden Glieder zu beschränken. Auf diese Weise ergibt sich eine überaus einfache *Näherungsformel* für $f(x)$, die für kleine x häufig einen sehr komplizierten exakten Ausdruck für $f(x)$ ersetzen kann.

Solche Näherungsformeln für die wichtigsten Funktionen sind z. B.

$$\sqrt[n]{1 \pm x} \approx 1 \pm \frac{x}{n}, \qquad \sin x \approx x,$$

$$\frac{1}{\sqrt[n]{1 \pm x}} \approx 1 \mp \frac{x}{n}, \qquad \cos x \approx 1 - \frac{x^2}{2},$$

$$(1 \pm x)^n \approx 1 \pm nx, \qquad \tan x \approx x,$$

$$a^x \approx 1 + x \log a, \qquad \log(1 \pm x) \approx \pm x.$$

Wenn man diese Näherungsformeln für nahe bei 0 gelegene x-Werte benutzt, lassen sich komplizierte Ausdrücke beträchtlich vereinfachen.

Beispiele.

1. $$\left(\frac{1 + \frac{m}{n^2} x}{1 - \frac{n-m}{n^2} x}\right)^n = \frac{\left(1 + \frac{m}{n^2} x\right)^n}{\left(1 - \frac{n-m}{n^2} x\right)^n} \approx \left(1 + \frac{m}{n} x\right)\left(1 + \frac{n-m}{n} x\right)$$

$$\approx 1 + \frac{m}{n} x + \frac{n-m}{n} x = 1 + x.$$

2. $$\log \sqrt{\frac{1-x}{1+x}} = \frac{1}{2} \log(1-x) - \frac{1}{2} \log(1+x) \approx -\frac{1}{2} x - \frac{1}{2} x = -x.$$

3. Es ist die Vergrößerung des Körpervolumens (Volumenausdehnung) infolge Erwärmung zu bestimmen, wenn der Koeffizient α der linearen Ausdehnung bekannt ist. Wenn bei 0 Grad eines der linearen Ausmaße l des Körpers gleich l_0 ist, wird infolge der Erwärmung auf t Grad

$$l = l_0(1 + \alpha t),$$

wobei der Ausdehnungskoeffizient α für die meisten Körper eine sehr kleine Größe ($< 10^{-5}$) ist. Da sich die Volumina wie die Kuben der linearen Ausmaße verhalten, können wir

$$\frac{v}{v_0} = \frac{(1 + \alpha t)^3}{1}, \qquad v = v_0(1 + \alpha t)^3 \approx v_0(1 + 3\alpha t)$$

setzen, d. h., der Wert 3α liefert uns den *Volumenausdehnungskoeffizienten.* Für die Dichte ϱ, die umgekehrt proportional zum Volumen ist, finden wir eine analoge Abhängigkeit:

$$\frac{\varrho}{\varrho_0} = \frac{1}{(1 + \alpha t)^3}, \qquad \varrho = \varrho_0(1 + \alpha t)^{-3} \approx \varrho_0(1 - 3\alpha t).$$

Alle diese Näherungsformeln sind nur für hinreichend kleine x brauchbar; für große x erweisen sie sich als ungenau, und man muß weitere Glieder der Entwicklung mit in Betracht ziehen.

135. Maxima, Minima, Wendepunkte. Die Taylorsche Formel gestattet eine wesentliche Ergänzung zu der in [58] entwickelten Regel zur Ermittlung der Maxima und Minima von Funktionen. Im folgenden setzen wir voraus, $f(x)$ sei im Punkt $x = x_0$ und seiner Umgebung n-mal stetig differenzierbar.

Werden für $x = x_0$ die ersten $n - 1$ Ableitungen der Funktion $f(x)$ gleich 0,

$$f'(x_0) = f''(x_0) = \cdots = f^{(n-1)}(x_0) = 0,$$

und ist die n-te Ableitung $f^{(n)}(x_0)$ von 0 verschieden, so entspricht dem Wert x_0 ein Extrempunkt der Kurve, wenn n, d. h. die Ordnung der ersten nichtverschwindenden

Ableitung, eine gerade Zahl ist, und zwar

ein Maximum im Fall $f^{(n)}(x_0) < 0$,

ein Minimum im Fall $f^{(n)}(x_0) > 0$.

Ist n eine ungerade Zahl, so entspricht dem Wert x_0 *kein Extrempunkt, sondern ein Wendepunkt.*

Zum Beweis hat man die Differenzen

$$f(x_0 + h) - f(x_0) \quad \text{und} \quad f(x_0 - h) - f(x_0)$$

zu untersuchen, wobei h eine hinreichend kleine positive Zahl ist. Nach Definition des Maximums bzw. Minimums [58] hat die Funktion $f(x)$ im Punkt x_0 ein Maximum, wenn diese beiden Differenzen negativ, und ein Minimum, wenn beide positiv sind. Haben jedoch diese beiden Differenzen für beliebig kleine h verschiedene Vorzeichen, so liegt in x_0 weder ein Maximum noch ein Minimum vor. Diese Differenzen können nach der Taylorschen Formel berechnet werden, indem man dort x_0 an Stelle von a und $\pm h$ an Stelle von h einsetzt:[1])

$$f(x_0 + h) = f(x_0) + \frac{h}{1!} f'(x_0) + \cdots + \frac{h^{n-1}}{(n-1)!} f^{n-1}(x_0) + \frac{h^n}{n!} f^n(x_0 + \theta h) ,$$

$$f(x_0 - h) = f(x_0) - \frac{h}{1!} f'(x_0) + \cdots + \frac{(-1)^{n-1} h^{n-1}}{(n-1)!} f^{(n-1)}(x_0)$$

$$+ \frac{(-1)^n h^n}{n!} f^{(n)}(x_0 - \theta_1 h)$$

$$(0 < \theta < 1 \quad \text{und} \quad 0 < \theta_1 < 1) .$$

Nach Voraussetzung ist

$$f'(x_0) = f''(x_0) = \cdots = f^{(n-1)}(x_0) = 0 , \qquad f^{(n)}(x_0) \neq 0 ;$$

das bedeutet

$$f(x_0 + h) - f(x_0) = \frac{h^n}{n!} f^{(n)}(x_0 + \theta h) ,$$

$$f(x_0 - h) - f(x_0) = \frac{(-1)^n h^n}{n!} f^{(n)}(x_0 - \theta_1 h) .$$

Für hinreichend kleines positives h haben die Faktoren

$$f^{(n)}(x_0 + \theta h) \quad \text{und} \quad f^{(n)}(x_0 - \theta_1 h)$$

wegen der vorausgesetzten Stetigkeit von $f^{(n)}(x)$ gleiches Vorzeichen, nämlich das Vorzeichen des von 0 verschiedenen Wertes $f^{(n)}(x_0)$.

Wir hatten gesehen, daß der Punkt x_0 dann und nur dann ein Extrempunkt sein kann, wenn die beiden Differenzen $f(x_0 \pm h) - f(x_0)$ gleiche Vorzeichen haben, und auf Grund des soeben Gesagten kann dieser Fall nur dann eintreten, wenn n eine gerade Zahl ist, weil nur dann die Ausdrücke $f(x_0 \pm h) - f(x_0)$ dasselbe Vorzeichen haben; ist aber n ungerade, so haben die Faktoren h^n und $(-1)^n h^n$

---

[1]) Das Restglied nehmen wir in der Lagrangeschen Form; der zwischen 0 und 1 liegende Wert θ ist für $+h$ und $-h$ nicht ein und derselbe, weswegen wir in der zweiten Formel θ_1 geschrieben haben.

verschiedene Vorzeichen, und die zur Diskussion stehenden Differenzen haben ebenfalls verschiedene Vorzeichen.

Wir nehmen jetzt an, daß n gerade ist; dann stimmt das gemeinsame Vorzeichen der Differenzen $f(x_0 \pm h) - f(x_0)$ mit dem Vorzeichen von $f^{(n)}(x_0)$ überein. Ist $f^{(n)}(x_0) < 0$, so wird auch

$$f(x_0 \pm h) - f(x_0) < 0\,,$$

und es liegt ein Maximum vor; ist jedoch $f^{(n)}(x_0) > 0$, so gilt

$$f(x_0 \pm h) - f(x_0) > 0\,,$$

und wir erhalten ein Minimum.

Ist n eine ungerade Zahl, so ist jedenfalls $n \geqq 3$, und wir erhalten für die zweite Ableitung $f''(x)$ aus der Taylorschen Formel den Ausdruck

$$f''(x_0 + h) = \frac{h^{n-2}}{(n-2)!} f^{(n)}(x_0 + \theta_2 h)\,,$$

$$f''(x_0 - h) = \frac{(-1)^{n-2}\, h^{n-2}}{(n-2)!} f^{(n)}(x_0 - \theta_3 h)\,.$$

Wir entnehmen daraus auf Grund ähnlicher Überlegungen wie oben, daß die Funktion $f''(x_0)$, wenn sie für $x = x_0$ gleich 0 wird, das Vorzeichen ändert, weil $n - 2$ ungerade ist, d. h., dem Wert x_0 entspricht ein Wendepunkt **[71]**, was zu beweisen war.

136. Auswertung unbestimmter Ausdrücke. Gegeben sei das Verhältnis zweier Funktionen,

$$\frac{\varphi(x)}{\psi(x)}\,,$$

die beide für $x = a$ gleich 0 werden. Zur Auswertung des unbestimmten Ausdrucks

$$\left.\frac{\varphi(x)}{\psi(x)}\right|_{x=a}$$

für $\varphi(a) = \psi(a) = 0$ entwickeln wir Zähler und Nenner nach der Taylorschen Formel,

$$\varphi(x) = (x-a)\,\varphi'(a) + \frac{(x-a)^2\,\varphi''(a)}{2!} + \cdots + \frac{(x-a)^n\,\varphi^{(n)}(a)}{n!} + \frac{(x-a)^{n+1}\,\varphi^{(n+1)}(\xi_1)}{(n+1)!}\,,$$

$$\psi(x) = (x-a)\,\psi'(a) + \frac{(x-a)^2\,\psi''(a)}{2!} + \cdots + \frac{(x-a)^n\,\psi^{(n)}(a)}{n!} + \frac{(x-a)^{n+1}\,\psi^{(n+1)}(\xi_2)}{(n+1)!}\,,$$

dividieren den Quotienten durch die niedrigste Potenz von $x - a$ und setzen $x = a$.

Beispiele.

1. $$\lim_{x\to 0}\frac{1-\cos 2x}{e^{3x}-1-3x} = \lim_{x\to 0}\frac{1-\left(1-\frac{4x^2}{2}+\frac{16x^4}{24}+\cdots\right)}{\left(1+3x+\frac{9x^2}{2}+\frac{27}{6}x^3+\cdots\right)-1-3x}$$

$$= \lim_{x\to 0}\frac{2-\frac{16}{24}x^2+\cdots}{\frac{9}{2}+\frac{27}{6}x+\cdots} = \frac{4}{9}.$$

Dasselbe Verfahren ist auch bei der Auswertung unbestimmter Ausdrücke anderer Form zweckmäßig. Wir betrachten ein Beispiel:

2. $$\lim_{x\to\infty}\left(\sqrt[3]{x^3-5x^2+1}-x\right).$$

Hier haben wir einen unbestimmten Ausdruck der Form $\infty - \infty$. Nun ist

$$\sqrt[3]{x^3-5x^2+1}-x = x\left[\sqrt[3]{1-\frac{5x^2-1}{x^3}}-1\right] = x\left\{\left[1-\left(\frac{5}{x}-\frac{1}{x^3}\right)\right]^{1/3}-1\right\}.$$

Für absolut genommen hinreichend großes x liegt der Wert der Differenz $\frac{5}{x}-\frac{1}{x^3}$ nahe bei 0, und wir können deshalb die Newtonsche Binomialformel für $m=\frac{1}{3}$ anwenden, wobei wir x durch $-\left(\frac{5}{x}-\frac{1}{x^3}\right)$ ersetzen:

$$\left[1-\left(\frac{5}{x}-\frac{1}{x^3}\right)\right]^{1/3} = 1-\frac{1}{3}\left(\frac{5}{x}-\frac{1}{x^3}\right)+\frac{\frac{1}{3}\left(\frac{1}{3}-1\right)}{2!}\left(\frac{5}{x}-\frac{1}{x^3}\right)^2+\cdots.$$

Setzen wir diese Reihe in die geschweifte Klammer ein, so erhalten wir

$$\sqrt[3]{x^3-5x^2+1} = x\left[-\frac{1}{3}\left(\frac{5}{x}-\frac{1}{x^3}\right)+\frac{\frac{1}{3}\left(\frac{1}{3}-1\right)}{2!}\left(\frac{5}{x}-\frac{1}{x^3}\right)^2+\cdots\right]$$

$$= \left(-\frac{5}{3}+\frac{1}{3x^2}\right)+\cdots,$$

wobei alle nicht aufgeführten Glieder nur negative Potenzen von x enthalten, d. h. im Grenzfall für $x \to \infty$ gleich 0 werden; folglich ist

$$\lim_{x\to\infty}\left(\sqrt[3]{x^3-5x^2+1}-x\right) = -\frac{5}{3}.$$

Die Zulässigkeit des Grenzübergangs in einer unendlichen Reihe, die wir in diesem Abschnitt voraussetzten, kann leicht nachgewiesen werden, worauf wir hier aber nicht näher eingehen.

§ 14. Ergänzende Ausführungen zur Theorie der Reihen

137. Eigenschaften der absolut konvergenten Reihen. Der Begriff der absolut konvergenten Reihe wurde in **[124]** gebracht. Wir behandeln jetzt die wichtigsten Eigenschaften.

Die Summe einer absolut konvergenten Reihe hängt nicht von der Reihenfolge der Summanden ab.

Wir werden diesen Satz zuerst für Reihen mit nichtnegativen Gliedern beweisen, die, wie wir wissen **[120]**, nur entweder konvergent (und daher auch absolut konvergent) oder bestimmt divergent sein können.

Es sei also die konvergente Reihe mit positiven (nichtnegativen) Gliedern

$$u_1 + u_2 + u_3 + \cdots + u_n + \cdots \tag{1}$$

gegeben. Wir bezeichnen mit s_n die Summe ihrer ersten n Glieder und mit s ihre Summe. Es gilt offenbar $s_n \leqq s$. Ordnen wir die Glieder der Reihe (1) in beliebiger Weise um, so erhalten wir die Reihe

$$v_1 + v_2 + v_3 + \cdots + v_n + \cdots , \tag{2}$$

die aus denselben Gliedern wie (1) besteht, aber in anderer Reihenfolge, so daß jedes Glied aus (1) eine bestimmte Nummer in (2) hat und umgekehrt. Wir bezeichnen die Summe der ersten n Glieder von (2) mit σ_n. Zu jedem Wert n läßt sich eine so große Zahl m finden, daß alle in der Summe σ_n enthaltenen Glieder in s_m auftreten; daher ist $\sigma_n \leqq s_m \leqq s$. Somit ist die Existenz einer konstanten, von n unabhängigen Zahl s von der Art nachgewiesen, daß für alle Werte n

$$\sigma_n \leqq s$$

ist, woraus [**120**] die Konvergenz der Reihe (2) folgt. Wir bezeichnen mit σ ihre Summe. Offenbar gilt

$$\sigma = \lim_{n\to\infty} \sigma_n \leqq s .$$

Vertauschen wir in den vorstehenden Überlegungen die Reihen (1) und (2), so können wir auf demselben Wege zeigen, daß $s \leqq \sigma$ ist, und aus den Ungleichungen $\sigma \leqq s$, $s \leqq \sigma$ folgt $s = \sigma$.

Wir wenden uns jetzt den Reihen mit Gliedern beliebigen Vorzeichens zu. Da die Reihe (1) nach Voraussetzung absolut konvergent ist, konvergiert die Reihe mit den positiven Gliedern

$$|u_1| + |u_2| + \cdots + |u_n| + \cdots = \sum_{n=1}^{\infty} |u_n| , \tag{3}$$

und ihre Summe s' hängt, wie soeben bewiesen wurde, nicht von der Reihenfolge der Summanden ab. Andererseits haben auch die beiden Reihen

$$\sum_{n=1}^{\infty} \tfrac{1}{2} (|u_n| + u_n) , \qquad \sum_{n=1}^{\infty} \tfrac{1}{2} (|u_n| - u_n)$$

[**124**] positive Glieder und konvergieren, da das allgemeine Glied jeder dieser Reihen die Zahl $|u_n|$, d. h. das allgemeine Glied der konvergenten Reihe (3), nicht übertrifft.

Auf Grund des vorstehenden Beweises hängt die Summe der beiden Reihen nicht von der Reihenfolge ihrer Glieder ab, dann hängt auch ihre Differenz, die mit der Reihe (1) übereinstimmt, nicht von der Reihenfolge der Glieder ab, was zu beweisen war.

Folgerung. *In einer absolut konvergenten Reihe kann man die Summanden in beliebiger Weise gruppieren und sie danach gruppenweise summieren,* da eine solche Gruppierung auf eine Veränderung der Reihenfolge der Summanden herauskommt, wodurch sich die Summe der Reihe nicht ändert.

Bemerkung. Nimmt man aus einer absolut konvergenten Reihe eine beliebige Folge ihrer Glieder heraus, so ist sowohl diese als auch die übrigbleibende Reihe absolut konvergent, da einer solchen Aussonderung das Herausnehmen einer Folge von Gliedern in der Reihe (3) mit positiven Gliedern entspricht, was offenbar die Konvergenz dieser Reihe nicht beeinträchtigt und deren Summe sogar verkleinert. Insbesondere sind die Reihen konvergent, die aus den positiven und den negativen Gliedern der Reihe einzeln gebildet werden. Wir bezeichnen mit s' die Summe der aus den positiven Gliedern gebildeten und mit $-s''$ die Summe der aus den negativen Gliedern gebildeten Reihe. Für unbegrenzt wachsendes n wird die Summe s_n der ersten n Glieder der ganzen Reihe beliebig viele Glieder aus den beiden angegebenen Reihen enthalten, und wir erhalten im Grenzfall offenbar

$$s = \lim s_n = s' - s'' .$$

Ist jedoch die Reihe nicht absolut konvergent, so sind die aus ihren positiven und ihren negativen Gliedern gebildeten Reihen bestimmt divergent. So divergieren z. B. für die nicht absolut konvergente Reihe [**124**]

$$1 - \tfrac{1}{2} + \tfrac{1}{3} - \tfrac{1}{4} + \cdots$$

die Reihen

$$1 + \tfrac{1}{3} + \tfrac{1}{5} + \tfrac{1}{7} + \cdots \quad \text{und} \quad -\tfrac{1}{2} - \tfrac{1}{4} - \tfrac{1}{6} - \tfrac{1}{8} - \cdots .$$

Die Teilsummen der ersten Reihe streben bei unbegrenzt wachsendem n gegen ∞ und die der zweiten Reihe gegen $-\infty$. Hierauf gestützt hat RIEMANN gezeigt, daß man durch eine passende Änderung der Reihenfolge der Glieder einer nicht absolut konvergenten Reihe ihre Summe gleich einem beliebigen Wert machen kann. Somit ist der Begriff der absolut konvergenten Reihe identisch mit dem Begriff der unbedingt konvergenten Reihe, d. h. einer Reihe, deren Summe nicht von der Reihenfolge der Summanden abhängt.

Wir bemerken noch folgendes: Wenn wir in einer nicht notwendig absolut konvergenten Reihe nur endlich viele Summanden umstellen, bleiben die n-ten Teilsummen s_n für alle hinreichend großen n dieselben, d. h., die Konvergenz der Reihe wird nicht beeinträchtigt, und ihre Summe bleibt dieselbe. Die vorhergehenden Überlegungen und Resultate beziehen sich jedoch gerade auf den Fall, daß man unendlich viele Summanden umstellt.

138. Die Multiplikation absolut konvergenter Reihen. Bei der Multiplikation zweier absolut konvergenter unendlicher Reihen kann man die *Multiplikationsregel für endliche Summen* anwenden: *Das Produkt ist gleich der Summe der Reihe, die wir erhalten, wenn wir jedes Glied der einen Reihe mit jedem Glied der anderen Reihe multiplizieren und die erhaltenen Produkte addieren. Die Reihenfolge der Summanden ist hierbei gleichgültig, da die auf diesem Wege gebildete Reihe ebenfalls absolut konvergent ist.*

Die gegebenen absolut konvergenten Reihen seien

$$\begin{aligned} s &= u_1 + u_2 + \cdots + u_n + \cdots , \\ \sigma &= v_1 + v_2 + \cdots + v_n + \cdots . \end{aligned} \tag{4}$$

Wir betrachten zuerst den speziellen Fall, daß sie beide positive Glieder haben und daß dabei die Multiplikation in der folgenden Anordnung ausgeführt wird:

$$u_1v_1 + u_1v_2 + u_2v_1 + u_1v_3 + u_2v_2 + u_3v_1 + \cdots + u_1v_n + u_2v_{n-1} + \cdots + u_nv_1 + \cdots . \tag{5}$$

Wir zeigen zuerst, daß die Reihe (5), deren Glieder ebenfalls alle positiv sind, konvergiert, und dann, daß ihre Summe S gleich $s\sigma$ ist.

Wir bezeichnen mit S_n die Summe der ersten n Glieder der Reihe (5). Es läßt sich immer eine so große Zahl m finden, daß alle in S_n auftretenden Glieder auch im Produkt der Summen

$$s_m = u_1 + u_2 + \cdots + u_m , \qquad \sigma_m = v_1 + v_2 + \cdots + v_m$$

enthalten sind; also ist $S_n \leqq s_m\sigma_m$. Das bedeutet

$$S_n \leqq s\sigma , \tag{6}$$

da $s_m \leqq s$ und $\sigma_m \leqq \sigma$ ist, woraus die Konvergenz der Reihe (5) folgt [**120**]. Bezeichnen wir die Summe der Reihe (5) mit S, so entnehmen wir der Ungleichung (6)

$$S = \lim_{n \to \infty} S_n \leqq s\sigma .$$

Wir betrachten jetzt das Produkt $s_n\sigma_n$. Zu einem gegebenen n kann man offenbar ein so großes m finden, daß alle im Produkt der Summen s_n und σ_n auftretenden Glieder in der Summe S_m enthalten sind; d. h., es ist $s_n\sigma_n \leqq S_m \leqq S$, und daher gilt im Grenzfall für $n \to \infty$

$$s_n\sigma_n \to s\sigma \leqq S . \tag{7}$$

Diese Ungleichung liefert zusammen mit (6) die Beziehung $S = s\sigma$, was zu beweisen war.

Die Reihen (4) seien jetzt absolut konvergent, ihre Glieder aber mögen beliebige Vorzeichen haben. Folglich konvergieren die Reihen mit positiven Gliedern

$$|u_1| + |u_2| + \cdots + |u_n| + \cdots \quad \text{und} \quad |v_1| + |v_2| + \cdots + |v_n| + \cdots ;$$

nach dem soeben Bewiesenen konvergiert daher auch die Reihe

$$|u_1|\,|v_1| + |u_2|\,|v_1| + |u_1|\,|v_2| + |u_3|\,|v_1| + \cdots + |u_1|\,|v_n| + \cdots + |u_n|\,|v_1| + \cdots .$$

Somit ist die in der vorgeschriebenen Anordnung gebildete Reihe (5) wiederum absolut konvergent. Wir bezeichnen jetzt mit

$$a_1', a_2', \ldots, a_n', \ldots; \quad a_1'', a_2'', \ldots, a_n'', \ldots ;$$
$$b_1', b_2', \ldots, b_n', \ldots; \quad b_1'', b_2'', \ldots, b_n'', \ldots$$

die positiven Glieder der Reihen (4) bzw. die Absolutbeträge der negativen Glieder. Wir wissen (Bemerkung aus [**137**]), daß die aus diesen Gliedern gebildeten Reihen konvergieren, und setzen

$$s' = \sum_{n=1}^{\infty} a_n' , \qquad \sigma' = \sum_{n=1}^{\infty} b_n' , \qquad s'' = \sum_{n=1}^{\infty} a_n'' , \qquad \sigma'' = \sum_{n=1}^{\infty} b_n'' . \tag{8}$$

Bekanntlich [**137**] gilt

$$s = s' - s'' , \qquad \sigma = \sigma' - \sigma'' .$$

Wie gezeigt wurde, kann man die Reihen mit positiven Gliedern (8) gliedweise miteinander multiplizieren; die Summe der Reihenprodukte $s'\sigma'$, $s''\sigma''$, $-s'\sigma''$, $-s''\sigma'$ enthält aber genau diejenigen Glieder, die in der Reihe (5) auftreten, und daher ist

$$S = s'\sigma' + s''\sigma'' - s'\sigma'' - s''\sigma' = (s' - s'')(\sigma' - \sigma'') = s\sigma ,$$

was zu beweisen war.

Die Summe S_k der Glieder $|u_i v_k|$ ist $S_1 = s'\sigma' + s''\sigma'' + s'\sigma'' + s''\sigma' = (s' + s'')(\sigma' + \sigma'')$; die Reihe (5) ist absolut konvergent.

Beispiel. Die Reihe

$$1 + q + q^2 + \cdots + q^{n-1} + \cdots = \frac{1}{1 - q}$$

konvergiert absolut für $|q| < 1$, und daher ist

$$\frac{1}{(1 - q)^2} = (1 + q + \cdots + q^{n-1} + \cdots)(1 + q + \cdots + q^{n-1} + \cdots)$$
$$= 1 + 2q + 3q^2 + \cdots + nq^{n-1} + \cdots .$$

139. Das Kummersche Kriterium. Die Kriterien von Cauchy und d'Alembert für die Konvergenz und Divergenz von Reihen [**121**] sind unbeschadet ihrer praktischen Bedeutung dennoch sehr speziell und lassen sich in vielen, sogar verhältnismäßig einfachen Fällen nicht anwenden. Das nachstehend abzuleitende Kriterium ist bedeutend allgemeiner.

Kummersches Kriterium. *Die Reihe mit positiven Gliedern*

$$u_1 + u_2 + \cdots + u_n + \cdots \tag{9}$$

konvergiert sicher, wenn sich eine Folge positiver Zahlen $\alpha_1, \alpha_2, \ldots, \alpha_n, \ldots$ *finden läßt derart, daß von einem gewissen Wert* n_0 *an immer*

$$\alpha_n \frac{u_n}{u_{n+1}} - \alpha_{n+1} \geqq \alpha > 0 \tag{10}$$

wird, wobei α *eine gewisse positive, nicht von* n *abhängige Zahl ist; die Reihe* (9) *divergiert sicher, wenn für dieselben Werte* n

$$\alpha_n \frac{u_n}{u_{n+1}} - \alpha_{n+1} \leqq 0 \tag{11}$$

gilt und wenn außerdem die Reihe $\sum_{n=1}^{\infty} \frac{1}{\alpha_n}$ *divergent ist.*

Ohne Beschränkung der Allgemeinheit können wir annehmen, daß die Bedingungen des Satzes schon von $n_0 = 1$ an zutreffen. Es sei zuerst die Bedingung (10) erfüllt; wir setzen $n = 1, 2, 3, \ldots$ und erhalten aus (10)

$$\alpha_1 u_1 - \alpha_2 u_2 \geqq \alpha u_2\,, \quad \alpha_2 u_2 - \alpha_3 u_3 \geqq \alpha u_3, \quad \ldots, \quad \alpha_{n-1} u_{n-1} - \alpha_n u_n \geqq \alpha u_n\,,$$

woraus sich durch gliedweise Addition und Zusammenfassen gleichartiger Glieder

$$\alpha(u_2 + \cdots + u_n) \leqq \alpha_1 u_1 - \alpha_n u_n < \alpha_1 u_1$$

ergibt.

Wir sehen hieraus, daß die Reihe mit positiven Gliedern (9) konvergiert, da die Summe ihrer ersten n Glieder ohne u_1 kleiner als der konstante, von n unabhängige Wert $\frac{\alpha_1 u_1}{\alpha}$ bleibt [**120**].

Es sei nun die Bedingung (11) erfüllt. Sie liefert

$$\frac{u_{n+1}}{u_n} \geqq \frac{1}{\alpha_{n+1}} : \frac{1}{\alpha_n},$$

d. h., das Verhältnis $\frac{u_{n+1}}{u_n}$ ist nicht kleiner als das entsprechende Verhältnis der Glieder der divergenten Reihe

$$\sum_{n=1}^{\infty} \frac{1}{\alpha_n}. \tag{12}$$

Die Divergenz der Reihe (9) folgt dann aus dem nachstehenden Lemma für Reihen mit positiven Gliedern, das eine Ergänzung zum Quotientenkriterium von D'ALEMBERT darstellt:

Wenn das Verhältnis $\frac{u_{n+1}}{u_n}$ *von einem gewissen Wert* n_0 *an nicht größer ist als das entsprechende Verhältnis* $\frac{v_{n+1}}{v_n}$ *der Glieder der konvergenten Reihe* $\sum_{n=1}^{\infty} v_n$, *konvergiert auch die Reihe* $\sum_{n=1}^{\infty} u_n$. *Ist jedoch das Verhältnis* $\frac{u_{n+1}}{u_n}$ *nicht kleiner als das entsprechende Verhältnis der Glieder der divergenten Reihe* $\sum_{n=1}^{\infty} v_n$, *so divergiert auch die Reihe* $\sum_{n=1}^{\infty} u_n$.

In der Tat, es sei zunächst $\frac{u_{n+1}}{u_n} \leqq \frac{v_{n+1}}{v_n}$, wobei die Reihe

$$\sum_{n=1}^{\infty} v_n \tag{13}$$

konvergiert. Nun ist

$$\frac{u_n}{u_{n-1}} \leqq \frac{v_n}{v_{n-1}}, \quad \frac{u_{n-1}}{u_{n-2}} \leqq \frac{v_{n-1}}{v_{n-2}}, \quad \ldots, \quad \frac{u_2}{u_1} \leqq \frac{v_2}{v_1},$$

woraus wir durch Multiplikation

$$\frac{u_n}{u_1} \leqq \frac{v_n}{v_1} \quad \text{oder} \quad u_n \leqq \frac{u_1}{v_1} v_n$$

finden. Aus dieser Ungleichung und der Bemerkung in [**120**] $\left(\text{mit } k = \frac{u_1}{v_1}\right)$ folgt die Konvergenz der Reihe $\sum u_n$. Analog läßt sich auch ihre Divergenz beweisen, falls $\frac{u_{n+1}}{u_n} \geqq \frac{v_{n+1}}{v_n}$ ist und die Reihe $\sum v_n$ divergiert.

140. Das Gaußsche Kriterium. Überaus wichtige Anwendungen findet das Gaußsche Kriterium. *Wenn sich in der Reihe mit positiven Gliedern* (9)

$$u_1 + u_2 + \cdots + u_n + \cdots$$

das Verhältnis $\frac{u_n}{u_{n+1}}$ *in der Form*

$$\frac{u_n}{u_{n+1}} = 1 + \frac{\mu}{n} + \frac{\omega_n}{n^p} \quad \textit{mit} \quad p > 1 \quad \textit{und} \quad |\omega_n| < A \tag{14}$$

darstellen läßt, wobei A eine von n nicht abhängige Schranke der Größen ω_n ***bedeutet, dann konvergiert die Reihe*** (9) ***für*** $\mu > 1$ ***und divergiert für*** $\mu \leqq 1$.

Wir bemerken dazu, daß in allen nach diesem Kriterium zu behandelnden Fällen das d'Alembertsche Quotientenkriterium nicht anwendbar ist [**121**]. Die Formel (14) selbst ergibt sich bei der Entwicklung des Verhältnisses $\frac{u_n}{u_{n+1}}$ nach Potentzen von $\frac{1}{n}$, d.h. durch Abspalten der bezüglich $\frac{1}{n}$ von verschiedener Ordnung kleinen Glieder, sofern dies möglich ist.

Zum Beweis untersuchen wir gesondert die Fälle 1. $\mu \neq 1$ und 2. $\mu = 1$. Im ersten Fall setzen wir in dem Kummerschen Kriterium $\alpha_n = n$, wobei wir bemerken, daß $\alpha_n > 0$ ist und die Reihe $\sum \frac{1}{n}$ divergiert [**119**]. Dann ist offenbar

$$\lim_{n\to\infty} \left[\alpha_n \cdot \frac{u_n}{u_{n+1}} - \alpha_{n+1}\right] = \lim_{n\to\infty} \left[n\left(1 + \frac{\mu}{n} + \frac{\omega_n}{n^p}\right) - n - 1\right] = \mu - 1 .$$

Für $\mu > 1$ gilt von einem gewissen Wert n an

$$\alpha_n \frac{u_n}{u_{n+1}} - \alpha_{n+1} \geqq \alpha > 0 ,$$

wobei α eine beliebige positive Zahl kleiner als $\mu - 1$ ist, und die Reihe (9) konvergiert. Wenn jedoch $\mu < 1$ ist, ist von einem gewissen Wert n an

$$\alpha_n \frac{u_n}{u_{n+1}} - \alpha_{n+1} < 0 ,$$

d. h., die Reihe (9) ist divergent [**139**]. Im zweiten Fall gilt

$$\frac{u_n}{u_{n+1}} = 1 + \frac{1}{n} + \frac{\omega_n}{n^p} .$$

Wir setzen im Kummerschen Kriterium $\alpha_n = n \log n$ und bilden die Reihe

$$\sum \frac{1}{\alpha_n} = \sum \frac{1}{n \log n} , \tag{15}$$

wobei man mit der Summation bei einem beliebigen ganzzahligen positiven $n > 1$ anfangen kann, da die ersten Summanden die Konvergenz nicht beeinflussen [**118**]. Wir beweisen die Divergenz der angegebenen Reihe, indem wir das Cauchysche Integralkriterium [**122**] benutzen und die Divergenz des Integrals

$$\int_\alpha^\infty \frac{dx}{x \log x} \qquad (\alpha > 1)$$

nachweisen. Es gilt

$$\int_\alpha^\infty \frac{dx}{x \log x} = \int_\alpha^\infty \frac{d\,(\log x)}{\log x} = \int_{\log \alpha}^\infty \frac{dt}{t} = \log\,(\log x)\Big|_\alpha^\infty ;$$

die Funktion $\log(\log x)$ wächst mit zunehmendem x unbegrenzt, d. h., das oben angeführte Integral divergiert tatsächlich, und daher divergiert auch die Reihe (15). Wir bilden jetzt unter Benutzung von (14) die Differenz $\alpha_n \frac{u_n}{u_{n+1}} - \alpha_{n+1}$:

$$\begin{aligned}\alpha_n \frac{u_n}{u_{n+1}} - \alpha_{n+1} &= n\left(1 + \frac{1}{n} + \frac{\omega_n}{n^p}\right)\log n - (n+1)\log(n+1)\\ &= (n+1)\log n + \frac{\omega_n \log n}{n^{p-1}} - (n+1)\log(n+1)\\ &= \frac{\omega_n \log n}{n^{p-1}} + (n+1)\log\left(1 - \frac{1}{n+1}\right).\end{aligned} \tag{16}$$

Der Faktor ω_n bleibt voraussetzungsgemäß beschränkt, das Verhältnis $\frac{\log n}{n^{p-1}}$ strebt jedoch für $n \to \infty$ gegen 0, da nach Voraussetzung $p - 1 > 0$ ist und $\log n$ schwächer wächst als jede positive Potenz von n (Beispiel 2 aus [**66**]). Setzt man $\frac{1}{n+1} = -x$, so gilt $x \to 0$, und der zweite Summand rechts wird

$$(n+1)\log\left(1 - \frac{1}{n+1}\right) = \frac{\log(1+x)}{x},$$

strebt also gegen -1 [**38**]. Wir sehen somit, daß im vorliegenden Fall die Reihe $\sum \frac{1}{\alpha_n}$ divergiert und $\left(\alpha_n \frac{u_n}{u_{n+1}} - \alpha_{n+1}\right) \to -1$ für $n \to \infty$ ist; für hinreichend großes n wird daher $\alpha_n \frac{u_n}{u_{n+1}} - \alpha_{n+1} < 0$, d. h., die Reihe (9) ist divergent [**139**], was zu beweisen war.

Die oben angeführten Konvergenzkriterien können auch auf Reihen von Gliedern mit beliebigen Vorzeichen angewendet werden, wenn man in ihnen u_n durch $|u_n|$ ersetzt. In diesem Fall machen sie aber nur die Aussage möglich, ob die vorgelegte Reihe *absolut konvergent* ist oder nicht. Aus ihnen läßt sich wohl eine Bedingung für die *absolute Konvergenz*, aber nicht eine solche für die *Divergenz* ableiten, da wir wissen, daß eine nicht absolut konvergente Reihe nicht divergent zu sein braucht [**124**]. Somit erhalten wir die folgende Ergänzung zum Gaußschen Kriterium: *Die Reihe*

$$u_1 + u_2 + \cdots + u_n + \cdots \tag{17}$$

von Gliedern mit beliebigen Vorzeichen, für die

$$\left|\frac{u_n}{u_{n+1}}\right| = 1 + \frac{\mu}{n} + \frac{\omega_n}{n^p} \tag{18}$$

gilt, wobei $p > 1$ und $|\omega_n| < A$ ist, wird für $\mu > 1$ absolut konvergent.

Man zeigt leicht, daß sie für $\mu < 0$ divergiert; denn dann gilt unter Berücksichtigung der Beschränktheit von ω_n

$$\frac{\omega_n}{\mu n^{p-1}} \to 0, \quad \text{d. h.} \quad 1 + \frac{\omega_n}{\mu n^{p-1}} \to 1 \quad \text{für} \quad n \to \infty,$$

und daher wird auf Grund der Bedingung $\mu < 0$ von einem gewissen Wert n_0 an

$$\frac{\mu}{n} + \frac{\omega_n}{n^p} = \frac{\mu}{n}\left(1 + \frac{\omega_n}{\mu n^{p-1}}\right) < 0 \quad \text{und} \quad \left|\frac{u_n}{u_{n+1}}\right| < 1,$$

d. h., von diesem Wert n_0 an nehmen die Reihenglieder dem Absolutbetrag nach zu, und das allgemeine Reihenglied u_n kann für $n \to \infty$ nicht gegen 0 streben. Das bedeutet: Die Reihe (17) ist divergent.

141. Die hypergeometrische Reihe. Wir wenden die vorstehenden allgemeinen Überlegungen auf die sogenannte *hypergeometrische* oder *Gaußsche Reihe* an:

$$F(\alpha, \beta, \gamma; x) = 1 + \frac{\alpha\beta}{1!\gamma} x + \frac{\alpha(\alpha+1)\,\beta(\beta+1)}{2!\gamma(\gamma+1)} x^2 + \cdots$$
$$+ \frac{\alpha(\alpha+1)\ldots(\alpha+n-1)\,\beta(\beta+1)\ldots(\beta+n-1)}{n!\gamma(\gamma+1)\ldots(\gamma+n-1)} x^n + \cdots . \quad (19)$$

Gewisse in der Praxis auftretende Funktionen lassen sich auf diese Reihe zurückführen. Durch unmittelbares Einsetzen der Werte α, β und γ können wir z. B. die folgenden Gleichungen leicht nachprüfen:

$$F(1, \beta, \beta; x) = 1 + x + x^2 + \cdots + x^n + \cdots = \frac{1}{1-x},$$
$$F(-m, \beta, \beta; -x) = (1+x)^m ,$$
$$\left.\frac{F(\alpha, \beta, \beta; -x) - 1}{\alpha}\right|_{\alpha=0} = \log(1+x) . \quad (20)$$

Zur Untersuchung der Konvergenz von (19) bilden wir das Verhältnis zweier aufeinanderfolgender Glieder und finden

$$\frac{u_{n+1}}{u_n} = \frac{(\alpha+n)(\beta+n)}{(n+1)(\gamma+n)} x \to x \quad \text{für} \quad n \to \infty . \quad (21)$$

Nach der Folgerung aus [**121**] konvergiert (19) für $|x| < 1$ und divergiert für $|x| > 1$. Es bleiben nur die Fälle 1. $x = 1$ und 2. $x = -1$ zu untersuchen. Wir bemerken noch, daß für alle hinreichend großen n die Faktoren $\alpha + n$, $\beta + n$ und $\gamma + n$ positiv werden, so daß für $x = 1$ alle Reihenglieder für hinreichend großes n ein und dasselbe Vorzeichen haben, während sich für $x = -1$ für große n eine alternierende Reihe ergibt.

Im ersten Fall haben wir, wenn wir gemäß der Formel für die geometrische Reihe entwickeln (n hinreichend groß vorausgesetzt) und die so erhaltenen absolut konvergenten Reihen gliedweise multiplizieren [**138**],

$$\frac{u_n}{u_{n+1}} = \frac{(n+1)(\gamma+n)}{(\alpha+n)(\beta+n)} = \frac{\left(1+\frac{1}{n}\right)\left(1+\frac{\gamma}{n}\right)}{\left(1+\frac{\alpha}{n}\right)\left(1+\frac{\beta}{n}\right)}$$
$$= \left(1+\frac{1}{n}\right)\left(1+\frac{\gamma}{n}\right)\left(1-\frac{\alpha}{n}+\frac{\alpha^2}{n^2}-\frac{\alpha^3}{n^3}+\cdots\right)\left(1-\frac{\beta}{n}+\frac{\beta^2}{n^2}-\frac{\beta^3}{n^3}+\cdots\right)$$
$$= 1 + \frac{\gamma-\alpha-\beta+1}{n} + \frac{\omega_n}{n^2},$$

wobei die Größen ω_n beschränkt bleiben. Ferner erhalten wir im vorliegenden Fall, wenn wir hinreichend viele Glieder am Anfang der Reihe

$$F(\alpha, \beta, \gamma; 1) = 1 + \frac{\alpha\beta}{1\cdot\gamma} + \cdots + \frac{\alpha(\alpha+1)\ldots(\alpha+n-1)\,\beta(\beta+1)\ldots(\beta+n-1)}{n!\gamma(\gamma+1)\ldots(\gamma+n-1)} + \cdots$$

streichen, eine Reihe mit Gliedern von gleichem Vorzeichen. Wenden wir auf sie das Gaußsche Kriterium an, so finden wir *absolute Konvergenz für*

$$\gamma - \alpha - \beta + 1 > 1 , \quad \text{d. h.} \quad \gamma - \alpha - \beta > 0 ,$$

und *Divergenz für*

$$\gamma - \alpha - \beta + 1 \leqq 1 , \quad \text{d. h.} \quad \gamma - \alpha - \beta \leqq 0 .$$

Im zweiten Fall, für $x = -1$, ergibt sich von einem gewissen Glied an die alternierende Reihe

$$1 - \frac{\alpha \cdot \beta}{1 \cdot \gamma} + \frac{\alpha(\alpha+1)\,\beta(\beta+1)}{2!\gamma(\gamma+1)} - \cdots$$
$$+ (-1)^n \frac{\alpha(\alpha+1)\ldots(\alpha+n-1)\,\beta(\beta+1)\cdots(\beta+n-1)}{n!\gamma(\gamma+1)\ldots(\gamma+n-1)} + \cdots .$$

Wir erhalten hier so wie vorher

$$\left|\frac{u_n}{u_{n+1}}\right| = 1 + \frac{\gamma - \alpha - \beta + 1}{n} + \frac{\omega_n}{n^2},$$

daher folgt bei Anwendung der Ergänzung zum Gaußschen Kriterium *Konvergenz für*

$$\gamma - \alpha - \beta + 1 > 1\,, \quad \text{d. h.} \quad \gamma - \alpha - \beta > 0\,,$$

und *Divergenz für*

$$\gamma - \alpha - \beta + 1 < 0\,, \qquad \text{d. h.} \quad \gamma - \alpha - \beta < -1\,.$$

Für

$$\gamma - \alpha - \beta = -1$$

kann man zeigen, daß das allgemeine Reihenglied gegen einen von 0 verschiedenen Grenzwert strebt, d. h., die Reihe ist *divergent* [**119**]. Schließlich läßt sich im Fall

$$-1 < \gamma - \alpha - \beta \leqq 0$$

beweisen, daß die Absolutbeträge der Reihenglieder für $n \to \infty$ abnehmend gegen 0 streben, d. h. [**123**], die Reihe ist *konvergent*, jedoch nicht absolut. Auf den Beweis dieser letzten beiden Behauptungen gehen wir nicht ein.

Wenden wir dieses Ergebnis auf die binomische Reihe

$$(1+x)^m = 1 + \frac{m}{1!}x + \frac{m(m-1)}{2!}x^2 + \cdots + \frac{m(m-1)\ldots(m-n+1)}{n!}x^n + \cdots$$

an, die sich aus (19) für beliebiges $\beta = \gamma > 0$ ergibt, wenn man α durch $-m$ und x durch $-x$ ersetzt, und die, wie wir wissen, für $|x| < 1$ konvergiert und für $|x| > 1$ divergiert, so finden wir, daß die angegebene Reihe

absolut konvergiert für	$m > 0$, wenn $x = -1$,
divergiert für	$m < 0$, wenn $x = -1$,
absolut konvergiert für	$m < 0$, wenn $x = 1$,
konvergiert, aber nicht absolut, für	$-1 < m < 0$, wenn $x = 1$,
divergiert für	$m \leqq -1$, wenn $x = 1$ ist,
ein Polynom wird für	$m =$ ganze Zahl $\geqq 0$.

Wir zeigen später [**149**]: Wenn die binomische Reihe für $x = \pm 1$ konvergiert, ist ihre Summe gleich $(1 \pm 1)^m$, d. h. 2^m oder 0.

Wir haben im vorstehenden α, β und γ sowohl von 0 als auch von einer ganzen negativen Zahl verschieden vorausgesetzt. Für γ ist dies besonders wichtig, da sonst die Reihenglieder ihren Sinn verlieren (der Nenner wird 0); wenn jedoch α oder β gleich 0 oder gleich einer ganzen negativen Zahl sind, bricht die Reihe ab und verwandelt sich in eine endliche Summe.

142. Doppelreihen. Wir betrachten das rechteckige Zahlenschema, das nach oben und nach links beschränkt ist, aber nach rechts und nach unten ins Unendliche verläuft:

	1	2	3	...	n	...
1	u_{11}	u_{12}	u_{13}	...	u_{1n}	...
2	u_{21}	u_{22}	u_{23}	...	u_{2n}	...
3	u_{31}	u_{32}	u_{33}	...	u_{3n}	...
.	...	...	...	...	...	...
m	u_{m1}	u_{m2}	u_{m3}	...	u_{mn}	...
.	...	...	...	...	...	...

(22)

Es enthält unendlich viele *Zeilen*, deren Nummern durch den ersten Index gekennzeichnet werden, und unendlich viele *Spalten*, deren Nummern durch den zweiten Index gegeben sind. Somit bezeichnet u_{ik} die Zahl, die im Schnittpunkt der i-ten Zeile mit der k-ten Spalte des Schemas steht. Wir nehmen zunächst an, daß alle Werte u_{ik} *positiv* sind.

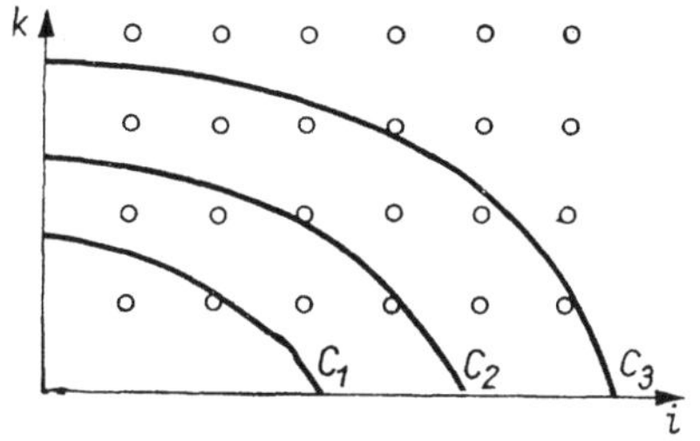

Abb. 157

Um den Begriff der Summe aller Zahlen dieses Schemas (22) zu definieren, markieren wir in der Zeichenebene die Punkte mit ganzzahligen positiven Koordinaten $M(i, k)$ und zeichnen eine Folge von Kurven $C_1, C_2, \ldots, C_n, \ldots$, die die Koordinatenachsen im ersten Quadranten schneiden und nur der Bedingung unterworfen sind, daß *jeder* Punkt M bei hinreichend großem n ins Innere der Fläche (C_n) fällt, die von der Kurve C_n und den Koordinatenachsen begrenzt wird (Abb. 157), und daß die Fläche (C_n) im Innern von (C_{n+1}) liegt. Wir bilden die Summe S_n aller Zahlen u_{ik}, die den ins Innere der Fläche (C_n) fallenden Punkten entsprechen. Bei wachsendem n nimmt diese Summe offensichtlich zu, und es können daher nur zwei Fälle auftreten: entweder 1. die Summe S_n bleibt für alle Werte n beschränkt, und dann existiert der endliche Grenzwert

$$\lim_{n\to\infty} S_n = S ,$$

oder 2. die Summe S_n wächst für zunehmendes n unbegrenzt.

Im ersten Fall sagt man, daß *die Doppelreihe*

$$\sum_{i,k=1}^{\infty} u_{ik} \tag{23}$$

konvergent ist und die Summe S hat. Im zweiten Fall nennt man die Doppelreihe (23) *divergent.*

Die Summe der konvergenten Reihe (23) *mit positiven Gliedern hängt nicht von der Art und Weise der Summation, d. h. von der Auswahl der Kurven C_n ab, und kann auch durch Summation der Reihe nach Zeilen oder Spalten erhalten werden:*

$$S = \sum_{k=1}^{\infty}\left(\sum_{i=1}^{\infty} u_{ik}\right) = \sum_{i=1}^{\infty}\left(\sum_{k=1}^{\infty} u_{ik}\right), \tag{24}$$

d. h., indem man zuerst die Summe aller Glieder jeder Zeile (oder jeder Spalte) des Schemas berechnet und darauf die erhaltenen Summen addiert.

Konstruieren wir nämlich irgendein anderes System von Kurven $C_1', C_2', \ldots, C_n', \ldots$, das dieselben Eigenschaften wie $C_1, C_2, \ldots, C_n, \ldots$ besitzt, und bezeichnen wir mit S_n' die Summe aller Zahlen des Schemas, die den im Innern der Fläche (C_n') liegenden Punkten entsprechen, so läßt sich zu einem vorgegebenen n immer ein so großes m auswählen, daß die Fläche (C_n') im Innern von (C_m) liegt, und dann ist $S_n' \leqq S_m \leqq S$, d. h., auf Grund des Vorhergehenden existiert ein endlicher Grenzwert

$$\lim_{n\to\infty} S_n' = S' \leqq S .$$

Vertauschen wir die Rollen der Kurven C_n und C_n', so können wir genauso beweisen, daß $S \leqq S'$ ist, was nur unter der Bedingung $S = S'$ möglich ist.

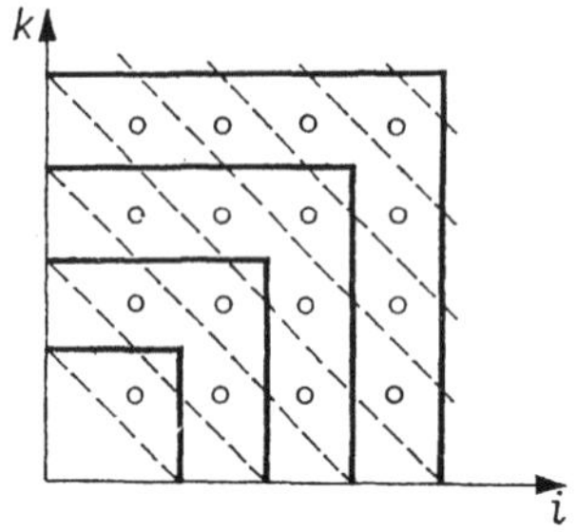

Abb. 158

Die Summe der Doppelreihe (23) kann man auch erhalten, wenn man für C_n die Linienzüge wählt, die aus den Geradenabschnitten (Abb. 158)

$$i = \text{const} , \qquad k = \text{const}$$

gebildet sind. Wir erhalten auf diesem Wege die „quadratische" Summation

$$S = u_{11} + (u_{12} + u_{22} + u_{21}) + \cdots + (u_{1n} + u_{2n} + \cdots + u_{nn} + u_{n,n-1} + \cdots + u_{n1}) + \cdots .$$

Summieren wir jedoch „diagonal", so erhalten wir

$$S = u_{11} + (u_{12} + u_{21}) + (u_{13} + u_{22} + u_{31}) + \cdots + (u_{1n} + u_{2,n-1} + \cdots + u_{n1}) + \cdots . \tag{25}$$

Zum Beweis von (24) bemerken wir zunächst, daß die Summe beliebig vieler Glieder des Schemas (22) kleiner als S ist; daher ist auch die Summe der in einer beliebigen Zeile oder Spalte stehenden Glieder immer kleiner als S, woraus die Konvergenz jeder der Reihen

$$\sum_{k=1}^{\infty} u_{ik} = s_i' , \qquad \sum_{i=1}^{\infty} u_{ik} = s_k''$$

folgt.

Darüber hinaus gilt für beliebige endliche Werte der Zahlen m und n

$$\begin{aligned} s_1' + s_2' + \cdots + s_m' &= \sum_{i=1}^{m} \left(\sum_{k=1}^{\infty} u_{ik} \right) \leqq S , \\ s_1'' + s_2'' + \cdots + s_n'' &= \sum_{k=1}^{n} \left(\sum_{i=1}^{\infty} u_{ik} \right) \leqq S . \end{aligned} \tag{26}$$

Betrachten wir nämlich nur die ersten m Zeilen des Schemas (22) und nehmen wir aus ihnen die Elemente der ersten p Spalten, so ist offenbar

$$\sum_{k=1}^{p} \left(\sum_{i=1}^{m} u_{ik} \right) \leqq S .$$

Nach der Regel für die Addition von Reihen [**119**] gilt

$$s_1' + s_2' + \cdots + s_m' = \sum_{k=1}^{\infty} \left(\sum_{i=1}^{m} u_{ik} \right) = \lim_{p\to\infty} \sum_{k=1}^{p} \left(\sum_{i=1}^{m} u_{ik} \right) \leqq S ,$$

da der unter dem lim-Zeichen stehende Ausdruck nicht größer als S ist.

Analog wird auch die zweite der Ungleichungen (26) bewiesen.

Die Ungleichungen (26) zeigen, daß die beiden Reihen

$$\sum_{i=1}^{\infty}\left(\sum_{k=1}^{\infty} u_{ik}\right) = \sum_{i=1}^{\infty} s_i' = \sigma', \qquad \sum_{k=1}^{\infty}\left(\sum_{i=1}^{\infty} u_{ik}\right) = \sum_{k=1}^{\infty} s_k'' = \sigma''$$

konvergieren und ihre Summenwerte höchstens gleich S sind, d. h., es gilt

$$\sigma' \leqq S \quad \text{und} \quad \sigma'' \leqq S .$$

Andererseits ist klar, daß bei einer beliebigen Wahl des Kurvensystems C_n für hinreichend großes m alle Glieder der Summe S_r auch in den beiden Summen

$$s_1' + s_2' + \cdots + s_m', \qquad s_1'' + s_2'' + \cdots + s_m''$$

auftreten, d. h.

$$S_r \leqq s_1' + \cdots + s_m' \leqq \sigma', \qquad S_r \leqq s_1'' + \cdots + s_m'' \leqq \sigma'',$$

und daher wird im Grenzfall

$$S = \lim_{r\to\infty} S_r \leqq \sigma' \quad \text{und} \quad S \leqq \sigma'' .$$

Wegen $\sigma' \leqq S$ und $\sigma'' \leqq S$ ist dies nur unter der Bedingung

$$\sigma' = \sigma'' = S$$

möglich, was zu beweisen war.

Von den Doppelreihen mit beliebigen Gliedern behandeln wir nur die *absolut konvergenten Reihen*, d. h. diejenigen, für die die aus den Absolutbeträgen gebildete Doppelreihe

$$\sum_{i,k=1}^{\infty} |u_{ik}|$$

konvergiert. Mit ähnlichen Methoden wie in **[124]** läßt sich zeigen, daß auch für solche Reihen die Summe

$$S = \lim_{n\to\infty} S_n \tag{27}$$

existiert; sie hängt ebenfalls nicht von der Art und Weise der Summierung ab und kann insbesondere durch zeilenweise oder spaltenweise Summierung (24) erhalten werden.

Bemerkung. Viele Eigenschaften der absolut konvergenten einfachen Reihen lassen sich auch auf die absolut konvergenten Doppelreihen übertragen, insbesondere die Bemerkung aus **[124]**: *Wenn jedes Glied einer Doppelreihe dem Absolutbetrag nach nicht größer ist als das Glied einer konvergenten Doppelreihe mit positiven Gliedern, dann ist die gegebene Reihe absolut konvergent.*

Genauso läßt sich auch die Eigenschaft 2 aus **[120]** verallgemeinern.

Beispiele.

1. Die Reihe

$$\sum_{i,k=1}^{\infty} \frac{1}{i^{\alpha} k^{\beta}} \tag{28}$$

konvergiert für $\alpha > 1$, $\beta > 1$, da bei quadratischer Summation

$$S_n = \sum_{i=1}^{n}\left(\sum_{k=1}^{n} \frac{1}{i^{\alpha} k^{\beta}}\right) = \left(\sum_{i=1}^{n} \frac{1}{i^{\alpha}}\right)\left(\sum_{k=1}^{n} \frac{1}{k^{\beta}}\right) < AB$$

gilt, wobei A und B die Summen der Reihen

$$\sum_{i=1}^{\infty} \frac{1}{i^{\alpha}}, \qquad \sum_{k=1}^{\infty} \frac{1}{k^{\beta}}$$

bezeichnen, die für $\alpha > 1$, $\beta > 1$ konvergieren **[122]**.

2. Die Reihe

$$\sum_{i,k=1}^{\infty} \frac{1}{(i+k)^\alpha} \tag{29}$$

konvergiert für $\alpha > 2$ und divergiert für $\alpha \leqq 2$, denn durch diagonale Summation finden wir

$$S_n = \frac{1}{2^\alpha} + 2 \cdot \frac{1}{3^\alpha} + \cdots + (n-1) \cdot \frac{1}{n^\alpha} = \frac{1}{2^{\alpha-1}}\left(1 - \frac{1}{2}\right) + \cdots + \frac{1}{n^{\alpha-1}}\left(1 - \frac{1}{n}\right),$$

woraus wir, wenn wir statt $1 - \frac{1}{n}$ zuerst $\frac{1}{2}$, d. h. die kleinst dieser Zahlen, und danach 1, d. h. eine größere Zahl, einsetzen,

$$\frac{1}{2}\left[\frac{1}{2^{\alpha-1}} + \cdots + \frac{1}{n^{\alpha-1}}\right] < S_n < \frac{1}{2^{\alpha-1}} + \cdots + \frac{1}{n^{\alpha-1}}$$

erhalten.

Mit der Konvergenz der Reihe $\sum\limits_{n=1}^{\infty} \frac{1}{n^{\alpha-1}}$ für $\alpha > 2$ und ihrer Divergenz für $\alpha \leqq 2$ ist unsere Behauptung bewiesen.

3. *Wenn a und c positiv sind und $b^2 - ac < 0$ ist, konvergiert die Reihe*

$$\sum_{i,k=1}^{\infty} \frac{1}{(ai^2 + 2bik + ck^2)^p} \tag{30}$$

für $p > 1$ und divergiert für $p \leqq 1$.

Es sei zuerst $b \geqq 0$. Da offenbar $i^2 + k^2 \geqq 2ik$ ist, haben wir, wenn wir mit A_1 die kleinere der Zahlen a und c und mit A_2 die größte der Zahlen a, b, c bezeichnen,

$$2A_1 ik \leqq ai^2 + 2bik + ck^2 \leqq A_2(i+k)^2\,,$$

woraus wir unter Beschränkung auf den einzig interessierenden Fall $p > 0$ ableiten:

$$\frac{1}{A_2^p}\,\frac{1}{(i+k)^{2p}} \leqq \frac{1}{(ai^2 + 2bik + ck^2)^p} \leqq \frac{1}{(2A_1)^p}\,\frac{1}{i^p k^p}\,,$$

was auf Grund der Beispiele 1 und 2 sowie der oben gemachten Bemerkung die Konvergenz für $p > 1$ und die Divergenz für $p \leqq 1$ liefert. Dabei ist wesentlich, daß die Faktoren $\frac{1}{A_2^p}$ und $\frac{1}{(2A_1)^p}$ nicht von i und k abhängen.

Es sei jetzt $b < 0$. Bezeichnen wir mit A_0 den größten der Werte a, c, $|b|$, so wird wegen der offenbar geltenden Ungleichung $(\sqrt{a}i)^2 + (\sqrt{c}k)^2 \geqq 2\sqrt{ac}ik$

$$2(b + \sqrt{ac})\, ik < ai^2 + 2bik + ck^2 < A_0(i+k)^2\,,$$

wobei $b + \sqrt{ac} > 0$ wird, da voraussetzungsgemäß $|b| < \sqrt{ac}$ ist. Der Beweis verläuft weiter ebenso wie im Fall $b > 0$.

143. Reihen mit veränderlichen Gliedern. Gleichmäßig konvergente Reihen. Die Formeln von Taylor und Maclaurin sind Beispiele für Reihen, deren Glieder von der Veränderlichen x abhängen. In Teil II lernen wir außerdem die äußerst wichtigen *trigonometrischen* Reihen kennen, die die Form

$$\sum_{n=1}^{\infty} (a_n \cos nx + b_n \sin nx)$$

haben und deren Glieder nicht nur von n, sondern auch von der Veränderlichen x abhängen.

Wir befassen uns jetzt allgemein mit Reihen von veränderlichen Gliedern, die von einer unabhängigen Veränderlichen x abhängen.

Gegeben sei die unendliche Folge der im abgeschlossenen Intervall (a, b) definierten Funktionen

$$u_1(x),\ u_2(x),\ \ldots,\ u_n(x),\ \ldots \tag{31}$$

Wir bilden aus ihnen die Reihe

$$u_1(x) + u_2(x) + \cdots + u_n(x) + \cdots . \tag{32}$$

Sie kann für gewisse Werte x aus (a, b) konvergieren und für andere x divergieren. Die Summe $s_n(x)$ der ersten n Glieder der Reihe (32) ist offenbar eine Funktion von x. Für diejenigen Werte x, für die (32) konvergiert, können wir von der Summe $s(x)$ und dem Rest $r_n(x) = s(x) - s_n(x)$ sprechen. Dabei ist

$$s(x) = \lim_{n \to \infty} s_n(x) . \tag{33}$$

Wenn die Reihe (32) für alle Werte x aus (a, b), d. h. für $a \leqq x \leqq b$ konvergiert, sagen wir, daß sie *im Intervall* (a, b) *konvergiert.*

Wenn die Reihe (32) im Intervall (a, b) konvergiert und die Summe $s(x)$ hat, so bedeutet das, daß wir für jeden vorgegebenen Wert x aus (a, b) zu einer beliebig vorgegebenen positiven Zahl ε eine Zahl N derart finden können, daß

$$|r_n(x)| < \varepsilon \quad \text{für} \quad n > N$$

ist, wobei offensichtlich die Zahl N von der Wahl des ε abhängen wird. Dabei muß jedoch beachtet werden, daß N im allgemeinen noch von dem gewählten Wert x abhängen wird, d. h. bei vorgegebenem ε und verschiedener Wahl des x aus dem Intervall (a, b) verschiedene Werte haben kann; wir wollen N daher mit $N(x)$ bezeichnen. Wenn aber zu einem beliebig gegebenen positiven ε eine solche von x unabhängige Zahl N existiert, daß für jeden Wert x aus dem Intervall (a, b) die Ungleichung

$$|r_n(x)| < \varepsilon \tag{34}$$

für alle $n > N$ erfüllt ist, nennt man die Reihe (32) *in dem Intervall* (a, b) *gleichmäßig konvergent.*

Wir betrachten z. B. die Reihe

$$\frac{1}{x+1} - \frac{1}{(x+1)(x+2)} - \frac{1}{(x+2)(x+3)} - \cdots - \frac{1}{(x+n-1)(x+n)} - \cdots, \tag{35}$$

wobei x im Intervall $(0, a)$ veränderlich und a eine beliebig gegebene positive Zahl ist. Diese Reihe läßt sich folgendermaßen schreiben:

$$\frac{1}{x+1} - \left(\frac{1}{x+1} - \frac{1}{x+2}\right) - \left(\frac{1}{x+2} - \frac{1}{x+3}\right) - \cdots - \left(\frac{1}{x+n-1} - \frac{1}{x+n}\right) - \cdots,$$

so daß im vorliegenden Fall

$$s_n(x) = \frac{1}{x+n}, \qquad s(x) = \lim_{n \to \infty} s_n(x) = 0, \qquad r_n(x) = -\frac{1}{x+n}$$

ist. Wollen wir, daß

$$|r_n(x)| = \frac{1}{x+n} < \varepsilon \tag{36}$$

wird, so brauchen wir nur

$$n > \frac{1}{\varepsilon} - x = N(x) \tag{37}$$

zu wählen.

Soll jetzt die Ungleichung (36) für alle Werte x im Intervall $(0, a)$, unabhängig von dem gewählten Wert x, und für alle $n > N$ gelten, so genügt es, $N = \frac{1}{\varepsilon} \geqq N(x)$ zu setzen, da dann die Ungleichung (37) und daher auch (36) unter der Bedingung $n > N$ für alle Werte x aus dem Intervall $(0, a)$ erfüllt ist. Also ist die Reihe (35) im Intervall $(0, a)$ gleichmäßig konvergent.

Nicht jede Reihe ist gleichmäßig konvergent, da man nicht für jede Reihe eine von x unabhängige Zahl N angeben kann, die nicht kleiner ist als alle $N(x)$ [für x im Intervall (a, b)].

Wir betrachten z. B. im Intervall $0 \leqq x \leqq 1$ die Reihe

$$x + x(x-1) + x^2(x-1) + \cdots + x^{n-1}(x-1) + \cdots . \tag{38}$$

Die Summe der ersten n Glieder ist

$$s_n(x) = x + (x^2 - x) + (x^3 - x^2) + \cdots + (x^n - x^{n-1}) ,$$

d. h.

$$s_n(x) = x^n ,$$

und folglich [26] gilt

$$s(x) = \lim_{n \to \infty} s_n(x) = 0 \quad \text{für} \quad 0 \leqq x < 1$$

mit

$$r_n(x) = s(x) - s_n(x) = -x^n \quad \text{für} \quad 0 \leqq x < 1 .$$

Durch Einsetzen von $x = 1$ in (38) ergibt sich die Reihe

$$1 + 0 + 0 + \cdots ,$$

d. h.

$$s_n(x) = 1 , \qquad s(x) = \lim_{n \to \infty} s_n(x) = 1 , \qquad r_n(x) = s(x) - s_n(x) = 0$$

für $x = 1$ und beliebiges n. Die Reihe (38) konvergiert im ganzen Intervall $0 \leqq x \leqq 1$, aber die Konvergenz ist in diesem Intervall nicht gleichmäßig. Denn wenn die Ungleichung (34) erfüllt sein soll, muß wegen $r_n(x) = -x^n$ für $0 \leqq x < 1$

$$x^n < \varepsilon , \quad \text{d. h.} \quad n \log x < \log \varepsilon$$

gelten oder, wenn wir durch den negativen Wert $\log x$ dividieren,

$$n > \frac{\log \varepsilon}{\log x} .$$

Also kann im vorliegenden Fall $N(x) = \dfrac{\log \varepsilon}{\log x}$ auch nicht durch einen kleineren Wert ersetzt werden. Bei der Annäherung von x gegen 1 strebt $\log x$ gegen 0, die Funktion $N(x)$ wächst unbegrenzt, und man kann keinen solchen Wert N angeben, daß die Ungleichung (34) für $n > N$ im ganzen Intervall $(0, 1)$ gilt.

Wenn auch die Reihe (38) im ganzen Intervall $(0, 1)$ und damit auch für $x = 1$ konvergiert, wird doch infolge dieses Umstands ihre Konvergenz bei der Annäherung von x gegen 1 immer langsamer; für eine hinreichende Annäherung an den Summenwert der Reihe muß man immer mehr Glieder nehmen, je näher x bei 1 liegt. Für den Wert $x = 1$ selbst bricht die Reihe mit dem zweiten Glied einfach ab.

Wir geben jetzt noch eine andere Definition der gleichmäßigen Konvergenz, die der früheren Definition äquivalent ist. Wir hatten in [**125**] eine notwendige und hinreichende Bedingung für die Konvergenz einer Reihe formuliert. Im vorliegenden Fall lautet sie folgendermaßen: Für die Konvergenz der Reihe (32) im Intervall (a, b) ist notwendig und hinreichend, daß es zu einem beliebig vorgegebenen positiven ε und beliebigem x aus (a, b) ein N derart gibt, daß

$$|u_{n+1}(x) + u_{n+2}(x) + \cdots + u_{n+p}(x)| < \varepsilon \tag{39}$$

für $n > N$ und jedes ganzzahlige positive p ist. Dieses N kann bei vorgegebenem ε noch von der Wahl des x abhängen. Wenn jedoch für ein beliebig vorgegebenes positives ε für alle x aus (a, b) ein und dieselbe Zahl N derart existiert, daß (39) für $n > N$ und jedes ganzzahlige positive p erfüllt ist, so sagt man, daß die Reihe (32) im Intervall (a, b) gleichmäßig konvergiert.

Es ist zu zeigen, daß diese neue Definition der gleichmäßigen Konvergenz der früheren Definition äquivalent ist, d. h., wenn die Reihe im früheren Sinne gleichmäßig konvergiert,

konvergiert sie auch im neuen Sinne gleichmäßig, und umgekehrt. Es möge also zunächst die Reihe im früheren Sinne gleichmäßig konvergieren, d. h. $|r_n(x)| < \varepsilon$ für $n > N$ zutreffen, wobei x ein beliebiger Wert aus (a, b) ist und N nicht von x abhängt. Offenbar ist

$$u_{n+1}(x) + u_{n+2}(x) + \cdots + u_{n+p}(x) = r_n(x) - r_{n+p}(x) \tag{40}$$

und daher

$$|u_{n+1}(x) + u_{n+2}(x) + \cdots + u_{n+p}(x)| \leqq |r_n(x)| + |r_{n+p}(x)| ,$$

was für $n > N$ und folglich auch für $n + p > N$ die Beziehung

$$|u_{n+1}(x) + u_{n+2}(x) + \cdots + u_{n+p}(x)| < 2\varepsilon \tag{41}$$

liefert. Auf Grund der willkürlichen Wahl des ε erkennen wir, daß die Reihe auch im neuen Sinn gleichmäßig konvergiert.

Wir nehmen jetzt an, daß die Reihe im neuen Sinne gleichmäßig konvergiert, d. h. die Ungleichung (39) für $n > N$ mit einem von x unabhängigen N sowie für beliebiges ganzzahliges positives p und beliebiges x aus (a, b) erfüllt ist. Beachten wir, daß

$$r_n(x) = u_{n+1}(x) + u_{n+2}(x) + \cdots = \lim_{p\to\infty} [u_{n+1}(x) + u_{n+2}(x) + \cdots + u_{n+p}(x)]$$

ist, so erhalten wir aus der Ungleichung (39) für $p \to \infty$ im Grenzfall

$$|r_n(x)| \leqq \varepsilon$$

für $n > N$. Da ε beliebig ist, folgt aus der neuen Definition der gleichmäßigen Konvergenz die frühere, und die Gleichwertigkeit der beiden Definitionen ist damit bewiesen. Für die erste Definition der gleichmäßigen Konvergenz [durch (34)] benutzten wir $r_n(x)$ und damit die Voraussetzung, daß die Reihe konvergiert. Die zweite Definition durch (39) umfaßt auch die Konvergenz selbst.

144. Gleichmäßig konvergente Funktionenfolgen. Die Folge der Funktionen

$$s_1(x), s_2(x), \ldots , s_n(x), \ldots , \tag{42}$$

die wir oben betrachtet hatten, war mit Hilfe der Reihe (32) definiert worden; $s_n(x)$ bezeichnete die Summe der ersten n Reihenglieder. Man kann aber die Folge (42) für sich allein betrachten, indem man sie als gegeben ansieht und nun mit ihrer Hilfe die Reihe aufstellt, deren Teilsummen die Glieder $s_n(x)$ der Folge werden. Die Glieder dieser Reihe sind offenbar durch

$$u_1(x) = s_1(x), \quad u_2(x) = s_2(x) - s_1(x), \ldots , \quad u_n(x) = s_n(x) - s_{n-1}(x), \ldots \tag{43}$$

bestimmt.

Sehr oft pflegt die Folge (42) einfacher als (43) zu sein, wie dies auch in den betrachteten Beispielen der Fall war.

Auf diese Weise kommen wir zu dem Begriff der konvergenten bzw. gleichmäßig konvergenten Folge von Funktionen:

Wenn die Folge der im Intervall (a, b) definierten Funktionen (42) gegeben ist und für jeden Wert x in diesem Intervall ein Grenzwert

$$s(x) = \lim_{n\to\infty} s_n(x) \tag{44}$$

existiert, dann heißt die Folge (42) *im Intervall* (a, b) *konvergent* und die Funktion $s(x)$ selbst *Grenzfunktion der Folge* (42).

Existiert darüber hinaus zu beliebig vorgegebenem positivem ε eine von x unabhängige Zahl N derart, daß die Ungleichung

$$|s(x) - s_n(x)| < \varepsilon \tag{45}$$

für alle Werte $n > N$ im ganzen Intervall (a, b) gilt, so heißt die Folge (42) *gleichmäßig konvergent im Intervall* (a, b). Die Bedingung (45) läßt sich durch folgende äquivalente ersetzen:

$$|s_m(x) - s_n(x)| < \varepsilon \quad \text{für alle } m, n \text{ mit } m, n > N \text{ und alle } x \text{ aus } (a, b) . \tag{46}$$

Die Bedingung für die gleichmäßige Konvergenz der Folge (42) ist gleichbedeutend mit der Bedingung für die gleichmäßige Konvergenz der Reihe

$$u_1(x) + u_2(x) + \cdots + u_n(x) + \cdots, \tag{47}$$

wobei (43), also $u_1(x) = s_1(x)$, $u_2(x) = s_2(x) - s_1(x), \ldots, u_n(x) = s_n(x) - s_{n-1}(x), \ldots$ gilt.

Die Äquivalenz der Bedingungen (45) und (46) bei der Untersuchung der gleichmäßigen Konvergenz der Folgen kann entsprechend bewiesen werden wie vorher die Äquivalenz der Bedingungen (34) und (39) für die unendlichen Reihen. Wir weisen noch darauf hin, daß aus der gleichmäßigen Konvergenz von $s_n(x)$ im Intervall (a, b) unmittelbar auch die gleichmäßige Konvergenz in jedem Teilintervall von (a, b) folgt.

Der Begriff der gleichmäßigen Konvergenz von Folgen kann auch geometrisch gedeutet werden. Stellen wir die Funktionen $s(x)$ und $s_n(x)$ für verschiedene Werte n graphisch dar, so muß bei gleichmäßig konvergenten Folgen, wenn x im Intervall $a \leqq x \leqq b$ liegt, die obere Grenze der zwischen den Kurven $s_n(x)$ und $s(x)$ liegenden Ordinatenabschnitte für $n \to \infty$ gegen 0 streben; für nicht gleichmäßig konvergente Folgen ist diese Bedingung nicht erfüllt.

Dieses Verhalten läßt sich anschaulich nachprüfen an Hand der Abb. 159 und 160 der zuvor untersuchten Beispiele:

$$s_n(x) = \frac{1}{x+n} \quad \text{und} \quad s_n(x) = x^n.$$ [1]

In Abb. 160 wird die Grenzfunktion $s(x)$ in dem rechts offenen Intervall $0 \leqq x < 1$ und dem einzelnen Punkt mit den Koordinaten (1, 1) graphisch dargestellt.

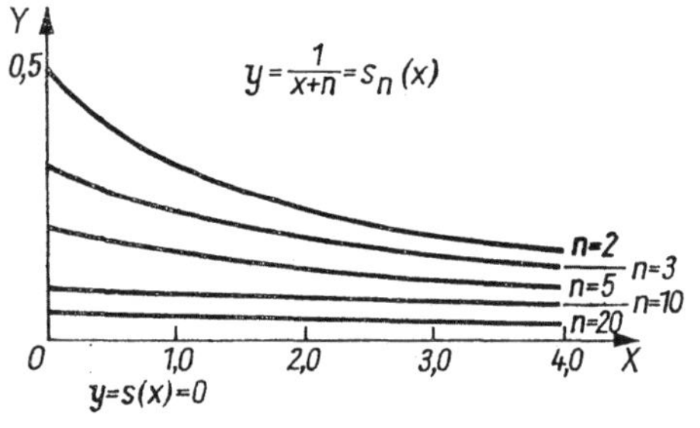

Abb. 159

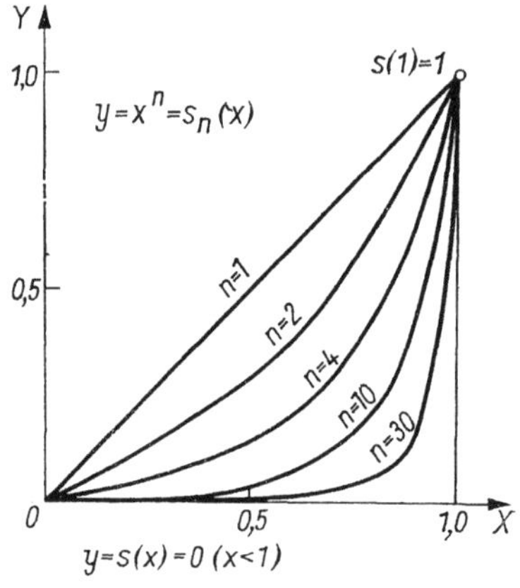

Abb. 160

Tatsächlich ist im letzten Beispiel die Grenzfunktion $s(x)$ nicht stetig. Aber es läßt sich leicht ein Beispiel einer konvergenten Folge anführen, deren Grenzfunktion stetig ist, die aber trotzdem nicht gleichmäßig konvergiert. Eine solche Eigenschaft besitzt bereits die Folge (Abb. 161)

$$s_n(x) = \frac{nx}{1 + n^2x^2} \qquad (0 \leqq x \leqq a, \quad a > 0). \tag{48}$$

Für $x \neq 0$ ist

$$\frac{nx}{1 + n^2x^2} = \frac{1}{n} \cdot \frac{x}{\frac{1}{n^2} + x^2};$$

[1] Der größeren Deutlichkeit halber ist Abb. 159 in verschiedenen Maßstäben für x und y ausgeführt.

für $n \to \infty$ strebt der erste Faktor rechts gegen 0, der zweite strebt gegen $\frac{1}{x}$, so daß $s_n(x) \to 0$ für $x \neq 0$ gilt. Für $x = 0$ ist offenbar $s_n(0) = 0$ für jedes n; daher gilt für alle x aus $(0, a)$

$$s(x) = \lim_{n\to\infty} s_n(x) = 0 .$$

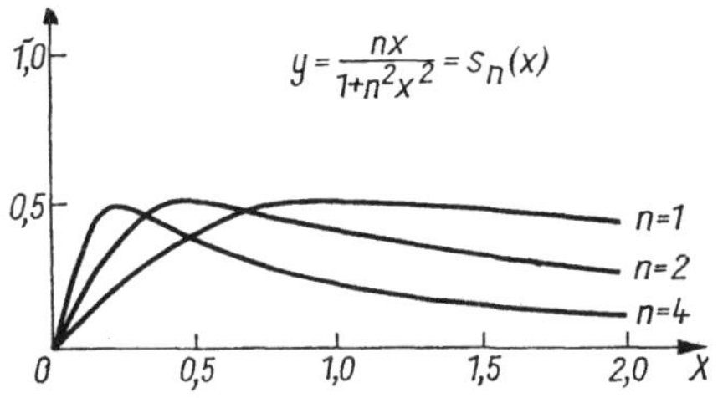

Abb. 161

Der Maximalbetrag des Ordinatenabschnitts zwischen den Kurven $s_n(x)$ und $s(x)$, der sich im betrachteten Fall wegen $s(x) = 0$ einfach auf die Ordinate der Kurve $s_n(x)$ reduziert, ist jedoch $\frac{1}{2}$ $\left(\text{und entspricht dem Wert } x = \frac{1}{n}\right)$. Da er für $n \to \infty$ nicht gegen 0 strebt, ist die Folge (48) im Intervall $(0, a)$ nicht gleichmäßig konvergent; wenn wir fordern, daß

$$|s(x) - s_n(x)| = \frac{nx}{1 + n^2x^2} \leqq \varepsilon$$

wird, erhalten wir durch Auflösen der Ungleichung zweiten Grades nach n,

$$0 \leqq 1 - \frac{x}{\varepsilon} n + x^2n^2 ,$$

für hinreichend kleines ε die Bedingung

$$n \geqq \frac{1}{2x\varepsilon} [1 + \sqrt{1 - 4\varepsilon^2}] = N(x) .$$

$N(x)$ nimmt für $x \to 0$ unbegrenzt zu, was die nicht gleichmäßige Konvergenz der Folge bedingt.

Schließlich zeigen Abb. 160 und 161 die gleichmäßige Konvergenz der Folge x^n im Intervall $(0, q)$, wobei q eine beliebige positive Zahl kleiner als 1 ist, bzw. der Folge $\frac{nx}{1 + n^2x^2}$ im Intervall (q, a) mit $0 < q < a$, wovon man sich leicht auch durch direkte Rechnung überzeugt.

145. Eigenschaften der gleichmäßig konvergenten Folgen.

1. *Die Grenzfunktion einer im Intervall (a, b) gleichmäßig konvergenten Folge stetiger Funktionen ist stetig.* Es sei $s_1(x), s_2(x), \ldots, s_n(x), \ldots$ die gegebene Folge von Funktionen, die alle im Intervall (a, b) stetig sind, und es sei

$$s(x) = \lim_{n\to\infty} s_n(x)$$

ihre Grenzfunktion. Wir haben zu zeigen, daß sich bei Vorgabe einer beliebig kleinen positiven Zahl ε eine solche Zahl δ finden läßt, daß — unter der Voraussetzung, daß die beiden Werte x und $x + h$ im Intervall (a, b) liegen —

$$|s(x + h) - s(x)| < \varepsilon \quad \text{für} \quad |h| < \delta \tag{49}$$

gilt [35]. Für beliebiges n können wir schreiben:

$$\begin{aligned}|s(x + h) - s(x)| &= |[s(x + h) - s_n(x + h)] + [s_n(x + h) - s_n(x)] + [s_n(x) - s(x)]| \\ &\leqq |s(x + h) - s_n(x + h)| + |s(x) - s_n(x)| + |s_n(x + h) - s_n(x)| .\end{aligned}$$

Nach Definition der gleichmäßigen Konvergenz können wir n so groß wählen, daß im ganzen Intervall (a, b) und damit auch für die Werte x und $x + h$

$$|s(x+h) - s_n(x+h)| < \frac{\varepsilon}{3}, \qquad |s(x) - s_n(x)| < \frac{\varepsilon}{3}$$

gilt. Nachdem wir n so festgelegt haben, können wir auf Grund der Stetigkeit der Funktion $s_n(x)$ [**35**] einen Wert δ derart finden, daß

$$|s_n(x+h) - s_n(x)| < \frac{\varepsilon}{3} \quad \text{für} \quad |h| < \delta$$

ist. Fassen wir diese Ungleichungen zusammen, so erhalten wir (49).

Bei nicht gleichmäßiger Konvergenz der Funktionenfolge kann die Grenzfunktion auch unstetig sein, wofür als Beispiel die Folge x^n im Intervall $(0, 1)$ dienen mag.

Die umgekehrte Behauptung wäre jedoch falsch; auch für eine nicht gleichmäßig konvergente Folge kann die Grenzfunktion stetig sein, wie z. B. bei der Folge

$$\frac{nx}{1 + n^2x^2}.$$

2. *Bedeutet* $s_1(x), s_2(x), \ldots, s_n(x), \ldots$ *eine gleichmäßig konvergente Folge stetiger Funktionen im Intervall* (a, b) *und ist* (α, β) *ein beliebiges innerhalb* (a, b) *liegendes Intervall, so gilt*

$$\int_\alpha^\beta s_n(x)\,dx \to \int_\alpha^\beta s(x)\,dx \tag{50}$$

oder, was dasselbe ist,

$$\lim_{n\to\infty} \int_\alpha^\beta s_n(x)\,dx = \int_\alpha^\beta \lim_{n\to\infty} s_n(x)\,dx \tag{51}$$

Bei veränderlicher Integrationsgrenze $\beta = x$ *konvergiert die Folge der Funktionen*

$$\int_\alpha^x s_n(t)\,dt \qquad (n = 1, 2, 3, \ldots) \tag{52}$$

im Intervall (a, b) *ebenfalls gleichmäßig.* Der durch (51) ausgedrückte Prozeß wird *Grenzübergang unter dem Integralzeichen* genannt.

Zunächst ist die Grenzfunktion $s(x)$ wegen der Eigenschaft 1 ebenfalls stetig. Wir betrachten jetzt die Differenz

$$\int_\alpha^\beta s(x)\,dx - \int_\alpha^\beta s_n(x)\,dx = \int_\alpha^\beta [s(x) - s_n(x)]\,dx\,;$$

nach Vorgabe des Wertes ε können wir wegen der gleichmäßigen Konvergenz eine solche Zahl N finden, daß für alle Werte $n > N$ im ganzen Intervall (a, b)

$$|s(x) - s_n(x)| < \varepsilon$$

ist; daher wird [**95**, (10_1)]

$$\left|\int_\alpha^\beta [s(x) - s_n(x)]\,dx\right| \leqq \int_\alpha^\beta |s(x) - s_n(x)|\,dx < \int_\alpha^\beta \varepsilon\,dx = \varepsilon(\beta - \alpha) \leqq \varepsilon(b - a)\,.$$

Für das beliebige, in (a, b) enthaltene Intervall (α, β) gilt also für $n > N$

$$\left|\int_\alpha^\beta s(x)\,dx - \int_\alpha^\beta s_n(x)\,dx\right| < \varepsilon(b - a)\,.$$

Die rechte Seite der Ungleichung hängt nicht von α und β ab und strebt für $\varepsilon \to 0$ gegen 0. Da ε willkürlich ist, können wir das Resultat folgendermaßen formulieren: Zu einem beliebig vorgegebenen positiven ε_1 gibt es ein von α und β unabhängiges N derart, daß für $n < N$

$$\left| \int_\alpha^\beta s(x)\, \mathrm{d}x - \int_\alpha^\beta s_n(x)\, \mathrm{d}x \right| < \varepsilon_1$$

wird. Hieraus folgt unmittelbar (50). Setzen wir $\beta = x$ und berücksichtigen wir die Unabhängigkeit des N von β, so sehen wir, daß die Folge (52) für alle x aus (a, b) gleichmäßig konvergiert.

Für nicht gleichmäßig konvergente Folgen kann dieser Satz falsch sein. Es sei z. B.

$$s_n(x) = nx\, \mathrm{e}^{-nx^2} \qquad (0 \leqq x \leqq 1)$$

(Abb. 162). Eine gesonderte Untersuchung der Fälle $x > 0$ und $x = 0$ zeigt uns, daß für jedes α im Intervall $(0, 1)$

$$s_n(x) \to 0 \quad \text{für} \quad n \to \infty$$

gilt, so daß hier $s(x) = 0$ wird. Diese Folge kann jedoch nicht gleichmäßig konvergent sein, da die größte Ordinate der Kurve $y_n = s_n(x)$ oder, was dasselbe ist, der größte Wert der Differenz $s_n(x) - s(x)$, der sich jeweils für $x = \dfrac{1}{\sqrt{2n}}$ ergibt, für $n \to \infty$ unbegrenzt wächst.

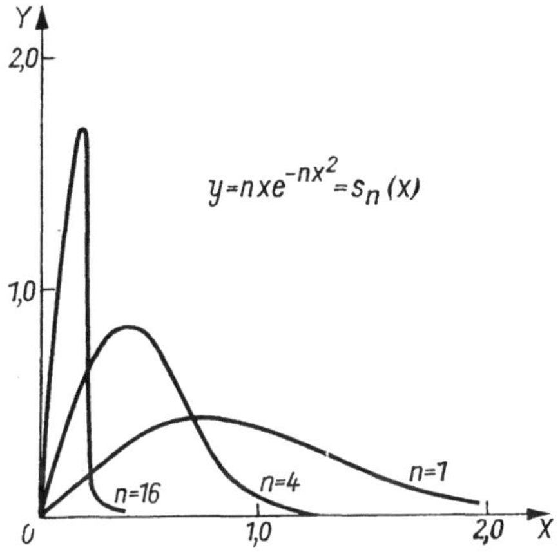

Abb. 162

Andererseits ist

$$\int_0^1 s_n(x)\, \mathrm{d}x = n \int_0^1 x\, \mathrm{e}^{-nx^2}\, \mathrm{d}x = -\tfrac{1}{2}\, \mathrm{e}^{-nx^2} \Big|_0^1 = \tfrac{1}{2}(1 - \mathrm{e}^{-n}) \to \tfrac{1}{2},$$

während $\int_0^1 s(x)\, \mathrm{d}x = 0$ ist.

3. *Wenn die in (a, b) definierten und gegen eine Grenzfunktion $s(x)$ konvergierenden Funktionen der Folge*

$$s_1(x),\ s_2(x),\ \ldots,\ s_n(x),\ \ldots$$

überall stetige Ableitungen

$$s_1'(x),\ s_2'(x),\ \ldots,\ s_n'(x),\ \ldots$$

besitzen und dort die Folge $s_n'(x)$ gleichmäßig gegen eine Grenzfunktion $\sigma(x)$ konvergiert, konvergiert $s_n(x)$ ebenfalls gleichmäßig, und es gilt

$$\sigma(x) = \frac{\mathrm{d}s(x)}{\mathrm{d}x} \tag{53}$$

oder, anders ausgedrückt,

$$\lim_{n\to\infty} \frac{\mathrm{d}s_n(x)}{\mathrm{d}x} = \frac{\mathrm{d} \lim\limits_{n\to\infty} s_n(x)}{\mathrm{d}x} . \tag{54}$$

Der durch (54) beschriebene Prozeß heißt *Grenzübergang unter dem Differentialzeichen.*

Es sei α ein beliebiger konstanter und x ein veränderlicher Wert im Intervall (a, b). Auf Grund der Eigenschaft 2 finden wir

$$\lim_{n\to\infty} \int_\alpha^x s_n'(t)\,\mathrm{d}t = \int_\alpha^x \sigma(t)\,\mathrm{d}t .$$

Nun gilt

$$\int_\alpha^x s_n'(t)\,\mathrm{d}t = s_n(x) - s_n(\alpha) \to s(x) - s(\alpha) ,$$

und daher liefert die vorhergehende Formel

$$s(x) - s(\alpha) = \int_\alpha^x \sigma(t)\,\mathrm{d}t .$$

Differenzieren wir diese Gleichung unter Benutzung der bekannten Eigenschaften des bestimmten Integrals [**95** (Eigenschaft VII)], so erhalten wir

$$\frac{\mathrm{d}s(x)}{\mathrm{d}x} = \sigma(x) ,$$

was zu beweisen war. Es bleibt noch die gleichmäßige Konvergenz der Folge $s_n(x)$ zu beweisen. Es ist

$$s_n(x) = s_n(\alpha) + \int_\alpha^x s_n'(t)\,\mathrm{d}t .$$

Die Folge $s_n(\alpha)$ konvergiert und enthält x überhaupt nicht. Die Folge $\int_\alpha^x s_n'(t)\,\mathrm{d}t$ konvergiert gleichmäßig auf Grund der Eigenschaft 2. Hieraus ergibt sich auch die gleichmäßige Konvergenz von $s_n(x)$, da aus der Definition der gleichmäßigen Konvergenz unmittelbar folgt, daß die Summe zweier gleichmäßig konvergenter Folgen ebenfalls eine gleichmäßig konvergente Folge darstellt; außerdem fällt jede konvergente Folge, deren Glieder nicht x enthalten, wie etwa $s_n(\alpha)$, unter die Definition einer gleichmäßig konvergenten Folge.

Wir bemerken noch, daß wir die gleichmäßige Konvergenz von $s_n(x)$ im ganzen Intervall (a, b) bewiesen haben, indem wir nur die gleichmäßige Konvergenz von $s_n'(x)$ und die Konvergenz von $s_n(\alpha)$ benutzten. Folglich genügt es, die Konvergenz von $s_n(x)$ nur in einem Punkt $x = \alpha$ zu fordern. Hieraus ergibt sich dann die gleichmäßige Konvergenz von $s_n(x)$ im ganzen Intervall (a, b).

146. Eigenschaften der gleichmäßig konvergenten Reihen. Sehen wir in den vorstehenden Sätzen $s_n(x)$ als Summe der ersten n Glieder der gegebenen Reihe

$$u_1(x) + u_2(x) + \cdots + u_n(x) + \cdots$$

und $s(x)$ als Summe der ganzen Reihe an, so erhalten wir aus diesen unmittelbar analoge Sätze für Reihen mit veränderlichen Gliedern:

1. *Wenn die Glieder der Reihe*

$$u_1(x) + u_2(x) + \cdots + u_n(x) + \cdots \tag{55}$$

stetige Funktionen im Intervall (a, b) *sind und die Reihe dort gleichmäßig konvergiert, ist ihre Summe* $s(x)$ *eine stetige Funktion im Intervall* (a, b).

2. *Wenn die Glieder der Reihe* (55) *stetige Funktionen im Intervall* (a, b) *sind und die Reihe gleichmäßig konvergiert, dann kann man sie zwischen beliebigen, im Intervall* (a, b) *liegenden*

Grenzen α, β gliedweise integrieren, d. h., es ist

$$\int_\alpha^\beta \sum_{n=1}^{\infty} u_n(x)\,\mathrm{d}x = \sum_{n=1}^{\infty} \int_\alpha^\beta u_n(x)\,\mathrm{d}x\,. \tag{56}$$

Bei veränderlicher Integrationsgrenze $\beta = x$ konvergiert die sich durch gliedweise Integration ergebende Reihe

$$\int_\alpha^x u_1(t)\,\mathrm{d}t + \int_\alpha^x u_2(t)\,\mathrm{d}t + \cdots + \int_\alpha^x u_n(t)\,\mathrm{d}t + \cdots \tag{57}$$

im Intervall (a, b) ebenfalls gleichmäßig.

3. *Konvergiert die Reihe* (55) *im Intervall (a, b) und besitzen dort ihre Glieder stetige Ableitungen $u_1'(x), \ldots, u_n'(x), \ldots$ mit einer in diesem Intervall gleichmäßig konvergenten Reihe*

$$u_1'(x) + u_2'(x) + \cdots + u_n'(x) + \cdots,$$

so konvergiert auch die Reihe (55) *gleichmäßig, und man kann sie gliedweise differenzieren, d. h., es ist*

$$\frac{\mathrm{d}}{\mathrm{d}x} \sum_{n=1}^{\infty} u_n(x) = \sum_{n=1}^{\infty} \frac{\mathrm{d}u_n(x)}{\mathrm{d}x}\,. \tag{58}$$

Bei der Herleitung dieser Sätze aus den Theoremen von [**145**] muß man nur beachten, daß *die in den Sätzen ausgesprochenen Eigenschaften, wie wir schon wissen, auch im Fall endlich vieler Summanden Gültigkeit haben. So sind z. B., wenn die Glieder der Reihe $u_n(x)$ stetige Funktionen sind, auch die Funktionen*

$$s_n(x) = u_1(x) + u_2(x) + \cdots + u_n(x)$$

für beliebiges n stetig [**34**].

147. Kriterien für die gleichmäßige Konvergenz. Wir geben einige hinreichende Bedingungen für die gleichmäßige Konvergenz an. *Die Reihe der im Intervall (a, b) definierten Funktionen $u_i(x)$,*

$$u_1(x) + u_2(x) + \cdots + u_n(x) + \cdots,$$

konvergiert im Intervall (a, b) gleichmäßig, wenn eine der folgenden Bedingungen erfüllt ist:

(A) *Es läßt sich eine Folge positiver Konstanten $M_1, M_2, \ldots, M_n, \ldots$ finden derart, daß im Intervall (a, b)*

$$|u_n(x)| \leqq M_n \tag{59}$$

ist und die Reihe

$$M_1 + M_2 + \cdots + M_n + \cdots \tag{60}$$

konvergiert (Weierstraßsches Kriterium).

(B) *Die Funktionen $u_n(x)$ können in der Form*

$$u_n(x) = a_n v_n(x) \tag{61}$$

dargestellt werden; dabei sind $a_1, a_2, \ldots, a_n, \ldots$ Konstanten, deren Reihe

$$a_1 + a_2 + \cdots + a_n + \cdots \tag{62}$$

konvergiert, während die Funktionen $v_1(x), \ldots, v_n(x), \ldots$ sämtlich nicht negativ sind und eine konstante positive Zahl M nicht übertreffen ($v_n(x) \leqq M$), und für jeden Wert x des Intervalls (a, b) gilt

$$v_1(x) \geqq v_2(x) \geqq \cdots \geqq v_n(x) \geqq \cdots \tag{63}$$

(Abelsches Kriterium).

Beweis von (A). Da die Reihe (60) konvergiert, läßt sich zu einem gegebenen ε eine Zahl N finden derart, daß für alle $n > N$ und für alle p [**125**] die Ungleichung

$$M_{n+1} + M_{n+2} + \cdots + M_{n+p} < \varepsilon$$

gilt; wegen der Ungleichungen (59) wird auch

$$|u_{n+1}(x) + \cdots + u_{n+p}(x)| \leqq M_{n+1} + \cdots + M_{n+p} < \varepsilon ,$$

woraus [**143**] die gleichmäßige Konvergenz der Reihe (55) folgt.

Beweis von (B). Wir setzen

$$\sigma'_p = a_{n+1} + a_{n+2} + \cdots + a_{n+p} ,$$

woraus unmittelbar

$$a_{n+1} = \sigma'_1 \quad \text{und} \quad a_{n+k} = \sigma'_k - \sigma'_{k-1} \quad (k > 1)$$

folgt. Wir schätzen den Ausdruck

$$u_{n+1}(x) + u_{n+2}(x) + \cdots + u_{n+p}(x) = a_{n+1}v_{n+1}(x) + a_{n+2}v_{n+2}(x) + \cdots + a_{n+p}v_{n+p}(x)$$

ab. Setzen wir statt der a_{n+k} deren Darstellungen durch die σ'_k ein und fassen die Glieder mit denselben σ'_k zusammen, so erhalten wir

$$\begin{aligned} & a_{n+1}v_{n+1}(x) + a_{n+2}v_{n+2}(x) + \cdots + a_{n+p}v_{n+p}(x) \\ & = \sigma'_1 v_{n+1}(x) + (\sigma'_2 - \sigma'_1)\, v_{n+2}(x) + \cdots + (\sigma'_p - \sigma'_{p-1})\, v_{n+p}(x) \\ & = \sigma'_1[v_{n+1}(x) - v_{n+2}(x)] + \cdots + \sigma'_{p-1}[v_{n+p-1}(x) - v_{n+p}(x)] + \sigma'_p v_{n+p}(x) . \end{aligned}$$

Beachten wir, daß $v_{n+p}(x)$ und alle Differenzen $v_{n+k-1}(x) - v_{n+k}(x)$ nach Voraussetzung nicht negativ sind, so können wir

$$\begin{aligned} |u_{n+1}(x) + \cdots + u_{n+p}(x)| \leqq {} & |\sigma'_1|[v_{n+1}(x) - v_{n+2}(x)] + \cdots \\ & + |\sigma'_{p-1}|\, [v_{n+p-1}(x) - v_{n+p}(x)] + |\sigma'_p|\, v_{n+p}(x) \end{aligned}$$

schreiben oder, wenn wir mit σ' den größten der Absolutbeträge von $\sigma'_1, \sigma'_2, \ldots, \sigma'_p$ bezeichnen

$$\begin{aligned} & |u_{n+1}(x) + \cdots + u_{n+p}(x)| \\ & \leqq \sigma' \,\{[v_{n+1}(x) - v_{n+2}(x)] + \cdots + [v_{n+p-1}(x) - v_{n+p}(x)] + v_{n+p}(x)\} , \end{aligned}$$

und wir erhalten durch Auflösen der eckigen Klammern

$$|u_{n+1}(x) + \cdots + u_{n+p}(x)| \leqq \sigma' v_{n+1}(x) . \tag{64}$$

Aus der Definition von σ'_k und der Konvergenz der Reihe (62) ergibt sich, daß zu einem beliebig vorgegebenen positiven ε ein N existiert derart, daß für $n > N$ und jedes k die Ungleichung $|\sigma'_k| < \dfrac{\varepsilon}{M}$ und daher auch $\sigma' < \dfrac{\varepsilon}{M}$ gilt. Berücksichtigen wir noch, daß voraussetzungsgemäß $0 \leqq v_{n+p}(x) \leqq M$ ist, so erhalten wir wegen (64) für $n > N$ und beliebiges p

$$|u_{n+1}(x) + \cdots + u_{n+p}(x)\,| < \varepsilon .$$

Da N nicht von x abhängt, folgt hieraus die gleichmäßige Konvergenz der Reihe (55) im Intervall (a, b).

Beispiele.

1. Die Reihen

$$\sum_{n=1}^{\infty} \frac{\cos nx}{n^p} , \qquad \sum_{n=1}^{\infty} \frac{\sin nx}{n^p} \qquad (p > 1) \tag{65}$$

konvergieren in jedem Intervall gleichmäßig, da für jedes x

$$\left|\frac{\cos nx}{n^p}\right| \leqq \frac{1}{n^p} , \qquad \frac{\sin nx}{n^p} \leqq \frac{1}{n^p}$$

gilt und die Reihe $\sum \dfrac{1}{n^p}$ für $p > 1$ konvergent ist [**122**] (Weierstraßsches Kriterium).

2. Wenn die Reihe $\sum_{n=1}^{\infty} a_n$ konvergiert, ist die Reihe

$$\sum_{n=1}^{\infty} \frac{a_n}{n^x} \tag{66}$$

im Intervall $0 \leqq x \leqq l$ für beliebiges l gleichmäßig konvergent, da mit $v_n(x) = \frac{1}{n^x}$ alle Bedingungen des Abelschen Kriteriums erfüllt sind.

148. Potenzreihen. Der Konvergenzradius. Ein überaus wichtiges Beispiel für die Anwendung der oben dargelegten Theorie der Reihen mit veränderlichen Gliedern stellen die Potenzreihen dar, d.h. Reihen der Form

$$a_0 + a_1 x + a_2 x^2 + \cdots + a_n x^n + \cdots, \tag{67}$$

auf die wir schon bei der Untersuchung der Maclaurinschen Formel gestoßen waren. Die eingehende Untersuchung der Eigenschaften dieser Reihen gehört in die Theorie der Funktionen einer komplexen Veränderlichen; wir geben daher hier nur die hauptsächlichsten Eigenschaften an.

Erster Abelscher Satz. *Wenn die Potenzreihe* (67) *für einen gewissen Wert $x_0 = \xi$ konvergiert, dann konvergiert sie absolut für alle Werte x, für die*

$$|x| < |\xi| \tag{68}$$

ist. Wenn sie für $x_0 = \xi$ divergiert, dann divergiert sie auch für alle x-Werte mit

$$|x| > |\xi|. \tag{69}$$

Es möge die Reihe

$$a_0 + a_1\xi + a_2\xi^2 + \cdots + a_n\xi^n + \cdots$$

zunächst konvergieren. Dann muß das allgemeine Glied der konvergenten Reihe gegen 0 streben, d. h.

$$a_n\xi^n \to 0 \quad \text{für} \quad n \to \infty$$

gelten. Daher läßt sich eine Konstante M finden derart, daß für alle Werte n

$$|a_n\xi^n| \leqq M$$

ist. Ist jetzt x ein beliebiger der Bedingung (68) genügender Wert, so wird $q = \left|\frac{x}{\xi}\right| < 1$. Wir haben offenbar

$$|a_n x^n| = \left|a_n\xi^n \frac{x^n}{\xi^n}\right| = |a_n\xi^n| \left|\frac{x}{\xi}\right|^n \leqq Mq^n,$$

d. h., das allgemeine Glied der Reihe (67) ist für den betrachteten Wert x dem Absolutbetrag nach nicht größer als das allgemeine Glied der konvergenten geometrischen Reihe, und daher konvergiert die Reihe (67) absolut [**124**].

Auch der zweite Teil des Satzes ist offenbar richtig. Denn wenn die Reihe (67) für einen gewissen die Bedingung (69) erfüllenden Wert x konvergieren würde, müßte sie nach dem soeben Bewiesenen für jedes ξ konvergieren, für das $|\xi| < |x|$ ist, was der Voraussetzung widerspricht.

Folgerung. *Es existiert eine wohlbestimmte Zahl R, der Konvergenzradius der Reihe* (67), *die die folgenden Eigenschaften besitzt:*

die Reihe (67) *konvergiert absolut für $|x| < R$,*
die Reihe (67) *divergiert für $|x| > R$.*

Insbesondere kann $R = 0$ sein, dann divergiert die Reihe (67) für alle von 0 verschiedenen Werte x; oder aber es kann $R = \infty$ werden, und dann konvergiert die Reihe (67) für alle Werte von x.

Wir lassen den ersten Fall unberücksichtigt und betrachten einen positiven Wert $x = \xi$, für den die Reihe (67) konvergiert. Ein solcher Wert existiert sicher, wenn es überhaupt Werte $x \neq 0$ gibt, für die die Reihe (67) konvergiert. Wenn wir den Wert x vergrößern, können nur zwei Fälle auftreten: Entweder bleibt die Reihe (67) immer konvergent, sogar wenn x unbegrenzt wächst, dann ist offenbar $R = \infty$; oder aber es existiert eine bestimmte Zahl $A > x$ mit der Eigenschaft, daß die Reihe (67) stets konvergiert, wie nahe auch immer x der Zahl A kommen mag, solange x kleiner als A bleibt, daß aber die Reihe divergent wird, wenn x größer wird als A.

Die Existenz einer solchen Zahl A ist, geometrisch gesehen, ohne weiteres einleuchtend, da die Reihe, wenn sie für irgendeinen Wert x divergent wird, auf Grund des ersten Abelschen Satzes auch für alle größeren Werte divergieren muß. Der strenge Beweis für die Existenz der Zahl A kann auf Grund der Theorie der reellen Zahlen durchgeführt werden. Offenbar ist diese Zahl A genau der Konvergenzradius R der Reihe (67).

Wir bringen den Existenzbeweis für R. Zu diesem Zweck zerlegen wir die Menge aller reellen Zahlen folgendermaßen in zwei Klassen: Zur ersten Klasse zählen wir alle negativen Zahlen, die Null und diejenigen positiven Zahlen x, für die die Reihe (67) konvergiert; in die zweite Klasse nehmen wir alle übrigen reellen Zahlen. Auf Grund des bewiesenen Satzes ist jede Zahl der ersten Klasse kleiner als jede Zahl der zweiten Klasse, d. h., wir haben einen Schnitt im Bereich der reellen Zahlen durchgeführt, und daher gibt es entweder in der ersten Klasse eine größte oder in der zweiten Klasse eine kleinste Zahl [**40**]. Diese Zahl ist offenbar der Konvergenzradius R der Reihe. Wenn alle Zahlen in die erste Klasse fallen, hat man $R = \infty$ zu setzen.

149. Der zweite Abelsche Satz. *Ist R der Konvergenzradius der Reihe* (67), *so konvergiert die Reihe nicht nur absolut, sondern auch gleichmäßig in jedem Intervall* (a, b), *das ganz im Innern des Intervalls* $(-R, R)$ *liegt, d. h. für das* $-R < a < b < R$ *gilt.*

Konvergiert die Reihe auch für $x = R$ *oder* $x = -R$, *so ist sie auch im Intervall* (a, R) *bzw.* $(-R, b)$ *gleichmäßig konvergent.*

Ohne Beschränkung der Allgemeinheit können wir $R = 1$ annehmen, indem wir an Stelle von x die neue unabhängige Veränderliche t gemäß $x = Rt$ einführen, wodurch sich die Reihe (67) in eine Potenzreihe der Veränderlichen t verwandelt und das Intervall $(-R, R)$ in $(-1, 1)$ übergeht.

Für $R = 1$ konvergiert die Reihe (67) nach der Definition des Konvergenzradius absolut für jeden Wert $x = \xi$ mit $|\xi| < 1$. Wir betrachten jetzt ein beliebiges Intervall (a, b), das im Innern von $(-R, R)$ liegt, so daß also $-1 < a < b < 1$ gilt.

Wir wählen für ξ einen beliebigen im Innern von $(-1, 1)$ liegenden Wert, der aber absolut genommen größer als $|a|$ und $|b|$ sei. Für jedes x im Intervall (a, b) gilt

$$|a_n x^n| < |a_n \xi^n|\,,$$

und da die Reihe

$$a_0 + a_1\xi + a_2\xi^2 + \cdots + a_n\xi^n + \cdots$$

absolut konvergiert und ihre Glieder nicht von x abhängen, konvergiert nach dem Weierstraßschen Kriterium die Reihe (67) gleichmäßig im Intervall (a, b).

Wir nehmen jetzt an, daß die Reihe (67) auch für $x = 1$, d. h., daß die Reihe

$$a_0 + a_1 + a_2 + \cdots + a_n + \cdots$$

konvergiert. Setzen wir $v_n(x) = x^n$, so können wir auf die Reihe (67) das Abelsche Kriterium anwenden, welches zeigt, daß sie bei beliebigem a mit $-1 < a < 1$ im ganzen Intervall $(a, 1)$ gleichmäßig konvergiert. Da nach dem oben Gesagten die Reihe auch im Intervall $-a \leqq x \leqq a$ gleichmäßig konvergiert, kann man behaupten, daß sie im ganzen Intervall $(c, 1)$ mit $-1 < c < 1$ gleichmäßig konvergiert.

Der Fall, daß die Reihe (67) für $x = -1$ konvergiert, läßt sich auf den vorhergehenden zurückführen, indem man x durch $-x$ ersetzt.

Wir bezeichnen die Summe der Reihe (67) mit $f(x)$. Sie existiert natürlich nur für x-Werte des Konvergenzintervalls $-R < x < R$, wobei R der Konvergenzradius der Reihe ist.

Berücksichtigen wir die gleichmäßige Konvergenz der Reihe in jedem Intervall (a, b) mit

$$-R < a < b < R \tag{70}$$

sowie Eigenschaft 1 aus [**146**], so können wir behaupten, daß *die Summe $f(x)$ der Reihe in jedem der angegebenen Intervalle (a, b) eine stetige Funktion ist.* Man kann auch sagen, daß $f(x)$ *im Innern des Intervalls $(-R, R)$ stetig ist.* Später werden wir sehen, daß diese Funktion dort beliebig viele Ableitungen besitzt. Konvergiert die Reihe (67) auch für $x = R$, so wird wegen der bewiesenen gleichmäßigen Konvergenz in jedem Intervall (a, R) mit $-R < a < R$ die Funktion $f(x)$ in diesem Intervall stetig und insbesondere $f(R)$ der Grenzwert von $f(x)$, wenn x von links gegen R strebt [**35**]:

$$f(R) = \lim_{x \to R-0} f(x)\,. \tag{71}$$

Entsprechendes gilt für die Konvergenz der Reihe für $x = -R$.

Wir hatten früher gesehen, daß die Newtonsche binomische Reihe [**131**]

$$(1 + x)^m = 1 + \frac{m}{1!}x + \frac{m(m-1)}{2!}x^2 + \cdots$$

den Konvergenzradius $R = 1$ hat und in gewissen Fällen für $x = \pm 1$ konvergiert. Auf Grund des soeben Bewiesenen können wir behaupten: Wenn die Reihe z. B. für $x = 1$ konvergiert, ist ihre Summe hierbei gleich

$$\lim_{x \to 1-0} (1 + x)^m = 2^m\,.$$

150. Differentiation und Integration einer Potenzreihe. Es sei R der Konvergenzradius der Reihe

$$a_0 + a_1 x + a_2 x^2 + \cdots + a_n x^n + \cdots\,. \tag{72}$$

Integrieren wir sie gliedweise von 0 bis x bzw. differenzieren wir sie, so erhalten wir zwei weitere Potenzreihen

$$a_0 x + \frac{a_1}{2}x^2 + \cdots + \frac{a_n}{n+1}x^{n+1} + \cdots \tag{73}$$

bzw.

$$a_1 + 2a_2 x + 3a_3 x^2 + \cdots + n a_n x^{n-1} + \cdots\,. \tag{74}$$

Wir zeigen, daß diese beiden Reihen ebenfalls den Konvergenzradius R haben. Wir müssen also zeigen, daß sie konvergieren, wenn $|x| < R$, und divergieren, wenn $|x| > R$ ist.

Nach dem Bewiesenen konvergiert die Reihe (72) gleichmäßig in jedem Intervall $(-R_1, R_1)$ mit $0 < R_1 < R$, und wegen Eigenschaft 2 aus [**146**] kann man sie in diesem Intervall gliedweise von 0 bis x integrieren, d. h., die Reihe (73) konvergiert für beliebiges x mit $|x| < R$, und die Summe der Reihe (73) ist dabei gleich

$$\int_0^x f(t)\,dt\,,$$

wobei $f(x)$ die Summe der Reihe (72) ist. Wir zeigen jetzt, daß auch die Reihe (74) konvergiert, wenn $|x| < R$ ist. Unter dieser Voraussetzung wählen wir irgendeine zwischen $|x|$ und R liegende Zahl ξ, so daß

$$|x| < \xi < R \tag{75}$$

ist, und setzen $q = \frac{|x|}{\xi} < 1$. Für die Glieder der Reihe (74) gilt dann

$$|n a_n x^{n-1}| = \left| n a_n \xi^n \frac{x^{n-1}}{\xi^{n-1}} \cdot \frac{1}{\xi} \right|$$

und auf Grund des Vorhergehenden

$$|na_n x^{n-1}| \leqq nq^{n-1} \frac{1}{\xi} |a_n \xi^n| .$$

Wendet man auf die Reihe $\sum nq^{n-1}$ das Quotientenkriterium von D'ALEMBERT an, so läßt sich leicht zeigen, daß sie für $0 < q < 1$ konvergiert, und folglich gilt [**119**]

$$nq^{n-1} \to 0 \quad \text{für} \quad n \to \infty \tag{76}$$

und daher für alle hinreichend großen n

$$|na_n x^{n-1}| < |a_n \xi^n| .$$

Aber wegen (75) konvergiert die Reihe $\sum a_n \xi^n$ und daher auch die Reihe (74) für den gewählten x-Wert absolut. Also konvergieren beide Reihen (73) und (74), wenn $|x| < R$ ist, d. h., bei der gliedweisen Integration und Differentiation einer Potenzreihe kann sich ihr Konvergenzradius nicht verkleinern. Hieraus folgt aber unmittelbar, daß er auch nicht größer werden kann. Wäre nämlich z. B. der Konvergenzradius R' der Reihe (73) größer als R, so erhielten wir bei der Differentiation der Reihe (73) die Reihe (72), und deren Konvergenzradius wäre nach dem soeben Bewiesenen nicht kleiner als R'; tatsächlich ist er gleich R, unsere Annahme $R < R'$ ist falsch. Daher haben die Reihen (73) und (74) denselben Konvergenzradius R wie die Reihe (72). Differenzieren wir die Reihe (74) nochmals, so erhalten wir die Potenzreihe

$$2a_2 + 3 \cdot 2a_3 x + 4 \cdot 3a_4 x^2 + \cdots + n(n-1)\, a_n x^{n-2} + \cdots ,$$

die auf Grund des Bewiesenen ebenfalls mit demselben Konvergenzradius R konvergiert, usw. Diese Potenzreihen konvergieren alle gleichmäßig in jedem Intervall (a, b), für das (70) gilt; dasselbe gilt auch für die wiederholte gliedweise Integration. Auf Grund der Sätze 2 und 3 aus [**146**] können wir schließlich das folgende Resultat formulieren:

Die Potenzreihe

$$a_0 + a_1 x + a_2 x^2 + \cdots + a_n x^n + \cdots , \tag{77}$$

deren Konvergenzradius gleich R ist, stellt eine im Innern des Intervalls $(-R, R)$ stetige Funktion von x dar.

Diese Reihe kann man beliebig oft gliedweise differenzieren und integrieren, so lange x im Innern des Intervalls $(-R, R)$ liegt, wobei die hierbei sich ergebenden Potenzreihen denselben Konvergenzradius R haben. Die Summen dieser Reihen sind gleich den entsprechenden Ableitungen bzw. Integralen der Summe der Reihe (77).

Wir bemerken, daß das Intervall $(-R, R)$ auch das offene Intervall $(-\infty, \infty)$ sein kann, d. h., alles Gesagte bleibt auch für den Fall richtig, daß der Konvergenzradius der Reihe (77) unendlich groß ist.

Setzen wir

$$f(x) = a_0 + a_1 x + a_2 x^2 + \cdots + a_n x^n + \cdots , \tag{78}$$

so erhalten wir

$$f'(x) = a_1 + 2a_2 x + \cdots + na_n x^{n-1} + \cdots ,$$

$$f''(x) = 2a_2 + 6a_3 x + \cdots + n(n-1)\, a_n x^{n-2} + \cdots ,$$

$$\cdots\cdots\cdots\cdots\cdots\cdots\cdots\cdots\cdots\cdots$$

$$f^{(n)}(x) = n!a_n + (n+1)\, n \ldots 3 \cdot 2a_{n+1} x + \cdots ,$$

woraus für $x = 0$

$$a_0 = f(0) , \quad a_1 = \frac{f'(0)}{1!} , \quad a_2 = \frac{f''(0)}{2!} , \quad \ldots , \quad a_n = \frac{f^{(n)}(0)}{n!} , \quad \ldots$$

folgt. Durch Einsetzen dieser Ausdrücke für $a_0, a_1, a_2, \dots, a_n, \dots$ in (78) erhalten wir

$$f(x) = f(0) + \frac{xf'(0)}{1!} + \frac{x^2 f''(0)}{2!} + \cdots + \frac{x^n f^{(n)}(0)}{n!} + \cdots \qquad (-R < x < R),$$

d. h., *eine Potenzreihe stimmt mit der Entwicklung ihrer Summe gemäß der Maclaurinschen Formel überein.*

Die dargelegte Theorie der Potenzreihen läßt sich ohne Schwierigkeit auf Potenzreihen der Form

$$a_0 + a_1(x - a) + a_2(x - a)^2 + \cdots + a_n(x - a)^n + \cdots \tag{79}$$

erweitern.

Hier spielt die Differenz $x - a$ überall die Rolle von x. Den Konvergenzradius R der Reihe (79) bestimmt man aus der Bedingung, daß die Reihe für $|x - a| < R$ konvergiert und für $|x - a| > R$ divergiert. Wenn wir mit $f(x)$ die Summe der Reihe (79) im Intervall

$$-R < x - a < R \tag{80}$$

bezeichnen, erhalten wir für die Koeffizienten a_n die Darstellungen

$$a_0 = f(a), \qquad a_1 = \frac{f(a)}{1!}, \quad \dots, \qquad a_n = \frac{f^{(n)}(a)}{n!}, \quad \dots,$$

d. h., *die Reihe* (79) *stimmt im Intervall* (80) *mit der Entwicklung ihrer Summe in eine Taylorsche Reihe überein.*

Wir kommen auf die Theorie der Potenzreihen in Teil III/2 bei der Darstellung der Theorie der Funktionen einer komplexen Veränderlichen noch zurück.

Als Beispiel möge der Leser auf Grund der Theorie der Potenzreihen und der Bemerkung, daß

$$\log(1 + x) = \int_0^x \frac{dt}{1 + t}, \qquad \arctan x = \int_0^x \frac{dt}{1 + t^2}, \qquad \arcsin x = \int_0^x \frac{dt}{\sqrt{1 - t^2}}$$

ist, die Entwicklungen der Funktionen $\log(1 + x)$, $\arctan x$, $\arcsin x$ herleiten und außerdem den Gültigkeitsbereich (das Konvergenzintervall) der erhaltenen Entwicklungen untersuchen.

V. Funktionen mehrerer Veränderlicher

§ 15. Die Ableitungen und Differentiale einer Funktion

151. Grundbegriffe. In dem den Funktionen zweier Veränderlicher gewidmeten Paragraphen des Kapitels II hatten wir mit der Darlegung der einschlägigen Grundbegriffe begonnen. Wir werden jetzt allgemein Funktionen mehrerer Veränderlicher behandeln und insbesondere genauer auf den Grenzwert eingehen.

Die Funktion $f(x, y)$ kann entweder in der ganzen Ebene oder in einem gewissen Bereich definiert sein. Auf diese Weise ist jedem Punkt (x, y) dieses Bereichs ein bestimmter Wert $f(x, y)$ zugeordnet. Besteht ein Bereich nur aus *inneren* Punkten, so heißt er *offen*; rechnet man den *Rand* hinzu, so wird der Bereich *abgeschlossen* genannt.[1])

Nach Wahl eines rechtwinkligen kartesischen Koordinatensystems x, y, z im Raum können wir statt vom Zahlentripel (x, y, z) vom Punkt M des Raumes mit den Koordinaten x, y, z sprechen. Wir werden annehmen, daß die Funktion $f(x, y, z)$ im ganzen Raum oder in einem gewissen Bereich des Raumes, der offen oder abgeschlossen sein kann, definiert ist. In den einfachsten Fällen sind die Ränder des Bereichs (wovon es auch mehrere geben kann) gewisse Flächen. So definieren z. B. die Ungleichungen

$$a_1 \leqq x \leqq a_2\,, \qquad b_1 \leqq y \leqq b_2\,, \qquad c_1 \leqq z \leqq c_2$$

ein abgeschlossenes rechtwinkliges Parallelepiped, dessen Kanten parallell zu den Koordinatenachsen sind. Die Ungleichungen

$$a_1 < x < a_2\,, \qquad b_1 < y < b_2\,, \qquad c_1 < z < c_2$$

definieren ein offenes Parallelepiped. Die Ungleichung

$$(x - a)^2 + (y - b)^2 + (z - c)^2 \leqq r^2$$

definiert die abgeschlossene Kugel mit dem Mittelpunkt (a, b, c) und dem Radius r. Bei Ausschluß des Gleichheitszeichens entsteht die offene Kugel. Die Begriffe Grenzwert und Stetigkeit definiert man für Funktionen dreier Veränderlicher ganz genau so wie für Funktionen zweier Veränderlicher [**67**].

Zwar geht bei Funktionen $f(x_1, x_2, \ldots, x_n)$ mehrerer Veränderlicher für $n > 3$ die geometrische Anschaulichkeit des Raumes verloren, doch behält man häufig die geometrische Terminologie bei. Das geordnete System der n reellen Zahlen $x_1, x_2, \ldots, x_n$ nennt man einen Punkt. Die Menge aller Punkte bildet den n-dimensionalen Raum. Die Bereiche dieses Raumes werden durch Ungleichungen definiert. So definieren z. B. die Ungleichungen

$$c_1 \leqq x_1 \leqq d_1\,, \qquad c_2 \leqq x_2 \leqq d_2\,, \quad \ldots, \quad c_n \leqq x_n \leqq d_n$$

---

[1]) Ein (offener) Bereich ist hier als offene zusammenhängende Punktmenge definiert. Dabei heißt eine offene Punktmenge zusammenhängend, wenn man je zwei ihrer Punkte durch einen ganz in dieser Menge verlaufenden Polygonzug verbinden kann (Anm. d. Übers.).

ein n-dimensionales Parallelepiped oder, wie man sagt, ein n-dimensionales Intervall. Die Ungleichung

$$\sum_{k=1}^{n} (x_k - a_k)^2 \leqq r^2$$

definiert eine n-dimensionale Kugel. Unter der *Umgebung des Punktes* $(a_1, a_2, \dots, a_n)$ verstehen wir jede Punktmenge, die durch diese Ungleichung bei beliebiger Wahl von $r > 0$ oder aber durch Ungleichungen $|x_k - a_k| \leqq \varrho$ $(k = 1, 2, \dots, n)$ mit beliebigem $\varrho > 0$ definiert werden kann.

Ist die Funktion $f(x_1, x_2, \dots, x_n)$ in einer gewissen Umgebung des Punktes $M_0(a_1, a_2, \dots, a_n)$ (evtl. mit Ausnahme dieses Punktes selbst) definiert, so sagt man, daß $f(x_1, x_2, \dots, x_n)$ bei der Annäherung des Punktes $M(x_1, x_2, \dots, x_n)$ an den Punkt $M_0(a_1, a_2, \dots, a_n)$ gegen den Grenzwert A strebt, und schreibt

$$\lim_{x_k \to a_k} f(x_1, x_2, \dots, x_n) = A \quad \text{oder} \quad \lim_{M \to M_0} f(x_1, x_2, \dots, x_n) = A ,$$

wenn zu einer beliebig vorgegebenen positiven Zahl ε ein solches positives η existiert, daß $|A - f(x_1, x_2, \dots, x_n)| < \varepsilon$ ist, sobald $|a_k - x_k| < \eta$ ist für $k = 1, 2, \dots, n$, wobei angenommen wird, daß der Punkt $M(x_1, x_2, \dots, x_n)$ nicht mit $M_0(a_1, a_2, \dots, a_n)$ zusammenfällt.

Die Stetigkeit von $f(x_1, x_2, \dots, x_n)$ im Punkt $M_0(a_1, a_2, \dots, a_n)$ wird definiert durch

$$\lim_{x_k \to a_k} f(x_1, x_2, \dots, x_n) = f(a_1, a_2, \dots, a_n) .$$

Die in [**67**] angegebenen Eigenschaften einer in einem abgeschlossenen Bereich stetigen Funktion bleiben gültig.

Wie bei Funktionen einer Veränderlichen [**34**] bleiben auch die Aussagen über die Stetigkeit der Summe, des Produkts und des Quotienten von stetigen Funktionen richtig, die letztere unter der Voraussetzung, daß der Nenner im Punkt $(a_1, a_2, \dots, a_n)$ von 0 verschieden ist.

152. Bemerkungen zum Grenzübergang. Wir befassen uns jetzt eingehender mit dem Grenzwertbegriff, wobei wir uns auf den Fall einer Funktion zweier Veränderlicher beschränken. Wenn der Grenzwert

$$\lim_{\substack{x \to a \\ y \to b}} f(x, y) = A \tag{1}$$

existiert, werden wir sagen, daß *der Grenzwert in beiden Veränderlichen existiert.* Dies bedeutet, wie wir wissen, daß $f(x, y)$ bei jeder beliebigen Vorschrift für die Annäherung des Punktes $M(x, y)$ an $M_0(a, b)$ gegen den Grenzwert A strebt. Insbesondere gilt

$$\lim_{x \to a} f(x, b) = A \quad \text{und} \quad \lim_{y \to b} f(a, y) = A . \tag{2}$$

Im ersten Fall strebt $M(x, y)$ gegen $M_0(a, b)$ auf einer Parallelen zur x-Achse und im zweiten auf einer Parallelen zur y-Achse. Wir weisen darauf hin, daß selbst aus der Existenz der Grenzwerte (2) und deren Gleichheit noch nicht die Existenz des Grenzwertes (1) folgt. Als Beispiel betrachten wir die für $x^2 + y^2 \neq 0$ definierte Funktion $f(x, y) = \dfrac{xy}{x^2 + y^2}$ bei Annäherung an $M_0(0, 0)$. Es ist

$$\lim_{x \to 0} f(x, 0) = \lim_{x \to 0} \frac{x \cdot 0}{x^2 + 0} = \lim_{x \to 0} 0 = 0 \quad \text{und} \quad \lim_{y \to 0} f(0, y) = 0 ,$$

aber der Grenzwert (1) existiert in diesem Fall nicht. Setzen wir nämlich $y = x \tan\alpha$, so können wir unsere Funktion in folgender Form schreiben:

$$f(x, y) = \frac{xy}{x^2 + y^2} = \frac{\tan\alpha}{1 + \tan^2\alpha} = \sin\alpha \cos\alpha \,. \tag{3}$$

Strebt der Punkt $M(x, y)$ gegen $M(0, 0)$ längs einer Geraden, die durch den Koordinatenursprung verläuft und mit der x-Achse den Winkel α_0 bildet, so bleibt die durch (3) ausgedrückte Funktion $f(x, y)$ konstant. Ihr Wert hängt von der Wahl von α_0 ab. Daraus folgt, daß der Grenzwert (1) für das betrachtete Beispiel nicht existiert. Wir bemerken, daß auch die Formel (3) die Funktion im Punkt $M(0, 0)$ nicht definiert.

Außer dem Grenzübergang (1) kann man noch die *iterierten Grenzwerte* betrachten, die einem Grenzübergang zuerst hinsichtlich x bei konstantem, von b verschiedenem y und danach hinsichtlich y entsprechen, bzw. umgekehrt:

$$\lim_{y \to b} [\lim_{x \to a} f(x, y)] \quad \text{oder} \quad \lim_{x \to a} [\lim_{y \to b} f(x, y)] \,. \tag{4}$$

Es kann vorkommen, daß diese beiden iterierten Grenzwerte existieren, aber voneinander verschieden sind. So wird z. B. bei der für $x^2 + y^2 \neq 0$ definierten Funktion

$$f(x, y) = \frac{x^2 - y^2 + x^3 + y^3}{x^2 + y^2} \,,$$

wie leicht nachzuweisen ist,

$$\lim_{x \to 0} [\lim_{y \to 0} f(x, y)] = 1 \,, \qquad \lim_{y \to 0} [\lim_{x \to 0} f(x, y)] = -1 \,.$$

Es gilt aber der folgende Satz.

Satz. *Existiert der Grenzwert* (1) *in beiden Veränderlichen und für jedes hinreichend nahe bei a gelegene und von a verschiedene x der Grenzwert*

$$\lim_{y \to b} f(x, y) = \varphi(x) \,, \tag{5}$$

so existiert auch der zweite iterierte Grenzwert (4) *und ist gleich* A, d. h.

$$\lim_{x \to a} \varphi(x) = A \,. \tag{6}$$

Aus der Existenz des Grenzwerts (1) folgt [**67**], daß es zu beliebig vorgegebenem positivem ε ein positives η derart gibt, daß

$$|A - f(x, y)| < \varepsilon \quad \text{für} \quad |x - a| < \eta \quad \text{und} \quad |y - b| < \eta \tag{7}$$

ist, wobei (x, y) nicht mit (a, b) zusammenfällt. Wir legen x, verschieden von a, so fest, daß $|x - a| < \eta$ ist. Gehen wir unter Berücksichtigung von (5) in der Ungleichung (7) zum Grenzwert über, so erhalten wir

$$|A - \varphi(x)| \leqq \varepsilon \quad \text{für} \quad |x - a| < \eta \quad \text{und} \quad x \neq a \,,$$

woraus die Gleichung (6) folgt, da ε beliebig ist.

Bemerkung. Setzen wir entsprechend voraus, daß der Grenzwert (1) existiert und daß für jedes hinreichend nahe bei b gelegene und von b verschiedene y der Grenzwert

$$\lim_{x \to a} f(x, y) = \psi(y)$$

existiert, so existiert auch der erste iterierte Grenzwert (4) und ist gleich A, d. h.

$$\lim_{y \to b} \psi(y) = A \,.$$

Wenn der Grenzwert (1) existiert und $A = f(a, b)$ ist, dann ist die Funktion $f(x, y)$ im Punkt (a, b) stetig, oder, wie man genauer sagt, im Punkt (a, b) in beiden Veränderlichen stetig.

Hierbei gilt auf Grund von (2)

$$\lim_{x \to a} f(x, b) = f(a, b), \qquad \lim_{y \to b} f(a, y) = f(a, b),$$

d. h., die Funktion ist dann im Punkt (a, b) auch in jeder Veränderlichen einzeln stetig, wovon wir bereits gesprochen hatten [67]. Dagegen folgt aus der Stetigkeit in jeder einzelnen Veränderlichen noch nicht die Stetigkeit in beiden Veränderlichen. In der Tat, definieren wir die Funktion außerhalb des Koordinatenursprungs durch (3) und setzen $f(0, 0) = 0$, so gilt hierbei, wie wir oben erwähnt hatten,

$$\lim_{x \to 0} f(x, 0) = 0 \quad \text{und} \quad \lim_{y \to 0} f(0, y) = 0,$$

d. h., die Funktion ist in *jeder einzelnen* Veränderlichen im Punkt (0, 0) stetig. Aber sie ist *nicht* in *beiden* Veränderlichen stetig, weil, wie wir gesehen hatten, kein bestimmter Grenzwert von $f(x, y)$ bei der Annäherung von $M(x, y)$ an $M_0(0, 0)$ existiert.

Wenn $f(x, y)$ in einem gewissen Bereich, der den Punkt (x, y) in seinem Innern enthält, partielle Ableitungen besitzt, gilt, wie wir gezeigt hatten [68], die Formel

$$f(x + \Delta x, y + \Delta y) - f(x, y) = f_x(x + \theta\, \Delta x, y + \Delta y)\, \Delta x + f_y(x, y + \theta_1\, \Delta y)\, \Delta y$$
$$(0 < \theta, \theta_1 < 1).$$

Wir nehmen an, daß die partiellen Ableitungen in dem erwähnten Bereich beschränkt sind, d. h. dem Absolutbetrag nach eine gewisse Zahl M nicht überschreiten. Dann liefert diese Formel

$$|f(x + \Delta x, y + \Delta y) - f(x, y)| \leqq M(|\Delta x| + |\Delta y|),$$

und die rechte Seite dieser Ungleichung strebt für $\Delta x \to 0$ und $\Delta y \to 0$ gegen 0, woraus

$$\lim_{\substack{\Delta x \to 0 \\ \Delta y \to 0}} f(x + \Delta x, y + \Delta y) = f(x, y)$$

folgt. *Besitzt also $f(x, y)$ im Innern eines gewissen Bereichs beschränkte partielle Ableitungen, so ist diese Funktion im Innern dieses Bereichs stetig.*

Die Funktion (3) ist mit der zusätzlichen Festsetzung $f(0, 0) = 0$ auf der ganzen x-Achse und auf der ganzen y-Achse gleich 0, und sie besitzt im Punkt $M_0(0, 0)$ offenbar partielle Ableitungen, die gleich 0 sind. In den übrigen Punkten hat sie ebenfalls partielle Ableitungen,

$$f_x(x, y) = \frac{y^3 - x^2 y}{(x^2 + y^2)^2}, \qquad f_y(x, y) = \frac{x^3 - x y^2}{(x^2 + y^2)^2},$$

d. h., die oben angegebene Funktion hat in der ganzen Ebene partielle Ableitungen. Trotzdem ist sie, wie wir gesehen hatten, im Punkt (0, 0) nicht stetig; dies erklärt sich dadurch, daß die partiellen Ableitungen dem Absolutbetrag nach bei der Annäherung des Punktes (x, y) an den Koordinatenursprung beliebig große Werte annehmen können.

153. Die partiellen Ableitungen und das vollständige Differential erster Ordnung. In [68] hatten wir den Begriff der partiellen Ableitungen und des vollständigen Differentials einer Funktion zweier Veränderlicher eingeführt. Diese Begriffe können auch auf den Fall einer Funktion beliebig vieler Veränderlicher ausgedehnt werden. Als Beispiel betrachten wir die Funktion von vier Veränderlichen:

$$w = f(x, y, z, t).$$

Unter der *partiellen Ableitung* dieser Funktion nach x versteht man den Grenzwert

$$\lim_{h \to \pm 0} \frac{f(x + h, y, z, t) - f(x, y, z, t)}{h},$$

wenn er existiert; zur Bezeichnung dieser partiellen Ableitung verwendet man die Symbole

$$f_x(x, y, z, t) \quad \text{oder} \quad \frac{\partial f(x, y, z, t)}{\partial x} \quad \text{oder} \quad \frac{\partial w}{\partial x}.$$

Analog werden auch die partiellen Ableitungen nach den anderen Veränderlichen definiert.

Unter dem *vollständigen Differential* der Funktion versteht man die Summe ihrer partiellen Differentiale:

$$dw = \frac{\partial w}{\partial x} dx + \frac{\partial w}{\partial y} dy + \frac{\partial w}{\partial z} dz + \frac{\partial w}{\partial t} dt,$$

wobei dx, dy, dz, dt die Differentiale der unabhängigen Veränderlichen sind (also willkürliche, nicht von x, y, z, t abhängige Größen).

Das Differential ist der Hauptbestandteil des Funktionszuwachses

$$\Delta w = f(x + dx, y + dy, z + dz, t + dt) - f(x, y, z, t),$$

und zwar gilt [**68**]

$$\Delta w = dw + \varepsilon_1 dx + \varepsilon_2 dy + \varepsilon_3 dz + \varepsilon_4 dt,$$

wobei $\varepsilon_1, \varepsilon_2, \varepsilon_3, \varepsilon_4$ gegen 0 streben, wenn dx, dy, dz, dt gegen 0 streben, unter der Voraussetzung, daß die Funktion w stetige partielle Ableitungen im Innern eines gewissen Bereichs besitzt, der den Punkt (x, y, z, t) in seinem Innern enthält.

Genauso kann auch die Differentiationsregel für mittelbare Funktionen verallgemeinert werden. Wir nehmen z. B. an, daß x, y und z nicht unabhängige Veränderliche sind, sondern Funktionen der unabhängigen Veränderlichen t. Die Funktion w hängt in diesem Fall sowohl von t direkt als auch mittelbar über x, y, z ab, und die vollständige Ableitung von w nach t erhält die Form

$$\frac{dw}{dt} = \frac{\partial w}{\partial t} + \frac{\partial w}{\partial x}\frac{dx}{dt} + \frac{\partial w}{\partial y}\frac{dy}{dt} + \frac{\partial w}{\partial z}\frac{dz}{dt}. \tag{8}$$

Wir halten uns nicht mit dem Beweis dieser Regel auf, da sie in einer wörtlichen Wiederholung dessen besteht, was wir in [**69**] gesagt hatten. Wenn die Veränderlichen x, y, z außer von t auch noch von anderen unabhängigen Veränderlichen abhängen, müssen wir auf der rechten Seite von (8) statt $\frac{dx}{dt}, \frac{dy}{dt}, \frac{dz}{dt}$ die partiellen Ableitungen $\frac{\partial x}{\partial t}, \frac{\partial y}{\partial t}, \frac{\partial z}{\partial t}$ schreiben; da ferner die Funktion w außer von t auch von den anderen unabhängigen Veränderlichen abhängt, müssen wir auf der linken Seite von (8) ebenfalls $\frac{dw}{dt}$ durch $\frac{\partial w}{\partial t}$ ersetzen. Diese letzte partielle Ableitung ist jedoch verschieden von der auf der rechten Seite von (8) stehenden partiellen Ableitung $\frac{\partial w}{\partial t}$, die nur insoweit berechnet ist, als w unmittelbar von t abhängt; zur Unterscheidung setzt man bisweilen diese direkt bezüglich t berechnete partielle Ableitung in Klammern, so daß die Gleichung (8) im vorliegenden Fall folgende Form annimmt:

$$\frac{\partial w}{\partial t} = \left(\frac{\partial w}{\partial t}\right) + \frac{\partial w}{\partial x}\frac{\partial x}{\partial t} + \frac{\partial w}{\partial y}\frac{\partial y}{\partial t} + \frac{\partial w}{\partial z}\frac{\partial z}{\partial t}. \tag{9}$$

Bei der Betrachtung einer Funktion *einer* Veränderlichen hatten wir gesehen, daß *der Ausdruck für ihr erstes Differential nicht von der Wahl der unabhängigen Veränderlichen abhängt* [**50**]. Wir werden nun zeigen, daß *diese Eigenschaft auch bei Funktionen mehrerer Veränderlicher gültig bleibt.*

Wir betrachten als konkreten Fall die Funktion zweier Veränderlicher

$$z = \varphi(x, y)$$

und nehmen an, daß x und y Funktionen der unabhängigen Veränderlichen u und v sind. Nach der Kettenregel ist dann

$$\frac{\partial z}{\partial u} = \frac{\partial z}{\partial x}\frac{\partial x}{\partial u} + \frac{\partial z}{\partial y}\frac{\partial y}{\partial u}, \qquad \frac{\partial z}{\partial v} = \frac{\partial z}{\partial x}\frac{\partial x}{\partial v} + \frac{\partial z}{\partial y}\frac{\partial y}{\partial v}.$$

Da das vollständige Differential der Funktion nach Definition

$$\mathrm{d}z = \frac{\partial z}{\partial u}\,\mathrm{d}u + \frac{\partial z}{\partial v}\,\mathrm{d}v$$

ist, erhalten wir durch Einsetzen der Ausdrücke für die partiellen Ableitungen

$$\mathrm{d}z = \frac{\partial z}{\partial x}\left(\frac{\partial x}{\partial u}\,\mathrm{d}u + \frac{\partial x}{\partial v}\,\mathrm{d}v\right) + \frac{\partial z}{\partial y}\left(\frac{\partial y}{\partial u}\,\mathrm{d}u + \frac{\partial y}{\partial v}\,\mathrm{d}v\right).$$

Die in den runden Klammern stehenden Ausdrücke sind die vollständigen Differentiale von x und y, und daher können wir schreiben

$$\mathrm{d}z = \frac{\partial z}{\partial x}\,\mathrm{d}x + \frac{\partial z}{\partial y}\,\mathrm{d}y,$$

d. h., *das erste Differential einer mittelbaren Funktion hat dieselbe Form wie bei unabhängigen Veränderlichen.*

Diese Eigenschaft gestattet es, die Regel für die Ermittlung des Differentials einer Summe, eines Produkts und eines Quotienten auf eine Funktion mehrerer Veränderlichen auszudehnen:

$$\mathrm{d}(u + v) = \mathrm{d}u + \mathrm{d}v, \qquad \mathrm{d}(uv) = v\,\mathrm{d}u + u\,\mathrm{d}v, \qquad \mathrm{d}\,\frac{u}{v} = \frac{v\,\mathrm{d}u - u\,\mathrm{d}v}{v^2},$$

wobei u und v Funktionen von mehreren unabhängigen Veränderlichen sind. So können wir z. B. unter Benutzung der bewiesenen Eigenschaft schreiben:

$$\mathrm{d}(uv) = \frac{\partial(uv)}{\partial u}\,\mathrm{d}u + \frac{\partial(uv)}{\partial v}\,\mathrm{d}v = v\,\mathrm{d}u + u\,\mathrm{d}v.$$

154. Homogene Funktionen. Wir geben eine Definition einer homogenen Funktion mehrerer Veränderlicher an: Eine Funktion mehrerer Veränderlicher heißt *homogene Funktion vom Grade m* in diesen Veränderlichen, wenn sich bei der Multiplikation aller dieser Veränderlicher mit einer beliebigen Größe t die Funktion mit t^m multipliziert.

Beschränken wir uns auf die Fälle einer Funktion von zwei bzw. drei Veränderlichen, so können wir sagen, daß die Funktionen $f(x, y)$ bzw. $f(x, y, z)$ homogene Funktionen vom Grade m heißen, wenn sie den Identitäten

$$f(tx, ty) = t^m f(x, y) \quad \text{bzw.} \quad f(tx, ty, tz) = t^m f(x, y, z) \tag{10}$$

für beliebige zulässige Werte x, y, z, t genügen. Die Zahl m kann eine beliebige, aber feste reelle Zahl sein. Ist etwa $m = \frac{1}{2}$, so ist $t^m = \sqrt{t}$, und t muß positiv sein.

Wir nehmen z. B. an, daß die Funktion $f(x, y)$ ein Volumen darstellt, daß x und y die Längen gewisser Strecken sind und daß in dem Ausdruck der Funktion außer diesen Strecken nur reine Zahlen auftreten. Die Multiplikation von x und y mit t ($t > 0$) ist gleichbedeutend mit einer Maßstabsverkleinerung um das t-fache (für $t > 1$ oder mit einer Maßstabsvergrößerung für $t < 1$), und offenbar muß dabei der Wert, der das Volumen ausdrückt, mit t^3 multipliziert werden, d. h., in dem betrachteten Fall ist $f(x, y)$ eine homogene Funktion dritten Grades.[1]) Ebenfalls als homogene Funktion dritten Grades erweist sich ein beliebiges homogenes Polynom dritten Grades in x und y, d. h. ein solches Polynom, bei dem in jedem Glied die Summe der Exponenten von x und y gleich 3 ist:

$$f(x, y) = ax^3 + bx^2y + cxy^2 + dy^3 .$$

Die Brüche

$$\frac{x^3 + y^3}{x^2 + y^2}, \qquad \frac{xy}{x^2 + y^2}, \qquad \frac{x + y}{x^2 + y^2}$$

sind homogene Funktionen der Grade 1, 0 bzw. -1. Wir bemerken, daß $f(x, y) = \sqrt{x^2 + y^2}$ eine homogene Funktion ersten Grades für alle reellen x und y und alle $t > 0$ ist; denn es gilt

$$\sqrt{(tx)^2 + (ty)^2} = t\sqrt{x^2 + y^2} ,$$

wobei beide Wurzeln positiv genommen werden.

Differenzieren wir die Identität (10) nach t und wenden bei der Differentiation der linken Seite die Kettenregel an, so erhalten wir die Identität

$$xf_u(u, v) + yf_v(u, v) = mt^{m-1}f(x, y) ,$$

wobei $u = tx$ und $v = ty$ ist. Setzen wir in dieser Identität $t = 1$, so erhalten wir den *Satz von* Euler:

$$xf_x(x, y) + yf_y(x, y) = mf(x, y) . \tag{11}$$

Die aus den Produkten der partiellen Ableitungen einer homogenen Funktion mit den entsprechenden Veränderlichen gebildete Summe ist gleich dem Produkt der Funktion selbst mit ihrem Homogenitätsgrad.

Beim Beweis setzen wir natürlich voraus, daß die Funktion $f(x, y)$ stetige partielle Ableitungen hat.

Für $m = 0$ erhalten wir, indem wir in der Identität (10) $t = \frac{1}{x}$ setzen,

$$f(x, y) = f\left(1, \frac{y}{x}\right) \quad \text{bzw.} \quad f(x, y, z) = f\left(1, \frac{y}{x}, \frac{z}{x}\right),$$

d. h., *die homogene Funktion nullten Grades ist eine Funktion der Verhältnisse aller Veränderlichen zu einer von diesen.* Für eine solche Funktion muß die Summe der Produkte der partiellen Ableitungen mit den entsprechenden Veränderlichen gleich 0 sein. Häufig wird die homogene Funktion nullten Grades einfach nur *homogen* genannt.

155. Partielle Ableitungen höherer Ordnung. Die partiellen Ableitungen einer Funktion mehrerer Veränderlicher sind ihrerseits Funktionen derselben Ver-

[1]) So läßt sich z. B. das Volumen eines Kegels durch den Radius r seiner Grundfläche und die Höhe h gemäß der Formel $V = \frac{1}{3}\pi r^2 h$ ausdrücken.

änderlichen, und wir können weitere partielle Ableitungen bilden. Auf diese Weise erhalten wir die partiellen Ableitungen zweiter Ordnung der ursprünglichen Funktion, die ebenfalls Funktionen derselben Veränderlichen werden; deren Differentiation führt zu den partiellen Ableitungen dritter Ordnung der Ausgangsfunktion usw. So erhalten wir z. B. bei der Funktion $u = f(x, y)$ von zwei Veränderlichen, indem wir jede der partiellen Ableitungen $\frac{\partial u}{\partial x}$ und $\frac{\partial u}{\partial y}$ nochmals nach x und y differenzieren, vier partielle Ableitungen zweiter Ordnung, die folgendermaßen bezeichnet werden:

$$f_{xx}(x, y)\,, \qquad f_{xy}(x, y)\,, \qquad f_{yx}(x, y)\,, \qquad f_{yy}(x, y)$$

oder

$$\frac{\partial^2 f(x, y)}{\partial x^2}\,, \qquad \frac{\partial^2 f(x, y)}{\partial x\, \partial y}\,, \qquad \frac{\partial^2 f(x, y)}{\partial y\, \partial x}\,, \qquad \frac{\partial^2 f(x, y)}{\partial y^2}$$

oder

$$\frac{\partial^2 u}{\partial x^2}, \qquad \frac{\partial^2 u}{\partial x\, \partial y}, \qquad \frac{\partial^2 u}{\partial y\, \partial x}, \qquad \frac{\partial^2 u}{\partial y^2}.$$

Die Ableitungen $f_{xy}(x, y)$ und $f_{yx}(x, y)$ unterscheiden sich durch die Reihenfolge der Differentiation. Im ersten Fall wird die Differentiation zuerst nach x und dann nach y ausgeführt, im zweiten Fall aber in der umgekehrten Reihenfolge. Wir zeigen, daß diese beiden Ableitungen unter gewissen Voraussetzungen miteinander identisch sind, d. h., daß *das Resultat nicht von der Reihenfolge der Differentiationen abhängt.*

Zu diesem Zweck bilden wir den Ausdruck

$$\omega = f(x + h, y + k) - f(x + h, y) - f(x, y + k) + f(x, y)\,.$$

Setzen wir

$$\varphi(x, y) = f(x + h, y) - f(x, y)\,,$$

so können wir den Ausdruck ω in folgender Form schreiben:

$$\begin{aligned} \omega &= [f(x + h, y + k) - f(x, y + k)] - [f(x + h, y) - f(x, y)] \\ &= \varphi(x, y + k) - \varphi(x, y)\,. \end{aligned}$$

Indem wir zweimal den Mittelwertsatz (Formel von LAGRANGE **[63]**) anwenden, erhalten wir

$$\begin{aligned} \omega &= k\varphi_y(x, y + \theta_1 k) = k[f_y(x + h, y + \theta_1 k) - f_y(x, y + \theta_1 k)] \\ &= khf_{yx}(x + \theta_2 h, y + \theta_1 k)\,. \end{aligned}$$

Die Buchstaben θ mit den verschiedenen Indizes kennzeichnen zwischen 0 und 1 liegende Zahlen. Mit dem Symbol $f_y(x + h, y + \theta_1 k)$ bezeichnen wir die partielle Ableitung der Funktion $f(x, y)$ nach ihrem zweiten Argument y, wenn darin an Stelle von x bzw. y die Werte $x + h$ bzw. $y + \theta_1 k$ eingesetzt werden. Analoge Bezeichnungen werden auch für die anderen partiellen Ableitungen verwendet.

Genauso können wir für

$$\psi(x, y) = f(x, y + k) - f(x, y)$$

schreiben:

$$\begin{aligned}\omega &= [f(x+h, y+k) - f(x+h, y)] - [f(x, y+k) - f(x, y)] \\ &= \psi(x+h, y) - \psi(x, y) = h\psi_x(x+\theta_3 h, y) \\ &= h[f_x(x+\theta_3 h, y+k) - f_x(x+\theta_3 h, y)] \\ &= hkf_{xy}(x+\theta_3 h, y+\theta_4 k)\,.\end{aligned}$$

Durch Vergleich der beiden für ω erhaltenen Ausdrücke folgt

$$hkf_{yx}(x+\theta_2 h, y+\theta_1 k) = hkf_{xy}(x+\theta_3 h, y+\theta_4 k)$$

oder

$$f_{yx}(x+\theta_2 h, y+\theta_1 k) = f_{xy}(x+\theta_3 h, y+\theta_4 k)\,.$$

Setzen wir die Stetigkeit der Ableitungen zweiter Ordnung voraus und lassen h und k gegen 0 streben, so erhalten wir

$$f_{yx}(x, y) = f_{xy}(x, y)\,.$$

Diese Überlegung führt uns zu dem folgenden

Satz. *Besitzt $f(x, y)$ im Innern eines gewissen Bereichs stetige Ableitungen $f_{xy}(x, y)$ und $f_{yx}(x, y)$, so sind diese Ableitungen in allen inneren Punkten des Bereichs gleich.*

Wir betrachten jetzt zwei Ableitungen dritter Ordnung, etwa $f_{xxy}(x, y)$ und $f_{yxx}(x, y)$, die sich durch die Reihenfolge der Differentiation unterscheiden. Berücksichtigen wir, daß unter den angegebenen Voraussetzungen das Resultat einer zweifachen Differentiation nicht von der Reihenfolge der Differentiation abhängt, so können wir bei Annahme der Existenz der betreffenden Ableitungen

$$f_{xxy}(x, y) = \frac{\partial^2 f_x(x, y)}{\partial x\, \partial y} = \frac{\partial^2 f_x(x, y)}{\partial y\, \partial x} = f_{xyx}(x, y) = f_{yxx}(x, y)$$

schreiben, d. h., auch in diesem Fall hängt das Resultat der Differentiation nicht von der Reihenfolge der Differentiationen ab. Diese Eigenschaft läßt sich ohne Schwierigkeit auf Ableitungen beliebiger Ordnung und auf den Fall einer Funktion beliebig vieler Veränderlicher übertragen; wir können also den allgemeinen Satz aussprechen: *Das Resultat der Differentiation hängt nicht von der Reihenfolge ab, in der die Differentiationen durchgeführt werden,* wenn nicht nur die *Existenz der Ableitungen,* sondern auch ihre *Stetigkeit im Innern eines gewissen Bereichs* vorausgesetzt wird.

Im folgenden wollen wir stets voraussetzen, daß die vorkommenden Ableitungen stetig sind; auf Grund des bewiesenen Satzes braucht man dann für die Ableitungen höherer Ordnung nur die Ordnung n der Ableitung, diejenigen Veränderlichen, nach denen differenziert wird, sowie die jeweilige Anzahl der Differentiationen anzugeben. So benutzt man z. B. für die Funktion $w = f(x, y, z, t)$ die folgende Bezeichnung:

$$\frac{\partial^n f(x, y, z, t)}{\partial x^\alpha\, \partial y^\beta\, \partial z^\gamma\, \partial t^\delta} \quad \text{oder} \quad \frac{\partial^n w}{\partial x^\alpha\, \partial y^\beta\, \partial z^\gamma\, \partial t^\delta} \qquad (\alpha + \beta + \gamma + \delta = n);$$

sie zeigt, daß die gewählte Ableitung von n-ter Ordnung ist, wobei α-mal nach x, β-mal nach y, γ-mal nach z und δ-mal nach t differenziert wurde.

156. Differentiale höherer Ordnung. Das vollständige Differential du einer Funktion mehrerer Veränderlicher ist seinerseits eine Funktion derselben Veränderlichen, und wir können unter Voraussetzung der Existenz der betreffenden Ableitungen das vollständige Differential dieser Funktion bestimmen. So erhalten wir das Differential zweiter Ordnung d^2u der Ausgangsfunktion u, das ebenfalls eine Funktion derselben Veränderlichen wird; deren vollständiges Differential führt uns zum Differential dritter Ordnung d^3u der Ausgangsfunktion, usw.

Wir betrachten eingehender die Funktion $u = f(x, y)$ der beiden Veränderlichen x und y und setzen voraus, daß x und y unabhängige Veränderliche sind; ferner sollen die im folgenden auftretenden Ableitungen stetige Funktionen von x, y sein. Nach Definition ist

$$\mathrm{d}u = \frac{\partial f(x, y)}{\partial x}\,\mathrm{d}x + \frac{\partial f(x, y)}{\partial y}\,\mathrm{d}y\,. \tag{12}$$

Bei der Berechnung von d^2u berücksichtigen wir, daß die Differentiale $\mathrm{d}x$ und $\mathrm{d}y$ der unabhängigen Veränderlichen als konstante Größen anzusehen sind, so daß wir sie vor das Differentialzeichen ziehen können:

$$\begin{aligned}\mathrm{d}^2u &= \mathrm{d}\left[\frac{\partial f(x, y)}{\partial x}\,\mathrm{d}x\right] + \mathrm{d}\left[\frac{\partial f(x, y)}{\partial y}\,\mathrm{d}y\right] = \mathrm{d}x \cdot \mathrm{d}\,\frac{\partial f(x, y)}{\partial x} + \mathrm{d}y \cdot \mathrm{d}\,\frac{\partial f(x, y)}{\partial y}\\ &= \mathrm{d}x\left[\frac{\partial^2 f(x, y)}{\partial x^2}\,\mathrm{d}x + \frac{\partial^2 f(x, y)}{\partial x\,\partial y}\,\mathrm{d}y\right] + \mathrm{d}y\left[\frac{\partial^2 f(x, y)}{\partial y\,\partial x}\,\mathrm{d}x + \frac{\partial^2 f(x, y)}{\partial y^2}\,\mathrm{d}y\right]\\ &= \frac{\partial^2 f(x, y)}{\partial x^2}\,\mathrm{d}x^2 + 2\,\frac{\partial^2 f(x, y)}{\partial x\,\partial y}\,\mathrm{d}x\,\mathrm{d}y + \frac{\partial^2 f(x, y)}{\partial y^2}\,\mathrm{d}y^2\,.\end{aligned}$$

Berechnen wir ebenso d^3u, so erhalten wir

$$\mathrm{d}^3u = \frac{\partial^3 f(x, y)}{\partial x^3}\,\mathrm{d}x^3 + 3\,\frac{\partial^3 f(x, y)}{\partial x^2\,\partial y}\,\mathrm{d}x^2\,\mathrm{d}y + 3\,\frac{\partial^3 f(x, y)}{\partial x\,\partial y^2}\,\mathrm{d}x\,\mathrm{d}y^2 + \frac{\partial^3 f(x, y)}{\partial y^3}\,\mathrm{d}y^3\,.$$

Diese Ausdrücke für d^2u und d^3u führen uns zu der *symbolischen Formel für das Differential einer beliebigen Ordnung* n,

$$\mathrm{d}^n u = \left(\frac{\partial}{\partial x}\,\mathrm{d}x + \frac{\partial}{\partial y}\,\mathrm{d}y\right)^n f\,, \tag{13}$$

wobei diese Formel so zu verstehen ist: Die in Klammern stehende Summe soll nach dem binomischen Satz in die n-te Potenz erhoben und danach der Exponent von $\frac{\partial}{\partial x}$ bzw. $\frac{\partial}{\partial y}$ als Ordnung der Ableitung der Funktion f nach x bzw. y gedeutet werden.

Wir haben uns von der Richtigkeit der Formel (13) für $n = 1, 2$ überzeugt. Zu ihrem vollständigen Beweis muß man *vollständige Induktion* oder den *Schluß von n auf $n + 1$* anwenden. Wir nehmen an, daß (13) für n richtig ist, und bestimmen das Differential $(n + 1)$-ter Ordnung,

$$\mathrm{d}^{n+1}u = \mathrm{d}(\mathrm{d}^n u) = \frac{\partial(\mathrm{d}^n u)}{\partial x}\,\mathrm{d}x + \frac{\partial(\mathrm{d}^n u)}{\partial y}\,\mathrm{d}y = \left(\frac{\partial}{\partial x}\,\mathrm{d}x + \frac{\partial}{\partial y}\,\mathrm{d}y\right)\mathrm{d}^n u\,,$$

wobei wir mit $\left(\frac{\partial}{\partial x}\,\mathrm{d}x + \frac{\partial}{\partial y}\,\mathrm{d}y\right)\varphi$ allgemein den Ausdruck $\frac{\partial \varphi}{\partial x}\,\mathrm{d}x + \frac{\partial \varphi}{\partial y}\,\mathrm{d}y$ bezeichnen.

Berücksichtigen wir die Induktionsvoraussetzung, so können wir schreiben:

$$d^{n+1}u = \left(\frac{\partial}{\partial x}dx + \frac{\partial}{\partial y}dy\right)\left[\left(\frac{\partial}{\partial x}dx + \frac{\partial}{\partial y}dy\right)^n f\right] = \left(\frac{\partial}{\partial x}dx + \frac{\partial}{\partial y}dy\right)^{n+1} f,$$

d. h., die Formel ist damit auch für $d^{n+1}u$ bewiesen.

Die Formel (13) läßt sich ohne Schwierigkeit auch auf den Fall einer Funktion von beliebig vielen unabhängigen Veränderlichen übertragen. Die Formel (12) ist, wie wir wissen [**153**], nicht nur in dem Fall gültig, daß x und y unabhängige Veränderliche sind. Bei der Ableitung des Ausdrucks für d^2u aber war wesentlich, daß dx und dy als konstante Größen angesehen werden konnten, und auch die Beziehung (13) gilt nur unter dieser Voraussetzung.

Sie ist sicher erfüllt, wenn x und y unabhängige Veränderliche sind. Wir nehmen jetzt an, daß x und y lineare Funktionen der unabhängigen Veränderlichen z und t sind:

$$x = az + bt + c, \qquad y = a_1 z + b_1 t + c_1 .$$

Dabei sind die Koeffizienten und die freien Glieder konstant. Für dx und dy erhalten wir die Ausdrücke

$$dx = a\,dz + b\,dt, \qquad dy = a_1\,dz + b_1\,dt .$$

Da dz und dt als Differentiale unabhängiger Veränderlicher als konstant angesehen werden müssen, läßt sich dasselbe in diesem Fall auch von dx und dy sagen. Wir können daher behaupten, daß *die symbolische Formel* (13) *auch dann gültig ist, wenn x und y lineare Funktionen* (*ganze rationale Funktionen ersten Grades*) *von unabhängigen Veränderlichen sind.*

Kann man dx und dy nicht als konstant ansehen, so gilt (13) nicht mehr. Wir untersuchen den Ausdruck d^2u in diesem allgemeinen Fall. Bei der Berechnung von

$$d\left(\frac{\partial f(x,y)}{\partial x}dx\right) \quad \text{und} \quad d\left(\frac{\partial f(x,y)}{\partial y}dy\right)$$

sind wir nun nicht mehr berechtigt, dx und dy vor das Differentialzeichen zu ziehen, wie wir das früher gemacht hatten, sondern wir müssen die Formel für das Differential eines Produkts anwenden [**153**]. Wir erhalten auf diese Weise

$$d^2u = dx\,d\,\frac{\partial f(x,y)}{\partial x} + dy\,d\,\frac{\partial f(x,y)}{\partial y} + \frac{\partial f(x,y)}{\partial x}d^2x + \frac{\partial f(x,y)}{\partial y}d^2y.$$

Die Summe der ersten beiden Glieder auf der rechten Seite dieser Gleichung liefert den Ausdruck, den wir früher für d^2u erhalten hatten, und wir finden schließlich

$$\begin{aligned} d^2u = {} & \frac{\partial^2 f(x,y)}{\partial x^2}dx^2 + 2\frac{\partial^2 f(x,y)}{\partial x\,\partial y}dx\,dy + \frac{\partial^2 f(x,y)}{\partial y^2}dy^2 \\ & + \frac{\partial f(x,y)}{\partial x}d^2x + \frac{\partial f(x,y)}{\partial y}d^2y, \end{aligned} \tag{14}$$

d. h., in dem betrachteten allgemeinen Fall enthält der Ausdruck für d^2u zusätzliche Summanden, die von d^2x und d^2y abhängen.

157. Implizite Funktionen. Wir bringen jetzt die Differentiationsregeln für implizit gegebene Funktionen. Dabei werden wir voraussetzen, daß die gegebene Gleichung tatsächlich eine Funktion y definiert, die die entsprechenden Ableitungen besitzt. In [**159**] werden wir diese Voraussetzung unter gewissen Bedingungen beweisen.

Ist y eine implizite Funktion von x,

$$F(x, y) = 0 \,, \tag{15}$$

so läßt sich die erste Ableitung y' dieser Funktion, wie wir wissen, aus

$$F_x(x, y) + F_y(x, y)\, y' = 0 \tag{16}$$

[**69**] bestimmen. Die Gleichung (16) haben wir erhalten, indem wir in (15) y als Funktion von x auffaßten und beide Seiten dieser Gleichung nach x differenzierten. Verfahren wir ebenso mit der Gleichung (16), so erhalten wir zur Bestimmung der zweiten Ableitung y'' die Beziehung

$$F_{xx}(x, y) + 2F_{xy}(x, y)\, y' + F_{yy}(x, y)\, y'^2 + F_y(x, y)\, y'' = 0 \,. \tag{17}$$

Durch Differentiation dieser Beziehung nach x erhalten wir eine Gleichung zur Bestimmung der dritten Ableitung y''', usw.

Wir beachten, daß in den auf diese Weise sich ergebenden Gleichungen der Koeffizient der höchsten auftretenden Ableitung der impliziten Funktion stets derselbe ist, nämlich $F_y(x, y)$. Ist dieser Koeffizient für gewisse, der Gleichung (15) genügende Werte von x und y von 0 verschieden, so liefert das eben angegebene Verfahren zu diesen Werten ganz bestimmte Werte für die Ableitungen beliebiger Ordnung der impliziten Funktion. Hierbei ist natürlich die Existenz der partiellen Ableitungen von $F(x, y)$ vorausgesetzt.

Wir betrachten weiter eine Gleichung in drei Veränderlichen

$$\Phi(x, y, z) = 0 \,.$$

Sie definiert z als implizite Funktion der unabhängigen Veränderlichen x und y in folgendem Sinne: Ersetzt man in der linken Seite dieser Gleichung z durch eben diese Funktion von x und y, so wird die linke Seite der Gleichung identisch gleich 0. Somit müssen wir bei der Differentiation der linken Seite dieser Gleichung nach den unabhängigen Veränderlichen x und y unter der Voraussetzung, daß z eine Funktion von ihnen ist, 0 erhalten:

$$\Phi_x(x, y, z) + \Phi_z(x, y, z)\, z_x = 0 \,,$$

$$\Phi_y(x, y, z) + \Phi_z(x, y, z)\, z_y = 0 \,.$$

Aus diesen Gleichungen ergeben sich für $\Phi_z(x, y, z) \neq 0$ die partiellen Ableitungen erster Ordnung z_x und z_y. Differenzieren wir die erste der angegebenen Beziehungen nochmals nach x, so erhalten wir eine Gleichung zur Bestimmung der partiellen Ableitung z_{xx} usw. In allen sich ergebenden Gleichungen ist der Koeffizient der gesuchten Ableitung stets $\Phi_z(x, y, z)$.

Wir betrachten jetzt das Gleichungssystem

$$\varphi(x, y, z) = 0, \qquad \psi(x, y, z) = 0 \,. \tag{17$_1$}$$

Wir wollen annehmen, daß dieses System y und z als implizite Funktionen von x definiert. Differenzieren wir beide Gleichungen des Systems nach x unter der Voraussetzung, daß y und z Funktionen von x sind, so erhalten wir ein lineares Gleichungssystem zur Bestimmung der Ableitungen y' und z' von y bzw. z nach x:

$$\varphi_x(x, y, z) + \varphi_y(x, y, z)\, y' + \varphi_z(x, y, z)\, z' = 0 \,,$$

$$\psi_x(x, y, z) + \psi_y(x, y, z)\, y' + \psi_z(x, y, z)\, z' = 0 \,.$$

Differenzieren wir diese Beziehungen nochmals nach x, so erhalten wir ein Gleichungssystem zur Bestimmung der zweiten Ableitungen y'' und z''. Durch nochmalige Differentiation nach x ergibt sich ein Gleichungssystem zur Bestimmung von y''' und z''', usw.

Die Ableitungen n-ter Ordnung $y^{(n)}$ und $z^{(n)}$ lassen sich daher aus einem System der Form

$$\varphi_y(x, y, z) \cdot y^{(n)} + \varphi_z(x, y, z) \cdot z^{(n)} + A_n = 0 ,$$
$$\psi_y(x, y, z) \cdot y^{(n)} + \psi_z(x, y, z) \cdot z^{(n)} + B_n = 0$$

bestimmen, wobei A_n und B_n Ausdrücke sind, die Ableitungen von niedrigerer Ordnung als n enthalten. Wie aus der elementaren (linearen) Algebra bekannt ist, liefert ein solches System eine eindeutig bestimmte Lösung, wenn die Bedingung

$$\varphi_y(x, y, z) \cdot \psi_z(x, y, z) - \varphi_z(x, y, z) \cdot \psi_y(x, y, z) \neq 0$$

erfüllt ist.

Für alle dem System (17_1) genügenden Werte von x, y und z, für die diese Bedingung erfüllt ist, führt das eben beschriebene Verfahren zu ganz bestimmten Werten der Ableitungen.

Ist allgemein ein System von m Gleichungen in $m + n$ Veränderlichen gegeben, so definiert ein solches System unter entsprechenden Voraussetzungen im allgemeinen m Veränderliche als implizite Funktionen der übrigen n Veränderlichen, und die Ableitungen dieser impliziten Funktionen können durch das oben beschriebene Verfahren der aufeinanderfolgenden Differentiationen der Gleichungen nach den unabhängigen Veränderlichen erhalten werden.

158. Beispiel. Wir betrachten als Beispiel die Gleichung

$$ax^2 + by^2 + cz^2 = 1 \quad \text{mit} \quad a, b, x \neq 0 , \tag{18}$$

die z als Funktion von x und y definiert. Durch Differentiation nach x erhalten wir

$$ax + cz \cdot z_x = 0 \tag{19}$$

und genauso durch Differentiation nach y

$$by + cz \cdot z_y = 0 , \tag{19_1}$$

woraus sich

$$z_x = -\frac{ax}{cz} \text{ und } z_y = -\frac{by}{cz}$$

ergibt. Differenzieren wir die Beziehung (19) nach x und nach y, die Beziehung (19_1) nach y, so erhalten wir

$$a + cz_x^2 + czz_{xx} = 0 , \qquad cz_xz_y + czz_{yx} = 0 , \qquad b + cz_y^2 + czz_{yy} = 0$$

und daraus

$$z_{xx} = -\frac{a + cz_x^2}{cz} = -\frac{a + c\dfrac{a^2x^2}{c^2z^2}}{cz} = -\frac{acz^2 + a^2x^2}{c^2z^3} ,$$

$$z_{xy} = -\frac{z_xz_y}{z} = \frac{abxy}{c^2z^3} , \qquad z_{yy} = -\frac{b + cz_y^2}{cz} = -\frac{bcz^2 + b^2y^2}{c^2z^3} .$$

Wir bringen jetzt ein anderes Verfahren zur Berechnung der partiellen Ableitungen, das auf der Anwendung des Ausdrucks für das vollständige Differential einer Funktion beruht. Zu diesem Zweck werden wir zunächst einen Hilfssatz beweisen. Es möge uns in irgendeiner Weise gelungen sein, einen Ausdruck für das vollständige Differential dz der Funktion von zwei unabhängigen Veränderlichen x und y zu erhalten:

$$\mathrm{d}z = p\,\mathrm{d}x + q\,\mathrm{d}y .$$

Andererseits wissen wir, daß

$$dz = z_x\, dx + z_y\, dy$$

ist. Durch Vergleich dieser beiden Ausdrücke erhalten wir

$$p\, dx + q\, dy = z_x\, dx + z_y\, dy\,.$$

Nun sind dx und dy als Differentiale der unabhängigen Veränderlichen willkürliche Größen. Setzen wir $dx = 1$ und $dy = 0$ bzw. $dx = 0$ und $dy = 1$, so ergibt sich

$$p = z_x \quad \text{und} \quad q = z_y\,.$$

Wenn also das vollständige Differential der Funktion z von zwei unabhängigen Veränderlichen x und y in der Form

$$dz = p\, dx + q\, dy$$

dargestellt werden kann, ist $p = z_x$ und $q = z_y$.

Dieser Satz ist auch für Funktionen von beliebig vielen unabhängigen Veränderlichen richtig. Genauso läßt sich zeigen: *Wenn das Differential zweiter Ordnung in der Form*

$$d^2z = r\, dx^2 + 2s\, dx\, dy + t\, dy^2$$

dargestellt werden kann, ist, falls die zweiten Ableitungen als stetig vorausgesetzt werden, $r = z_{xx}$, $s = z_{xy}$ und $t = z_{yy}$.

Wir kehren jetzt zu dem betrachteten Beispiel zurück. Anstatt die Ableitungen der linken Seite von (18) nach x und y zu bestimmen, bestimmen wir ihr Differential, wobei wir uns erinnern, daß der Ausdruck des ersten Differentials nicht von der Wahl der unabhängigen Veränderlichen abhängt [**153**]:

$$ax\, dx + by\, dy + cz\, dz = 0\,, \tag{20}$$

woraus sich

$$dz = -\frac{ax}{cz}\, dx - \frac{by}{cz}\, dy$$

und folglich auf Grund des bewiesenen Satzes

$$z_x = -\frac{ax}{cz} \quad \text{und} \quad z_y = -\frac{by}{cz}$$

ergibt. Wir bestimmen jetzt das Differential der linken Seite von (20), wobei wir berücksichtigen, daß dx und dy als konstant angesehen werden müssen:

$$a\, dx^2 + b\, dy^2 + c\, dz^2 + cz\, d^2z = 0$$

oder

$$d^2z = -\frac{a}{cz}\, dx^2 - \frac{b}{cz}\, dy^2 - \frac{1}{z}\, dz^2 = -\frac{a}{cz}\, dx^2 - \frac{b}{cz}\, dy^2 - \frac{1}{z}\left(\frac{ax}{cz}\, dx + \frac{by}{cz}\, dy\right)^2$$

$$= -\frac{acz^2 + a^2x^2}{c^2z^3}\, dx^2 - 2\,\frac{abxy}{c^2z^3}\, dx\, dy - \frac{bcz^2 + b^2y^2}{c^2z^3}\, dy^2$$

und folglich

$$z_{xx} = -\frac{acz^2 + a^2x^2}{c^2z^3}\,, \quad z_{xy} = -\frac{abxy}{c^2z^3}\,, \quad z_{yy} = -\frac{bcz^2 + b^2y^2}{c^2z^3}\,.$$

Auf diese Weise erhalten wir durch die Bestimmung des Differentials einer bestimmten Ordnung alle partiellen Ableitungen dieser Ordnung.

159. Die Existenz der impliziten Funktion. Unsere Überlegungen trugen formalen Charakter. Wir hatten in allen Fällen vorausgesetzt, daß die entsprechenden Gleichungen oder das Gleichungssystem in impliziter Form eine gewisse Funktion definierten, die eine Ableitung besitzt. Wir werden jetzt den Fundamentalsatz von der Existenz der impliziten Funktion beweisen. Wir untersuchen die Gleichung

$$F(x, y) = 0 \tag{21}$$

und geben Bedingungen an, unter denen sie y in eindeutiger Weise als stetige und differenzierbare Funktionen von x definiert.

Satz. *Es sei* $x = x_0$, $y = y_0$ *eine Lösung der Gleichung* (21), *d. h.*

$$F(x_0, y_0) = 0\,; \tag{22}$$

es seien ferner $F(x, y)$ *und ihre partiellen Ableitungen erster Ordnung nach* x *und* y *stetige Funktionen in allen Punkten* (x, y) *einer gewissen Umgebung von* (x_0, y_0), *und es sei schließlich die partielle Ableitung* $F_y(x, y)$ *für* $x = x_0$, $y = y_0$ *von* 0 *verschieden. Dann existiert für alle* x *aus einer gewissen Umgebung von* x_0 *eine eindeutig bestimmte Funktion* $y(x)$, *die der Gleichung* (21) *genügt, stetig ist, eine Ableitung besitzt und der Bedingung* $y(x_0) = y_0$ *genügt.*

Zum Beweis nehmen wir an, daß $F_y(x, y) > 0$ ist für $x = x_0$, $y = y_0$. Da diese Ableitung nach Voraussetzung stetig ist, wird sie in allen Punkten (x, y) einer gewissen Umgebung von (x_0, y_0) positiv, d. h., es existiert eine positive Zahl l, so daß $F(x, y)$ und ihre partiellen Ableitungen stetig sind und

$$F_y(x, y) > 0 \tag{23}$$

ist für alle x und y, die der Bedingung

$$|x - x_0| \leqq l\,, \qquad |y - y_0| \leqq l \tag{24}$$

genügen.

Ferner wird die Funktion $F(x_0, y)$ der Veränderlichen y wegen (22) für $y = y_0$ gleich 0 und ist im Intervall $(y_0 - l, y_0 + l)$ auf Grund von (23) und (24) eine zunehmende Funktion von y. Folglich haben die Werte $F(x_0, y_0 - l)$ und $F(x_0, y_0 + l)$ verschiedene Vorzeichen: Der erste ist negativ und der zweite positiv. Berücksichtigen wir die Stetigkeit der Funktion $F(x, y)$, so können wir behaupten [**67**], daß für alle x aus einer gewissen Umgebung von x_0 die Funktion $F(x, y_0 - l)$ negativ und $F(x, y_0 + l)$ positiv wird, d. h., es existiert eine solche positive Zahl l_1, daß für $|x - x_0| \leqq l_1$

$$F(x, y_0 - l) < 0 \quad \text{und} \quad F(x, y_0 + l) > 0 \tag{25}$$

wird. Wir bezeichnen den kleineren der beiden Werte l und l_1 mit m; dann ist unter Berücksichtigung von (24) und (25) die Ungleichung (23) erfüllt, wenn x und y den Ungleichungen

$$|x - x_0| \leqq m\,, \qquad |y - y_0| \leqq l \tag{26}$$

genügen.

Bei jeder Wahl eines festen, im Intervall $(x_0 - m, x_0 + m)$ gelegenen und somit der ersten der Ungleichungen (26) genügenden x ist $F(x, y)$ als Funktion von y wegen (23) eine zunehmende Funktion im Intervall $(y_0 - l, y_0 + l)$; wegen (25) hat sie verschiedene Vorzeichen in den Endpunkten dieses Intervalls und ist folglich für einen eindeutig bestimmten Wert y aus diesem Intervall gleich 0. Für $x = x_0$ insbesondere ist dieser Wert von y wegen (22) genau gleich y_0. Wir haben somit die Existenz einer bestimmten Funktion $y(x)$ im Intervall $(x_0 - m, x_0 + m)$ bewiesen, welche Lösung der Gleichung (21) ist und der Bedingung $y(x_0) = y_0$ genügt. Mit anderen Worten: Aus den vorstehenden Überlegungen folgt, daß für jedes feste x aus dem Intervall $(x_0 - m, x_0 + m)$ die Gleichung (21) eine einzige, im Innern des Intervalls $(y_0 - l, y_0 + l)$ liegende Lösung besitzt.

Wir werden jetzt zeigen, daß die gefundene Funktion $y(x)$ in $x = x_0$ stetig ist. In der Tat haben die Werte $F(x_0, y_0 - \varepsilon)$ und $F(x_0, y_0 + \varepsilon)$ für alle hinreichend kleinen positiven ε wegen (25) verschiedene Vorzeichen. Also existiert ein solches positives η, daß $F(x, y_0 - \varepsilon)$ und $F(x, y_0 + \varepsilon)$ verschiedene Vorzeichen haben, sobald $|x - x_0| < \eta$ ist, d. h., für $|x - x_0| < \eta$ genügen die Lösungen der Gleichung (21), also die Werte der gefundenen Funktion $y(x)$, der Bedingung $|y - y_0| < \varepsilon$, womit die Stetigkeit von $y(x)$ für $x = x_0$ bewiesen ist.

Wir weisen jetzt die Existenz der Ableitung $y'(x)$ in $x = x_0$ nach. Es sei $\Delta x = x - x_0$, $\Delta y = y - y_0$ der entsprechende Zuwachs von x bzw. y. Also genügen $x = x_0 + \Delta x$ und

$y = y_0 + \Delta y$ der Gleichung (21), d. h., es ist $F(x_0 + \Delta x, y_0 + \Delta y) = 0$. Wir können wegen (22) schreiben:

$$F(x_0 + \Delta x, y_0 + \Delta y) - F(x_0, y_0) = 0\,.$$

Berücksichtigen wir die Stetigkeit der partiellen Ableitungen, so können wir diese Identität in der Form [68]

$$[F_x(x_0, y_0) + \varepsilon_1]\,\Delta x + [F_y(x_0, y_0) + \varepsilon_2]\,\Delta y = 0 \tag{27}$$

darstellen, wobei ε_1 und ε_2 für $\Delta x \to 0$ und $\Delta y \to 0$ gegen 0 streben und wobei wir die Werte der partiellen Ableitungen für $x = x_0$, $y = y_0$ mit $F_x(x_0, y_0)$ und $F_y(x_0, y_0)$ bezeichnet haben. Aus der oben bewiesenen Stetigkeit folgt, daß Δy für $\Delta x \to 0$ gegen 0 strebt.

Die Gleichung (27) liefert

$$\frac{\Delta y}{\Delta x} = -\frac{F_x(x_0, y_0) + \varepsilon_1}{F_y(x_0, y_0) + \varepsilon_2}\,;$$

gehen wir für $\Delta x \to 0$ zur Grenze über, so erhalten wir

$$y'(x_0) = -\frac{F_x(x_0, y_0)}{F_y(x_0, y_0)}\,.$$

Wir haben die Stetigkeit und die Existenz der Ableitungen der Funktion $y(x)$ nur für $x = x_0$ bewiesen. Für jeden anderen Wert x aus dem Intervall $(x_0 - m,\ x_0 + m)$ und den zugehörigen Wert y aus dem Intervall $(y_0 - l,\ y_0 + l)$, die eine Lösung der Gleichung (21) darstellen, erfüllt das Wertepaar x, y ebenfalls alle Voraussetzungen des Satzes. Somit ist $y(x)$ stetig und besitzt für jeden Wert x aus dem angegebenen Intervall eine Ableitung $y'(x) = -\dfrac{F_x(x, y)}{F_y(x, y)}$, die ebenfalls eine stetige Funktion ist.

Genauso wie oben wird der Satz von der Existenz der impliziten Funktion $z(x, y)$ formuliert, die durch die Gleichung $\Phi(x, y, z) = 0$ definiert wird.

Wir betrachten jetzt das System

$$\varphi(x, y, z) = 0\,, \qquad \psi(x, y, z) = 0\,, \tag{28}$$

das y und z als Funktionen von x definiert.

Hierfür gilt der folgende Satz:

Satz. *Es sei $x = x_0$, $y = y_0$, $z = z_0$ eine Lösung des Systems* (28), *und es seien $\varphi(x, y, z)$, $\psi(x, y, z)$ und ihre partiellen Ableitungen erster Ordnung stetige Funktionen von (x, y, z) für alle Werte dieser Veränderlichen aus einer Umgebung von (x_0, y_0, z_0); ferner sei der Ausdruck*

$$\varphi_y(x, y, z)\,\psi_z(x, y, z) - \varphi_z(x, y, z)\,\psi_y(x, y, z)$$

für $x = x_0$, $y = y_0$, $z = z_0$ von 0 verschieden. Dann existiert für alle x aus einer Umgebung von x_0 ein eindeutig bestimmtes System zweier Funktionen $y(x)$, $z(x)$, die den Gleichungen (28) *genügen, stetig sind, Ableitungen erster Ordnung besitzen und die Bedingung $y(x_0) = y_0$, $z(x_0) = z_0$ erfüllen.*

Auf den Beweis dieses Satzes werden wir nicht eingehen. In Teil III/1 betrachten wir den allgemeinen Fall einer beliebigen Anzahl von Funktionen mit beliebig vielen Veränderlichen.

160. Kurven im Raum und auf Flächen. Wir erwähnen zunächst einige aus der analytischen Geometrie bekannte Tatsachen. Es sei der dreidimensionale Raum auf die geradlinigen, zueinander rechtwinkligen Achsen OX, OY, OZ bezogen, so daß jeder Punkt durch die Koordinaten x, y, z festgelegt wird. Es sei (a, b, c) ein beliebiges Zahlentripel, wobei mindestens eine der Zahlen von 0 verschieden ist. Jedem solchen Zahlentripel entsprechen zwei entgegengesetzte Richtungen im Raum, deren Richtungskosinusse (die Kosinusse der Winkel, die von diesen Richtungen mit der x-, y- und z-Achse gebildet werden) den Zahlen (a, b, c) proportional sind. Die erwähnten Kosinusse werden durch die Formeln

$$\cos\alpha = \frac{a}{\pm\sqrt{a^2+b^2+c^2}}, \qquad \cos\beta = \frac{b}{\pm\sqrt{a^2+b^2+c^2}},$$

$$\cos\gamma = \frac{c}{\pm\sqrt{a^2+b^2+c^2}}$$

ausgedrückt. Die Wahl des Vorzeichens bei der Wurzel legt eine der beiden entgegengesetzten Richtungen fest.

Es seien zwei Zahlentripel (a, b, c) und (a_1, b_1, c_1) gegeben. Die Gleichung

$$aa_1 + bb_1 + cc_1 = 0$$

drückt die Bedingung dafür aus, daß die diesen Zahlentripeln entsprechenden Richtungen zueinander senkrecht sind.

Wie aus der analytischen Geometrie bekannt ist, entspricht jeder Gleichung in drei Veränderlichen

$$F(x, y, z) = 0 \tag{29}$$

oder, in der expliziten Form,

$$z = f(x, y) \tag{30}$$

im allgemeinen eine gewisse Fläche in dem auf die rechtwinkligen Koordinatenachsen OX, OY, OZ bezogenen Raum.

Eine Raumkurve kann im allgemeinen als Schnitt zweier Flächen angesehen und folglich durch ein System von zwei Gleichungen

$$F_1(x, y, z) = 0, \qquad F_2(x, y, z) = 0 \tag{31}$$

definiert werden.

Die Kurve läßt sich auch anders, nämlich in Parameterform, durch die Gleichungen

$$x = \varphi(t), \qquad y = \psi(t), \qquad z = \omega(t) \tag{32}$$

definieren. Die Bogenlänge der Kurve kann wie im Fall der ebenen Kurve als Grenzwert der Längen der diesem Bogen einbeschriebenen Polygonzüge bei unbegrenzter Verkleinerung jeder der Seiten dieser Polygonzüge definiert werden. Überlegungen, die denen im Fall der ebenen Kurve [**103**] ganz analog sind, zeigen, daß die Bogenlänge durch das bestimmte Integral

$$s = \int_{(M_1)}^{(M_2)} \sqrt{(\mathrm{d}x)^2 + (\mathrm{d}y)^2 + (\mathrm{d}z)^2}\, \mathrm{d}t = \int_{t_1}^{t_2} \sqrt{\varphi'^2(t) + \psi'^2(t) + \omega'^2(t)}\, \mathrm{d}t \tag{33}$$

dargestellt wird, wobei t_1 und t_2 die Werte des Parameters t in den Endpunkten M_1 bzw. M_2 des Bogens sind, und daß das Bogendifferential folgende Form hat:

$$\mathrm{d}s = \sqrt{(\mathrm{d}x)^2 + (\mathrm{d}y)^2 + (\mathrm{d}z)^2}\,. \tag{34}$$

Spielt die von einem bestimmten Kurvenpunkt an gerechnete Bogenlänge die Rolle des Parameters t, so können wir genauso wie im Fall der ebenen Kurve [**70**] zeigen, daß die Ableitungen $\frac{\mathrm{d}x}{\mathrm{d}s}, \frac{\mathrm{d}y}{\mathrm{d}s}, \frac{\mathrm{d}z}{\mathrm{d}s}$ gleich den Richtungskosinussen der Tangente an die Kurve sind, d. h. gleich den Kosinussen der Winkel, die die positive Richtung dieser Tangente mit den Koordinatenachsen bildet.

Unter Berücksichtigung von (32) und (33) erhalten wir für diese Kosinusse die Formeln

$$\left.\begin{aligned} \cos\alpha &= \frac{\varphi'(t)}{\pm\sqrt{\varphi'^2(t)+\psi'^2(t)+\omega'^2(t)}}, \\ \cos\beta &= \frac{\psi'(t)}{\pm\sqrt{\varphi'^2(t)+\psi'^2(t)+\omega'^2(t)}}, \\ \cos\gamma &= \frac{\omega'(t)}{\pm\sqrt{\varphi'^2(t)+\psi'^2(t)+\omega'^2(t)}} \end{aligned}\right\} \tag{35}$$

mit der entsprechenden Wahl des Vorzeichens der Wurzel, das von der Richtung der Tangente abhängt.

Oben setzten wir voraus, daß die Funktionen (32) stetige Ableitungen besitzen und daß mindestens eine von ihnen von 0 verschieden ist. Somit sind die Richtungskosinusse der Tangente an die Kurve im Punkt (x, y, z) proportional $\varphi'(t)$, $\psi'(t)$, $\omega'(t)$ bzw. $\mathrm{d}x$, $\mathrm{d}y$, $\mathrm{d}z$, und die Gleichung dieser Tangente kann folgendermaßen geschrieben werden:

$$\frac{X-x}{\mathrm{d}x} = \frac{Y-y}{\mathrm{d}y} = \frac{Z-z}{\mathrm{d}z} \tag{36_1}$$

oder

$$\frac{X-\varphi(t)}{\varphi'(t)} = \frac{Y-\psi(t)}{\psi'(t)} = \frac{Z-\omega(t)}{\omega'(t)}. \tag{36_2}$$

Wir führen jetzt einen neuen Begriff ein, den der *Tangentialebene an die Fläche*

$$F(x, y, z) = 0\,. \tag{37}$$

Es sei $M_0(x_0, y_0, z_0)$ ein gewisser Punkt dieser Fläche und L eine auf der Fläche durch den Punkt M_0 gezogene Kurve (32), so daß also $x_0 = \varphi(t_0)$, $y_0 = \psi(t_0)$, $z_0 = \omega(t_0)$ für ein gewisses $t = t_0$ gilt. Wir setzen voraus, daß die Funktionen (37) im Punkt M_0 und dessen Umgebung stetige partielle Ableitungen nach x, y, z haben, wobei mindestens eine der Ableitungen von 0 verschieden ist. Die Funktionen (32) sollen ebenfalls diese Eigenschaft für $t = t_0$ und in der Umgebung dieses Wertes haben.

Wenn wir (32) in die linke Seite der Gleichung (37) einsetzen, erhalten wir eine Identität in t, da L auf der Fläche (37) liegt. Wenn wir diese Identität nach t differenzieren, erhalten wir

$$F_x(x, y, z)\,\varphi'(t) + F_y(x, y, z)\,\psi'(t) + F_z(x, y, z)\,\omega'(t) = 0\,,$$

wobei man an Stelle von x, y, z die Funktionen (32) einsetzen muß. Im Punkt M_0 ist

$$F_x(x_0, y_0, z_0)\,\varphi'(t_0) + F_y(x_0, y_0, z_0)\,\psi'(t_0) + F_z(x_0, y_0, z_0)\,\omega'(t_0) = 0\,. \tag{38}$$

Wie wir sahen, sind $\varphi'(t_0)$, $\psi'(t_0)$, $\omega'(t_0)$ den Richtungskosinussen der Tangente an die Kurve L im Punkt M_0 proportional, und Gleichung (38) zeigt, daß die Tangente im Punkt M_0 an eine beliebige auf der Fläche (37) liegende, durch M_0 gehende Kurve L senkrecht zu einer bestimmten von der Wahl von L unabhängigen Richtung ist, deren Richtungskosinusse proportional den Zahlen $F_x(x_0, y_0, z_0)$, $F_y(x_0, y_0, z_0)$, $F_z(x_0, y_0, z_0)$ sind. Wir sehen somit, daß die Tangenten im Punkt M_0 an alle Kurven, die auf der Fläche (37) liegen und durch den Punkt M_0 verlaufen, in ein und derselben Ebene liegen. Diese Ebene heißt die *Tangentialebene* an die Fläche (37) im Punkt M_0. Sie verläuft offensichtlich durch den Punkt M_0. Es sei

$$A(X - x_0) + B(Y - y_0) + C(Z - z_0) = 0 \tag{39}$$

die Gleichung dieser Ebene.

Die Koeffizienten A, B, C der Ebenengleichung sind, wie aus der analytischen Geometrie bekannt ist, proportional den Richtungskosinussen der Normalen zu dieser Ebene, d. h. im vorliegenden Fall proportional $F_x(x_0, y_0, z_0)$, $F_y(x_0, y_0, z_0)$, $F_z(x_0, y_0, z_0)$. Im weiteren werden wir an Stelle des Punktes $M_0(x_0, y_0, z_0)$ die allgemeine Bezeichnung $M(x, y, z)$ verwenden. Somit sind A, B und C proportional $F_x(x, y, z)$, $F_y(x, y, z)$, $F_z(x, y, z)$, und folglich kann die Gleichung der Tangentialebene in der Form

$$F_x(x, y, z)\,(X - x) + F_y(x, y, z)\,(Y - y) + F_z(x, y, z)\,(Z - z) = 0 \tag{40}$$

geschrieben werden, wobei X, Y, Z die laufenden Koordinaten der Tangentialebene und x, y, z die Koordinaten des Berührungspunktes M sind.

Die Normale zur Tangentialebene, die durch den Berührungspunkt M verläuft, heißt *Flächennormale*. Ihre Richtungskosinusse sind, wie wir soeben gesehen hatten, proportional den partiellen Ableitungen $F_x(x, y, z)$, $F_y(x, y, z)$, $F_z(x, y, z)$, und ihre Gleichung lautet folglich

$$\frac{X - x}{F_x(x, y, z)} = \frac{Y - y}{F_y(x, y, z)} = \frac{Z - z}{F_z(x, y, z)}. \tag{41}$$

Ist die Fläche durch eine Gleichung in expliziter Form gegeben, $z = f(x, y)$, so erhält (37) die Gestalt

$$F(x, y, z) = f(x, y) - z = 0\,,$$

und folglich gilt

$$F_x(x, y, z) = f_x(x, y), \qquad F_y(x, y, z) = f_y(x, y), \qquad F_z(x, y, z) = -1\,.$$

Bezeichnen wir wie üblich die partiellen Ableitungen $f_x(x, y)$ und $f_y(x, y)$ mit den Buchstaben p bzw. q, so erhalten wir als Gleichung der Tangentialebene

$$p(X - x) + q(Y - y) - (Z - z) = 0 \tag{42}$$

und als Gleichung der Flächennormalen

$$\frac{X - x}{p} = \frac{Y - y}{q} = \frac{Z - z}{-1}. \tag{43}$$

Für das Ellipsoid

$$\frac{x^2}{a^2} + \frac{y^2}{b^2} + \frac{z^2}{c^2} = 1$$

hat die Gleichung der Tangentialebene in einem seiner Punkte (x, y, z) die Gestalt

$$\frac{2x}{a^2}(X - x) + \frac{2y}{b^2}(Y - y) + \frac{2z}{c^2}(Z - z) = 0$$

oder

$$\frac{xX}{a^2} + \frac{yY}{b^2} + \frac{zZ}{c^2} = \frac{x^2}{a^2} + \frac{y^2}{b^2} + \frac{z^2}{c^2}\,.$$

Die rechte Seite dieser Gleichung ist gleich 1, da die Koordinaten (x, y, z) des Berührungspunktes der Ellipsoidgleichung genügen müssen, und die Gleichung der Tangentialebene lautet schließlich

$$\frac{xX}{a^2} + \frac{yY}{b^2} + \frac{zZ}{c^2} = 1 .$$

§ 16. Die Taylorsche Formel. Maxima und Minima einer Funktion mehrerer Veränderlicher

161. Die Taylorsche Formel für Funktionen mehrerer unabhängiger Veränderlicher. Der einfacheren Schreibweise halber beschränken wir uns auf eine Funktion $f(x, y)$ von zwei unabhängigen Veränderlichen. Die *Taylorsche Formel* liefert die Entwicklung von $f(a + h, b + k)$ nach Potenzen der Zuwachsgrößen h und k der unabhängigen Veränderlichen [**127**]. Wir führen eine neue unabhängige Veränderliche t ein mittels der Gleichungen

$$x = a + ht, \qquad y = b + kt \tag{1}$$

und erhalten auf diese Weise eine Funktion der *einen* unabhängigen Veränderlichen t:

$$\varphi(t) = f(x, y) = f(a + ht, b + kt) .$$

Dabei ist

$$\varphi(0) = f(a, b) \quad \text{und} \quad \varphi(1) = f(a + h, b + k) . \tag{2}$$

Unter Benutzung der Maclaurinschen Formel mit dem Lagrangeschen Restglied können wir schreiben [**127**]:

$$\varphi(1) = \varphi(0) + \frac{\varphi'(0)}{1!} + \frac{\varphi''(0)}{2!} + \cdots + \frac{\varphi^{(n)}(0)}{n!} + \frac{\varphi^{(n+1)}(\theta)}{(n+1)!} \qquad (0 < \theta < 1) . \tag{3}$$

Wir drücken jetzt die Ableitungen $\varphi^{(p)}(0)$ und $\varphi^{(n+1)}(\theta)$ durch die Funktion $f(x, y)$ aus.

Aus (1) folgt, daß x und y lineare Funktionen der unabhängigen Veränderlichen t sind und $dx = h\,dt$, $dy = k\,dt$ ist. Wir können daher die symbolische Formel (13) [**156**] zur Bestimmung eines Differentials von beliebiger Ordnung der Funktion $\varphi(t)$ benutzen,

$$d^p\varphi(t) = \left(\frac{\partial}{\partial x}dx + \frac{\partial}{\partial y}dy\right)^p f(x, y) = \left(h\frac{\partial}{\partial x} + k\frac{\partial}{\partial y}\right)^p f(x, y)\,dt^p ,$$

woraus

$$\varphi^{(p)}(t) = \frac{d^p\varphi(t)}{dt^p} = \left(h\frac{\partial}{\partial x} + k\frac{\partial}{\partial y}\right)^p f(x, y)$$

folgt. Für $t = 0$ wird $x = a$ und $y = b$; für $t = \theta$ erhalten wir $x = a + \theta h$ und $y = b + \theta k$, und daher ist

$$\varphi^{(p)}(0) = \left(h\frac{\partial}{\partial a} + k\frac{\partial}{\partial b}\right)^p f(a, b) ,$$

$$\varphi^{(n+1)}(\theta) = \left(h\frac{\partial}{\partial a} + k\frac{\partial}{\partial b}\right)^{n+1} f(a + \theta h, b + \theta k) .$$

Setzen wir diese Ausdrücke in (3) ein und beachten (2), so erhalten wir schließlich die Taylorsche Formel

$$f(a+h, b+k) = f(a, b) + \left(h\frac{\partial}{\partial a} + k\frac{\partial}{\partial b}\right) f(a, b)$$
$$+ \frac{1}{2!}\left(h\frac{\partial}{\partial a} + k\frac{\partial}{\partial b}\right)^2 f(a, b) + \cdots + \frac{1}{n!}\left(h\frac{\partial}{\partial a} + k\frac{\partial}{\partial b}\right)^n f(a, b)$$
$$+ \frac{1}{(n+1)!}\left(h\frac{\partial}{\partial a} + k\frac{\partial}{\partial b}\right)^{n+1} f(a+\theta h, b+\theta k)\,. \tag{4}$$

Wenn wir hier a durch x, b durch y ersetzen und die Zuwachsgrößen h und k der unabhängigen Veränderlichen mit $\mathrm{d}x$ bzw. $\mathrm{d}y$ sowie den Zuwachs der Funktion, d. h. $f(x + \mathrm{d}x, y + \mathrm{d}y) - f(x, y)$, mit $\Delta f(x, y)$ bezeichnen, können wir (4) folgendermaßen schreiben:

$$\Delta f(x, y) = \mathrm{d}f(x, y) + \frac{\mathrm{d}^2 f(x, y)}{2!} + \cdots + \frac{\mathrm{d}^n f(x, y)}{n!} + \left[\frac{\mathrm{d}^{n+1} f(x, y)}{(n+1)!}\right]_{\substack{x+\theta\,\mathrm{d}x\\ y+\theta\,\mathrm{d}y}}.$$

Die rechte Seite enthält die Differentiale der verschiedenen Ordnungen der Funktion $f(x, y)$; im letzten Glied sind die Werte der unabhängigen Veränderlichen angegeben, die man in die in diesem Glied auftretenden Ableitungen $(n + 1)$-ter Ordnung einsetzen muß.

Analog zum Fall der Funktion einer unabhängigen Veränderlichen läßt sich die Maclaurinsche Formel, die die Entwicklung der Funktion $f(x, y)$ nach Potenzen von x, y liefert, aus der Taylorschen Formel (4) herleiten, wenn man dort $a = 0$, $b = 0$, $h = x$, $k = y$ setzt.

Bei der Herleitung von (4) hatten wir vorausgesetzt, daß die Funktion $f(x, y)$ stetige partielle Ableitungen bis zur Ordnung $n + 1$ in einem gewissen offenen Bereich besitzt, der die Verbindungsgerade der Punkte (a, b) und $(a + h, b + k)$ enthält. Durchläuft die Veränderliche t die Werte von 0 bis 1, so durchläuft der veränderliche Punkt $x = a + ht$, $y = b + kt$ die erwähnte Strecke. Für $n = 0$ erhalten wir den Mittelwertsatz

$$f(a+h, b+k) - f(a, b) = hf_a(a+\theta h, b+\theta k) + kf_b(a+\theta h, b+\theta k)\,.$$

Hieraus folgt unmittelbar wie in [**63**]: *Sind im Innern eines gewissen Bereichs die partiellen Ableitungen erster Ordnung überall gleich* 0, *so hat die Funktion im Innern dieses Bereichs einen konstanten Wert.*

162. Notwendige Bedingungen für ein Maximum oder Minimum einer Funktion. Es sei die Funktion $f(x, y)$ in einer gewissen Umgebung des Punktes (a, b) stetig. Wie im Fall einer unabhängigen Veränderlichen sagen wir, die Funktion $f(x, y)$ von zwei unabhängigen Veränderlichen erreiche im Punkt (a, b) ein Maximum, wenn der Wert $f(a, b)$ nicht kleiner ist als alle benachbarten Funktionswerte, d. h., wenn

$$\Delta f = f(a+h, b+k) - f(a, b) \leqq 0 \tag{5}$$

für alle absolut genommen hinreichend kleinen Werte h und k ist.

Genauso werden wir sagen, daß die Funktion $f(x, y)$ für $x = a$ und $y = b$ ein Minimum erreicht, wenn

$$\Delta f = f(a+h, b+k) - f(a, b) \geqq 0 \tag{5_1}$$

für alle absolut genommen hinreichend kleinen Werte h und k ist.

Es seien also $x = a$ und $y = b$ Werte der unabhängigen Veränderlichen, für die die Funktion $f(x, y)$ ein Maximum oder Minimum erreicht. Wir betrachten die Funktion $f(x, b)$ der einen unabhängigen Veränderlichen x. Nach Voraussetzung muß sie für $x = a$ ein Maximum bzw. Minimum erreichen, und daher muß ihre Ableitung nach x für $x = a$ entweder 0 werden, oder sie darf nicht existieren [**58**]. Auf Grund derselben Überlegung überzeugen wir uns, daß auch die Ableitung der Funktion $f(a, y)$ nach y entweder 0 werden muß oder aber für $y = b$ nicht existieren darf. Wir kommen damit zu der folgenden notwendigen Bedingung für die Existenz eines Maximums oder Minimums: *Die Funktion $f(x, y)$ zweier unabhängiger Veränderlicher kann ein Maximum oder Minimum nur für solche Werte von x und y erreichen, für welche die partiellen Ableitungen erster Ordnung $\frac{\partial f(x, y)}{\partial x}$ und $\frac{\partial f(x, y)}{\partial y}$ gleich 0 werden oder nicht existieren.*

Indem wir nur x oder y verändern, können wir genauso unter Benutzung des in [**58**] Gesagten behaupten, daß bei Vorhandensein der Ableitungen zweiter Ordnung die Ungleichungen $\frac{\partial^2 f(x, y)}{\partial x^2} \leqq 0$ und $\frac{\partial^2 f(x, y)}{\partial y^2} \leqq 0$ notwendige Bedingungen für ein Maximum und die Ungleichungen $\frac{\partial^2 f(x, y)}{\partial x^2} \geqq 0$ und $\frac{\partial^2 f(x, y)}{\partial y^2} \geqq 0$ notwendige Bedingungen für ein Minimum sind.

Die vorstehenden Überlegungen bleiben auch für Funktionen von beliebig vielen unabhängigen Veränderlichen gültig. Wir können also die folgende allgemeine Regel aussprechen:

Eine Funktion mehrerer unabhängiger Veränderlicher kann ein Maximum oder Minimum nur für solche Werte der unabhängigen Veränderlichen erreichen, für die die partiellen Ableitungen erster Ordnung 0 *werden oder nicht existieren.* Im folgenden beschränken wir uns auf die Untersuchung des Falles, daß die erwähnten partiellen Ableitungen existieren.

Das Differential erster Ordnung ist gleich der Summe der Produkte aus den partiellen Ableitungen nach den unabhängigen Veränderlichen mit den Differentialen der entsprechenden unabhängigen Veränderlichen [**153**]; wir können daher behaupten, daß *für die Werte der unabhängigen Veränderlichen, für die die Funktion ein Maximum oder Minimum besitzt, ihr Differential erster Ordnung verschwinden muß.* Diese Form der notwendigen Bedingung ist zweckmäßig, da die Ausdrücke für das erste Differential nicht von der Wahl der Veränderlichen abhängen [**153**]. Durch Nullsetzen der partiellen Ableitungen erster Ordnung erhalten wir ein Gleichungssystem, aus dem sich die Werte der unabhängigen Veränderlichen bestimmen lassen, für die die Funktion ein Maximum oder Minimum erreichen kann. Zur vollständigen Lösung des Problems muß unbedingt noch eine Untersuchung der erhaltenen Werte durchgeführt werden, um zu entscheiden, ob die Funktion tatsächlich für diese Werte der unabhängigen Veränderlichen ein Extremum erreicht und, wenn das der Fall ist, ob es ein Maximum oder Minimum ist. Im folgenden Abschnitt werden wir zeigen, wie diese Untersuchung bei Funktionen zweier unabhängiger Veränderlicher durchgeführt wird.

163. Untersuchung der Maxima und Minima einer Funktion zweier unabhängiger Veränderlicher. Das Gleichungssystem

$$\frac{\partial f(x, y)}{\partial x} = 0, \qquad \frac{\partial f(x, y)}{\partial y} = 0, \tag{6}$$

das die notwendige Bedingung für ein Maximum oder Minimum ausdrückt, möge die Werte $x = a$ und $y = b$ geliefert haben, die zu untersuchen sind. Wir setzen voraus, daß $f(x, y)$ stetige partielle Ableitungen bis zur zweiten Ordnung in einer gewissen Umgebung des Punktes (a, b) besitzt.

Nach der Taylorschen Formel (4) für $n = 2$ können wir schreiben:

$$f(a + h, b + k) = f(a, b) + \frac{\partial f(a, b)}{\partial a} h + \frac{\partial f(a, b)}{\partial b} k$$
$$+ \frac{1}{2!}\left[\frac{\partial^2 f(x, y)}{\partial x^2} h^2 + 2\frac{\partial^2 f(x, y)}{\partial x\,\partial y} hk + \frac{\partial^2 f(x, y)}{\partial y^2} k^2\right]_{\substack{x=a+\theta h\\ y=b+\theta k}}.$$

Beachten wir, daß $x = a$ und $y = b$ eine Lösung des Systems (6) darstellt, so können wir dieser Gleichung die Gestalt

$$\Delta f = f(a + h, b + k) - f(a, b)$$
$$= \frac{1}{2!}\left[\frac{\partial^2 f(x, y)}{\partial x^2} h^2 + 2\frac{\partial^2 f(x, y)}{\partial x\,\partial y} hk + \frac{\partial^2 f(x, y)}{\partial y^2} k^2\right]_{\substack{x=a+\theta h\\ y=b+\theta k}} \tag{7}$$

geben. Wir setzen

$$r = \sqrt{h^2 + k^2}\,, \qquad h = r\cos\alpha\,, \qquad k = r\sin\alpha\,.$$

Für absolut kleine h und k wird auch r klein und umgekehrt; die Bedingungen $h \to 0$ und $k \to 0$ einerseits und $r \to 0$ andererseits sind einander gleichwertig. Formel (7) lautet dann

$$\Delta f = \frac{r^2}{2!}\left[\frac{\partial^2 f(x, y)}{\partial x^2}\cos^2\alpha + 2\frac{\partial^2 f(x, y)}{\partial x\,\partial y}\cos\alpha\sin\alpha + \frac{\partial^2 f(x, y)}{\partial y^2}\sin^2\alpha\right]_{\substack{x=a+\theta h\\ y=b+\theta k}}. \tag{8}$$

Berücksichtigen wir die Stetigkeit der Ableitungen zweiter Ordnung und nehmen wir h und k oder, was dasselbe ist, r als unendlich klein an, so unterscheiden sich die Ableitungen auf der rechten Seite von (8), die für die von a, b beliebig wenig verschiedenen Werte $a + \theta h$, $b + \theta k$ berechnet sind, selbst beliebig wenig von den Werten

$$\frac{\partial^2 f(a, b)}{\partial a^2} = A\,, \qquad \frac{\partial^2 f(a, b)}{\partial a\,\partial b} = B\,, \qquad \frac{\partial^2 f(a, b)}{\partial b^2} = C\,,$$

und daher lassen sich die Koeffizienten von $\cos^2\alpha$, $\cos\alpha\sin\alpha$ und $\sin^2\alpha$ in der eckigen Klammer der Formel (8) durch

$$A + \varepsilon_1, \qquad 2B + \varepsilon_2, \qquad C + \varepsilon_3$$

ersetzen, wobei ε_1, ε_2, ε_3 zugleich mit h und k (bzw. mit r) unendlich kleine Größen sind. Die Formel (8) läßt sich danach umschreiben in

$$\Delta f = \frac{r^2}{2!}[A\cos^2\alpha + 2B\sin\alpha\cos\alpha + C\sin^2\alpha + \varepsilon]\,, \tag{9}$$

wobei

$$\varepsilon = \varepsilon_1\cos^2\alpha + 2\varepsilon_2\cos\alpha\sin\alpha + \varepsilon_3\sin^2\alpha$$

zugleich mit h und k (bzw. mit r) unendlich klein wird.

Aus der Definition des Maximums und Minimums folgt, daß den Werten $x = a$ und $y = b$ ein Maximum der Funktion $f(x, y)$ entspricht, wenn die rechte Seite von (9) für alle hinreichend kleinen Werte von r das Minuszeichen beibehält; bleibt die rechte Seite positiv, so entspricht den angegebenen Werten ein Minimum der Funktion; wenn jedoch schließlich für beliebig kleine Werte von r die rechte Seite von (9) sowohl positive als auch negative Werte annimmt, entspricht den Werten $x = a$ und $y = b$ weder ein Maximum noch ein Minimum der Funktion.

Bei der Untersuchung des Vorzeichens der rechten Seite von (9) können folgende vier Fälle auftreten:

I. Wenn der dreigliedrige Ausdruck

$$A \cos^2 \alpha + 2B \sin \alpha \cos \alpha + C \sin^2 \alpha \tag{10}$$

für keinen Wert von α verschwindet, behält er als stetige Funktion von α sein Vorzeichen unverändert bei **[35]**, etwa das positive. Im Intervall $(0, 2\pi)$ nimmt diese stetige Funktion ihren kleinsten (positiven) Wert m an. Wegen der Periodizität von $\cos \alpha$ und $\sin \alpha$ ist dieser kleinste Wert m aber auch untere Schranke in jedem Wertebereich von α. Der Wert $|\varepsilon|$ ist für alle hinreichend kleinen Werte von r sicher kleiner als m, und damit wird das Vorzeichen auf der rechten Seite von (9) durch das Vorzeichen des Ausdrucks (10) bestimmt, d. h., es wird positiv; in diesem Fall haben wir ein Minimum.

II. Wir nehmen jetzt an, daß der dreigliedrige Ausdruck (10) für keinen Wert von α gleich 0 wird, sondern dauernd negativ bleibt. Es sei $-m$ der größte (negative) Wert dieses Ausdrucks im Variabilitätsbereich $(0, 2\pi)$ von α. Der Wert $|\varepsilon|$ ist für hinreichend kleine Werte von r kleiner als m, und damit wird die rechte Seite von (9) ständig negativ, d. h., in diesem Fall haben wir ein Maximum.

III. Wir nehmen jetzt an, daß der Ausdruck (10) sein Vorzeichen ändert. Für $\alpha = \alpha_1$ sei er gleich der positiven Zahl $+m_1$ und für $\alpha = \alpha_2$ gleich der negativen Zahl $-m_2$. Für alle hinreichend kleinen Werte von r wird $|\varepsilon|$ kleiner als m_1 und m_2. Für diese Werte von r und für $\alpha = \alpha_1$ und $\alpha = \alpha_2$ wird das Vorzeichen der rechten Seite von (9) durch das Vorzeichen des Ausdrucks (10) bestimmt, d. h., sie wird positiv für $\alpha = \alpha_1$ und negativ für $\alpha = \alpha_2$. Folglich kann in dem betrachteten Fall das Vorzeichen der rechten Seite von (9) für beliebig kleine Werte von r sowohl positiv als auch negativ sein, d. h., in diesem Fall haben wir weder ein Maximum noch ein Minimum.

IV. Wir nehmen schließlich an, daß die quadratische Form (10) ihr Vorzeichen nicht ändert, aber für gewisse Werte von α gleich 0 werden kann. In diesem Fall können wir ohne weitere Untersuchung des Vorzeichens von ε keinerlei Schlüsse über das Vorzeichen der rechten Seite von (9) ziehen, und dieser Fall bleibt in unserer Untersuchung unentschieden. Damit läuft also alles auf die Untersuchung des Vorzeichens der quadratischen Form (10) bei der Änderung von α hinaus.

Wir geben einfache Kriterien an, die zu entscheiden erlauben, welcher der angegebenen vier Fälle vorliegt.

1. Wir nehmen zunächst an, daß $A \neq 0$ ist. Die quadratische Form (10) können wir dann in der Gestalt

$$\frac{(A \cos \alpha + B \sin \alpha)^2 + (AC - B^2) \sin^2 \alpha}{A} \tag{11}$$

darstellen. Wenn $AC - B^2 > 0$ ist, stellt der Zähler dieses Bruches die Summe von zwei nichtnegativen Summanden dar, die nicht gleichzeitig 0 werden können. In der Tat wird der zweite Summand nur dann 0, wenn $\sin \alpha = 0$ ist; aber dann ist $\cos\alpha = \pm 1$, und der erste Summand geht über in $A^2 \neq 0$. Somit stimmt in dem betrachteten Fall das Vorzeichen des Ausdrucks (11) mit dem Vorzeichen von A überein, und wir haben folglich für $A > 0$ den Fall I, d. h. ein Minimum, und für $A < 0$ den Fall II, d. h. ein Maximum.

2. Wir nehmen an, daß $AC - B^2 < 0$ ist, wobei wir wie vorher $A \neq 0$ voraussetzen. Der Zähler des Bruches ist für $\sin\alpha = 0$ positiv und für $\cot\alpha = -\frac{B}{A}$ negativ und daher haben wir unter den angegebenen Bedingungen den Fall III, d. h. weder ein Maximum noch ein Minimum.

3. Wenn wir für $A \neq 0$ annehmen, daß $AC - B^2 = 0$ ist, geht der Zähler des Bruches (11) in den nichtnegativen ersten Summanden über; dieser wird 0 für $\cot\alpha = -\frac{B}{A}$, d. h., unter diesen Bedingungen haben wir es mit dem unentscheidbaren Fall IV zu tun.

4. Wir setzen $A = 0$, aber $B \neq 0$ voraus. Die quadratische Form (10) lautet dann $\sin\alpha(2B\cos\alpha + C\sin\alpha)$. Für α-Werte nahe bei 0 behält der in Klammern stehende Ausdruck sein Vorzeichen bei, das mit dem von B übereinstimmt; der erste Faktor $\sin\alpha$ hat verschiedene Vorzeichen, je nachdem, ob α größer oder kleiner als 0 ist, d. h., es liegt der Fall III vor: weder Maximum noch Minimum.

5. Wir nehmen schließlich an, daß $A = B = 0$ ist. Dann reduziert sich die quadratische Form (10) auf den Summanden $C\sin^2\alpha$ und kann folglich ohne Änderung des Vorzeichens 0 werden, d. h., wir haben es mit einem unentscheidbaren Fall zu tun.

Beachten wir, daß im vierten Fall $AC - B^2 < 0$ und im fünften Fall $AC - B^2 = 0$ ist, so können wir die folgende Regel aussprechen:

Zur Ermittlung der Maxima und Minima der Funktion $f(x, y)$ zweier unabhängiger Veränderlicher x und y hat man die partiellen Ableitungen $f_x(x, y)$ und $f_y(x, y)$ zu bilden und das Gleichungssystem

$$f_x(x, y) = 0, \qquad f_y(x, y) = 0$$

aufzulösen. Es sei $x = a$, $y = b$ irgendeine Lösung dieses Systems. Nachdem wir

$$\frac{\partial^2 f(a, b)}{\partial a^2} = A, \quad \frac{\partial^2 f(a, b)}{\partial a\,\partial b} = B, \quad \frac{\partial^2 f(a, b)}{\partial b^2} = C$$

gesetzt haben, führen wir die Untersuchung der Lösung nach dem folgenden Schema durch:

$AC - B^2$	+		−	0
A	+	−	weder Minimum noch Maximum	unentscheidbarer Fall
	Min.	Max.		

164. Beispiele.

1. Wir betrachten die Fläche $z = f(x, y)$. Die Gleichung einer Tangentialebene ist [**160**]

$$p(X - x) + q(Y - y) - (Z - z) = 0,$$

wobei p und q die partiellen Ableitungen $f_x(x, y)$ bzw. $f_y(x, y)$ sind.

Erreicht die Funktion z für gewisse Werte $x = a$ und $y = b$ ein Maximum oder Minimum, so heißt der entsprechende Punkt Extrempunkt der Fläche. In einem solchen Punkt muß die

Tangentialebene parallel zur x, y-Ebene liegen, d. h., die partiellen Ableitungen p und q müssen verschwinden, und die Fläche muß in der Nähe des Berührungspunktes auf *einer* Seite der Tangentialebene liegen (Abb. 163). Es kann aber der Fall eintreten, daß p und q in einem gewissen Punkt gleich 0 werden, d. h., daß die Tangentialebene parallel zur x, y-Ebene ist, die Fläche in der Nähe dieses Punktes dennoch auf beiden Seiten der Tangentialebene liegt; in diesem Fall wird die Funktion z für die entsprechenden Werte von x und y weder ein Maximum noch ein Minimum erreichen.

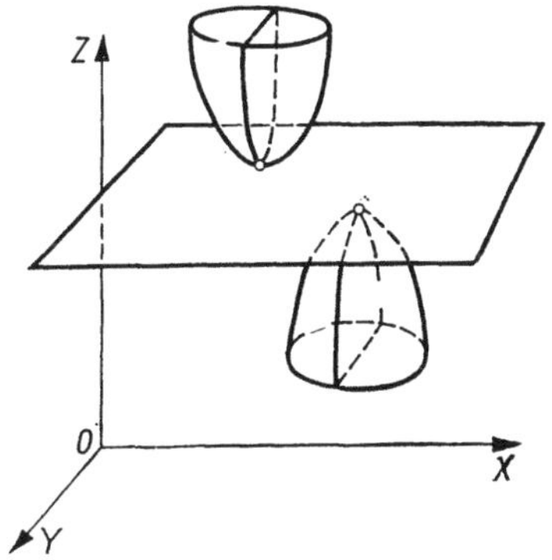

Abb. 163

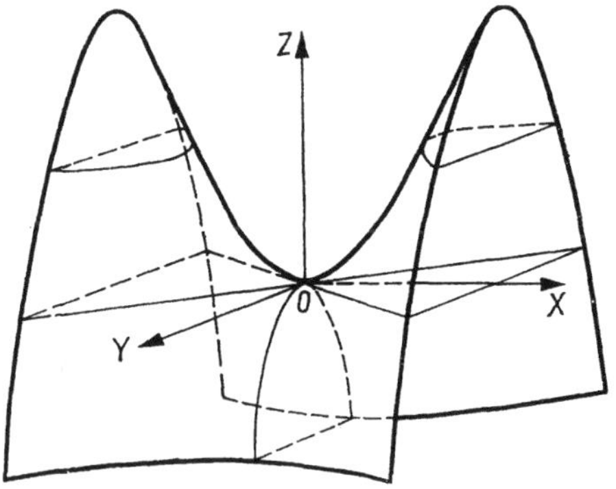

Abb. 164

Wir weisen noch auf eine Möglichkeit hin, die in dem Fall auftreten kann, der von uns oben „unentscheidbar" genannt wurde. Wir nehmen an, daß für $x = a$, $y = b$ die Tangentialebene parallel zur x, y-Ebene und die Fläche auf der einen Seite der Tangentialebene liegt, aber mit ihr eine Linie gemeinsam hat, die durch den Berührungspunkt verläuft. In diesem Fall wird die Differenz

$$f(a + h, b + k) - f(a, b),$$

ohne ihr Vorzeichen für absolut genommen hinreichend kleine, von 0 verschiedene Werte h und k zu ändern, selbst 0 werden. Der Fall ist leicht zu realisieren, indem man sich **z. B.** einen Kreiszylinder vorstellt, dessen Achse parallel zur x, y-Ebene ist. Man sagt auch in diesem Fall, daß die Funktion $f(x, y)$ für $x = a$ und $y = b$ ein Maximum oder Minimum besitzt.

Die Fläche

$$2z = \frac{x^2}{a^2} - \frac{y^2}{b^2}$$

ist ein hyperbolisches Paraboloid. Durch Nullsetzen der partiellen Ableitungen von z nach x und y erhalten wir als Nullstelle der ersten Ableitungen $x = y = 0$; die Tangentialebene an die Fläche im Koordinatenursprung fällt mit der x, y-Ebene zusammen. Wir bilden die partiellen Ableitungen zweiter Ordnung

$$\frac{\partial^2 z}{\partial x^2} = \frac{1}{a^2}, \qquad \frac{\partial^2 z}{\partial x\,\partial y} = 0, \qquad \frac{\partial^2 z}{\partial y^2} = -\frac{1}{b^2};$$

folglich ist

$$AC - B^2 = -\frac{1}{a^2 b^2} < 0,$$

d. h., im Koordinatenursprung erreicht die Funktion z weder ein Maximum noch ein Minimum und ist in seiner Umgebung zu beiden Seiten der Tangentialebene gelegen (Abb. 164).

2. In der Ebene seien n Punkte $M_i(a_i, b_i)$ $(i = 1, 2, \dots, n)$ gegeben. Gesucht ist ein solcher Punkt M, für den die Summe der Produkte aus gegebenen positiven Zahlen m_i mit den Quadraten seiner Abstände von den Punkten M_i ein Minimum erreicht.

Es seien (x, y) die Koordinaten des gesuchten Punktes M. Die obige Summe wird dann

$$w = \sum_{i=1}^{n} m_i[(x - a_i)^2 + (y - b_i)^2] .$$

Setzen wir die partiellen Ableitungen w_x und w_y gleich 0, so finden wir

$$x = \frac{m_1 a_1 + m_2 a_2 + \cdots + m_n a_n}{m_1 + m_2 + \cdots + m_n}, \qquad y = \frac{m_1 b_1 + m_2 b_2 + \cdots + m_n b_n}{m_1 + m_2 + \cdots + m_n}. \tag{12}$$

Es ist leicht nachzuprüfen, daß im vorliegenden Fall A und $AC - B^2$ größer als 0 werden und folglich den gefundenen Werten x und y tatsächlich ein Minimum von w entspricht. Dieses Minimum ist der kleinste Wert von w auf der x, y-Ebene, denn w strebt gegen ∞, wenn der Punkt (x, y) nach außen wandert. Wenn die M_i Massenpunkte sind und m_i ihre Massen, so definiert (12) die Koordinaten des Schwerpunkts des Systems der M_i.

165. Ergänzende Bemerkungen zur Ermittlung der Maxima und Minima einer Funktion. Die vorstehenden Überlegungen lassen sich auch auf den Fall einer größeren Anzahl von unabhängigen Veränderlichen übertragen. Es sei z. B. die Funktion von drei unabhängigen Veränderlichen $f(x, y, z)$ gegeben. Zur Ermittlung der Werte der unabhängigen Veränderlichen, für die diese Funktion ein Maximum oder Minimum annimmt, haben wir das System der drei Gleichungen mit drei Unbekannten [**162**]

$$f_x(x, y, z) = 0 , \qquad f_y(x, y, z) = 0 , \qquad f_z(x, y, z) = 0 \tag{13}$$

zu lösen.

Es sei $x = a, y = b, z = c$ eine der Lösungen dieses Systems. Wir skizzieren kurz das Verfahren zur Untersuchung dieser Werte. Die Taylorsche Formel liefert uns den Zuwachs der Funktion als Summe von homogenen Polynomen, die nach Potenzen der Zuwachsgrößen der unabhängigen Veränderlichen entwickelt sind:

$$\begin{aligned}\Delta f &= h\frac{\partial f(a, b, c)}{\partial a} + k\frac{\partial f(a, b, c)}{\partial b} + l\frac{\partial f(a, b, c)}{\partial c} + \frac{1}{2!}\left(h\frac{\partial}{\partial a} + k\frac{\partial}{\partial b} + l\frac{\partial}{\partial c}\right)^2 f(a, b, c) + \cdots \\ &+ \frac{1}{(n+1)!}\left(h\frac{\partial}{\partial a} + k\frac{\partial}{\partial b} + l\frac{\partial}{\partial c}\right)^{n+1} f(a + \theta h, b + \theta k, c + \theta l) \qquad (0 < \theta < 1) .\end{aligned} \tag{14}$$

Die Werte $x = a, y = b, z = c$ genügen den Gleichungen (13), daher ist

$$h\frac{\partial f(a, b, c)}{\partial a} + k\frac{\partial f(a, b, c)}{\partial b} + l\frac{\partial f(a, b, c)}{\partial c} = 0 .$$

Wird der Bestandteil der Glieder zweiten Grades bezüglich h, k, l, nämlich

$$\frac{1}{2!}\left(h\frac{\partial}{\partial a} + k\frac{\partial}{\partial b} + l\frac{\partial}{\partial c}\right)^2 f(a, b, c) ,$$

außer für $h = k = l = 0$ nicht 0, so stimmt das Vorzeichen der rechten Seite von (14) für absolut genommen hinreichend kleine Werte h, k, l mit dem Vorzeichen von (15) überein. Ist es das Pluszeichen, so erweist sich $f(a, b, c)$ als Minimum der Funktion $f(x, y, z)$; beim Minuszeichen haben wir es mit einem Maximum zu tun. Wenn der Ausdruck (15) verschiedene Vorzeichen annehmen kann, ist $f(a, b, c)$ weder ein Maximum noch ein Minimum der Funktion. Verschwindet jedoch schließlich der Ausdruck (15) für gewisse Werte von h, k, l (außer für $h = k = l = 0$), ohne aber das Vorzeichen zu ändern, so kann man über diesen Fall nichts aussagen, und es ist eine zusätzliche Untersuchung jener Glieder der rechten Seite von (14) erforderlich, die h, k, l in höherer als zweiter Potenz enthalten.

Wir führen eine vollständige Untersuchung dieses Zweifelsfalles an einem speziellen Beispiel einer Funktion von zwei unabhängigen Veränderlichen durch:

$$u = x^2 - 2xy + y^2 + x^3 + y^3 .$$

Für die Werte $x = y = 0$ verschwinden die partiellen Ableitungen $\frac{\partial u}{\partial x}$ und $\frac{\partial u}{\partial y}$. Außerdem ist

$$A = \frac{\partial^2 u}{\partial x^2}\Big|_{\substack{x=0\\y=0}} = 2\,, \qquad B = \frac{\partial^2 u}{\partial x\,\partial y}\Big|_{\substack{x=0\\y=0}} = -2\,, \qquad C = \frac{\partial^2 u}{\partial y^2}\Big|_{\substack{x=0\\y=0}} = 2\,,$$

d. h., wir haben es mit einem Zweifelsfall zu tun. Die charakteristische Eigentümlichkeit dieses Falles besteht darin, daß die Gesamtheit der Glieder zweiten Grades im Ausdruck der Funktion u ein vollständiges Quadrat darstellt und wir in dem betrachteten Beispiel

$$u = (x - y)^2 + (x^3 + y^3)$$

schreiben können.

Für $x = y = 0$ verschwindet u. Zur Untersuchung des Vorzeichens von u für x und y nahe bei 0 führen wir Polarkoordinaten ein:

$$x = r\cos\alpha\,, \qquad y = r\sin\alpha\,.$$

Nach Einsetzen dieser Werte von x und y erhalten wir

$$u = r^2[(\cos\alpha - \sin\alpha)^2 + r(\cos^3\alpha + \sin^3\alpha)]\,.$$

Für jeden von $\frac{\pi}{4}$ und $\frac{5\pi}{4}$ verschiedenen Wert α im Intervall $(0, 2\pi)$ ist

$$\cos\alpha - \sin\alpha \neq 0\,,$$

und folglich läßt sich für jeden Wert α in positiver Wert r_0 so auswählen, daß für $r < r_0$ der in eckigen Klammern stehende Ausdruck positiv wird. Für $\alpha = \frac{\pi}{4}$ ist er ebenfalls positiv, aber für $\alpha = \frac{5\pi}{4}$ erhalten wir einen negativen Wert, und folglich hat die Funktion u in $x = y = 0$ weder ein Maximum noch ein Minimum.

Wir betrachten noch die Funktion

$$u = (y - x^2)^2 - x^5\,.$$

Es ist leicht nachzuprüfen, daß für $x = y = 0$ die partiellen Ableitungen $\frac{\partial u}{\partial x}$ und $\frac{\partial u}{\partial y}$ verschwinden und daß wir es mit einem Zweifelsfall zu tun haben. Wählen wir für x einen beliebig kleinen Wert und setzen $y = x^2$, so sehen wir, daß die Funktion u sich auf $-x^5$ reduziert und ihr Vorzeichen vom Vorzeichen von x abhängt, d. h., für $x = y = 0$ erreicht die Funktion u weder ein Maximum noch ein Minimum. Durch Einführen von Polarkoordinaten würden wir

$$u = r^2(\sin^2\alpha - 2r\cos^2\alpha\sin\alpha + r^2\cos^4\alpha - r^3\cos^5\alpha)$$

erhalten; dieser Ausdruck zeigt, daß sich für jeden Wert α, die Werte $\alpha = 0$ und π nicht ausgeschlossen, ein positiver Wert r_0 so finden läßt, daß $u > 0$ für $r < r_0$ wird, d. h., auf jeder vom Koordinatenursprung ausgehenden Halbgeraden ist die Funktion u in der Nähe des Koordinatenursprungs positiv. Wie wir jedoch sehen, hat dies nicht ein Minimum im Koordinatenursprung, also für $u = 0$, zur Folge, da sich der erwähnte Wert r_0 nicht so bestimmen läßt, daß er für alle Werte von α ein und derselbe ist.

In [**76**] hatten wir die Kurve $(y - x^2)^2 - x^5 = 0$ konstruiert und gesehen, daß sie im Koordinatenursprung einen Rückkehrpunkt zweiter Art (eine Schnabelspitze) besitzt und die linke Seite dieser Gleichung in der Nähe des Koordinatensursprungs negativ wird, wenn man ihre Werte in den Punkten betrachtet, die in dem schraffierten Bereich zwischen den beiden Kurvenästen enthalten sind (Abb. 165).

166. Der größte und der kleinste Wert einer Funktion. Wir nehmen an, daß der größte Wert einer gewissen, in einem bestimmten Bereich gegebenen Funktion $f(x, y)$ bestimmt werden soll. Das in [**163**] angegebene Verfahren gestattet uns, alle Maxima der Funktion *im Innern* dieses Bereichs zu finden, d. h. die Punkte im Innern des Bereichs, in denen die Funktionswerte größer sind als in den ihnen benachbarten Punkten. Zur Ermittlung des größten Funktionswertes muß man noch die Funktionswerte *auf dem Rand* des gegebenen Bereichs betrachten und die Maxima im Innern des Bereichs mit den Werten auf dem Rand vergleichen. Der größte von allen diesen Werten ist *der größte Funktionswert in dem gegebenen Bereich.* Analog läßt sich auch der kleinste Funktionswert in einem gegebenen Bereich finden. Zur Erläuterung des Gesagten betrachten wir ein Beispiel.

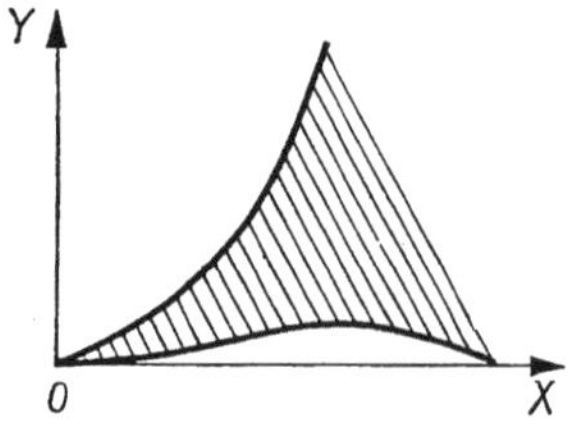

Abb. 165

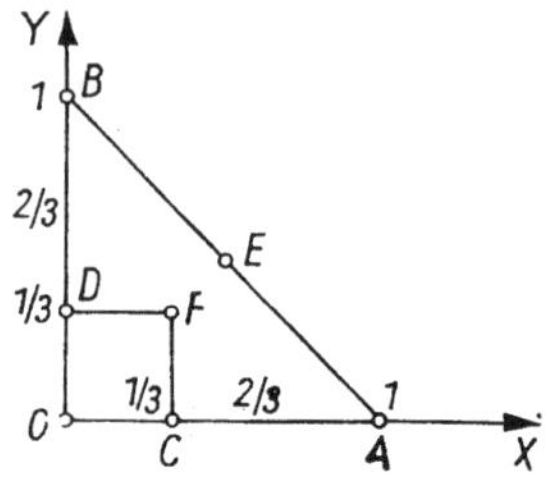

Abb. 166

In der Ebene ist das Dreieck OAB (Abb. 166) *gegeben, das von der x-, der y-Achse und der Geraden*

$$x + y - 1 = 0 \tag{16}$$

gebildet wird.

Gesucht ist der Punkt des Dreiecks, für den die Summe der Quadrate seiner Abstände von den Ecken des Dreiecks am kleinsten ist.

Berücksichtigen wir, daß die Ecken A und B die Koordinaten 1, 0 bzw. 0, 1 haben, so wird der Ausdruck für die obenerwähnte Quadratsumme der Abstände des veränderlichen Punktes (x, y) von den Ecken des Dreiecks gleich

$$z = 2x^2 + 2y^2 + (x - 1)^2 + (y - 1)^2 .$$

Indem wir die partiellen Ableitungen erster Ordnung gleich 0 setzen, erhalten wir $x = y = \frac{1}{3}$, und es ist leicht zu zeigen, daß diesen Werten das Minimum $z = \frac{4}{3}$ entspricht. Wir untersuchen jetzt die Werte von z auf dem Rand des Dreiecks. Zur Untersuchung von z auf der Seite $\overline{OA}$ hat man in dem Ausdruck für z die Veränderliche y gleich 0 zu setzen:

$$z = 2x^2 + (x - 1)^2 + 1 ,$$

wobei x im Intervall (0, 1) veränderlich ist. Indem wir entsprechend [**60**] vorgehen, überzeugen wir uns, daß z auf der Seite $\overline{OA}$ den kleinsten Wert $z = \frac{5}{3}$ im Punkt C annimmt, für den $x = \frac{1}{3}$ ist. Genauso wird auch auf der Seite $\overline{OB}$ der kleinste Wert von z gleich $\frac{5}{3}$; er wird im Punkt D erreicht, für den $y = \frac{1}{3}$ ist. Zur Untersuchung der z-Werte auf der Seite $\overline{AB}$ muß man gemäß (16) in dem Ausdruck für z die Veränderliche y gleich $1 - x$ setzen,

$$z = 3x^2 + 3(x - 1)^2 ,$$

wobei x im Intervall (0, 1) variiert. Im vorliegenden Fall wird der kleinste z-Wert $z = \frac{3}{2}$ im Punkt E erreicht, für den $x = y = \frac{1}{2}$ ist. Wir erhalten auf diese Weise die folgende Tabelle der möglichen kleinsten Funktionswerte:

x, y	$\frac{1}{3}, \frac{1}{3}$	$\frac{1}{3}, 0$	$0, \frac{1}{3}$	$\frac{1}{2}, \frac{1}{2}$
z	$\frac{4}{3}$	$\frac{5}{3}$	$\frac{5}{3}$	$\frac{3}{2}$

Aus dieser Tabelle ersehen wir, daß der kleinste Wert $z = \frac{4}{3}$ im Punkt $(\frac{1}{3}, \frac{1}{3})$ erreicht wird. Die untersuchte Aufgabe kann auch für ein beliebiges Dreieck gelöst werden; der gesuchte Punkt ist der Schwerpunkt des Dreiecks.

167. Maxima und Minima mit Nebenbedingungen. Bisher hatten wir Maxima und Minima einer Funktion unter der Voraussetzung betrachtet, daß die Veränderlichen, von denen die Funktion abhängt, unabhängig sind. In derartigen Fällen handelt es sich einfach um Maxima und Minima schlechthin. Wir gehen jetzt zur Untersuchung des Falles über, daß die Veränderlichen, von denen die Funktion abhängt, durch gewisse Beziehungen verknüpft sind. In solchen Fällen heißen die Maxima und Minima *bedingt* (Maxima und Minima *mit Nebenbedingungen*).

Es sei verlangt, die Maxima und Minima der Funktion

$$f(x_1, x_2, \ldots, x_m, x_{m+1}, \ldots, x_{m+n})$$

der $m + n$ Veränderlichen x_i zu finden, zwischen denen die n Relationen

$$\varphi_i(x_1, x_2, \ldots, x_m, x_{m+1}, \ldots, x_{m+n}) = 0 \qquad (i = 1, 2, \ldots, n) \tag{17}$$

bestehen.[1])

In Zukunft werden wir der kürzeren Schreibweise halber die Argumente der Funktionen nicht angeben. Indem wir die n Relationen (17) nach n Veränderlichen, etwa $x_{m+1}, x_{m+2}, \ldots, x_{m+n}$, auflösen[1]), drücken wir diese durch die übrigen m unabhängigen Veränderlichen $x_1, x_2, \ldots, x_m$ aus; setzen wir diese Ausdrücke in die Funktion f ein, so erhalten wir eine Funktion von m unabhängigen Veränderlichen, d. h., wir haben diese Aufgabe auf die Ermittlung von Maxima und Minima bei unabhängigen Veränderlichen zurückgeführt. Aber eine solche Auflösung des Systems (17) ist häufig praktisch sehr mühsam oder sogar unausführbar. Wir geben deshalb ein anderes Verfahren zur Lösung der Aufgabe an, das *Verfahren der Lagrangeschen Multiplikatoren.*

In einem gewissen Punkt $M(x_1, x_2, \ldots, x_{m+n})$ möge die Funktion f ein bedingtes Maximum oder Minimum erreichen. Setzen wir die Existenz der Ableitungen im Punkt M voraus, so können wir behaupten, daß das vollständige Differential der Funktion f im Punkt M gleich 0 werden muß [**162**]:

$$\sum_{s=1}^{m+n} \frac{\partial f}{\partial x_s}\, dx_s = 0\,. \tag{18}$$

Andererseits erhalten wir durch Differentiation der Beziehungen (17) in demselben Punkt M die folgenden n Gleichungen:

$$\sum_{s=1}^{m+n} \frac{\partial \varphi_i}{\partial x_s}\, dx_s = 0 \qquad (i = 1, 2, \ldots, n)\,.$$

Wir multiplizieren diese Gleichungen mit den zunächst unbestimmten Faktoren $\lambda_1, \lambda_2, \ldots, \lambda_n$ und addieren sie alle gliedweise zu der Beziehung (18):

$$\sum_{s=1}^{m+n} \left(\frac{\partial f}{\partial x_s} + \lambda_1 \frac{\partial \varphi_1}{\partial x_s} + \lambda_2 \frac{\partial \varphi_2}{\partial x_s} + \cdots + \lambda_n \frac{\partial \varphi_n}{\partial x_s}\right) dx_s = 0\,. \tag{19}$$

---

[1]) Damit die folgenden Überlegungen stichhaltig sind, müssen noch gewisse Voraussetzungen erfüllt sein, wie sie etwa in [**159**] für den Fall $m = 1$, $n = 1$ präzisiert wurden. Vgl. auch [**168**] und Teil III/1 (Anm. d. Übers.).

Nun bestimmen wir die n Multiplikatoren so, daß die Koeffizienten der n Differentiale $dx_{m+1}, dx_{m+2}, \ldots, dx_{m+n}$ der abhängigen Veränderlichen gleich 0 werden, d. h., wir bestimmen $\lambda_1, \lambda_2, \ldots, \lambda_n$ aus den n Gleichungen

$$\frac{\partial f}{\partial x_s} + \lambda_1 \frac{\partial \varphi_1}{\partial x_s} + \lambda_2 \frac{\partial \varphi_2}{\partial x_s} + \cdots + \lambda_n \frac{\partial \varphi_n}{\partial x_s} = 0 \qquad (20)$$

$(s = m + 1, m + 2, \ldots, m + n)$.[1])

Dann bleiben auf der linken Seite der Relation (19) nur Glieder, die die Differentiale $dx_1, dx_2, \ldots, dx_m$ der unabhängigen Veränderlichen enthalten, d. h., es wird

$$\sum_{s=1}^{m} \left(\frac{\partial f}{\partial x_s} + \lambda_1 \frac{\partial \varphi_1}{\partial x_s} + \lambda_2 \frac{\partial \varphi_2}{\partial x_s} + \cdots + \lambda_n \frac{\partial \varphi_n}{\partial x_s} \right) dx_s = 0 . \qquad (21)$$

Die Differentiale $dx_1, dx_2, \ldots, dx_m$ der unabhängigen Veränderlichen sind willkürliche Größen. Setzen wir jeweils eines von ihnen gleich 1 und die übrigen gleich 0, so ergibt Gleichung (21), daß alle ihre Koeffizienten gleich 0 sein müssen [**158**], d. h.

$$\frac{\partial f}{\partial x_s} + \lambda_1 \frac{\partial \varphi_1}{\partial x_s} + \lambda_2 \frac{\partial \varphi_2}{\partial x_s} + \cdots + \lambda_n \frac{\partial \varphi_n}{\partial x_s} = 0 \qquad (s = 1, 2, \ldots, m) . \qquad (22)$$

Dabei sind, in allen vorstehenden Formeln von (18) an, die Veränderlichen x_s durch die Koordinaten des Punktes M ersetzt zu denken, in dem f voraussetzungsgemäß ein bedingtes Maximum oder Minimum erreicht. Insbesondere gilt das für die Gleichungen (20), aus denen $\lambda_1, \lambda_2, \ldots, \lambda_n$ bestimmt werden müssen.

Somit drücken die Gleichungen (17), (20) und (22) die notwendige Bedingung dafür aus, daß im Punkt $(x_1, x_2, \ldots, x_{m+n})$ ein bedingtes Maximum oder Minimum angenommen wird.

Die Gleichungen (17), (20) und (22) liefern $m + 2n$ Gleichungen zur Bestimmung der $m + n$ Veränderlichen x_s und der n Faktoren λ_i.

Aus den Systemen (20) und (22) ist ersichtlich: *Zur Bestimmung der Werte der Veränderlichen x_s, für die die Funktion f ein bedingtes Maximum oder Minimum erreicht, muß man die partiellen Ableitungen der durch die Gleichung*

$$\Phi = f + \lambda_1 \varphi_1 + \lambda_2 \varphi_2 + \cdots + \lambda_n \varphi_n$$

definierten Funktion Φ der $m + n$ Veränderlichen $x_1, \ldots, x_m, x_{m+1}, \ldots, x_n$ nach allen x_s gleich 0 setzen, wobei man $\lambda_1, \lambda_2, \ldots, \lambda_n$ als konstant ansieht. Ferner sind die n Gleichungen (17) zu berücksichtigen.

Im nächsten Abschnitt werden wir kurz das Problem der hinreichenden Bedingungen untersuchen.

Wir bemerken, daß wir bei der Herleitung der oben angegebenen Regel für die Funktionen f und φ_i nicht nur die Existenz der Ableitungen vorausgesetzt hatten, sondern auch die Möglichkeit, die Faktoren $\lambda_1, \lambda_2, \ldots, \lambda_n$ aus den Gleichungen (20) zu bestimmen.[1]) Deshalb braucht uns die angegebene Regel nicht alle Werte $(x_1, x_2, \ldots, x_{m+n})$ zu liefern, für die ein bedingtes Maximum oder Minimum erreicht wird. Wir erläutern dieses Verhalten in den einfachsten Fällen sogleich genauer und präzisieren die Theorie.

168. Ergänzende Bemerkungen. Es seien die Maxima und Minima der Funktion $f(x, y)$ unter der zusätzlichen Bedingung

$$\varphi(x, y) = 0 \qquad (23)$$

[1]) Vgl. die Fußnote auf S. 363.

gesucht; wir setzen voraus, daß z. B. im Punkt (x_0, y_0) ein bedingtes Maximum erreicht wird, also $\varphi(x_0, y_0) = 0$ gilt. Die Funktion $\varphi(x, y)$ möge in einer gewissen Umgebung des Punktes (x_0, y_0) stetige partielle Ableitungen erster Ordnung besitzen, und es sei

$$\varphi_y(x_0, y_0) \neq 0 . \tag{24}$$

Damit definiert die Gleichung (23) in eindeutiger Weise in der Umgebung von $x = x_0$ eine stetige Funktion $y = \omega(x)$ mit stetiger Ableitung, und zwar so, daß $y_0 = \omega(x_0)$ ist **[157]**. Setzen wir $y = \omega(x)$ in die Funktion $f(x, y)$ ein, so können wir behaupten, daß die Funktion $f(x, \omega(x))$ der einen Veränderlichen x für $x = x_0$ ein Maximum erreichen muß, und folglich muß ihre vollständige Ableitung nach x für $x = x_0$ verschwinden, d. h., es ist

$$f_x(x_0, y_0) + f_y(x_0, y_0)\, \omega'(x_0) = 0 .$$

Wenn wir $y = \omega(x)$ in (23) einsetzen und nach x differenzieren, erhalten wir im Punkt (x_0, y_0) **[69]**

$$\varphi_x(x_0, y_0) + \varphi_y(x_0, y_0)\, \omega'(x_0) = 0 .$$

Multiplizieren wir die zweite Gleichung mit λ und addieren sie zur ersten, so ergibt sich

$$(f_x + \lambda\varphi_x) + (f_y + \lambda\varphi_y)\, \omega'(x_0) = 0 .$$

Wenn wir λ aus der Bedingung $f_y + \lambda\varphi_y = 0$ bestimmen, was auf Grund von (24) möglich ist, wird $f_x + \lambda\varphi_x = 0$, d. h., wir erhalten die beiden Gleichungen

$$f_x + \lambda\varphi_x = 0 , \qquad f_y + \lambda\varphi_y = 0 , \tag{25}$$

zu denen wir noch die Gleichung $\varphi(x_0, y_0) = 0$ hinzunehmen; die Methode der Multiplikatoren ist also anwendbar. Ist die Bedingung (24) nicht erfüllt, d. h. $\varphi_y(x_0, y_0) = 0$, jedoch $\varphi_x(x_0, y_0) \neq 0$, so kann man alle vorhergehenden Schlußfolgerungen wiederholen, indem man die Rollen von x und y vertauscht. Gelten im Punkt (x_0, y_0) die Gleichungen

$$\varphi_x(x_0, y_0) = 0 \quad \text{und} \quad \varphi_y(x_0, y_0) = 0 , \tag{26}$$

so können wir den Punkt (x_0, y_0) nicht mit Hilfe der Multiplikatorenregel ermitteln.

Die Gleichungen (26) bedeuten, daß der Punkt (x_0, y_0) ein singulärer Punkt der Kurve (23) ist **[76]**. Wir bringen jetzt ein Beispiel einer Aufgabe, für die die Bedingung (26) im Punkt eines bedingten Minimums gilt. Es sei gefordert, den kürzesten Abstand zwischen dem Punkt $(-1, 0)$ und den Punkten der in Abb. 87 **[76]** dargestellten semikubischen Parabel $y^2 - x^3 = 0$ zu finden. Es wird also das Minimum der Funktion $f = (x + 1)^2 + y^2$ unter der Nebenbedingung $\varphi = y^2 - x^3 = 0$ gesucht. Geometrisch gesehen liegt es auf der Hand, daß das Minimum im Punkt $(0, 0)$ der semikubischen Parabel erreicht wird, wobei dieser Punkt singulärer Punkt der Parabel ist. Das Verfahren der Multiplikatoren führt uns auf die folgenden beiden Gleichungen:

$$2(x + 1) - 3\lambda x^2 = 0 , \qquad 2y + 2\lambda y = 0 .$$

Setzen wir $x = 0$, $y = 0$ in die beiden Gleichungen ein, so führt die erste Gleichung auf die unsinnige Beziehung $2 = 0$, und die zweite ist für beliebiges λ erfüllt. Im vorliegenden Fall führt uns also die Multiplikatorenmethode nicht zu dem Punkt $(0, 0)$, in dem das bedingte Minimum erreicht wird.[1]

Ähnlich wie im ersten Beispiel läßt sich zeigen: Wenn eine Funktion im Punkt (x_0, y_0, z_0) unter der einen Nebenbedingung $\varphi(x, y, z) = 0$ ein Minimum oder Maximum erreicht und dabei mindestens eine der partiellen Ableitungen erster Ordnung der Funktion im Punkt (x_0, y_0, z_0) von 0 verschieden ist, so kann dieser Punkt nach der Multiplikatorenmethode ermittelt werden.

---

[1]) Ersetzt man in f den zweiten Summanden gemäß $\varphi = 0$ durch x^3 und beachtet, daß wegen $\varphi = 0$ die Funktion f nur für nichtnegative x-Werte sinnvoll definiert sein kann, so wird f auf der ganzen nichtnegativen Halbachse eine monoton wachsende Funktion. Minima können also immer nur im linken Randpunkt eines beliebigen abgeschlossenen Intervalls der Halbachse liegen. Vgl. **[166]**. (Anm. d. Übers.).

Analog sind die Überlegungen auch in allgemeineren Fällen, jedoch muß man sich dabei auf den Existenzsatz der impliziten Funktionen für Systeme von Gleichungen beziehen, den wir in [157] behandelt haben. Die Funktion $f(x, y, z)$ erreiche z. B. ein Maximum im Punkt (x_0, y_0, z_0) unter den beiden Nebenbedingungen

$$\varphi(x, y, z) = 0\,, \qquad \psi(x, y, z) = 0 \tag{27}$$

und unter den üblichen Voraussetzungen über Existenz und Stetigkeit der Ableitungen, und es gelte

$$\varphi_y(x_0, y_0, z_0)\, \psi_z(x_0, y_0, z_0) - \varphi_z(x_0, y_0, z_0)\, \psi_y(x_0, y_0, z_0) \neq 0\,. \tag{28}$$

Dann definieren die Gleichungen (27) in eindeutiger Weise die Funktionen $y = \omega_1(x)$, $z = \omega_2(x)$ so, daß $y_0 = \omega_1(x_0)$, $z_0 = \omega_2(x_0)$ ist. Setzen wir sie in f ein, so erhalten wir eine Funktion von x allein, die ein Maximum bei $x = x_0$ besitzt, woraus

$$f_x(x_0, y_0, z_0) + f_y(x_0, y_0, z_0)\, \omega_1'(x_0) + f_z(x_0, y_0, z_0)\, \omega_2'(x_0) = 0$$

folgt. Setzen wir die angegebenen Funktionen in (27) ein und differenzieren nach x im Punkt (x_0, y_0, z_0), so erhalten wir

$$\varphi_x + \varphi_y\omega_1'(x_0) + \varphi_z\omega_2'(x_0) = 0\,, \qquad \psi_x + \psi_y\omega_1'(x_0) + \psi_z\omega_2'(x_0) = 0\,.$$

Wir multiplizieren nun diese Gleichungen mit λ_1, λ_2 und addieren sie zur vorhergehenden:

$$(f_x + \lambda_1\varphi_x + \lambda_2\psi_x) + (f_y + \lambda_1\varphi_y + \lambda_2\psi_y)\, \omega_1'(x_0) + (f_z + \lambda_1\varphi_z + \lambda_2\psi_z)\, \omega_2'(x_0) = 0\,. \tag{29}$$

Wegen (28) können wir behaupten, daß wir aus den beiden Gleichungen

$$f_y + \lambda_1\varphi_y + \lambda_2\psi_y = 0\,, \qquad f_z + \lambda_1\varphi_z + \lambda_2\psi_z = 0 \tag{30}$$

λ_1 und λ_2 bestimmen können, und (29) liefert darauf die Gleichung

$$f_x + \lambda_1\varphi_x + \lambda_2\psi_x = 0\,, \tag{31}$$

womit das Multiplikatorenverfahren für den gegebenen Fall bestätigt ist. Zu (30) und (31) muß man noch

$$\varphi(x_0, y_0, z_0) = 0 \quad \text{und} \quad \psi(x_0, y_0, z_0) = 0$$

hinzufügen.

An die Stelle der Bedingung (28) hätten wir auch eine analoge Bedingung setzen können, indem wir nicht nach y und z, sondern nach x und y oder nach x und z differenzierten. Wenn aber nicht nur der auf der linken Seite von (28) stehende Ausdruck, sondern auch die zwei weiteren analogen Ausdrücke, die sich bei der Differentiation nach x und y bzw. x und z ergeben, gleich 0 werden, können wir die Multiplikatorenmethode für den Punkt (x_0, y_0, z_0) nicht verwenden. Es läßt sich zeigen, daß in allen im folgenden Abschnitt behandelten Beispielen ein solcher Fall nicht auftreten kann. So haben wir im Beispiel 1 nur die eine Nebenbedingung (32), und auf der linken Seite dieser Bedingungsgleichung ist mindestens eine der Zahlen A, B und C von 0 verschieden. Wenn etwa $C \neq 0$ ist, wird die Ableitung der linken Seite von (32) nach z gleich dem Wert C und ist folglich in jedem Punkt (x, y, z) von 0 verschieden. Das zeigt, daß sich in dem betrachteten Fall jede Lösung auf Grund des Multiplikatorenverfahrens ergeben muß.

Wir bringen nun einige Hinweise auf hinreichende Bedingungen für Maxima und Minima mit Nebenbedingungen, wobei wir uns auf den Fall zweier unabhängiger Veränderlicher beschränken. Es seien die Maxima und Minima einer Funktion $f(x, y, z)$ bei Vorliegen der Nebenbedingung $\varphi(x, y, z) = 0$ zu bestimmen. Wir bilden die Funktion $\Phi = f + \lambda\varphi$. Wir nehmen an, wir hätten ihre ersten Ableitungen nach x, y, z gleich 0 gesetzt und unter Berücksichtigung der Nebenbedingung die Werte $x = x_0, y = y_0, z = z_0, \lambda = \lambda_0$ erhalten. Wir müssen die erhaltenen Werte der Veränderlichen untersuchen, d. h. für alle zu x_0, y_0, z_0 hinreichend benachbarten und der Bedingung $\varphi(x, y, z) = 0$ genügenden x, y, z das Vorzeichen der Differenz $f(x, y, z) - f(x_0, y_0, z_0)$ bestimmen. Es sei $\Psi(x, y, z) = f(x, y, z) + \lambda\varphi(x, y, z)$. Aus der Nebenbedingung ergibt sich dann sofort, daß man an Stelle der eben erwähnten Differenz die Differenz $\Psi(x, y, z) - \Psi(x_0, y_0, z_0)$ betrachten und ihr Vorzeichen bestimmen kann. Die partiellen Ableitungen erster Ordnung der Funktion Ψ verschwinden nach Voraussetzung in (x_0, y_0, z_0). Entwickelt man die zuletzt angegebene Differenz nach der Taylorschen Formel und beschränkt sich auf die Glieder mit zwei Ableitungen, so erhält man einen Ausdruck der Gestalt [**165**]

$$\Psi(x, y, z) - \Psi(x_0, y_0, z_0) = a_{11}\,\mathrm{d}x^2 + a_{22}\,\mathrm{d}y^2 + a_{33}\,\mathrm{d}z^2 + 2a_{12}\,\mathrm{d}x\,\mathrm{d}y + 2a_{13}\,\mathrm{d}x\,\mathrm{d}z + 2a_{23}\,\mathrm{d}y\,\mathrm{d}z\,,$$

wobei mit a_{ik} die Werte der entsprechenden partiellen Ableitungen zweiter Ordnung im Punkt (x_0, y_0, z_0) und mit $\mathrm{d}x$, $\mathrm{d}y$, $\mathrm{d}z$ die Zuwächse der Veränderlichen bezeichnet sind. Wir nehmen $\varphi_{z_0}(x_0, y_0, z_0) \neq 0$ an, so daß die Nebenbedingung $z = w(x, y)$ definiert, wobei $z_0 = w(x_0, y_0)$ ist.

Aus der Nebenbedingung folgt

$$\varphi_x(x, y, z)\,\mathrm{d}x + \varphi_y(x, y, z)\,\mathrm{d}y + \varphi_z(x, y, z)\,\mathrm{d}z = 0\,.$$

Hierin setzen wir die Werte $x = x_0$, $y = y_0$, $z = z_0$ ein und drücken $\mathrm{d}z$ durch $\mathrm{d}x$ und $\mathrm{d}y$ aus:

$$\mathrm{d}z = -\frac{\varphi_{x_0}(x_0, y_0, z_0)}{\varphi_{z_0}(x_0, y_0, z_0)}\,\mathrm{d}x - \frac{\varphi_{y_0}(x_0, y_0, z_0)}{\varphi_{z_0}(x_0, y_0, z_0)}\,\mathrm{d}y\,.$$

Setzen wir diesen Ausdruck für $\mathrm{d}z$ in die Formel für $\Psi(x, y, z) - \Psi(x_0, y_0, z_0)$ ein und fassen entsprechende Glieder zusammen, so finden wir

$$\Psi(x, y, z) - \Psi(x_0, y_0, z_0) = A\,\mathrm{d}x^2 + 2B\,\mathrm{d}x\,\mathrm{d}y + C\,\mathrm{d}y^2\,.$$

Jetzt kann man das Kriterium aus [**163**] für Maxima und Minima benutzen. So hat z. B. für $AC - B^2 > 0$ und $A > 0$ die Funktion $f(x, y, z)$ im Punkt (x_0, y_0, z_0) ein bedingtes Minimum. Aus den Überlegungen von [**163**] folgt sofort, daß es zur Begründung dieser Regel hinreicht, vorauszusetzen, daß die Funktionen f und φ im Punkt (x_0, y_0, z_0) und in einer Umgebung desselben stetige Ableitungen bis zur zweiten Ordnung haben. Wir gehen auf die Frage nach hinreichenden Bedingungen für Maxima und Minima mit Nebenbedingungen nicht näher ein.

Wesentlich in unseren Überlegungen war die Ersetzung der Differenz $f(x, y, z) - f(x_0, y_0, z_0)$ durch die Differenz $\Psi(x, y, z) - \Psi(x_0, y_0, z_0)$, deren erste Ableitungen in (x_0, y_0, z_0) verschwinden, sowie die Tatsache, daß sich das Differential $\mathrm{d}z$ der abhängigen Veränderlichen durch die Differentiale $\mathrm{d}x$, $\mathrm{d}y$ der unabhängigen Veränderlichen linear ausdrücken läßt. Ähnlich muß man zur Ermittlung hinreichender Bedingungen vorgehen, wenn es sich um mehr Veränderliche und mehr Nebenbedingungen handelt.

169. Beispiele.

1. *Man bestimme die kürzeste Entfernung des Punktes (a, b, c) von der Ebene*

$$Ax + By + Cz + D = 0\,. \tag{32}$$

Das Quadrat des Abstands eines gegebenen Punktes (a, b, c) von einem variablen Punkt (x, y, z) wird durch

$$r^2 = (x - a)^2 + (y - b)^2 + (z - c)^2 \tag{33}$$

ausgedrückt.

Im vorliegenden Fall müssen die Koordinaten x, y, z die Gleichung (32) befriedigen (der Punkt muß sich auf der Ebene befinden). Wir ermitteln das Minimum des Ausdrucks (33) unter der Bedingung (32), indem wir folgende Funktion bilden:

$$\Phi = (x - a)^2 + (y - b)^2 + (z - c)^2 + \lambda(Ax + By + Cz + D)\,.$$

Setzen wir ihre partiellen Ableitungen nach x, y, z gleich 0, so erhalten wir

$$x = a - \tfrac{1}{2}\lambda A\,, \qquad y = b - \tfrac{1}{2}\lambda B\,, \qquad z = c - \tfrac{1}{2}\lambda C\,. \tag{34}$$

Indem wir diese Werte in die Bedingung (32) einsetzen, können wir λ bestimmen:

$$\lambda = \frac{2(Aa + Bb + Cc + D)}{A^2 + B^2 + C^2}\,. \tag{35}$$

Wir haben eine einzige Lösung erhalten, und da ein kleinster Wert existieren muß, müssen ihm auch die gefundenen Werte der Veränderlichen entsprechen. Durch Einsetzen der Werte (34) in (33) erhalten wir für das Quadrat des Abstands des Punktes von der Ebene den Ausdruck

$$r_0^2 = \tfrac{1}{4}\lambda^2(A^2 + B^2 + C^2)\,,$$

wobei λ durch (35) bestimmt ist.

2. *Eine gegebene positive Zahl a ist so in drei positive Summanden x, y, z zu zerlegen, daß der Ausdruck*

$$x^m y^n z^p \tag{36}$$

möglichst groß wird (m, n, p sind gegebene positive Zahlen). Wir ermitteln das Maximum von (36) unter der Bedingung

$$x + y + z = a\,. \tag{37}$$

Statt des Maximums des Ausdrucks (36) kann man auch das Maximum seines Logarithmus $m \log x + n \log y + p \log z$ suchen. Zu diesem Zweck bilden wir die Funktion

$$\Phi = m \log x + n \log y + p \log z + \lambda(x + y + z - a)\,.$$

Durch Nullsetzen ihrer partiellen Ableitungen erhalten wir

$$x = -\frac{m}{\lambda}\,, \qquad y = -\frac{n}{\lambda}\,, \qquad z = -\frac{p}{\lambda}\,,$$

und die Beziehung (37) liefert $\lambda = -\dfrac{m + n + p}{a}$, d. h.

$$x = \frac{ma}{m + n + p}\,, \qquad y = \frac{na}{m + n + p}\,, \qquad z = \frac{pa}{m + n + p}\,, \tag{38}$$

wobei die gefundenen Werte der Veränderlichen positive Zahlen sind. Der Ausdruck (36) muß unter den gestellten Bedingungen einen größten Wert besitzen, und die Eindeutigkeit der Lösung zeigt, wie im Beispiel 1, daß den gefundenen Werten der Veränderlichen auch der größte Wert des Ausdrucks (36) entspricht.

Aus (38) folgt, daß man zur Lösung der Aufgabe die Zahl a in Summanden proportional zu den Exponenten m, n und p zerlegen muß.

Wir schlagen dem Leser vor, in den letzten beiden Beispielen die Untersuchung der hinreichenden Bedingungen nach der im vorigen Paragraphen erwähnten Methode durchzuführen.

3. *Ein Leiter der Länge l_0 verzweigt sich in einem seiner Enden in k einzelne Leiter mit den Längen l_s ($s = 1, 2, \ldots, k$), wobei die Stromstärke in den Teilleitern gleich $i_0, i_1, \ldots$ bzw. i_k ist. Gefragt wird, wie die Querschnittsflächen $q_0, q_1, \ldots, q_k$ der einzelnen Teilleiter zu wählen sind, damit bei gegebener Potentialdifferenz E für die Ketten $(l_0, l_1), (l_0, l_2), \ldots, (l_0, l_k)$ die geringste Materialmenge V gebraucht wird* (Abb. 167).

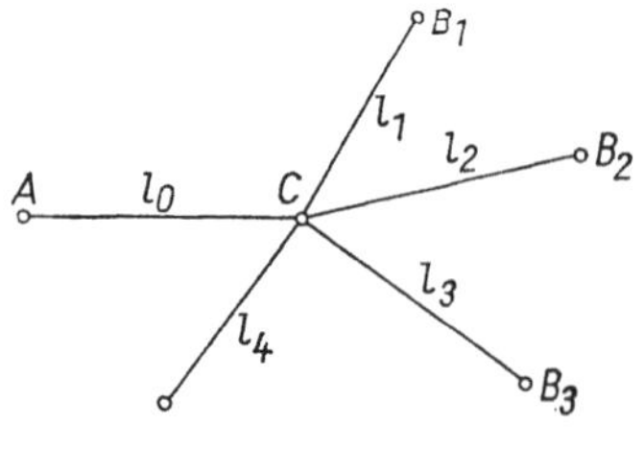

Abb. 167

Wir bezeichnen den Widerstand eines Leitungsdrahtes aus dem gegebenen Material, dessen Länge und Querschnittsfläche gleich der Einheit sind, mit c.

Die Funktion V der Veränderlichen $q_0, q_1, q_2, \ldots, q_k$, deren kleinster Wert gesucht wird, lautet

$$V = l_0 q_0 + l_1 p_1 + \cdots + l_k q_k .$$

Unter Beachtung der gegebenen Potentialdifferenz E können wir die k Beziehungen

$$\varphi_s = c\left(\frac{l_0 i_0}{q_0} + \frac{l_s i_s}{q_s}\right) - E = 0 \qquad (s = 1, 2, \ldots, k) \tag{39}$$

aufschreiben. Wir bilden die Funktion

$$\Phi = (l_0 q_0 + l_1 q_1 + \cdots + l_k q_k) + \sum_{s=1}^{k} \lambda_s \left[c\left(\frac{l_0 i_0}{q_0} + \frac{l_s i_s}{q_s}\right) - E\right].$$

Indem wir die partiellen Ableitungen von Φ nach $q_0, q_1, \ldots, q_k$ gleich 0 setzen, erhalten wir

$$\begin{aligned} &l_0 - \frac{c l_0 i_0}{q_0^2}(\lambda_1 + \lambda_2 + \cdots + \lambda_k) = 0 , \\ &l_s - \frac{\lambda_s c l_s i_s}{q_s^2} = 0 \qquad (s = 1, 2, \ldots, k) . \end{aligned} \tag{40}$$

Aus den Bedingungen (39) finden wir

$$\frac{l_1 i_1}{q_1} = \frac{l_2 i_2}{q_2} = \cdots = \frac{l_k i_k}{q_k} = \frac{E}{c} - \frac{l_0 i_0}{q_0},$$

und wir können, indem wir den gemeinsamen Wert sämtlicher Glieder dieser Beziehung mit σ bezeichnen,

$$q_s = \frac{l_s i_s}{\sigma} \quad (s = 1, 2, \ldots, k), \qquad \sigma = \frac{E}{c} - \frac{l_0 i_0}{q_0} \tag{41}$$

schreiben. Aus den Gleichungen (40) ergibt sich

$$\lambda_s = \frac{q_s^2}{c i_s} = \frac{l_s^2 i_s}{c \sigma^2}.$$

Durch Einsetzen dieser Ausdrücke für λ_s in die erste der Gleichungen (40) erhalten wir

$$q_0^2 = \frac{i_0}{\sigma^2}(l_1^2 i_1 + l_2^2 i_2 + \cdots + l_k^2 i_k) \text{ oder } q_0 = \frac{\sqrt{i_0(l_1^2 i_1 + l_2^2 i_2 + \cdots + l_k^2 i_k)}}{\dfrac{E}{c} - \dfrac{l_0 i_0}{q_0}},$$

woraus schließlich

$$q_0 = \frac{c}{E}\left[i_0 l_0 + \sqrt{i_0(l_1^2 i_1 + l_2^2 i_2 + \cdots + l_k^2 i_k)}\right]$$

folgt. Setzen wir diesen Wert von q_0 in (41) ein, so finden wir für $q_1, q_2, \ldots, q_k$

$$q_s = \frac{c l_s i_s}{E}\left(1 + \frac{l_0 i_0}{\sqrt{i_0(l_1^2 i_1 + l_2^2 i_2 + \cdots + l_k^2 i_k)}}\right) \qquad (s = 1, 2, \ldots, k) .$$

Die notwendigen Bedingungen für das Maximum und Minimum von V liefern also ein einziges System positiver Werte für $q_0, q_1, \ldots, q_k$; aber auf Grund physikalischer Überlegungen ist klar, daß sich für eine gewisse Wahl der Querschnittsflächen eine geringste Materialmenge ergeben muß, und man kann daher behaupten, daß die erhaltenen Werte $q_0, q_1, \ldots, q_k$ genau die Lösung der Aufgabe ergeben.

VI. Komplexe Zahlen. Anfangsgründe der höheren Algebra und Integration von Funktionen

§ 17. Komplexe Zahlen

170. Die komplexen Zahlen. Bei ausschließlicher Beschränkung auf die rellen Zahlen ist bekanntlich die Operation des Wurzelziehens nicht immer ausführbar; eine Wurzel mit geradem Wurzelexponenten aus einer negativen Zahl läßt sich im Bereich der reellen Zahlen nicht ziehen. Im Zusammenhang damit hat schon die quadratische Gleichung mit reellen Koeffizienten nicht immer reelle Wurzeln. Dieser Sachverhalt führt naturgemäß auf eine Erweiterung des Zahlbegriffs, zur Einführung neuer Zahlen einer allgemeineren Art, die die reellen Zahlen als Spezialfall enthalten. Dabei ist es wesentlich, diese neuen Zahlen und die Rechenoperationen mit ihnen in der Weise zu definieren, daß alle für die Operationen mit reellen Zahlen geltenden Grundgesetze in Kraft bleiben. Wie wir zeigen werden, ist dies möglich.

Nicht nur die soeben erwähnte Undurchführbarkeit der Operation des Wurzelziehens in gewissen Fällen, sondern auch einfache geometrische Vorstellungen führen uns zu einer natürlichen Erweiterung des Zahlbegriffs. Wir werden uns dabei gerade von diesen geometrischen Vorstellungen leiten lassen.

Wir wissen, daß sich jede reelle Zahl graphisch entweder als gerichtete Strecke auf der gegebenen x-Achse oder als Punkt auf dieser Achse darstellen läßt, wenn man verabredet, die Anfangspunkte aller dieser Strecken in den Koordinatenursprung zu legen; umgekehrt entspricht jedem Abschnitt oder Punkt auf der x-Achse eine bestimmte reelle Zahl.

Betrachten wir jetzt an Stelle der x-Achse die ganze x, *y-Ebene*, so erhalten wir durch passende Verallgemeinerung des Zahlbegriffs die Möglichkeit, jedem in dieser Ebene liegenden *Vektor* oder jedem ihrer *Punkte* eine gewisse Zahl zuzuordnen, die wir *komplex* nennen.

Wenn wir vereinbaren, die Vektoren, die der Länge nach gleich und gleichgerichtet sind, nicht voneinander zu unterscheiden, dann läßt sich eine reelle Zahl nicht nur jedem Vektor auf der x-Achse, sondern allgemein jedem zur x-Achse parallelen Vektor zuordnen; insbesondere entspricht dem Vektor der Länge 1, dessen Richtung mit der positiven Richtung der x-Achse übereinstimmt, die reelle Zahl 1.

Dem Vektor der Länge 1, dessen Richtung mit der positiven Richtung der y-Achse übereinstimmt, ordnen wir das Symbol i zu, das *imaginäre Einheit* genannt wird. Jeder Vektor $\overline{MN}$ der Ebene kann als Summe zweier zu den Koordinatenachsen paralleler Vektoren $\overline{MP}$ und $\overline{PN}$ dargestellt werden (Abb. 168). Dem zur x-Achse parallelen Vektor $\overline{MP}$ entspricht eine gewisse reelle Zahl a. Dem zur y-Achse parallelen Vektor $\overline{PN}$ möge das Symbol bi entsprechen, wobei b eine reelle Zahl ist, deren Absolutwert gleich der Länge des Vektors $\overline{PN}$ ist, und die positiv ist, wenn die Richtung von $\overline{PN}$ mit der positiven Richtung der y-Achse übereinstimmt, hingegen negativ wird, wenn die Richtung von $\overline{PN}$ der positiven y-Richtung entgegengesetzt ist. Auf diese Weise ordnen wir dem Vektor $\overline{MN}$ sinngemäß eine *komplexe Zahl* zu, die die Form $a + bi$ hat. Wir betonen, daß das Zeichen $+$ in dem angegebenen Ausdruck $a + bi$ zunächst nicht das Zeichen für eine Rechenoperation darstellt. Dieser Ausdruck soll vielmehr als einheitliches Symbol für die Bezeichnung einer komplexen Zahl betrachtet werden. Nach der Definition der Addition komplexer Zahlen kommen wir noch auf die Betrachtung dieses Zeichens zurück.

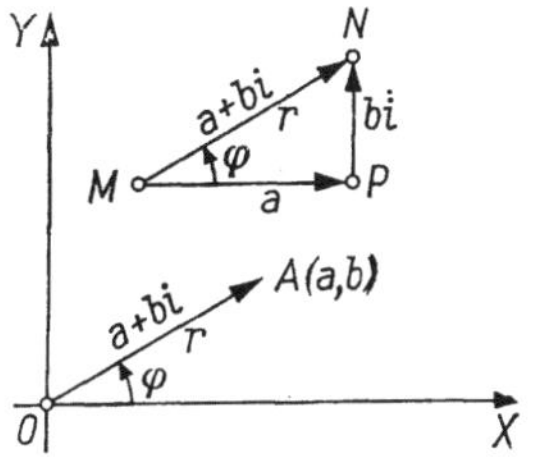

Abb. 168

Die reellen Zahlen a und b stellen offenbar die Größen der Projektionen des Vektors $\overline{MN}$ auf die Koordinatenachsen dar.

Wir tragen vom Koordinatenursprung den Vektor $\overline{OA}$ (Abb. 168) ab, der der Länge und Richtung nach mit dem Vektor $\overline{MN}$ übereinstimmt. Der Endpunkt A dieses Vektors hat die Koordinaten (a, b), und diesem Punkt A können wir dieselbe komplexe Zahl $a + bi$ zuordnen wie den Vektoren $\overline{MN}$ und $\overline{OA}$.

Also ist jedem Vektor der Ebene (jedem Punkt der Ebene) eine bestimmte komplexe Zahl $a + bi$ zugeordnet. Die reellen Zahlen a und b sind gleich den Größen der Projektionen des betrachteten Vektors auf die Koordinatenachsen (d. h., sofern der zugehörige Vektor im Koordinatenursprung beginnt, gleich den Koordinaten des betrachteten Punktes).

Wenn wir in den Ausdrücken $a + bi$ den Buchstaben a und b alle möglichen reellen Werte geben, erhalten wir die Gesamtheit der komplexen Zahlen; a heißt der *Realteil* und b der *Imaginärteil* der komplexen Zahl.

In dem speziellen Fall eines zur x-Achse parallelen Vektors stimmt die komplexe Zahl mit ihrem Realteil überein:

$$a + 0\mathrm{i} = a\,. \qquad (1)$$

Somit fassen wir eine reelle Zahl a gemäß (1) als Spezialfall einer komplexen Zahl auf.

Der Begriff der Identität zweier komplexer Zahlen ergibt sich aus ihrer geometrischen Interpretation. Zwei Vektoren sind gleich, wenn sie die gleiche Länge und übereinstimmende Richtung haben, d. h., wenn sie die gleichen Projektionen auf die Koordinatenachsen besitzen; daher werden zwei komplexe Zahlen dann und nur dann als gleich angesehen, wenn ihre Realteile und Imaginärteile einzeln einander gleich sind, und die Bedingung der Gleichheit zweier komplexer Zahlen lautet:

$$a_1 + b_1\mathrm{i} = a_2 + b_2\mathrm{i} \quad \text{ist gleichbedeutend mit} \quad a_1 = a_2, \quad b_1 = b_2\,. \qquad (2)$$

Insbesondere ist

$$a + b\mathrm{i} = 0 \quad \text{gleichbedeutend mit} \quad a = 0, \quad b = 0\,.$$

Statt den Vektor $\overline{MN}$ durch seine Projektionen auf die Koordinatenachsen a und b zu definieren, können wir ihn auch durch zwei andere Größen bestimmen, und zwar durch seine Länge r und durch den Winkel φ, den die Richtung von $\overline{MN}$ mit der positiven Richtung der x-Achse bildet (Abb. 168). Wenn wir nun annehmen, daß die komplexe Zahl $a + bi$ dem Punkt mit den Koordinaten a, b entspricht, sind r und φ offensichtlich die Polarkoordinaten dieses Punktes. Bekanntlich gelten die Beziehungen

$$a = r\cos\varphi, \qquad b = r\sin\varphi, \qquad r = \sqrt{a^2 + b^2},$$
$$\cos\varphi = \frac{a}{\sqrt{a^2+b^2}}, \qquad \sin\varphi = \frac{b}{\sqrt{a^2+b^2}}, \qquad \varphi = \arctan\frac{b}{a}. \tag{3}$$

Die positive Zahl r heißt *Modul*, φ das *Argument* der komplexen Zahl $a + bi$. Das Argument ist nur bis auf eine additive Konstante, die gleich einem Vielfachen von 2π ist, bestimmt, da jeder Vektor $\overline{MN}$ mit sich selbst zusammenfällt, wenn man ihn in beliebig vielen vollen Umläufen in der einen oder anderen Richtung um den Punkt M dreht. Im Fall $r = 0$ ist die komplexe Zahl gleich 0 und ihr Argument unbestimmt. *Die Bedingung der Gleichheit* zweier komplexer Zahlen besteht nun offenbar darin, daß *ihre Moduln gleich sein müssen und die Argumente sich nur um ein additives Vielfaches von 2π unterscheiden dürfen.*

Eine reelle Zahl hat das Argument $2k\pi$, wenn sie positiv, und $(2k + 1)\pi$, wenn sie negativ ist, wobei k eine beliebige ganze Zahl bedeutet. Wenn der Realteil der komplexen Zahl gleich 0 ist, hat die komplexe Zahl die Form bi und heißt *rein imaginär*. Der dieser Zahl entsprechende Vektor ist parallel zur y-Achse, und das Argument einer rein imaginären Zahl bi ist gleich $\left(\frac{\pi}{2} + 2k\pi\right)$, wenn $b > 0$, und $\left(\frac{3\pi}{2} + 2k\pi\right)$, wenn $b < 0$ ist.

Der Modul einer reellen Zahl stimmt mit ihrem Absolutbetrag überein. Zur Bezeichnung des Moduls einer Zahl $a + bi$ setzt man diese Zahl zwischen zwei senkrechte Striche:

$$|a + bi| = \sqrt{a^2 + b^2}.$$

In Zukunft werden wir eine komplexe Zahl häufig durch einen Buchstaben allein kennzeichnen. Wenn α eine komplexe Zahl ist, wird ihr Modul mit dem Symbol $|\alpha|$ bezeichnet. Unter Benutzung der Darstellung (3) für a und b können wir die komplexe Zahl durch ihren Modul und ihr Argument in folgender Form ausdrücken:

$$r(\cos\varphi + \mathrm{i}\sin\varphi).$$

In diesem Fall sagt man, die komplexe Zahl sei in der *trigonometrischen Form* dargestellt.

171. Addition und Subtraktion komplexer Zahlen. Die Vektorsumme stellt die abschließende Seite eines Polygonzuges dar, der von den Vektorsummanden gebildet wird. Beachten wir, daß die Projektion der abschließenden Seite gleich der Summe der Projektionen der Komponenten ist, so gelangen wir zu der folgenden Definition für die *Addition komplexer Zahlen*:

$$(a_1 + b_1\mathrm{i}) + (a_2 + b_2\mathrm{i}) + \cdots + (a_n + b_n\mathrm{i})$$
$$= (a_1 + a_2 + \cdots + a_n) + (b_1 + b_2 + \cdots + b_n)\,\mathrm{i}. \tag{4}$$

Es ist leicht zu sehen, daß die Summe von komplexen Zahlen nicht von der Reihenfolge der Summanden abhängt (Kommutativgesetz) und daß die Summanden in Gruppen zusammengefaßt werden können (Assoziativgesetz), da die Summe der reellen Zahlen a_k und die Summe der reellen Zahlen b_k diese Eigenschaften besitzen.

Wie wir oben erwähnt hatten, ist die komplexe Zahl $a + 0\mathrm{i}$ mit der reellen Zahl a identisch. Entsprechend schreibt man die Zahl $0 + b\mathrm{i}$ einfach in der Form $b\mathrm{i}$ (rein imaginäre Zahl). Benutzen wir die Definition der Addition, so können wir sagen, daß die komplexe Zahl $a + b\mathrm{i}$ die Summe der reellen Zahl a und der rein imaginären Zahl $b\mathrm{i}$ ist, d. h., es ist $a + b\mathrm{i} = (a + 0\mathrm{i}) + (0 + b\mathrm{i})$.

Die Subtraktion wird als die zur Addition inverse Operation definiert, d. h., die Differenz

$$x + y\mathrm{i} = (a_1 + b_1\mathrm{i}) - (a_2 + b_2\mathrm{i})$$

wird aus der Bedingung

$$(x + y\mathrm{i}) + (a_2 + b_2\mathrm{i}) = a_1 + b_1\mathrm{i}$$

bestimmt oder auf Grund von (4) und (2): $x + a_2 = a_1$, $y + b_2 = b_1$, d. h. $x = a_1 - a_2$, $y = b_1 - b_2$. Wir erhalten schließlich

$$(a_1 + b_1\mathrm{i}) - (a_2 + b_2\mathrm{i}) = (a_1 - a_2) + (b_1 - b_2)\mathrm{i}\,. \qquad (5)$$

Die Subtraktion der komplexen Zahl $(a_2 + b_2\mathrm{i})$ von der komplexen Zahl $(a_1 + b_1\mathrm{i})$ ist, wie wir sehen, gleichbedeutend mit der Addition des Minuenden $(a_1 + b_1\mathrm{i})$ zu der komplexen Zahl $(-a_2 - b_2\mathrm{i})$. Das entspricht dem Folgenden: *Die Subtraktion der Vektoren kommt auf eine Addition des Vektors des Minuenden zu einem Vektor hinaus, der der Größe nach gleich dem Subtrahenden und der Richtung nach ihm entgegengesetzt ist.*

Wir betrachten den Vektor $\overline{A_2A_1}$, dessen Anfangspunkt A_2 der komplexen Zahl $a_2 + b_2\mathrm{i}$ und dessen Endpunkt A_1 der Zahl $a_1 + b_1\mathrm{i}$ entspricht. Dieser Vektor stellt offensichtlich die Differenz der Vektoren $\overline{OA_1}$ und $\overline{OA_2}$ dar (Abb. 169), und folglich entspricht ihm die komplexe Zahl

$$(a_1 - a_2) + (b_1 - b_2)\,\mathrm{i}\,;$$

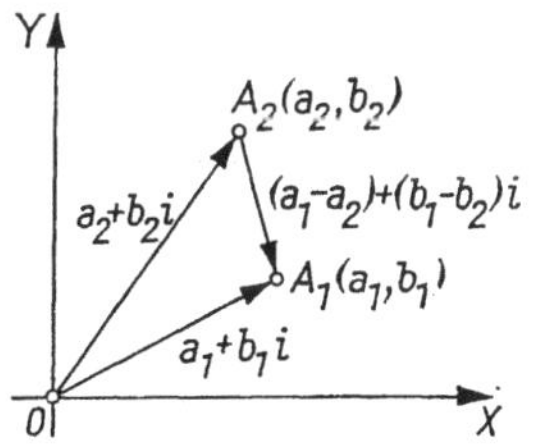

Abb. 169

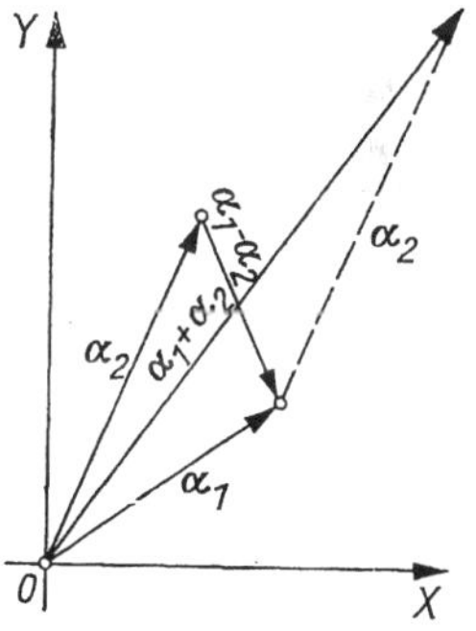

Abb. 170

sie ist gleich der Differenz der komplexen Zahlen, die seinem Endpunkt und seinem Anfangspunkt entsprechen.

Wir bestimmen jetzt die Eigenschaften des Moduls der Summe und der Differenz zweier komplexer Zahlen. Beachten wir, daß der Modul einer komplexen Zahl gleich der Länge des dieser Zahl entsprechenden Vektors ist und daß eine Seite eines Dreiecks kürzer ist als die Summe der beiden anderen, so erhalten wir (Abb. 170)

$$|\alpha_1 + \alpha_2| \leqq |\alpha_1| + |\alpha_2|\,,$$

wobei das Gleichheitszeichen nur dann gilt, wenn die Vektoren, die den komplexen Zahlen α_1 und α_2 entsprechen, die gleiche Richtung haben, d. h., wenn die Argumente dieser Zahlen entweder gleich sind oder sich um ein Vielfaches von 2π unterscheiden. Diese Eigenschaft gilt offenbar auch für beliebig viele Summanden:

$$|\alpha_1 + \alpha_2 + \cdots + \alpha_n| \leqq |\alpha_1| + |\alpha_2| + \cdots + |\alpha_n|\,,$$

d. h., *der Modul einer Summe ist kleiner oder gleich der Summe der Moduln der Summanden, wobei das Gleichheitszeichen nur dann auftritt, wenn die Argumente der Summanden gleich sind oder sich um Vielfache von 2π unterscheiden.*

Weil jede Seite eines Dreiecks größer ist als die Differenz der beiden anderen Seiten, können wir außerdem schreiben:

$$|\alpha_1 + \alpha_2| \geqq |\alpha_1| - |\alpha_2|\,,$$

d. h., *der Modul der Summe zweier Summanden ist größer oder gleich der Differenz der Moduln dieser Summanden.* Gleichheit tritt nur dann ein, wenn die Richtungen der entsprechenden Vektoren entgegengesetzt sind.

Die Subtraktion der Vektoren und komplexen Zahlen läßt sich, wie wir oben gesehen hatten, auf eine Addition zurückführen, und für den Modul der Differenz zweier komplexer Zahlen erhalten wir ähnlich wie für den Modul der Summe (Abb. 170)

$$|\alpha_1| - |\alpha_2| \leqq |\alpha_1 - \alpha_2| \leqq |\alpha_1| + |\alpha_2|\,.$$

172. Multiplikation komplexer Zahlen. Das Produkt zweier komplexer Zahlen definieren wir analog dem Produkt von reellen Zahlen, nämlich: Das Produkt wird als die Zahl angesehen, die aus dem Multiplikanden so gebildet wird wie der Multiplikator aus der Einheit. Der Vektor, der der komplexen Zahl mit dem Modul r und dem Argument φ entspricht, kann aus dem *Einheitsvektor*, dessen Länge gleich 1 ist und dessen Richtung mit der positiven Richtung der x-Achse übereinstimmt, durch dessen Verlängerung auf das r-fache und Drehung in positiver Richtung um den Winkel φ erhalten werden.

Unter dem Produkt eines Vektors $\boldsymbol{a}_1$ mit dem Vektor $\boldsymbol{a}_2$ verstehen wir den Vektor, der sich ergibt, wenn man auf den Vektor $\boldsymbol{a}_1$ die oben angegebene Verlängerung und Drehung anwendet, mittels deren sich der Vektor $\boldsymbol{a}_2$ aus dem Einheitsvektor ergibt, wobei letzterem offenbar die reelle Einheit entspricht.

Wenn (r_1, φ_1), (r_2, φ_2) die Moduln und Argumente der komplexen Zahlen sind, die den Vektoren $\boldsymbol{a}_1$ bzw. $\boldsymbol{a}_2$ zugeordnet sind, entspricht offenbar dem Produkt dieser Vektoren die komplexe Zahl mit dem Modul $r_1 r_2$ und dem Argument $\varphi_1 + \varphi_2$. Wir kommen somit zu der folgenden Definition des Produktes komplexer Zahlen:

Diejenige komplexe Zahl, deren Modul gleich dem Produkt aus den Moduln der Faktoren und deren Argument gleich der Summe der Argumente der Faktoren ist, heißt Produkt dieser beiden komplexen Zahlen. Wenn einer der Faktoren gleich 0 ist, soll auch das Produkt gleich 0 sein.

Auf diese Weise erhalten wir in dem Fall, daß die komplexen Zahlen in der trigonometrischen Form geschrieben sind,

$$r_1(\cos\varphi_1 + \mathrm{i}\sin\varphi_1)\cdot r_2(\cos\varphi_2 + \mathrm{i}\sin\varphi_2)$$
$$= r_1 r_2[\cos(\varphi_1 + \varphi_2) + \mathrm{i}\sin(\varphi_1 + \varphi_2)]\,. \qquad (6)$$

Wir leiten jetzt die Regel für die Bildung des Produkts in dem Fall her, daß die komplexen Zahlen nicht in der trigonometrischen Form gegeben sind, sondern durch

$$(a_1 + b_1 \mathrm{i})(a_2 + b_2 \mathrm{i}) = x + y\mathrm{i}\,.$$

Mit Benutzung der oben angegebenen Bezeichnung der Moduln und Argumente der Faktoren schreiben wir

$$a_1 = r_1 \cos\varphi_1, \qquad b_1 = r_1 \sin\varphi_1, \qquad a_2 = r_2 \cos\varphi_2, \qquad b_2 = r_2 \sin\varphi_2\,;$$

gemäß der Definition der Multiplikation (6) wird

$$x = r_1 r_2 \cos(\varphi_1 + \varphi_2), \qquad y = r_1 r_2 \sin(\varphi_1 + \varphi_2)\,,$$

woraus wir

$$\begin{aligned} x &= r_1 r_2(\cos\varphi_1 \cos\varphi_2 - \sin\varphi_1 \sin\varphi_2) \\ &= r_1 \cos\varphi_1 \cdot r_2 \cos\varphi_2 - r_1 \sin\varphi_1 \cdot r_2 \sin\varphi_2 = a_1 a_2 - b_1 b_2\,, \\ y &= r_1 r_2(\sin\varphi_1 \cos\varphi_2 + \cos\varphi_1 \sin\varphi_2) \\ &= r_1 \sin\varphi_1 \cdot r_2 \cos\varphi_2 + r_1 \cos\varphi_1 \cdot r_2 \sin\varphi_2 = b_1 a_2 + a_1 b_2 \end{aligned}$$

und schließlich

$$(a_1 + b_1 \mathrm{i})(a_2 + b_2 \mathrm{i}) = (a_1 a_2 - b_1 b_2) + (b_1 a_2 + a_1 b_2)\,\mathrm{i} \tag{7}$$

erhalten.

Für $b_1 = b_2 = 0$ sind die Faktoren die reellen Zahlen a_1 und a_2, und das Produkt reduziert sich auf das Produkt $a_1 a_2$ dieser Zahlen.

Für $a_1 = a_2 = 0$ und $b_1 = b_2 = 1$ liefert die Gleichung (7)

$$\mathrm{i} \cdot \mathrm{i} = \mathrm{i}^2 = -1\,,$$

d. h., *das Quadrat der imaginären Einheit ist gleich* -1.

Wenn wir nacheinander die ganzen positiven Potenzen von i berechnen, erhalten wir

$$\mathrm{i}^2 = -1, \qquad \mathrm{i}^3 = -\mathrm{i}, \qquad \mathrm{i}^4 = 1, \qquad \mathrm{i}^5 = \mathrm{i}, \qquad \mathrm{i}^6 = -1, \ldots$$

und allgemein für jedes ganzzahlige positive k

$$\mathrm{i}^{4k} = 1, \qquad \mathrm{i}^{4k+1} = \mathrm{i}, \qquad \mathrm{i}^{4k+2} = -1, \qquad \mathrm{i}^{4k+3} = -\mathrm{i}\,.$$

Die durch Gleichung (7) ausgedrückte Multiplikationsregel kann man auch so formulieren: *Die komplexen Zahlen sind wie Binome zu multiplizieren, wobei* $\mathrm{i}^2 = -1$ *zu setzen ist.*

Wenn α die komplexe Zahl $a + b\mathrm{i}$ ist, heißt die komplexe Zahl $a - b\mathrm{i}$ *konjugiert zu* α; man bezeichnet sie meistens mit $\bar{\alpha}$.

Entsprechend den Formeln (3) ist

$$|\alpha|^2 = a^2 + b^2\,.$$

Aus (7) ergibt sich $(a + b\mathrm{i})(a - b\mathrm{i}) = a^2 + b^2$ und folglich

$$|\alpha|^2 = (a + b\mathrm{i})(a - b\mathrm{i}) = \alpha\bar{\alpha}\,,$$

d. h., *das Produkt von konjugiert komplexen Zahlen ist gleich dem Quadrat ihres Moduls.*

Wir geben noch folgende leicht einzusehenden Formeln an:

$$\alpha + \bar{\alpha} = 2a\,, \qquad \alpha - \bar{\alpha} = 2b\mathrm{i}\,. \tag{8}$$

Aus (4) und (7) folgt unmittelbar, daß die Addition und Multiplikation von komplexen Zahlen dem Kommutativgesetz gehorchen, d. h., die Summe hängt nicht von der Reihenfolge der Summanden und das Produkt nicht von der Reihenfolge der Faktoren ab. Leicht prüft man auch die Gültigkeit des Assoziativ- und des Distributivgesetzes nach, die durch die folgenden Identitäten ausgedrückt werden:

$$(\alpha_1 + \alpha_2) + \alpha_3 = \alpha_1 + (\alpha_2 + \alpha_3), \qquad (\alpha_1\alpha_2)\,\alpha_3 = \alpha_1(\alpha_2\alpha_3)\,,$$

$$(\alpha_1 + \alpha_2)\,\beta = \alpha_1\beta + \alpha_2\beta\,.$$

Wir stellen dem Leser anheim, dies nachzuprüfen.

Schließlich bemerken wir, daß *das Produkt von mehreren Faktoren einen Modul besitzt, der gleich dem Produkt aus den Moduln der Faktoren, sowie ein Argument, das gleich der Summe der Argumente der Faktoren ist. Somit wird das Produkt von komplexen Zahlen dann und nur dann gleich* 0, *wenn mindestens einer der Faktoren gleich* 0 *ist.*

173. Division komplexer Zahlen. Die Division der komplexen Zahlen wird als die zur Multiplikation inverse Operation definiert. Wenn also r_1, φ_1 Modul bzw. Argument des Dividenden sind und r_2, φ_2 Modul bzw. Argument des Divisors, ist leicht einzusehen, daß die Division ein bestimmtes Resultat besitzt, wenn der Divisor von 0 verschieden ist; genau gesagt ist der Modul des Quotienten gleich $\frac{r_1}{r_2}$ und sein Argument gleich $\varphi_1 - \varphi_2$. Schreiben wir den Quotienten als Bruch, so finden wir

$$\frac{r_1(\cos\varphi_1 + \mathrm{i}\sin\varphi_1)}{r_2(\cos\varphi_2 + \mathrm{i}\sin\varphi_2)} = \frac{r_1}{r_2}[\cos(\varphi_1 - \varphi_2) + \mathrm{i}\sin(\varphi_1 - \varphi_2)]\,. \tag{9}$$

Also ist der Modul des Quotienten gleich dem Quotienten aus den Moduln von Dividend und Divisor und das Argument des Quotienten gleich der Differenz der Argumente von Dividend und Divisor. Für $r_2 = 0$ wird die Beziehung (9) sinnlos.

Sind Dividend und Divisor nicht in der trigonometrischen, sondern in der Form $a_1 + b_1\mathrm{i}$ bzw. $a_2 + b_2\mathrm{i}$ gegeben, so erhalten wir, indem wir in (9) die Moduln und Argumente durch a_1, a_2, b_1, b_2 ausdrücken, für den Quotienten die Darstellung

$$\frac{a_1 + b_1\mathrm{i}}{a_2 + b_2\mathrm{i}} = \frac{a_1a_2 + b_1b_2}{a_2^2 + b_2^2} + \frac{b_1a_2 - a_1b_2}{a_2^2 + b_2^2}\,\mathrm{i}\,,$$

die sich auch unmittelbar ergibt, wenn wir Zähler und Nenner mit der zum Nenner konjugiert komplexen Zahl multiplizieren, um die „Irrationalität“ i im Nenner zu beseitigen:

$$\frac{a_1 + b_1\mathrm{i}}{a_2 + b_2\mathrm{i}} = \frac{(a_1 + b_1\mathrm{i})\,(a_2 - b_2\mathrm{i})}{a_2^2 + b_2^2} = \frac{(a_1a_2 + b_1b_2) + (b_1a_2 - a_1b_2)\,\mathrm{i}}{a_2^2 + b_2^2}\,,$$

also

$$\frac{a_1 + b_1\mathrm{i}}{a_2 + b_2\mathrm{i}} = \frac{a_1a_2 + b_1b_2}{a_2^2 + b_2^2} + \frac{b_1a_2 - a_1b_2}{a_2^2 + b_2^2}\,\mathrm{i}\,. \tag{10}$$

Wir hatten schon in [**172**] darauf hingewiesen, daß das Kommutativ-, Assoziativ- und Distributivgesetz bei der Addition und Multiplikation komplexer Zahlen ihre Gültigkeit behalten. Daher bleiben auch für Ausdrücke, die komplexe Zahlen enthalten, alle Identitäten gültig, die als Folgerungen dieser Gesetze bei den reellen Zahlen wohlbekannt sind. Hierzu gehören z.B. die Regel für das Ausklammern, das Auflösen der Klammern, der binomische Lehrsatz für ganze positive Exponenten, die Formeln, die sich auf arithmetische und geometrische Reihen beziehen, usw.

Wir erwähnen noch eine wichtige Eigenschaft der Ausdrücke mit komplexen Zahlen, die mittels der Symbole der vier Grundrechenarten gebildet sind. Aus (4), (5), (7) und (10) ergibt sich unmittelbar der folgende Satz: *Wenn man in einer Summe, einer Differenz, einem Produkt oder einem Quotienten alle Zahlen durch die konjugiert komplexen ersetzt, werden auch die Resultate der Operationen konjugiert komplex.*

Ersetzen wir z.B. in (7) b_1 und b_2 durch $-b_1$ bzw. $-b_2$, so erhalten wir

$$(a_1 - b_1\mathrm{i})(a_2 - b_2\mathrm{i}) = (a_1a_2 - b_1b_2) - (b_1a_2 + a_1b_2)\,\mathrm{i}\,.$$

Die angegebene Eigenschaft ist offenbar auch für einen beliebigen Ausdruck aus komplexen Zahlen, die durch die vier Grundrechenarten verknüpft sind, gültig.

174. Das Potenzieren. Wenden wir (6) auf ein Produkt von n gleichen Faktoren an, so erhalten wir die Regel für das Potenzieren einer komplexen Zahl mit einem ganzzahligen positiven Exponenten:

$$[r(\cos\varphi + \mathrm{i}\sin\varphi)]^n = r^n(\cos n\varphi + \mathrm{i}\sin n\varphi)\,, \tag{11}$$

d. h., *um eine komplexe Zahl in eine ganzzahlige positive Potenz zu erheben, muß man ihren Modul in diese Potenz erheben und das Argument mit dem Exponenten multiplizieren.*

Setzen wir in (11) $r = 1$, so ergibt sich die Moivresche Formel

$$(\cos\varphi + \mathrm{i}\sin\varphi)^n = \cos n\varphi + \mathrm{i}\sin n\varphi\,. \tag{12}$$

Beispiele.

1. Wenn wir die linke Seite von (12) nach dem binomischen Satz entwickeln und gemäß der Bedingung (2) die Real- bzw. Imaginärteile gleichsetzen, erhalten wir die Darstellungen von $\cos n\varphi$ bzw. $\sin n\varphi$ durch Potenzen von $\cos\varphi$ und $\sin\varphi$:[1]

$$\left.\begin{aligned}
\cos n\varphi &= \cos^n\varphi - \binom{n}{2}\cos^{n-2}\varphi\sin^2\varphi \\
&\quad + \binom{n}{4}\cos^{n-4}\varphi\sin^4\varphi + \cdots + (-1)^k\binom{n}{2k}\cos^{n-2k}\varphi\sin^{2k}\varphi + \cdots \\
&\quad + \begin{cases}(-1)^{n/2}\sin^n\varphi & (n \text{ gerade}),\\ (-1)^{(n-1)/2}\, n\cos\varphi\sin^{n-1}\varphi & (n \text{ ungerade});\end{cases} \\
\sin n\varphi &= \binom{n}{1}\cos^{n-1}\varphi\sin\varphi - \binom{n}{3}\cos^{n-3}\varphi\sin^3\varphi + \binom{n}{5}\cos^{n-5}\varphi\sin^5\varphi - \cdots \\
&\quad + (-1)^k\binom{n}{2k+1}\cos^{n-2k-1}\varphi\sin^{2k+1}\varphi + \cdots \\
&\quad + \begin{cases}(-1)^{(n-1)/2}\, n\cos\varphi\sin^{n-1}\varphi & (n \text{ gerade}),\\ (-1)^{(n-1)/2}\sin^n\varphi & (n \text{ ungerade}).\end{cases}
\end{aligned}\right\} \tag{13}$$

[1]) Mit $\binom{n}{m}$ bezeichnen wir die Anzahl der Kombinationen aus n Elementen zur m-ten Klasse, d. h., es ist $\binom{n}{m} = \dfrac{n(n-1)\cdots(n-m+1)}{1\cdot 2\cdots m} = \dfrac{n!}{m!(n-m)!}$.

Insbesondere erhält (12) für $n = 3$ nach Auflösen der Klammer die Gestalt

$$\cos^3 \varphi + 3\mathrm{i} \cos^2 \varphi \sin \varphi - 3 \cos \varphi \sin^2 \varphi - \mathrm{i} \sin^3 \varphi = \cos 3\varphi + \mathrm{i} \sin 3\varphi ,$$

und daraus folgt

$$\cos 3\varphi = \cos^3 \varphi - 3 \cos \varphi \sin^2 \varphi , \qquad \sin 3\varphi = 3 \cos^2 \varphi \sin \varphi - \sin^3 \varphi .$$

2. Wir summieren die Ausdrücke

$$A_n = 1 + r \cos \varphi + r^2 \cos 2\varphi + \cdots + r^{n-1} \cos (n-1) \varphi ,$$

$$B_n = r \sin \varphi + r^2 \sin 2\varphi + \cdots + r^{n-1} \sin (n-1) \varphi .$$

Dazu setzen wir $z = r(\cos \varphi + \mathrm{i} \sin \varphi)$ und bilden die komplexe Zahl

$$A + B_n\mathrm{i} = 1 + r(\cos \varphi + \mathrm{i} \sin \varphi) + r^2(\cos 2\varphi + \mathrm{i} \sin 2\varphi) + \cdots$$
$$+ r^{n-1}[\cos (n-1) \varphi + \mathrm{i} \sin (n-1) \varphi] .$$

Wir benutzen nun die Gleichung (11) und die Formel für die Summe einer geometrischen Reihe:

$$A_n + B_n\mathrm{i} = 1 + z + z^2 + \cdots + z^{n-1} = \frac{1 - z^n}{1 - z} = \frac{1 - r^n(\cos \varphi + \mathrm{i} \sin \varphi)^n}{1 - r(\cos \varphi + \mathrm{i} \sin \varphi)}$$
$$= \frac{(1 - r^n \cos n\varphi) - \mathrm{i}r^n \sin n\varphi}{(1 - r \cos \varphi) - \mathrm{i}r \sin \varphi} .$$

Multiplizieren wir Zähler und Nenner des letzten Bruches mit der zum Nenner konjugiert komplexen Größe $(1 - r \cos \varphi) + \mathrm{i}r \sin \varphi$, so erhalten wir

$$A_n + B_n\mathrm{i} = \frac{[(1 - r^n \cos n\varphi) - \mathrm{i}r^n \sin n\varphi]\,[(1 - r \cos \varphi) + \mathrm{i}r \sin \varphi]}{(1 - r \cos \varphi)^2 + r^2 \sin^2 \varphi}$$
$$= \frac{(1 - r^n \cos n\varphi)(1 - r \cos \varphi) + r^{n+1} \sin \varphi \sin n\varphi}{r^2 - 2r \cos \varphi + 1}$$
$$+ \frac{(1 - r^n \cos n\varphi)\, r \sin \varphi - (1 - r \cos \varphi)\, r^n \sin n\varphi}{r^2 - 2r \cos \varphi + 1}\,\mathrm{i}$$
$$= \frac{r^{n+1} \cos (n-1) \varphi - r^n \cos n\varphi - r \cos \varphi + 1}{r^2 - 2r \cos \varphi + 1}$$
$$+ \frac{r^{n+1} \sin (n-1) \varphi - r^n \sin n\varphi + r \sin \varphi}{r^2 - 2r \cos \varphi + 1}\,\mathrm{i} .$$

Durch Gleichsetzen der Real- bzw. Imaginärteile gemäß (2) ergibt sich

$$A_n = 1 + r \cos \varphi + r^2 \cos 2\varphi + \cdots + r^{n-1} \cos (n-1) \varphi$$
$$= \frac{r^{n+1} \cos (n-1) \varphi - r^n \cos n\varphi - r \cos \varphi + 1}{r^2 - 2r \cos \varphi + 1} ,$$

$$B_n = r \sin \varphi + r^2 \sin 2\varphi + \cdots + r^{n-1} \sin (n-1) \varphi$$
$$= \frac{r^{n+1} \sin (n-1) \varphi - r^n \sin n\varphi + r \sin \varphi}{r^2 - 2r \cos \varphi + 1} .$$

Nehmen wir an, daß der Absolutbetrag der reellen Zahl r kleiner als 1 ist und n unbegrenzt wächst, so finden wir im Grenzfall die Summen der unendlichen Reihen:

$$1 + r \cos \varphi + r^2 \cos 2\varphi + \cdots = \frac{1 - r \cos \varphi}{r^2 - 2r \cos \varphi + 1} ,$$
$$r \sin \varphi + r^2 \sin 2\varphi + \cdots = \frac{r \sin \varphi}{r^2 - 2r \cos \varphi + 1} . \qquad (14)$$

Setzen wir schließlich in den Ausdrücken für A_n und B_n die Zahl r gleich 1, so ergibt sich

$$1 + \cos\varphi + \cos 2\varphi + \cdots + \cos(n-1)\varphi = \frac{\cos(n-1)\varphi - \cos n\varphi - \cos\varphi + 1}{2(1-\cos\varphi)}$$

$$= \frac{2\sin\frac{\varphi}{2}\sin\left(n-\frac{1}{2}\right)\varphi + 2\sin^2\frac{\varphi}{2}}{4\sin^2\frac{\varphi}{2}} = \frac{\sin\left(n-\frac{1}{2}\right)\varphi + \sin\frac{\varphi}{2}}{2\sin\frac{\varphi}{2}}$$

$$= \frac{\sin\frac{n\varphi}{2}\cos\frac{(n-1)\varphi}{2}}{\sin\frac{\varphi}{2}}. \qquad (15_1)$$

Analog erhalten wir

$$\sin\varphi + \sin 2\varphi + \cdots + \sin(n-1)\varphi = \frac{\sin\frac{n\varphi}{2}\sin\frac{(n-1)\varphi}{2}}{\sin\frac{\varphi}{2}}. \qquad (15_2)$$

175. Das Wurzelziehen. Unter der *n-ten Wurzel aus einer komplexen Zahl* versteht man eine solche komplexe Zahl, deren n-te Potenz gleich dem Radikanden ist.

Somit ist die Beziehung

$$\sqrt[n]{r(\cos\varphi + i\sin\varphi)} = \varrho(\cos\psi + i\sin\psi)$$

gleichbedeutend mit

$$\varrho^n(\cos n\psi + i\sin n\psi) = r(\cos\varphi + i\sin\varphi).$$

Nun müssen aber bei gleichen komplexen Zahlen die Moduln gleich sein, und die Argumente dürfen sich nur um ein Vielfaches von 2π unterscheiden, d. h.

$$\varrho^n = r, \qquad n\psi = \varphi + 2k\pi, \text{ und damit } \varrho = \sqrt[n]{r}, \qquad \psi = \frac{\varphi + 2k\pi}{n},$$

wobei $\sqrt[n]{r}$ der Absolutbetrag der Wurzel ist und k eine beliebige ganze Zahl. Auf diese Weise erhalten wir

$$\sqrt[n]{r(\cos\varphi + i\sin\varphi)} = \sqrt[n]{r}\left(\cos\frac{\varphi + 2k\pi}{n} + i\sin\frac{\varphi + 2k\pi}{n}\right), \qquad (16)$$

d. h., *um die Wurzel aus einer komplexen Zahl zu ziehen, muß man die Wurzel aus ihrem Modul ziehen und das Argument durch den Wurzelexponenten dividieren.*

In (16) kann die Zahl k alle möglichen ganzzahligen Werte annehmen; jedoch läßt sich zeigen, daß es nur n verschiedene Werte der Wurzel gibt und daß sie den Werten

$$k = 0, 1, 2, \ldots, n-1 \qquad (17)$$

entsprechen.

Zum Beweis bemerken wir, daß die Lösungen in (16) für zwei verschiedene Werte $k = k_1$ und $k = k_2$ nur dann verschieden sind, wenn sich die Argumente $\frac{\varphi + 2k_1\pi}{n}$ und $\frac{\varphi + 2k_2\pi}{n}$ nicht um ein Vielfaches von 2π unterscheiden, und daß die erwähnten Lösungen identisch sind, wenn sich die Argumente um ein Vielfaches von 2π unterscheiden.

Die Differenz $k_1 - k_2$ zweier Zahlen aus der Menge (17) ist dem Absolutbetrag nach kleiner als n, und daher kann die Differenz

$$\frac{\varphi + 2k_1\pi}{n} - \frac{\varphi + 2k_2\pi}{n} = \frac{k_1 - k_2}{n} 2\pi$$

nicht ein Vielfaches von 2π sein, d. h., den n Werten von k aus der Menge (17) entsprechen n verschiedene Werte der Wurzel.

Es sei jetzt k_2 eine ganze Zahl, die nicht in der Menge (17) enthalten ist. Wir können sie, indem wir sie durch n dividieren, in der Form $k_2 = qn + k_1$ darstellen, wobei q eine ganze Zahl ist und k_1 eine der Zahlen aus der Menge (17). Daher wird

$$\frac{\varphi + 2k_2\pi}{n} = \frac{\varphi + 2k_1\pi}{n} + 2\pi q ,$$

d. h., dem Wert k_2 entspricht derselbe Wurzelwert wie dem in der Menge (17) enthaltenen Wert k_1. *Die n-te Wurzel aus einer komplexen Zahl hat also genau n verschiedene Werte.*

Eine Ausnahme von dieser Regel stellt nur der Spezialfall dar, daß der Radikand, d. h. r, gleich 0 ist. In diesem Fall hat die Wurzel einen einzigen Wert, der gleich 0 ist, $\sqrt{0} = 0$.

Beispiele.

1. Wir bestimmen alle Werte von $\sqrt[3]{i}$. Der absolute Betrag von i ist gleich 1, das Argument gleich $\frac{\pi}{2}$, und daher gilt

$$\sqrt[3]{i} = \sqrt[3]{\cos\frac{\pi}{2} + i \sin\frac{\pi}{2}} = \cos\frac{\frac{\pi}{2} + 2k\pi}{3} + i \sin\frac{\frac{\pi}{2} + 2k\pi}{3} \qquad (k = 0, 1, 2) .$$

Wir erhalten die folgenden drei Werte für $\sqrt[3]{i}$:

$$\cos\frac{\pi}{6} + i \sin\frac{\pi}{6} = \frac{\sqrt{3}}{2} + \frac{1}{2} i , \qquad \cos\frac{5\pi}{6} + i \sin\frac{5\pi}{6} = -\frac{\sqrt{3}}{2} + \frac{1}{2} i ,$$

$$\cos\frac{3\pi}{2} + i \sin\frac{3\pi}{2} = -i .$$

2. Wir betrachten alle Werte von $\sqrt[n]{1}$, d. h. alle Lösungen der Gleichung

$$z^n = 1 .$$

Der absolute Betrag von 1 ist gleich 1, das Argument gleich 0, und daher gilt

$$\sqrt[n]{1} = \sqrt[n]{\cos 0 + i \sin 0} = \cos\frac{2k\pi}{n} + i \sin\frac{2k\pi}{n} \qquad (k = 0, 1, 2, \ldots, n-1) .$$

Wir bezeichnen den Wert dieser Wurzel, der sich für $k = 1$ ergibt, mit

$$\varepsilon = \cos\frac{2\pi}{n} + i \sin\frac{2\pi}{n} .$$

Gemäß der Moivreschen Formel ist

$$\varepsilon^k = \cos\frac{2k\pi}{n} + i \sin\frac{2k\pi}{n} ,$$

d. h., alle Wurzeln der Gleichung $z^n = 1$ haben die Form ε^k $(k = 0, 1, 2, \ldots, n-1)$, wobei $\varepsilon^0 = 1$ zu setzen ist.

Wir untersuchen jetzt die binomische Gleichung $z^n = a$ $(a \neq 0)$.

An Stelle von z führen wir die neue Unbekannte u ein, indem wir $z = u\sqrt[n]{a}$ setzen, wobei $\sqrt[n]{a}$ einer von den Werten der n-ten Wurzel aus a ist.

Durch Einsetzen des Ausdrucks für z in die gegebene Gleichung erhalten wir für u die Gleichung $u^n = 1$.

Hieraus ist ersichtlich, daß alle Wurzeln von $z^n = a$ in der Form $\sqrt[n]{a}\,\varepsilon^k$ $(k = 0, 1, 2, \ldots, n-1)$ dargestellt werden können, wobei $\sqrt[n]{a}$ einer der n Werte dieser Wurzel ist und ε^k alle Werte der n-ten Wurzel aus 1 annimmt.

176. Die Exponentialfunktion. Wir hatten früher die Exponentialfunktion e^x für einen reellen Exponenten x untersucht. Wir verallgemeinern jetzt den Begriff der Exponentialfunktion auf den Fall eines beliebigen Exponenten. Für reelle Exponenten kann die Funktion e^x als Reihe dargestellt werden [**129**]:

$$e^x = 1 + \frac{x}{1!} + \frac{x^2}{2!} + \frac{x^3}{3!} + \cdots .$$

Durch eine analoge Reihe definieren wir die *Exponentialfunktion* auch *im Fall eines rein imaginären Exponenten*, d. h., wir setzen

$$e^{yi} = 1 + \frac{yi}{1!} + \frac{(yi)^2}{2!} + \frac{(yi)^3}{3!} + \cdots .$$

Trennen wir die reellen und die imaginären Glieder, so finden wir

$$e^{yi} = \left(1 - \frac{y^2}{2!} + \frac{y^4}{4!} - \frac{y^6}{6!} + \cdots\right) + i\left(\frac{y}{1!} - \frac{y^3}{3!} + \frac{y^5}{5!} - \frac{y^7}{7!} + \cdots\right),$$

woraus wir, indem wir uns der Reihenentwicklungen für $\cos y$ und $\sin y$ [**130**] bedienen,

$$e^{yi} = \cos y + i \sin y \tag{18}$$

herleiten. Diese Formel definiert die Exponentialfunktion für einen rein imaginären Exponenten.

Ersetzen wir y durch $-y$,

$$e^{-yi} = \cos y - i \sin y \,, \tag{19}$$

und lösen (18) und (19) nach $\cos y$ und $\sin y$ auf, so erhalten wir die Eulerschen Formeln, die die trigonometrischen Funktionen durch Exponentialfunktionen mit rein imaginären Exponenten ausdrücken:

$$\cos y = \frac{e^{yi} + e^{-yi}}{2}, \qquad \sin y = \frac{e^{yi} - e^{-yi}}{2i}. \tag{20}$$

Die Formel (18) liefert eine neue Form, nämlich die *Exponentialform einer komplexen Zahl*, die den absoluten Betrag r und das Argument φ besitzt:

$$r(\cos \varphi + i \sin \varphi) = r\, e^{i\varphi} .$$

Die *Exponentialfunktion für einen beliebigen komplexen Exponenten* $x + yi$ definieren wir mittels der Formel

$$e^{x+yi} = e^x \cdot e^{yi} = e^x(\cos y + i \sin y) \,, \tag{21}$$

d. h., den absoluten Betrag der Zahl e^{x+yi} setzen wir gleich e^x und das Argument gleich y.

Die Additionsregel der Exponenten bei der Multiplikation läßt sich leicht auf komplexe Exponenten verallgemeinern: Es sei $z = x + y\mathrm{i}$ und $z_1 = x_1 + y_1\mathrm{i}$; dann ist

$$\mathrm{e}^z \cdot \mathrm{e}^{z_1} = \mathrm{e}^x(\cos y + \mathrm{i} \sin y) \cdot \mathrm{e}^{x_1}(\cos y_1 + \mathrm{i} \sin y_1)$$

oder, wenn man die Multiplikationsregel der komplexen Zahlen anwendet [**172**],

$$\mathrm{e}^z \cdot \mathrm{e}^{z_1} = \mathrm{e}^{x+x_1}[\cos (y + y_1) + \mathrm{i} \sin (y + y_1)] \,.$$

Der auf der rechten Seite dieser Gleichung stehende Ausdruck stellt gemäß der Definition (21) die Zahl

$$\mathrm{e}^{(x+x_1)+(y+y_1)\mathrm{i}}, \quad \text{d. h.} \quad \mathrm{e}^{z+z_1},$$

dar.

Die *Subtraktionsregel der Exponenten bei der Division,*

$$\frac{\mathrm{e}^z}{\mathrm{e}^{z_1}} = \mathrm{e}^{z-z_1},$$

kann unmittelbar durch Multiplikation des Quotienten mit dem Divisor bestätigt werden.

Für ganzzahliges positives n gilt

$$(\mathrm{e}^z)^n = \overbrace{\mathrm{e}^z\mathrm{e}^z \cdots \mathrm{e}^z}^{n\text{-mal}} = \mathrm{e}^{zn} \,.$$

Mit Hilfe der Eulerschen Formeln können wir eine beliebige ganzzahlige positive Potenz von $\sin\varphi$ und $\cos\varphi$ und ebenso auch das Produkt solcher Potenzen als Summe darstellen, deren Glieder nur die ersten Potenzen der Sinus- bzw. Kosinuswerte der ganzzahligen Vielfachen des Bogens enthalten:

$$\sin^m \varphi = \frac{(\mathrm{e}^{\varphi\mathrm{i}} - \mathrm{e}^{-\varphi\mathrm{i}})^m}{2^m\mathrm{i}^m}, \qquad \cos^m \varphi = \frac{(\mathrm{e}^{\varphi\mathrm{i}} + \mathrm{e}^{-\varphi\mathrm{i}})^m}{2^m} \,. \tag{22}$$

Wenn wir die rechten Seiten dieser Gleichungen nach dem binomischen Lehrsatz entwickeln, ausmultiplizieren und dann in den erhaltenen Entwicklungen die Exponentialfunktionen gemäß (18) und (19) in die trigonometrischen Funktionen überführen, erhalten wir den gesuchten Ausdruck.

Beispiele.

1. $$\cos^4 \varphi = \frac{(\mathrm{e}^{\varphi\mathrm{i}} + \mathrm{e}^{-\varphi\mathrm{i}})^4}{16} = \frac{\mathrm{e}^{4\varphi\mathrm{i}}}{16} + \frac{4\mathrm{e}^{2\varphi\mathrm{i}}}{16} + \frac{6}{16} + \frac{4\mathrm{e}^{-2\varphi\mathrm{i}}}{16} + \frac{\mathrm{e}^{-4\varphi\mathrm{i}}}{16}$$
$$= \frac{1}{8}\,\frac{\mathrm{e}^{4\varphi\mathrm{i}} + \mathrm{e}^{-4\varphi\mathrm{i}}}{2} + \frac{1}{2}\,\frac{\mathrm{e}^{2\varphi\mathrm{i}} + \mathrm{e}^{-2\varphi\mathrm{i}}}{2} + \frac{3}{8} = \frac{3}{8} + \frac{1}{2}\cos 2\varphi + \frac{1}{8}\cos 4\varphi \,.$$

2. $$\sin^4 \varphi \cos^3 \varphi = \frac{(\mathrm{e}^{\varphi\mathrm{i}} - \mathrm{e}^{-\varphi\mathrm{i}})^4}{16} \cdot \frac{(\mathrm{e}^{\varphi\mathrm{i}} + \mathrm{e}^{-\varphi\mathrm{i}})^3}{8} = \frac{(\mathrm{e}^{2\varphi\mathrm{i}} - \mathrm{e}^{-2\varphi\mathrm{i}})^3\,(\mathrm{e}^{\varphi\mathrm{i}} - \mathrm{e}^{-\varphi\mathrm{i}})}{128}$$
$$= \frac{(\mathrm{e}^{6\varphi\mathrm{i}} - 3\mathrm{e}^{2\varphi\mathrm{i}} + 3\mathrm{e}^{-2\varphi\mathrm{i}} - \mathrm{e}^{-6\varphi\mathrm{i}})\,(\mathrm{e}^{\varphi\mathrm{i}} - \mathrm{e}^{-\varphi\mathrm{i}})}{128}$$
$$= \frac{\mathrm{e}^{7\varphi\mathrm{i}} - \mathrm{e}^{5\varphi\mathrm{i}} - 3\mathrm{e}^{3\varphi\mathrm{i}} + 3\mathrm{e}^{\varphi\mathrm{i}} + 3\mathrm{e}^{-\varphi\mathrm{i}} - 3\mathrm{e}^{-3\varphi\mathrm{i}} - \mathrm{e}^{-5\varphi\mathrm{i}} + \mathrm{e}^{-7\varphi\mathrm{i}}}{128}$$
$$= \frac{3}{64}\cos\varphi - \frac{3}{64}\cos 3\varphi - \frac{1}{64}\cos 5\varphi + \frac{1}{64}\cos 7\varphi \,.$$

Wir bemerken hierzu, daß jede ganzzahlige Potenz von $\cos\varphi$ und jede gerade Potenz von $\sin\varphi$ gerade Funktionen von φ darstellen, d. h. ihren Wert bei Vertauschen von φ mit $-\varphi$

nicht ändern; der Ausdruck für solche geraden Funktionen von φ enthält nur ein konstantes Glied und die Kosinuswerte der ganzzahligen Vielfachen des Bogens. Ist jedoch die Funktion eine ungerade Funktion von φ, d. h., ändert diese Funktion bei Vertauschen von φ mit $-\varphi$ ihr Vorzeichen, wie dies z. B. für eine ungerade Potenz von $\sin\varphi$ gilt, so enthält die Entwicklung einer solchen Funktion nur die Sinuswerte der Vielfachen des Bogens, und ein konstantes Glied ist in dieser Entwicklung sicher nicht vorhanden. Dieser Sachverhalt wird von uns bei der Behandlung der trigonometrischen Reihen noch eingehender erläutert werden.

177. Die trigonometrischen und die hyperbolischen Funktionen. Bisher hatten wir die trigonometrischen Funktionen nur für reelle Argumente betrachtet. Wir definieren jetzt die trigonometrischen Funktionen für ein beliebiges komplexes Argument z auf Grund der Eulerschen Formeln

$$\cos z = \frac{e^{zi} + e^{-zi}}{2}, \qquad \sin z = \frac{e^{zi} - e^{-zi}}{2i},$$

wobei die rechts stehenden Ausdrücke für beliebiges komplexes z eine bestimmte Bedeutung haben [**176**].

Unter Benutzung dieser Formeln und der fundamentalen Eigenschaften der Exponentialfunktion bestätigt man leicht die Gültigkeit der trigonometrischen Formeln für komplexe Argumente. Wir empfehlen dem Leser, als Übungsaufgabe z.B. folgende Beziehungen zu beweisen:

$$\sin^2 z + \cos^2 z = 1\,,$$
$$\sin(z + z_1) = \sin z \cos z_1 + \cos z \sin z_1\,,$$
$$\cos(z + z_1) = \cos z \cos z_1 - \sin z \sin z_1\,.$$

Die Funktionen $\tan z$ und $\cot z$ werden auf Grund der Formeln

$$\tan z = \frac{\sin z}{\cos z} = \frac{1}{i} \cdot \frac{e^{zi} - e^{-zi}}{e^{zi} + e^{-zi}} = \frac{1}{i} \cdot \frac{e^{2zi} - 1}{e^{2zi} + 1},$$

$$\cot z = \frac{\cos z}{\sin z} = i\,\frac{e^{zi} + e^{-zi}}{e^{zi} - e^{-zi}} = i\,\frac{e^{2zi} + 1}{e^{2zi} - 1}$$

definiert.

Wir führen jetzt die *hyperbolischen Funktionen* ein. Der hyperbolische Sinus und Kosinus werden auf Grund der Formeln[1])

$$\sinh z = \frac{\sin iz}{i} = \frac{e^z - e^{-z}}{2}, \qquad \cosh z = \cos iz = \frac{e^z + e^{-z}}{2},$$

$$\tanh z = \frac{\sinh z}{\cosh z} = \frac{e^z - e^{-z}}{e^z + e^{-z}} = \frac{e^{2z} - 1}{e^{2z} + 1},$$

$$\coth z = \frac{\cosh z}{\sinh z} = \frac{e^z + e^{-z}}{e^z - e^{-z}} = \frac{e^{2z} + 1}{e^{2z} - 1}$$

definiert.

---

[1]) In der deutschen Literatur wurden früher für die Hyperbelfunktionen auch die folgenden Bezeichnungen verwendet:

$$\mathfrak{Sin}\, z = \sinh z\,, \quad \mathfrak{Cos}\, z = \cosh z\,, \quad \mathfrak{Tg}\, z = \tanh z\,, \quad \mathfrak{Ctg}\, z = \coth z$$

(Anm. d. Übers.).

Unter Benutzung dieser Formeln lassen sich z.B. die folgenden Beziehungen leicht bestätigen:

$$\left.\begin{aligned}
&\cosh^2 z - \sinh^2 z = 1\,,\\
&\sinh(z_1 \pm z_2) = \sinh z_1 \cosh z_2 \pm \cosh z_1 \sinh z_2\,,\\
&\cosh(z_1 \pm z_2) = \cosh z_1 \cosh z_2 \pm \sinh z_1 \sinh z_2\,,\\
&\sinh 2z = 2\sinh z\cosh z, \qquad \cosh 2z = \cosh^2 z + \sinh^2 z\,,\\
&\tanh 2z = \frac{2\tanh z}{1+\tanh^2 z}, \qquad \coth 2z = \frac{1+\coth^2 z}{2\coth z}.
\end{aligned}\right\} \tag{23}$$

Somit gelten in der *hyperbolischen Trigonometrie* Formeln, die denen der Trigonometrie des Kreises analog sind. Ersetzen wir in einer Formel der Trigonometrie des Kreises sin z durch i sinh z und cos z durch cosh z, so erhalten wir die analogen Formeln der hyperbolischen Trigonometrie. Das folgt unmittelbar aus den Formeln, die die hyperbolischen Funktionen definieren.

Hiernach ergeben sich leicht die folgenden Formeln für die Umbildung einer Summe von hyperbolischen Funktionen in eine zur Ausführung logarithmischer Rechnungen geeignetere Form:

$$\left.\begin{aligned}
&\sinh z_1 + \sinh z_2 = 2\sinh\frac{z_1+z_2}{2}\cosh\frac{z_1-z_2}{2},\\
&\sinh z_1 - \sinh z_2 = 2\sinh\frac{z_1-z_2}{2}\cosh\frac{z_1+z_2}{2},\\
&\cosh z_1 + \cosh z_2 = 2\cosh\frac{z_1+z_2}{2}\cosh\frac{z_1-z_2}{2},\\
&\cosh z_1 - \cosh z_2 = 2\sinh\frac{z_1+z_2}{2}\sinh\frac{z_1-z_2}{2}.
\end{aligned}\right\} \tag{24}$$

Wir betrachten jetzt die hyperbolischen Funktionen für reelle Werte des Arguments:

$$\sinh x = \frac{e^x - e^{-x}}{2}, \quad \cosh x = \frac{e^x + e^{-x}}{2}, \quad \tanh x = \frac{e^{2x}-1}{e^{2x}+1}, \quad \coth x = \frac{e^{2x}+1}{e^{2x}-1}.$$

Die Bildkurve der Funktion $y = \cosh x$ stellt die Kettenlinie dar [**78**], die wir in [**178**] genauer studieren wollen.

Die Bildkurven der Funktionen cosh x, sinh x, tanh x, coth x sind in Abb. 171 dargestellt.

Wenn wir differenzieren, erhalten wir für die Ableitungen die folgenden Ausdrücke:

$$\frac{d\sinh x}{dx} = \cosh x\,, \qquad \frac{d\cosh x}{dx} = \sinh x\,,$$

$$\frac{d\tanh x}{dx} = \frac{1}{\cosh^2 x}, \qquad \frac{d\coth x}{dx} = -\frac{1}{\sinh^2 x}.$$

Hieraus folgt

$$\int \sinh x \, dx = \cosh x + C, \qquad \int \cosh x \, dx = \sinh x + C,$$

$$\int \frac{dx}{\cosh^2 x} = \tanh x + C, \qquad \int \frac{dx}{\sinh^2 x} = -\coth x + C.$$

Die Bezeichnung „hyperbolische Funktionen" rührt daher, daß die Funktionen $\cosh t$ und $\sinh t$ bei der Parameterdarstellung der *gleichseitigen Hyperbel*

$$x^2 - y^2 = a^2$$

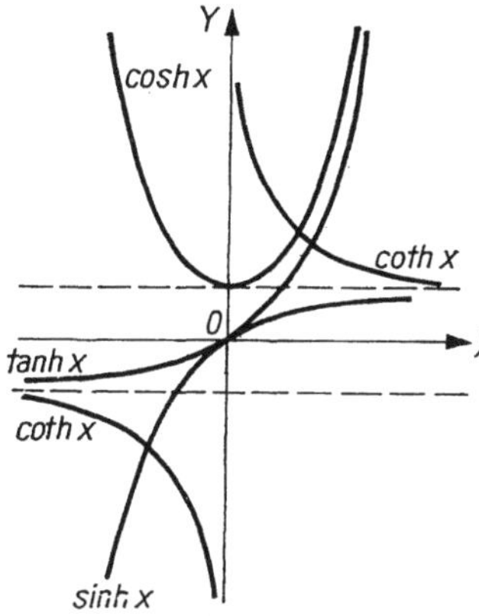

Abb. 171

dieselbe Rolle spielen wie die Funktionen $\cos t$ und $\sin t$ beim Kreis

$$x^2 + y^2 = a^2.$$

Die Parameterdarstellung des Kreises lautet

$$x = a \cos t, \qquad y = a \sin t$$

und die der gleichseitigen Hyperbel

$$x = a \cosh t, \qquad y = a \sinh t,$$

wovon man sich mit Hilfe der Beziehung

$$\cosh^2 t - \sinh^2 t = 1$$

leicht überzeugen kann.

Der Parameter t hat in beiden Fällen, beim Kreis und bei der Hyperbel, die gleiche geometrische Bedeutung. Wenn wir mit S den Flächeninhalt des Sektors AOM (Abb. 172) und mit S_0 den Flächeninhalt des ganzen Kreises ($S_0 = \pi a^2$) bezeichnen, gilt offenbar

$$t = 2\pi \frac{S}{S_0}.$$

Es möge jetzt S den Flächeninhalt des analogen Sektors der gleichseitigen Hyperbel bezeichnen (Abb. 173). Dann ist

$$S = \text{Fl. } OMN - \text{Fl. } AMN$$

$$= \tfrac{1}{2} xy - \int_a^x y \, dx = \tfrac{1}{2} x \sqrt{x^2 - a^2} - \int_a^x \sqrt{t^2 - a^2} \, dt.$$

Berechnen wir das Integral nach der Formel aus [92], so wird

$$S = \frac{1}{2} x\sqrt{x^2 - a^2} - \frac{1}{2} [t\sqrt{t^2 - a^2} - a^2 \log (t + \sqrt{t^2 - a^2}\,)]_a^x$$

$$= \frac{1}{2} a^2 \log\left(\frac{x}{a} + \sqrt{\frac{x^2}{a^2} - 1}\right).$$

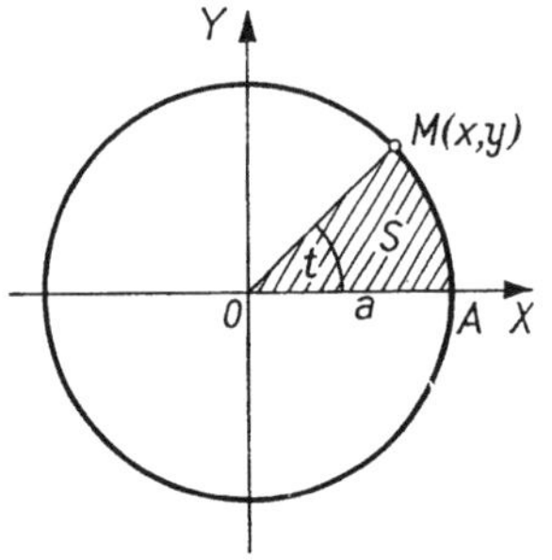

Abb. 172

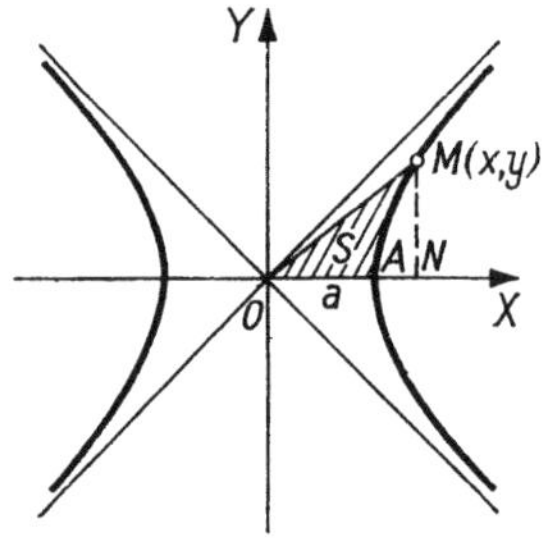

Abb. 173

Wenn wir jetzt, indem wir mit S_0 wieder den Flächeninhalt des Kreises bezeichnen,

$$t = 2\pi \frac{S}{S_0} = \log\left(\frac{x}{a} + \sqrt{\frac{x^2}{a^2} - 1}\right)$$

setzen, finden wir ohne Schwierigkeit

$$e^t = \frac{x}{a} + \sqrt{\frac{x^2}{a^2} - 1}\,, \qquad e^{-t} = \frac{1}{\frac{x}{a} + \sqrt{\frac{x^2}{a^2} - 1}} = \frac{x}{a} - \sqrt{\frac{x^2}{a^2} - 1}$$

und daraus durch gliedweise Addition und Multiplikation mit $\frac{a}{2}$

$$x = \frac{a}{2}(e^t + e^{-t}) = a \cosh t\,,$$

$$y = \sqrt{x^2 - a^2} = \sqrt{a^2 \cos^2 t - a^2} = a \sinh t\,,$$

d. h., wir erhalten ebenfalls eine Parameterdarstellung der gleichseitigen Hyperbel.

178. Die Kettenlinie. Wir untersuchen die Kurve, die ein biegsames homogenes schweres Seil beschreibt, das in den Endpunkten A_1 und A_2 aufgehängt ist (Abb. 174).

In der Ebene dieser Kurve legen wir die x-Achse horizontal und die y-Achse vertikal nach oben. Wir betrachten ein Element $MM_1 = ds$ des Seiles. Auf dieses wirken die Spannungen T und T_1 von den übrigen Teilen des Seiles her sowie das Gewicht des Elements. Die Spannungen greifen in den Endpunkten M und M_1 des Elements an und sind wie die Tangenten gerichtet (und zwar T in der negativen und T_1 in der positiven Richtung der Tangente). Das Gewicht können wir proportional der Länge des Elements ansetzen,

$$dp = \varrho\, ds\,,$$

wobei ϱ das Gewicht pro Längeneinheit bedeutet.

Für das Gleichgewicht ist notwendig und hinreichend, daß die Summe der Projektionen der auf das Element wirkenden Kräfte sowohl in der horizontalen als auch in der vertikalen Richtung gleich 0 wird. Da die Projektion des Gewichts des Elements ds auf die horizontale Richtung gleich 0 wird, müssen die horizontalen Komponenten der Kräfte T und T_1 der

Größe nach gleich und dem Vorzeichen nach entgegengesetzt sein. Wir bezeichnen mit T_0 den gemeinsamen konstanten Wert ihrer Horizontalkomponenten.

Ferner erhalten wir für die Vertikalkomponenten der Spannungen aus Abb. 174 die Ausdrücke

$$-T_0 \tan\alpha = -T_0 y' \quad \text{bzw.} \quad T_0 \tan(\alpha + \mathrm{d}\alpha) = T_0(y' + \mathrm{d}y') \,.$$

Hier ist $\mathrm{d}\alpha$ der Zuwachs des von der Tangente mit der x-Achse gebildeten Winkels α beim Übergang vom Punkt M zum Punkt M_1 und $\mathrm{d}y'$ der entsprechende Zuwachs des Richtungskoeffizienten der Tangente, d. h. der Größe $\tan\alpha$.

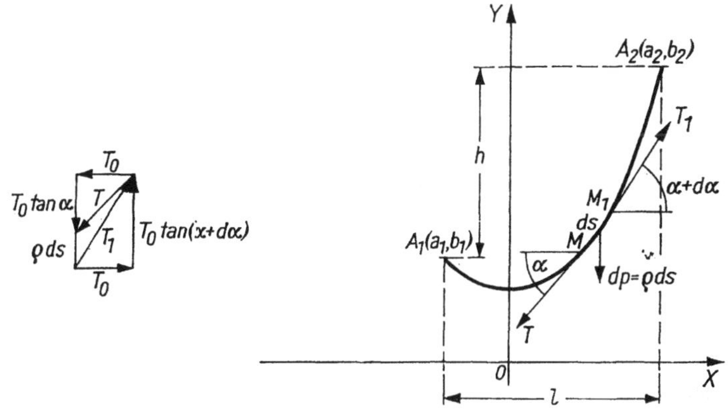

Abb. 174

Setzen wir die Summe der Projektionen von T, T_1 und des Gewichts $\varrho\,\mathrm{d}s$ auf die y-Achse gleich 0, so erhalten wir

$$T_0(y' + \mathrm{d}y') - T_0 y' - \varrho\,\mathrm{d}s = 0\,, \quad \text{d. h.} \quad T_0\,\mathrm{d}y' = \varrho\,\mathrm{d}s\,,$$

was man auch folgendermaßen schreiben kann:

$$T_0\,\mathrm{d}y' = \varrho\sqrt{1 + y'^2}\,\mathrm{d}x\,. \tag{25}$$

Die Veränderlichen lassen sich hier trennen [**93**]:

$$\frac{\mathrm{d}y'}{\sqrt{1 + y'^2}} = \frac{\mathrm{d}x}{k} \quad \text{mit} \quad k = \frac{T_0}{\varrho}\,.$$

Wir bemerken, daß k eine Konstante ist, die der horizontalen Spannungskomponente direkt proportional und dem Gewicht pro Längeneinheit des Seiles umgekehrt proportional ist.

Wir integrieren die erhaltene Gleichung,

$$\log\left(y' + \sqrt{1 + y'^2}\right) = \frac{x + C_1}{k}\,,$$

woraus

$$\mathrm{e}^{(x+C_1)/k} = y' + \sqrt{1 + y'^2}$$

folgt. Zur Bestimmung von y' führen wir die reziproke Größe ein:

$$\mathrm{e}^{-(x+C_1)/k} = \frac{1}{y' + \sqrt{1 + y'^2}} = \sqrt{1 + y'^2} - y'$$

Wenn wir diese Gleichung gliedweise von der vorhergehenden subtrahieren, finden wir

$$y' = \tfrac{1}{2}\left(\mathrm{e}^{(x+C_1)/k} - \mathrm{e}^{-(x+C_1)/k}\right).$$

Durch nochmalige Integration erhalten wir die gesuchte Gleichung der Seilkurve

$$y + C_2 = \frac{k}{2}\left(e^{(x+C_1)/k} + e^{-(x+C_1)/k}\right). \tag{26}$$

Die willkürlichen Integrationskonstanten C_1 und C_2 bestimmen wir aus der Bedingung, daß die Kurve durch die Punkte $A_1(a_1, b_1)$ und $A_2(a_2, b_2)$ verläuft. Bei den Anwendungen ist jedoch nicht die Gleichung der Seilkurve selbst, d. h. die Festlegung der Konstanten C_1 und C_2, sondern der Zusammenhang von horizontalem und vertikalem Abstand der Aufhängepunkte mit der Bogenlänge A_1A_2 von größtem Interesse.

Bei der Untersuchung der Abhängigkeit zwischen diesen drei Größen können wir natürlich eine Parallelverschiebung der Koordinatenachsen vornehmen. Legen wir den Koordinatenursprung in den Punkt $(-C_1, -C_2)$, so wird in (26) $C_1 = C_2 = 0$, und (26) vereinfacht sich zu

$$y = \frac{k}{2}\left(e^{x/k} + e^{-x/k}\right) = k\cosh\frac{x}{k}, \tag{26_1}$$

woraus hervorgeht, daß *die Durchhängekurve eine Kettenlinie ist.*

Bei der angegebenen Wahl der Koordinatenachsen möge der Aufhängepunkt A_1 die Koordinaten a_1, b_1 und A_2 die Koordinaten a_2, b_2 haben. Bezeichnen mit mit l, h, s den horizontalen und den vertikalen Abstand der Aufhängepunkte bzw. die Seillänge, so ist

$$l = a_2 - a_1, \qquad h = b_2 - b_1 = k\left(\cosh\frac{a_2}{k} - \cosh\frac{a_1}{k}\right),$$

$$s = \int_{a_1}^{a_2} \sqrt{1 + y'^2}\, dx = \int_{a_1}^{a_2} \sqrt{1 + \sinh^2\frac{x}{k}}\, dx = \int_{a_1}^{a_2} \cosh\frac{x}{k}\, dx = k\left(\sinh\frac{a_2}{k} - \sinh\frac{a_1}{k}\right).$$

Mit Hilfe von (24) finden wir

$$h = 2k\sinh\frac{a_2 + a_1}{2k}\sinh\frac{a_2 - a_1}{2k} = 2k\sinh\frac{l}{2k}\sinh\frac{a_2 + a_1}{2k},$$

$$s = 2k\sinh\frac{a_2 - a_1}{2k}\cosh\frac{a_2 + a_1}{2k} = 2k\sinh\frac{l}{2k}\cosh\frac{a_2 + a_1}{2k},$$

woraus wegen der ersten der Beziehungen (23)

$$s^2 - h^2 = 4k^2\sinh^2\frac{l}{2k}$$

folgt, was die gesuchte Abhängigkeit zwischen l, h und s liefert. Sie läßt sich auf die folgende Form bringen:

$$\frac{\sinh\frac{l}{2k}}{\frac{l}{2k}} = \frac{\sqrt{s^2 - h^2}}{l}. \tag{27}$$

Sind die Aufhängepunkte und die Seillänge gegeben, so sind die Größen l, h und s bekannt, und wir erhalten hieraus eine Gleichung zur Bestimmung des Parameters k. Wenn das Gewicht ϱ pro Längeneinheit des Seiles ebenfalls bekannt ist, kann (27) zur Bestimmung der Horizontalkomponente der Spannung T_0 dienen.

Wir setzen zur Abkürzung

$$\frac{l}{2k} = \xi, \qquad \frac{\sqrt{s^2 - h^2}}{l} = c.$$

Die Gleichung (27) verwandelt sich dann in

$$\frac{\sinh\xi}{\xi} = c. \tag{27_1}$$

Erinnern wir uns der Entwicklung der Exponentialfunktion in eine Potenzreihe [**129**], so finden wir

$$\frac{\sinh \xi}{\xi} = \frac{e^{\xi} - e^{-\xi}}{2\xi} = 1 + \frac{\xi^2}{3!} + \frac{\xi^4}{5!} + \frac{\xi^6}{7!} + \cdots .$$

Daraus geht hervor, daß für von 0 bis ∞ wachsendes ξ der Bruch auf der linken Seite ebenfalls ständig von 1 bis ∞ zunimmt. Also hat für jeden vorgegebenen Wert $c \geqq 1$ die Gleichung (27_1) eine positive Wurzel, die sich unter Benutzung von Tafeln für die hyperbolischen Funktionen berechnen läßt.[1] Die gegebenen Größen l, h und s müssen dabei der Bedingung

$$c = \frac{\sqrt{s^2 - h^2}}{l} \geqq 1 \quad \text{oder} \quad s^2 \geqq h^2 + l^2$$

genügen, die aber offenbar erfüllt ist, da $\sqrt{h^2 + l^2}$ die Länge der Sehne $\overline{A_1A_2}$ und s die Bogenlänge der Kettenlinie zwischen denselben Punkten ist.

Ist beispielsweise $s = 100$ m, $l = 50$ m, $h = 20$ m, $\varrho = 20$ kg/m, so erhalten wir

$$c = 0{,}02\sqrt{10\,000 - 400} = 0{,}8\sqrt{6} = 1{,}96$$

und finden aus der Tafel als Lösung der Gleichung (27_1)

$$\xi = \frac{l}{2k} = 2{,}15$$

und daraus

$$T_0 = k\varrho = \frac{l}{2\xi}\varrho = \frac{50}{2 \cdot 2{,}15} \cdot 20 = 232 \text{ kg} .$$

Die Aufhängepunkte mögen sich in derselben Höhe befinden. Wir untersuchen die Durchhängung f des Seiles (Abb. 175):

$$f = \overline{OA} - \overline{OC} = \frac{k}{2}(e^{l/2k} + e^{-l/2k}) - k = \frac{k}{2}(e^{l/2k} + e^{-l/2k} - 2) .$$

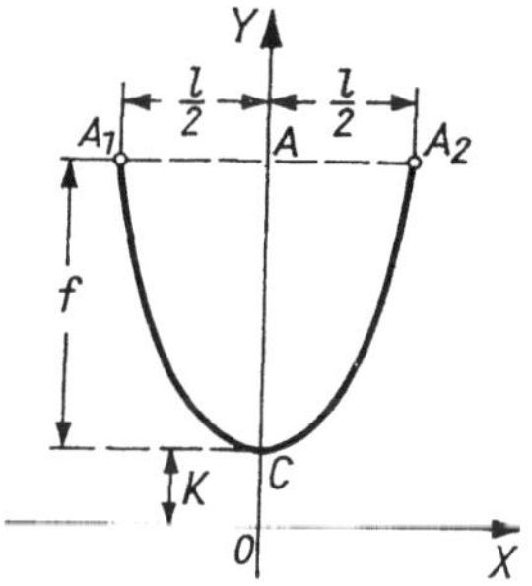

Abb. 175

Entwickeln wir die Exponentialfunktion in eine Reihe, so erhalten wir

$$f = \frac{1}{2!}\frac{l^2}{2^2 \cdot k} + \frac{1}{4!}\frac{l^4}{2^4 \cdot k^3} + \cdots . \tag{28}$$

Genauso finden wir für $s = \widehat{A_1A_2}$ (Formel (27) mit $h = 0$)

$$s = 2k \sinh \frac{l}{2k} = k(e^{l/2k} - e^{-l/2k}) = l + \frac{1}{3!}\frac{l^3}{2^2 \cdot k^2} + \frac{1}{5!}\frac{l^5}{2^4 \cdot k^4} + \cdots . \tag{29}$$

---

[1]) Zum Beispiel F. Emde, Tafeln elementarer Funktionen, Leipzig 1948.

Wir bestimmen k näherungsweise, indem wir in der Reihe (28) nur das erste Glied berücksichtigen:

$$k \approx \frac{l^2}{8f}.$$

In der Entwicklung (29) behalten wir die ersten zwei Glieder bei und setzen den für k gefundenen Ausdruck ein:

$$s \approx l + \frac{8}{3}\frac{f^2}{l}.$$

Durch Differentiation dieser Beziehung erhalten wir den *Zusammenhang zwischen einer Verlängerung des Seiles und der Vergrößerung der Durchhängung*:

$$\mathrm{d}s \approx \frac{16}{3}\frac{f\,\mathrm{d}f}{l} \quad \text{oder} \quad \mathrm{d}f \approx \frac{3l}{16f}\,\mathrm{d}s.$$

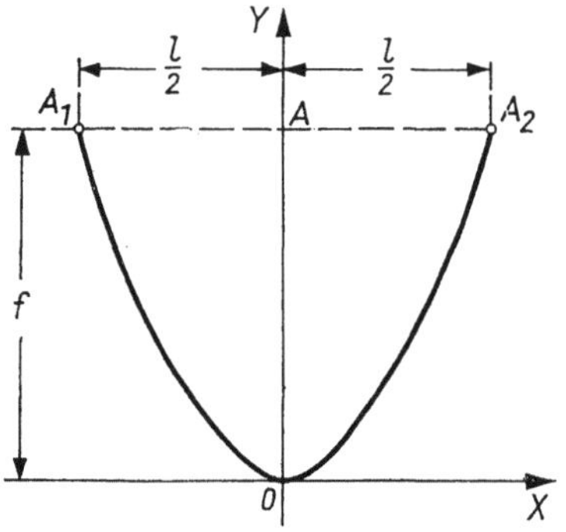

Abb. 176

Die Gleichung (25) wurde von uns unter der Voraussetzung erhalten, daß auf jedes Seilelement eine zu der Länge des Elements proportionale Schwerkraft wirkt. In gewissen Fällen, z. B. bei der Betrachtung der Ketten von Hängebrücken, muß man diese Schwerkraft nicht proportional zur Länge des Elements selbst ansetzen, sondern proportional zu deren Projektion auf die horizontale Achse. Das ist dann der Fall, wenn die Belastung durch den Brückenbelag im Vergleich zum Eigengewicht der Kette so groß ist, daß man letzteres vernachlässigen kann. In diesem Fall erhalten wir an Stelle der Gleichung (25)

$$T_0\,\mathrm{d}y' = \varrho\,\mathrm{d}x,$$

woraus

$$y' = \frac{\varrho}{T_0}x + C_1 \quad \text{und} \quad y = \frac{\varrho}{2T_0}x^2 + C_1x + C_2$$

folgt, d. h., *die Durchhängekurve wird eine Parabel.*

Wir nehmen an, daß sich die Seilendpunkte A_1 und A_2 in derselben Höhe befinden, und legen den Koordinatenursprung in den Scheitel der Parabel (Abb. 176), so daß ihre Gleichung

$$y = \alpha x^2 \quad \left(\alpha = \frac{\varrho}{2T_0}\right)$$

lautet.

So wie vorher bestimmen wir die Spannweite des Brückenbogens $l = \overline{A_1A_2}$ und die Durchhängung $f = \overline{OA}$.

Aus der Parabelgleichung erhalten wir

$$f = \alpha\frac{l^2}{4}, \quad \text{also} \quad \alpha = \frac{4f}{l^2}.$$

Wir berechnen noch die Länge des Bogens A_1A_2, die gleich der doppelten des Bogens OA_2 ist:

$$s = 2\int_0^{l/2} \sqrt{1 + 4\alpha^2 x^2}\,dx\,.$$

Nach der Binomialformel gilt

$$\sqrt{1 + 4\alpha^2 x^2} = (1 + 4\alpha^2 x^2)^{1/2} = 1 + 2\alpha^2 x^2 - 2\alpha^4 x^4 + \cdots,$$

und durch Integration finden wir die Reihenentwicklung für s:

$$s = l + \tfrac{1}{6}\alpha^2 l^3 - \tfrac{1}{40}\alpha^4 l^5 + \cdots.$$

Wir setzen hier den oben für α gefundenen Ausdruck ein:

$$s = l + \frac{8}{3}\left(\frac{f}{l}\right)^2 l - \frac{32}{5}\left(\frac{f}{l}\right)^4 l + \cdots = l\left[1 + \frac{8}{3}\varepsilon^2 - \frac{32}{5}\varepsilon^4 + \cdots\right],$$

wobei $\varepsilon = \dfrac{f}{l}$ ist. Wenn wir uns in der angegebenen Entwicklung auf die ersten zwei Glieder beschränken, erhalten wir die Näherungsformel

$$s \approx l + \frac{8}{3}\frac{f^2}{l},$$

die mit der analogen Formel für die Kettenlinie übereinstimmt.

179. Das Logarithmieren. Ein Exponent, mit dem man e potenzieren muß, um die zu logarithmierende Zahl zu erhalten, heißt *natürlicher Logarithmus* der komplexen Zahl $r(\cos\varphi + \mathrm{i}\sin\varphi)$. Bezeichnen wir diese Funktion mit Log, so können wir sagen, daß die Gleichung

$$\operatorname{Log}[r(\cos\varphi + \mathrm{i}\sin\varphi)] = x + y\mathrm{i}$$

äquivalent der folgenden ist:

$$\mathrm{e}^{x+y\mathrm{i}} = r(\cos\varphi + \mathrm{i}\sin\varphi)\,.$$

Der letzten Gleichung können wir auch die Gestalt

$$\mathrm{e}^x(\cos y + \mathrm{i}\sin y) = r(\cos\varphi + \mathrm{i}\sin\varphi)$$

geben, woraus wir durch Vergleich der Moduln und Argumente

$$\mathrm{e}^x = r, \qquad y = \varphi + 2k\pi \qquad (k = 0, \pm 1, \pm 2, \ldots)$$

erhalten, so daß

$$x = \log r \quad \text{und} \quad x + y\mathrm{i} = \log r + (\varphi + 2k\pi)\,\mathrm{i}$$

sowie schließlich

$$\operatorname{Log}[r(\cos\varphi + \mathrm{i}\sin\varphi)] = \log r + (\varphi + 2k\pi)\,\mathrm{i} \qquad (30)$$

wird. *Demnach ist der natürliche Logarithmus einer komplexen Zahl gleich einer komplexen Zahl, deren Realteil der natürliche Logarithmus des absoluten Betrages ist und deren Imaginärteil das Produkt aus* i *und einem der Argumentwerte darstellt.*

Wir sehen auf diese Weise, daß der natürliche Logarithmus einer komplexen Zahl eine unendliche Menge von Werten besitzt. Eine Ausnahme bildet nur die Null, deren Logarithmus nicht existiert. Unterwerfen wir den Wert des Arguments der Ungleichung

$$-\pi < \varphi \leqq \pi\,,$$

so erhalten wir den sogenannten *Hauptwert des Logarithmus.* Zur Unterscheidung des Hauptwertes des Logarithmus von seinem allgemeinen durch (30) gegebenen Wert benutzt man für den Hauptwert an Stelle von Log die Bezeichnung log, so daß

$$\log [r(\cos \varphi + \mathrm{i} \sin \varphi)] = \log r + \varphi \mathrm{i} \tag{31}$$

mit $-\pi < \varphi \leqq \pi$ ist.

Mit Hilfe des Logarithmus definieren wir die *komplexe Potenz einer beliebigen komplexen Zahl.* Sind $u \neq 0$ und v zwei komplexe Zahlen, so setzen wir

$$u = \mathrm{e}^{r \operatorname{Log} u} .$$

Wir bemerken, daß Log u und daher auch u^r im allgemeinen eine unendliche Menge von Werten besitzt.

Beispiele.

1. Der absolute Betrag von i ist gleich 1 und das Argument gleich $\frac{\pi}{2}$; daher wird

$$\operatorname{Log} \mathrm{i} = \left(\frac{\pi}{2} + 2k\pi\right)\mathrm{i} \qquad (k = 0, \pm 1, \pm 2, \dots) .$$

2. Wir bestimmen i:

$$\mathrm{i}^{\mathrm{i}} = \mathrm{e}^{\mathrm{i} \operatorname{Log} \mathrm{i}} = \mathrm{e}^{-(\pi/2 + 2k\pi)} \qquad (k = 0, \pm 1, \pm 2, \dots) .$$

180. Sinusschwingungen und Vektordiagramme. Wir behandeln eine Anwendung der komplexen Zahlen auf die Untersuchung der harmonischen Schwingungen und betrachten einen Wechselstrom, dessen Stärke j in jedem einzelnen Zeitpunkt innerhalb des ganzen Leiters ein und denselben durch

$$j = j_m \sin (\omega t + \varphi) \tag{32}$$

bestimmten Wert hat, wobei t die Zeit ist und j_m, ω und φ Konstanten sind.

Die Konstante j_m, die wir als positiv annehmen, heißt *Amplitude.* Die Konstante ω heißt *Kreisfrequenz* und ist mit der *Periode* T durch die Beziehung

$$T = \frac{2\pi}{\omega}$$

verknüpft. Die Konstante φ heißt *Phase* des Wechselstroms.

Ein Strom, dessen Stärke sich gemäß (32) ändert, heißt *sinusförmig* (*variierender Strom*). Entsprechendes gilt auch für die Spannung:

$$v = v_m \sin (\omega t + \varphi_1) . \tag{33}$$

Im folgenden werden wir Stromstärken und Spannungen betrachten, die nach dem durch (32) und (33) definierten Sinusgesetz veränderlich sind.

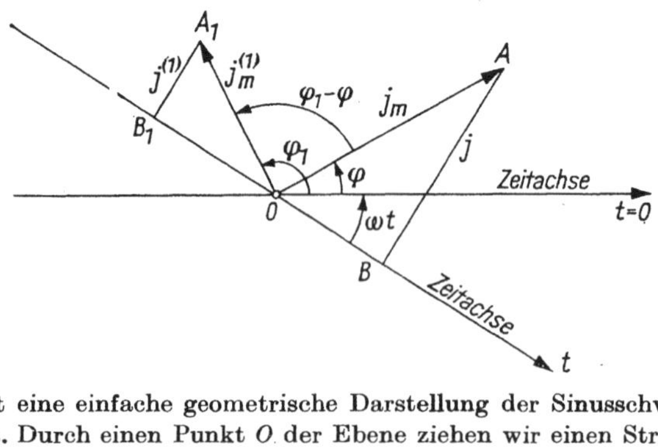

Abb. 177

Es gibt eine einfache geometrische Darstellung der Sinusschwingungen ein und derselben Frequenz. Durch einen Punkt O der Ebene ziehen wir einen Strahl, den wir mit der Winkelgeschwindigkeit ω im Uhrzeigersinn drehen; diesen Strahl nennen wir *Zeitachse*. Die Anfangslage der Zeitachse für $t = 0$ möge mit der x-Achse zusammenfallen.

Wir konstruieren den Vektor $\overline{OA}$ (Abb. 177) der Länge j_m, der mit der Anfangslage der Zeitachse den Winkel φ bildet (wir erinnern daran, daß wir als positive Richtung für die Winkelmessung die Richtung entgegen dem Uhrzeigersinn ansehen). Zum Zeitpunkt t wird der Vektor $\overline{OA}$ mit der Zeitachse den Winkel $\varphi + \omega t$ bilden, nachdem sie sich um den Winkel ωt gedreht hat; die Projektion des Vektors $\overline{OA}$ auf die Senkrechte zur Zeitachse liefert uns nun offensichtlich die Größe

$$j = j_m \sin(\omega t + \varphi);$$

dabei ist diese Senkrechte so orientiert wie die positive Zeitachse nach einer Drehung um $\frac{\pi}{2}$ entgegen dem Uhrzeigersinn. Mit anderen Worten, j ist das mit passendem Vorzeichen versehene Lot vom Endpunkt des Vektors $\overline{OA}$ auf die Zeitachse. Zur Darstellung einer anderen Sinusschwingung derselben Periode,

$$j^{(1)} = j_m^{(1)} \sin(\omega t + \varphi_1),$$

hat man den Vektor der Länge $j_m^{(1)}$ abzutragen, der mit dem ersten Vektor den Winkel

$$\psi = \varphi_1 - \varphi$$

bildet.

So können wir mit Hilfe fester Vektoren in der Ebene die Sinusschwingungen ein und derselben Frequenz darstellen. Die Länge jedes Vektors liefert die Amplitude der entsprechenden Größe, und der Winkel zwischen zwei Vektoren stellt die Phasendifferenz der diesen Vektoren entsprechenden Größen dar. Die in der angegebenen Weise konstruierten Vektoren liefern das sogenannte *Vektordiagramm* eines Systems von Sinusschwingungen ein und derselben Periode.

Nach dem Satz von der Projektion der Resultierenden entspricht die geometrische Summe mehrerer Vektoren des Vektordiagramms eines Systems von Sinusschwingungen mit derselben Periode der *Summe der Sinusschwingungen*, die den Vektorsummanden entsprechen.

Unter Benutzung der in [**172**] auseinandergesetzten Definition der Multiplikation können wir den Operationen mit Hilfe von Vektordiagrammen eine bequeme analytische Form geben. Im folgenden werden wir die zu den Größen gehörenden Vektoren mit den entsprechenden fetten Buchstaben bezeichnen.

Das Produkt eines Vektors $\boldsymbol{j}$ *mit der komplexen Zahl* $r\,e^{\varphi i}$ *setzen wir gleich dem Vektor, der sich aus dem Vektor* $\boldsymbol{j}$ *ergibt, wenn man dessen Länge mit* r *multipliziert und ihn um den Winkel* φ *dreht*, d. h., wir nehmen an, daß sich das Produkt $r\,e^{\varphi i}\,\boldsymbol{j}$ gemäß der in [**172**] angegebenen Regel für die Multiplikation aus einer den Vektor $\boldsymbol{j}$ darstellenden komplexen Zahl und der komplexen Zahl $r\,e^{\varphi i}$ ergibt.

Schreibt man die komplexe Zahl $r\,e^{\varphi i}$ in der Form $a + bi$, so läßt sich das Produkt als Summe zweier Vektoren darstellen:

$$(a + bi)\,\boldsymbol{j} = a\boldsymbol{j} + bi\boldsymbol{j}.$$

In ihr ist der erste Summand ein zum Vektor $\boldsymbol{j}$ paralleler und der zweite ein zum Vektor $\boldsymbol{j}$ senkrechter Vektor.

Zerlegen wir den Vektor $\boldsymbol{j}_1$ irgendwie in zwei zueinander senkrechte, durch die Vektoren $\boldsymbol{j}$ und $i\boldsymbol{j}$ gekennzeichnete Richtungen, so können wir ihn in der Form

$$\boldsymbol{j}_1 = a\boldsymbol{j} + bi\boldsymbol{j} = (a + bi)\boldsymbol{j}$$

darstellen. Dabei ist $|a + bi|$ offenbar gleich dem Verhältnis der Längen der Vektoren $\boldsymbol{j}$ und $\boldsymbol{j}_1$, und das Argument der Zahl $a + bi$ stellt den Winkel dar, der vom Vektor $\boldsymbol{j}_1$ und dem Vektor $\boldsymbol{j}$ gebildet wird. Dieser Winkel liefert die Phasendifferenz der den Vektoren $\boldsymbol{j}_1$ und $\boldsymbol{j}$ entsprechenden Größen.

Wir führen den Begriff des *quadratischen Mittels* einer Sinusschwingung (32) ein, das wir mit dem Symbol $M(j^2)$ bezeichnen. Es wird definiert durch die Gleichung

$$M(j^2) = \frac{1}{T}\int_0^T j^2\,\mathrm{d}t\,.$$

Integrieren wir den Ausdruck

$$j^2 = j_m^2 \sin^2(\omega t + \varphi) = \tfrac{1}{2} j_m^2 - \tfrac{1}{2} j_m^2 \cos 2(\omega t + \varphi)$$

zwischen den Grenzen 0 und $T = \frac{2\pi}{\omega}$, so erhalten wir

$$M(j^2) = \frac{1}{2} j_m^2 - \left[\frac{1}{4\omega} j_m^2 \sin 2(\omega t + \varphi)\right]_0^{2\pi/\omega} = \frac{1}{2} j_m^2\,.$$

Die Quadratwurzel aus dem quadratischen Mittel heißt *Effektivwert* oder *wirksamer Wert* der Größe:

$$j_{\mathrm{eff}} = \sqrt{M(j^2)} = \frac{j_m}{\sqrt{2}}\,.$$

In der Praxis nimmt man bei der Konstruktion von Vektordiagrammen gewöhnlich als Länge des Vektors nicht die Amplitude, sondern den Effektivwert der Größe, d. h., im Vergleich zur früher beschriebenen Konstruktion verkleinert man die Längen der Vektoren im Verhältnis $1:\sqrt{2}$.

Durch Differentiation von (32) erhalten wir

$$\frac{\mathrm{d}j}{\mathrm{d}t} = \omega j_m \cos(\omega t + \varphi) = \omega j_m \sin\left(\omega t + \varphi + \frac{\pi}{2}\right).$$

Die Ableitung $\frac{\mathrm{d}j}{\mathrm{d}t}$ unterscheidet sich also von j nur dadurch, daß die Amplitude mit ω multipliziert und zur Phase $\frac{\pi}{2}$ hinzugefügt wird.

Die hergeleitete Beziehung lautet in Vektorschreibweise folgendermaßen:[1])

$$\frac{\mathrm{d}\boldsymbol{j}}{\mathrm{d}t} = \omega \mathrm{i} \boldsymbol{j}\,. \tag{34}$$

Integrieren wir (32) und lassen wir die willkürliche Integrationskonstante weg, was wir tun müssen, wenn wir wieder eine Sinusschwingung von derselben Periode erhalten wollen, so finden wir

$$\int j\,\mathrm{d}t = -\frac{1}{\omega} j_m \cos(\omega t + \varphi) = \frac{1}{\omega} j_m \sin\left(\omega t + \varphi - \frac{\pi}{2}\right),$$

und daraus folgt[1])

$$\int \boldsymbol{j}\,\mathrm{d}t = \frac{1}{\omega \mathrm{i}} \boldsymbol{j}\,. \tag{35}$$

181. Beispiele.

1. Wir betrachten einen Wechselstromkreis, in dem der Widerstand R, die Selbstinduktion L und die Kapazität C hintereinandergeschaltet sind. Bezeichnen wir mit v die Spannung

---

[1]) Das Symbol $\frac{\mathrm{d}\boldsymbol{j}}{\mathrm{d}t}$ bezeichnet den Vektor, der der Sinusschwingung $\frac{\mathrm{d}j}{\mathrm{d}t}$ entspricht, und das Symbol $\int \boldsymbol{j}\,\mathrm{d}t$ einen $\int j\,\mathrm{d}t$ entsprechenden Vektor.

und mit j die Stromstärke, so gilt die aus der Physik bekannte Beziehung

$$v = Rj + L\frac{dj}{dt} + \frac{1}{C}\int j\,dt\,.$$

Wir beschränken uns zunächst auf *stationäre* Vorgänge und dabei auf den Fall, daß sowohl Spannung als auch Stromstärke Sinusschwingungen ein und derselben Periode sind. Die vorstehende Gleichung läßt sich in der Vektorform schreiben, wenn man an Stelle von v und j die *Vektoren* der Spannung und Stromstärke $\boldsymbol{v}$ und $\boldsymbol{j}$ einführt:

$$\boldsymbol{v} = R\boldsymbol{j} + L\frac{d\boldsymbol{j}}{dt} + \frac{1}{C}\int \boldsymbol{j}\,dt\,.$$

Mit Rücksicht auf (34) und (35) finden wir hieraus

$$\boldsymbol{v} = R\boldsymbol{j} + \omega Li\boldsymbol{j} + \frac{1}{\omega Ci}\boldsymbol{j} = (R + ui)\,\boldsymbol{j} = \zeta\boldsymbol{j}\,, \tag{36}$$

wobei

$$u = \omega L - \frac{1}{\omega C}\,, \qquad \zeta = R + ui \tag{37}$$

ist. Diese Abhängigkeit zwischen den Vektoren der Spannung und der Stromstärke hat die Form des gewöhnlichen Ohmschen Gesetzes, nur mit dem Unterschied, daß an Stelle des Ohmschen Widerstandes hier der komplexe Faktor ζ auftritt, der *scheinbarer Leitungswiderstand* heißt und aus der Summe von drei „Widerständen" besteht: dem Ohmschen Widerstand R, dem induktiven Widerstand ωLi und dem kapazitiven Widerstand $\frac{1}{\omega Ci}$.

Die Formel (36) liefert gleichzeitig die Zerlegung des Vektors $\boldsymbol{v}$ in die zwei Komponenten $R\boldsymbol{j}$ in der Richtung von $\boldsymbol{j}$ und $ui\boldsymbol{j}$ in der Richtung senkrecht zu $\boldsymbol{j}$. Die erste heißt *Wirkkomponente*, die zweite *Blindkomponente*. Diese Bezeichnungen werden verständlich, wenn wir die *mittlere Leistung* W des Stromes in unserem Leiter berechnen, die als arithmetisches Mittel der momentanen Leistung vj über eine ganze Periode definiert ist:

$$W = \frac{1}{T}\int_0^T vj\,dt = \frac{v_m j_m}{T}\int_0^T \sin(\omega t + \varphi_1)\sin(\omega t + \varphi_2)\,dt\,;$$

φ_1 bezeichnet hier die Phase der Spannung, φ_2 die Phase des Stromes, so daß

$$v = v_m \sin(\omega t + \varphi_1)\,, \qquad j = j_m \sin(\omega t + \varphi_2)$$

gilt. Wir finden ohne Schwierigkeit

$$W = \frac{v_m j_m}{2T}\int_0^T [\cos(\varphi_1 - \varphi_2) - \cos(2\omega t + \varphi_1 + \varphi_2)]\,dt$$

$$= \frac{v_m j_m}{2}\cos(\varphi_1 - \varphi_2) = v_{\text{eff}}\,j_{\text{eff}}\cos(\varphi_1 - \varphi_2)\,. \tag{38}$$

Somit ergibt sich die dem Absolutbetrag nach größte mittlere Leistung, wenn die Phasen von Spannung und Strom übereinstimmen oder sich um π unterscheiden — die kleinste Leistung 0 ergibt sich, wenn sich diese Phasen um $\frac{\pi}{2}$ unterscheiden.

Bei der Bildung dieses Ausdrucks für W liefert die Blindkomponente $ui\boldsymbol{j}$ des Vektors $\boldsymbol{v}$ die mittlere Leistung 0, weil der Vektor $ui\boldsymbol{j}$ senkrecht auf $\boldsymbol{j}$ steht, also für ihn $\cos(\varphi_1 - \varphi_2) = 0$ gilt, und die gesamte mittlere Leistung, die in Joulesche Wärme übergeht, ergibt sich nur aus der Wirkkomponente.

Die Beziehung (36) läßt sich in der Form

$$\boldsymbol{j} = \frac{1}{\zeta}\boldsymbol{v} = \eta\boldsymbol{v} \qquad \text{mit} \qquad \eta = \frac{1}{R + ui} = g + hi$$

oder also

$$\boldsymbol{j} = g\boldsymbol{v} + hi\boldsymbol{v}$$

schreiben. Der komplexe Faktor η heißt *scheinbare Leitfähigkeit des Leiters*; er ist gleich dem reziproken Wert des Scheinwiderstandes. Die vorstehende Formel liefert gerade die Zerlegung des Stromvektors in Wirk- und Blindkomponente (in Richtung von $\boldsymbol{v}$ bzw. senkrecht dazu).

2. Die Grundregeln zur Berechnung des Widerstandes eines zusammengesetzten Leiters bei konstantem Strom, in dem die Widerstände hintereinander oder parallel geschaltet sind, leiten sich aus dem Ohmschen und dem Kirchhoffschen Gesetz ab. Sie bleiben auch für Leiter mit einem stationären sinusförmigen Wechselstrom gültig, sobald wir die Momentanwerte der Spannung und des Stromes durch die entsprechenden Vektoren und den Ohmschen Widerstand durch den scheinbaren ersetzen.

Wenn also in einem Leiter die Scheinwiderstände

$$\zeta_1 = R_1 + x_1 i\,, \qquad \zeta_2 = R_2 + x_2 i, \ldots$$

hintereinander geschaltet sind, werden der Spannungs- und der Stromvektor durch die Beziehungen

$$\boldsymbol{v} = \zeta' \boldsymbol{j} \quad \text{mit} \quad \zeta' = \zeta_1 + \zeta_2 + \cdots \tag{39}$$

verknüpft, d. h., *beim Hintereinanderschalten addieren sich die Scheinwiderstände.*

Sind dagegen dieselben Widerstände *parallel* geschaltet, so erhalten wir die Beziehung

$$\boldsymbol{v} = \zeta'' \boldsymbol{j} \quad \text{mit} \quad \frac{1}{\zeta''} = \frac{1}{\zeta_1} + \frac{1}{\zeta_2} + \cdots, \tag{40}$$

d. h., *bei Parallelschaltung addieren sich die scheinbaren Leitfähigkeiten.*

Die graphische Konstruktion des gesamten Scheinwiderstandes bei Hintereinanderschalten der Scheinwiderstände $\zeta_1, \zeta_2, \ldots$ läuft einfach auf die Konstruktion der geometrischen Summe der Vektoren hinaus, die diese komplexen Zahlen darstellen.

Wir geben die Konstruktion im Fall der Parallelschaltung von zwei Scheinwiderständen ζ_1 und ζ_2 an. Gemäß der vorstehenden Regel ist

$$\zeta'' = \frac{1}{\dfrac{1}{\zeta_1} + \dfrac{1}{\zeta_2}} = \frac{\zeta_1\zeta_2}{\zeta_1 + \zeta_2}.$$

Wenn wir

$$\zeta'' = \varrho\, e^{\theta i}\,, \qquad \zeta_1 = \varrho_1\, e^{\theta_1 i}\,, \qquad \zeta_2 = \varrho_2\, e^{\theta_2 i}\,, \qquad \zeta_1 + \zeta_2 = \varrho_0\, e^{\theta_0 i}$$

setzen, erhalten wir

$$\varrho = \frac{\varrho_1\varrho_2}{\varrho_0}, \qquad \theta = \theta_1 + \theta_2 - \theta_0\,.$$

Dies führt uns zu der folgenden geometrischen Konstruktion (Abb. 178).[1]) Wir ermitteln zunächst die Summe $\zeta_1 + \zeta_2 = \overline{OC}$; dann zeichnen wir $\triangle\, AOD$ ähnlich $\triangle\, COB$, wozu wir $\triangle\, COB$ in die Lage $\triangle\, C'OB'$ drehen und die Gerade $\overline{AD}$ parallel zu $\overline{C'B'}$ ziehen.

Aus der Ähnlichkeit der Dreiecke leiten wir die Beziehung

$$\overline{OD} = \overline{OA}\,\frac{\overline{OB}}{\overline{OC}}, \quad \text{d. h.} \quad \varrho = \frac{\varrho_1\varrho_2}{\varrho_0},$$

her, was zu beweisen war.

[1]) In Abb. 178 haben der Einfachheit halber die x-Achse und der Vektor ζ_1 gleiche Richtung, was auf die Voraussetzung $\theta_1 = 0$ hinausläuft. Für den allgemeinen Fall genügt es, die x-Achse um den Winkel θ_1 im Uhrzeigersinn zu drehen.

3. Wir betrachten die gekoppelten Schwingungen zweier Kreise, die induktiv gekoppelt sind (Abb. 179). Es mögen v_1, j_1 die äußere elektromotorische Kraft bzw. die Stromstärke in dem Kreis I bezeichnen und j_2 die Stromstärke im Kreis II (ohne äußere elektromotorische Kraft); $R_1, R_2, L_1, L_2, C_1, C_2$ sind die Widerstände, die Koeffizienten der Selbstinduktion bzw. die Kapazitäten dieser Kreise und M der Koeffizient der gegenseitigen Induktion der Kreise I und II.

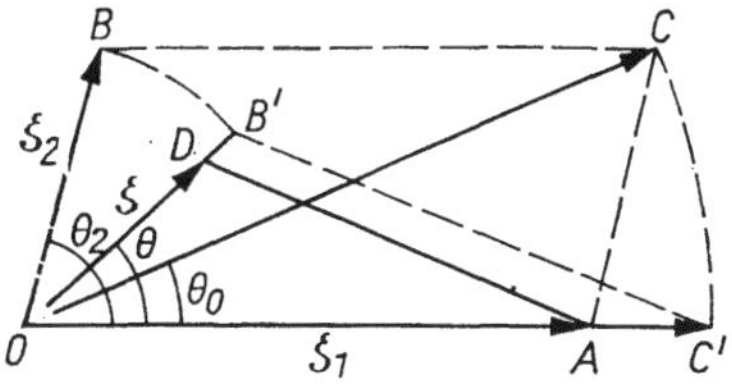

Abb. 178

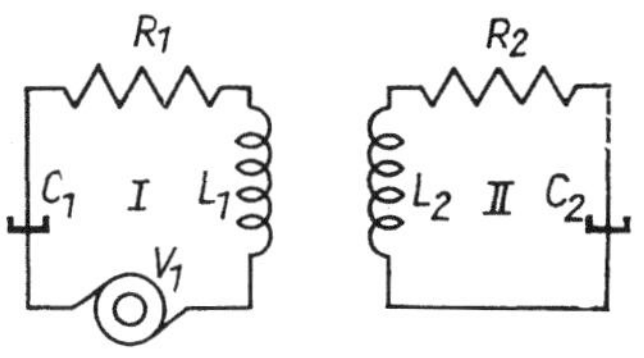

Abb. 179

Es gelten die Beziehungen

$$v_1 = R_1 j_1 + L_1 \frac{dj_1}{dt} + M \frac{dj_2}{dt} + \frac{1}{C_1} \int j_1 \, dt ,$$

$$0 = R_2 j_2 + L_2 \frac{dj_2}{dt} + M \frac{dj_1}{dt} + \frac{1}{C_2} \int j_2 \, dt .$$

Betrachtet man einen stationären Vorgang, bei dem sich Spannung und Strom nach einem Sinusgesetz mit ein und derselben Frequenz ändern, so lassen sich diese Gleichungen in der Vektorform

$$\boldsymbol{v}_1 = \left(R_1 + \omega L_1 \mathrm{i} + \frac{1}{\omega C_1 \mathrm{i}} \right) \boldsymbol{j}_1 + \omega M \mathrm{i} \boldsymbol{j}_2 = \zeta_1 \boldsymbol{j}_1 + \omega M \mathrm{i} \boldsymbol{j}_2 ,$$

$$\boldsymbol{o} = \omega M \mathrm{i} \boldsymbol{j}_1 + \left(R_2 + \omega L_2 \mathrm{i} + \frac{1}{\omega C_2 \mathrm{i}} \right) \boldsymbol{j}_2 = \omega M \mathrm{i} \boldsymbol{j}_1 + \zeta_2 \boldsymbol{j}_2$$

schreiben, wobei ζ_1 und ζ_2 die Scheinwiderstände der Kreise I bzw. II sind, wenn diese für sich allein genommen werden.

Durch Auflösen nach $\boldsymbol{j}_1$ und $\boldsymbol{j}_2$ erhalten wir

$$\boldsymbol{j}_1 = \frac{\zeta_2}{\zeta_1 \zeta_2 + \omega^2 M^2} \boldsymbol{v}_1, \quad \boldsymbol{j}_2 = - \frac{\omega M \mathrm{i}}{\zeta_1 \zeta_2 + \omega^2 M^2} \boldsymbol{v}_1 .$$

Schreiben wir die erste Gleichung in der Form

$$\boldsymbol{v}_1 = \left(\zeta_1 + \frac{\omega^2 M^2}{\zeta_2} \right) \boldsymbol{j}_1 ,$$

so können wir sagen, daß das Vorhandensein des Kreises II den Scheinwiderstand ζ_1 des Kreises I um den additiven Betrag $\dfrac{\omega^2 M^2}{\zeta_2}$ ändert.

182. Kurven in komplexer Form. Wenn wir vereinbaren, die rellen Zahlen durch Punkte auf der gegebenen x-Achse darzustellen, läßt sich eine Änderung der reellen Veränderlichen als eine Bewegung des entsprechenden Punktes längs der x-Achse deuten. Analog läßt sich die Änderung der komplexen Veränderlichen $\zeta = x + yi$ als eine Bewegung des entsprechenden Punktes in der x,y-Ebene auffassen.

Von besonderem Interesse ist der Fall, daß die Veränderliche ζ bei ihrer Änderung eine gewisse Kurve beschreibt; dieser Fall liegt vor, wenn ihr Real- und ihr Imaginärteil, d. h. die Koordinaten x und y, Funktionen eines gewissen Parameters u sind, den wir als reell ansehen können:

$$x = \varphi_1(u) , \qquad y = \varphi_2(u) . \tag{41}$$

Wir schreiben dann einfach

$$\zeta = f(u)\,,$$

wobei $f(u) = \varphi_1(u) + i\varphi_2(u)$ ist, und diese Gleichung nennen wir *Gleichung der gegebenen Kurve* (41) *in komplexer Form.*

Die Gleichungen (41) liefern eine Parameterdarstellung der Kurve *in rechtwinkligen Koordinaten.* Zu ihrer Darstellung *in Polarkoordinaten* gelangen wir, wenn wir die Veränderliche ζ in der exponentiellen Form schreiben:

$$\zeta = \varrho\, e^{\theta i}\,, \qquad \varrho = \psi_1(u)\,, \qquad \theta = \psi_2(u) \qquad (\zeta \neq 0)\,.$$

In diesem Ausdruck ist der Faktor ϱ nichts anderes als $|\zeta|$, der Faktor $e^{\theta i}$ aber, der für reelle ζ ($\theta = 0$ oder π) mit dem „Vorzeichen" ($\pm$) übereinstimmt, ist ein Vektor der Länge 1 und wird mit

$$\operatorname{sgn} \zeta = e^{\theta i} = \frac{\zeta}{|\zeta|}$$

bezeichnet (sgn ist die Abkürzung des lateinischen Wortes „signum", d. h. Vorzeichen).

Zu der Notwendigkeit, Kurvengleichungen in komplexer Form zu betrachten, führen die Vektordiagramme. Wenn wir in der Beziehung

$$\boldsymbol{v} = \zeta \boldsymbol{j}$$

den Stromvektor $\boldsymbol{j}$ als konstant ansehen, aber irgendeine der verschiedenen Konstanten des Leiters ändern, werden sich auch der Scheinwiderstand ζ und der Vektor $\boldsymbol{v}$ ändern; der Endpunkt dieses Vektors $\boldsymbol{v}$ beschreibt eine Kurve, die *Spannungsdiagramm* genannt wird. Wenn wir diese konstruiert haben, erhalten wir ein übersichtliches Bild von der Änderung des Vektors $\boldsymbol{v}$. Der Punkt ζ beschreibt ebenfalls eine Kurve (*Widerstandsdiagramm*), die sich nur durch die Wahl des Maßstabes vom Spannungsdiagramm unterscheidet (als Einheit wird der Vektor $\boldsymbol{j}$ genommen).

Wir betrachten jetzt die Gleichung einiger der einfachsten Kurven.

1. Die Gleichung der Geraden, die durch den gegebenen Punkt $\zeta_0 = x_0 + y_0 i$ verläuft und mit der x-Achse den Winkel α bildet, ist

$$\zeta = \zeta_0 + u\, e^{\alpha i}\,;$$

der Parameter u bezeichnet hier den Abstand der Punkte ζ_0 und ζ.

2. Die Gleichung des Kreises mit dem Mittelpunkt ζ_0 und dem Radius r lautet

$$\zeta = \zeta_0 + r\, e^{ui}\,.$$

3. Die Ellipse mit dem Mittelpunkt im Koordinatenursprung und den Halbachsen a und b, wobei die große Achse mit der x-Achse gleichgerichtet ist, hat in komplexer Form die Gleichung [74]

$$\zeta = x + yi = a \cos u + bi \sin u = \frac{a+b}{2}\, e^{ui} + \frac{a-b}{2}\, e^{-ui}\,.$$

Bildet die große Achse mit der x-Achse den Winkel φ_0, so nimmt die Ellipsengleichung folgende Form an:

$$\zeta = e^{\varphi_0 i}\left[\frac{a+b}{2}\, e^{ui} + \frac{a-b}{2}\, e^{-ui}\right].$$

Im allgemeinen Fall, wenn der Mittelpunkt der Ellipse im Punkt ζ_0 liegt und die große Achse mit der x-Achse den Winkel φ_0 bildet, hat die Ellipse die Gleichung

$$\zeta = \zeta_0 + e^{\varphi_0 i}\left[\frac{a+b}{2}\, e^{ui} + \frac{a-b}{2}\, e^{-ui}\right].$$

Ist $b = a$, so geht diese Gleichung in die Gleichung eines Kreises vom Radius a über, in

$$\zeta = \zeta_0 + a\, e^{(\varphi_0 + u)\, i}\,,$$

wobei $\varphi_0 + u$ ebenso wie u ein reeller Parameter ist. Für $b = 0$ erhalten wir die Strecke

$$\zeta = \zeta_0 + a e^{\varphi_0 i} \frac{e^{ui} + e^{-ui}}{2} = \zeta_0 + a\, e^{\varphi_0 i} \cos u\,, \qquad \zeta = \zeta_0 + v\, e^{\varphi_0 i}\,,$$

die den Winkel φ_0 mit der x-Achse bildet, die Länge $2a$ hat und deren Mittelpunkt im Punkt ζ_0 liegt, da der Parameter $v = a \cos u$ ebenso wie u reell ist und nur Werte zwischen $-a$ und a annehmen kann.

Betrachten wir den Fall des Kreises bzw. der Strecke als Grenzfälle der Ellipse, die sich ergeben, wenn die kleine Halbachse gleich der großen bzw. gleich 0 wird, so können wir jetzt allgemein sagen, daß

$$\zeta = \zeta_0 + \mu_1 e^{ui} + \mu_2 e^{-ui}\,, \tag{42}$$

wobei ζ_0, μ_1, μ_2 beliebige komplexe Zahlen sind, immer die Gleichung einer Ellipse darstellt.

In der Tat, setzen wir

$$\mu_1 = M_1\, e^{\theta_1 i}, \qquad \mu_2 = M_2\, e^{\theta_2 i}\,, \qquad \frac{\theta_1 + \theta_2}{2} = \varphi_0\,, \qquad \frac{\theta_1 - \theta_2}{2} = \theta_0 \qquad (M_1 \geqq M_2)\,,$$

so können wir die Gleichung (42) in der Gestalt

$$\zeta = \zeta_0 + M_1\, e^{(u+\theta_1) i} + M_2\, e^{-(u-\theta_2) i} = \zeta_0 + e^{\varphi_0 i} \left[M_1\, e^{(u+\theta_0) i} + M_2\, e^{-(u+\theta_0) i}\right]$$

schreiben, woraus hervorgeht, daß die betrachtete Kurve tatsächlich eine Ellipse mit dem Mittelpunkt ζ_0 und den Halbachsen $M_1 \pm M_2$ ist, deren große Achse den Winkel φ_0 mit der x-Achse bildet und die Richtung der Winkelhalbierenden zwischen den Vektoren μ_1 und μ_2 hat. Für $M_2 = 0$ geht die Ellipse in einen Kreis über, für $M_2 = M_1$ in eine Strecke.

4. Bei der Untersuchung der Eigenschaften eines Wechselstroms in Leitern mit stetig verteilten Widerständen, Kapazitäten und Selbstinduktionen haben die Kurven eine große Bedeutung, deren Gleichungen in komplexer Form die Gestalt

$$\zeta = \nu\, e^{\gamma u} \tag{43}$$

haben, wobei ν und γ beliebige komplexe Konstanten sind.

Wenn wir $\nu = N_1\, e^{\varphi_0 i}$, $\gamma = a + bi$ setzen und zu Polarkoordinaten übergehen, erhalten wir hieraus $\zeta = \varrho\, e^{\theta i} = N_1\, e^{\varphi_0 i}\, e^{(a+bi)u} = N_1\, e^{au}\, e^{(bu+\varphi_0)i}$, d. h. $\varrho = N_1\, e^{au}$, $\theta = bu + \varphi_0$, woraus $u = \dfrac{\theta - \varphi_0}{b}$ und schließlich

$$\varrho = N\, e^{a\theta/b} \qquad (N = N_1\, e^{-a\varphi_0/b})$$

folgt. Also ist die betrachtete Kurve eine logarithmische Spirale (Abb. 180 entspricht dem Fall $\dfrac{a}{b} > 0$).

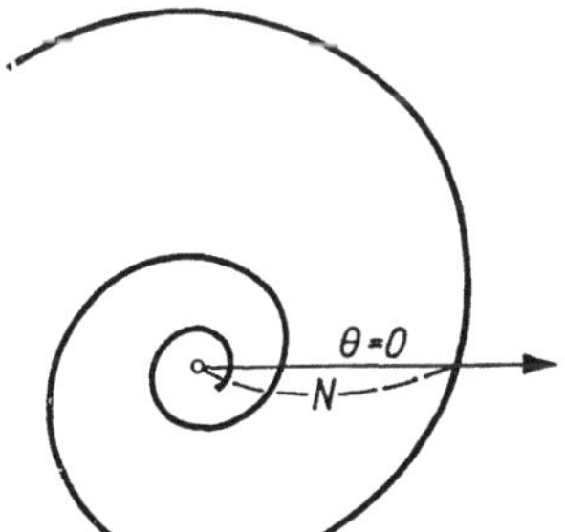

Abb. 180

Die komplizierteren Kurven vom Typ $\zeta = \nu_1\, e^{\gamma_1 u} + \nu_2\, e^{\gamma_2 u} + \cdots + \nu_s\, e^{\gamma_s u}$ können wir erhalten, wenn wir die „Komponenten der Spirale“ $\zeta_1 = \nu_1\, e^{\gamma_1 u}$, $\zeta_2 = \nu_2\, e^{\gamma_2 u}, \ldots, \zeta_s = \nu_s\, e^{\gamma_s u}$

konstruieren und für jedes u die Summe der entsprechenden Werte $\zeta_1, \zeta_2, \dots, \zeta_8$ geometrisch bestimmen (Abb. 181).

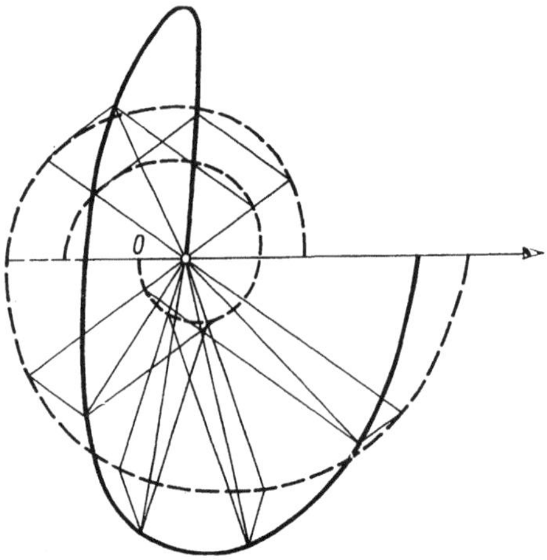

Abb. 181

183. Darstellung der harmonischen Schwingung in komplexer Form. Die gedämpfte harmonische Schwingung wird durch

$$x = A\,\mathrm{e}^{-\varepsilon t} \sin(\omega t + \varphi_0) \tag{44}$$

dargestellt, wobei A und ε positive Konstanten sind. Wir führen die komplexe Größe

$$\zeta = A\,\mathrm{e}^{(\varphi_0 - (\pi/2))\,\mathrm{i}}\,\mathrm{e}^{(\omega + \varepsilon \mathrm{i})\,\mathrm{i}t} = A\,\mathrm{e}^{-\varepsilon t + (\omega t + \varphi_0 - (\pi/2))\,\mathrm{i}} \tag{45}$$

in die Betrachtung ein. Der Realteil dieser komplexen Größe stimmt mit dem Ausdruck (44) überein. Auf diese Weise können wir jede gedämpfte harmonische Schwingung als Realteil eines komplexen Ausdrucks der Form $\zeta = \alpha\,\mathrm{e}^{\beta \mathrm{i} t}$ darstellen, wobei α und β komplexe Zahlen sind. Für Formel (45) wird

$$\alpha = A\,\mathrm{e}^{(\varphi_0 - (\pi/2))\,\mathrm{i}} \quad \text{und} \quad \beta = \omega + \varepsilon \mathrm{i}\,.$$

Im Fall der rein harmonischen Schwingung ohne Dämpfung ist $\varepsilon = 0$, und β wird eine reelle Zahl.

Der Ausdruck (45) für ζ stimmt mit dem Ausdruck (43) überein für

$$v = A\,\mathrm{e}^{(\varphi_0 - (\pi/2))\mathrm{i}}\,, \qquad \gamma = (\omega + \varepsilon \mathrm{i})\,\mathrm{i} = -\varepsilon + \omega \mathrm{i} \quad \text{und} \quad u = t\,.$$

Hieraus erkennt man, daß der Punkt ζ bei einer Änderung von t eine logarithmische Spirale beschreibt, wobei der Polwinkel θ eine lineare Funktion der Zeit t ist,

$$\theta = \omega t + \varphi_0 - \frac{\pi}{2}\,,$$

d. h., der Radiusvektor vom Koordinatenursprung zum Punkt ζ dreht sich um den Koordinatenursprung mit der konstanten Winkelgeschwindigkeit ω. Die Projektion des Punktes ζ auf die x-Achse führt die gedämpfte Schwingung (44) aus. Wenn $\varepsilon = 0$ ist, bewegt sich der Punkt ζ auf dem Kreis $\varrho = A$, und seine Projektion auf die x-Achse bewegt sich nach dem Gesetz der ungedämpften harmonischen Schwingung:

$$x = A \sin(\omega t + \varphi_0)\,.$$

§ 18. Fundamentaleigenschaften der ganzen rationalen Funktionen (Polynome) und die Berechnung ihrer Nullstellen

184. Die algebraische Gleichung. In diesem Paragraphen werden wir uns mit der Untersuchung des Polynoms

$$f(z) = a_0 z^n + a_1 z^{n-1} + \cdots + a_k z^{n-k} + \cdots + a_{n-1} z + a_n$$

befassen, in dem $a_0, a_1, \ldots, a_k, \ldots, a_n$ gegebene komplexe Zahlen sind und z eine komplexe Veränderliche, wobei wir den höchsten Koeffizienten a_0 als von 0 verschieden ansehen können. Die Grundoperationen mit Polynomen sind aus der elementaren Algebra wohlbekannt. Wir erinnern nur an ein grundsätzliches Resultat, das die Division betrifft. Wenn $f(z)$ und $\varphi(z)$ zwei Polynome sind und der Grad von $\varphi(z)$ nicht höher ist als der Grad von $f(z)$, läßt sich $f(z)$ in der Form

$$f(z) = \varphi(z) \cdot Q(z) + R(z)$$

darstellen, wobei $Q(z)$ und $R(z)$ gleichfalls Polynome sind und der Grad von $R(z)$ niedriger als der Grad von $\varphi(z)$ ist. Die Polynome $Q(z)$ und $R(z)$ heißen Quotient bzw. Rest bei der Division von $f(z)$ durch $\varphi(z)$. Der Quotient und der Rest sind wohlbestimmte Polynome, so daß die oben angegebene Darstellung von $f(z)$ durch $\varphi(z)$ eindeutig ist.

Die Werte z, für welche das Polynom verschwindet, heißen *Nullstellen* dieses Polynoms. Somit sind die Nullstellen von $f(z)$ die Lösungen der Gleichung

$$f(z) = a_0 z^n + a_1 z^{n-1} + \cdots + a_k z^{n-k} + \cdots + a_{n-1} z + a_n = 0 \,. \tag{1}$$

Diese Gleichung heißt *algebraische Gleichung n-ten Grades.*

Bei der Division von $f(z)$ durch den Linearfaktor $z - a$ wird der Quotient $Q(z)$ ein Polynom $(n - 1)$-ten Grades mit dem höchsten Koeffizienten a_0; der Rest R wird dann z nicht enthalten. Auf Grund der Fundamentaleigenschaft der Division gilt die Identität

$$f(z) = (z - a)\, Q(z) + R \,.$$

Setzen wir in dieser Identität $z = a$, so erhalten wir

$$R = f(a) \,,$$

d. h., *der bei der Division des Polynoms $f(z)$ durch $z - a$ erhaltene Rest ist gleich $f(a)$* (Satz von Bézout).

Insbesondere lautet die notwendige und hinreichende Bedingung dafür, daß das Polynom $f(z)$ durch $z - a$ ohne Rest teilbar ist,

$$f(a) = 0 \,,$$

d. h., *ein Polynom ist genau dann durch den Linearfaktor $z - a$ ohne Rest teilbar, wenn $z = a$ eine Nullstelle dieses Polynoms ist.*

Wenn wir also die Nullstelle $z = a$ des Polynoms $f(z)$ kennen, können wir aus diesem Polynom den Faktor $z - a$ absondern:

$$f(z) = (z - a)\, f_1(z)$$

mit

$$f_1(z) = b_0 z^{n-1} + b_1 z^{n-2} + \cdots + b_{n-2} z + b_{n-1} \qquad (b_0 = a_0) \,.$$

Das Aufsuchen der übrigen Nullstellen führt auf die Lösung der Gleichung $(n - 1)$-ten Grades

$$b_0 z^{n-1} + b_1 z^{n-2} + \cdots + b_{n-2} z + b_{n-1} = 0 \,.$$

Bevor wir unsere Untersuchungen fortsetzen, müssen wir die folgende Frage klären: Hat jede algebraische Gleichung Lösungen? Im Fall einer nichtalgebraischen Gleichung kann nämlich die Antwort negativ sein. So hat z.B. die Gleichung

$$e^z = 0 \qquad (z = x + yi)$$

überhaupt keine Lösungen, da der Modul e^x der linken Seite für keinen endlichen Wert von x gleich 0 wird. Aber im Fall der algebraischen Gleichung gibt es auf die oben gestellte Frage eine bejahende Antwort, die in dem folgenden *Fundamentalsatz der Algebra* enthalten ist: *Jede algebraische Gleichung hat mindestens eine reelle oder komplexe Lösung (Wurzel).*

Wir nehmen hier diesen Satz ohne Beweis hin. In Teil III/2 werden wir bei der Darlegung der Theorie der Funktionen einer komplexen Veränderlichen seinen Beweis erbringen.

185. Die Zerlegung eines Polynoms in Faktoren. Jedes Polynom

$$f(z) = a_0 z^n + a_1 z^{n-1} + \cdots + a_{n-1} z + a_n \tag{2}$$

hat gemäß dem Fundamentalsatz eine Nullstelle $z = z_1$ und ist daher durch $z - z_1$ teilbar; wir können also

$$f(z) = (z - z_1)(a_0 z^{n-1} + \cdots)$$

setzen [**184**].

Der zweite Faktor in dem auf der rechten Seite dieser Identität stehenden Produkt hat entsprechend dem erwähnten Fundamentalsatz eine Nullstelle $z = z_2$ und ist daher durch $z - z_2$ teilbar, und wir können

$$f(z) = (z - z_1)(z - z_2)(a_0 z^{n-2} + \cdots)$$

schreiben.

Sondern wir, in dieser Weise fortfahrend, die Faktoren ersten Grades ab, so erhalten wir schließlich die folgende Zerlegung von $f(z)$ in Faktoren:

$$f(z) = a_0(z - z_1)(z - z_2) \cdots (z - z_n), \tag{3}$$

d. h., *jedes Polynom n-ten Grades läßt sich in $n + 1$ Faktoren zerlegen, von denen einer gleich dem höchsten Koeffizienten ist und die übrigen Linearfaktoren ersten Grades von der Form $z - a$ sind.*

Beim Einsetzen von $z = z_s$ $(s = 1, 2, \ldots, n)$ wird mindestens einer der Faktoren in der Zerlegung (3) gleich 0, d. h., *die Werte $z = z_s$ sind Nullstellen von $f(z)$.*

Ein beliebiger, von allen z_s verschiedener Wert z kann nicht Nullstelle von $f(z)$ sein, da für einen solchen Wert z keiner der Faktoren in der Zerlegung (3) verschwindet.

Sind alle Zahlen z_s voneinander verschieden, so besitzt $f(z)$ genau n verschiedene Nullstellen. Sind unter den Zahlen z_s gleiche vorhanden, so wird die Anzahl der verschiedenen Nullstellen von $f(z)$ kleiner als n.

Wir können also den folgenden Satz aussprechen: *Ein Polynom n-ten Grades (bzw. eine algebraische Gleichung n-ten Grades) kann nicht mehr als n verschiedene Nullstellen (bzw. Wurzeln) haben.*

Eine unmittelbare Folgerung aus diesem Theorem ist der folgende Satz: *Wenn bekannt ist, daß ein gewisses Polynom von nicht höherem als n-tem Grade mehr als n verschiedene Nullstellen besitzt, dann sind alle Koeffizienten dieses Polynoms und das konstante Glied gleich 0, d. h., dieses Polynom ist identisch gleich 0.*

Wir nehmen an, daß die Werte zweier Polynome $f_1(z)$ und $f_2(z)$ von nicht höherem als n-tem Grade für mehr als n verschiedene Werte z übereinstimmen. Ihre Differenz $f_1(z) - f_2(z)$ ist ein Polynom von nicht höherem als n-tem Grade, das mehr als n verschiedene Nullstellen besitzt. Daher wird diese Differenz identisch 0, und $f_1(z)$ und $f_2(z)$ haben dieselben Koeffizienten. *Wenn die Werte zweier Polynome von nicht höherem als n-tem Grade für mehr als n verschiedene Werte z übereinstimmen, dann sind alle Koeffizienten dieser Polynome und die konstanten Glieder gleich, d. h., diese Polynome sind identisch.*

Diese Eigenschaft der Polynome liegt der sogenannten *Methode der unbestimmten Koeffizienten* zugrunde, die wir im folgenden benutzen werden. Das Wesen dieser Methode besteht darin, daß aus der Identität zweier Polynome die Gleichheit der Koeffizienten gleicher Potenzen von z gefolgert wird.

Die Zerlegung (3) hatten wir mittels Absonderung von Faktoren ersten Grades aus dem Polynom $f(z)$ in einer bestimmten Reihenfolge erhalten. Wir zeigen jetzt, daß die Endform der Zerlegung nicht davon abhängt, in welcher Weise wir die angegebenen Faktoren absondern, d. h., daß *das Polynom eine eindeutige Produktzerlegung der Form* (3) *besitzt.*

Wir nehmen an, daß außer der Zerlegung (3) noch eine Zerlegung

$$f(z) = b_0(z - z_1')(z - z_2') \dots (z - z_n') \tag{3_1}$$

vorliegt. Durch Gleichsetzen dieser beiden Zerlegungen können wir die Identität

$$a_0(z - z_1)(z - z_2) \dots (z - z_n) = b_0(z - z_1')(z - z_2') \dots (z - z_n')$$

aufstellen.

Die linke Seite dieser Identität verschwindet für $z = z_1$; folglich muß dasselbe auch für die rechte Seite gelten, d. h., mindestens einer der Werte z_k' muß gleich z_1 sein. Wir können z.B. annehmen, daß $z_1' = z_1$ ist. Kürzen wir beide Seiten der angegebenen Identität durch $z - z_1$, so erhalten wir die Beziehung

$$a_0(z - z_2) \dots (z - z_n) = b_0(z - z_2') \dots (z - z_n') ;$$

die für alle Werte von z gültig ist, ausgenommen möglicherweise $z = z_1$. Aber damit muß auf Grund des oben bewiesenen Satzes diese Beziehung ebenfalls eine Identität sein. Genau so folgernd wie vorher beweisen wir, daß $z_2' = z_2$ ist usw. und schließlich, daß $b_0 = a_0$ ist, d. h., die Zerlegung (3_1) muß mit der Zerlegung (3) übereinstimmen.

186. Mehrfache Nullstellen. Unter den in der Zerlegung (3) vorkommenden Werten z_s können, wie wir schon erwähnt hatten, gleiche Werte auftreten. Fassen wir in der Zerlegung (3) jeweils die gleichen Faktoren zusammen, so können wir sie in der Form

$$f(z) = a_0(z - z_1)^{k_1}(z - z_2)^{k_2} \dots (z - z_m)^{k_m} \tag{4}$$

schreiben, wobei die Zahlen $z_1, z_2, \dots, z_m$ verschieden sind und

$$k_1 + k_2 + \dots + k_m = n \tag{5}$$

gilt. Wenn in der so geschriebenen Zerlegung (4) der Faktor $(z - z_s)^{k_s}$ vorhanden ist, dann heißt die Nullstelle $z = z_s$ eine *Nullstelle der Vielfachheit* k_s, und allgemein wird die Nullstelle $z = a$ des Polynoms $f(z)$ eine *k-fache Nullstelle* genannt, wenn $f(z)$ durch $(z - a)^k$ teilbar und durch $(z - a)^{k+1}$ nicht teilbar ist.

Wir geben jetzt ein anderes Kriterium für die Vielfachheit einer Nullstelle an. Zu diesem Zweck ziehen wir die Taylorsche Formel heran. Wir bemerken zunächst, daß wir die Ableitungen von Polynomen $f(z)$ nach denselben Formeln bestimmen können, wie sie für eine reelle Veränderliche gültig sind:

$$f(z) = a_0 z^n + a_1 z^{n-1} + \cdots + a_k z^{n-k} + \cdots + a_{n-1} z + a_n\,,$$

$$f'(z) = n a_0 z^{n-1} + (n-1)\, a_1 z^{n-2} + \cdots + (n-k)\, a_k z^{n-k-1} + \cdots + a_{n-1}\,,$$

$$f''(z) = n(n-1)\, a_0 z^{n-2} + (n-1)(n-2)\, a_1 z^{n-3} + \cdots$$
$$+ (n-k)(n-k-1)\, a_k z^{n-k-2} + \cdots + 2 \cdot 1 a_{n-2}\,.$$

Die Taylorsche Formel

$$f(z) = f(a) + \frac{z-a}{1!} f'(a) + \frac{(z-a)^2}{2!} f''(a) + \cdots$$
$$+ \frac{(z-a)^k}{k!} f^{(k)}(a) + \cdots + \frac{(z-a)^n}{n!} f^{(n)}(a) \tag{6}$$

stellt eine die Größen a und z enthaltende elementare algebraische Identität dar, die nicht nur für reelle, sondern auch für komplexe Werte dieser Größen gültig ist.

Wir leiten jetzt die Bedingung dafür her, daß $z = a$ eine k-fache Nullstelle von $f(z)$ ist. Zu diesem Zweck bringen wir (6) auf die Form

$$f(z) = (z-a)^k \left[\frac{1}{k!} f^{(k)}(a) + \frac{z-a}{(k+1)!} f^{(k+1)}(a) + \cdots + \frac{(z-a)^{n-k}}{n!} f^{(n)}(a)\right]$$
$$+ \left[f(a) + \frac{z-a}{1!} f'(a) + \cdots + \frac{(z-a)^{k-1}}{(k-1)!} f^{(k-1)}(a)\right].$$

Das in der zweiten eckigen Klammer stehende Polynom hat einen niedrigeren Grad als $(z-a)^k$. Hieraus ist ersichtlich **[184]**, daß die erste eckige Klammer der Quotient und die zweite der Rest bei der Division von $f(z)$ durch $(z-a)^k$ ist. Damit $f(z)$ durch $(z-a)^k$ teilbar wird, ist notwendig und hinreichend, daß dieser Rest identisch 0 wird. Wenn wir ihn als Polynom der Veränderlichen $z - a$ auffassen, erhalten wir die folgende Bedingung:

$$f(a) = f'(a) = \cdots = f^{(k-1)}(a) = 0\,. \tag{7}$$

Zu dieser Bedingung müssen wir noch die weitere

$$f^{(k)}(a) \neq 0 \tag{8}$$

hinzufügen, da für $f^{(k)}(a) = 0$ das Polynom $f(z)$ nicht nur durch $(z-a)^k$, sondern auch durch $(z-a)^{k+1}$ teilbar wäre. *Die Bedingungen* (7) *und* (8) *sind also notwendig und hinreichend dafür, daß $z = a$ eine k-fache Nullstelle des Polynoms $f(z)$ ist.*

Wir setzen $\psi(z) = f'(z)$, dann ist

$$\psi'(z) = f''(z), \qquad \psi''(z) = f'''(z), \qquad \ldots, \qquad \psi^{(k-1)}(z) = f^{(k)}(z)\,.$$

Ist $z = a$ eine k-fache Nullstelle des Polynoms $f(z)$, so ist wegen (7) und (8)

$$\psi(a) = \psi'(a) = \cdots = \psi^{(k-2)}(a) = 0 \quad \text{und} \quad \psi^{(k-1)}(a) \neq 0\,,$$

d. h., $z = a$ wird eine $(k-1)$-fache Nullstelle für $\psi(z)$ oder, was dasselbe ist, für $f'(z)$; mit anderen Worten, *eine k-fache Nullstelle eines beliebigen Polynoms ist $(k-1)$-fache Nullstelle der Ableitung dieses Polynoms.* Indem wir diese Eigenschaft fortgesetzt benutzen, überzeugen wir uns, daß $z = a$ *eine $(k-2)$-fache Nullstelle der zweiten Ableitung, eine $(k-3)$-fache Nullstelle der dritten Ableitung usw. und* *schließlich eine einfache Nullstelle der $(k-1)$-ten Ableitung ist. Ist $k = 1$, so heißt $z = a$ einfache Nullstelle des Polynoms $f(z)$. In diesem Fall ist $z = a$ keine Nullstelle von $f'(z)$.*

Wenn also für $f(z)$ die Zerlegung

$$f(z) = a_0(z - z_1)^{k_1} (z - z_2)^{k_2} \dots (z - z_m)^{k_m} \tag{9}$$

gilt, erhalten wir für $f'(z)$ die Zerlegung

$$f'(z) = (z - z_1)^{k_1-1} (z - z_2)^{k_2-1} \dots (z - z_m)^{k_m-1} \omega(z) , \tag{10}$$

wobei $\omega(z)$ ein Polynom ist, das keine gemeinsamen Nullstellen mit $f(z)$ besitzt.

187. Das Hornersche Schema. Wir geben jetzt ein praktisch bequemes Verfahren zur Berechnung der Werte von $f(z)$ sowie der Ableitungen für einen vorgegebenen Wert $z = a$ an.

Bei der Division von $f(z)$ durch $z - a$ ergeben sich der Quotient $f_1(z)$ und der Rest r_1, bei der Division von $f_1(z)$ durch $z - a$ der Quotient $f_2(z)$ und der Rest r_2 usw.:

$$\begin{aligned} f(z) &= (z-a) f_1(z) + r_1 , \qquad & r_1 &= f(a) , \\ f_1(z) &= (z-a) f_2(z) + r_2 , & r_2 &= f_1(a) , \\ f_2(z) &= (z-a) f_3(z) + r_3 , & r_3 &= f_2(a) , \\ &\dots\dots\dots\dots\dots \end{aligned}$$

Schreiben wir (6) in der Gestalt

$$f(z) = f(a) + (z-a)\left[\frac{f'(a)}{1!} + \frac{f''(a)}{2!}(z-a) + \dots + \frac{f^{(n)}(a)}{n!}(z-a)^{n-1}\right]$$

und vergleichen wir diese Formel mit der ersten der darüber geschriebenen Gleichungen, so erhalten wir

$$f_1(z) = \frac{f'(a)}{1!} + \frac{f''(a)}{2!}(z-a) + \dots + \frac{f^{(n)}(a)}{n!}(z-a)^{n-1} , \qquad r_1 = f(a) .$$

Verfahren wir genauso mit $f_1(z)$, so finden wir

$$f_2(z) = \frac{f''(a)}{2!} + \frac{f'''(a)}{3!}(z-a) + \dots + \frac{f^{(n)}(a)}{n!}(z-a)^{n-2} , \qquad r_2 = \frac{f'(a)}{1!}$$

und allgemein

$$r_{k+1} = \frac{f^{(k)}(a)}{k!} \qquad (k = 1, 2, \dots, n) .$$

Wir setzen jetzt

$$\begin{aligned} f(z) &= a_0 z^n + a_1 z^{n-1} + \dots + a_{n-1} z + a_n , \\ f_1(z) &= b_0 z^{n-1} + b_1 z^{n-2} + \dots + b_{n-2} z + b_{n-1} , \qquad b_n = r_1 \end{aligned}$$

und werden zeigen, wie sich die Koeffizienten b_s des Quotienten und der Rest b_n berechnen lassen.

Lösen wir die Klammern auf und fassen die Glieder mit gleichen Potenzen von z zusammen, so erhalten wir die Identität

$$\begin{aligned} &a_0 z^n + a_1 z^{n-1} + \dots + a_{n-1} z + a_n \\ &= (z-a)(b_0 z^{n-1} + b_1 z^{n-2} + \dots + b_{n-2} z + b_{n-1}) + b_n \\ &= b_0 z^n + (b_1 - b_0 a) z^{n-1} + (b_2 - b_1 a) z^{n-2} + \dots + (b_{n-1} - b_{n-2} a) z + (b_n - b_{n-1} a) \end{aligned}$$

und durch Vergleich der Koeffizienten gleicher Potenz von z

$$\begin{aligned} &a_0 = b_0 , \ a_1 = b_1 - b_0 a , \ a_2 = b_2 - b_1 a , \ \dots , \ a_{n-1} = b_{n-1} - b_{n-2} a , \\ &a_n = b_n - b_{n-1} a \end{aligned}$$

und daraus

$$b_0 = a_0\,, \; b_1 = b_0 a + a_1\,, \qquad b_2 = b_1 a + a_2\,, \quad \ldots, \quad b_{n-1} = b_{n-2} a + a_{n-1}\,,$$

$$b_n = b_{n-1} a + a_n = r_1\,.$$

Diese Gleichungen geben die Möglichkeit, nacheinander die Größen b_s zu bestimmen. Bezeichnen wir Quotient und Rest bei der Division von $f_1(z)$ durch $z - a$ mit

$$f_2(z) = c_0 z^{n-2} + c_1 z^{n-3} + \cdots + c_{n-3} z + c_{n-2}\,, \qquad c_{n-1} = r_2\,,$$

so erhalten wir genauso

$$c_0 = b_0\,, \qquad c_1 = c_0 a + b_1\,, \qquad c_2 = c_1 a + b_2\,, \quad \ldots, \quad c_{n-2} = c_{n-3} a + b_{n-2}\,,$$

$$c_{n-1} = c_{n-2} a + b_{n-1} = r_2\,,$$

d. h., die Koeffizienten c_s berechnen sich nacheinander mit Hilfe der b_s genauso wie die b_s mit Hilfe der a_s.

Das angegebene Berechnungsverfahren heißt *Hornersches Schema* oder *Hornerscher Algorithmus.*[1] Bei Anwendung dieser Regel erhalten wir die Größen $\dfrac{f^{(k)}(a)}{k!}$.

Wir geben das Berechnungsschema an, das ohne Erläuterungen verständlich ist:

a	$a_0,$	$a_1,$	$a_2,$	$a_3,$	$\ldots,$	$a_{n-2},$	$a_{n-1},$	a_n	
	$+$	$b_0 a,$	$b_1 a,$	$b_2 a,$	$\ldots,$	$b_{n-3} a,$	$b_{n-2} a,$	$b_{n-1} a$	
	$b_0 = a_0$	$b_1,$	$b_2,$	$b_3,$	$\ldots,$	$b_{n-2},$	b_{n-1}		$b_n = r_1 = f(a)$
	$+$	$c_0 a,$	$c_1 a,$	$c_2 a,$	$\ldots,$	$c_{n-3} a,$	$c_{n-2} a$		
	$c_0 = a_0, c_1,$	$c_2,$	$c_3,$	$\ldots,$	$c_{n-2},$		$c_{n-1} = r_2 = \dfrac{f'(a)}{1}$		
. . .	. . .	. . .	. . .	. . .	. . .	. . .	. . .	. . .	. . .
	$l_0 = a_0,$	l_1	$l_2 = r_{n-1} = \dfrac{f^{(n-2)}(a)}{(n-2)!}$						
	$+$	$m_0 a$							
	$m_0 = a_0$	$m_1 = r_n = \dfrac{f^{(n-1)}(a)}{(n-1)!}$							
	$m_0 = \dfrac{f^{(n)}(a)}{n!}$								

Beispiel. Zu ermitteln sind die Werte der Funktion

$$f(z) = z^5 + 2z^4 - 2z^2 - 25z + 100$$

und ihrer Ableitungen für $z = -5$.

---

[1]) Allgemein nennt man eine bestimmte Vorschrift, nach der man mathematische Operationen durchführen muß, um die gesuchte Lösung zu erhalten, einen *Algortithmus.* Die Benennung nach HORNER ist ebenso wie viele ähnliche Bezeichnungen in der Literatur nicht einheitlich (Anm. d. Übers.).

$a = -5$	1,	2,	0,	−2,	−25,	100	
		−5,	15,	−75,	385,	−1800	
	1,	−3,	15,	−77,	360		$-1700 = f(-5)$
		−5,	40,	−275,	1760		
	1,	−8,	55,	−352			$2120 = \frac{f'(-5)}{1!}$
		−5,	65,	−600			
	1,	−13,	120				$-952 = \frac{f''(-5)}{2!}$
		− 5,	90				
	1,	−18					$210 = \frac{f'''(-5)}{3!}$
		− 5					
	1						$-23 = \frac{f^{(IV)}(-5)}{4!}$
							$1 = \frac{f^{(V)}(-5)}{5!}$

188. Der größte gemeinsame Teiler. Wir betrachten zwei Polynome $f_1(z)$ und $f_2(z)$. Jedes von ihnen hat eine bestimmte Produktzerlegung der Form (3). Unter dem *größten gemeinsamen Teiler* dieser beiden Polynome verstehen wir das Produkt aller Linearfaktoren der Form $z - a$, die sowohl in der Zerlegung von $f_1(z)$ als auch in der Zerlegung von $f_2(z)$ auftreten, wobei diese gemeinsamen Faktoren mit dem Exponenten genommen werden, der gleich dem kleineren Exponenten ist, mit dem die Faktoren in den Zerlegungen von $f_1(z)$ und $f_2(z)$ auftreten. Die konstanten Faktoren spielen bei der Bildung des größten gemeinsamen Teilers keine Rolle. Somit ist der größte gemeinsame Teiler zweier Polynome ein Polynom, dessen Nullstellen gemeinsame Nullstellen der beiden erwähnten Polynome mit der Vielfachheit sind, die gleich der kleineren der beiden Vielfachheiten sind, mit denen sie in den angegebenen Polynomen auftreten. Besitzen die gegebenen Polynome keine gemeinsamen Nullstellen, so sagt man, sie seien *relativ prim* oder *teilerfremd*. Ganz analog dem Vorhergehenden kann man auch den größten gemeinsamen Teiler von mehreren Polynomen definieren.

Zur Bildung des größten gemeinsamen Teilers in der soeben angegebenen Weise benötigt man die Zerlegung der gegebenen Polynome in Faktoren ersten Grades. Aber die Ermittlung der Zerlegung (3) läuft auf das Lösen der Gleichung $f(z) = 0$ hinaus, das eine der Grundaufgaben der Algebra bildet.

Es läßt sich jedoch, ähnlich wie dies in der Arithmetik für den größten gemeinsamen Teiler von ganzen Zahlen geschieht, ein anderes Verfahren zur Ermittlung des größten gemeinsamen Teilers angeben, das nicht die Produktzerlegung erfordert, nämlich das Verfahren der fortgesetzten Divisionen[1]). Dieses Verfahren besteht in folgendem: Wir nehmen an, daß der Grad von $f_1(z)$ nicht niedriger als der Grad von $f_2(z)$ ist. Das erste Polynom dividieren wir durch das zweite, danach

[1]) Dieses Verfahren ist der *Euklidische Algorithmus* (Anm. d. Übers.).

dividieren wir das zweite Polynom $f_2(z)$ durch den bei der ersten Division erhaltenen Rest, diesen ersten Rest dividieren wir durch den bei der zweiten Division erhaltenen Rest usw., bis eine Division den Rest Null ergibt. Der letzte von 0 verschiedene Rest ist der größte gemeinsame Teiler $D(z)$ der beiden gegebenen Polynome. Wenn dieser Rest z nicht enthält, sind die gegebenen Polynome relativ prim. Auf diese Weise wird *die Ermittlung des größten gemeinsamen Teilers auf die Division der nach abnehmenden Potenzen der Veränderlichen geordneten Polynome zurückgeführt.* Nach Division von $f_1(z)$ und $f_2(z)$ durch $D(z)$ erhalten wir zueinander teilerfremde Polynome; eines davon (oder auch beide) braucht z nicht zu enthalten.

Vergleichen wir die Zerlegungen (9) und (10), so sehen wir, daß der größte gemeinsame Teiler $D(z)$ des Polynoms $f(z)$ und seiner Ableitung $f'(z)$

$$D(z) = (z - z_1)^{k_1-1} (z - z_2)^{k_2-1} \dots (z - z_m)^{k_m-1}$$

wird, wobei wir den unwesentlichen konstanten Faktor weglassen.

Dividieren wir $f(z)$ durch $D(z)$, so erhalten wir

$$\frac{f(z)}{D(z)} = a_0(z - z_1)(z - z_2) \dots (z - z_m) ,$$

d. h., *bei der Division des Polynoms $f(z)$ durch den größten gemeinsamen Teiler von $f(z)$ und $f'(z)$ ergibt sich ein Polynom, das nur einfache Nullstellen besitzt, die mit den verschiedenen Nullstellen von $f(z)$ übereinstimmen.*

Die Ermittlung eines solchen Polynoms heißt Beseitigung der mehrfachen Nullstellen eines Polynoms. Wir sehen, daß es hierzu nicht notwendig ist, die Gleichung $f(z) = 0$ zu lösen.

Sind $f(z)$ und $f'(z)$ relativ prim, so hat $f(z)$ nur einfache Nullstellen, und umgekehrt.

189. Reelle Polynome. Wir betrachten jetzt das Polynom mit reellen Koeffizienten

$$f(z) = a_0 z^n + a_1 z^{n-1} + \dots + a_{n-1} z + a_n ;$$

dieses Polynom habe die k-fache komplexe Nullstelle $z = a + bi$ $(b \neq 0)$, d. h.

$$f(a + bi) = f'(a + bi) = \dots = f^{(k-1)}(a + bi) = 0 ,$$

$$f^{(k)}(a + bi) = A + Bi \neq 0 .$$

Wir ersetzen jetzt in den Ausdrücken $f(a + bi)$ und in den entsprechenden der Ableitungen alle Größen durch die konjugiert komplexen. Bei dieser Ersetzung bleiben die Koeffizienten a_s als reelle Zahlen unverändert, nur $a + bi$ geht in $a - bi$ über, d. h., das Polynom $f(z)$ bleibt das gleiche, aber an Stelle von $z = a + bi$ wird $z = a - bi$ eingesetzt. Nach Ersetzen der komplexen Zahlen durch ihre konjugierten geht bekanntlich [**173**] auch das Gesamtresultat, d. h. der Wert des Polynoms, in den konjugiert komplexen Wert über. Wir erhalten somit

$$f(a - bi) = f'(a - bi) = \dots = f^{(k-1)}(a - bi) = 0 ,$$

$$f^{(k)}(a - bi) = A - Bi \neq 0 ,$$

d. h., *wenn ein Polynom mit reellen Koeffizienten die k-fache komplexe Nullstelle $z = a + bi$ besitzt, muß es auch die konjugiert komplexe Nullstelle $z = a - bi$ mit derselben Vielfachheit haben.*

Also lassen sich die komplexen Nullstellen eines Polynoms $f(z)$ mit reellen Koeffizienten in Paare konjugiert komplexer einteilen. Wir nehmen an, daß die Veränderliche z nur reelle Werte annimmt, und bezeichnen sie mit x. Nach (3) gilt

$$f(x) = a_0(x - z_1)(x - z_2) \dots (x - z_n) .$$

Sind unter den Nullstellen komplexe vorhanden, so werden die ihnen entsprechenden Faktoren ebenfalls komplex. Multiplizieren wir paarweise die einem Paar konjugiert komplexer Nullstellen entsprechenden Faktoren, so erhalten wir

$$[x - (a + bi)][x - (a - bi)] = [(x - a) - bi][(x - a) + bi]$$
$$= (x - a)^2 + b^2 = x^2 + px + q$$

mit

$$p = -2a, \qquad q = a^2 + b^2 \qquad (b \neq 0) .$$

Somit liefert ein Paar konjugiert komplexer Nullstellen einen reellen Faktor zweiten Grades, und wir können die folgende Behauptung aussprechen: *Ein Polynom mit reellen Koeffizienten läßt sich in reelle Faktoren ersten und zweiten Grades zerlegen.*

Diese Zerlegung hat die nachstehende Form:

$$f(x) = a_0(x - x_1)^{k_1}(x - x_2)^{k_2} \dots (x - x_r)^{k_r}$$
$$\times (x^2 + p_1x + q_1)^{l_1}(x^2 + p_2x + q_2)^{l_2} \dots (x^2 + p_tx + q_t)^{l_t} , \qquad (11)$$

wobei $x_1, x_2, \dots, x_r$ die reellen Nullstellen von $f(x)$ der Vielfachheit $k_1, k_2, \dots, k_r$ sind und die Faktoren zweiten Grades aus den Paaren konjugiert komplexer Nullstellen der Vielfachheit $l_1, l_2, \dots, l_t$ hervorgehen.

190. Der Zusammenhang zwischen den Wurzeln einer Gleichung und ihren Koeffizienten. Es seien wie vorher $z_1, z_2, \dots, z_n$ die Wurzeln der Gleichung

$$a_0z^n + a_1z^{n-1} + \dots + a_{n-1}z + a_n = 0 .$$

Nach (3) gilt die Identität

$$a_0z^n + a_1z^{n-1} + \dots + a_{n-1}z + a_n = a_0(z - z_1)(z - z_2) \dots (z - z_n) .$$

Benutzen wir auf der rechten Seite die aus der elementaren Algebra bekannte Formel für die Multiplikation von Linearfaktoren, die sich in den zweiten Gliedern unterscheiden, so können wir die angegebene Identität auf die Form

$$a_0z^n + a_1z^{n-1} + \dots + a_kz^{n-k} + \dots + a_n$$
$$= a_0[z^n - S_1z^{n-1} + S_2z^{n-2} + \dots + (-1)^k S_kz^{n-k} + \dots + (-1)^n S_n]$$

bringen; hierbei bezeichnet S_k die Summe aller möglichen Produkte aus den Zahlen z_s $(s = 1, 2, \dots, n)$ zu je k Faktoren[1]). Vergleichen wir die Koeffizienten gleicher Potenzen von z, so erhalten wir

$$S_1 = -\frac{a_1}{a_0}, \qquad S_2 = \frac{a_2}{a_0}, \qquad \dots, \qquad S_k = (-1)^k \frac{a_k}{a_0}, \qquad \dots, \qquad S_n = (-1)^n \frac{a_n}{a_0}$$

[1]) Elementarsymmetrische Funktionen oder symmetrische Grundfunktionen (Anm. d. Übers.).

oder ausgeschrieben:

$$\left.\begin{aligned} & z_1 + z_2 + \cdots + z_n = -\frac{a_1}{a_0}, \\ & z_1 z_2 + z_2 z_3 + \cdots + z_{n-1} z_n = \frac{a_2}{a_0}, \\ & \dots\dots\dots\dots\dots\dots \\ & z_1 z_2 \dots z_n = (-1)^n \frac{a_n}{a_0}. \end{aligned}\right\} \tag{12}$$

Diese Formeln stellen eine Verallgemeinerung der bekannten Eigenschaften der Wurzeln einer quadratischen Gleichung auf Gleichungen beliebigen Grades dar. Sie liefern unter anderem die Möglichkeit, die Gleichung aufzustellen, wenn die Wurzeln bekannt sind (Vietascher Wurzelsatz).

191. Die Gleichung dritten Grades. Wir werden uns mit dem Problem der praktischen Berechnung der Wurzeln algebraischer Gleichungen nicht im einzelnen befassen. Diese Frage wird in den Lehrbüchern über Näherungsverfahren behandelt. Wir werden nur auf den Fall einer Gleichung dritten Grades eingehen und auch einige Berechnungsmethoden angeben, die in Zukunft von Nutzen sein werden.

Beginnen wir also mit der Untersuchung der Gleichung dritten Grades

$$y^3 + a_1 y^2 + a_2 y + a_3 = 0\,. \tag{13}$$

An Stelle von y führen wir die neue Unbekannte x ein, indem wir $y = x + \alpha$ setzen. Nach Einsetzen in die linke Seite der Gleichung erhalten wir

$$x^3 + (3\alpha + a_1)\,x^2 + (3\alpha^2 + 2a_1\alpha + a_2)\,x + (\alpha^3 + a_1\alpha^2 + a_2\alpha + a_3) = 0\,.$$

Für $\alpha = -\frac{a_1}{3}$ fällt das Glied mit x^2 weg, und folglich transformiert die Substitution

$$y = x - \frac{a_1}{3}$$

die Gleichung (13) in die Gestalt

$$f(x) = x^3 + px + q = 0\,, \tag{14}$$

die kein Glied mit x^2 enthält.

Sind p und q reell, so kann die Gleichung (14) entweder drei reelle oder eine reelle und zwei konjugiert komplexe Wurzeln haben [189]. Um zu entscheiden, welcher dieser Fälle vorliegt, bilden wir die erste Ableitung der linken Seite der Gleichung:

$$f'(x) = 3x^2 + p\,.$$

Für $p > 0$ wird $f'(x) > 0$, d. h., $f(x)$ nimmt ständig zu und hat nur eine reelle Nullstelle, da die Funktion $f(x)$ beim Übergang von $x = -\infty$ nach $x = \infty$ von negativen zu positiven Werten übergeht. Wir nehmen jetzt an, daß $p < 0$ ist. Die Funktion hat dann, wie leicht zu sehen ist, ein Maximum für $x = -\sqrt{-\frac{p}{3}}$ und ein Minimum für $x = \sqrt{-\frac{p}{3}}$. Setzen wir diese Werte von x in den Ausdruck der Funktion $f(x)$ ein, so erhalten wir als Maximal- und Minimalwert dieser Funktion die Ausdrücke

$$q \mp \frac{2p}{3}\sqrt{-\frac{p}{3}}\,.$$

Haben beide Ausdrücke dasselbe Vorzeichen, d. h., ist

$$\left(q - \frac{2p}{3}\sqrt{-\frac{p}{3}}\right)\left(q + \frac{2p}{3}\sqrt{-\frac{p}{3}}\right) = q^2 + \frac{4p^3}{27} > 0$$

oder

$$\frac{q^2}{4} + \frac{p^3}{27} > 0\,, \tag{15$_1$}$$

so hat die Gleichung nur eine reelle Wurzel, die entweder im Intervall $\left(-\infty, -\sqrt{-\frac{p}{3}}\right)$ oder im Intervall $\left(\sqrt{-\frac{p}{3}}, \infty\right)$ liegt.

Wenn jedoch der oben angegebene Maximalwert von $f(x)$ positiv und der Minimalwert negativ ist, d. h.

$$\frac{q^2}{4} + \frac{p^3}{27} < 0 \tag{15$_2$}$$

gilt, dann haben $f(-\infty)$, $f\left(-\sqrt{-\frac{p}{3}}\right)$, $f\left(\sqrt{-\frac{p}{3}}\right)$, $f(\infty)$ die Vorzeichen $(-)$, $(+)$, $(-)$, $(+)$, und die Gleichung (14) hat drei reelle Wurzeln. Wir bemerken außerdem, daß für $p > 0$ die Bedingung (15_1) sicher erfüllt ist. Wir überlassen es dem Leser, zu zeigen, daß die Gleichung (14) für

$$\frac{q^2}{4} + \frac{p^3}{27} = 0 \tag{15$_3$}$$

die Doppelwurzel $\pm\sqrt{-\frac{p}{3}}$ und die einfache Wurzel $\frac{3q}{p}$ hat, wobei wir $p \neq 0$ voraussetzen, und daß aus (15_2) $p < 0$ folgt. Für $p = 0$ und $q \neq 0$ haben wir Ungleichung (15_1), und (14) nimmt die Form $x^3 + q = 0$ an, d. h. $x = \sqrt[3]{-q}$, woraus folgt, daß (14) eine reelle Wurzel besitzt [**175**]. Für $p = q = 0$ lautet die Gleichung (14) $x^3 = 0$; sie hat die dreifache Wurzel $x = 0$.

Die erhaltenen Resultate sind in der folgenden Tabelle zusammengestellt:

$x^3 + px + q = 0$	
$\frac{q^2}{4} + \frac{p^3}{27} > 0$	eine reelle und zwei konjugiert komplexe Wurzeln
$\frac{q^2}{4} + \frac{p^3}{27} < 0$	drei verschiedene reelle Wurzeln
$\frac{q^2}{4} + \frac{p^3}{27} = 0$	drei reelle Wurzeln, darunter zwei gleiche

In Abb. 182 ist die Bildkurve der Funktion

$$y = x^3 + px + q$$

unter den verschiedenen Voraussetzungen für $\frac{q^2}{4} + \frac{p^3}{27}$ dargestellt. Im Fall (15_3) entspricht der Doppelwurzel der Berührungspunkt der Kurve mit der x-Achse.

Wir leiten jetzt eine Formel her, die die Wurzeln der Gleichung (14) durch ihre Koeffizienten ausdrückt. Diese Formel eignet sich nicht für praktische Berechnungen; deshalb leiten wir aus ihr im folgenden Abschnitt unter Benutzung der trigonometrischen Funktionen ein praktisch bequemes Berechnungsverfahren für die Wurzeln her.

An Stelle der Unbekannten x führen wir zwei neue Unbekannte u und v ein, indem wir

$$x = u + v \tag{16}$$

setzen. Nach Einsetzen in die Gleichung (14) erhalten wir

$$(u + v)^3 + p(u + v) + q = 0\,, \tag{17}$$

$$u^3 + v^3 + (u + v)\,(3uv + p) + q = 0\,.$$

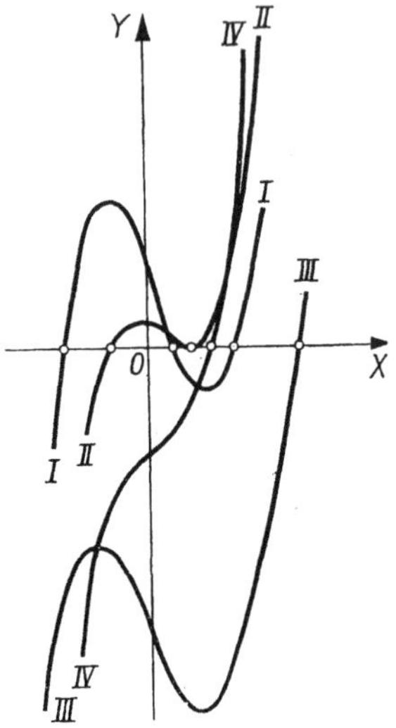

Abb. 182

Unterwerfen wir die Unbekannten u und v der Bedingung $3uv + p = 0$, so liefert (17)

$$u^3 + v^3 = -q\,.$$

Auf diese Weise ist das Problem auf die Lösung der beiden Gleichungen

$$uv = -\frac{p}{3}\,, \qquad u^3 + v^3 = -q \tag{18}$$

zurückgeführt.

Erheben wir beide Seiten der ersten Gleichung in die dritte Potenz, so erhalten wir

$$u^3 v^3 = -\frac{p^3}{27}\,, \qquad u^3 + v^3 = -q\,,$$

und folglich sind u^3 und v^3 die Wurzeln der quadratischen Gleichung

$$z^2 + qz - \frac{p^3}{27} = 0\,,$$

d. h.

$$u = \sqrt[3]{-\frac{q}{2} + \sqrt{\frac{q^2}{4} + \frac{p^3}{27}}}\,, \qquad v = \sqrt[3]{-\frac{q}{2} - \sqrt{\frac{q^2}{4} + \frac{p^3}{27}}}\,. \tag{19}$$

Aus (16) finden wir schließlich

$$x = \sqrt[3]{-\frac{q}{2} + \sqrt{\frac{q^2}{4} + \frac{p^3}{27}}} + \sqrt[3]{-\frac{q}{2} - \sqrt{\frac{q^2}{4} + \frac{p^3}{27}}}\,. \tag{20}$$

Diese Formel zur Lösung der kubischen Gleichung (14) trägt die Bezeichnung *Cardanosche Formel* nach CARDANO, einem italienischen Mathematiker des 16. Jahrhunderts.

Wir bezeichnen die Ausdrücke, die in (20) unter dem Zeichen der Kubikwurzeln stehen, zur Abkürzung mit R_1 und R_2:

$$x = \sqrt[3]{R_1} + \sqrt[3]{R_2}\,.$$

Jede der Kubikwurzeln hat drei verschiedene Werte [**175**], so daß die notierte Formel allgemein neun verschiedene x-Werte liefert; aber nur drei von ihnen sind Wurzeln von (14). Die Nebenwerte von x haben sich dadurch ergeben, daß wir die erste der Gleichungen (18) in die dritte Potenz erhoben haben. Es können nur solche Werte in Frage kommen, für die u und v durch die erste der Beziehungen (18) verknüpft sind, d. h., *in* (20) *dürfen wir nur solche Werte der Kubikwurzeln wählen, deren Produkt gleich* $-\dfrac{p}{3}$ *ist.*

Wir bezeichnen mit ε die folgende spezielle dritte Einheitswurzel:

$$\cos\frac{2\pi}{3} + \mathrm{i}\sin\frac{2\pi}{3} = -\frac{1}{2} + \frac{\sqrt{3}}{2}\,\mathrm{i}\,;$$

dann ist

$$\varepsilon^2 = \cos\frac{4\pi}{3} + \mathrm{i}\sin\frac{4\pi}{3} = -\frac{1}{2} - \frac{\sqrt{3}}{2}\,\mathrm{i}\,.$$

Es seien $\sqrt[3]{R_1}$ und $\sqrt[3]{R_2}$ irgendwelche Werte der Wurzeln, die die oben angegebene Bedingung erfüllen. Wenn wir sie mit ε und ε^3 multiplizieren, erhalten wir alle drei Wurzelwerte [**175**].

Berücksichtigen wir, daß $\varepsilon^3 = 1$ ist, so erhalten wir die folgende Darstellung für die Wurzeln der Gleichung (14), wobei wir p und q als beliebig komplex ansehen:

$$x_1 = \sqrt[3]{R_1} + \sqrt[3]{R_2}\,, \qquad x_2 = \varepsilon\sqrt[3]{R_1} + \varepsilon^2\sqrt[3]{R_2}\,, \qquad x_3 = \varepsilon^2\sqrt[3]{R_1} + \varepsilon\sqrt[3]{R_2}\,. \tag{21}$$

192. Die Lösung der kubischen Gleichung in trigonometrischer Form. Wir nehmen an, daß die Koeffizienten p und q in Gleichung (14) reelle Zahlen sind. Die Cardanosche Formel ist, wie wir schon erwähnt haben, zur praktischen Berechnung der Wurzeln unbequem; deshalb leiten wir jetzt hierzu geeignetere Formeln her. Wir betrachten folgende vier Fälle gesondert:

1. $$\frac{q^2}{4} + \frac{p^3}{27} < 0\,.$$

Hieraus folgt $p < 0$. Die Radikanden R_1 und R_2 in (20) werden komplex; gleichwohl aber sind alle drei Wurzeln der Gleichung bekanntlich reell [**191**].

Wir setzen

$$-\frac{q}{2} \pm \sqrt{\frac{q^2}{4} + \frac{p^3}{27}} = -\frac{q}{2} \pm \mathrm{i}\sqrt{-\frac{q^2}{4} - \frac{p^3}{27}} = r(\cos\varphi \pm \mathrm{i}\sin\varphi)\,,$$

woraus sich

$$r = \sqrt{-\frac{p^3}{27}}\,, \qquad \cos\varphi = -\frac{q}{2r} \tag{22}$$

ergibt [**170**]. Nach der Cardanoschen Formel ist dann

$$x = \sqrt[3]{r}\left(\cos\frac{\varphi + 2k_1\pi}{3} + \mathrm{i}\sin\frac{\varphi + 2k_1\pi}{3}\right) + \sqrt[3]{r}\left(\cos\frac{\varphi + 2k_2\pi}{3} - \mathrm{i}\sin\frac{\varphi + 2k_2\pi}{3}\right)$$

$$(k_1, k_2 = 0, 1, 2)\,.$$

Gleiche Wahl der k_i in beiden Summanden ergibt für deren Produkt den positiven Wert

$$\sqrt[3]{r^2} = -\frac{p}{3}\,.$$

Schließlich erhalten wir

$$x = 2\sqrt[3]{r}\cos\frac{\varphi + 2k\pi}{3} \qquad (k = 0, 1, 2)\,, \tag{23}$$

wobei sich r und φ nach Formel (22) bestimmen lassen. Dabei ist es nicht schwer, zu zeigen, daß wir für verschiedene φ, die der zweiten Gleichung (22) genügen, durch (23) dieselben Wurzeln bekommen.

2. $\quad \dfrac{q^2}{4} + \dfrac{p^3}{27} > 0 \quad$ und $\quad p < 0\,.$

Die Gleichung (14) hat eine reelle und zwei konjugiert komplexe Wurzeln [**191**]. Aus der Ungleichung folgt $-\dfrac{p^3}{27} < \dfrac{q^2}{4}$. Führen wir den Hilfswinkel ω ein, indem wir

$$\sqrt{-\frac{p^3}{27}} = \frac{q}{2}\sin\omega \tag{24_1}$$

setzen, so wird

$$\sqrt[3]{-\frac{q}{2} + \sqrt{\frac{q^2}{4} + \frac{p^3}{27}}} = \sqrt[3]{-\frac{q}{2} + \frac{q}{2}\cos\omega} = -\sqrt{-\frac{p}{3}}\,\sqrt[3]{\tan\frac{\omega}{2}}\,,$$

$$\sqrt[3]{-\frac{q}{2} - \sqrt{\frac{q^2}{4} + \frac{p^3}{27}}} = \sqrt[3]{-\frac{q}{2} - \frac{q}{2}\cos\omega} = -\sqrt{-\frac{p}{3}}\,\sqrt[3]{\cot\frac{\omega}{2}}\,,$$

da wegen (24_1) offenbar

$$\sqrt{-\frac{p}{3}} = \sqrt[3]{\frac{q}{2}\sin\omega}$$

gilt. Indem wir schließlich durch

$$\tan\varphi = \sqrt[3]{\tan\frac{\omega}{2}} \tag{24_2}$$

den Winkel φ einführen, erhalten wir den folgenden Ausdruck für die reelle Wurzel:

$$x_1 = -\sqrt{-\frac{p}{3}}\,(\tan\varphi + \cot\varphi) = -\frac{2}{\sin 2\varphi}\sqrt{-\frac{p}{3}}\,. \tag{25_1}$$

Wir überlassen es dem Leser, unter Benutzung von (21) zu zeigen, daß die komplexen Wurzeln folgende Form haben:

$$\frac{1}{\sin 2\varphi}\sqrt{-\frac{p}{3}} \pm \mathrm{i}\sqrt{-p}\,\cot 2\varphi\,. \tag{25_2}$$

3. $\quad \dfrac{q^2}{4} + \dfrac{p^3}{27} > 0 \quad$ und $\quad p > 0\,.$

In diesem Fall hat die Gleichung (14) so wie vorhin eine reelle und zwei konjugiert komplexe Wurzeln. Dabei kann $\sqrt{\dfrac{p^3}{27}}$ sowohl kleiner als auch größer als $\left|\dfrac{q}{2}\right|$ sein. Wir führen den Winkel ω nicht mittels (24_1), sondern folgendermaßen ein:

$$\sqrt{\frac{p^3}{27}} = \frac{q}{2}\tan\omega\,. \tag{26_1}$$

Dann wird

$$\sqrt[3]{-\frac{q}{2} + \sqrt{\frac{q^2}{4} + \frac{p^3}{27}}} = \sqrt[3]{\frac{q}{\cos\omega}\sin^2\frac{\omega}{2}} = \sqrt{\frac{p}{3}}\,\sqrt[3]{\tan\frac{\omega}{2}}\,,$$

$$\sqrt[3]{-\frac{q}{2} - \sqrt{\frac{q^2}{4} + \frac{p^3}{27}}} = -\sqrt[3]{\frac{q}{\cos\omega}\sin^2\frac{\omega}{2}} = -\sqrt{\frac{p}{3}}\,\sqrt[3]{\cot\frac{\omega}{2}}\,.$$

Führen wir den Winkel φ durch

$$\tan\varphi = \sqrt[2]{\tan\frac{\omega}{2}} \tag{26_2}$$

ein, so erhalten wir schließlich

$$x_1 = \sqrt{\frac{p}{3}}\,(\tan\varphi - \cot\varphi) = -2\sqrt{\frac{p}{3}}\cot 2\varphi\,. \tag{27_1}$$

Die komplexen Wurzeln sind

$$\sqrt{\frac{p}{3}}\cot 2\varphi \pm \frac{i\sqrt{p}}{\sin 2\varphi}\,. \tag{27_2}$$

4. $$\frac{q^2}{4} + \frac{p^3}{27} = 0\,.$$

Die Gleichung (14) hat eine Doppelwurzel. In diesem Fall, so wie auch für $p = 0$, bietet die Lösung der Gleichung keine Schwierigkeiten.

Bei Benutzung dieser trigonometrischen Formeln lassen sich die Wurzeln der kubischen Gleichung mit Hilfe einer Logarithmentafel sehr genau berechnen.

Beispiel 1.

$$x^3 + 9x^2 + 23x + 14 = 0\,.$$

Indem wir $x = y - 3$ setzen, reduzieren wir die Gleichung auf die Form

$$y^3 - 4y - 1 = 0\,,$$

und diese Gleichung hat drei reelle Wurzeln [**191**].

Die Formeln (22) liefern $\cos\varphi$, und nachdem wir den Winkel φ selbst ermittelt haben, bestimmen wir die Wurzeln nach (23):

$\cos\varphi = \frac{\sqrt{27}}{16}$, $\lg\cos\varphi = 0{,}51156 - 1$
$\varphi = 71°2'56''$
$\frac{\varphi_1}{3} = 23°40'59''$, $\frac{\varphi_2}{3} = 143°40'59''$, $\frac{\varphi_3}{3} = 263°40'59''$
$\lg\frac{4}{\sqrt{3}} = 0{,}36350$
$\lg y_1 = 0{,}32529$, $\lg(-y_2) = 0{,}26970$, $\lg(-y_3) = 0{,}40501 - 1$
$y_1 = 2{,}1149$, $y_2 = -1{,}8608$, $y_3 = -0{,}2541$
$x_1 = -0{,}8851$, $x_2 = -4{,}8608$, $x_3 = -3{,}2541$

Beispiel 2.

$$x^3 - 3x + 5 = 0\,.$$

Wir bestimmen den Winkel ω nach (24_1) und den Winkel φ nach (24_2) und berechnen dann die Wurzeln nach (25_1) und (25_2):

$\lg \sin \omega = 0{,}60206 - 1\,,\quad \omega = 23°34'40''\,,\quad \frac{\omega}{2} = 11°47'20''$
$\lg \tan \varphi = 0{,}77009 - 1\,,\quad \varphi = 30°29'47''\,,\quad 2\varphi = 60°59'34''$
$\lg \frac{1}{\sin 2\varphi} = 0{,}05821\,,\quad \frac{1}{\sin 2\varphi} = 1{,}1434$
$\lg \sqrt{-p} \cot 2\varphi = 0{,}98244 - 1\,,\quad \sqrt{-p} \cot 2\varphi = 0{,}96037$
$x_1 = -2{,}2068\,,\quad x_2, x_3 = 1{,}1434 \pm 0{,}96037i$

193. Das Iterationsverfahren. In vielen Fällen, in denen man einen Näherungswert x_0 der gesuchten Wurzel ξ mit einer geringen Anzahl von Dezimalstellen gefunden hat, läßt sich dieser Näherungswert der Wurzel bequem verbessern. Eines der Verfahren für eine solche *Verbesserung* des Näherungswertes einer Wurzel ist das *Iterationsverfahren* oder das *Verfahren der sukzessiven Approximation.* Wie aus dem Folgenden hervorgeht, eignet sich dieses Verfahren nicht nur für algebraische, sondern auch für transzendente Gleichungen.

Wir nehmen an, daß wir die Gleichung

$$f(x) = 0 \tag{28}$$

in der Form

$$f_1(x) = f_2(x) \tag{29}$$

geschrieben haben, wobei $f_1(x)$ so beschaffen ist, daß die Gleichung

$$f_1(x) = m$$

bei beliebigem reellem m eine reelle Lösung besitzt, die leicht mit großer Genauigkeit berechnet werden kann. Die Berechnung der Lösung von (29) mit Hilfe des Iterationsverfahrens besteht in folgendem: Indem wir den Näherungswert x_0 der gesuchten Wurzel in die rechte Seite der Gleichung (29) einsetzen, bestimmen wir eine zweite Näherung x_1 für die gesuchte Wurzel aus

$$f_1(x) = f_2(x_0)\,.$$

Nachdem wir x_1 in die rechte Seite von (29) zur Berechnung der folgenden Näherung x_2 eingesetzt haben, lösen wir die Gleichung $f_1(x) = f_2(x_1)$ usw. Auf diese Weise wird die Folge von Werten

$$x_0, x_1, x_2, \ldots, x_n, \ldots \tag{30}$$

bestimmt, wobei

$$f_1(x_1) = f_2(x_0)\,,\qquad f_1(x_2) = f_2(x_1)\,,\ldots,\quad f_1(x_n) = f_2(x_{n-1})\,,\ldots \tag{31}$$

ist.

Die geometrische Bedeutung der erhaltenen Näherungen ist leicht einzusehen. Die gesuchte Lösung ist die Abszisse des Schnittpunktes der Kurven

$$y = f_1(x) \tag{32$_1$}$$

und

$$y = f_2(x)\,. \tag{32$_2$}$$

In Abb. 183 und 184 sind diese beiden Kurven dargestellt, wobei im Fall der Abb. 183 die Ableitungen $f_1'(x)$ und $f_2'(x)$ im Schnittpunkt die gleichen Vorzeichen, bei der Abb. 184 dagegen verschiedene Vorzeichen besitzen und in beiden Fällen $|f_2'(\xi)| < |f_1'(\xi)|$ ist.

Den Gleichungen (31) entspricht die folgende Konstruktion: Wir zeichnen die Gerade $x = x_0$ parallel zur y-Achse bis zu ihrem Schnittpunkt im Punkt (x_0, y_0) mit der Kurve (32_2); durch diesen Schnittpunkt ziehen wir die Gerade $y = y_0$ parallel zur x-Achse bis zu ihrem Schnitt im Punkt (x_1, y_0) mit der Kurve (32_1); durch den Punkt (x_1, y_0) ziehen wir wieder eine Gerade $x = x_1$ parallel zur y-Achse bis zu ihrem Schnittpunkt mit der Kurve (32_2) im Punkt (x_1, y_1); durch diesen letzten Punkt ziehen wir die Gerade $y = y_1$ bis zu ihrem Schnitt mit der Kurve (32_1) im Punkt (x_2, y_1) usw. Die Abszissen der Schnittpunkte liefern die Folge (30).

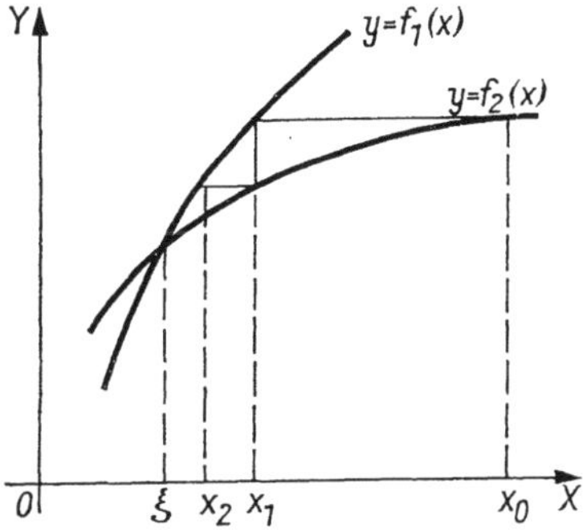

Abb. 183

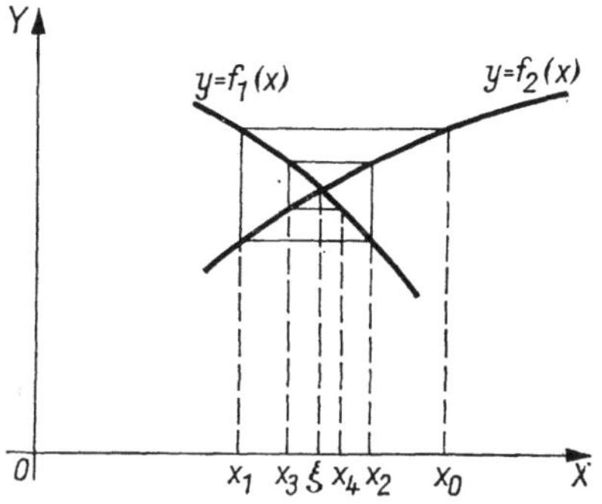

Abb. 184

Wird der erste Näherungswert hinreichend nahe bei ξ gewählt, so strebt diese Folge, wie aus der Abbildung hervorgeht, gegen ξ als Grenzwert. Dabei ergibt sich bei gleichen Vorzeichen von $f_1'(\xi)$ und $f_2'(\xi)$ ein gegen ξ, $(f_1(\xi))$ strebender treppenförmiger (Abb. 183), bei verschiedenen Vorzeichen hingegen spiralförmiger Polygonzug (Abb. 184). Wir werden nicht die Bedingungen und den strengen Beweis dafür bringen, daß die Folge (30) gegen den Grenzwert ξ strebt; in vielen Fällen läßt sich dies unmittelbar aus der graphischen Darstellung erkennen.

Besonders bequem für die Anwendung ist das angegebene Verfahren dann, wenn die Gleichung (29) folgende Form hat:

$$x = f_2(x) .$$

Es sei ξ eine Wurzel dieser Gleichung, deren Näherungswert $x_0 = \xi + h$ bekannt sei. Die Folge der schrittweisen Näherungen ist

$$x_1 = f_2(x_0) , \qquad x_2 = f_2(x_1) , \ldots , \qquad x_n = f_2(x_{n-1}) , \ldots$$

Es läßt sich zeigen, daß für $n \to \infty$ tatsächlich x_n gegen ξ strebt, wenn die Funktion $f_2(x)$ eine Ableitung $f_2'(x)$ besitzt, die der Bedingung $|f_2'(x)| \leqq q < 1$ für $\xi - h \leqq x \leqq \xi + h$ genügt.

Beispiel 1. Wir betrachten die Gleichung

$$x^5 - x - 0,2 = 0 . \tag{33}$$

Ihre reellen Lösungen sind die Abszissen der Schnittpunkte der Kurven (Abb. 185)

$$y = x^5 , \tag{34_1}$$

$$y = x + 0,2 . \tag{34_2}$$

Wie aus Abb. 185 ersichtlich ist, hat die Gleichung (33) eine positive und zwei negative Lösungen.

In den Schnittpunkten A und B, die der positiven Lösung bzw. der absolut genommenen größeren negativen Lösung entsprechen, ist der Richtungskoeffizient der Geraden (34_2) dem Absolutbetrag nach kleiner als der Richtungskoeffizient der Tangente an die Kurve (34_1). Bei der Berechnung dieser Lösungen nach dem Iterationsverfahren muß man deshalb die

Gleichung (33) in der Form

$$x^5 = x + 0{,}2$$

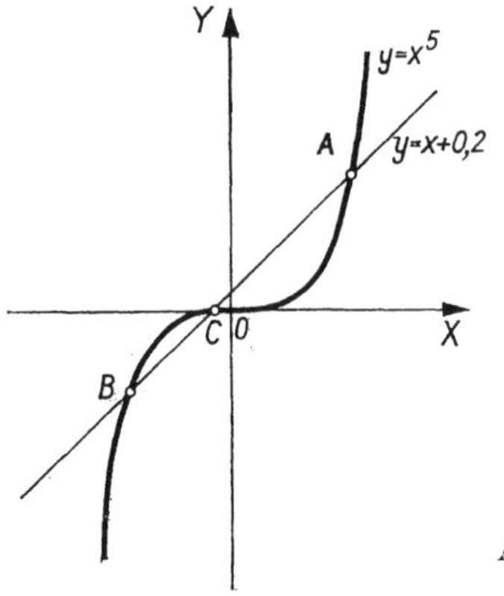

Abb. 185

darstellen. Nehmen wir als erste Näherung der positiven Lösung den Wert $x_0 = 1$, so erhalten wir die Tabelle

$\sqrt[5]{x_n + 0{,}2}$	$x_n + 0{,}2$
	1,2
$x_1 = 1{,}037$	1,237
$x_2 = 1{,}0434$	1,2434
$x_3 = 1{,}0445$	1,2445
$x_4 = 1{,}04472$	

Der Wert x_4 liefert die gesuchte Lösung auf vier Dezimalstellen genau.

Bei der Berechnung der dem Absolutbetrag nach größeren negativen Lösung nehmen wir als erste Näherung $x_0 = -1$:

$\sqrt[5]{x_n + 0{,}2}$	$x_n + 0{,}2$
	$-0{,}8$
$x_1 = -0{,}956$	$-0{,}756$
$x_2 = -0{,}9456$	$-0{,}7456$
$x_3 = -0{,}9430$	$-0{,}7430$
$x_4 = -0{,}9423$	$-0{,}7423$
$x_5 = -0{,}94214$	$-0{,}74214$
$x_6 = -0{,}94210$	

In diesem Fall wird der Fehler nicht größer als $2 \cdot 10^{-5}$.

Im Punkt C, der der absolut genommenen kleineren negativen Lösung entspricht, ist der Richtungskoeffizient der Tangente an die Kurve (34_1) dem Absolutbetrag nach kleiner als 1, und daher muß man bei der Anwendung des Iterationsverfahrens die Gleichung (33) in der Form

$$x = x^5 - 0{,}2$$

schreiben.

Wenn wir als erste Näherung $x_0 = 0$ nehmen, erhalten wir

$x_n^5 - 0{,}2$	x_n^5
	-0
$x_1 = -0{,}2$	$-0{,}000\,32$
$x_2 = -0{,}200\,32$	

Die Näherung x_2 liefert den Wert der Lösung bis zur fünften Dezimalstelle genau. In allen drei Fällen geht die Annäherung an die Lösung auf einer Treppenkurve vor sich, wie dies in Abb. 183 dargestellt ist, wovon man sich leicht mit Hilfe der Abb. 185 überzeugt, und in allen drei Fällen streben die Näherungswerte x mit zunehmendem n monoton gegen die gesuchte Wurzel.

Beispiel 2.

$$x = \tan x\,. \tag{35}$$

Die Lösungen dieser Gleichung sind die Abszissen der Schnittpunkte der Kurven (Abb. 186)

$$y = x\,, \qquad y = \tan x\,.$$

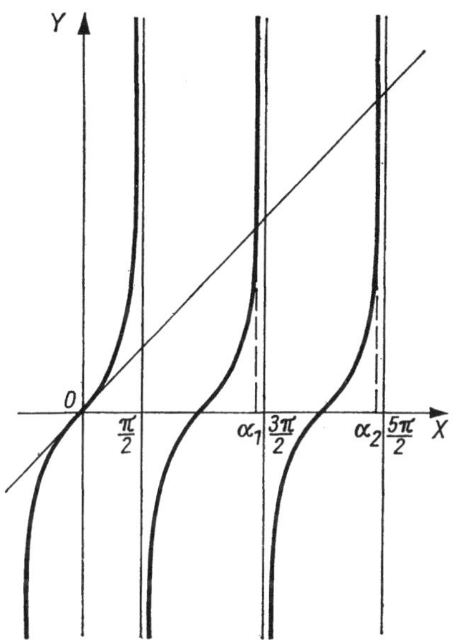

Abb. 186

Wie aus Abb. 186 zu ersehen ist, hat diese Gleichung je eine Lösung in jedem der Intervalle

$$\left[(2n-1)\frac{\pi}{2},\quad (2n+1)\frac{\pi}{2}\right] \qquad (n = 0, \pm 1, \pm 2, \ldots)\,.$$

Für die positiven Lösungen gilt die Näherungsgleichung

$$\alpha_n \approx (2n+1)\frac{\pi}{2}\,,$$

wobei wir mit α_n die n-te positive Lösung der Gleichung (35) bezeichnen.

Wir berechnen die Wurzel α_1 in der Nähe von $\frac{3\pi}{2}$. Für die Anwendung des Iterationsverfahrens schreiben wir die Gleichung (35) in der Form $x = \arctan x$ und nehmen als erste Näherung $x_0 = \frac{3\pi}{2}$.

Bei der Berechnung der Folge der Näherungswerte $x_n = \arctan x_{n-1}$ muß man immer den im dritten Quadranten liegenden Wert von $\arctan x$ nehmen. Unter Benutzung einer Logarithmentafel erhalten wir für die Winkel im Bogenmaß

$$x_0 = 4{,}7124\,, \quad x_1 = 4{,}5033\,, \quad x_2 = 4{,}4938\,, \quad x_3 = 4{,}4935\,.$$

194. Das Newtonsche Verfahren. Der in Abb. 183 und 184 gezeigte Iterationsprozeß besteht in einer Annäherung an die gesuchte Wurzel längs Geraden, die parallel zu den Koordinatenachsen verlaufen. Wir geben jetzt andere Iterationsverfahren an, für die Geraden verwendet werden, die zu den Koordinatenachsen geneigt sind. Eins dieser Verfahren ist das Newtonsche Verfahren.

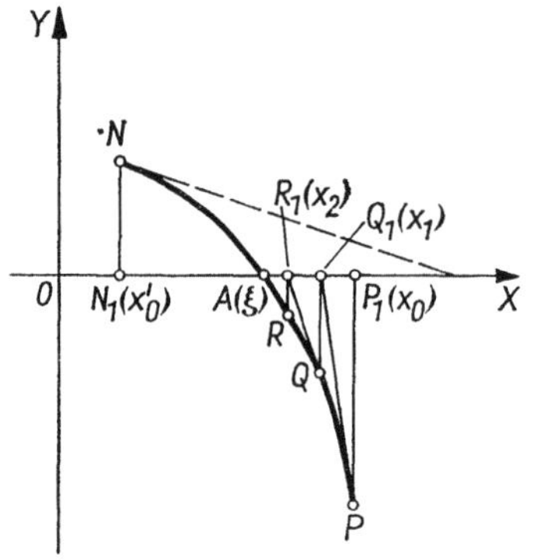

Abb. 187

Es seien x_0' und x_0 Näherungswerte für die Lösung ξ der Gleichung

$$f(x) = 0\,. \tag{36}$$

Wir nehmen an, daß diese Gleichung im Intervall (x_0', x_0) nur eine einzige Lösung ξ besitzt. In Abb. 187 ist die Kurve $y = f(x)$ dargestellt. Die Abszissen der Punkte N und P sind die Näherungswerte x_0' und x_0 der Wurzel ξ, welche die Abszisse des Punktes A ist. Im Punkt P ist die Tangente PQ_1 an die Kurve gelegt und vom Schnittpunkt Q_1 dieser Tangente mit der Abszissenachse die Ordinate $\overline{Q_1Q}$ der Kurve gezeichnet; im Punkt Q ist die Tangente QR_1 an die Kurve gelegt, und im Punkt R_1 die Ordinate $\overline{R_1R}$ der Kurve errichtet usw.

Die Punkte $P_1, Q_1, R_1, \ldots$ streben, wie aus Abb. 187 ersichtlich ist, gegen den Punkt A, so daß ihre Abszissen $x_0, x_1, x_2, \ldots$ sukzessive Näherungswerte der Nullstelle ξ sind. Wir leiten die Formel her, die x_n durch x_{n-1} ausdrückt.

Die Gleichung der Tangente PQ_1 wird

$$Y - f(x_0) = f'(x_0)\,(X - x_0)\,.$$

Indem wir $Y = 0$ setzen, finden wir die Abszisse des Punktes Q_1:

$$x_1 = x_0 - \frac{f(x_0)}{f'(x_0)}\,. \tag{37}$$

Allgemein gilt

$$x_n = x_{n-1} - \frac{f(x_{n-1})}{f'(x_{n-1})} \quad (n = 1, 2, 3, \ldots)\,. \tag{38}$$

Daß die x_n tatsächlich Näherungswerte für die Wurzel sind, entnehmen wir einfach der Abb. 187, die für den Fall konstruiert ist, daß $f(x)$ im Intervall (x_0', x_0) monoton und konvex (oder konkav) ist, mit anderen Worten, wenn $f'(x)$ und $f''(x)$ in diesem Intervall ihr Vorzeichen beibehalten [**57, 71**]. Auf einen strengen analytischen Beweis dieser Tatsache werden wir nicht eingehen.

Wir bemerken: Wäre das Newtonsche Verfahren nicht auf den Endpunkt x_0, sondern auf den Endpunkt x_0' angewandt worden, so hätten wir keine Annäherung an die Wurzel erhalten, wie dies die in Abb. 187 gestrichelt gezeichnete Tangente zeigt. In Abb. 188 ist die Kurve nach oben konkav, d. h. $f''(x) > 0$, und das Newtonsche Verfahren muß, wie wir sehen, auf den Endpunkt angewendet werden, in dem $f(x) > 0$ ist. Aus Abb. 187 folgt, daß für $f''(x) < 0$ das Newtonsche Verfahren auf den Endpunkt anzuwenden ist, in dem die Ordinate $f(x) < 0$ ist. Wir gelangen somit zur folgenden Regel: *Wenn $f'(x)$ und $f''(x)$ in einem Intervall (x_0', x_0) nicht verschwinden und die Ordinaten $f(x_0')$ und $f(x_0)$ von verschiedenem Vorzeichen sind, erhalten wir bei Anwendung des Newtonschen Verfahrens auf den Endpunkt des Intervalls, in dem die Vorzeichen von $f(x)$ und $f''(x)$ übereinstimmen, sukzessive Approximationen für die einzige im Intervall (x_0', x_0) enthaltene Lösung der Gleichung* (36).

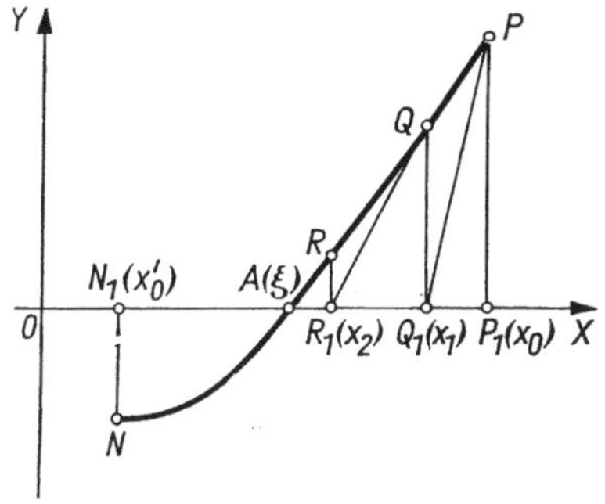

Abb. 188

195. Das Verfahren der linearen Interpolation (Regula falsi). Wir geben noch ein anderes Verfahren für die näherungsweise Berechnung einer Nullstelle an. Durch die Endpunkte N und P des Kurvenbogens ziehen wir eine Gerade; die Abszisse des Schnittpunkts B dieser Geraden mit der Abszissenachse liefert uns einen Näherungswert der Nullstelle (Abb. 189). Es seien wie vorher x_0' und x_0 die Abszissen der Intervallendpunkte. Die Gleichung der Geraden NP wird

$$\frac{Y - f(x_0)}{f(x_0') - f(x_0)} = \frac{X - x_0}{x_0' - x_0}.$$

Setzen wir $Y = 0$, so finden wir für die Abszisse des Punktes B den Ausdruck

$$\frac{x_0' f(x_0) - x_0 f(x_0')}{f(x_0) - f(x_0')} \quad \text{oder} \quad x_0' - \frac{(x_0 - x_0')\, f(x_0')}{f(x_0) - f(x_0')} \quad \text{oder} \quad x_0 - \frac{(x_0 - x_0')\, f(x_0)}{f(x_0) - f(x_0')}. \tag{39}$$

Das Ersetzen des Kurvenstücks durch den durch seine Endpunkte verlaufenden Geradenabschnitt ist gleichbedeutend damit, daß die Funktion $f(x)$ im betrachteten Intervall durch ein Polynom ersten Grades ersetzt wird, das dieselben Endwerte besitzt wie $f(x)$, oder auch gleichbedeutend mit der Voraussetzung, daß im betrachteten Intervall die Änderung von $f(x)$ der Änderung von x proportional ist. Dieses Verfahren, gewöhnlich *lineare Interpolation* genannt, wird z. B. bei der Benutzung der Logarithmentafeln angewendet (partes proportionales). Dieses Verfahren zur Nullstellenberechnung wird auch *regula falsi* genannt.

Wendet man fortgesetzt gleichzeitig sowohl das Verfahren der linearen Interpolation als auch das Newtonsche Verfahren an, so ergibt sich die Möglichkeit, die Nullstelle ξ beiderseitig immer weiter anzunähern.

Wir nehmen z. B. an, daß im Endpunkt x_0 die Vorzeichen von $f(x)$ und $f''(x)$ übereinstimmen, so daß man das Newtonsche Verfahren gerade auf diesen Endpunkt anwenden muß. Bei Anwendung beider Verfahren erhalten wir zwei neue Näherungswerte (Abb. 190)

$$x_1' = \frac{x_0' f(x_0) - x_0 f(x_0')}{f(x_0) - f(x_0')}, \qquad x_1 = x_0 - \frac{f(x_0)}{f'(x_0)}.$$

Auf die Näherungswerte x_1' und x_1 lassen sich wiederum dieselben Formeln anwenden, und wir erhalten die neuen Werte

$$x_2' = \frac{x_1' f(x_1) - x_1 f(x_1')}{f(x_1) - f(x_1')}, \qquad x_2 = x_1 - \frac{f(x_1)}{f'(x_1)}.$$

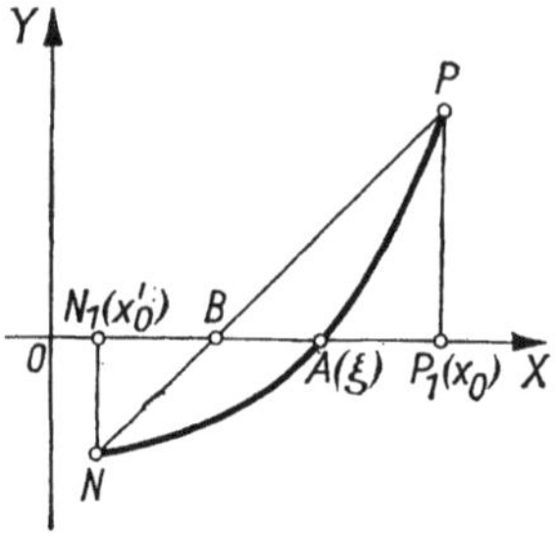

Abb. 189

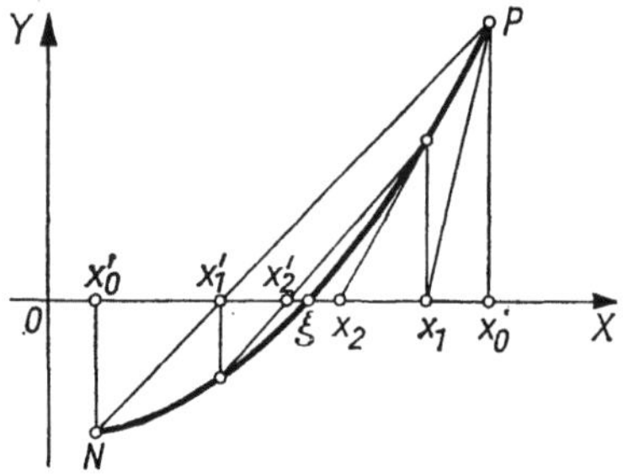

Abb. 190

Auf diese Weise erhalten wir zwei Folgen

$$x_0', x_1', x_2', \ldots, x_n' \ldots \quad \text{und} \quad x_0, x_1, x_2, \ldots, x_n, \ldots,$$

die sich der Nullstelle ξ von links bzw. rechts nähern.

Wenn bei den Werten x_n' und x_n mehrere der ersten Dezimalstellen übereinstimmen, muß die Nullstelle ξ, die zwischen x_n' und x_n liegt, dieselben Dezimalstellen haben.

Beispiel. Die Gleichung

$$f(x) = x^5 - x - 0,2 = 0,$$

die wir schon im Beispiel 1 [**193**] betrachtet haben, hat eine positive Lösung im Intervall $(1 < x < 1,1)$, und in demselben Intervall ändern

$$f'(x) = 5x^4 - 1 \quad \text{und} \quad f''(x) = 20x^3$$

ihr Vorzeichen nicht. Somit können wir $x_0' = 1$, $x_0 = 1,1$ setzen.

Wir berechnen die Werte der Funktion $f(x)$:

$$f(1) = -0,2, \qquad f(1,1) = 0,31051,$$

woraus hervorgeht, daß im rechten Endpunkt $(x = 1,1)$ sowohl $f(x)$ als auch $f''(x)$ positiv sind; folglich ist das Newtonsche Verfahren eben auf diesen rechten Endpunkt anzuwenden. Zunächst berechnen wir den Wert von $f'(x)$ im rechten Endpunkt:

$$f'(1,1) = 6,3205.$$

Nach den Formeln (39) haben wir dann

$$x_1' = 1 + \frac{0,1 \cdot 0,2}{0,51051} = 1,039, \qquad x_1 = 1,1 - \frac{0,31051}{6,3205} = 1,051.$$

Für die folgende Näherung berechnen wir

$$f(1,039) = -0,0282, \qquad f(1,051) = 0,0313, \qquad f'(1,051) = 5,1005,$$

womit

$$x_2' = 1,039 + \frac{0,012 \cdot 0,0282}{0,0595} = 1,04469, \qquad x_2 = 1,051 - \frac{0,0313}{5,1005} = 1,04487$$

wird, was uns den Wert der Nullstelle bis auf zwei Einheiten der vierten Stelle genau liefert [**193**]:

$$1{,}04469 < \xi < 1{,}04487 .$$

§ 19. Die Integration von Funktionen

196. Partialbruchzerlegung. Bereits früher hatten wir eine Reihe von Verfahren zur Berechnung unbestimmter Integrale angegeben. In diesem Paragraphen vervollständigen wir diese Hinweise und geben ihnen einen mehr systematischen Charakter. Das erste Problem wird die Aufgabe der Integration einer *rationalen Funktion* sein, d. h. eines Quotienten zweier Polynome. Bevor wir zur Lösung dieses Problems übergehen, stellen wir eine Formel auf, die die Darstellung eines Bruches als Summe von gewissen Brüchen einfachster Form liefert. Diese Darstellung wird *Partialbruchzerlegung* genannt.

Gegeben sei der Bruch

$$\frac{F(x)}{f(x)} .$$

Ist er unecht, d. h., ist der Grad des Zählers nicht niedriger als der Grad des Nenners, so können wir durch Division den ganzen Bestandteil, das Polynom $Q(x)$, absondern und den Bruch in der Form

$$\frac{F(x)}{f(x)} = Q(x) + \frac{\varphi(x)}{f(x)} \tag{1}$$

darstellen, wobei nun $\frac{\varphi(x)}{f(x)}$ ein echter Bruch ist, bei dem der Grad des Zählers niedriger ist als der Grad des Nenners. Außerdem sei dieser Bruch nicht kürzbar, d. h., wir nehmen an, daß Zähler und Nenner relativ prim sind [**188**].

Es sei $x = a$ eine k-fache Nullstelle des Nenners:

$$f(x) = (x - a)^k f_1(x) \quad \text{und} \quad f_1(a) \neq 0 .$$

Wir werden beweisen, daß sich der echte Bruch folgendermaßen als Summe darstellen läßt:

$$\frac{\varphi(x)}{(x-a)^k f_1(x)} = \frac{A}{(x-a)^k} + \frac{\varphi_1(x)}{(x-a)^{k-1} f_1(x)} , \tag{2}$$

wobei A eine Konstante und der zweite Summand auf der rechten Seite wieder ein echter Bruch ist. Wir bilden die Differenz

$$\frac{\varphi(x)}{(x-a)^k f_1(x)} - \frac{A}{(x-a)^k} = \frac{\varphi(x) - A f_1(x)}{(x-a)^k f_1(x)}$$

und bestimmen die Konstante A so, daß der Zähler des auf der rechten Seite der angegebenen Gleichung stehenden Bruchs durch $x - a$ teilbar wird [**184**]:

$$\varphi(a) - A f_1(a) = 0 , \quad \text{also} \quad A = \frac{\varphi(a)}{f_1(a)} \qquad (f_1(a) \neq 0) .$$

Bei dieser Wahl von A läßt sich der soeben erwähnte Bruch durch $x - a$ kürzen, und wir gelangen auf diese Weise zu der Identität (2). Sie zeigt, daß wir durch

Absonderung des Summanden der Form $\frac{A}{(x-a)^k}$, welcher *Partialbruch* genannt wird, den Exponenten der Potenz des im Nenner auftretenden Faktors $x - a$ mindestens um 1 erniedrigen können.

Wir nehmen an, daß sich der Nenner folgendermaßen in Faktoren zerlegen läßt:

$$f(x) = (x - a_1)^{k_1} (x - a_2)^{k_2} \ldots (x - a_m)^{k_m}.$$

Einen konstanten Faktor schreiben wir dabei nicht hin, da er dem Zähler hinzugerechnet werden kann. Durch fortgesetzte Anwendung der soeben angegebenen Regel für die Absonderung eines Partialbruchs erhalten wir die Partialbruchzerlegung eines echten Bruchs:

$$\begin{aligned}\frac{\varphi(x)}{f(x)} &= \frac{A_{k_1}^{(1)}}{(x-a_1)^{k_1}} + \frac{A_{k_1-1}^{(1)}}{(x-a_1)^{k_1-1}} + \cdots + \frac{A_1^{(1)}}{x-a_1}\\ &+ \frac{A_{k_2}^{(2)}}{(x-a_2)^{k_2}} + \frac{A_{k_2-1}^{(2)}}{(x-a_2)^{k_2-1}} + \cdots + \frac{A_1^{(2)}}{x-a_2} + \cdots\\ &+ \frac{A_{k_m}^{(m)}}{(x-a_m)^{k_m}} + \frac{A_{k_m-1}^{(m)}}{(x-a_m)^{k_m-1}} + \cdots + \frac{A_1^{(m)}}{x-a_m}.\end{aligned} \tag{3}$$

Wir geben jetzt Methoden zur Bestimmung der auf der rechten Seiten dieser Identität auftretenden Koeffizienten an. Durch Beseitigung der Nenner gelangen wir zu einer Identität zwischen zwei Polynomen; wenn wir deren entsprechende Koeffizienten vergleichen, erhalten wir ein System von Gleichungen ersten Grades zur Bestimmung der gesuchten Koeffizienten. Das dargelegte Verfahren heißt *Verfahren der unbestimmten Koeffizienten*; wir hatten es bereits früher erwähnt **[185]**.

Man kann auch anders vorgehen, und zwar kann man der Veränderlichen x in der angegebenen Identität zwischen den Polynomen spezielle Werte erteilen. Diese *Substitutionsmethode* läßt sich auch noch anwenden, nachdem man die Identität zuvor beliebig oft differenziert hat.

Es läßt sich beweisen — worauf wir nicht näher eingehen wollen —, daß die Zerlegung (3) eindeutig ist, also ihre Koeffizienten eindeutig bestimmte Werte haben, die nicht von der Art und Weise der Einzelschritte bei der Zerlegung abhängen. Im folgenden geben wir Beispiele für die Anwendung der angegebenen Verfahren zur Bestimmung der unbekannten Koeffizienten der Zerlegung.

Im Fall reeller Polynome $\varphi(x)$ und $f(x)$ kann die rechte Seite der Identität (3) gleichwohl komplexe Glieder enthalten, die von komplexen Nullstellen des Nenners herrühren. Wir geben eine andere Zerlegung des rationalen Bruches an, die von diesem Mangel frei ist, beschränken uns aber dabei auf den Fall, daß der Nenner des Bruches nur einfache Nullstellen hat, da gerade diesem Fall in den Anwendungen die größte Bedeutung zukommt.

Einem Paar konjugiert komplexer Nullstellen $x = a \pm bi$ des Nenners entspricht die Summe der Partialbrüche

$$\frac{A + Bi}{x - a - bi} + \frac{A + Bi}{x - a + bi}.$$

Bringen wir diese Brüche auf einen Nenner, so erhalten wir einen Partialbruch der Form

$$\frac{Mx + N}{x^2 + px + q} \qquad (p = -2a,\ q = a^2 + b^2).$$

Somit läßt sich in dem betrachteten Fall der reelle rationale Bruch in reelle Partialbrüche der folgenden Art zerlegen:

$$\frac{\varphi(x)}{f(x)} = \frac{A_1}{x-a_1} + \frac{A_2}{x-a_2} + \cdots + \frac{A_r}{x-a_r}$$
$$+ \frac{M_1x+N_1}{x^2+p_1x+q_1} + \frac{M_2x+N_2}{x^2+p_2x+q_2} + \cdots + \frac{M_sx+N_s}{x^2+p_sx+q_s}. \quad (4)$$

In der ersten Zeile stehen die den reellen Nullstellen des Nenners entsprechenden Brüche und in der zweiten die Brüche, die zu den Paaren konjugiert komplexer Nullstellen gehören.

197. Integration einer rationalen Funktion. Die Integration einer rationalen Funktion mit Hilfe von (1) führt auf die Integration eines Polynoms, die ebenfalls ein Polynom liefert, und auf die Integration eines echten Bruches, die wir sogleich untersuchen werden.

Wenn der Nenner des Bruches nur einfache Nullstellen besitzt, läßt sich nach (4) das Ganze auf Integrale der beiden Typen

1. $$\int \frac{A}{x-a}\,dx = A \log(x-a) + C$$

und

2. $$\int \frac{Mx+N}{x^2+px+q}\,dx$$

zurückführen.

Rufen wir uns das in [**92**] Gesagte ins Gedächtnis zurück, so erhalten wir die Lösung in der Form

$$\int \frac{Mx+N}{x^2+px+q}\,dx = \lambda \log(x^2+px+q) + \mu \arctan \frac{2x+p}{\sqrt{4q-p^2}} + C\,.$$

In diesem Fall läßt sich das Integral somit durch Logarithmen und arctan-Funktionen ausdrücken.

Wir betrachten jetzt den Fall, daß der Nenner des echten rationalen Bruches mehrfache Nullstellen enthält. Wir wenden uns der Zerlegung (3) zu. Die komplexen Werte, die in ihr vorkommen können, spielen bei den weiteren Berechnungen nur eine Zwischenrolle und verschwinden im Endresultat.

Bei der Integration der Partialbrüche, deren Nenner höher als vom ersten Grad sind, erhalten wir wieder einen Bruch:

$$\int \frac{A^{(i)}_{k_i-s}}{(x-a_i)^{k_i-s}}\,dx = \frac{A^{(i)}_{k_i-s}}{(1-k_i+s)\,(x-a_i)^{k_i-s-1}} + C \qquad (k_i - s > 1)\,.$$

Die Summe der nach der Integration erhaltenen Brüche liefert den *algebraischen Teil* des Integrals, der, auf einen gemeinsamen Nenner gebracht, offenbar ein echter Bruch der Form

$$\frac{\omega(x)}{(x-a_1)^{k_1-1}\,(x-a_2)^{k_2-1}\ldots(x-a_m)^{k_m-1}}$$

wird. Der Zähler $\omega(x)$ ist ein Polynom, dessen Grad mindestens um 1 niedriger ist als der Grad des Nenners, und der Nenner stellt den größten gemeinsamen

Teiler $D(x)$ des Nenners $f(x)$ des zu integrierenden Bruches und seiner ersten Ableitung $f'(x)$ [**188**] dar.

Die Summe der übrigen nicht integrierten Brüche

$$\frac{A_1^{(1)}}{x-a_1}+\frac{A_1^{(2)}}{x-a_2}+\cdots+\frac{A_1^{(m)}}{x-a_m}$$

wird bei Zurückführung auf einen gemeinsamen Nenner ein echter Bruch der Form

$$\frac{\omega_1(x)}{(x-a_1)(x-a_2)\ldots(x-a_m)},$$

wobei $\omega_1(x)$ ein Polynom ist, dessen Grad mindestens um 1 niedriger ist als der Grad des Nenners, während der Nenner den Quotienten $D_1(x)$ der Division von $f(x)$ durch $D(x)$ darstellt. Auf diese Weise erhalten wir die folgende Formel von HERMITE-OSTROGRADSKI:

$$\int\frac{\varphi(x)}{f(x)}\,\mathrm{d}x=\frac{\omega(x)}{D(x)}+\int\frac{\omega_1(x)}{D_1(x)}\,\mathrm{d}x\,. \tag{5}$$

Die Polynome $D(x)$ und $D_1(x)$ können wir bestimmen, ohne die Nullstellen von $f(x)$ zu kennen [**188**]. Wir zeigen jetzt, wie man die Koeffizienten der Polynome $\omega(x)$ und $\omega_1(x)$ bestimmen kann, deren Grad um 1 niedriger sei als der Grad der entsprechenden Nenner. Durch Differentiation der Gleichung (5) beseitigen wir die Integralzeichen. Beseitigen wir in der auf diese Weise erhaltenen Identität den Nenner, so erhalten wir eine Identität zwischen zwei Polynomen, und indem wir auf sie die Methode der unbestimmten Koeffizienten oder die Substitutionsmethode anwenden, können wir die Koeffizienten von $\omega(x)$ und $\omega_1(x)$ bestimmen.

Die Hermite-Ostrogradskische Formel liefert auf diese Weise den algebraischen Teil des Integrals eines echten Bruches auch dann, wenn die Nullstellen des Nenners unbekannt sind. Der Nenner des Bruches, der unter dem Integralzeichen auf der rechten Seite der Gleichung (5) steht, enthält nur einfache Nullstellen, und durch Zerlegung dieses Bruches in Partialbrüche können wir dieses Integral berechnen, das sich, wie wir das soeben gesehen hatten, durch Logarithmen und arctan-Funktionen ausdrücken läßt. Um die Partialbruchzerlegung ausführen zu können, müssen wir die Nullstellen von $D_1(x)$ kennen.

Beispiel. Entsprechend der Hermite-Ostrogradskischen Formel ist

$$\int\frac{\mathrm{d}x}{(x^3+1)^2}=\frac{\alpha x^2+\beta x+\gamma}{x^3+1}+\int\frac{\delta x^2+\varepsilon x+\eta}{x^3+1}\,\mathrm{d}x\,.$$

Wir differenzieren nach x:

$$\frac{1}{(x^3+1)^2}=\frac{(2\alpha x+\beta)(x^3+1)-3x^2(\alpha x^2+\beta x+\gamma)}{(x^3+1)^2}+\frac{\delta x^2+\varepsilon x+\eta}{x^3+1}\,.$$

Durch Beseitigung des Nenners folgt

$$1=(2\alpha x+\beta)(x^3+1)-3x^2(\alpha x^2+\beta x+\gamma)+(\delta x^2+\varepsilon x+\eta)(x^3+1)\,.$$

Durch Gleichsetzen der Koeffizienten von x^5 erhalten wir $\delta=0$; setzen wir daraufhin die Koeffizienten von x^2 gleich, so erhalten wir $\gamma=0$. Setzen wir in die aufgeschriebene Identität $\gamma=\delta=0$ ein und vergleichen die Koeffizienten der übrigen Potenzen, so finden wir

$$\varepsilon-\alpha=0\,,\quad \eta-2\beta=0\,,\quad 2\alpha+\varepsilon=0\,,\quad \beta+\eta=1\,,$$

wonach schließlich

$$\alpha = \gamma = \delta = \varepsilon = 0\,, \qquad \beta = \tfrac{1}{3}\,, \qquad \eta = \tfrac{2}{3}$$

wird und folglich

$$\int \frac{dx}{(x^3+1)^2} = \frac{x}{3(x^3+1)} + \frac{2}{3}\int \frac{dx}{x^3+1}\,.$$

Das letzte Integral läßt sich durch Partialbruchzerlegung

$$\frac{1}{x^3+1} = \frac{A}{x+1} + \frac{Mx+N}{x^2-x+1}$$

berechnen. Wir beseitigen den Nenner:

$$1 = A(x^2-x+1) + (Mx+N)(x+1)\,.$$

Indem wir $x = -1$ setzen, erhalten wir $A = \frac{1}{3}$ und darauf durch Vergleich der Koeffizienten von x^2 und der konstanten Glieder

$$M = -\tfrac{1}{3}\,, \qquad N = \tfrac{2}{3}\,;$$

folglich ist

$$\frac{1}{x^3+1} = \frac{1}{3(x+1)} - \frac{x-2}{3\,(x^2-x+1)}\,.$$

Wir erhalten schließlich

$$\int \frac{dx}{x^3+1} = \frac{1}{3}\int \frac{dx}{x+1} - \frac{1}{3}\int \frac{x-2}{x^2-x+1}\,dx$$
$$= \frac{1}{3}\log(x+1) - \frac{1}{6}\log(x^2-x+1) + \frac{1}{\sqrt{3}}\arctan\frac{2x-1}{\sqrt{3}} + C\,,$$

so daß also

$$\int \frac{dx}{(x^3+1)^2} = \frac{x}{3(x^3+1)} + \frac{2}{9}\log(x+1) - \frac{1}{9}\log(x^2-x+1) + \frac{2}{3\sqrt{3}}\arctan\frac{2x-1}{\sqrt{3}} + C$$

wird.

198. Integration von Ausdrücken, die Radikale enthalten. Wir betrachten einige andere Typen von Integralen, die sich auf Integrale von rationalen Funktionen zurückführen lassen.

1. Das Integral

$$\int R\left[x, \left(\frac{ax+b}{cx+d}\right)^{\lambda}, \left(\frac{ax+b}{cx+d}\right)^{\mu}, \ldots\right] dx\,, \tag{6}$$

wobei R eine rationale Funktion ihrer Argumente, d. h. Quotient von Polynomen in diesen Argumenten ist und $\lambda, \mu, \ldots$ rationale Zahlen sind. Es sei m der gemeinsame Nenner dieser rationalen Zahlen. Wir führen die neue Veränderliche t ein:

$$\frac{ax+b}{cx+d} = t^m\,.$$

Dann werden offenbar x, $\dfrac{dx}{dt}$ und die Ausdrücke $\left(\dfrac{ax+b}{cx+d}\right)^{\lambda}$, $\left(\dfrac{ax+b}{cx+d}\right)^{\mu}$ rationale Funktionen von t, und (6) reduziert sich auf das Integral eines Bruches.

2. *Binomischer Integrand.* Auf das Integral (6) lassen sich in gewissen Fällen die *Integrale von binomischen Integranden*

$$\int x^m (a + bx^n)^p \, dx \tag{7}$$

zurückführen, wobei m, n und p rationale Zahlen sind.

Wir setzen $x = t^{1/n}$:

$$\int x^m (a + bx^n)^p \, dx = \frac{1}{n} \int t^{(m+1)/n - 1} (a + bt)^p \, dt .$$

Wenn p oder $\dfrac{m+1}{n}$ eine ganze Zahl ist, hat dieses Integral die Form (6). Aus der Identität

$$\int t^{(m+1)/n-1} (a + bt)^p \, dt = \int t^{(m+1)/n+p-1} \left(\frac{a + bt}{t}\right)^p dt$$

folgt, daß sich (7) auch dann, wenn $\dfrac{m+1}{n} + p$ eine ganze Zahl ist, auf die Form (6) reduziert.

Es gibt einen Satz von TSCHEBYSCHEFF, nach dem die angegebenen drei Fälle alle Möglichkeiten, in denen sich das Integral eines binomischen Integranden durch elementare Funktionen darstellen läßt, erschöpfen.

199. Integrale der Form $\int R(x, \sqrt{ax^2 + bx + c})\, dx$. Die Integrale der Form

$$\int R(x, \sqrt{ax^2 + bx + c}) \, dx , \tag{8}$$

wobei R eine rationale Funktion ihrer Argumente ist, lassen sich mit Hilfe der *Eulerschen Substitutionen* auf Integrale eines rationalen Bruches zurückführen.

Im Fall $a > 0$ kann man die *erste Eulersche Substitution* benutzen:

$$\sqrt{ax^2 + bx + c} = t - \sqrt{a}\, x .$$

Quadrieren wir beide Seiten dieser Gleichung und lösen sie nach x auf, so erhalten wir

$$x = \frac{t^2 - c}{2\sqrt{a}\, t + b} ,$$

woraus hervorgeht, daß x, $\dfrac{dx}{dt}$ und $\sqrt{ax^2 + bx + c}$ rationale Funktionen von t werden und sich folglich das Integral (8) auf das Integral eines rationalen Bruches reduziert.

Im Fall $c > 0$ kann man die *zweite Eulersche Substitution* benutzen:

$$\sqrt{ax^2 + bx + c} = tx + \sqrt{c} .$$

Wir überlassen es dem Leser, sich davon zu überzeugen.

Im Fall $a < 0$ muß der quadratische Ausdruck $ax^2 + bx + c$ reelle Nullstellen x_1 und x_2 besitzen, da er sonst für alle reellen Werte von x negativ wäre und $\sqrt{ax^2 + bx + c}$ imaginär würde. Im Fall reeller Nullstellen des quadratischen Ausdrucks läßt sich das Integral (8) auf das Integral eines rationalen Bruches mit Hilfe der *dritten Eulerschen Substitution*

$$\sqrt{a(x - x_1)(x - x_2)} = t(x - x_2)$$

zurückführen, wovon sich der Leser gleichfalls selbst überzeugen möge.

Die Eulerschen Substitutionen führen größtenteils zu komplizierten Rechnungen, und daher geben wir ein anderes Berechnungsverfahren für das Integral (8) an.

Der Kürze halber schreiben wir

$$y = \sqrt{ax^2+bx+c}\,.$$

Jede positive gerade Potenz von y stellt ein Polynom von x dar, und daher ist der Integrand leicht auf die Form

$$R(x, y) = \frac{\omega_1(x) + \omega_2(x)\,y}{\omega_3(x) + \omega_4(x)\,y}$$

zu bringen, wobei die $\omega_i(x)$ Polynome von x sind. Nach Beseitigung der Irrationalität im Nenner läßt sich der hingeschriebene Ausdruck nach elementaren Umformungen auf die Gestalt

$$R(x, y) = \frac{\omega_5(x)}{\omega_6(x)} + \frac{\omega_7(x)}{\omega_8(x)\,y}$$

bringen.

Der erste Summand ist ein Bruch, den wir schon zu integrieren vermögen. Sondern wir vom Bruch $\dfrac{\omega_7(x)}{\omega_8(x)}$ den ganzen Bestandteil ab und zerlegen den restlichen echten Bruch in Partialbrüche, so kommen wir auf Integrale der Form

$$\int \frac{\varphi(x)}{\sqrt{ax^2+bx+c}}\,dx \tag{9}$$

und

$$\int \frac{dx}{(x-a)^n\sqrt{ax^2+bx+c}}\,, \tag{10}$$

wobei $\varphi(x)$ ein Polynom von x ist.

Wir setzen dabei voraus, daß das Polynom $\omega_8(x)$ nur reelle Nullstellen besitzt.

Bevor wir zur Untersuchung der Integrale (9) und (10) übergehen, erwähnen wir zwei einfachste Spezialfälle des Integrals (9):

$$\int \frac{dx}{\sqrt{ax^2+bx+c}} = \frac{1}{\sqrt{a}}\log\left(x + \frac{b}{2a} + \sqrt{x^2 + \frac{b}{a}x + \frac{c}{a}}\right) + C \qquad (a > 0)\,, \tag{11}$$

$$\int \frac{dx}{\sqrt{-x^2+bx+c}} = \int \frac{dx}{\sqrt{m^2 - \left(x - \frac{b}{2}\right)^2}} = \arcsin\frac{x - \frac{b}{2}}{m} + C\,. \tag{12}$$

Die Formel (11) kann man leicht mit Hilfe der ersten Eulerschen Substitution erhalten. Das Integral (12) wurde von uns schon früher untersucht [**92**].

Zur Berechnung des Integrals (9) ist es bequem, sich der Formel

$$\int \frac{\varphi(x)}{\sqrt{ax^2+bx+c}}\,dx = \psi(x)\sqrt{ax^2+bx+c} + \lambda\int\frac{dx}{\sqrt{ax^2+bx+c}} \tag{13}$$

zu bedienen, wobei $\psi(x)$ ein Polynom von einem um 1 niedrigeren Grade als $\varphi(x)$ und λ eine Konstante ist. Auf den Beweis der Formel (13) werden wir nicht näher eingehen. Durch Differentiation der Beziehung (13) und Beseitigung des Nenners erhalten wir eine Identität zwischen zwei Polynomen, woraus sich die Koeffizienten des Polynoms $\psi(x)$ und die Konstante λ bestimmen lassen.

Das Integral (10) wird auf das Integral (9) mit Hilfe der Substitution

$$x - a = \frac{1}{t}$$

zurückgeführt.

Beispiel.

$$\int \frac{dx}{x + \sqrt{x^2 - x + 1}} = \int \frac{x - \sqrt{x^2 - x + 1}}{x - 1} dx = \int \frac{x}{x - 1} dx - \int \frac{x^2 - x + 1}{(x - 1)\sqrt{x^2 - x + 1}} dx$$

$$= x + \log(x - 1) - \int \frac{x^2 - x + 1}{(x - 1)\sqrt{x^2 - x + 1}} dx .$$

Nun ist aber

$$\frac{x^2 - x + 1}{x - 1} = x + \frac{1}{x - 1}$$

und daher

$$\int \frac{x^2 - x + 1}{(x - 1)\sqrt{x^2 - x + 1}} dx = \int \frac{x}{\sqrt{x^2 - x + 1}} dx + \int \frac{dx}{(x - 1)\sqrt{x^2 - x + 1}} .$$

Nach Formel (13) wird

$$\int \frac{x}{\sqrt{x^2 - x + 1}} dx = a\sqrt{x^2 - x + 1} + \lambda \int \frac{dx}{\sqrt{x^2 - x + 1}} .$$

Differenzieren wir diese Beziehung und beseitigen wir den Nenner, so erhalten wir dei Identität $2x = a(2x - 1) + 2\lambda$, woraus sich $a = 1$, $\lambda = \frac{1}{2}$ ergibt und folglich nach Formel (11)

$$\int \frac{x}{\sqrt{x^2 - x + 1}} dx = \sqrt{x^2 - x + 1} + \frac{1}{2} \log\left(x - \frac{1}{2} + \sqrt{x^2 - x + 1}\right) + C .$$

Setzen wir

$$x - 1 = \frac{1}{t} ,$$

so erhalten wir

$$\int \frac{dx}{(x - 1)\sqrt{x^2 - x + 1}} = - \int \frac{dt}{\sqrt{t^2 + t + 1}} = - \log\left(t + \frac{1}{2} + \sqrt{t^2 + t + 1}\right) + C$$

$$= - \log\left(\frac{1}{x - 1} + \frac{1}{2} + \sqrt{\frac{1}{(x - 1)^2} + \frac{1}{x - 1} + 1}\right) + C$$

$$= - \log\left(x + 1 + 2\sqrt{x^2 - x + 1}\right) + \log(x - 1) + C$$

und schließlich

$$\int \frac{dx}{x + \sqrt{x^2 - x + 1}} = x - \sqrt{x^2 - x + 1} - \frac{1}{2} \log\left(x - \frac{1}{2} + \sqrt{x^2 - x + 1}\right)$$

$$+ \log\left(x + 1 + 2\sqrt{x^2 - x + 1}\right) + C .$$

Das Integral (8) ist ein Spezialfall des *Abelschen Integrals*, das die Form

$$\int R(x, y)\,dx \tag{14}$$

hat, wobei R eine rationale Funktion ihrer Argumente und y eine *algebraische Funktion von x* ist, d. h. eine Funktion von x, die sich aus einer Gleichung

$$f(x, y) = 0\,, \tag{15}$$

deren linke Seite eine ganze rationale Funktion in x und y ist, bestimmen läßt. Wenn

$$y = \sqrt{P(x)}$$

ist, wobei $P(x)$ ein Polynom dritten oder vierten Grades ist, dann heißt das Abelsche Integral (14) *elliptisches Integral*. Wir werden uns mit diesen Integralen in Teil III/2 beschäftigen. Schon das elliptische, um so mehr das allgemeine Abelsche Integral, läßt sich im allgemeinen nicht durch elementare Funktionen darstellen. Ist der Grad des Polynoms $P(x)$ höher als vier, so heißt das Integral (14) hyperelliptisch.

Besitzt die Beziehung (15), die y als algebraische Funktion von x darstellt, die Eigenschaft, daß x und y als rationale Funktionen eines Parameters t dargestellt werden können, so läßt sich offensichtlich das Abelsche Integral (14) auf das Integral eines rationalen Bruches zurückführen. In dem angegebenen Fall heißt die der Beziehung (15) entsprechende algebraische Kurve *rational*. Im besonderen dienen die Eulerschen Substitutionen als Beweis dafür, daß die Kurve

$$y^2 = ax^2 + bx + c$$

rational ist.

200. Das Integral der Form $\int R(\sin x, \cos x)\,dx$. Ein Integral der Form

$$\int R(\sin x, \cos x)\,dx\,, \tag{16}$$

wobei R eine rationale Funktion ihrer Argumente ist, läßt sich auf das Integral einer rationalen Funktion zurückführen, wenn man die neue Veränderliche

$$t = \tan\frac{x}{2}$$

einführt. In der Tat erhalten wir aus bekannten trigonometrischen Formeln

$$\sin x = \frac{2t}{1+t^2}, \qquad \cos x = \frac{1-t^2}{1+t^2}$$

und außerdem

$$x = 2\arctan t, \qquad dx = \frac{2\,dt}{1+t^2},$$

woraus unmittelbar unsere Behauptung folgt.

Wir geben jetzt einige Spezialfälle an, in denen die Rechnungen noch vereinfacht werden können.

1. Wir nehmen an, daß sich $R(\sin x, \cos x)$ bei Vertauschen von $\sin x$ bzw. $\cos x$ mit $-\sin x$ bzw. $-\cos x$ nicht ändert, d. h., wir setzen voraus, daß $R(\sin x, \cos x)$ die Periode π besitzt.

Wegen

$$\sin x = \cos x \tan x$$

ist $R(\sin x, \cos x)$ eine rationale Funktion von $\cos x$ und $\tan x$, die sich bei Vertauschen von $\cos x$ mit $-\cos x$ nicht ändert, d. h. nur gerade Potenzen von $\cos x$

enthält:

$$R(\sin x, \cos x) = R_1(\cos^2 x, \tan x) .$$

Im vorliegenden Fall genügt es, zur Zurückführung des Integrals (16) auf ein Integral einer rationalen Funktion die Substitution

$$t = \tan x$$

vorzunehmen. In der Tat wird damit

$$\mathrm{d}x = \frac{\mathrm{d}t}{1+t^2}, \qquad \cos^2 x = \frac{1}{1+t^2} .$$

Wenn sich also $R(\sin x, \cos x)$ *bei Ersetzen von* $\sin x$ *und* $\cos x$ *durch* $-\sin x$ *bzw.* $-\cos x$ *nicht ändert, dann läßt sich das Integral* (16) *mit Hilfe der Substitution* $t = \tan x$ *auf das Integral einer rationalen Funktion zurückführen.*

2. Wir setzen jetzt voraus, daß $R(\sin x, \cos x)$ bei Vertauschen von $\sin x$ mit $-\sin x$ sein Vorzeichen ändert. Die Funktion

$$\frac{R(\sin x, \cos x)}{\sin x}$$

ändert sich bei der angegebenen Vertauschung überhaupt nicht, d. h., sie enthält nur gerade Potenzen von $\sin x$, und folglich wird

$$R(\sin x, \cos x) = R_1(\sin^2 x, \cos x) \cdot \sin x .$$

Setzen wir $t = \cos x$, so erhalten wir

$$\int R(\sin x, \cos x)\, \mathrm{d}x = -\int R_1(1 - t^2, t)\, \mathrm{d}t ,$$

d. h., *wenn* $R(\sin x, \cos x)$ *bei Vertauschen von* $\sin x$ *mit* $-\sin x$ *nur das Vorzeichen ändert, läßt sich das Integral* (16) *mit Hilfe der Substitution* $t = \cos x$ *auf das Integral einer rationalen Funktion zurückführen.*

3. Genauso leicht läßt sich zeigen: *Wenn* $R(\sin x, \cos x)$ *bei Vertauschen von* $\cos x$ mit $-\cos x$ *nur sein Vorzeichen ändert, läßt sich das Integral* (16) *mit Hilfe der Substitution* $t = \sin x$ *auf das Integral einer rationalen Funktion zurückführen.*

201. Integrale der Form $\int e^{ax} [P(x) \cos bx + Q(x) \sin bx]\, dx$. Ein Integral der Form

$$\int \mathrm{e}^{ax} \varphi(x)\, \mathrm{d}x , \tag{17}$$

wobei $\varphi(x)$ ein Polynom n-ten Grades von x ist, kann durch partielle Integration auf

$$\int \mathrm{e}^{ax} \varphi(x)\, \mathrm{d}x = \frac{1}{a} \mathrm{e}^{ax} \varphi(x) - \frac{1}{a} \int \mathrm{e}^{ax} \varphi'(x)\, \mathrm{d}x$$

zurückgeführt werden.

Trennen wir vom Ausgangsintegral den ersten Summanden der rechten Seite ab, so können wir damit den Grad des Polynoms unter dem Integralzeichen um 1 erniedrigen. Integrieren wir in dieser Weise weiter partiell und berücksichtigen wir, daß

$$\int \mathrm{e}^{ax}\, \mathrm{d}x = \frac{1}{a} \mathrm{e}^{ax} + C$$

ist, so erhalten wir

$$\int e^{ax}\,\varphi(x)\,dx = e^{ax}\,\psi(x) + C\,, \tag{18}$$

wobei $\psi(x)$ ein Polynom desselben Grades n wie $\varphi(x)$ ist, d. h., *das Integral des Produktes der Exponentialfunktion* e^{ax} *mit einem Polynom n-ten Grades hat gleichfalls die Form eines solchen Produktes.*

Indem wir die Beziehung (18) differenzieren und beide Seiten der erhaltenen Identität durch e^{ax} kürzen, können wir die Koeffizienten des Polynoms $\psi(x)$ durch Koeffizientenvergleich bestimmen.

Wir betrachten jetzt das Integral der allgemeineren Gestalt

$$\int e^{ax}[P(x)\cos bx + Q(x)\sin bx]\,dx\,, \tag{19}$$

wobei $P(x)$ und $Q(x)$ Polynome von x sind. Es sei n der maximale Grad dieser beiden Polynome. Führen wir als Hilfsmittel komplexe Größen ein, so können wir das Integral (19) auf das Integral (17) zurückführen: Indem wir an Stelle von $\cos bx$ und $\sin bx$ gemäß den Eulerschen Formeln [176]

$$\cos bx = \frac{e^{bxi} + e^{-bxi}}{2}\,, \qquad \sin bx = \frac{e^{bxi} - e^{-bxi}}{2i}$$

einsetzen, erhalten wir

$$\int e^{ax}[P(x)\cos bx + Q(x)\sin bx]\,dx = \int e^{(a+bi)x}\,\varphi(x)\,dx + \int e^{(a-bi)x}\,\varphi_1(x)\,dx,$$

wobei $\varphi(x)$ und $\varphi_1(x)$ Polynome von nicht höherem Grade als n sind. Anwendung der Formel (18) ergibt

$$\int e^{ax}[P(x)\cos bx + Q(x)\sin bx]\,dx = e^{(a+bi)x}\,\psi(x) + e^{(a-bi)x}\,\psi_1(x) + C\,,$$

wobei $\psi(x)$ und $\psi_1(x)$ Polynome von nicht höherem als n-tem Grade sind. Indem wir

$$e^{\pm bxi} = \cos bx \pm i \sin bx$$

einsetzen, erhalten wir schließlich

$$\int e^{ax}[P(x)\cos bx + Q(x)\sin bx]\,dx = e^{ax}[R(x)\cos bx + S(x)\sin bx] + C\,, \tag{20}$$

wobei $R(x)$ und $S(x)$ Polynome höchstens n-ten Grades sind. *Das Integral* (19) *läßt sich also in derselben Form wie sein Integrand darstellen. Dabei übertrifft der Grad der Polynome auf der rechten Seite in* (20) *nicht den höchsten Grad der Polynome im Integranden.*

Differenzieren wir die Beziehung (20), kürzen die erhaltene Identität durch e^{ax} und vergleichen die Koeffizienten gleicher Glieder der Form $x^s \cos bx$ und $x^s \sin bx$ $(s = 0, 1, 2, \ldots, n)$ auf der rechten und der linken Seite, so erhalten wir ein System linearer Gleichungen zur Bestimmung der Koeffizienten von $R(x)$ und $S(x)$. Dabei müssen auch dann, wenn $\cos bx$ oder $\sin bx$ unter dem Integralzeichen nicht vorkommen, beide trigonometrische Funktionen auf der rechten Seite angesetzt werden, in Übereinstimmung mit der obigen Regel zur Bestimmung des Grades von $R(x)$ und $S(x)$.

Auf Integrale der Form (19) lassen sich Integrale der Form

$$\int e^{ax}\,\varphi(x)\sin(a_1x + b_1)\sin(a_2x + b_2)\ldots\cos(c_1x + d_1)\cos(c_2x + d_2)\ldots dx$$

leicht zurückführen. Man kann nämlich unter Benutzung der bekannten trigonometrischen Formeln, welche Summe und Differenz von Sinus und Kosinus als Produkt darzustellen gestatten, umgekehrt das Produkt von je zwei der im Integranden vorkommenden trigonometrischen Funktionen als Summe bzw. Differenz von Sinus und Kosinus schreiben. Durch mehrere solcher Umformungen reduziert man die Anzahl der trigonometrischen Faktoren sukzessive, bis man zu einem Integral der Form (19) kommt.

Beispiel. Nach Formel (20) ist

$$\int e^{ax} \sin bx \, dx = e^{ax}(A \cos bx + B \sin bx) + C .$$

Wir differenzieren und kürzen durch e^{ax}:

$$\sin bx = (aA + bB) \cos bx + (-bA + aB) \sin bx ,$$

wonach

$$aA + bB = 0 , \qquad -bA + aB = 1 ,$$

d. h.

$$A = -\frac{b}{a^2 + b^2}, \qquad B = \frac{a}{a^2 + b^2}$$

wird und schließlich

$$\int e^{ax} \sin bx \, dx = e^{ax}\left(-\frac{b}{a^2 + b^2} \cos bx + \frac{a}{a^2 + b^2} \sin bx\right) + C . \tag{21}$$

Literaturhinweise

Bei der folgenden Aufstellung konnte und sollte keine Vollständigkeit angestrebt werden. Dieses Literaturverzeichnis soll den Lesern, die sich über einzelne Abschnitte des Buches näher informieren wollen, einige Hinweise geben. Es sind vor allem neuere Werke aufgeführt und solche, die sich an den hauptsächlichen Leserkreis dieses Buches wenden, aber auch einige Werke anderer Darstellungsart und Zielsetzung.

Der hier behandelte Stoff findet sich (ganz oder zum Teil) auch noch in den folgenden Büchern:

Aumann, G.; Haupt, O.: Einführung in die reelle Analysis I. 3. Aufl., W. de Gruyter, Berlin-New York 1974.

Barner, M.; Flohr, F.: Analysis. Bd. 1, 2. verb. Aufl.; Bd. 2, 1. Aufl., W. de Gruyter, Berlin-New York 1983.

Behnke, H.: Vorlesungen über Infinitesimalrechnung. Bd. 1, 4. Aufl.; Bd. 2, 5. Aufl., Aschendorffsche Verlagsbuchhandlung, Münster 1951 bzw. 1954.

Belkner, H.; Brehmer, S.: Riemannsche Integrale. VEB Deutscher Verlag der Wissenschaften, Berlin 1984.

Beresin, I. S.; Shidkow, N. P.: Numerische Methoden 1, 2. VEB Deutscher Verlag der Wissenschaften, Berlin 1970 bzw. 1971 (Übersetzung aus dem Russischen).

Berz, E.: Infinitesimalrechnung, Bd. 1, 2. Vieweg, Wiesbaden 1977.

Bieberbach, L.: Differential- und Integralrechnung. Bd. I: Differentialrechnung, 5. Aufl.; Bd. II: Integralrechnung, 4. Aufl., B. G. Teubner, Leipzig und Berlin 1944 bzw. 1942.

Blatter, C.: Analysis. Bd. I, 3. verb. u. erw. Aufl.; Bd. II, 2. verb. u. erw. Aufl.; Bd. III, 2. verb. u. erw. Aufl., Springer-Verlag, Berlin-Heidelberg 1980, 1979 bzw. 1981.

Boltjanski, W. G.: Differentialrechnung einmal anders. VEB Deutscher Verlag der Wissenschaften, Berlin 1955 (Übersetzung aus dem Russischen).

Brehmer, S.; Apelt, H.: Analysis. Teil I: Folgen, Reihen, Funktionen, 4. Aufl.; Teil II: Differential- und Integralrechnung, 3. Aufl., VEB Deutscher Verlag der Wissenschaften, Berlin 1985 bzw. 1980.

Cesàro, E.; Kowalewski, G.: Einleitung in die Infinitesimalrechnung. 2. Aufl., B. G. Teubner, Leipzig und Berlin 1922.

Courant, R.: Vorlesungen über Differential- und Integralrechnung. Bd. I, 4. Aufl. (Neudruck); Bd. II, 4. Aufl., (Neudruck), Springer-Verlag, Berlin-Göttingen-Heidelberg 1971 bzw. 1972.

Dieudonné, J.: Grundzüge der modernen Analysis 1. 3. ber. u. erg. Aufl., VEB Deutscher Verlag der Wissenschaften, Berlin 1985 (Übersetzung aus dem Englischen und Französischen).

Dölp, H.; Netto, E.: Grundzüge und Aufgaben der Differential- und Integralrechnung nebst den Resultaten. 24. Aufl., Töpelmann, Berlin 1964.

Duschek, A.: Vorlesungen über höhere Mathematik. Bd. I, 4. Aufl.; Bd. II, 3. verb. Aufl., Springer-Verlag, Wien 1965 bzw. 1963.

Erwe, F.: Differential- und Integralrechnung I/II. Bibliographisches Institut, Mannheim 1962.

Feigl, G.; Rohrbach, H.: Einführung in die höhere Mathematik. Springer-Verlag, Berlin-Göttingen-Heidelberg 1953.

Fichtenholz, G. M.: Differential- und Integralrechnung. Bd. I, 12. Aufl.; Bd. II, 10. Aufl.; Bd. III, 9. Aufl., VEB Deutscher Verlag der Wissenschaften, Berlin 1981, 1982 bzw. 1982 (Übersetzung aus dem Russischen).

FLEMING, W. H.: Functions of Several Variables. Corr. 2nd print. of the 2nd ed., Springer-Verlag, Berlin-Heidelberg 1982.

FORSTER, O.: Analysis, Bd. 1, 4. durchges. Aufl.; Bd. 2, 4. durchges. Aufl., Vieweg, Wiesbaden 1983 bzw. 1981.

GONTSCHAROW, W. L.: Elementare Funktionen einer reellen Veränderlichen. Grenzwerte von Folgen und Funktionen. Der allgemeine Funktionsbegriff. In: Enzyklopädie der Elementarmathematik, Bd. III: Analysis, 4. Aufl. VEB Deutscher Verlag der Wissenschaften, Berlin 1978 (Übersetzung aus dem Russischen).

GRAUERT, H.; LIEB, I.: Differential- und Integralrechnung, I: Funktionen einer reellen Veränderlichen. 4. verb. Aufl., Springer-Verlag, Berlin-Heidelberg 1976.

GRAUERT, H.; FISCHER, W.: Differential- und Integralrechnung, II. Differentialrechnung in mehreren Veränderlichen, Differentialgleichungen. 3., verb. Aufl., Springer-Verlag, Berlin-Heidelberg 1978.

GRAUERT, H.; LIEB, I.: Differential- und Integralrechnung, III. Integrationstheorie, Kurven- und Flächenintegrale, Vektoranalysis. 2., neubearb. u. erw. Aufl., Springer-Verlag, Berlin-Heidelberg 1977.

GRÜSS, G.: Differential- und Integralrechnung. 2. Aufl., Akademische Verlagsgesellschaft, Leipzig 1953.

GÜNTHER, P.; BEYER, K.; GOTTWALD, S.; WÜNSCH, V.: Grundkurs Analysis, Teil. 1, 2. bearb. Aufl.; Teil 2, 1. Aufl., BSB B. G. Teubner Verlagsgesellschaft, Leipzig 1976 bzw. 1971.

HAHN, H.; TIETZE, H.: Einführung in die Elemente der höhereren Mathematik. S. Hirzel, Leipzig 1925.

HAUPT, O.; AUMANN, G.; PAUC, CHR.: Differential- und Integralrechnung I/II/III. 3. völlig neu gestaltete Aufl., W. de Gruyter, Berlin-New York 1974, 1979 bzw. 1983.

HEINHOLD, J.; BEHRINGER, F.: Einführung in die höhere Mathematik, Teil 2: Infinitesimalrechnung, Hanser-Verlag, München 1976.

HEWITT, E.; STROMBERG, K.: Real and Abstract Analysis. Springer-Verlag, Berlin-New York 1975.

HOUSEHOLDER, A. S.: Principles of Numerical Analysis. McGraw-Hill Book Comp., New York-Toronto-London 1953.

KOWALEWSKI, G.: Grundzüge der Differential- und Integralrechnung. 2. Aufl., B. G. Teubner, Leipzig 1919.

KOWALEWSKI, G.: Lehrbuch der höheren Mathematik I/II/III. W. de Gruyter, Berlin 1933.

KREIN, S. G.; USCHAKOWA, W. N.: Vorkurs zur Analysis. B. G. Teubner, Leipzig 1966 (Übersetzung aus dem Russischen).

LANDAU, E.: Einführung in die Differentialrechnung und Integralrechnung. P. Noordhoff, Groningen-Batavia 1934.

LANG, S.: Undergraduate Analysis. Rev. reprint, Springer-Verlag, Berlin-Göttingen-Heidelberg 1983.

LINDELÖF, E.; ULLRICH, E.: Einführung in die höhere Analysis. 2. Aufl. (Nachdruck), B. G. Teubner, Leipzig 1956.

LINDOW, M.: Differentialrechnung. 9. Aufl., B. G. Teubner, Leipzig 1952.

LINDOW, M.: Integralrechnung. 8. Aufl., B. G. Teubner, Leipzig 1952.

MAAK, W.: Differential- und Integralrechnung. 4., durchges. Aufl., Vandenhoeck & Ruprecht, Göttingen 1970.

VON MANGOLDT, H.; KNOPP, K.: Einführung in die höhere Mathematik. Bd. I, 16. Aufl.; Bd. II, 15. Aufl.; Bd. III, 15. Aufl., S. Hirzel, Leipzig 1979, 1978 bzw. 1981.

MARKUSCHEWITSCH, A. I.: Flächeninhalte und Logarithmen, 3. Aufl., VEB Deutscher Verlag der Wissenschaften, Berlin 1977 (Übersetzung aus dem Russischen).

MERRIMAN, G. M.: An Introduction to Analysis and a Tool for the Science. Henry Holt and Comp., New York 1954.

MICHEL, H.: Maß- und Integrationstheorie I. VEB Deutscher Verlag der Wissenschaften, Berlin 1978.

NATANSON, I. P.: Einfachste Maxima- und Minima-Aufgaben. 7. Aufl., VEB Deutscher Verlag der Wissenschaften, Berlin 1975 (Übersetzung aus dem Russischen).

NATANSON, I. P.: Summierung unendlich kleiner Größen. 3. Aufl., VEB Deutscher Verlag der Wissenschaften, Berlin 1969 (Übersetzung aus dem Russischen).

NATANSON, I. P.: Theorie der Funktionen einer reellen Veränderlichen. 5., überarb. Aufl., Akademie-Verlag, Berlin 1981 (Übersetzung aus dem Russischen).

OSTROWSKI, A.: Vorlesungen über Differential- und Integralrechnung, Bd. I: Funktionen einer Variablen. 2. Aufl.; Bd. II: Differentialrechnung auf dem Gebiete mehrerer Variablen. 2. Aufl.; Bd. III: Integralrechnung auf dem Gebiete mehrerer Variablen, 2. Aufl., Verlag Birkhäuser, Basel 1965, 1968 bzw. 1967.

PRANGE, G.; VON KOPPENFELS, W.: Vorlesungen über Integral- und Differentialrechnung. Springer-Verlag, Berlin 1943.

PROTTER, M. H.; MORREY, C. B.: A First Course in Real Analysis. Springer-Verlag, Berlin-Göttingen-Heidelberg 1977.

ROTHE, H.: Vorlesungen über höhere Mathematik. 2. Aufl., L. W. Seidel & Sohn, Wien 1923.

RUDIN, W.: Principles of Mathematical Analysis. 2nd ed., McGraw-Hill Book Comp., New York-Toronto-London 1964.

RUDIN, W.: Analysis. Physik-Verlag, Weinheim 1980 (Übersetzung aus dem Englischen).

SCHMIDT, H.: Analysis der elementaren Funktionen. Verlag Technik, Berlin 1953.

SCHRÖDER, K. (Hrsg.): Mathematik für die Praxis I/II. 3., ber. Aufl., VEB Deutscher Verlag der Wissenschaften, Berlin 1966.

SMITH, K. T.: Primer of Modern Analysis. 2nd ed., Springer-Verlag, Berlin-Göttingen-Heidelberg 1983.

STRUBECKER, K.: Einführung in die höhere Mathematik. Bd. 1, 2. Aufl.; Bd. II, 1. Aufl., R. Oldenbourg Verlag, München-Wien 1966 bzw. 1967.

TOEPLITZ, O.; KÖTHE, G.: Die Entwicklung der Infinitesimalrechnung I. Springer-Verlag, Berlin-Göttingen-Heidelberg 1949.

TRIEBEL, H.: Analysis und mathematische Physik. BSB B. G. Teubner Verlagsgesellschaft, Leipzig 1981.

TUTSCHKE, W.: Grundlagen der reellen Analysis I/II. VEB Deutscher Verlag der Wissenschaften, Berlin/F. Vieweg & Sohn, Braunschweig 1971 bzw. 1972.

VIETORIS, L.; LOCHS, G.: Differential- und Integralrechnung. Universitätsverlag Wagner, Innsbruck 1951.

WHITTAKER, E. T.; WATSON, G. N.: A Course of Modern Analysis. 4th ed., English University Press, Cambridge 1927, reprinted 1952.

Besonders für Physiker, Naturwissenschaftler und Ingenieure seien erwähnt:

ASMUS, E.: Einführung in die höhere Mathematik und ihre Anwendungen. 5. Aufl., W. de Gruyter, Berlin 1969.

BAULE, B.: Die Mathematik des Naturforschers und Ingenieurs, Bd. I: Differential- und Integralrechnung. 16. Aufl., S. Hirzel, Leipzig 1970/Verlag Harri Deutsch, Thun und Frankfurt/M. 1979.

BERENDT, G.; WEIMAR, E.: Mathematik für Physiker I/II. Physik-Verlag, Weinheim 1980 bzw. 1983/Akademie-Verlag, Berlin 1983.

BRONSTEIN, I. N.; SEMENDJAJEW, K. A.: Taschenbuch der Mathematik. 21. Aufl., BSB B. G. Teubner Verlagsgesellschaft, Leipzig/Verlag Harri Deutsch, Thun und Frankfurt/M. 1983 (Übersetzung aus dem Russischen).

BRONSTEIN, I. N.; SEMENDJAJEW, K. A.: Ergänzende Kapitel zum Taschenbuch der Mathematik. Hrsg. von G. GROSCHE und V. ZIEGLER, 2. Aufl., BSB B. G. Teubner Verlagsgesellschaft, Leipzig/Verlag Harri Deutsch, Thun und Frankfurt/M. 1981 (Übersetzung aus dem Russischen).

DALLMANN, H.; ELSTER, K.-H.: Einführung in die höhere Mathematik für Naturwissenschaftler und Ingenieure, Bd. 1, 2, VEB Gustav Fischer Verlag, Jena 1968 bzw. 1981/F. Vieweg & Sohn, Braunschweig 1973 (Nachdr. d. 1. Aufl. 1968) bzw. 1981.

FLÜGGE, S.: Mathematische Methoden der Physik, Bd. 1: Analysis. Springer-Verlag, Berlin Heidelberg 1979.

HÄNSEL, H.: Grundzüge der Fehlerrechnung. 3., verb. Aufl., VEB Deutscher Verlag der Wissenschaften, Berlin 1967.

HARBARTH, K.; RIEDRICH, T.: Differentialrechnung für Funktionen mit mehreren Variablen. 4., überarb. Aufl., BSB B. G. Teubner Verlagsgesellschaft, Leipzig 1984/Verlag Harri Deutsch, Thun und Frankfurt/M. 1978.

HEIMBURG, E.: Mathematik für Ingenieure, Bd. 9: Beispielsammlung zur Integralrechnung. Westermann, Braunschweig 1952.

JÄNICH, K.: Analysis für Physiker und Ingenieure. Springer-Verlag, Berlin-Heidelberg 1983.

JOOS, G.; RICHTER, E.: Höhere Mathematik für den Praktiker. 11. Aufl., J. A. Barth, Leipzig 1968/Verlag Harri Deutsch, Thun und Frankfurt/M. 1979.

KÖRBER, K.-H.; PFORR, E.-A.: Integralrechnung für Funktionen mit mehreren Variablen. 4., überarb. Aufl., BSB B. G. Teubner Verlagsgesellschaft, Leipzig 1982/Verlag Harri Deutsch, Thun und Frankfurt/M. 1980.

KOWALEWSKI, G.: Zur Analysis des Endlichen und des Unendlichen. R. Oldenbourg, München 1950.

LEMNITZER, K.: Einführung in die Technik des Integrierens. Vieweg, Wiesbaden 1974.

LENSE, J.: Vorlesungen über höhere Mathematik. R. Oldenbourg, München 1948.

NEUNZERT, H. (Hrsg.): Mathematik für Physiker und Ingenieure: Analysis I/II. Springer-Verlag, Berlin-Heidelberg 1980 bzw. 1982.

PAPULA, L.: Mathematik für Ingenieure I. Vieweg, Wiesbaden 1983.

PFORR, E.-A.; SCHIROTZEK, W.: Differential- und Integralrechnung für Funktionen mit einer Variablen. 5., verb. Aufl., BSB B. G. Teubner Verlagsgesellschaft, Leipzig 1984/Verlag Harri Deutsch, Thun und Frankfurt/M. 1978.

PISKUNOW, N. S.: Differential- und Integralrechnung. Bd. 1, 3. Aufl.; Bd. 2 u. 3., 2. Aufl., B. G. Teubner, Leipzig 1972 bzw. 1970 (Übersetzung aus dem Russischen).

ROTHE, R.: Höhere Mathematik für Mathematiker, Physiker, Ingenieure. T. 1, 20. Aufl.; T. 2, 17. Aufl.; T. 3, 12. Aufl.; T. 4, H. 1–2, 13. Aufl.; T. 4, H. 3–4, 12. Aufl.; T. 4, H. 5–6, 11. Aufl., B. G. Teubner, Leipzig/B. G. Teubner, Stuttgart 1962–1965.

SCHEFFERS, G.: Lehrbuch der Mathematik. 12. Aufl., W. de Gruyter, Berlin 1948.

SIEBER, N.; SEBASTIAN, H.-J.; ZEIDLER, G.: Grundlagen der Mathematik. Abbildungen, Funktionen, Folgen. 5., bearb. Aufl., BSB B. G. Teubner Verlagsgesellschaft, Leipzig 1982/Verlag Harri Deutsch, Thun und Frankfurt/M. 1978.

SIRK, H.; DRAEGER, M.: Mathematik für Naturwissenschaftler. 12. Aufl., Th. Steinkopff, Dresden und Leipzig 1971.

STINGL, P.; ROTH, D.: Mathematik für Fachhochschulen. Hanser-Verlag, München 1977.

TIETZ, H.: Einführung in die Mathematik für Ingenieure. Bd. 1, 2, Vandenhoeck & Ruprecht, Göttingen 1979 bzw. 1980.

TÖLKE, F.: Praktische Funktionenlehre. Bd. 1: Elementare und elementare transzendente Funktionen, 2. stark. erw. Aufl., Springer-Verlag, Berlin-Göttingen-Heidelberg 1950.

WELTNER, K. (Hrsg.): Mathematik für Physiker. Bd. 1, 6. durchges. Aufl.; Bd. 2, 3. Aufl.; Bd. 3, 1. Aufl., Vieweg, Wiesbaden 1983, 1978 bzw. 1976.

WÖRLE, H.; RUMPF, H.-J.: Ingenieur-Mathematik in Beispielen. Bd. 1–3, Oldenbourg-Verlag, München 1976–1980.

ZURMÜHL, R.: Praktische Mathematik für Ingenieure und Physiker. 5., neubearb. Aufl., Springer-Verlag, Berlin-Göttingen-Heidelberg 1965.

Ökonomen seien verwiesen auf:

BECKMANN, M. J.; KÜNZI, H. P.: Mathematik für Ökonomen I. 2. Aufl., Springer-Verlag, Berlin-Heidelberg 1973.

DÜCK, W.; BLIEFERNICH, M. (Hrsg.): Operationsforschung – Mathematische Grundlagen, Methoden und Modelle I. Nachdruck der 1. Aufl., VEB Deutscher Verlag der Wissenschaften, Berlin 1978.

PFUFF, F.: Mathematik für Wirtschaftswissenschaftler. Bd. 1, 2., neubearb. Aufl.; Bd. 2, 2., neubearb. u. erw. Aufl.; Bd. 3, 1. Aufl., Vieweg, Wiesbaden 1983, 1982 bzw. 1980.

An Aufgabensammlungen seien genannt:

ALBRECHT, R.; HOCHMUTH, H.; ZUSER, K.: Übungsaufgaben zur höheren Mathematik. T. 1/2, 3. Aufl.; T. 3/4, 2. Aufl., R. Oldenbourg, München 1965, 1967, 1963 bzw. 1967.

BERMAN, G. N.: Aufgabensammlung zur Analysis. „Mir“, Moskva 1981/Verlag Harri Deutsch, Thun und Frankfurt/M. 1982 (Übersetzung aus dem Russischen).

BIRNBAUM, H.; DENKMANN, N.: Mathematik – Aufgaben für Ingenieure. VEB Fachbuchverlag, Leipzig 1973.

COLLATZ, L.; ALBRECHT, J.: Aufgaben aus der angewandten Mathematik, Bd. 1. F. Vieweg & Sohn, Braunschweig/Akademie-Verlag, Berlin 1972.

GÜNTER, N. M.; KUSMIN, R. O.: Aufgabensammlung zur höheren Mathematik, Bd. I, 12. Aufl.; Bd. II, 8. Aufl., VEB Deutscher Verlag der Wissenschaften, Berlin 1984 bzw. 1985 (Übersetzung aus dem Russischen).

KRYSICKI, W.; WŁODARSKI, L.: Höhere Mathematik in Aufgaben, T. 1, 2. B. G. Teubner, Leipzig 1967 bzw. 1971 (Übersetzung aus dem Polnischen).

MINORSKI, W. P.: Aufgabensammlung der höheren Mathematik. 3. Aufl., Fachbuchverlag, Leipzig 1969/8. Aufl., Vieweg, Wiesbaden 1982 (Übersetzung aus dem Russischen).

OSTROWSKI, A.: Aufgabensammlung zur Infinitesimalrechnung. Bd. 1, Nachdruck der 1. Aufl., Birkhäuser, Basel 1967.

PÓLYA, G.; SZEGÖ, G.: Aufgaben und Lehrsätze aus der Analysis. Bd. 1, 4. Aufl.; Bd. 2, 4. Aufl., Springer-Verlag, Berlin-Göttingen-Heidelberg 1970 bzw. 1971.

WISLICENY, J. (Hrsg.): Aufgabensammlung, Bd. I. VEB Deutscher Verlag der Wissenschaften, Berlin 1980.

Zu § 2, Abschnitt 40, sei verwiesen auf:

DEDEKIND, R.: Was sind und was sollen die Zahlen? Stetigkeit und irrationale Zahlen. 10 Aufl., F. Vieweg, Braunschweig 1969/2. Aufl., VEB Deutscher Verlag der Wissenschaften Berlin 1967.

EBBINGHAUS, H.-D.; HERMES, H.; HIRZEBRUCH, F.; KOECHER, H., u. a.: Zahlen. Springer-Verlag, Berlin-Heidelberg-New York 1983.

FREGE, G.: Die Grundlagen der Arithmetik. R. Oldenbourg, München 1950.

LANDAU, E.: Grundlagen der Analysis, Akademische Verlagsgesellschaft, Leipzig 1930; Englische Übersetzung unter dem Titel: Foundations of Analysis. Chelsea Publ. Comp. New York 1950.

OBERSCHELP, A.: Aufbau des Zahlensystems. 3. Aufl., Vandenhoeck & Ruprecht, Göttingen 1976.

PERRON, O.: Irrationalzahlen. 4. Aufl., W. de Gruyter, Berlin 1960.

WISLICENY, J.: Grundbegriffe der Mathematik, II: Rationale, reelle und komplexe Zahlen. 4. Aufl., VEB Deutscher Verlag der Wissenschaften, Berlin 1982.

Zu § 8, Abschnitt 90, sei verwiesen auf:

DWIGHT, H. B.: Tables of Integrals and Other Mathematical Data. 4th ed., MacMillan Company, New York 1961.

GRADSTEIN, I. S.; RYSHIK, I. M.: Summen-, Produkt- und Integraltafeln/Tables of Series, Products and Integrals. Verlag Harri Deutsch, Thun und Frankfurt/M. 1981 (Übersetzung aus dem Russischen).

GRÖBNER, W.; HOFREITER, N. (Hrsg.): Integraltafel, Teil I: Unbestimmte Integrale. 5., verb. Aufl.; Teil II: Bestimmte Integrale. 5., verb. Aufl., Springer-Verlag, Wien 1975 bzw. 1973.

MEYER ZUR CAPELLEN, W.: Integraltafeln. Sammlung unbestimmter Integrale elementarer Funktionen. Springer-Verlag, Berlin-Göttingen-Heidelberg 1950.

Прудников, А. П.; Брычков, Ю. А.; Маричев, О. И.: Интегралы и ряды. Элементарные функции. „Наука“, Москва 1981.

Прудников, А. П.; Брычков, Ю. А.; Маричев, О. И.: Интегралы и ряды. Специальные функции. „Наука“, Москва 1983.

RINGLEB, F. O.: Mathematische Formelsammlung. 8. Aufl., W. de Gruyter, Berlin 1968.

RYSHIK, I. M.; GRADSTEIN, I. S.: Summen, Produkte, Integrale. 2. Aufl., VEB Deutscher Verlag der Wissenschaften, Berlin 1963 (Übersetzung aus dem Russischen). (Siehe auch GRADSTEIN/RYSHIK.)

Zu § 10, Abschnitte 108—113, seien erwähnt:

BELKNER, H.; BREHMER, S.: Lebesguesche Integrale. VEB Deutscher Verlag der Wissenschaften, Berlin 1984.

BERESIN, I. S.; SHIDKOW, N. P.: Numerische Methoden 1, 2. VEB Deutscher Verlag der Wissenschaften, Berlin 1970 bzw. 1971 (Übersetzung aus dem Russischen).

BÖHM, W.; GOSE, G.: Einführung in die Methoden der numerischen Mathematik. Vieweg, Wiesbaden 1977.

BRASS, H.: Quadraturverfahren. Vandenhoeck & Ruprecht, Göttingen 1977.

BURKILL, J. C.: The Lebesgue Integral. English University Press, Cambridge 1951.

DEMIDOWITSCH, B. P.; MARON, I. A.; SCHUWALOWA, E. S.: Numerische Methoden der Analysis. VEB Deutscher Verlag der Wissenschaften, Berlin 1968 (Übersetzung aus dem Russischen).

DÜCK, W.: Numerische Methoden der Wirtschaftsmathematik I. Akademie-Verlag, Berlin 1970.

FINCK VON FINCKENSTEIN, K.: Einführung in die numerische Mathematik 1, 2. Hanser-Verlag, München 1977 bzw. 1978.

KAMKE, E.: Das Lebesgue-Stieltjes-Integral. 2. Aufl., B. G. Teubner, Leipzig 1960.

KIESEWETTER, H.; MAESS, G.: Elementare Methoden der numerischen Mathematik. Akademie-Verlag, Berlin/Springer-Verlag, Berlin-Heidelberg 1974.

KOWALEWSKI, G.: Interpolation und angenäherte Quadratur. B. G. Teubner, Leipzig und Berlin 1932.

MCSHANE, E. J.: Integration. 2nd printing, Princeton University Press, Princeton 1947.

MELENTJEW, P. W.; GRABOWSKI, H.: Näherungsmethoden. VEB Fachbuchverlag, Leipzig 1967 (Übersetzung aus dem Russischen).

MICHEL, H.: Maß- und Integrationstheorie I. VEB Deutscher Verlag der Wissenschaften, Berlin 1978.

MUNROE, M.: Introduction to Measure and Integration. Addison-Wesley Publ. Comp. Inc., Cambridge 1953.

OELSCHLÄGEL, D.; MATTHÄUS, W.-G.: Numerische Methoden. BSB B. G. Teubner Verlagsgesellschaft, Leipzig 1974.

ROGOSINSKI, W.: Volume and Integral. Oliver and Boyd, Edinburgh and London 1952.

SCHMEISSER, G.; SCHIRMEIER, H.: Praktische Mathematik. W. de Gruyter, Berlin-New York 1976.

SELDER, H.: Einführung in die numerische Mathematik für Ingenieure. 2., durchges. u. erg. Aufl., Hanser-Verlag, München 1979.

TOLSTOW, G. P.: Maß und Integral. Akademie-Verlag, Berlin 1981/Hanser-Verlag, München 1982 (Übersetzung aus dem Russischen).

WERNER, H.; SCHABACK, R.: Praktische Mathematik II: Methoden der Analysis. 2., neubearb. u. erw. Aufl., Springer-Verlag, Berlin-Göttingen-Heidelberg 1979.

WILLERS, F. A.: Methoden der praktischen Analysis. 4., bearb. Aufl., W. de Gruyter, Berlin 1971.

WILLERS, F. A.: Numerische Integration. W. de Gruyter, Berlin und Leipzig 1923.

ZURMÜHL, R.: Praktische Mathematik für Ingenieure und Physiker. Reprint der 5., neubearb. Aufl., Springer-Verlag, Berlin-Heidelberg-New York 1984.

Zum Kapitel IV seien erwähnt:

BROMWICH, T. J.: An Introduction to the Theory of Infinite Series. Macmillan, London 1949.

DÖRRIE, H.: Unendliche Reihen. R. Oldenbourg, München 1951.

FALCKENBERG, H.: Elementare Reihenlehre. 2. Aufl., W. de Gruyter, Berlin 1944.

KNOPP, K.: Theorie und Anwendung der unendlichen Reihen. 5. Aufl., Springer-Verlag, Berlin-Göttingen-Heidelberg 1964.

KUNTZMANN, J.: Unendliche Reihen. Akademie-Verlag, Berlin/Pergamon Press, Oxford/ F. Vieweg & Sohn, Braunschweig 1971.

MANGULIS, V.: Handbook of Series for Scientists and Engineers. Academic Press, New York 1965.

SCHELL, H.-J.: Unendliche Reihen. 4. Aufl., BSB B. G. Teubner Verlagsgesellschaft, Leipzig 1982/Verlag Harri Deutsch, Thun und Frankfurt/M. 1978.

Zu § 17 sind zu nennen:

BIEBERBACH, L.: Einführung in die Funktionentheorie. 4. Aufl., B. G. Teubner, Stuttgart 1966.

CONWAY, J. B.: Functions of One Complex Variable. 2nd ed., Springer-Verlag, Berlin-Heidelberg-New York 1978.

DIEDERICH, K.; REMMERT, R.: Funktionentheorie I, Springer-Verlag, Berlin-Heidelberg 1972.

FISCHER, W.; LIEB, I.: Funktionentheorie. 3., ber. Aufl., Vieweg, Wiesbaden 1983.

GONTSCHAROW, W. L.: Elementare Funktionen einer komplexen Veränderlichen. In: Enzyklopädie der Elementarmathematik, Bd. III: Analysis. 4. Aufl., VEB Deutscher Verlag der Wissenschaften, Berlin 1978 (Übersetzung aus dem Russischen).

GREUEL, O.; KADNER, H.: Komplexe Funktionen und konforme Abbildungen. 2., bearb. Aufl., BSB B. G. Teubner Verlagsgesellschaft, Leipzig 1982.

HEINHOLD, J.; GAEDE, K.-W.: Einführung in die höhere Mathematik, Teil 4: Funktionentheorie. Hanser Verlag, München 1980.

JÄNICH, K.: Einführung in die Funktionentheorie. 2. Aufl., Springer-Verlag, Berlin-Heidelberg 1980.

KELDYSCH, M. W.: Repetitorium der elementaren Funktionentheorie. VEB Deutscher Verlag der Wissenschaften, Berlin 1959 (Übersetzung aus dem Russischen).

KNOPP, K.: Aufgabensammlung zur Funktionentheorie, Bd. 1: Aufgaben zur elementaren Funktionentheorie. 8. Aufl., W. de Gruyter, Berlin 1977.

KNOPP, K.: Elemente der Funktionentheorie. 9. Aufl., W. de Gruyter, Berlin 1978.

LEUTWILER, H.: Einführung in die Funktionentheorie. W. de Gruyter, Berlin 1981.

MARKUSCHEWITSCH, A. I.: Komplexe Zahlen und konforme Abbildungen. 4. Aufl., VEB Deutscher Verlag der Wissenschaften, Berlin 1973 (Übersetzung aus dem Russischen).

PIEPER, H.: Die komplexen Zahlen. Theorie — Praxis — Geschichte. VEB Deutscher Verlag der Wissenschaften, Berlin 1984/Verlag Harri Deutsch, Thun und Frankfurt/M. 1985.

PRIWALOW, I. I.: Einführung in die Funktionentheorie I. 4. Aufl., B. G. Teubner, Leipzig 1970 (Übersetzung aus dem Russischen).

TUTSCHKE, W.: Grundlagen der Funktionentheorie. VEB Deutscher Verlag der Wissenschaften, Berlin 1967/F. Vieweg & Sohn, Braunschweig 1969.

Zu § 18 sind zu nennen:

BEIGLBÖCK, W. D.: Lineare Algebra. Springer-Verlag, Berlin-Göttingen-Heidelberg 1983.

FISCHER, P. B.: Elementare Algebra. W. de Gruyter, Berlin und Leipzig 1926.

FLACHSMEYER, J.; PROHASKA, L.: Algebra. 4. Aufl., VEB Deutscher Verlag der Wissenschaften, Berlin 1980.

KOECHER, M.: Lineare Algebra und analytische Geometrie. Springer-Verlag, Berlin-Göttingen-Heidelberg 1983.

KUHNERT, F.: Vorlesungen über lineare Algebra. VEB Deutscher Verlag der Wissenschaften, Berlin 1976.

KUROSCH, A. G.: Algebraische Gleichungen beliebigen Grades. 5. Aufl., VEB Deutscher Verlag der Wissenschaften, Berlin 1969 (Übersetzung aus dem Russischen).

MANTEUFFEL, K.; SEIFFART, E.; VETTERS, K.: Lineare Algebra. 4., überarb. Aufl., BSB B. G. Teubner Verlagsgesellschaft, Leipzig 1982/Verlag Harri Deutsch, Thun und Frankfurt/M. 1978.

OBRESCHKOFF, N.: Verteilung und Berechnung der Nullstellen reeller Polynome. VEB Deutscher Verlag der Wissenschaften, Berlin 1963.

RUNGE, C.: Praxis der Gleichungen. 2. Aufl., W. de Gruyter, Berlin 1921.

RUNGE, C.; KÖNIG, H.: Numerisches Rechnen. Springer-Verlag, Berlin 1924.
SCHAFAREWITSCH, I. R.: Über die Auflösung von Gleichungen höheren Grades. Sturmsche Methode. 4. Aufl., VEB Deutscher Verlag der Wissenschaften, Berlin 1974 (Übersetzung aus dem Russischen). Hieraus auch der Anhang von H. KARL: Das Hornersche Schema.
SCHWETLICK, H.: Numerische Lösung nichtlinearer Gleichungen. VEB Deutscher Verlag der Wissenschaften, Berlin 1978/R. Oldenbourg Verlag, München-Wien 1979.
TÖRNIG, W.: Numerische Mathematik für Ingenieure und Physiker, Bd. 1: Numerische Methoden der Algebra. Springer-Verlag, Berlin-Heidelberg 1978.

Zu § 19 findet man interessante Zusammenhänge in:

HAUSER, W.; BURAU, W.: Integrale algebraischer Funktionen und ebene algebraische Kurven, VEB Deutscher Verlag der Wissenschaften, Berlin 1958.

Namen- und Sachverzeichnis